国家科学技术学术著作出版基金资助出版

微波铁氧体器件 HFSS 设计原理

（上册）

蒋仁培　宋淑平　著

科学出版社

北　京

内 容 简 介

本书将全新的穿越方程和高频电磁场结构仿真软件(HFSS)相结合，对各类微波铁氧体器件进行了仿真设计。列举了各种结构的环行器、隔离器的设计范例，探索了获得高性能、高稳定性和高可靠性的设计途径，对其非互易性应用穿越方程进行了深入探讨；对各类变场器件如移相器、开关进行了仿真设计，应用穿越方程对其非互易相移、开关相移(或差相移)和磁化相移进行计算，提供了有效设计数据；对幅/相可控类器件如变极化器和全极化器介绍了多种实施方案，给出了仿真设计结果，理论上对法拉第旋转和变极化机制进行了探讨，用穿越方程计算了双模器件的变极化系数。在设计层面上具有一定的创新性；从旋磁理论层面上，给出了各类器件各种形式的三维电磁场穿越方程，弥补了经典旋磁器件理论中超越方程的局限性。

本书适合从事微波铁氧体器件设计的科研人员阅读，也可供电磁场理论、雷达技术等相关领域的研究者参考。

图书在版编目 (CIP) 数据

微波铁氧体器件 HFSS 设计原理．上册/蒋仁培，宋淑平著．—北京：科学出版社，2015.11

ISBN 978-7-03-046225-1

Ⅰ．①微…　Ⅱ．①蒋…　②宋…　Ⅲ．①微波铁氧体器件－设计　Ⅳ．①TN61

中国版本图书馆 CIP 数据核字(2015)第 264619 号

责任编辑：余　丁　赵艳春 / 责任校对：郭瑞芝

责任印制：吴兆东 / 封面设计：迷底书装

科学出版社 出版

北京东黄城根北街 16 号

邮政编码：100717

http://www.sciencep.com

北京厚诚则铭印刷科技有限公司印刷

科学出版社发行　各地新华书店经销

*

2015 年 11 月第　一　版　　开本：720×1 000　B5

2026 年　4 月第五次印刷　　印张：24

字数：466 000

定价：108.00 元

(如有印装质量问题，我社负责调换)

前　　言

微波铁氧体技术及其应用，从 1960 年初起步至今已有半个世纪历程，经历了初级阶段—发展阶段—成熟阶段。微波铁氧体的经典理论是以旋磁材料的电磁场理论为基础的，一般通过解复杂的超越方程获得非互易性传输特性，其数理基础较深奥。而 HFSS 方法则是直接通过计算机求解，避免了复杂的数理问题，但导致了对设计原理理解不深。本书为弥补这点不足，提出了新的设计理念，通过穿越方程(积分方程)求解，它是场-路统一的理论，通过它与 HFSS 计算方法相结合，很容易获得各种形式的微波铁氧体器件的非互易特性解，解决了过于依赖 HFSS 软件求解而忽略了微波铁氧体器件的基本工作机制和基本工作原理的难题，推动了多种铁氧体器件如各种 Y 形结环行器、变场调控器件和双模铁氧体器件的发展，提高了器件的高功率、小型化、低损耗、低互调、宽频带、高温度稳定性、超(高/低)频和快速调控等性能。

本书是在上述新的设计原理和理论、新的设计手段和方法的基础上写成的。全书分为上下两册，共三篇。

第一篇　基本理论。第 1 章和第 2 章，论述了微波铁氧体材料的旋磁性——张量磁导率的基本原理。电磁波在充有旋磁介质的波导中传播，在时空域中穿越了铁氧体并引发了微波场和旋磁性的相互作用，产生了各种传输效应和非互易性能，推导出了与其相关的穿越方程，并推广其应用于环行器、隔离器等各类恒场器件和开关、移相器和变极化器等各类变场器件的设计和计算中。通过仿真设计定量地获得了器件的性能，其结果和用穿越方程积分计算结果相辅相成。

第二篇　微波铁氧体恒场器件。从第 3 章到第 7 章设计和分析了各类铁氧体恒场器件包括各种 Y 形结构，如集中元件型、波导型、带线型和微带型结构的 Y 形环行器；高功率环行器和小型化环行器、隔离器等，应用仿真设计、电磁场理论和网络分析相结合的方法进行深入研究。

第三篇　微波铁氧体变场器件。从第 8 章到第 15 章论述了各类铁氧体移相器的工作原理和设计方法，包括非互易移相器和互易移相器、圆极化移相器和多极化移相器、双模移相器和旋转场移相器、微带慢波结构移相器和表面模移相器等的设计和仿真性能及应用；并利用变磁化积分方程、耦合模积分方程，计算了各类移相器的相移；探讨了对铁氧体器件的幅相同时控制可设计成铁氧体变极化器。论及各种变场器件在雷达技术中的应用。

本书在撰写过程中，中国电子科技集团公司第十四研究所所长助理蒋微波给予了极大的关心和支持；国睿科技股份有限公司副总经理朱兆麒审阅了初稿，提出了许多修改意见；中国电子科技集团公司第十四研究所处长赵玉洁做了大量的组织协调工作；

南京广顺电子研究所所长王广顺、南京丰诚电子器件有限公司总经理张玮、北京飞行泰达微波器件有限责任公司总经理张强、北京泰格科技发展中心总经理曾献伟，及同事董胜奎、徐茂忠、范兵、黄宏伟、胡岚、罗会安、岳峰、杨秋莉、姬晓靓、杨彬、唐正龙、曾浩等参与了有关的专题讨论；李叶莉、贾元奎、唐楠、余林、蒋岳、刘雪梅、岳诚、王干等做了大量的编辑工作。在此一并表示诚挚的感谢。

限于作者知识水平有限，书中难免有不妥之处，敬请读者批评指正。

作　者

2015 年 6 月

目　　录

第二篇 微波铁氧体恒场器件

第一篇 基本理论

第1章 旋 磁 性

1.1 磁矩进动方程

饱和磁化铁氧体在高频磁场 h 的作用下，磁矩 M 围绕磁化场 H_0（平行 z 轴）做进动。铁氧体的磁矩主要来源于电子的自旋磁矩，所以用单电子进动模型（图 1.1）来描述铁氧体磁矩进动是比较恰当的。只要铁氧体中自旋电子群保持了一致进动状态就可以把它看作单个磁矩的进动，其进动方程为

$$\frac{\mathrm{d}M}{\mathrm{d}t}=-\gamma(M\times H)+T_{\mathrm{D}} \tag{1.1}$$

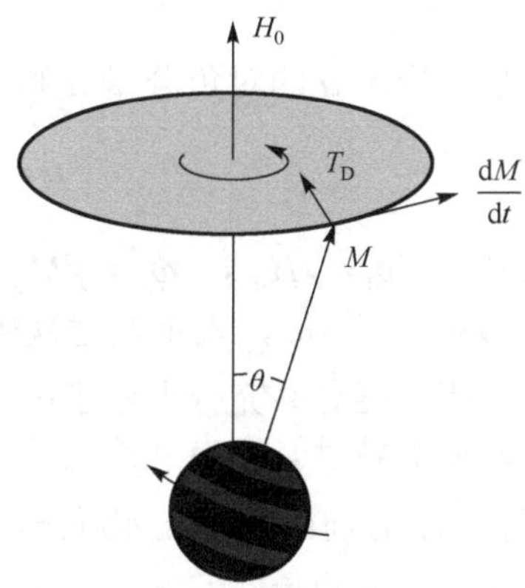

图 1.1 磁矩进动模型

式中，磁化强度 M 和磁场强度 H 包含了直流成分 M_0 和 H_0 及高频成分 m 和 h，即 $M=M_0 i_z+m_{xy}\mathrm{e}^{\mathrm{j}\omega t}$，$H=H_0 i_z+h_{xy}\mathrm{e}^{\mathrm{j}\omega t}$，$\omega$ 为高频磁场（角）频率，γ 为旋磁比（电子自旋磁矩和角动量之比值），$\gamma=ge/(2mc)=2.21\times10^5/(\mathrm{sA/m})$（SI 制），其中 e/m 为电子电荷与电子净质量比值，c 为光速 $3\times10^8\mathrm{m/s}$，g 为 Lande 因子，对于单个电子自旋，$g=2$，对于轨道磁矩，$g=1$。在铁氧体材料中，测出 $g\approx2$，故铁氧体材料的磁性基本上来源于电子自旋磁矩；$\gamma=2.8\times10^6/\mathrm{s\cdot Oe}=17.6\times10^6\,\mathrm{rad/s\cdot Oe}$（CGS 制）。式(1.1)的左端视为磁矩随时间的变化，则右端 $(M\times H)$ 视为力矩作用，它的方向正是进动轨迹的切向。如果没有阻尼项（$T_{\mathrm{D}}=0$），把 M、H 量代入进动方程(1.1)后求得

$$\begin{aligned} m_x&=\chi h_x-\mathrm{j}\kappa h_y\\ m_y&=\mathrm{j}\kappa h_x+\chi h_y\\ m_z&=0 \end{aligned} \tag{1.2}$$

式中，χ 和 $\mathrm{j}\kappa$ 分别看作磁化率和耦合磁化率，式(1.2)可简化为

$$m=\chi h \tag{1.3}$$

χ 为张量磁化率，可以写成矩阵形式为

$$\chi=\begin{bmatrix}\chi & -\mathrm{j}\kappa & 0\\ \mathrm{j}\kappa & \chi & 0\\ 0 & 0 & 0\end{bmatrix} \tag{1.4}$$

1.1.1 张量磁导率

在电动力学问题中，b 和 h 是两个磁学物理量，其相互关系在 SI 单位制中表示为 $b=\mu_0\mu h$，$\mu=I+\chi$，μ 称为张量磁导率，表示为

$$\mu=\begin{bmatrix}\mu & -\mathrm{j}\kappa & 0\\ \mathrm{j}\kappa & \mu & 0\\ 0 & 0 & 1\end{bmatrix} \tag{1.5}$$

张量磁导率 μ 的对角分量 μ 和非对角分量 κ 分别为

$$\mu=1+\frac{\omega_m\omega_0}{\omega_0^2-\omega^2},\qquad \kappa=\frac{\omega_m\omega}{\omega_0^2-\omega^2} \tag{1.6}$$

式中，$\omega_0=\gamma H_0$，$\omega_m=\gamma M_0$，ω 为工作频率。当 $\omega_0\to\omega$ 时，无耗条件下，$\mu\to\infty$、$\kappa\to\infty$，表示发生铁磁共振，铁磁共振频率 $\omega_0=\omega$。

张量磁导率充分展示了磁化铁氧体在高频场作用下呈现旋磁性，这是旋磁材料的基本微波特性，它有 4 个方面引人注意：①x 方向的磁场 h_x 感应出 y 方向的 $b_y=\mathrm{j}\kappa$；同样，y 方向的磁场 h_y 感应出 x 方向的 $b_x=-\mathrm{j}\kappa$；±j表示相位之间有±90° 的差异，所以 b 为椭圆极化矢量，这是磁矩进动现象导致的；②张量磁导率是反对称张量，即 $\mu_{xy}=-\mu_{yx}$，这是导致微波在铁氧体介质中传播具有非互易性和各向异性散射的基本所在；③分量 μ 和 κ 具有磁控可调性，这是磁控微波铁氧体器件的重要特性；④微波铁氧体的铁磁共振性质，当 $\omega_0=\omega$，即进动频率和电磁场频率 ω 相等时，产生铁磁共振，μ 和 κ 的虚部出现峰值，象征有耗材料出现铁磁共振损耗(图 1.2 和图 1.3)，可以用于设计铁氧体磁共振隔离器。

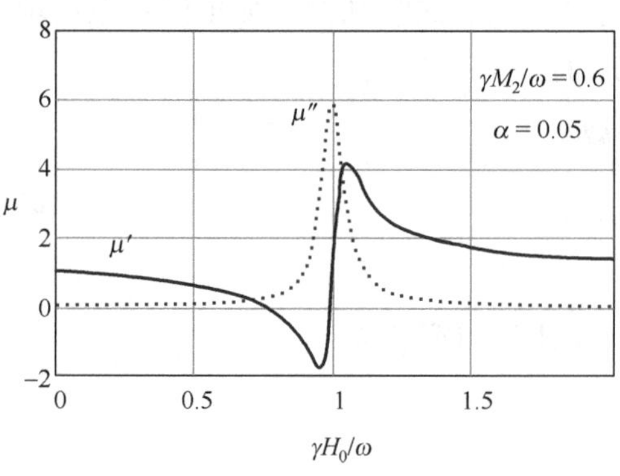

图 1.2　μ'、μ''-$\gamma H_0/\omega$

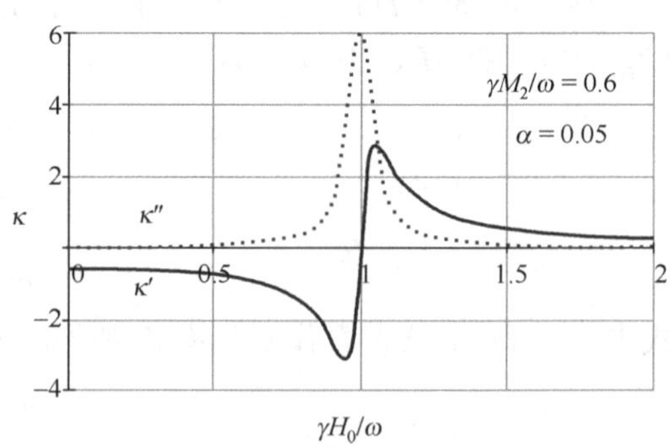

图 1.3　κ'、κ''-$\gamma H_0/\omega$

从 μ 和 κ 及磁化场 ω_0/ω 曲线可以见到 3 个工作区：①低场区，当 $\omega_0 << \omega$，即磁化场远离共振场（$\omega_0/\omega=1$）时，μ' 和 κ' 随磁化变化平坦，μ'' 和 κ'' 不大，表示材料损耗小；②共振区，当 $\omega_0/\omega \approx 1$ 时，μ''、κ'' 可现峰值，α 为阻尼系数，在 1.2 节中将有描述，这里设置 $\alpha=0.05$，属于偏大的情况，目的是把铁磁共振曲线宽度拉宽；③高场区，当 $\sigma=\gamma H_0/\omega=\omega_0/\omega>1.2$ 时，σ 越大，材料损耗越小，可以认为 $\sigma>1.5$ 时，材料足够饱和磁化，进入低损耗，器件的损耗可以与低场工作区损耗相比拟，甚至更小。

1.1.2　任意磁化方向的张量磁导率

上述讨论的张量磁导率的基本形式是外加磁化场 H_0 平行 z 方向的形式，如式(1.6)，在任意方向，磁化也是微波铁氧体器件中常有的问题。设 H_0 对坐标轴 x、y、z 的夹角分别是 α、β、γ，其张量形式简化为

$$\boldsymbol{\mu}=\begin{bmatrix} \mu & -\mathrm{j}\kappa\cos\gamma & -\mathrm{j}\kappa\cos\beta \\ \mathrm{j}\kappa\cos\gamma & \mu & -\mathrm{j}\kappa\cos\alpha \\ \mathrm{j}\kappa\cos\beta & \mathrm{j}\kappa\cos\alpha & 1 \end{bmatrix} \tag{1.7}$$

当 H_0 平行 z 轴时，$\cos\gamma=1$，$\cos\beta=\cos\alpha=0$，$\boldsymbol{\mu}$ 取式(1.6)所示形式的均匀磁化情况。当 H_0 平行 x 轴时，$\cos\alpha=1$，$\cos\beta=\cos\gamma=0$，张量磁导率 $\boldsymbol{\mu}$ 变为

$$\boldsymbol{\mu}=\begin{bmatrix} 1 & 0 & 0 \\ 0 & \mu & -\mathrm{j}\kappa \\ 0 & \mathrm{j}\kappa & \mu \end{bmatrix} \tag{1.8}$$

当 H_0 平行 y 轴时，$\cos\beta=1$，$\cos\alpha=\cos\gamma=0$，张量磁导率 $\boldsymbol{\mu}$ 变为

$$\boldsymbol{\mu}=\begin{bmatrix} \mu & 0 & -\mathrm{j}\kappa \\ 0 & 1 & 0 \\ \mathrm{j}\kappa & 0 & \mu \end{bmatrix} \tag{1.9}$$

对任意方向磁化，且是不均匀磁化，其中 $\alpha=\alpha(x,y,z)$，$\beta=\beta(x,y,z)$，$\gamma=\gamma(x,y,z)$，即磁化方向随坐标而变。在低场饱和态情况，即 $\mu\approx 1$，这时张量磁导率 $\boldsymbol{\mu}$ 写成坐标分布形式为

$$\boldsymbol{\mu}(x,y,z)=\begin{bmatrix} 1 & -\mathrm{j}\kappa\cos\gamma & -\mathrm{j}\kappa\cos\beta \\ \mathrm{j}\kappa\cos\gamma & 1 & -\mathrm{j}\kappa\cos\alpha \\ \mathrm{j}\kappa\cos\beta & \mathrm{j}\kappa\cos\alpha & 1 \end{bmatrix} \tag{1.10}$$

1.2　阻 尼 进 动

式(1.1)仅描述其无耗情况，实际上，没有外场 h 的持续作用时，自由进动变成阻尼进动，进动角 θ 随时间不断减少。在有阻尼力矩 T_{D}（图 1.1）的情况下，式(1.1)中加进阻尼力矩项 T_{D}：

$$\frac{\mathrm{d}M}{\mathrm{d}t} = -\gamma(M \times H) + T_\mathrm{D} \tag{1.11}$$

$$T_\mathrm{D} = \frac{\alpha}{M_0} M \times \frac{\mathrm{d}M}{\mathrm{d}t} \tag{1.12}$$

如果没有T_D项，磁矩进动即使没有外力矩作用仍将延续下去，但有了T_D项，进动受阻，T_D方向应倾向于H_0，在阻尼进动时，$m = m_0 \mathrm{e}^{-\omega_\alpha t}\mathrm{e}^{\mathrm{j}\omega t}$，$\alpha$称为阻尼系数，$\omega_\alpha$称为阻尼频率。有耗情况下，张量磁导率分量变为

$$\mu = 1 + \frac{\omega_m(\omega_0 + \mathrm{j}\omega_\alpha)}{(\omega_0 + \mathrm{j}\omega_\alpha)^2 - \omega^2} \tag{1.13}$$

$$\kappa = \frac{\omega_m \omega}{(\omega_0 + \mathrm{j}\omega_\alpha)^2 - \omega^2} \tag{1.14}$$

对比式(1.6)，只要把ω_0换成$\omega_0 + \mathrm{j}\omega_\alpha$，$\omega_\alpha = \alpha\omega$，$\alpha$、$\omega_\alpha$是决定阻尼进动大小的参量，也可用弛豫时间$T_\alpha$来描述，$T_\alpha = 2\pi / \omega_\alpha$，表示进动角由初始态的$\theta_0$变成$\theta = \theta_0 / \mathrm{e}$所花的时间。从物理机制看，$T_\alpha$越长，表示阻尼越小、损耗越小；反之越大。但从工程技术上，采用铁磁共振线宽ΔH描述磁损耗大小更恰当，$\Delta H = 2\omega_\alpha / \gamma$，所以$\Delta H$越大，磁损耗越大，它成为铁氧体材料磁损耗的标志，低耗材料的典型值$\Delta H = 10\times10^3 / (4\pi)(\mathrm{A/m})$（即$\Delta H = 10\mathrm{Oe}$），所以弛豫角频率$\omega_\alpha = 14\times 2\pi \times 10^6 \mathrm{rad/s}$，弛豫频率$f_\alpha = 14\mathrm{MHz}$，弛豫时间$T_\alpha = 710\mathrm{ns}$，阻尼频率$f_\alpha$预示了微波铁氧体工作频率的下限值$f_{\min} = 14\mathrm{MHz}$，若$\Delta H$小于典型值，则$f_{\min}$按比例下降。

无耗旋磁材料是把它看成连续的均匀介质，磁矩的一致进动仅受到外场H_0和微波场的作用。可是，铁氧体介质中有许多不均匀的因素，如晶粒大小不一、晶格趋向各异、各向异性场H_a随晶轴方向不同而变；空泡体积和铁氧体体积之比与一致进动以及非一致进动相互作用等多种因素相关。影响多晶铁氧体材料的线宽ΔH，综合起来由三项贡献：

$$\Delta H = \Delta H_s + \Delta H_p + \Delta H_a \tag{1.15}$$

式中，ΔH_s为材料的单晶线宽，即使材料无其他不均匀、不连续等因素，这部分对线宽的贡献是存在的，其数值较小，一般$\Delta H_s \approx 1/(4\pi)(\mathrm{kA/m}) = 1\mathrm{Oe}$量级；$\Delta H_p$为多晶铁氧体材料中的气孔和非磁性杂质表面的磁荷引起的杂散磁场使线宽增宽，它与杂质体积密度ν / V成比例。例如，当$M = 1000\times10^3 / (4\pi)(\mathrm{A/m})$、$\nu / V = 0.5\%$时，可由

$$\Delta H_p = 1.5\frac{\nu}{V} M \tag{1.16}$$

算出ΔH_p值为$7.5\times10^3 / (4\pi)$ (A/m)，这是影响线宽的主要因素。ΔH_α为材料中各晶粒

趋向不一致导致微结构中磁化场的不均匀增宽：

$$\Delta H_{\alpha}=0.9\frac{2K_1}{M_s} \tag{1.17}$$

对于微波铁氧体材料，$\Delta H_{\alpha}\approx 10/(4\pi)(\mathrm{kA/m})$ 量级。

晶粒间的晶界导致表面磁荷产生的不均匀磁场而引起不同退磁场。各晶粒铁磁共振频率也不同，导致多晶线宽增宽。

上述诸因素增宽 ΔH 值，即使如此，现代多晶 YIG 窄线宽材料的 ΔH 值可小于 $10/(4\pi)(\mathrm{kA/m})$(即10Oe)。为制成窄线宽铁氧体材料用于低耗微波铁氧体器件，必须在工艺上下功夫，增加烧结材料的致密度、减少气孔率；降低材料磁晶各向异性场 ΔH_{α}。在 YIG 材料中，用 In、Zr 等离子代换，可降低各向异性场 $H_{\alpha}=2K_1/M$；配方上保持正分设计，以防止晶格空位的不均匀性；工艺上控制烧结温度、烧结时间、均匀降温以达到晶粒增大减少晶界的不均匀、退磁场和磁偶极相互作用，目的是减少多晶线宽 ΔH_p。应采用高纯度原材料，特别对 Ho、Tb、Co 等弛豫离子的掺入应严格控制，这些弛豫离子都是一致进动的散射中心，是线宽增加的源泉。当然，这是从小损耗、低损耗角度而言的。与此相反，为了满足铁氧体材料在高功率器件中的应用，往往采用相反的方法，如细晶粒、加少量的快弛豫离子 Ho、Tb，改进材料的高临界场 h_c。为改进材料的温度稳定性，在 YIG 材料中掺入适量的 Gd 是有效的方法，但这些措施会导致 ΔH 增宽。

铁磁共振线宽是衡量材料磁损耗的标志，严格来说，在共振区附近是正确的，当远离共振区时，往往用有效线宽来衡量磁损耗，它不是通过铁磁共振曲线带宽来确定，而是直接测量 μ'' 推理而得。

1.3　铁磁共振频率

当工作频率 $\omega\approx\omega_0$ 时，μ、κ 曲线出现峰值和突变，这就是铁磁共振曲线的象征(图 1.2 和图 1.3)。$\omega_0=\gamma H_0$，ω_0 称为铁磁共振(角)频率，H_0 称为铁磁共振磁场，两者相应存在，这是对于无限铁氧体介质而言的。在有限铁氧体介质情况下，由于不连续界面存在着静磁退磁场和交变退磁场，这两种退磁因素使铁磁共振频率发生变化，根据 kittle 公式，有限介质的铁磁共振频率写成

$$\omega_r=\gamma\sqrt{[H_0+(N_x-N_z)M][H_0+(N_y-N_z)M]} \tag{1.18}$$

式中，N_x、N_y、N_z 分别为 x、y、z 三坐标轴方向的形状退磁因子，$N_x+N_y+N_z=1$。一般来说，形状退磁因子计算非常复杂，只有坐标轴和旋转椭球体主轴一致时才有明确的解。在工程设计中，对圆球、圆盘、圆杆和方块状样品，可用一个简单公式来表示：

$$N_x = \frac{A_x}{A_x + A_y + A_z}$$
$$N_y = \frac{A_y}{A_x + A_y + A_z} \tag{1.19}$$
$$N_z = \frac{A_z}{A_x + A_y + A_z}$$

式中，A_x、A_y、A_z分别为铁氧体样品在x、y、z方向上的投影。

图 1.4 为圆球、圆盘、圆杆和旋转椭球体的形状相类似，它可用式(1.19)式来估计形状退磁因子值。

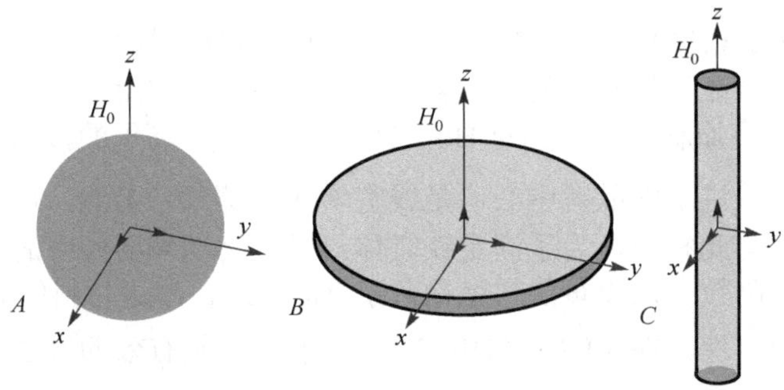

图 1.4　三种典型样品形状(对 z 轴旋转对称)

对于球形样品：

$$N_z = 1/3,\quad N_x = N_y = 1/3,\qquad \omega_r = \omega_0 = \gamma H_0$$

对于薄圆盘样品：

$$N_z \approx 1,\qquad N_x = N_y \approx 0,\qquad \omega_r = \gamma(H_0 - N_z M) = \gamma H_i$$

对于细长圆柱样品：

$$N_z = 0,\quad N_x = N_y = 1/2,\qquad \omega_r = \gamma(H_0 + M/2)$$

外磁场H_0磁化状态下，圆柱样品的ω_r最大，圆球样品次之，圆盘样品最低，说明铁磁共振频率ω_r与无限介质情况不同，它不仅与H_0的大小有关，还和材料的磁化强度M有关，当然也与样品的形状有关。对于球形样品，ω_r由外场H_0决定(与无界铁氧体情况的铁磁共振频率ω_0相同)；对于圆盘样品，ω_r取决于内场H_i的大小；对于圆柱样品ω_r取决于有效场$H_e = (H_0 + M/2)$，其实它的内磁场仍为$H_i = H_0$。

在有限铁氧体介质的情况下，式(1.6)、式(1.13)和式(1.14)中的$\omega_0 \to \omega_r$。

1.4　形状各向异性对张量磁导率的影响

图 1.5 所示为 z 向磁化薄片，对 x、y 方向不对称，由于微波场 h_x、h_y 受边界面的退磁场不一样，所以对磁导率形成明显的形状各向异性，其张量磁导率可写成

$$\mu=\begin{bmatrix}\mu_x & -\mathrm{j}\kappa & 0\\ \mathrm{j}\kappa & \mu_y & 0\\ 0 & 0 & \mu_z\end{bmatrix} \tag{1.20}$$

的形式，其中 $\mu_x \neq \mu_y \neq \mu$，和式(1.5)有所不同：

$$\mu_x = 1+\frac{\omega_r\omega_m}{\omega_r^2-\omega^2}e = 1+\chi_x \tag{1.21}$$

$$\mu_y = 1+\frac{\omega_r\omega_m}{\omega_r^2-\omega^2}\frac{1}{e} = 1+\chi_y \tag{1.22}$$

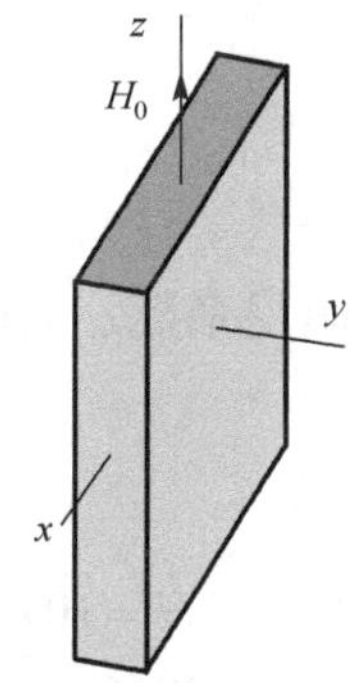

图 1.5　方形薄片
(对 z 轴非旋转对称)

式中

$$\sqrt{\chi_x\chi_y}=\frac{\omega_r\omega}{\omega_r^2-\omega^2}=\chi, \qquad \kappa=\frac{\omega\omega_m}{\omega_r{}^2-\omega^2}, \qquad \mu_z=1$$

$$e=\sqrt{\omega_y/\omega_x}, \qquad \omega_r=\sqrt{\omega_x\omega_y}, \qquad \omega_x=\gamma H_0, \qquad \omega_y=\gamma(H_0+M)$$

当 $H_0 << M$ 时，如 $M/H_0=10$，$e=\sqrt{11}=3.16$，这样 μ_x 比 μ_y 可能大一个量级。如果微波结构中，电磁波传播和磁化方向沿 z 方向，高频磁场 h_x 沿 x 方向，由于 μ_x 值大、变化大，而且 μ_x 可被磁场 H_0 调控。特别是在低频、高场工作条件下，或者薄膜在平行膜面磁化下。调控 ω_r 可获得很大的相移变化，这在甚低频微波铁氧体应用中是十分可贵的。

1.5　张量磁导率的归一化表示式

微波铁氧体的张量磁导率特性是微波铁氧体技术的理论基础，也是微波在旋磁性介质中传播时呈现出各种特殊的传播效应的根本所在。旋磁介质的性质不仅表现在磁导率张量形式上，而且其分量可以磁化控制，它随 H_0、工作频率 ω、磁化强度 M 的大小而变。为了掌控 μ、κ 的变化规律，采用规范化表示方法非常重要。其归一化磁

矩用 p 表示，$p=\omega_m/\omega$；归一化磁场 $\sigma=\omega_0/\omega$，弛豫频率 ω_α 的归一化用 α 表示 $\alpha=\omega_\alpha/\omega$。通过对频率 ω 归一化后，μ、κ 随磁化场曲线具有通用性，不受工作频率高低的制约，这时张量分量 μ、κ 可写成下列形式：

$$\mu=1+\frac{p(\sigma+\mathrm{j}\alpha)}{(\sigma+\mathrm{j}\alpha)^2-1} \tag{1.23}$$

$$\kappa=\frac{p}{(\sigma+\mathrm{j}\alpha)^2-1} \tag{1.24}$$

阻尼系数 α 为归一化弛豫频率，它和磁共振线宽关系为

$$\Delta H=\frac{2\omega_\alpha}{\gamma}=\frac{2\alpha\omega}{\gamma} \tag{1.25}$$

如果 $\Delta H=10\times10^3/(4\pi)(\mathrm{A/m})$，$\omega=3000\times2\pi\times10^6\ \mathrm{rad/s}$，$\gamma=2.21\times10^5\ \mathrm{rad/s\cdot A/m}$，算出 $\alpha=0.0046$。它在 μ''-σ 铁磁共振曲线上表现为归一化线宽 2α。

1.5.1 张量磁导率μ、κ 的磁谱曲线

铁氧体材料的张量磁导率与归一化磁矩 p，归一化磁化场 σ 和材料阻尼系数 α（归一化弛豫频率）密切相关。在器件设计时必须注意工作点的磁导率。下面从五方面分析这些磁谱曲线的特征。

μ、κ 是张量磁导率的基本量。μ、κ 的磁谱曲线可以指导设计，在高场时，$\sigma>1$；低场时，$\sigma<1$；共振区，$\sigma\approx1$。工作区的划分直接估计器件的性质。

图 1.6 和图 1.7 分别为当 $p=0.6,\alpha=0.02$ 时，低场 μ 和 κ 的实部和虚部磁化曲线 $(\sigma=0\to0.2)$。图 1.8 和图 1.9 分别为高场 $\sigma=1.2\to2$（当 $p=3,\beta=0.02$ 时），μ 和 κ 的实部和虚部磁化曲线。

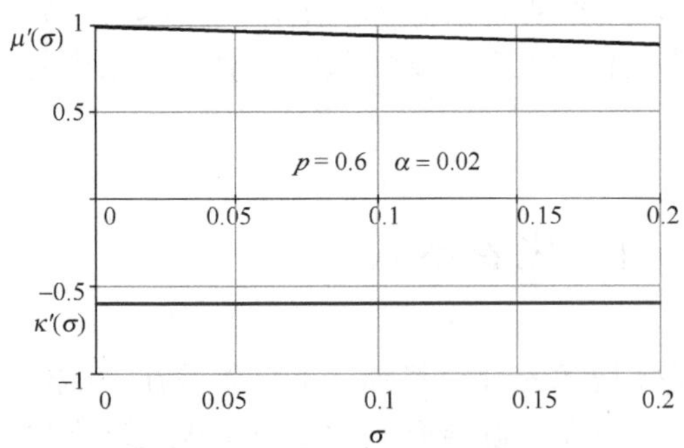

图 1.6　$\mu'\propto\sigma,\kappa'\propto\sigma$ 曲线

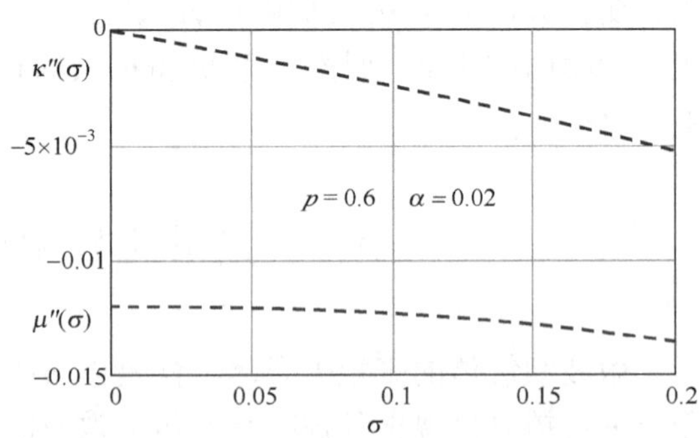

图 1.7　$\mu''\propto\sigma,\kappa''\propto\sigma$ 曲线

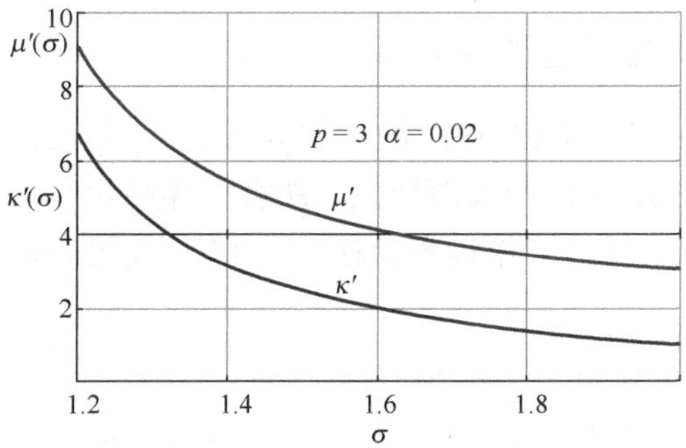

图 1.8　$\mu' \propto \sigma, \kappa' \propto \sigma$ 磁谱曲线

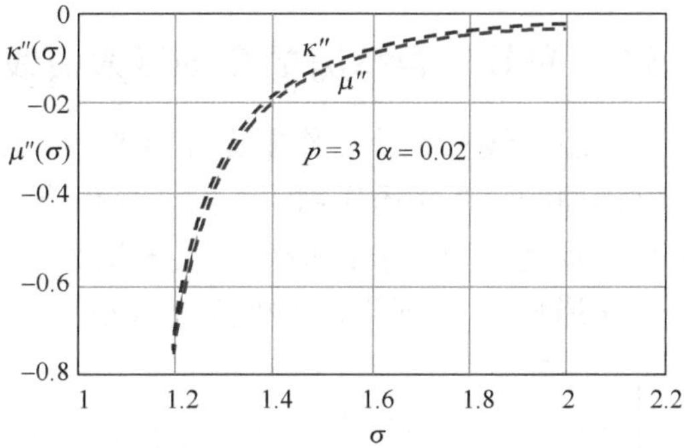

图 1.9　$\mu'' \propto \sigma, \kappa'' \propto \sigma$ 磁谱曲线

1.5.2　有效磁导率μ_e、比磁导率κ/μ 的磁谱曲线

张量磁导率分量μ、κ的相互组合，导出了两个重要的组合形式，微波在铁氧体中传播时它们起到至关重要的作用，它们是

$$\mu_e = \frac{\mu^2 - \kappa^2}{\mu}, \qquad \frac{\kappa}{\mu}$$

它们是一对导出量，以后将见到其在微波传播过程中的作用为有效磁导率μ_e影响了器件尺寸大小和工作频率高低；而κ/μ为张量元κ与μ的比值，它和器件的工作带宽，相移大小和非互易性有关。图 1.10 和图 1.11 为其磁谱曲线，实线和虚线分别为其实部和虚部，曲线仅表示$p=0.6$，α=0.05时磁谱曲线，可以见到谱线的共振峰向左移动，共振处为$\sigma \approx 0.75$，其原因是这两个参数是由μ_+及μ_-组合而成，两个不同旋向圆极化场在旋转过程中产生的偶极场导致共振场下降。共振点的左移意味着高场区空间扩大，低场区空间压缩。图中虚线为μ_e的虚部和κ/μ的虚部，在共振处达到最大值。

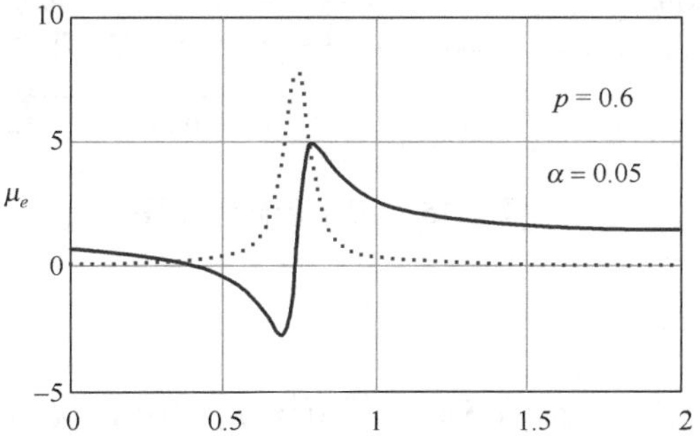

图 1.10　μ_e磁谱曲线

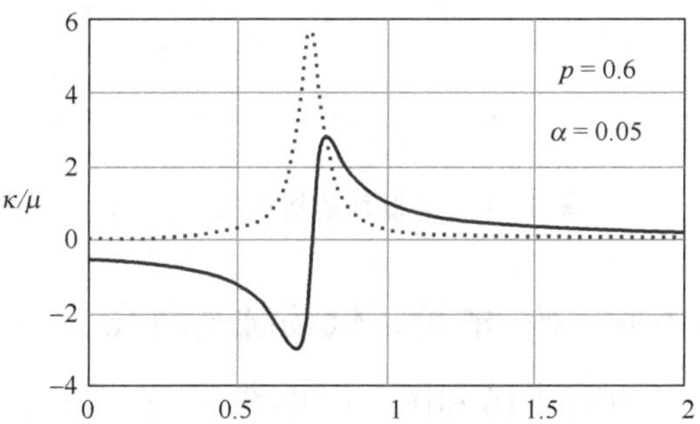

图 1.11　κ/μ 磁谱曲线

1.5.3 有效磁导率μ_e的高场磁谱曲线和低场磁谱曲线

这组谱线在设计工作中更加重要。图 1.12 和图 1.13 为μ_e的实部μ_e'和虚部μ_e''的高场磁谱曲线，在高场作用下，同一σ值下，μ_e'随p值增大而增大，铁氧体样品尺寸可减少；反之，同一p值情况下，σ增大，μ_e'下降，工作频率上移。从μ_e''曲线可知，随着σ增加，μ_e''下降，器件损耗减小。

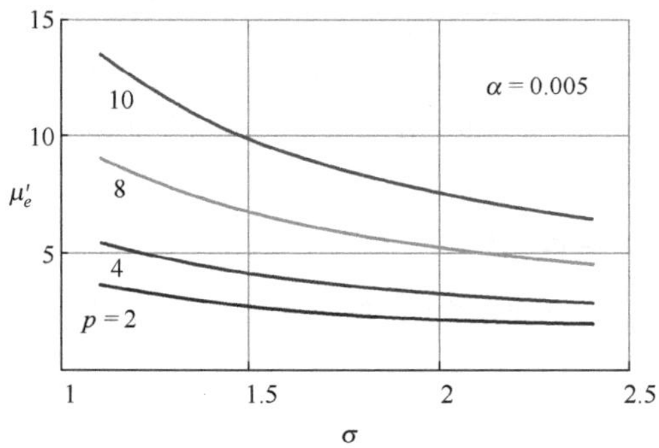

图 1.12 μ_e'的高场磁谱曲线

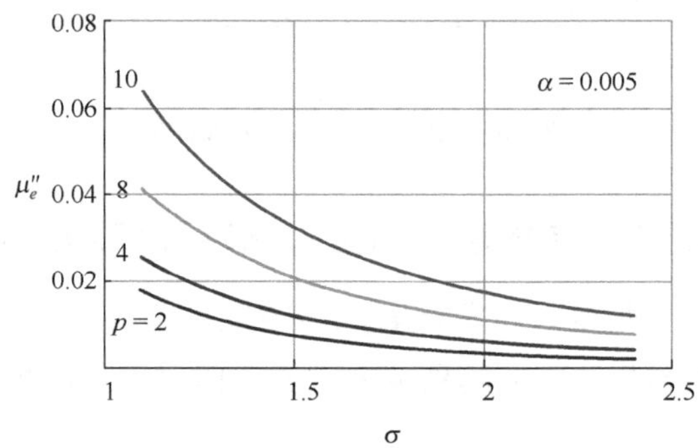

图 1.13 μ_e''的高场磁谱曲线

图 1.14 和图 1.15 分别为μ_e'和μ_e''低场磁谱曲线，在低场情况下，$p=1$时将出现$\mu_e'<0$，这意味着传播过程中可能出现异常模。从低场μ_e''-σ谱可见，当$p<0.7$时，其值为10^{-3}量级，这时低插损器件非常实用。

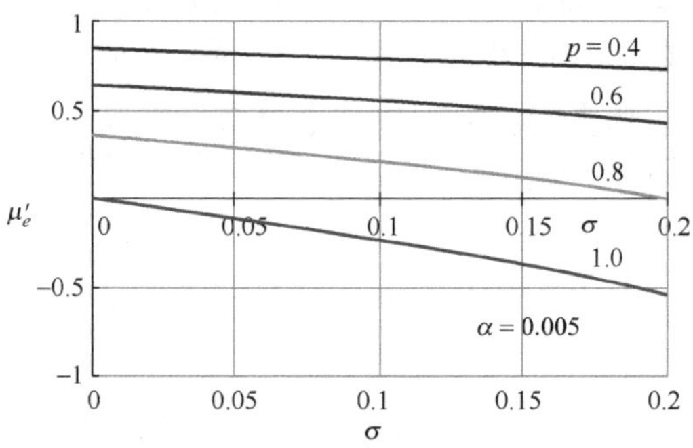

图 1.14 μ_e'低场磁谱曲线

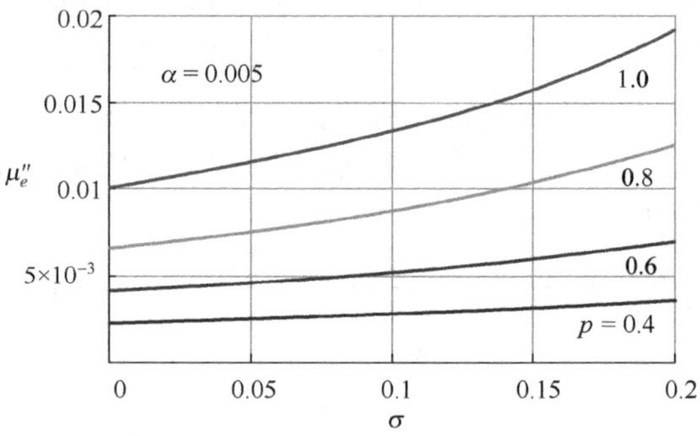

图 1.15 μ_e''低场磁谱曲线

1.5.4 κ/μ的高、低场磁谱曲线

从图 1.16 和图 1.17 中可见，在高场区工作，当$\sigma>1.5$时，其值$|\kappa/\mu|<0.4$，说明高场工作的器件带宽受限；而在低场工作的器件，当$p>0.6$时，$|\kappa/\mu|<0.6$，所以低场工作时易得到宽带设计。

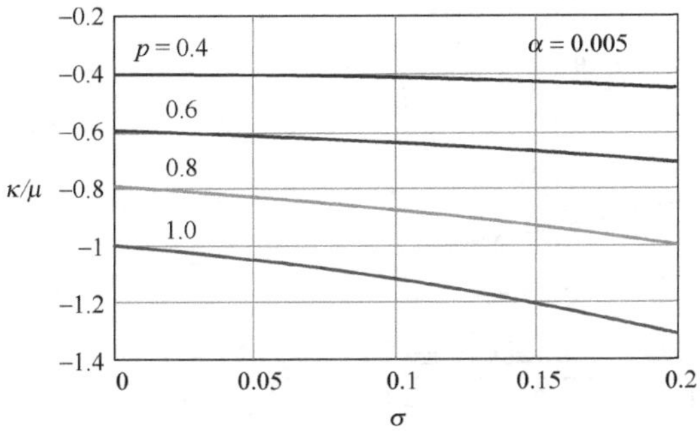

图 1.16　κ/μ 低场磁谱曲线

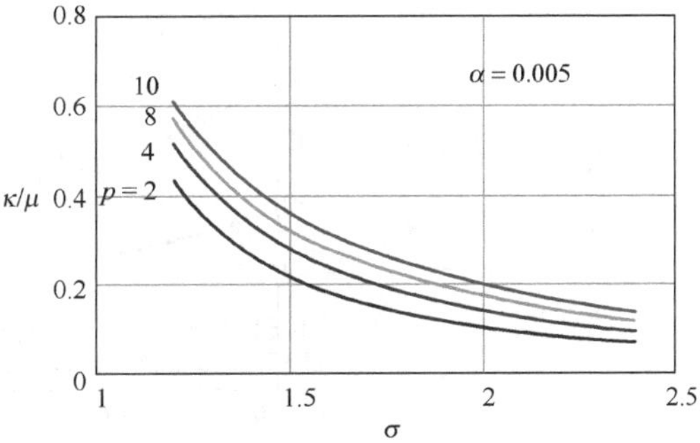

图 1.17　κ/μ 高场磁谱曲线

1.5.5　正负圆极化磁导率 $\mu_\pm$ 磁谱曲线

正负圆极化磁导率 $\mu_\pm$ 的实部 $\mu'_\pm$ 和虚部 $\mu''_\pm$ 磁谱曲线见图 1.18 和图 1.19。

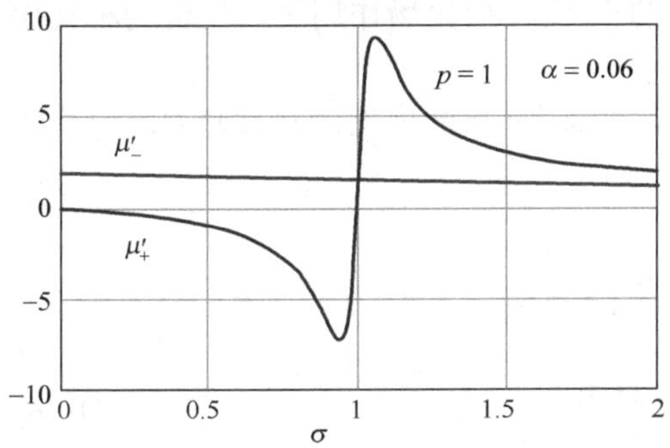

图 1.18　$\mu'_\pm$-σ 磁谱曲线

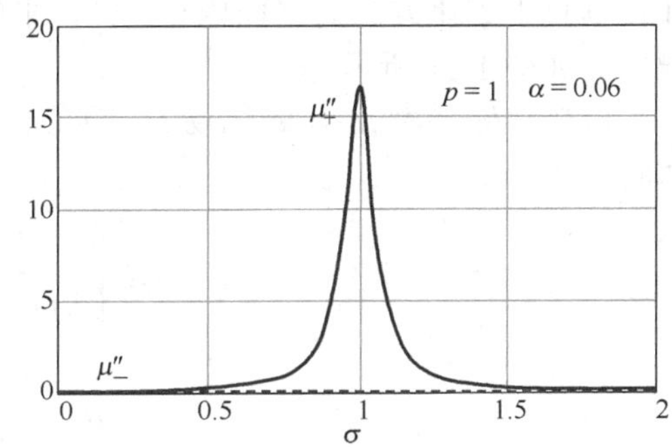

图 1.19　$\mu''_\pm$-σ 磁谱曲线

图中当 $\sigma=1$ 时为共振场处，其中 μ''_+ 出现谐振损耗，而 μ''_- 不出现谐振损耗，利用此现象可以设计谐振式隔离器。

1.5.6　薄片 μ_x、μ_y 磁谱曲线

薄片磁化方向在平面上(图 1.5 中 z 方向)，高频场 h_x 在平面内 x 方向，其磁导率 μ_x 增大；而垂直平面的磁化场 h_y 的磁导率 μ_y 压缩，故利用平面各向异性这一特点，可使 h_x 场的激发波获得较大相移。如图 1.20 所示，其中 μ_x 比 μ_y 大 3～5 倍，而且 μ_x 随 σ 变化调控量较大。这种情况适宜制作高场区工作的移相器。

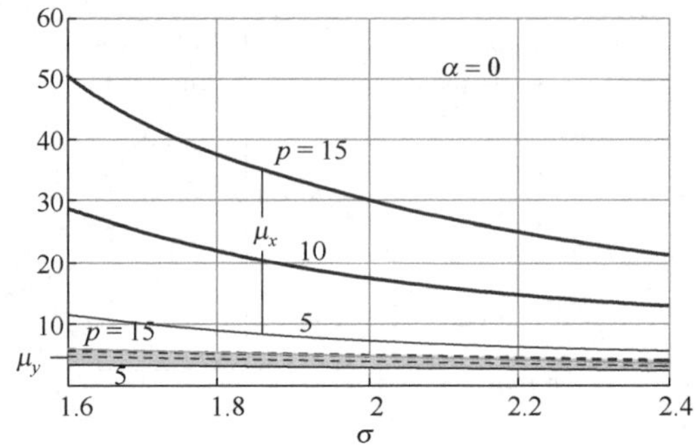

图 1.20　薄片 μ_x、μ_y 磁谱曲线

1.6　本征态磁导率

在一般情况下，材料旋磁性表现为张量磁导率特性。但在特殊的极化场作用下，如在垂直于磁化方向的平面内(*x*，*y*)，平面内的正/负圆极化场作用下，呈现为标量磁导率。如图 1.21 所示。

圆极化磁导率 $\mu_\pm$，磁化场 H_0 仍在 *z* 方向，在 *x*，*y* 平面内的圆极化场 $(1,\pm \mathrm{j})$ 作用下有

$$\mu_p\begin{bmatrix}1\\ \pm\mathrm{j}\end{bmatrix}=(\mu\pm\kappa)\begin{bmatrix}1\\ \pm\mathrm{j}\end{bmatrix}$$

$$\mu_p=\begin{bmatrix}\mu & -\mathrm{j}\kappa\\ \mathrm{j}\kappa & \mu\end{bmatrix} \tag{1.26}$$

式中，μ_p 为张量磁导率的二维形式，定义 $\mu_\pm=\mu\pm\kappa$ 为正负圆极化磁导率，它为标量形式；类似地，当 $h_z//H_0$ 的场作用下，有 $b_z=\mu_z h_z$。

本征态的情况下，张量磁导率写成

$$\mu=\begin{bmatrix}\mu_+ & 0 & 0\\ 0 & \mu_- & 0\\ 0 & 0 & \mu_z\end{bmatrix} \tag{1.27}$$

的形式。

其标量磁导率 $\mu_{//}=\mu_z=1$，在垂直于 H_0 方向的线极化高频磁场作用下，它分解为一对正负圆极化场，相当于 μ_+ 和 μ_- 两种材料性质复合在一起，这时有效磁导率(复合磁导率) μ_e 利用串联模型满足：

$$\frac{2}{\mu_e}=\frac{1}{\mu_+}+\frac{1}{\mu_-}$$

$$\mu_e = \frac{\mu^2 - \kappa^2}{\mu} \tag{1.28}$$

在研究电磁波在铁氧体中传播时，经常出现 μ_e 这个量，它是 μ,κ 的复合量。还出现比磁导率 κ / μ 的复合形式，这个量决定了传播的非互易性。

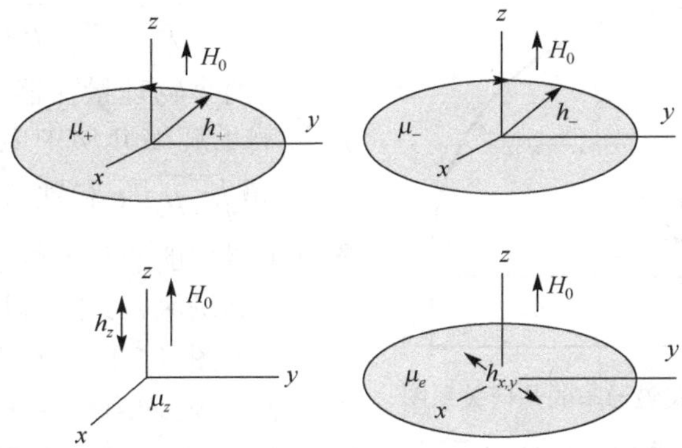

图 1.21　本征态磁导率：μ_+、μ_-、μ_z、μ_e 四种物理模型

张量磁导率分量 μ、κ 以及相关的一些物理量，有其深刻的内涵，同时也有有趣的几何关系，总结一下其几何关系。在无耗条件下有

$$\kappa = \frac{p}{\sigma^2 - 1} \tag{1.29}$$

$$\mu = 1 + \frac{p\sigma}{\sigma^2 - 1} \tag{1.30}$$

μ、κ 由归一化磁矩 $p = \gamma M_s / \omega$ 和归一化内磁场 $\sigma = \gamma H_i / \omega$ 决定，即材料的磁矩和磁化场决定了张量的基本量 μ、κ。正负圆极化磁导率 $\mu_+ = \mu + \kappa$，$\mu_- = \mu - \kappa$。

张量磁导率 μ、κ 及其相关磁导率 μ_+、μ_-、μ_e、κ / μ 虽然是材料的微波参数，但不是材料的内禀或本征参数，而是通过 p、σ 计算出来的被确定性微波参数，它不仅与材料的 M_s 和内磁场 H_i 有关，还与工作频率 ω 有关，所以不需要通过测量来解决，而材料的损耗参数：本征线宽 ΔH_0、有效线宽 ΔH_e 和铁磁共振线宽 ΔH 才是材料的本征微波参数，它可以通过测量来解决。

正负圆极化磁导率 $\mu_+ = \mu + \kappa$，$\mu_- = \mu - \kappa$：

$$\mu_+ = 1 + \frac{p}{\sigma - 1} \tag{1.31}$$

$$\mu_- = 1 + \frac{p}{\sigma + 1} \tag{1.32}$$

在高场区，μ_+、μ_- 均为正，它决定了正负圆极化波速度、法拉第旋转角和非互

易相移大小。有效磁导率 μ_e 和比磁导率 κ/μ 的归一化形式表示为

$$\mu_e = 1 + \frac{p\sigma}{\sigma^2 - 1} - \frac{p^2}{(\sigma^2 + p\sigma - 1)(\sigma^2 - 1)} \tag{1.33}$$

$$\frac{\kappa}{\mu} = \frac{p}{\sigma^2 + p\sigma - 1} \tag{1.34}$$

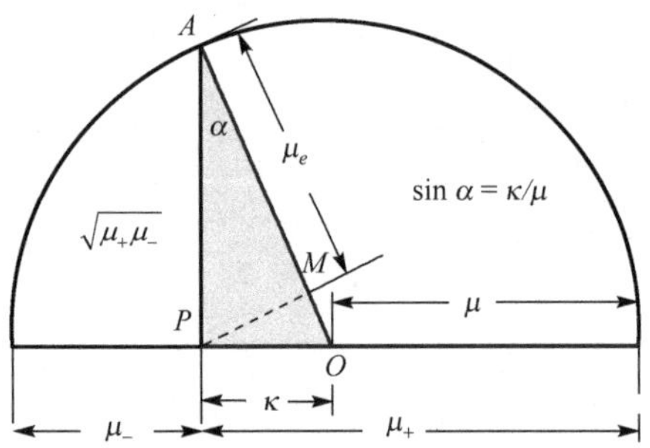

图 1.22　六个物理量相关磁导率的几何关系图

这两个物理量在器件设计中非常重要，μ_e 影响了旋磁介质中电磁波传播的传播常数 $k = \omega\sqrt{\varepsilon_f \mu_e}/c$ 和铁氧体尺寸大小；κ/μ 影响了器件的非互易性及器件带宽 2δ 等。

在高场区 $\sigma > 1$，以上 6 个物理量均为正值，用图 1.22 表示其相关几何关系；以 $2\mu = \mu_+ + \mu_-$ 为直径作半圆，圆心为 O，半径为 $AO = \mu$。三角形垂线 AP 长 $\sqrt{\mu_+\mu_-}$，为 μ_+ 和 μ_- 的几何平均值。直角三角形 APO 斜边长 μ，直角边长为 κ；垂足 P 到斜边的垂足 M 将线段 $\mu_e(<\mu)$ 划分；三角形圆周角 α，$\sin\alpha = \kappa/\mu$；κ 为距圆心 O 的偏移量，若 $\kappa = 0$，$\mu_+ = \mu_- = \mu = \mu_e$，$\alpha = 0$，则为非旋磁介质，所有的非互易性就不存在。

直角三角形 APO≌直角三角形 AMP，所以有

$$\frac{\mu_e}{\sqrt{\mu_-\mu_+}} = \frac{\sqrt{\mu_-\mu_+}}{\mu} \tag{1.35}$$

$$\mu_e = \frac{\mu_+\mu_-}{\mu} = \frac{\mu^2 - \kappa^2}{\mu} \tag{1.36}$$

1.7　去磁态磁导率

1.7.1　反平行畴理论

去磁态是指铁氧体内磁畴方向杂乱分布，整体上磁矩 $|M| = 0$，但每个畴内 $|M| = |M_s|$。一对 $\pm z$ 方向反平行畴，其张量磁导率为

$$\mu(z) = \begin{bmatrix} \sqrt{\mu_p} & 0 & 0 \\ 0 & \sqrt{\mu_p} & 0 \\ 0 & 0 & 1 \end{bmatrix}$$

其中，非对角分量由于反平行畴而变成零；对于垂直于自发磁化平面内正负圆极化磁导率的几何平均值 $\mu_p = \sqrt{\mu_+ \mu_-} = \sqrt{\mu^2 - \kappa^2}$ 。

同样对±y 和±x 方向的反平行畴，其张量磁导率分别为

$$\mu(y) = \begin{bmatrix} \sqrt{\mu_p} & 0 & 0 \\ 0 & 1 & 0 \\ 0 & 0 & \sqrt{\mu_p} \end{bmatrix} \quad , \quad \mu(x) = \begin{bmatrix} 1 & 0 & 0 \\ 0 & \sqrt{\mu_p} & 0 \\ 0 & 0 & \sqrt{\mu_p} \end{bmatrix}$$

去磁态磁导率被认为是三坐标轴方向反平行畴对磁导率贡献的统计平均。在忽略畴内的各向异性场和畴壁退磁场的情况下，把张量分量在各方向求平均，则得去磁态的磁导率为

$$\mu_d = \begin{bmatrix} \mu_d & 0 & 0 \\ 0 & \mu_d & 0 \\ 0 & 0 & \mu_d \end{bmatrix} \tag{1.37}$$

其磁导率为 1 的分布概率为 1/3，而对磁导率 μ_p 的分布概率为 2/3，其磁导率 $\mu_p = \sqrt{1-p^2}$ ，每个磁畴的外场趋于 0，故 $\mu = 1$， $\kappa = \omega_m / \omega = p$ 。所以由 3 种方向的反平行畴的统计平均值求得去磁态的磁导率 μ_d 为

$$\mu_d = \frac{1}{3} + \frac{2}{3}\sqrt{1-p^2} \tag{1.38}$$

去磁态的磁导率 μ_d 随 p 的变化如图 1.23 所示。

对于部分磁化态铁氧体，保留一部分反平行畴，局部磁化区沿磁化场 H_0 从优趋向，使整体部分磁化，对角分量的经验公式为

$$\mu = \mu_d + (1-\mu_d)\left(\frac{M}{M_s}\right)^q \tag{1.39}$$

非对角分量：

$$\kappa = p\frac{M}{M_s} \tag{1.40}$$

式中，q 为拟合因子，经验上取 $q = 3/2$ ； M/M_s 表示饱和度，非磁化态(退磁态)时，$M/M_s = 0$ ， $\mu = \mu_d$ ；饱和态时， $q = 3/2$ ， $\mu = 1$ 。

不管怎样，根据式(1.38)和磁化饱和度 (M/M_s) ，可算出部分磁化态张量磁导率 μ、κ 值(实部)， $\mu(M)$ 随 M/M_s 变化曲线如图 1.24 所示。

关于 μ 的虚部 μ'' 问题，计算比较复杂，其与退磁态 μ_d 的虚部 μ_d'' 相当，对于退磁态，由于各磁畴的铁磁共振频率 ω_r 不同，磁畴趋向不同，通过两次平均求出(见 1.7.2 节)：

$$\mu_d'' = \frac{2}{3}\langle \chi''(\omega_r) \rangle = \frac{2\alpha}{3p}\ln\frac{1}{(1-p^2)} \tag{1.41}$$

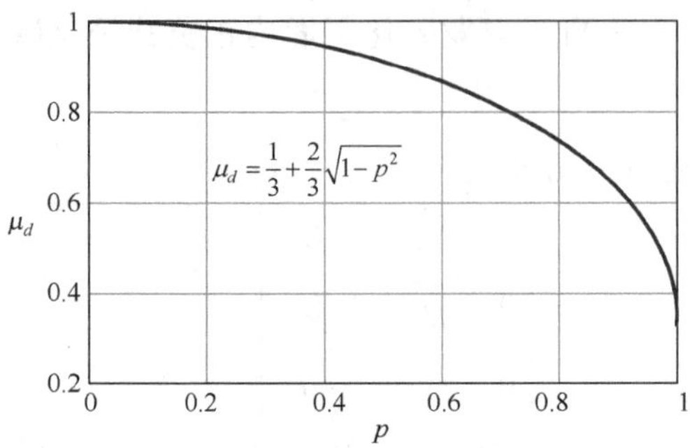

图 1.23　去磁态磁导率 μ_d-p

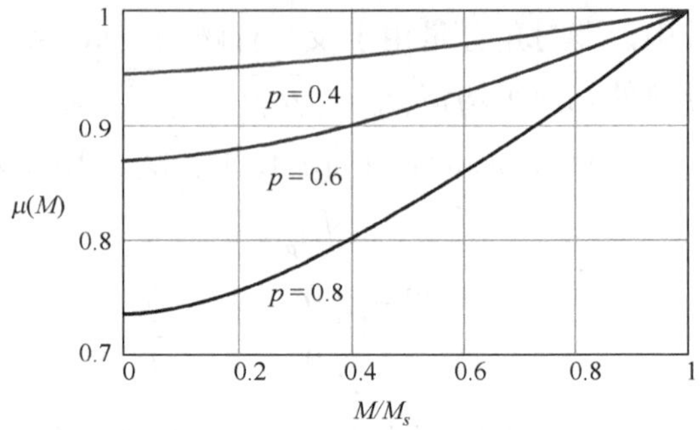

图 1.24　部分磁化态 $\mu(M)$-M/M_s

1.7.2　去磁态磁导率的统计理论

多晶材料内部由大小不同、趋向不同的晶粒组成。晶界和气孔边界和畴壁的磁荷对进动的影响，使张量磁导率发生变化，由于它是杂乱无章的无序不规则系统，只能用统计理论来探讨这个问题。图 1.25 所示为用旋转椭球体晶粒模型来分析。

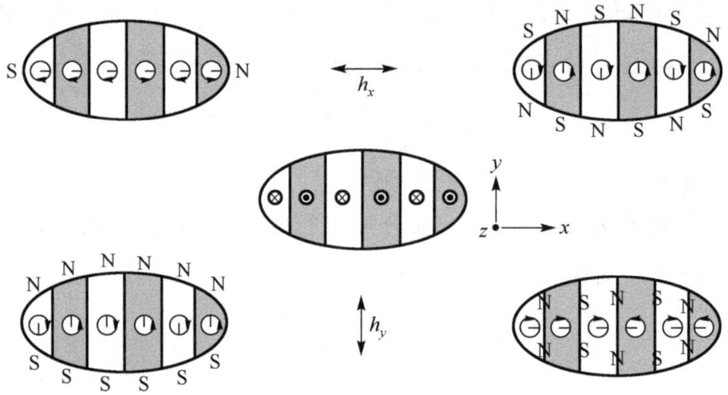

图 1.25　旋转椭球体样品内的反平行畴进动受到畴壁和样品退磁场影响

去磁状态下，样品内存在着各种方向的反平行畴，观察±z 方向的反平行畴，如图1.25所示，虽然无外磁场 H_0 作用，但由于晶体各向异性场 H_A 存在，在畴内磁化矢进动过程中受到 x 方向畴壁退磁场的影响，这些场的存在，参考图 1.5 所示的方薄片形状对铁磁共振的影响，畴的磁化率可写为

$$\chi_{xd}=e_0\frac{\omega_m\omega_r}{\omega_r^2-\omega^2} \tag{1.42}$$

$$\chi_{yd}=\frac{1}{e_0}\frac{\omega_m\omega_r}{\omega_r^2-\omega^2} \tag{1.43}$$

其均值

$$\langle \chi_d \rangle = \sqrt{\chi_{xd}\chi_{yd}} = \frac{\omega_m \omega_r}{\omega_r^2 - \omega^2} = \chi(\omega_r) \tag{1.44}$$

ω_r 为片状畴的铁磁共振频率。对于孤立的 z 向畴为

$$\omega_r = \gamma\sqrt{H_A(H_A + M)}$$

其实，进动到 y 方向还受到颗粒的形状退磁场的影响，因而 ω_r 有一分布范围，当 $0 < \Omega \leqslant \omega_A + \omega_m$，可以求其均值：

$$\overline{\chi(\omega_r)} = \int_0^1 \chi(\bar{\omega}_r) D(\bar{\omega}_r) \mathrm{d}\bar{\omega}_r \tag{1.45}$$

归一化 $\bar{\omega}_r$ 值为 $\bar{\omega}_r = \omega_r / \Omega$，$D(\bar{\omega}_r)$ 为分布函数，表示为

$$D(\bar{\omega}_r) = \begin{cases} \dfrac{2\bar{\omega}_r}{\bar{\omega}_A}, & 0 \leqslant \bar{\omega}_r \leqslant \bar{\omega}_A \\ \dfrac{2(\bar{\omega}_r - 1)}{\bar{\omega}_A - 1}, & \bar{\omega}_A \leqslant \bar{\omega}_r \leqslant 1 \end{cases} \tag{1.46}$$

$$\chi(\bar{\omega}_r) = \frac{\bar{\omega}_m \bar{\omega}_r}{\bar{\omega}_r^{\ 2} - \bar{\omega}^2}, \qquad \bar{\omega}_m = \omega_m / \Omega, \qquad \bar{\omega} = \omega / \Omega$$

均对 Ω 进行归一化处理。Ω 称为最大自然共振频率。最后求出由于畴的自然共振频率不同，z 方向畴的平均磁化率为

$$\begin{aligned}\overline{\chi(\omega_r)} = &\frac{p}{\sigma_A(p+\sigma_A)} \ln\frac{1-\sigma_A}{1+\sigma_A} - \frac{1}{p+\sigma_A} \ln\frac{(1+\sigma_A)(1-p-\sigma_A)}{(1-\sigma_A)(1+p+\sigma_A)} \\ &+ \ln\frac{1-(p+\sigma_A)^2}{1-\sigma_A^{\ 2}}\end{aligned} \tag{1.47}$$

如果把空间所有方向的反平行畴进行空间平均，就获得去磁态的磁导率：

$$\mu_d = 1 + \frac{2}{3}\overline{\chi(\omega_r)} \tag{1.48}$$

若忽略归一化晶体各向异性场 $\sigma_A = \gamma H_A / \omega$，则

$$\mu_d = 1 - \frac{2}{3}\left[2 + \frac{1}{p}\ln\frac{1-p}{1+p} - \ln(1-p^2)\right] \tag{1.49}$$

以上是考虑了晶体的各向异性场和畴壁退磁场的影响，得到去磁态磁导率 μ_d 的实部 μ_d'，对不同 σ_A 值作出 μ_d-p 曲线，如图 1.26 和图 1.27 所示。图 1.26 为去磁态磁导率 μ_d-p 曲线，其中曲线 1 为简单统计模型结果；曲线 2 为统计模型结果，后者 μ_d 值偏高。图 1.27 为由各向异性场对 μ_d-p 曲线的影响，$\sigma_A = 0$、0.1、0.2、0.3。从 4 条曲线可见，随着 σ_A 的增大，曲线偏离 μ_d=1 下移。

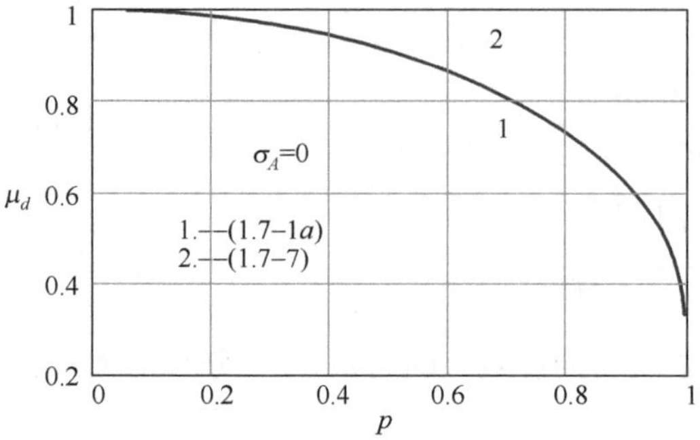

图 1.26　去磁态磁导率 μ_d-p 曲线

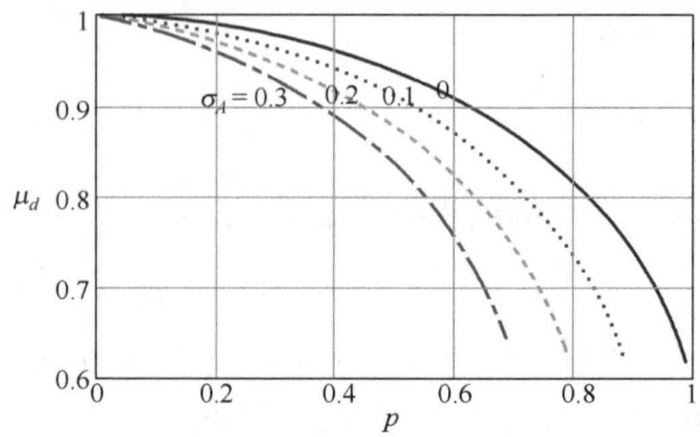

图 1.27　去磁态磁导率 μ_d-p 受 σ_A 的影响

1.7.3 自然共振损耗

更重要的是求去磁态磁导率的虚部 μ_d''，因为它决定了移相器的零场损耗大小。和求实部的情况类似，先求对不同自然共振频率 $\overline{\omega_r}$ ，对 $\chi''(\overline{\omega_r})$ 求统计平均：

$$\left\langle \chi_d'' \right\rangle = \frac{\omega_m \omega_\alpha (\omega_r^2 + \omega^2)}{(\omega_r^2 - \omega^2)^2}$$

$$\begin{aligned} \overline{\chi''(\omega_r)} &= \int_0^1 \chi''(\overline{\omega_r}) D(\overline{\omega_r}) \mathrm{d}\overline{\omega_r} \\ &= \frac{p}{p+\sigma_A}\left[\frac{1}{\sigma_A}\ln(1-\sigma_A^2) - \frac{1}{p}\ln\frac{1-(p+\sigma_A)^2}{1-\sigma_A}\right] \end{aligned} \tag{1.50}$$

去磁态磁导率的虚部：

$$\begin{aligned} \mu_d'' &= \frac{2}{3}\overline{\chi''(\omega_r)} \\ &= \frac{2\alpha p}{3(p+\sigma_A)}\left[\frac{1}{\sigma_A}\ln(1-\sigma_A^2) - \frac{1}{p}\ln\frac{1-(p+\sigma_A)^2}{1-\sigma_A^2}\right] \end{aligned} \tag{1.51}$$

忽略了各向异性场 $\sigma_A \to 0$ ，则

$$\mu_d'' = \frac{2\alpha}{3p}\left|\ln\frac{1}{1-p^2}\right| \tag{1.52}$$

α 为进动方程中的阻尼系数。对比零场饱和磁化率公式：

$$\chi_0'' = \frac{\omega_m \omega_r}{\omega^2} = \alpha p , \qquad \mu_0'' = \chi_0'' \tag{1.53}$$

它与 p 是线性关系，而 χ_d'' 与 p 是非线性关系，如图 1.28 所示。χ_0''/α-p 为线性关系，而 χ_d''/α-p 是非线性关系。当 $\sigma_A = 0$ 时，曲线 μ_d''/α 与直线 μ_s''/α 交于 $p = 0.76$ 处，

其零场损耗相同，当 $p>0.76$ 时，去磁态的零场损耗大于饱和态的零场损耗，说明零场工作器件的归一化磁矩取值 $p\leqslant 0.76$，可以避免零场损耗。

随着 σ_A 的增加，其交点的 p 值下移，$\sigma_A=0.1,\ p=0.6$；$\sigma_A=0.2,\ p=0.45$；$\sigma_A=0.3,\ p=0.3$。如果测出了去磁态的 μ_d''，可根据材料对应的 p 值 $(p=\gamma M/\omega)$ 及 σ_A 值，求出阻尼系数 α 值。由此推论材料的本征线宽 ΔH_0 或内禀线宽 ΔH_i。

$$\Delta H_0=\frac{2\alpha\omega}{\gamma} \tag{1.54}$$

在共振区，ΔH 是直接测得的，它仅能反映共振区损耗的大小；而在零场情况下，可以直接测出 μ_d'' 和 α，从而通过式(1.54)计算出 ΔH_0 值。内禀线宽更能反映材料零场损耗的大小或低场器件损耗大小，有时用有效线宽 ΔH_e 来表示，ΔH 和 ΔH_0（或 ΔH_i），它们相差可达五倍之多。例如，$\Delta H=10\times 1/(4\pi)\text{kA/m}$，而 $\Delta H_0=2\times 1/(4\pi)\text{kA/m}$。

图 1.29 为当 $\sigma_A=0.1$，α 作为参变量、p 作为变量的 μ_d''-p 曲线。

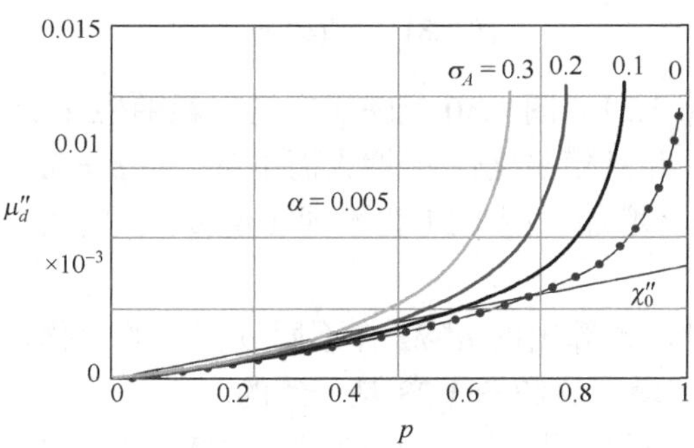

图 1.28 去磁态磁导率 μ_d''；零场饱和磁化率 χ_0''

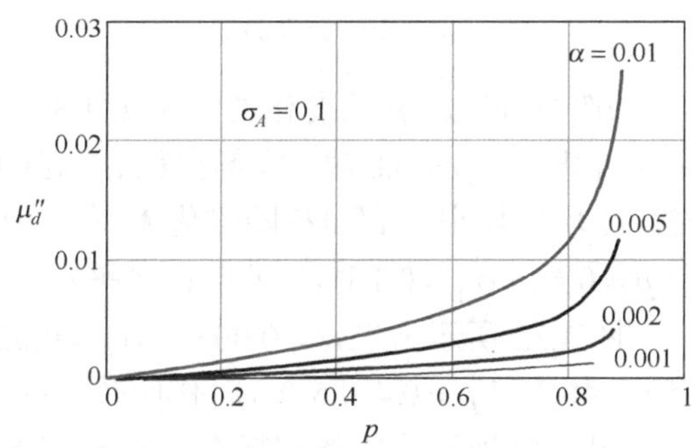

图 1.29 去磁态磁导率 μ_d''-p 曲线

1.8 部分磁化状态与零场损耗

去磁态是属于磁无序态，而磁化饱和态属于磁有序态，部分磁化态则属于有序/无序混合态。在去磁态到饱和态范围内，内场为零的情况下，随着磁化饱和度不同，其损耗也不同。

$$\mu''(M)=\mu_d''+(\mu_s''-\mu_d'')\left(\frac{M}{M_s}\right)^q \tag{1.55}$$

当 $\sigma_A=0$，q 为零场损耗拟合因子，$q=0.9$，忽略晶体各向异性场 $H_A(\sigma_A\to 0)$ 时：

$$\mu''(M)=\frac{2\alpha}{3p}\ln\frac{1}{1-p^2}\left(1-\frac{M}{M_s}\right)^q+\alpha p\left(\frac{M}{M_s}\right)^q \tag{1.56}$$

M_s 表示磁化饱和状态，$M=0\to M_s$ 之间，令 $m=M/M_s$，当 $\sigma_A\neq 0$ 时：

$$\mu''(M)=\frac{2\alpha p}{3(p+\sigma_A)}\left[\frac{1}{\sigma_A}\ln(1-\sigma_A^2)-\frac{1}{p}\ln\frac{1-(p+\sigma)^2}{1-\sigma^2}\right](1-m)^q+\alpha pm^q \tag{1.57}$$

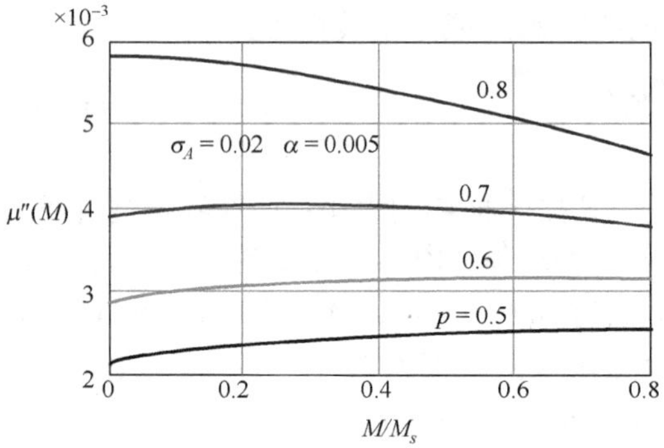

图 1.30　$\mu''(p)$-m

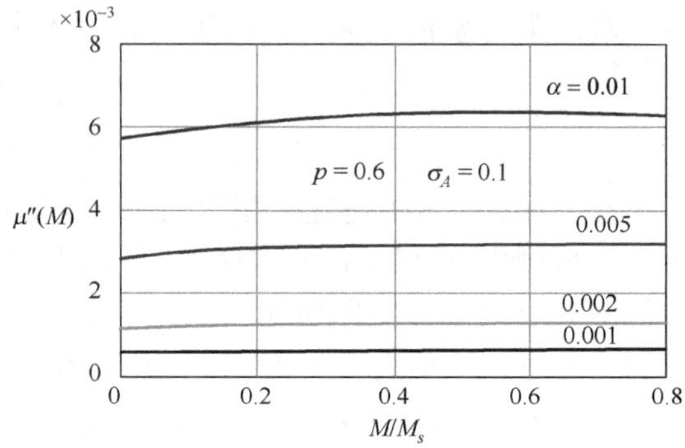

图 1.31　$\mu''(\alpha)$-m

$\mu''(M)$ 随 α、p 的变化曲线见图 1.30 和图 1.31。图 1.30 反映了零场损耗随磁化变化的规律，当 $p=0.8$ 时，零场损耗 $\mu''(M)$ 大，并且随磁化值 m 增大而下降，而 $p=0.5$ 时，零场损耗小，$\mu''(M)$ 随磁化 M 增大而稍有增加。图 1.31 为不同 α 值 μ''-M 曲线，当 $p=0.6$，$\sigma_A=0.1$ 时，μ'' 值比较平直。

图 1.32 所示为当 $\alpha=0.005$，$\sigma_A=0.02$ 时，计算出的 μ''-M 在不同 p 值下的变化，将 $p\to 0.9$ 和 $p=0.4$、0.5、0.8 时作比较，损耗大增，这和图 1.28 是一致的。

图 1.33 所示为零场损耗在不同 p 值下的实验结果，当 $p=0.89$ 时，$\mu''(M)$ 值偏高，实验的结果可同图 1.32 结果类比。图 1.34 所示为 $\alpha=0.005$, $\sigma_A=0.1$ 时的计算 μ''-M 在不同 p 值下的变化，将 $p\to 0.9$ 和 $p=0.4$、0.5、0.8 作比较，损耗 μ'' 大增，这和图 1.28 是一致的。

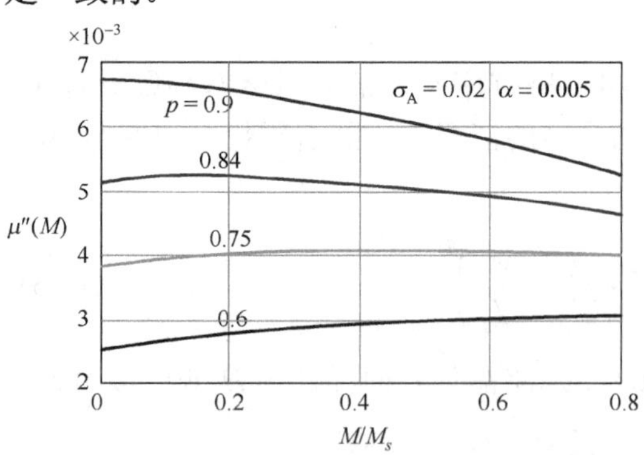

图 1.32　$p=0.6$、0.75、0.84、0.9 的零场损耗

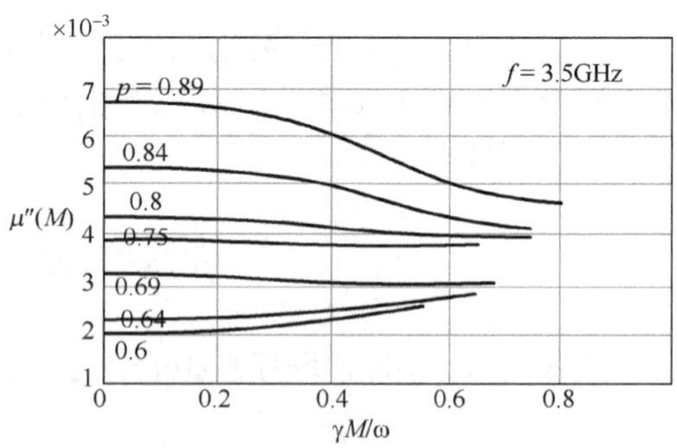

图 1.33　零场损耗实验结果

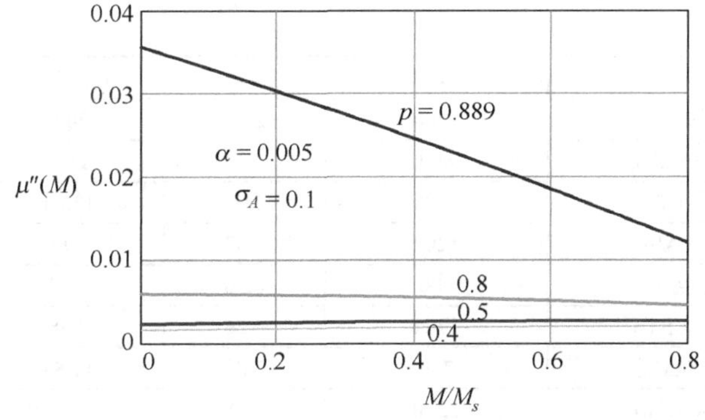

图 1.34　$\sigma_A = 0.1$ 时的零场损耗

为了客观描述材料中损耗的大小，应该与去磁态条件下作比较。本征状态指材料不受外加磁场作用。其损耗来源于一次效应及二次效应的散射过程，晶格内部散射、磁畴、晶粒及气孔等的不均匀散射均导致材料的损耗。图 1.35 涵盖了大、中、小，三级的 ΔH_0。在实验上已测出各种类型材料的本征线宽及损耗参数列于表 1.1。表 1.1 中，1、2、3 号材料系列为钇钙钒加铟石榴石系列，加铟可以降低材料归一化各向异性场 σ_A 所以该系列材料有较小的本征线宽。

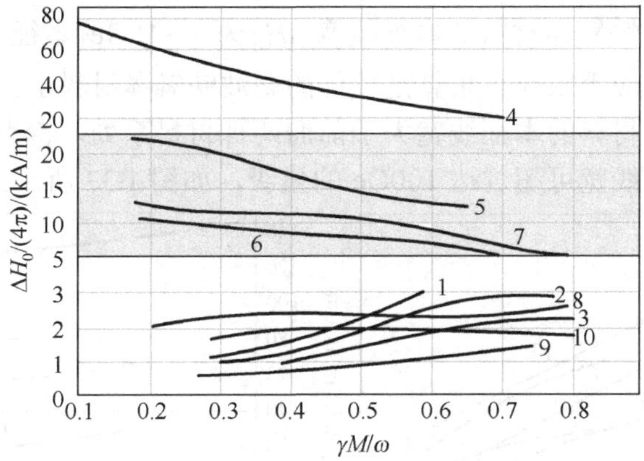

图 1.35　石榴石材料的本征线宽

表 1.1　p=0.5 时各种材料系列的阻尼系数 α、弛豫频率 ω_α 和本征线宽 ΔH

编号	材料	$4\pi M_s$/Gs	$\alpha\times10^{-3}$	ω_α /MHz	ΔH /Oe
1	GR50（YCaVInIG）	540	0.93	2.82	2
2	GR811（YCaVInIG）	870	0.52	2.51	1.79
3	GR1200（YCaVInIG）	1330	0.23	1.74	1.24
4	G-1050（YGdIG）	725	9.86	40.0	28.6

续表

编号	材料	$4\pi M_s$/Gs	$\alpha\times10^{-3}$	ω_α /MHz	ΔH /Oe
5	G-1001(YGdIG)	1200	2.98	20.0	14.3
6	G-800(YGdIG)	800	2.33	10.4	7.46
7	G-1200(YGdIG)	1200	2.06	13.84	9.89
8	G-1210(YAlIG)	1200	0.47	3.13	2.23
9	G-810(YAlIG)	800	0.30	1.32	0.94
10	G-113(YIG)	1780	0.26	2.58	1.84
11	I-414(MgMn)	750	2.82	11.84	8.46
12	I-109(MgMn)	1300	1.28	9.32	6.66
13	MMF-10(MgMn)	2475	0.96	13.31	9.5
14	I-105(MgMnAl)	1750	0.81	7.94	5.67
15	I-2800(MgMn)	2800	0.60	12.39	8.85
16	I-390(MgMn)	2150	0.63	7.59	5.42
17	MZMF-E(MgMn)	2800	0.6	9.41	6.72
18	TT2-130(Ni)	1000	28	156.8	112
19	TT2-118(NiCoAl)	1800	10.28	103.7	74.0
20	TT2-125 (Ni)	2100	1.7	20.0	14.3
21	TT2-101(Ni)	3000	2.5	42.0	30.0

图 1.36 所示镁锰铁氧体材料的本征线宽 ΔH_0 为 4～10Oe，本征线宽还是比较小的。在石榴石材料未大量应用以前，它算是较优的微波铁氧体材料了。

一般来说，镍系材料的本征线宽大于前面两种材料系列，特别是加钴的高功率使用的镍系材料，本征线宽可超过达 100Oe 的量级，如图 1.37 所示。

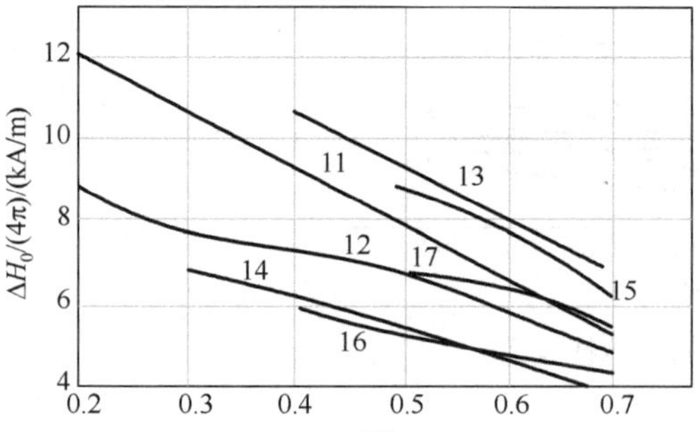

图 1.36　镁锰铁氧体材料本征线宽

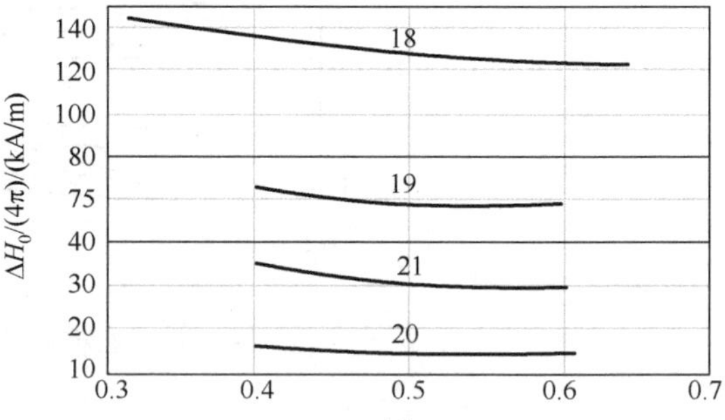

图 1.37　镍系铁氧体材料本征线宽

关于本征线宽 ΔH_0、有效线宽 ΔH_e 和共振线宽 ΔH 三者之间并无必然联系。在不同磁化工作区，它们反映了材料损耗大小，ΔH_0 客观反映了零场或去磁态和部分磁化态材料损耗大小，这时磁畴存在畴壁退磁场对自然共振的影响。ΔH_e 基本反映了饱和磁化态材料损耗大小，无论在高场区 ($\sigma>1$) 或低场区 ($\sigma<<1$) 情况下都能使用。ΔH_e 参数测量是通过 μ''_+ 的大小变化取得的。

图 1.38 中，ΔH 属于铁磁共振区测出的参数。部分磁化态器件包括开关、移相器等锁式器件。饱和磁化态器件包括高场和低场工作的环行器及高功率差相移环行器。一般来说，ΔH_0 和 ΔH_e 比较接近。而 ΔH_e 比 ΔH 小很多。这是由于不同测试区有不同的结果，ΔH 是在共振区获得的结果，ΔH_e 是在低场区或高场区测试获得的结果。在圆柱腔中放置 $\phi 2$ mm 的铁氧体圆棒，在 9GHz 下用圆极化场 h_+ 激发，测出 μ''_+ 值：

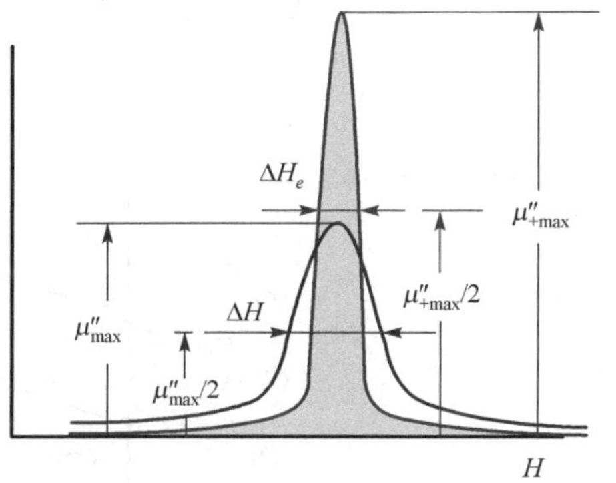

图 1.38　有效线宽 ΔH_e 和共振线宽 ΔH 的不同

$$\mu_+ = \frac{p\alpha}{(\sigma + \mathrm{j}\alpha)^2 - 1}, \qquad \alpha = \frac{\gamma \Delta H_e}{2\omega}$$

在已知 p、σ 的情况下，利用公式可推算出 α 及 ΔH_e：

(1) 当 $M_s \leqslant 2000/(4\pi)(\mathrm{kA/m})$ 时，用低场测量，$H_0 = 500/(4\pi)(\mathrm{kA/m}) = 500\,\mathrm{Oe}$ $(\sigma = 0.1555)$。

(2) 当 $M_s \geqslant 2000/(4\pi)(\mathrm{kA/m})$ 时，用高场测量，$H_0 = 5000/(4\pi)(\mathrm{kA/m}) = 5000\,\mathrm{Oe}$ $(\sigma = 1.555)$。可以在饱和磁化下获得有效线宽 ΔH_e。

1.9　非线性效应

1.9.1　自旋波

铁氧体中的磁矩进动除一致进动模式外还存在非一致进动模式，自旋波就是其中的一种非一致进动模式。由于电子元磁矩束缚在晶格点阵位置上，点阵常数 a 约为 10^{-7} cm，元磁矩之间存在着进程相互作用——交换作用。所以铁氧体中元磁矩受到外加磁场、退磁场和交换作用场的作用，自旋波频谱如图 1.39 所示。自旋波频率 ω_k 可通过下式计算。

$$\omega_k = [(\omega_0 - N_z\omega_m + \omega_{ex})(\omega_0 - N_z\omega_m + \omega_{ex} + \omega_m \sin^2\theta_k)]^{1/2} \tag{1.58}$$

式中，$\omega_0 = \gamma H_0$，$\omega_{ex} = \gamma H_{ex} a^2 k^2$，$H_{ex} = 4AS^2/(Ma^2)$。交换作用场是元磁矩间进程相互作用场。$k$ 为自旋波波数 $(1/\lambda_s)$（单位长度波长数），θ_k 为自旋波传播方向和外磁场 H_0（在 z 方向）的夹角，S 为自旋磁量子数，A 为邻近电子间的交换积分常数。

k 的分布范围为 $10^3 \sim 10^6$ /cm。图 1.39 所示为自旋波的波谱曲线，整个自旋波频率 ω_k-波数 k，落在上支（$\theta_k = 90°$）和下支（$\theta_k = 0°$）抛物线中间，波长 λ_k 越短，k 越大，ω_k 越高。当 $k \to 0$ 时，相当于一致进动情况，$\omega_k = \omega_0 - N_z M = \omega_\gamma$（圆柱样品的共振频率）；当 $k \to 0$、$0 < \theta_k < 90°$ 时，球状样品中自旋波频率分布于

$$(\omega_0-\omega_m/3)\leqslant\omega_k\leqslant\sqrt{(\omega_0-\omega_m/3)(\omega_0+2\omega/3)}$$

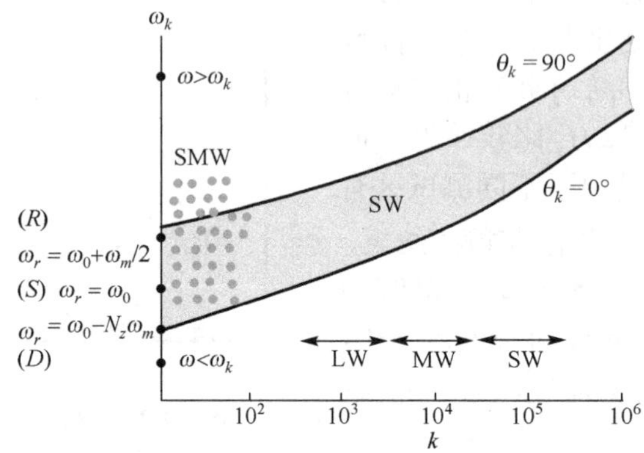

图 1.39　自旋波的波谱曲线

小球共振频率 ω_0 处于 ω_k 的上下限之间。

当 $k\to 0$ 、 $\theta_k=90°$ 时，细圆棒样品：

$$\omega_k=\sqrt{\omega_0(\omega_0+\omega_m)}=\omega_0+\omega_m/2+\delta \tag{1.59}$$

而一致进动频率 $\omega_r=\omega_0+\omega_m/2$ ，所以圆柱样品的 $\omega_r<\omega_k$ 。

上述几种典型样品的情况，其共振频率均落在长波长(k 小)自旋波波谱内，它和静磁波 SMW 谱简并在一起。频谱的简并现象导致一致进动能量消耗传递给自旋波。自旋波再通过晶体的不均匀性因素，如晶粒不均匀、气孔等散射中心，把能量传递给晶格做热振动，所以晶粒、气孔、杂质等成为低 k 自旋波的散射中心，加大了 ΔH 。

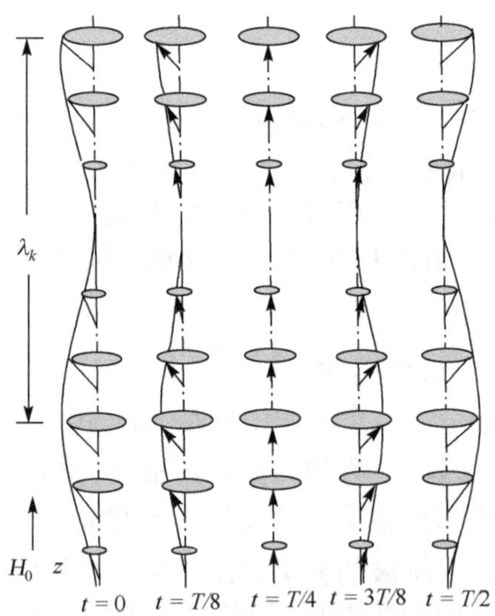

图 1.40　磁化方向传播的自旋波驻波

高频区，一致进动与高 ω_k 自旋波简并，所以低场器件(高频工作)的损耗是高 k 自旋波或短波长自旋波简并作用。晶格弛豫是损耗的主要原因，快弛豫离子在晶格中成为主要散射源。

在低频区(高场工作情况)，工作频率(一致进动频率)落在 $\omega_k(\theta_k=0)$ 频谱线下方，不存在自旋波简并，可以获得低损耗和避免非线性损耗。

自旋波传播很复杂，有驻波形式存在(图 1.40)；有 θ_k 方向的自旋波(图 1.41)；有磁化方向传播的自旋波(图 1.42)等。

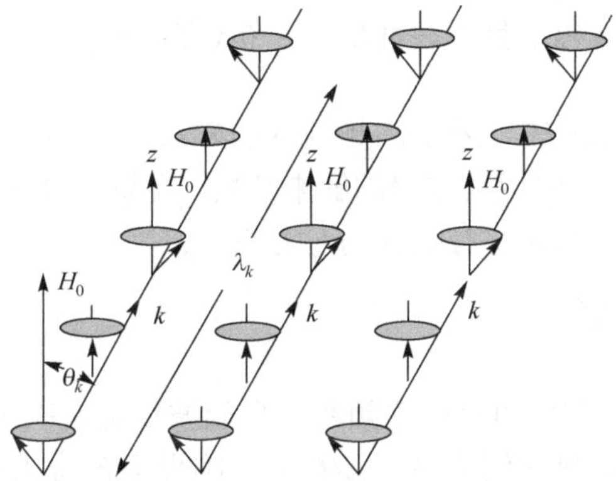

图 1.41 θ_k方向传播的自旋波

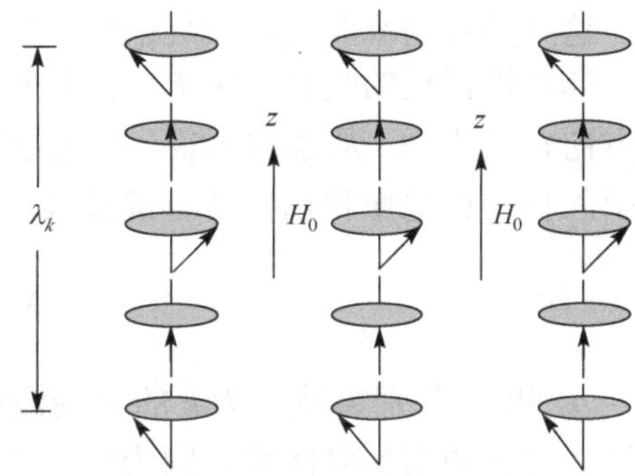

图 1.42 磁化方向传播的自旋波

1.9.2 一致进动的散射机制

如图 1.43 所示，电磁场 h 激发出一致进动 m_0，其能量直接耦合到晶格点阵，或经过二次耦合渠道$T_{01} \to T_{1L}$，$T_{02} \to T_{2L}$，$T_{0k} \to T_{kL}$。其中T_{0k}表示 0-k 耦合弛豫，由一致进动 0→波数为 k 的自旋波的过程，T_{kL} 表示 k-L 耦合弛豫，由波数为 k 的自旋波→晶格振动的弛豫过程。

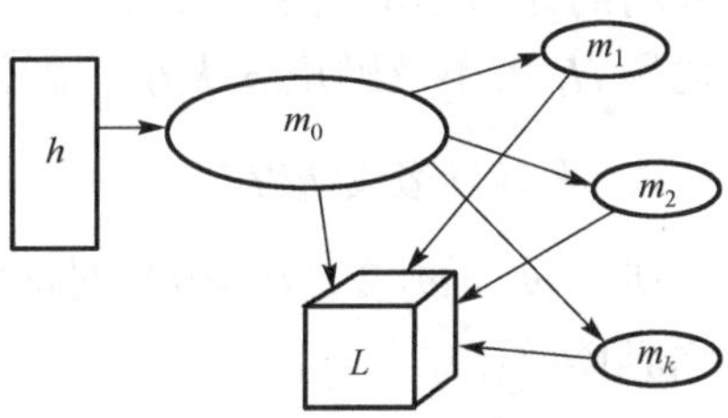

图 1.43 一致进动的散射机制

1.9.3 第一类非线性效应

图 1.43 所示，一致进动把能量传递给晶格振动的途径有两种，一是直接传递，一致进动把能量传给晶格；二是间接传递，经过与各种可能的自旋波 ω_k 的耦合，再通过二次散射，自旋波与晶格的弛豫过程变成晶格热振动而消耗一致进动能量。这种过程在常态时就存在，只不过自旋波在现行状态下，即低功率激发状态下，自旋波振幅不大，不至于造成损耗的非线性增长。若高频场 h 足够大，超过某一临界场 h_c（即 $h > h_c$），则一致进动能量传递给自旋波能量呈非线性增长态势。当高频场 $h < h_c$ 时，一致进动角幅度 θ_0 不大，自旋波进动幅度 θ_k 也不大，即在常态情况下，自旋波处于阻尼进动状态，即自旋波传递形态为

$$m_k = m_k(r)\mathrm{e}^{\mathrm{j}\omega_k t + At} \tag{1.60}$$

当 $A < 0$ 时，为阻尼进动状态，一致进动幅度不够大，不足以克服自旋波的阻尼力。

当 $A = 0$ 时，即一致进动幅度 θ_0 已达致 0-k 耦合能克服自旋波的阻尼运动时，自旋波在晶体内稳定传播，这时的 $\theta_0 = \theta_c$（θ_c 为临界角），对应的激励场 $h = h_c$ 为临界场。

当 $A > 0$，高频场 $|h|$ 大于临界场 h_c 时，即 $|h| > h_c$ 或 $\theta_0 > \theta_c$ 时，自旋波运动呈指数

增长，随着h增大，A逐渐增大，由于自旋波幅度呈非线性增长，0-k 耦合也随之增大，这就是高功率非线性损耗的机理所在。

非线性损耗的临界功率 P_{crit} 的大小与磁化场 H_0 大小、高频场激励方式、自旋波传播方向 θ_k 等有关。从根本上说，要通过研究自旋波运动方程的解来解决。为简单起见，可引入自旋波弛豫和相关的自旋波线宽 ΔH_k，因为它与临界场 h_c 相关。

$$\Delta H_k = \frac{2\alpha_k \omega_k}{\gamma} \tag{1.61}$$

α_k 和 ω_k 分别为波数为 k 的自旋波的阻尼系数和自旋波频率，自旋波线宽反映了铁氧体材料的高功率性质，因为它与临界场 h_c 呈比例关系，ΔH_k 大，临界场 h_c 也大；反之则小。

当出现高功率非线性损耗（$h > h_c$）时，器件的插损比低功率状态的插损高很多，例如，某器件在低功率状态的插损为 0.4dB，当 $h >> h_c$ 时，可能出现 1～3dB 甚至更大。临界场的计算非常复杂，与激励场方式 $h//H_0$ 或 $h \perp H_0$、自旋波频率 ω_k 和传播方向 θ_k、磁化场 H_0 大小及磁矩 p 大小、磁化态等因素有关。

1. 平行场激发 $h//H_0$

研究 $\omega_k = \omega/2$，$\theta_k = 90°$ 时的情况，即垂直于 H_0 方向传播的自旋波，可获得最低的临界场：

$$h_{c,\min} = \frac{\omega}{\omega_m} \Delta H_k \tag{1.62}$$

此时 h_c 和外场 H_0 的关系曲线见图 1.44。当 H_0 由 0 变为 H_e 时 $(\sigma = 0 \to \gamma H_e/\omega)$，$h_c$ 随 H_0 的增大而下降，到 H_e 处达最小值 $h_{c,\min}$；当 $H_0 > H_e$ 时，h_c 快速上升。H_e 处标志副峰出现的磁化场，它随 p 值的大小而变，p 值大，$\sigma \to 1$ 向共振处靠近，而 h_c 越低。图 1.44 中，$\sigma = \gamma H_0/\omega$ 为 0.7～1.0。

平行场激发在器件中往往存在，例如，带线环行器中，内导体边缘会出现 $h_{//}$ 的场结构。双模器件或剩磁开关器件中或多或少均有 $h_{//}$ 场出现。

2. 垂直场激发 $h \perp H_0$

(1) 副峰共振。当 $\omega_k = \omega/2$，$\omega_r \neq \omega$ 时，出现一次非线性效应出现在外磁场低于铁磁共振场处，这时有较低的临界场：

$$h_c = \frac{\Delta H_k}{\omega_m}\left[(\omega_r - \omega)^2 + (\alpha\omega)^2\right]^{1/2} g(\theta_k) \tag{1.63}$$

式中

$$g(\theta_k)=\left\{\sin\theta_k\cos\theta_k\left[\omega+(\omega_m^2\sin^4\theta_k+\omega^2)^{1/2}-\omega_m\sin^2\theta_k\right]\right\}^{-1}$$
$$=\left[\sin\theta_k\cos\theta_k(1+e_k)\right]^{-1} \tag{1.64}$$

其中

$$e_k=\left(\frac{\omega_m^2}{\omega^2}\sin^4\theta_k+1\right)^{1/2}-\frac{\omega_m}{\omega}\sin^2\theta_k$$

式中，e_k 为自旋波的椭圆率，它与传播方向 θ_k 有关。所以计算最小临界场 $h_{c,\min}$ 是很复杂的，因为它与 θ_k 有关，这必须找到 $g(\theta_k)$ 的最小值。$\theta_k=0$ 或 $\theta_k=90°$，恰巧是 $g(\theta_k)$ 的最大值，最小值只能在 $\theta_k=45°$ 附近寻找。与此同时，假定 $\alpha=1$，$\omega_r=0.7\omega$，$\omega_m/\omega=1$ 时，$\omega_k=0.618$，$g(45°)=1.236$，从式(1.63)，求得 $h_c/\Delta H_k=0.39$。为全面考虑，可求出 $h_c/\Delta H_k$-$\sigma(\sigma=\gamma H_0/\omega)$ 曲线，如图 1.44 所示。

根据一次非线性效应条件 $\omega_k=\omega/2$，代入自旋波频谱公式，得出交换频率 ω_{ex} 项：

$$\omega_{ex}=\frac{1}{2}\left(\omega_m^2\sin^4\theta_k+\omega^2\right)^{1/2}-\frac{1}{2}\omega_m\sin^2\theta_k-\omega_0+N_z\omega_m \tag{1.65}$$

当 ω_0 增加时，$\omega_{ex}=0$，可能使波数 $k=0$，这提供了副峰共振的门限值。ω_0 继续上升，ω_{ex} 变成负值，则不存在 k 的实数值和自旋波及其副峰共振条件。这时临界场 $h_c/\Delta H_k$ 曲线斜率上升。图 1.45 表示非线性效应出现了副峰吸收和主峰饱和吸收。

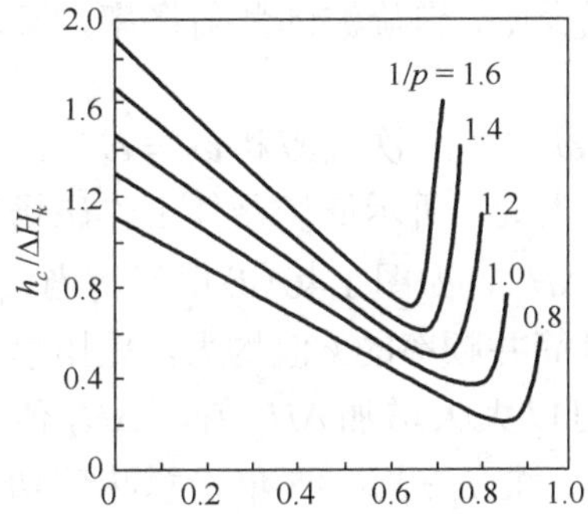

图 1.44　临界场 $h_c/\Delta H_k$ 和归一化内磁场 σ 关系曲线

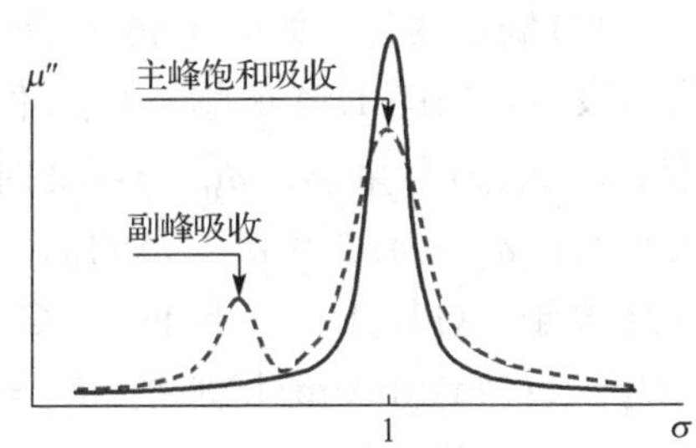

图 1.45　一次非线性效应(副峰吸收)和二次非线性效应(主峰饱和吸收)

(2) 重合共振情况，$\omega_k=\omega/2,\omega_r=\omega$，这时临界场公式为

$$h_c=\frac{\Delta H\Delta H_k}{M_s(1+e_k)} \tag{1.66}$$

比起单纯的副峰共振具有更低的 h_c，因为这时一致进动充分激发，它处于共振态。

(3) 主峰饱和吸收——二次非线性过程。这时 $\omega_k=\omega=\omega_r$，其临界场强:

$$h_c = \frac{\Delta H}{2}\left[\frac{\Delta H_k}{M_s}\right]^{1/2} \tag{1.67}$$

出现饱和吸收时，铁磁共振吸收峰随 $h > h_c$ 而下降。这时共振隔离器的隔离比变差。

(4) 去磁态的临界场公式。因为去磁态各磁畴方向相对于外加交变场方向都不一致，这时既不是平行场激励，也不是垂直场激励所能解决的问题，这又是一个复杂的统计问题。在零场时，$\omega_0/\omega = 0$，图 1.44 中，当 $\sigma \to 0$ 时，其相对临界场为

$$\frac{h_c}{\Delta H_k} = \left(p - \frac{p^2}{4} + \frac{3p^3}{32} - \frac{13p^4}{512}\right)^{-1} \tag{1.68}$$

综上所述，第一类非线性效应，即高功率非线性效应的出现，给器件损耗带来负面影响。随着峰功率增加，当场强超过临界值（$h \geq h_c$）时，器件插损剧增，虽然不能定量计算出插损值，但可指导器件如何防止或避免这类非线性效应的发生，可以从选材料和改变工作磁场等方面进行考虑。

(1) 高场工作器件可以避免高功率非线性，因为工作频率 ω 与 ω_k 不存在简并，如图 1.46(a) 所示。

(2) 共振场器件，ω 与 ω_k 存在着低 k 值的简并，如图 1.46(b) 所示。除增加材料的 ΔH、ΔH_k 外，采取薄样品 $N_z = 1$，ω 与 ω_k 的简并仅发生在 $\theta_k = 0$ 曲线附近，减少出现非线性效应概率。另外，材料的细晶粒，可以减少低 k 自旋波的散射概率，高功率材料晶粒大小 $d < 2\mu\text{m}$。

(3) 低场器件，如图 1.46(c) 所示。这时，$\omega_k = \omega/2$，一次效应和 $\omega_k = \omega$ 二次效应均可发生，如图 1.44 所示，$h_{c,\min}$ 值出现在 ω_0/ω 较大处，所示低场器件工作磁场应尽量低，ω_0/ω 尽量小，$\omega_0/\omega \to 0$ 时，有较高的 $h_c/\Delta H_k$，如图 1.46(d) 所示。当 ω_0/ω 很小时，$\omega_k = \omega/2$ 和 $\omega_k = \omega$ 的简并概率均小，而且简并频率的 k 值均大，采用掺有快弛豫离子，Gd、Ho、Tb 的 YIG 铁氧体材料，可以大大增加 ΔH_k 值，ΔH_k 值可从 $\Delta H_k = 2/(4\pi)$ (kA/m) 增加到 $\Delta H_k = 30/(4\pi)$ (kA/m)，把 h_c 提高 15 倍，意味着功率可以提高 225 倍。

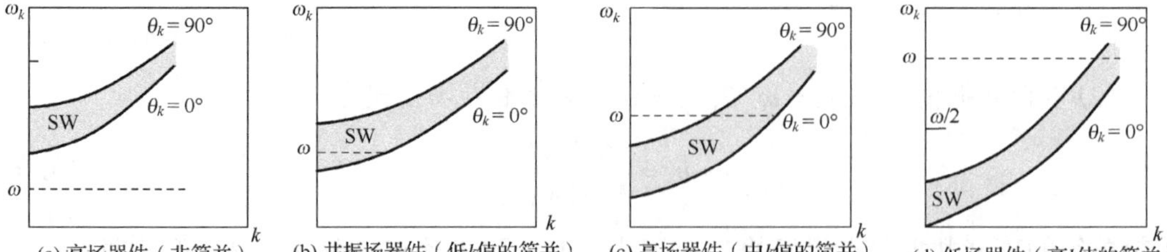

图 1.46　ω, ω_k 的简并

(4) 对于一般低场器件而言，自旋波的激发还需要区分垂直场激发还是平行场激发。如设计时，高频磁场可能与 H_0 平行，这样可以用公式 $h_c = \Delta H_k / p$（平行场）公式来确定 h_c，所以选归一化磁矩较低的 p 值，可以提高临界场 h_c。

另外就是低损耗铁氧体材料的晶粒尺寸较大（如 $d = 30\mu m$），若简并作用发生在长波长处（k 较小），低功率状态下，自旋波散射中心减小，保证了低场工作低损耗的特点，但增大了高功率状态下非线性损耗。

1.9.4　第二类非线性效应——倍频、混频、三阶互调

第二类非线性效应与自旋波的高功率非线性效应毫无关系，是一致进动本身存在某种调制进动，或称章动（nutation），大都是由磁矩进动矢量的椭圆轨道引起的，由此产生了倍频（二次谐波）、混频，及其复合效应（三阶互调等现象）；倍频及混频问题在经典的旋磁理论中已有描述，而三阶互调是环行器应用于通信领域中发现的新问题，有必要详细论述。

1．铁氧体材料中二次谐波的激发

在磁进动方程中

$$\frac{dM}{dt} = -\gamma(M \times H) \tag{1.69}$$

磁场仍由恒磁场和高频磁场组成 $H = H_0 i_z + h_t$，h_t 为 x-y 面中的高频磁场，而磁矩由三项组成：

$$M = M_0 i_z + m_t e^{j2\omega t} \tag{1.70}$$

由于磁矩 m_t 以 ω 频率在 x-y 平面内旋转，它呈椭圆轨迹，也就是磁矩 M 进动轨迹是一个非平面椭圆，在 z 方向必有 m_{2z} 存在（见图 1.47），其频率为 2ω，m_{2z} 的运动方程为

$$\frac{dm_{2z}}{dt} = \gamma(m_y h_x - m_x h_y) \tag{1.71}$$

式中，h_x、h_y、m_x、m_y 相对 M_0、H_0 是二级小量；在圆极化激励情况下，m_{2z} 可能为零；在线极化 h_x 和 h_y 或椭圆极化场（h_x, h_y）激励下，m_{2z} 非零。在 x，y 两种线极化激励下：作为倍频工作状态，$\omega = \gamma H_0 = \omega_0$，即工作在共振磁场处倍频现象最为显著。

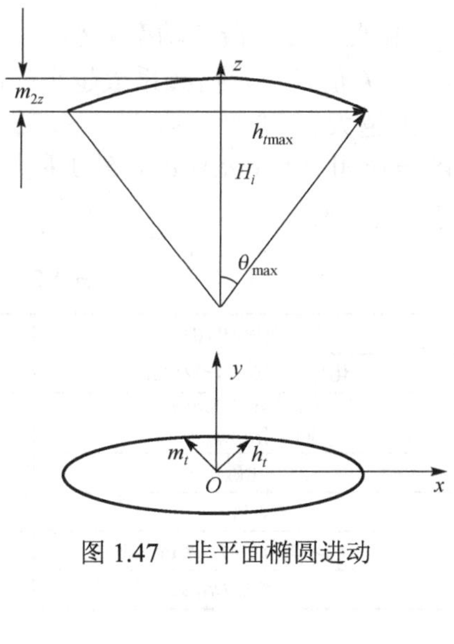

图 1.47　非平面椭圆进动

$$m_{2z}=\frac{\omega_m h_x^2}{2\omega\Delta H}, \qquad \omega_m=\gamma M \tag{1.72}$$

所以取ΔH小的材料，可获得高的倍频输出。但作为环行器，一定工作在非共振区的情况下：

$$m_{2z}=\frac{\gamma\omega_m h_x^2}{2(\omega_0^2-\omega^2)}=\frac{\gamma}{2\omega}kh_x^2 \tag{1.73}$$

或

$$m_{2z}=\frac{\gamma}{2\omega}\frac{p}{(\sigma^2-1)}h_x^2=D_x h_x \tag{1.74}$$

式中

$$k=\frac{\omega_m\omega}{\omega_0^2-\omega^2}, \qquad D_x=\frac{\gamma}{2\omega}kh_x \tag{1.75}$$

(1) 如果知道铁氧体内场强$\langle h_x\rangle$平均值，求可估计出二次谐波值：

$$D_x=20\lg\langle D_x\rangle(\text{dBc}), \qquad \langle D_x\rangle=\frac{\gamma}{2\omega}k\langle h_x\rangle$$

(2) 同样可计算y方向激励场h_y的情况：

$$D_y=20\lg\langle D_y\rangle(\text{dBc}), \qquad \langle D_y\rangle=\frac{\gamma}{2\omega}k\langle h_y\rangle$$

(3) 在椭圆极化场激励下：

$$D=20\lg\langle D\rangle(\text{dBc}) \tag{1.76}$$

$$\langle D\rangle=\frac{\gamma}{2\omega}k\langle h\rangle \tag{1.77}$$

式中，$\langle h\rangle$表示铁氧体内场的平均值。

由此可见，谐波功率大小，主要取决于磁化场(σ值)和基波功率大小，磁化场σ越大，k值越小，倍频系数越小；激励功率P大，铁氧体内平均场强越高，倍频系数D就越大。例如，有 a、b、c 三种环行器，输入功率$P=50\text{W}$，铁氧体材料$M_s=1600/(4\pi)$ (kA/m)，外加磁场不同，工作频率不同，计算出的二次谐波抑制也不同，见表 1.2。

表 1.2 倍频系数 D(二次谐波抑制)

工作频率 f/MHz	950	907.5	822.5
磁化场 $H\times10^3/(4\pi)$/(A/m)	753.7	502.5	376.9
带线结环行器型号 归一化磁场 σ	a 2.2	b 1.54	c 1.28
归一化磁矩 p	4.72	4.94	5.45
k 值	1.35	3.53	8.47
$<h>\times10^3/(4\pi)$/(A/m)	1.1	1.21	0.65
二次谐波 D/dBc	−54.3	−43.6	−39.8

由表 1.2 可知，磁化场越小(c 型)，$\sigma = 1.28$ 离近谐波场时，二次谐波功率较大；磁化场越大(a 型)，$\sigma = 2.2$ 时，D 最小。

关于横向场 $<h>$ 体平均值的计算，不像表 1.2 中所示的如此简单，它视不同具体问题而异。不同磁化态、样品尺寸、内导体结构形状和腔体结构而有不同的平均值结果。表中列为恒值，仅是一个参数值，针对实际问题计算时 $<h>$ 值可能在 52～97A/m 内变化。

2. 铁氧体中的混频现象和三阶互调

它是旋磁材料中同时出现两个频率 ω_1、ω_2 微波场激励时，分别产生 $2\omega_1$ 和 $2\omega_2$ 的二次谐波，4 个频率混合在一起时，其进动受到相互调制，这就是混频现象，其结果产生两个三阶互调频率 $2\omega_1 - \omega_2$ 及 $2\omega_1 + \omega_2$，因为 ω_1、ω_2 相互很接近，所以三阶互调频率与基频 ω_1、ω_2 差别不大，往往只有几兆赫至十几兆赫的差别，所以三阶互调对于通信频率是一个干扰信号。如何抑制干扰，降低三阶互调 IMD3(dBc)是一个关键问题。

现讨论其中一个三阶互调 $2\omega_1 - \omega_2$，令 $\omega_1 \approx \omega_2 \approx 2\omega_1 - \omega_2 \approx \omega$，这里有两个频率的磁矩进动 $M = M_0 + m_1 e^{j\omega t} + m_2 e^{j2\omega t}$，$M_0$ 为直流成分，m_1 为频率 ω_1 的成分，m_2 为倍频 2ω 的成分，其中 $|M_0| >> m_1$，$|m_1| >> |m_2|$，若 m_1 为高阶微量，m_2 就是超高阶微量。两个频率的差频即三阶互调可写为

$$m_{3z} = \frac{\gamma}{2\omega}[\kappa_1(\omega) - \kappa_2(\omega)]h_{t1}$$

$$m_{3z} = \frac{\gamma}{2\omega}\left(\frac{p}{\sigma^2 - 1} - \frac{2p}{\sigma^2 - 4}\right)h_{t1} \tag{1.78}$$

式中，h_{t1} 为主频 ω_1 的场强，h_{t2} 为倍频 $2\omega_2$ 的场强均为横向分量，所以混频系数可写为

$$M = \frac{\gamma}{2\omega}\left[\frac{p}{\sigma^2 - 1} - \frac{2p}{\sigma^2 - 4}\right]\langle h_{t1}\rangle$$

$$M(\text{dBc}) = 20\lg\frac{\gamma}{2\omega}|\kappa_1(\omega) - \kappa_2(\omega)|\langle h_{t1}\rangle \tag{1.79}$$

$$\langle h_{t2}\rangle = D\langle h_{t1}\rangle$$

三阶互调是倍频和混频的复合效应：

$$\text{IMD3(dBc)} = M(\text{dBc}) + D(\text{dBc}) \tag{1.80}$$

微波场 h 是个复矢量。为了求其切向分量平均值可采用下面复矢量积分公式：

$$\langle h_t\rangle = \frac{1}{S_f}\int_{S_f} \text{Mag}|h \times i_z|\,\text{d}S \tag{1.81}$$

式中，$|h_t \times i_z|$ 表示 h_t 平面矢的振幅，Mag 表示复量的幅值，用表 1.3 的例子来计算三阶互调 IMD3 的结果。

表 1.3　三种环行器在不同磁化场下 σ 的三阶互调 IMD3 计算结果

带线结环行器	a	b	c
工作频率 f/MHz	950	907.5	822.5
磁化场 $H\times10^3/(4\pi)/(\text{A/m})$	753.7	502.5	376.9
归一化磁场 σ	2.2	1.54	1.28
归一化磁矩 p	4.72	4.94	5.45
$\langle h\rangle\times10^3/(4\pi)/(\text{A/m})$	1.1	1.21	0.65
D/dBc	−54.3	−43.6	−39.8
M/dBc	−24.8	−22.8	−24.8
IMD3/dBc	−79	−66.4	−65

总的规律是靠近铁磁共振场 ($\sigma=1$) 时，互调性能差(表 1.3 中 c)，远离谐波共振场 ($\sigma=2.2$) 时，互调性能好(表 1.3 中 a)。即在高场区工作时，σ 越大，互调性能越好。但随着 k 值下降，带宽变窄。

以上是在不同频率点(不同 p 值)，在不同磁化场观察时，可以获得三阶互调的磁化谱曲线 IMD3-σ。图 1.48 所示的磁化谱曲线具有统观性，当 $\sigma\to1$ 时，互调性能较差，原因是接近共振场时，由于基频共振使倍频系数 D 增加；随着 σ 上升，D 下降，因而三阶互调性能提高(当 $\sigma=1.7$ 时)，随着磁化场进入二次谐波谐振区，$\sigma=2\pm\delta$，由于二次谐波共振互调变差；当 $\sigma=2$ 时，形成二次谐波共振，结果 IMD3 互调性能差，形成“λ”字曲线。当 $\sigma\geqslant2.2$ 以后，IMD3 随 σ 增加持续下降。三阶互调的磁化谱曲线形态充分反映了基波和二次谐波的铁磁共振机制。

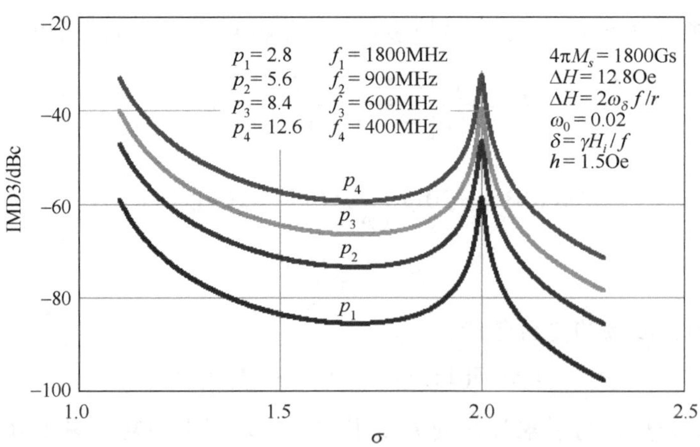

图 1.48　高场 ($\sigma>1$) IMD3 磁化谱曲线

图 1.49 所示为低场工作情况 ($\sigma<1$) 时，微波场强 h=5.5Oe，归一化磁矩 p=0.5、

0.6、0.7、0.8 情况下，三价互调 IMD3 的磁化谱曲线。归一化磁矩 p 越小，IMD3 越小。图中：

$$\mathrm{IMD3(dBc)} = D(\mathrm{dBc}) + M(\mathrm{dBc}) = 20\lg D + 20\lg M$$

$$D = \frac{1}{2H_i}\frac{p}{\sigma^2 - 1}\langle h\rangle$$

$$M = \frac{1}{2H_i}\left[\frac{p}{\sigma^2 - 1} - \frac{2p}{\sigma^2 - 4}\right]\langle h\rangle$$

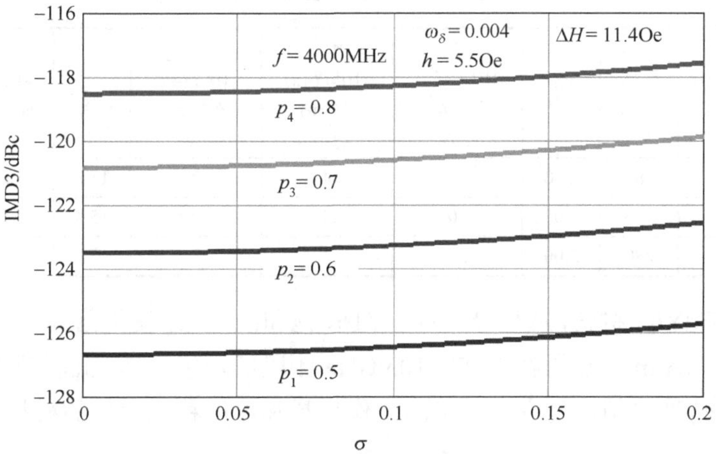

图 1.49 低场 $(\sigma<1)$ IMD3 磁化谱曲线

1.10 微波铁氧体材料选用

微波铁氧体材料的研制已经到了成熟阶段，已广泛应用到各种微波铁氧体器件中。根据使用频率高低不同，承受功率高低不同，器件损耗大小要求不同，带宽不同和温度稳定性要求不同，选用不同类型铁氧体材料和不同参数性能的铁氧体材料。表中列出了材料的 9 种参数指标，可以提供器件设计时选用。例如，饱和磁矩 M_s 高的材料，可适用于高频段工作，共振线宽 ΔH 窄的材料适用于低频低场工作及宽频带设计；居里温度 T_c 高的材料，适应于高平均功率下使用，温度系数 α_T 低的材料有利于宽温条件下使用；对小损耗低功率器件宜选用 ΔH_{eff} 小的材料；自旋波线宽 ΔH_k 高的材料适用于高峰值功率条件下工作。材料电损耗 $\tan\delta$ 大都等于 10^{-4} 量级，比起磁损耗要小一个数量级，所以它对器件损耗影响不大。

从材料的晶体结构来区分，分成石榴石结构和尖晶石结构两类，它们的参数特性列于表 1.4 和表 1.5。

1.10.1 石榴石材料

这种材料由于晶格结构没有阳离子空位，只要控制好制备工艺，材料烧结密度高，气孔率低，材料有效线宽低，用离子取代可以控制其低线宽或高的自旋波线宽，或良好的温度稳定性，以满足各种需要。有 Y 系列和 D 系列两类。

表 1.4 为 YIG 纯石榴石材料，M_s 从$1790\times10^3/(4\pi)$～$1800\times10^3/(4\pi)$ (A/m)为 Y 系列中较高的材料，其特点是ΔH 、ΔH_{eff} 、ΔH_k 均很小，适用于低功率小损耗器件。

表 1.4　Y-Fe 石榴石材料

类型	M_s $\times10^3/(4\pi)$ /(A/m) ±5%	T_c /℃ ±5%	g_{eff} ±5%	ΔH $\times10^3/(4\pi)$ /(A/m) ±20%	ΔH_{eff} $\times10^3/(4\pi)$ /(A/m) ±20%	ΔH_k $\times10^3/(4\pi)$ /(A/m) ±10%	$\varepsilon'\pm5\%$	$\times10^4$ $\tan\delta$	$\alpha_T\times10^3$ /℃$^{-1}$ −20～+60 ℃ ±0.2
Y10	1790	280	2.00	45	4	2	15.3	<2	2.2
Y101	1820	280	2.00	20	4	2	15.4	<2	2.2
Y102	1800	280	2.00	30	4	2	15.3	<2	2.2

表 1.5 为 GdYIG 材料，从型号 Y11～Y16，饱和磁矩M_s变化范围$750\times10^3/(4\pi)$～$1600\times10^3/(4\pi)$ (A/m)，适用在 1.55～10.9GHz 频段低功率工作，此材料低温有温度补偿，磁矩 M-T 特性平坦，是良好的宽温工作材料和温度稳定性好的材料。

表 1.5　Y-Gd 石榴石温度稳定性材料

类型	M_s $\times10^3/(4\pi)$ /(A/m) ±5%	T_c /℃ ±5%	g_{eff} ±5%	ΔH $\times10^3/(4\pi)$ /(A/m) ±20%	ΔH_{eff} $\times10^3/(4\pi)$ /(A/m) ±20%	ΔH_k $\times10^3/(4\pi)$ /(A/m) ±10%	ε' ±5%	$\times10^4$ $\tan\delta$	$\alpha_T\times10^3$ /℃$^{-1}$ −20～+60 ℃ ±0.2
Y11	1600	280	2.00	60	5	3	15.3	<2	1.8
Y12	1420	280	2.01	65	6	6	15.3	<2	1.5
Y13	1250	280	2.01	75	8	8	15.3	<2	1.0
Y14	1100	280	2.02	95	12	9	15.4	<2	0.5
Y15	900	280	2.03	140	18	112	15.4	<2	0.7
Y16	750	280	2.02	200	25	15	15.4	<2	0.9

表 1.6 是 CaV-YIG 材料，磁损耗特别小，ΔH 、ΔH_{eff} 、ΔH_k 特别低，属于窄线宽材料，适用于小损耗、低功率、在低场区工作，工作频率高至 10.9GHz；也可在高场区(超过共振场)工作，频率小于 3GHz 至米波段，可以改进器件的带宽和插损。其中有M_s最高的材料$M_s=1850$～$1950/(4\pi)$ (kA/m)，可供提高工作频率应用。

表 1.6 Ca-V 石榴石窄线宽材料

类型	M_s ×10³/(4π) /(A/m) ±5%	T_c/℃ ±5%	g_{eff} ±5%	ΔH ×10³/(4π) /(A/m) ±20%	ΔH_{eff} ×10³/(4π) /(A/m) ±20%	ΔH_k ×10³/(4π) /(A/m) ±10%	ε' ±5%	×10⁴ $\tan\delta$	α_T ×10³/℃⁻¹ −20～+60 ℃ ±0.2
Y220	1950	205	2.00	10	2	1	15.4	<2	3.1
Y218	1850	215	2.01	10	-	-	14.8	<2	2.6
Y216	1600	218	2.01	10	-	-	14.8	<2	2.6
Y215	1450	215	2.01	10	2	1	14.7	<2	2.7
Y212	1200	209	2.01	10	2	1	14.5	<2	2.9
Y211	1100	205	2.01	10	2	1	14.4	<2	3.0
Y210	1000	200	2.01	10	-	-	14.2	<2	3.3
Y209	900	180	2.01	10	2	1	14.1	<2	3.5
Y208	800	170	2.01	10	2	1	14.0	<2	3.7

表 1.7 为掺 Al 的 YIG 材料，饱和磁矩变化范围大，从 240～1200/(4π) (kA/m)，可在微波中低频段工作(0.34～6.2GHz)。其中饱和磁化矩 240～565/(4π) (kA/m)，可应用到低场工作的宽带倍频程环行器，其器件的温度稳定性较差。表 1.8 属于宽线宽，温度稳定性好的材料，是通过在工艺上加 Gd 离子取代，获得具有低温温度补偿点的材料，能在高场工作，低损耗，高温度稳定性和宽频带应用，工作频段适用在 1.55～6.2GHz。表 1.9 是加 Gd-Al-YIG 材料，M_s 可选择在 390～1020/(4π) (kA/m)，其特色是适用于高温度稳定性产品，耐受中等的峰值功率，工作频段为 0.34～6.2GHz。表 1.10 为 GdAlCo(Dy)-YIG 材料，工作于 0.34～10.9GHz 波段，ΔH_k 大，能承受高的峰功率和高平均功率，温度稳定性好，饱和磁矩变化范围 780～1760/(4π) (kA/m)。表 1.11 为 Gd-Al-Dy-YIG 材料，工作于 0.34～10.9GHz，能承受高峰功率和平均功率，有好的温度稳定性。

表 1.7 Y-Al 石榴石窄线宽材料

类型	M_s ×10³/(4π) /(A/m) ±5%	T_c/℃ ±5%	g_{eff} ±5%	ΔH ×10³/(4π) /(A/m) ±20%	ΔH_{eff} ×10³/(4π) /(A/m) ±20%	ΔH_k ×10³/(4π) /(A/m) ±10%	ε' ±5%	×10⁴ $\tan\delta$	α_T ×10³/℃⁻¹ −20～+60 ℃ ±0.2
Y35	1200	225	2.00	40	4	2.0	14.9	<2	2.6
Y351	1200	225	2.01	22	4	2.0	14.9	<2	2.6
Y34	1030	210	2.01	40	4	2.0	14.8	<2	2.7
Y341	1030	210	2.01	22	4	2.0	14.8	<2	2.7
Y39	800	195	2.01	40	4	2.0	14.6	<2	2.9
Y391	800	195	2.01	22	4	2.0	14.6	<2	2.9
Y38	760	190	2.01	40	4	2.0	14.5	<2	2.9
Y381	760	190	2.01	22	4	2.0	14.5	<2	2.9
Y37	680	180	2.01	40	4	2.0	14.5	<2	2.9

续表

类型	M_s $\times10^3/(4\pi)$ /(A/m) ±5%	T_c /℃ ±5%	g_{eff} ±5%	ΔH $\times10^3/(4\pi)$ /(A/m) ±20%	ΔH_{eff} $\times10^3/(4\pi)$ /(A/m) ±20%	ΔH_k $\times10^3/(4\pi)$ /(A/m) ±10%	ε' ±5%	$\times10^4$ $\tan\delta$	$\alpha_T\times10^3$ /℃$^{-1}$ −20～+60 ℃ ±0.2
Y371	680	180	2.01	22	4	2.0	14.5	<2	2.9
Y33	615	175	2.01	40	4	2.0	14.5	<2	3.2
Y331	615	175	2.01	22	4	2.0	14.5	<2	3.3
Y30	565	160	2.01	30	4	2.0	14.4	<2	3.8
Y32	420	135	2.01	30	4	2.0	14.4	<2	3.2
Y31	370	125	2.01	30	4	2.0	14.1	<2	4.1
Y36	290	115	2.01	25	4	2.0	14.0	<2	4.6
Y302	240	110	2.01	30	4	2.0	13.8	<2	5.0

表 1.8　窄线宽，温度稳定性石榴石材料

类型	M_s $\times10^3/(4\pi)$ /(A/m) ±5%	T_c /℃ ±5%	g_{eff} ±5%	ΔH $\times10^3/(4\pi)$ /(A/m) ±20%	ΔH_{eff} $\times10^3/(4\pi)$ /(A/m) ±20%	ΔH_k $\times10^3/(4\pi)$ /(A/m) ±10%	ε' ±5%	$\times10^4$ $\tan\delta$	$\alpha_T\times10^3$ /℃$^{-1}$ −20～+60 ℃ ±0.2
Y4091	960	195	2.02	35	12	9	15.2	<2	1.4
Y409	920	223	2.02	50	18	12	15.2	<2	0.8

表 1.9　掺 Y-Gd-Al 石榴石材料

类型	M_s $\times10^3/(4\pi)$ /(A/m) ±5%	T_c /℃ ±5%	g_{eff} ±5%	ΔH $\times10^3/(4\pi)$ /(A/m) ±20%	ΔH_{eff} $\times10^3/(4\pi)$ /(A/m) ±20%	ΔH_k $\times10^3/(4\pi)$ /(A/m) ±10%	ε' ±5%	$\times10^4$ $\tan\delta$	$\alpha_T\times10^3$ /℃$^{-1}$ −20～+60 ℃ ±0.2
Y71	1020	235	2.01	60	7	5	15.0	<2	2.2
Y710	1020	240	2.02	75	9	7	15.0	<2	1.7
Y77	950	230	2.01	60	6	5	14.9	<2	2.0
Y780	830	235	2.02	60	6	5.5	14.8	<2	1.6
Y78	800	220	2.00	80	8	8	15.0	<2	1.3
Y708	800	260	2.04	140	15	15	15.2	<2	0.5
Y74	670	190	2.01	60	6	6	14.9	<2	2.3
Y72	540	175	2.01	60	6	6	14.6	<2	2.3
Y705	470	170	2.02	65	6	6	14.3	<2	2.8
Y75	400	160	2.03	65	6	6	14.3	<2	2.7
Y76	390	150	2.02	50	6	6	14.2	<2	3.4

表 1.10 掺 Y-Gd-Al，Co 或 Dy 石榴石材料

类型	M_s $\times10^3/(4\pi)$ /(A/m) ±5%	T_c /℃ ±5%	g_{eff} ±5%	ΔH $\times10^3/(4\pi)$ /(A/m) ±20%	ΔH_{eff} $\times10^3/(4\pi)$ /(A/m) ±20%	ΔH_k $\times10^3/(4\pi)$ /(A/m) ±10%	ε' ±5%	$\times10^4$ $\tan\delta$	$\alpha_T\times10^3$ /℃$^{-1}$ −20～+60 ℃ ±0.2
Y918	1760	280	2.02	85	12	20	15.0	<2	2.2
Y91	1020	240	2.02	60	17	14	15.1	<2	1.3
Y86	830	270	2.03	95	34	25	15.4	<2	1.2
Y94	780	250	2.02	75	14	23	15.2	<2	0.3
Y908	780	250	2.02	85	14	29	15.2	<2	0.3
Y9081	780	250	2.02	120	14	35	15.2	<2	0.3

表 1.11 掺 Dy 高峰功率材料

类型	M_s $\times10^3/(4\pi)$ /(A/m) ±5%	T_c /℃ ±5%	g_{eff} ±5%	ΔH $\times10^3/(4\pi)$ /(A/m) ±20%	ΔH_{eff} $\times10^3/(4\pi)$ /(A/m) ±20%	ΔH_k $\times10^3/(4\pi)$ /(A/m) ±10%	ε' ±5%	$\times10^4$ $\tan\delta$	$\alpha_T\times10^3$ /℃$^{-1}$ −20～+60 ℃ ±0.2
D1	1400	270	2.00	110	34	16	15.5	<2	1.4
D5	1070	270	2.02	150	36	23	15.5	<2	0.5
D2	900	270	2.01	185	25	24	15.5	<2	0.8
D3	590	175	2.00	85	16	19	14.5	<2	3.5
D4	580	170	2.00	145	34	33	14.4	<2	3.0

1.10.2 尖晶石材料

这种材料由于晶格结构中有阳离子空位，烧结材料的气孔率高，所以共振线宽 ΔH 大，不宜于高场设计，但其饱和磁矩较高，可达 $5000/(4\pi)$ (kA/m)，宜于高频工作，如 X、Ku、Ka 甚至工作在 3mm 波段。这里介绍 U、A、N 三种系列的尖晶石材料。

表 1.12 为 Mg-Mn 系列材料，有较低的有效线宽，可在低损耗器件使用，工作频段广泛，为 1.55～36GHz，有较好的材料矩形度，宜在高场器件中闭锁式磁化状态工作，但温度稳定性较差。

表 1.12 Mg-Mn 尖晶石材料

类型	M_s $\times10^3/(4\pi)$ /(A/m) ±5%	T_c /℃ ±5%	g_{eff} ±5%	ΔH $\times10^3/(4\pi)$ /(A/m) ±20%	ΔH_{eff} $\times10^3/(4\pi)$ /(A/m) ±20%	ΔH_k $\times10^3/(4\pi)$ /(A/m) ±10%	ε' ±5%	$\times10^4$ $\tan\delta$	$\alpha_T\times10^3$ /℃$^{-1}$ −20～+60 ℃ ±0.2
U21	2400	275	2.03	290	6	4	13	<3	2.7
U20	2100	300	2.01	360	6	4	13	<3	2.3
U19	1900	280	2.01	350	6	4	13	<3	2.2
U33	1600	230	2.02	290	8	4	12.4	<3	3.3

表 1.13 为 Li-Ti-Zn 系列，饱和磁矩 M_s 为 230～5000 / (4π) (kA/m)，材料有高的居里温度 $T_c > 500$ ℃，这类铁氧体宜制作温度稳定性好的元件，可工作在 6.2～40GHz，其有效线宽 ΔH_{eff} 小，远离共振场时磁损耗小。

表 1.13　Li-Ti-Zn 尖晶石铁氧体材料

类型	M_s ×10³ / (4π) /(A/m) ±5%	T_c /℃ ±5%	g_{eff} ±5%	ΔH ×10³ / (4π) /(A/m) ±20%	ΔH_{eff} ×10³ / (4π) /(A/m) ±20%	ΔH_k ×10³ / (4π) /(A/m) ±10%	ε' ±5%	×10⁴ $\tan\delta$	α_T ×10³ /℃⁻¹ −20～+60 ℃ ±0.2
A50	5000	450	2.06	170	4	3	15.3	<5	1.6
A500	4900	450	2.06	200	9	10	15.3	<5	1.6
A37	3700	565	2.08	400	4	3	16.0	<5	1.0
A370	3700	565	2.07	400	7	6	15.9	<5	1.0
A30	3000	555	2.08	450	4	3	16.4	<5	0.8
A28	2800	540	2.08	450	4	3	16.6	<5	0.9
A24	2450	390	2.08	250	4	3	16.8	<5	-
A23	2300	505	2.08	450	4	3	16.8	<5	1.2
A230	2300	505	2.08	450	9	6	16.7	<5	1.2

表 1.14 为 Li-Ti、Zn 系列材料，材料的矩形度 $R = B_r / B_s$ 高，可达到 92%～97%，用于变场器件时作为锁式器件。例如，闭锁式移相器和开关等，H_c 小，在 (0.5～2) / (4π) (kA/m) 范围，驱动功率小。表中参数的含义见图 1.50 所示。

表 1.14　锁式移相器材料

类型	B_r / B_m /%	B_r ×10³ / (4π) /(A/m)	$10^3 \propto B_r$ /℃⁻¹ −60,+100 ℃	H_c ×10³ / (4π) /(A/m)	α_T ×10³ H_c /℃⁻¹ −60～+100 ℃ ±0.2
A50	92	2880	0.39	0.5	0.83
A37	96	2560	0.24	2.0	0.61
A30	97	1990	0.23	1.3	0.41

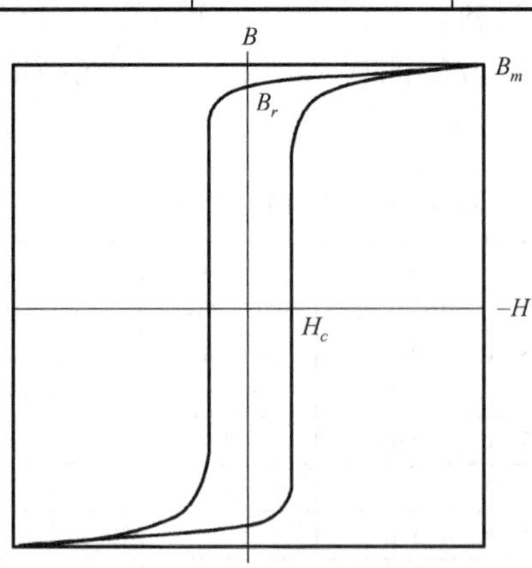

图 1.50　锁式移相器材料磁滞曲线

表 1.15 为 Ni 系列铁氧体材料，有很高的居里温度和低的温度系数 α_T，能承受高平均功率；Ni 系列另一个特点是有很高的 ΔH_k，材料能承受峰功率，此系列磁矩为 1900～5000 / (4π) (kA/m)，适宜在高频低场工作。

表 1.15　Ni-Zn 尖晶石铁氧体材料

类型	M_s ×10³ / (4π) /(A/m) ±5%	T_c /℃ ±5%	g_{eff} ±5%	ΔH ×10³ / (4π) /(A/m) ±20%	ΔH_{eff} ×10³ / (4π) /(A/m) ±20%	ΔH_k ×10³ / (4π) /(A/m) ±10%	ε' ±5%	×10⁴ tan δ	α_T ×10³ /℃⁻¹ −20～+60 ℃ ±0.2
NZ50	5000	375	2.10	125	-	3-	13.7	<15	2.0
NZ40	4000	470	2.20	200	-	-	13.4	<15	2.5
N25	3200	560	2.30	250	100	26	12.7	<6	1.0
N28	2750	550	2.30	330	100	24	12.4	<6	0.8
N41	2500	5340	2.30	370	130	35	12.3	<6	0.7
N26	2350	520	2.30	300	100	35	11.4	<6	0.7
N42	1900	480	2.30	350	130	36	16.8	<5	1.0

1.10.3　材料应用的综合知识

表 1.16 为从应用角度提出对微波铁氧体器件要求和材料特性协调关系。

表 1.16　器件要求和材料特性要求

应用	器件要求	材料选择
低功率环行器	低损耗 高隔离 宽频带 宽温度工作 小型化	ΔH_{eff} 小 ΔH 小 偏高的值 M_s α_T 尽量低 ε 大
高功率环行器	功率性能稳定 低插损 Ms 温度稳定	ΔH_k 大 ΔH、ΔH_{eff} 尽量低 与 ΔH_k 值相协调
移相器	低插损 移相器优值高 开关特性好	ΔH_{eff} 小 M_s 大 M_r/M_s 大、H_c 小

表 1.17 为 Y、D、U、A、N 类型材料的应用。

表 1.17　综合 Y、D、U、A、N 类型材料的应用

晶体结构	材料系列	化学成分	推荐频段/GHz	远离共振磁损耗	温度稳定性	功率性能
石榴石	Y1XX	Y-Gd	1.55～10.9	中	良	中
	Y2XX	CVG	1.55～10.9	优	良	中
	Y3XX	Y-Al	0.34～6.2	良	中	中

续表

晶体结构	材料系列	化学成分	推荐频段/GHz	远离共振磁损耗	温度稳定性	功率性能
石榴石	Y4XX		1.55～6.2	良	优	良
	Y7XX	Y-Gd-Al	0.34～6.2	中	中	良
	Y9XX	Y-Gd-Al-Co	0.34～10.9	中	良	优
	DX	Y-Gd-Al-Dy	0.34～10.9	中	良	优
尖晶石	UXX	Mg-Mn	1.55～36	良	中	中
	AXXX	Li	6.2～40	优	优	中
	NXXX	Ni	1.55～40	中	优	优

从应用角度，微波铁氧体材料的工作区共分为 6 个工作区，从图 1.51 可以看出，第一区为变磁矩(VM)工作区，磁化强度从无序到有序状态，这时磁化场 H_0 仍保持零状态，移相器、开关、调制器等变磁化矩器件均在此区域工作。第二区为低场饱和区，工作磁场 σ 在 0～0.2 范围内，各种结构的高频段器件的 $f \geqslant 1\text{GHz}$，在此区域工作，这时 M 趋于有序态。第三区为负 μ 区，此区域磁化饱和，μ 值为负值，电磁场传播受阻，此区域基本上属于很少开发的“处女”地，消失模区域，但边导模、周界模、场移器件落在此区域。第四区为铁磁共振区(FMR)，旋磁滤波器，共振式隔离器在此区域工作。第五区简称高场区(HF)，磁化充分饱和，$M \to M_s$ 是低损耗区，低损耗环行器在此区域工作；另外，变磁场(VF)器件如同轴移相器可以在此区域，由于 μ 值大，无论固定磁场器件或变磁场器件，其长度做得很短，比低场区的设计小 4 倍。第六区为 IMD3($\sigma > 2.2$)，可以设计低互调性能的环行器。

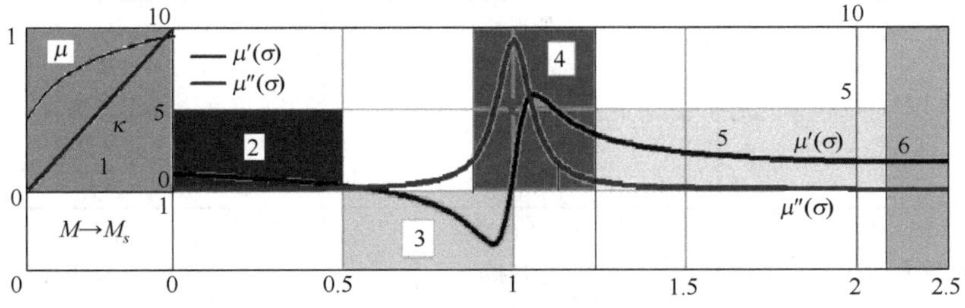

图 1.51　微波铁氧体材料磁化工作区域划分

1.11　微波铁氧体材料参数测试

1.11.1　γ、$4\pi M_s$ 和 ΔH 的测试

1. 概述

微波铁氧体材料参数饱和磁化强度 $4\pi M_s$ 和铁磁共振线宽是最重要的两个设计参数，前者用于工作频段的选择，后者决定了器件的损耗大小。这两种参数均有传统测

量方法。$4\pi M_s$ 的测量是通过振动样品磁强计测出的，其设备复杂、价格昂贵；ΔH 是通过小球在波导谐振腔中测量其共振峰来获得的，其小球加工复杂，而且难于在低频段测量。此处介绍的测试方法是利用圆柱样品在微带谐振腔中进行铁磁共振参数测量的，根据谐振频率 f_r 和工作磁场 H_i 的变化，可以同时确定 $4\pi M_s$ 和 ΔH 值。这种测试方法不限于 X 波段，在低频段也可以获得相应的值，本设计拟在 L 波段进行 $4\pi M_s$、ΔH、γ 值的测量。

2. 测试腔的描述

图 1.52 所示为测试腔的结构和尺寸，金属内腔体积为 $20\text{mm}\times20\text{mm}\times10\text{mm}$，铁氧体圆盘尺寸 $D_f t_f = 6\text{mm}\times0.5\text{mm}$ 且放置在结构中央并与腔相贴，“0”形正交耦合电路印制在印制板中心的上下两面，它们的一端与输入、输出线相连，其宽度为 10mm，另一端与“L”形接地电路相连，“L”形接地电路在印制板的上下两面，通过 8 个金属化孔与腔体的壳体接地。印制板尺寸为 $20\text{mm}\times20\text{mm}\times0.5\text{mm}$，它距离腔底 2mm，形成一个悬置微带线正交耦合电路结构。

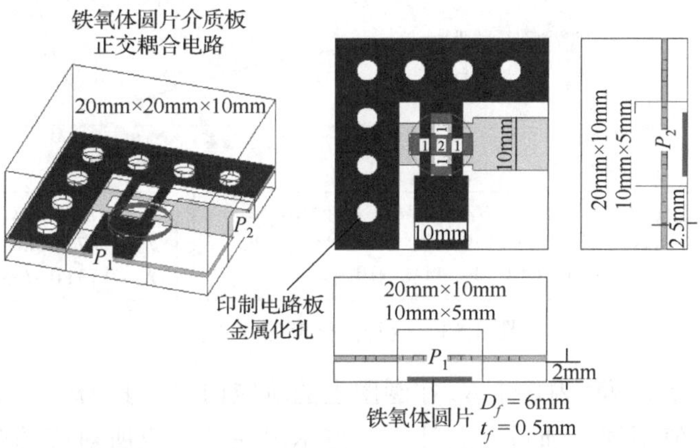

图 1.52 微带耦合腔结构和正交耦合电路结构

3. γ 和 $4\pi M_s$ 测试方法

利用圆盘铁磁共振原理，可以测出 γ 和 $4\pi M_s$ 的值。根据圆盘铁磁共振公式

$$
\begin{aligned}
f_r &= \gamma(H_i + N_t 4\pi M_s) \\
\gamma &= \frac{f_{r1} - f_{r2}}{H_{i1} - H_{i2}}
\end{aligned}
\tag{1.82}
$$

测出两个内场 H_{i1}、H_{i2} 下的铁磁共振频率 f_{r1}、f_{r2} 便可确定 γ 值。例如，本测试中先通过测量圆盘材料在 $H_{i1} = 38700\text{A/m} = 486.18\text{Oe}$ 及 $H_{i2} = 36700\text{A/m} = 461.05\text{Oe}$ 下的共振频率 $f_{r1} = 1740\text{MHz}$ 和 $f_{r2} = 1670\text{MHz}$，推算出 $\gamma = 2.79\text{MHz/Oe}$ 和 $N_t = 0.139$，再推算出待测材料的 $4\pi M_s$。如何确定谐振频率点，可用图 1.53 所示的方法。图 1.53 所示

为两种断定 f_r 值的方法，图左边为用“C”曲线在阻抗圆图上确定的方法，当 $4\pi M_s = 1000\text{Gs}$，工作内场 $H_{i1} = 38700\text{A/m} = 486.18\text{Oe}$ 时，“C”曲线的频率响应反映在圆图上，它与实轴(X=0)的交点为该状态下的铁磁共振频率 $f_{r1} = 1740\text{MHz}$；若内场 $H_{i2} = 36700\text{A/m} = 461.05\text{Oe}$ 时，铁磁共振频率点顺时针转向实轴，其共振频率 $f_{r2} = 1670\text{MHz}$，两者差值 $\Delta f = 70\text{MHz}$。

图 1.53 右边为马鞍形响应曲线 $\text{Im}\,S_{12}$-f，从 $\text{Im}\,S_{12}$ 零矢处测出 f_r 值。在测试实例中，在相同的两个 H_i 值下测出的两个共振频率点 f_r 的结果与用“C”曲线测得的结果是一致的。

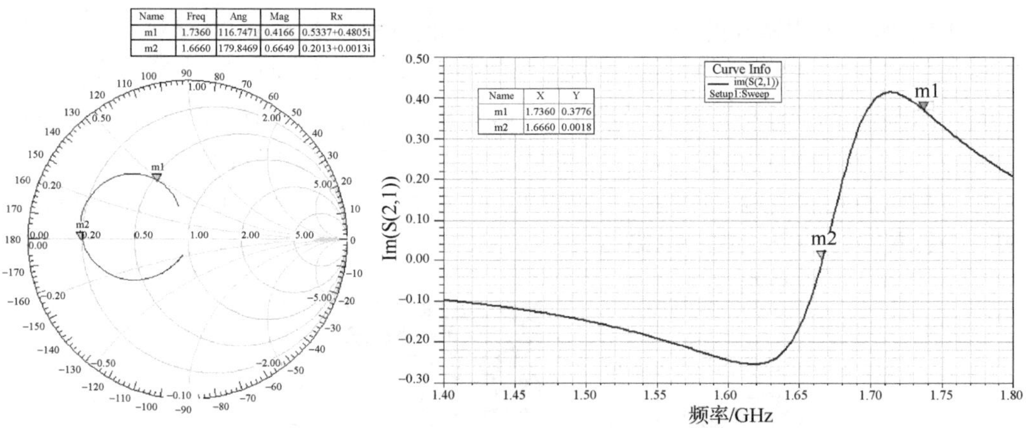

$\Delta f = \gamma\Delta H = 70\text{MHz}$ $\Delta H = 2000\text{A/m} = 25\text{Oe}$	$f_1 = \gamma(H_1 + N_t 4\pi M_s) = 1736\text{MHz}$ $H_1 = 38700\text{A/m} = 486.2\text{Oe}$ $N_t = 0.134 \quad 4\pi M_s = 1000\text{Gs}$	$f_2 = \gamma(H_2 + N_t 4\pi M_s) = 1666\text{MHz}$ $H_2 = 36700\text{A/m} = 461\text{Oe}$ $N_t = 0.134 4\pi M_s = 1000\text{Gs}$

图 1.53　两种方法断定 f_r 值

图 1.54 所示为在两种内场下 S_{12} 在圆图上的响应曲线，其 $4\pi M_s = 1000\text{Gs}$，$\Delta H = 20\text{Oe}$，f_{r1}、f_{r2} 值不同，通过仿真计算，显示出在共振点所对应的归一化耦合阻抗实部值 $R = 0.3$ 大致相同，此值和 ΔH 密切相关。

4. 铁磁共振曲线和“C”曲线

图 1.55 所示为常见的铁磁共振响应曲线，在直角坐标系中，$|S_{12}|$-f 曲线显示为铁磁共振曲线，在 $4\pi M_s = 1000\text{Gs}$ 固定的情况下，不同的 ΔH 值显示了不同的铁磁共振曲线。随着 ΔH 值减小，峰的高度下降。当 $H_i = 36700\text{A/m}$ 时，$f_r = 1670\text{MHz}$。铁磁共振曲线类似高斯曲线，尽管类似铁磁共振特性，其实严格来讲，应为 $|S_{12}|$-f 频率响应曲线，因为铁磁共振是材料的本征特性，在测试中，微波结构影响下的曲线与本征态的铁磁共振曲线是有所差别的，其铁磁共振频率和“C”曲线中所确定的 f_r 往往有所差别，但此处差别不大。

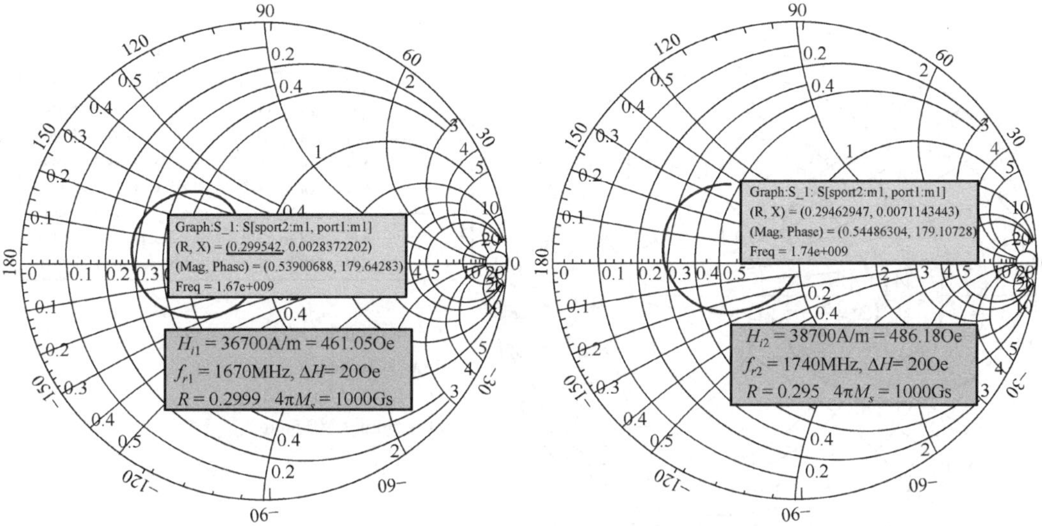

图 1.54 两种内场的“C”响应曲线

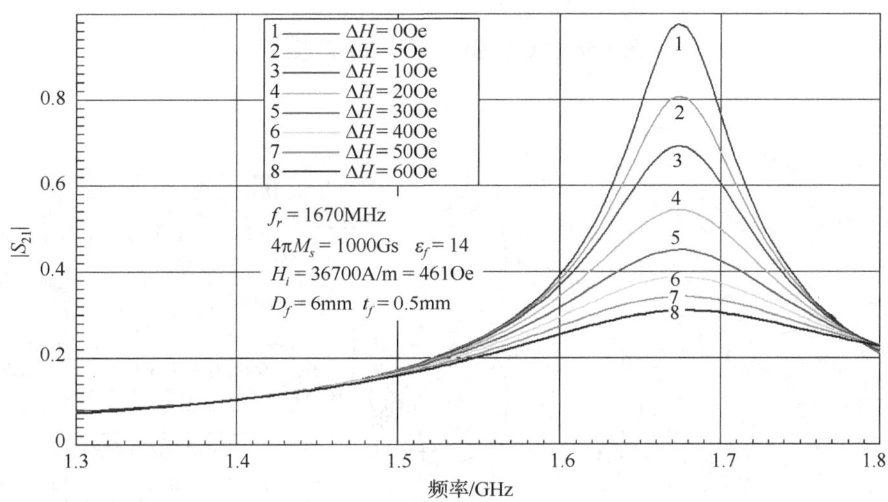

图 1.55 铁磁共振响应曲线

图 1.56 所示为不同 ΔH 值下的“C”曲线，图中为 $4\pi M_s = 1000\text{Gs}$ 和 $H_i = 36700\text{A/m}$ 确定情况下形成的“C”曲线族，从“C”曲线和实轴的交点可以测出共振频率 $f_r = 1670\text{MHz}$ 点下的对应不同状态下的 $R(\Delta H)$ 值，由 R 值来判定 ΔH 值，R 值正比于 ΔH 即 $R \propto \Delta H$ 。

图 1.57 所示为在不同 $4\pi M_s$ 值，在 $\Delta H = 10\text{Oe}$ 固定情况下的“C”曲线族。从而测出不同 $4\pi M_s$ 值下 $R(4\pi M_s)$ 值，显见 $R(4\pi M_s) \propto 4\pi M_s^{-1}$ 。

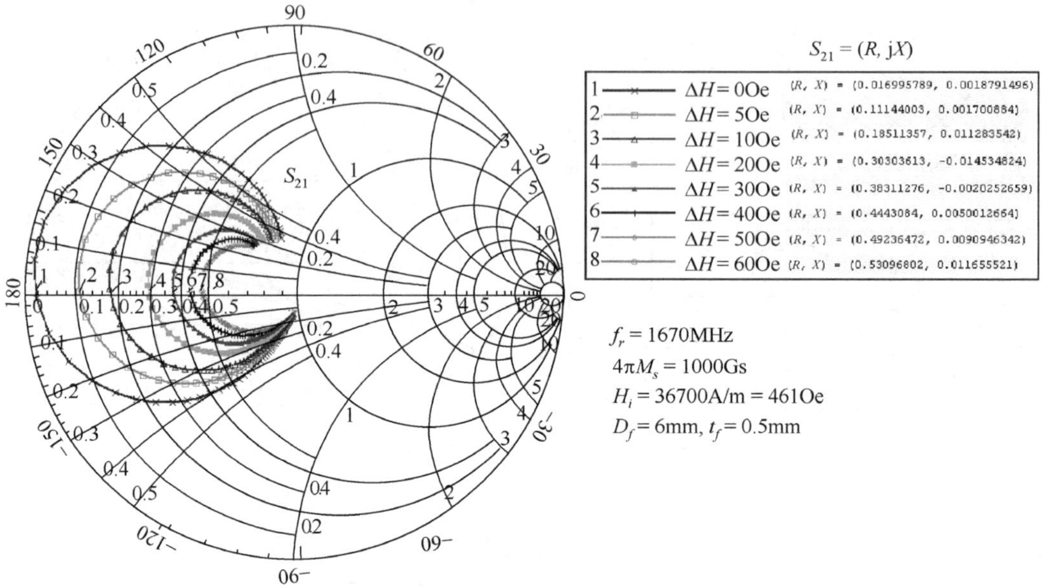

图 1.56　“C”曲线-不同 ΔH 曲线族

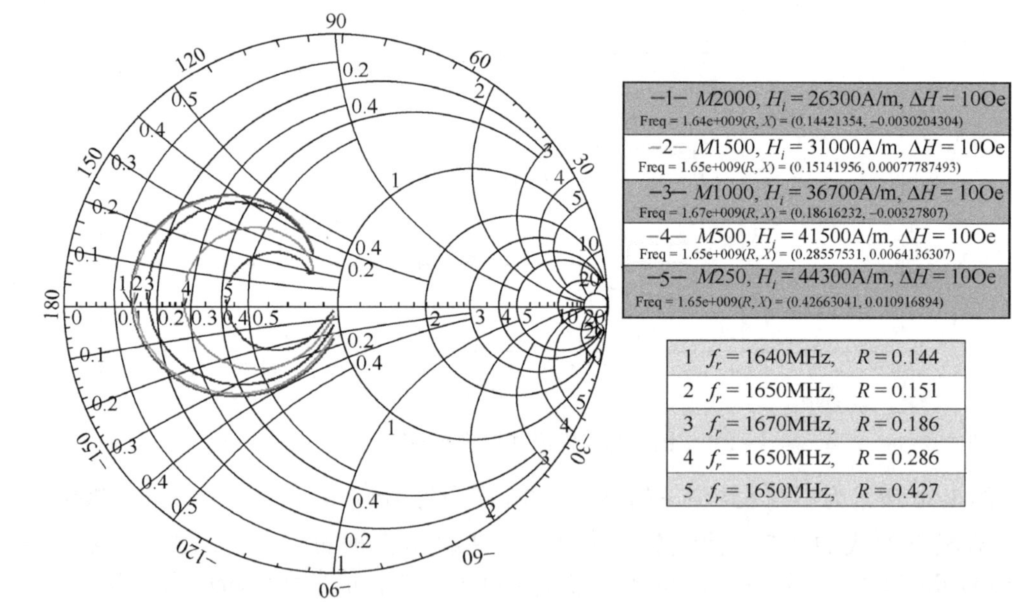

图 1.57　“C”曲线-不同 M 值曲线族

图 1.56 和图 1.57 所示结果说明其耦合阻抗 $R\propto\kappa''$，而 $\kappa''\propto\Delta H$，$\kappa''\propto M^{-1}$，这是正交耦合的规律，但其比例系数不是可以用简单常数来确定的。

5. ΔH 计算机辅助测量的基本步骤和 $R(4\pi M_s)$-ΔH 对比曲线

第一步，用 3 中的方法测出 γ 和 $4\pi M_s$ 值。

第二步，针对某个 M 值，调节磁场 H_i 到共振频率（$f_r=1650\text{MHz}$）附近，测出其"C"曲线，找到 R 值。

第三步，利用图 1.58 中 $R(4\pi M_s)$-ΔH 曲线族图从而找到相应的 ΔH 值。

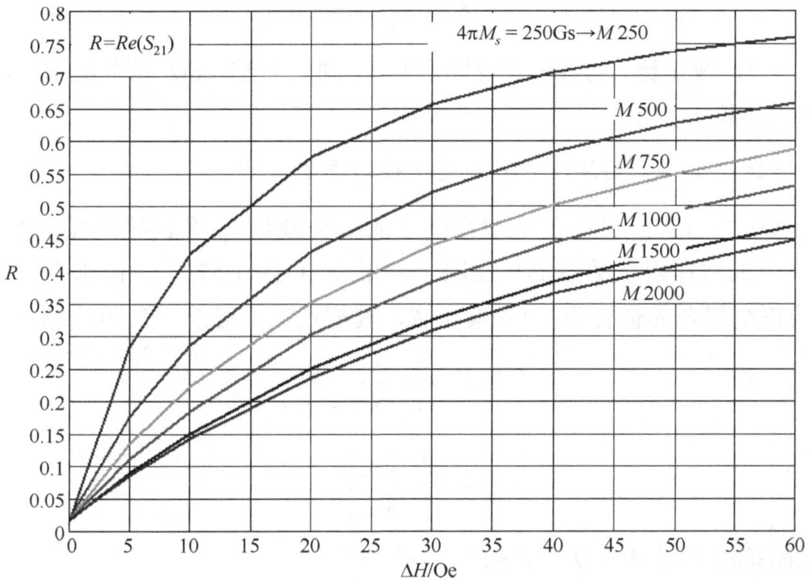

图 1.58　$R(4\pi M_s)$-ΔH 标样曲线族

例如，某材料的 $4\pi M_s=750\text{Gs}$，调节 H_i 值使共振频率落在 $f_r=1650\text{MHz}$。若测定出 $R=0.45$，从图 1.58 中查出 $\Delta H=32\text{Oe}$。注意到仿真测试中内场 H_i 磁化，而实际测量中是外场 H_o。

6. 铁磁共振时，κ 值与 $4\pi M_s$ 和 ΔH 的关系

上述测量方法是建立在张量磁导率非对角分量 $\kappa=\kappa'-\text{j}\kappa''$ 元素的铁磁共振性质基础上的，因为正交线圈中的相互耦合 S_{12} 仅与 κ 值有关，而 κ 值与归一化磁矩 p，归一化内场 σ 和阻尼系数 α 相关。

$$\kappa=\frac{p}{(\sigma+\text{j}\alpha)^2-1} \tag{1.83}$$

当铁磁共振时，内场 $\sigma\to 1$，κ'' 值在高斯制单位中，表示为

$$\kappa = \frac{p}{\mathrm{j}2\alpha\sigma}, \quad \kappa' \to 0$$
$$\kappa'' = \frac{p}{2\alpha} = \frac{4\pi M_s}{\Delta H} \tag{1.84}$$

在实用单位制中表示为

$$\kappa'' = \frac{\mu_0 M}{\Delta H} \tag{1.85}$$

式中，κ'' 与 $4\pi M_s$ 成正比，与 ΔH 成反比，所以，通过对某 $4\pi M_s$ 值的磁共振状态下 κ'' 的测试，便可获得 ΔH 值。

7. S_{12} 参数测试→ κ 测试→ ΔH 测量过程的描述

上述对 ΔH 的测试是通过正交耦合电路的耦合参数 S_{12} 在铁磁共振点的值来实现的。它是“C”曲线在阻抗圆图上与实轴 X=0 的交点(图 1.57)，从而求得 S_{12} 对应的等效阻抗 Z(或正交耦合的耦合阻抗)的实部 R，其相互关系可统一到阻抗圆图中，为

$$Z = \frac{1 - S_{12}}{1 + S_{12}} \tag{1.86}$$

$$R = \frac{1 - |S_{12}|}{1 + |S_{12}|} \tag{1.87}$$

式中，等效阻抗的实部 R 与铁磁共振时的 κ'' 值相关。

除梳理清上述测试过程外，更重要的问题应该在理论上把 S_{12}、$|S_{12}|$ 和旋磁参数 κ 或 κ'' 阐明，它们间的关系可用式(1.88)或式(1.89)表示清楚。

$$S_{12} = \frac{S_{12} - S_{21}}{2} = \frac{\mathrm{j}\omega\mu_0}{4}\int_f (h_1 \cdot \mu h_2 - h_2 \cdot \mu h_1)\mathrm{d}V \tag{1.88}$$

$$S_{12} = \frac{\mathrm{j}\omega\mu_0}{2}\kappa\int_f i_z \cdot (h_1 \times h_2)\mathrm{d}V \tag{1.89}$$

式(1.88)和式(1.89)为 S_{12} 参数的积分方式表达式，其中积分值可以通过 HFSS 软件严格计算。式(1.88)可以标出任意状态下(包括共振与非共振状态下) S_{12} 的参数值。式(1.89)适用于共振态情况的(κ'=0)。利用积分方程可计算 I 值。

图 1.59 所示为 $4\pi M_s = 1000\,\mathrm{Gs}$、$\Delta H = 10\,\mathrm{Oe}$、内场 $H_i = 36700\,\mathrm{A/m}$ 情况下的 C 曲线仿真结果，C 曲线上的 3 个频率点 C_0($f_0 = 1670\,\mathrm{MHz}$)、C_1($f_1 = 1670\,\mathrm{MHz}$)和 C_2($f_2 = 1670\,\mathrm{MHz}$)的 S_{12} 参数的仿真值和计算值表示在图 1.59 的右方。C 曲线是 S_{12} 的铁磁共振响应曲线在阻抗圆图上的表示。C 曲线上的 3 个特征点 C_0、C_1、C_2 所对应的 S_{12} 参数值，通过仿真和积分方程计算结果应该是一致的，图中所示的误差均小于 1%。

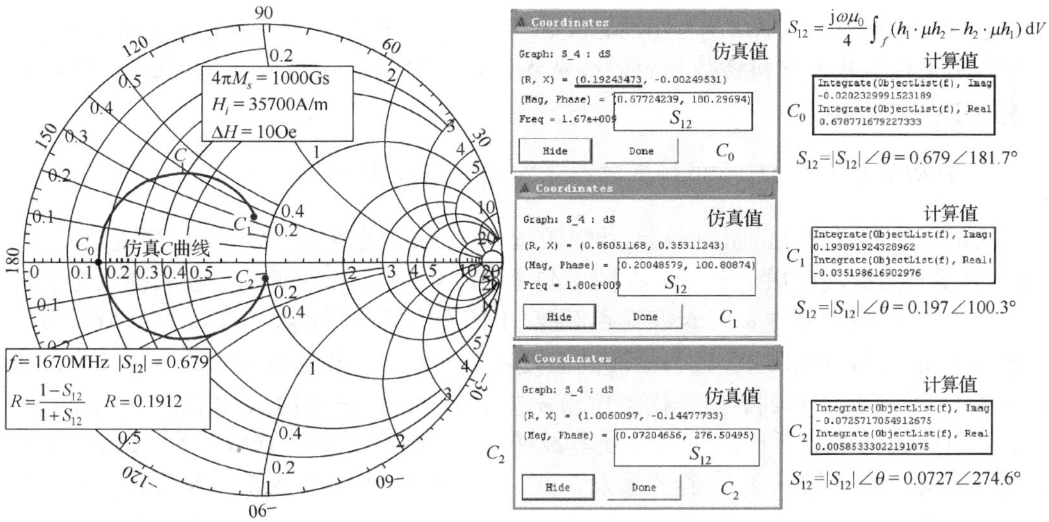

图 1.59 “C”曲线的仿真结果和计算结果对比

图 1.59 中积分计算利用了式(1.88)，其中场强 h_1、h_2 分别为端 1、端 2 的激励功率 $P_1 = P_2 = 0.5\text{W}$ 下单独的激励场。

在铁磁共振点 S_{12} 的值 $|S_{12}|$ 可表示为

$$|S_{12}| = I\kappa'', \quad I = \frac{\omega\mu_0}{2}\int_f i_z \cdot (h_1 \times h_2)\text{d}V \tag{1.90}$$

式中，I 为积分表示式，它与测试腔结构和铁氧体圆盘内场的体积分相关。它和式(1.87)相联系来看，$\kappa'' = 4\pi M / \Delta H$ 直接影响 $|S_{12}|$ 和 R 值的大小。

ΔH 越小，κ'' 值越大，与 $|S_{12}|$ 所对应的等效电阻值 R 越小；反之，当 ΔH 越大，κ'' 值越小，R 值越大。

$4\pi M_s$ 越小，κ'' 值越小，R 值越大；反之，当 $4\pi M_s$ 越大，κ'' 值越大，R 值越小。

上述规律从图 1.58 所示的测试标样图中可以定性地观察到。ΔH 的测量方法，就是依靠样品中的 R 和 $4\pi M_s$ 数据来推定 ΔH 的测试结果，上述 1～7 个步骤从理论上阐明 ΔH 测试方法的严密性。

1.11.2 高场有效线宽ΔH_e的测试

1. 进行有效线宽测试的原因

共振线宽 ΔH 仅能反映微波铁氧体材料在铁磁共振状态($\sigma \to 1$)下的损耗。尽管 ΔH 能在一定程度上反映材料在低场区($\sigma \to 0$)共振或高场区($\sigma > 1$)状态下的损耗大小，如窄线宽 ΔH 材料可以作为低(磁)损耗材料，表 1.6 中所示的窄线宽材料(ΔH =10Oe)，均为低耗材料，但是 ΔH 大的材料不一定就是大损耗材料，如表 1.13

中的 Li-Ti-Zn 材料，其 ΔH 为 170～450Oe，但其磁损耗并不高，因为在低场工作下，反映其磁损耗参数的材料参数为有效线宽 ΔH_e，该材料的 ΔH_e 为 4～9Oe，所以它大量地应用在工程实践中。

2. 铁磁共振线宽 ΔH 和低场有效线宽 ΔH_{eff} 差别大的原因

这就要从材料损耗的机制谈起。材料的磁损耗源于磁矩的阻尼运动，磁矩进动(一致进动)受到自旋波的散射干扰，在图 1.43 和图 1.46 中已作了说明。在共振状态下，图 1.46(b)一致进动频率 ω 与长波长自旋波(小的 k 值)频率(ω_k)简并，所以材料气孔、杂质等不均匀晶粒结构均导致自旋波的激发和散射。此时铁磁共振线宽 ΔH 较大，即磁损耗大。在低场工作时，归一化工作场 σ 较小(一般 $0\leqslant\sigma\leqslant0.1$)，如图 1.46(c)和(d)所示。自旋波谱曲线下移，而工作频率 ω(即进动频率)上移，导致 ω 和 ω_k 的简并处于高 k 状态，即短波长 λ_k 自旋波激发，此时晶格缺陷和快弛豫离子掺入晶格等微观不均匀性是导致损耗的主要因素，也就导致了低场工作的有效线宽的增大。表 1.5、表 1.8～表 1.11 所示的掺 Gd 和 Dy、Co 等元素的石榴石材料的有效线宽 ΔH_{eff} 为 5～36Oe。表 1.4～表 1.15 中的 ΔH_{eff} 值均为低场状态下的测试数据。

高场工作($\sigma>1.2$)的微波铁氧体器件往往有较低的插损，原因是高场工作状态下，工作频率 ω 一般较低，而自旋波谱曲线上移(图 1.46(a))，所以不存在工作频率(一致进动频率)和自旋波频率的简并，自旋波的激发和散射受到抑制。可以预计到高场状态下，其有效线宽 ΔH_e 仍然会很小。

3. 高场有效线宽 ΔH_e 测量的实施方法

图 1.52 的微带耦合腔结构是用来测试铁磁共振线宽 ΔH 的。它是基于材料铁磁共振基础上提出的测试结构。因其耦合量 $|S_{21}|$ 正比于 κ'' 值($\kappa''=p/2\alpha$)，材料损耗(α)越小，κ'' 越大。所以将铁磁共振态样品放在测试腔中，可观察到铁磁共振曲线图 1.55，其测试电路等效于两个正交的电感线，在铁磁共振状态下产生相互耦合，其耦合输出 S_{21}。由于铁磁共振原因产生强耦合(铁磁共振峰)，但在高场工作情况下，样品处于非铁磁共振状态。根据式(1.94)，$f=1650\,\text{MHz}$，H_i =72000A/m σ =1.5，$4\pi M_s=1850\,\text{Gs}$，$p=3.1$，$\kappa''=9.3\alpha$ 时，κ'' 值较小。为了得到输出信号信息，必须使测试结构处于谐振状态，如图 1.60 所示。在 20mm×20mm×20mm 的腔体中放入介质板，尺寸为 20mm×20mm×0.5mm，介质板上面刻制印制电路形成 L-C 谐振回路，两个 L-C 谐振回路分别印制在介质板的正反两面。两个正交共振电路，通过铁氧体圆柱(Φ6mm×1mm)的旋磁作用，相互产生耦合，可获得 S_{12} 或 S_{21} 输出信号。本测试结构中电容 $C_1=C_2=1.5$pF 用方形贴片电路代替。

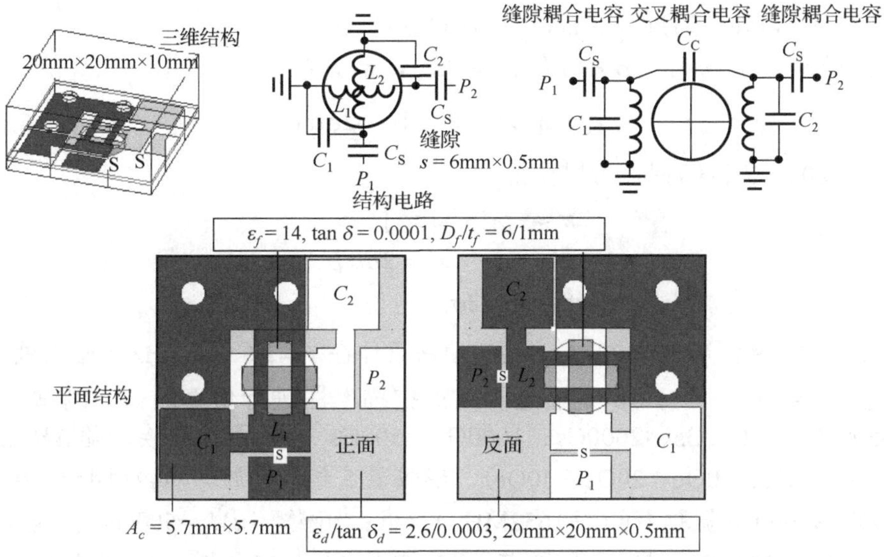

图 1.60 有效线宽 ΔH_{eff} 测试腔结构尺寸示意图

图 1.60 所示为有效线宽的测试结构图。左上方显示了三维内腔结构，包括测试电路板的平面结构，右上方为其结构电路图和等效电路图。其实，两线圈耦合是通过交叉耦合电容 C_{c} 实现的。其印制板平面结构正反面印制正交耦合电感 L_1、L_2，谐振电容 C_1、C_2。网状耦合电感 L_1、L_2 相互正交，其尺寸和图 1.52 的结构尺寸相同。其不同之处有两点：①输入/输出端通过缝隙 S 耦合，S=6mm×0.5mm；②输入端加有电容 C_1、C_2，它和网状电感 L_1、L_2 组成谐振回路，其谐振频率 $\omega_1=\omega_2$，$\omega_1=1/\sqrt{L_1C_1}$，$\omega_2=1/\sqrt{L_2C_2}$。由于电路处于谐振状态时，处于电路下方的圆柱铁氧体样品 $D_f\times T_f=6\text{mm}\times1\text{mm}$ 的微小磁损耗，均能引起腔体的谐振曲线幅度有所变化，可以从输出幅度 $|S_{21}|$ 的变化量 $\Delta|S_{21}|$ 中检出有关材料损耗量 α、κ'' 的大小，它是与归一化磁矩 p 和归一化磁场 σ 关联的。所以测量共振线宽 ΔH 时，材料处于铁磁共振状态。测量有效线宽 ΔH_e 时，谐振电路处于谐振状态，目的是提高其测试灵敏度。式(1.91)表示了有效线宽 ΔH_e 和阻尼系数 α 的关系以及 k 值与阻尼系数的关系。

$$\kappa=\frac{p}{(\sigma+\mathrm{j}\alpha)^2-1},\qquad \Delta H_e=\frac{2\alpha\omega}{\gamma}\tag{1.91}$$

在高场工作下，$p>1$，$\sigma>1$，如 $p=1.5$，$\sigma=1.5$。当 $\alpha^2\to0$ 时，κ 值变为

$$\begin{aligned}&\kappa\approx p[(\sigma^2-1)-\mathrm{j}2\sigma\alpha]\\&\tan\delta_\kappa=\frac{\kappa''}{\kappa'}=\frac{2\sigma\alpha}{\sigma^2-1},\quad \alpha=\frac{\sigma^2-1}{2\sigma}\tan\delta_\kappa\end{aligned}\tag{1.92}$$

由式(1.92)可知，通过测试 $\tan\delta_\kappa$ 或 α 可获得 ΔH_e 值。

在低场情况下，$p\leqslant 1$，$\sigma \ll 1$（如 $\sigma\approx 0.1$），κ 变成

$$\kappa \approx p[(\sigma^2-\alpha^2-1)-\mathrm{j}2\sigma\alpha] \tag{1.93}$$

当 $\alpha^2\to 0$，$\sigma^2\to 0$ 时，可以获得

$$\begin{aligned}&\kappa\approx -p[1+\mathrm{j}2\sigma\alpha]\\&\kappa'=-p,\quad \kappa''=2\sigma\alpha p\\&\tan\delta_\kappa=2\sigma\alpha\end{aligned} \tag{1.94}$$

图 1.61 中，磁化场 $H_i=72\mathrm{kA/m}$ 足够使铁氧体在 $f=1.6\sim1.8\mathrm{GHz}$ 范围内处于高场工作状态（σ=1.5）。图 1.61 是通过“跟踪扫描”法进行仿真测试。测试了 5 个 $4\pi M_s$=5000Gs、3000Gs、2000Gs、1000Gs、500Gs 的共振曲线族。随 ΔH_e 的不同（ΔH_e=0Oe、5Oe、10Oe、20Oe、40Oe），形成了 5 组曲线族。当磁矩 $4\pi M_s$=5000Gs 时，曲线族 M5000 共振频率（f_r=1652MHz）最低；当磁矩 $4\pi M_s$=500Gs，曲线族 M500 共振频率（f_r=1740MHz）最高，即随着 $4\pi M_s$ 增大，由于 M 的增大，共振频率 f_r 减小。若把 ΔH_e=0Oe 和 ΔH_e=5Oe 的 10 个共振点圆为 1 区，称为 ΔH_e 低值区；同样把（ΔH_e=5Oe）圆内的 2 称为中值区；3 圆区（ΔH_e=10Oe、20Oe）为中高区；4 圆区（ΔH_e=20Oe、40Oe）为高值区。图中 ΔH_e=0Oe 时为无磁损耗情况，这时为 $|S_{21}|$=0.9 的平直线，称为基线，实际测量时，可用 M=0，ε_d=14～16 的介质材料，放入测试腔内进行校正。校正后，插入待测的铁氧体材料，观察谐振峰频率 f_r 的坐标值。可以大致确定 $4\pi M_s$ 的值。测出共振点的幅度值 $|S_{21}|$，用此值对照图 1.61 所示的标样曲线，从而确定高场有效线宽 ΔH_e 值。

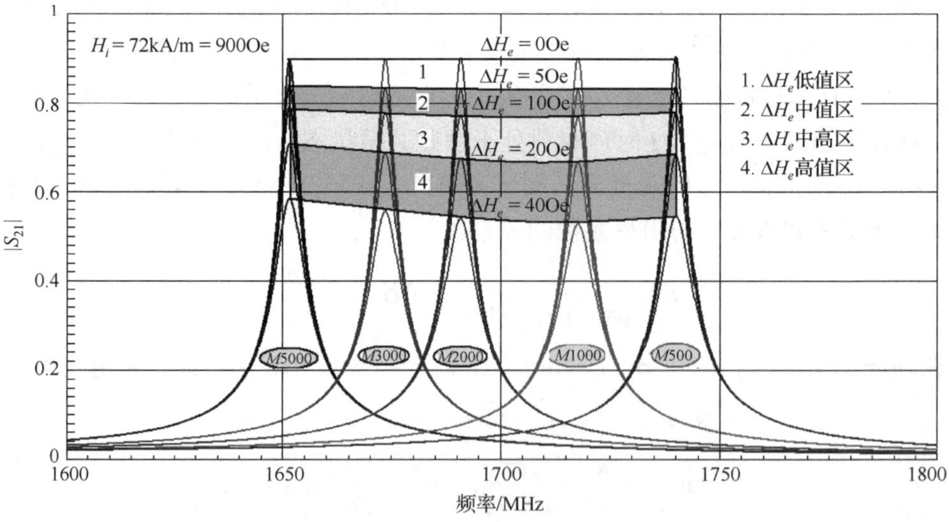

图 1.61　高场测试时（$4\pi M_s$,ΔH_e）标样曲线图

图 1.61 说明了有效线宽大小仅影响耦合输出$|S_{21}|$的大小，不影响谐振频率的变化。图 1.62 为谐振腔的S_{21}频响特征在阻抗圆图上表示为 C 曲线形态。随着ΔH_e变大，C 曲线之间范围缩小（ΔH_e=0Oe 变为 50Oe）。图 1.63 为ΔH_e=5Oe 和ΔH_e=50Oe，不同$4\pi M_s$形成两组 C 曲线族，C 曲线的直径几乎不随$4\pi M_s$的变化而变化。

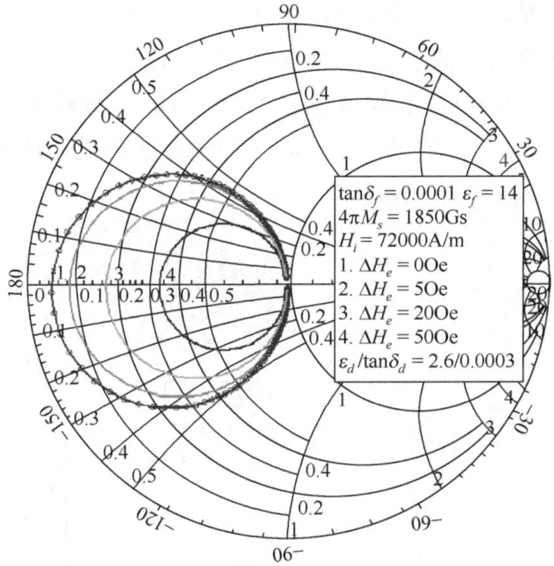

图 1.62 谐振腔的S_{21}频响特征

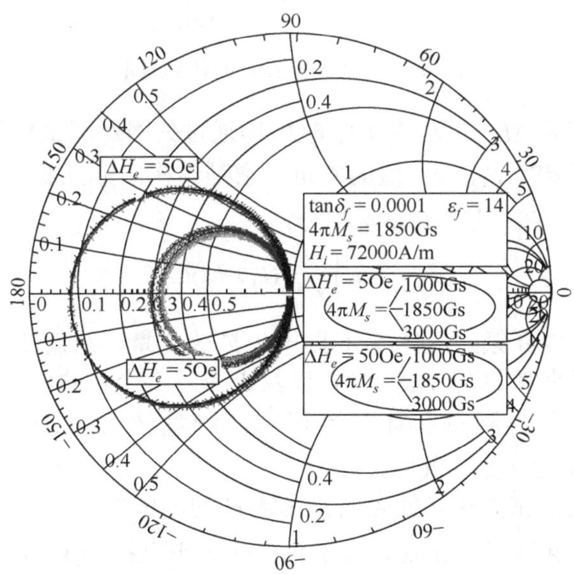

图 1.63 ΔH_e=5Oe、50Oe 时，不同$4\pi M_s$曲线族

4. 高场有效线宽 ΔH_e 的仿真测量和 S 参数测量法

图 1.64 为 ΔH_e 的仿真测量法,它是通过 $\kappa=\kappa'-\mathrm{j}\kappa''$ 的仿真计算结果,通过式(1.91)和式(1.92),推算出损耗正切 $\tan\delta_\kappa$,阻尼系数 α 和有效线宽 ΔH_e。如图 1.64 所示,复量 $\kappa=\kappa'-\mathrm{j}\kappa''$ 可以通过场计算器计算获得,仿真测量夹具仍用图中所示的正交耦合电路结构。仿真时,除微波测量结构确定外,把频率 f、内场 H_i、$4\pi M_s$ 作为已知量(设置值),被测量 ΔH_e 亦为设置值($\Delta H_e=10\mathrm{Oe}$),根据图中所示公式,通过 κ'、κ'' 的测量,算出 ΔH_e(测量值)=9.88Oe 和设置值差 $\delta=0.12\mathrm{Oe}$,测量误差小于 1.2%。通过仿真测量的结果虽然是一种虚拟结果,但反映了测量方法的逻辑性和合理性。

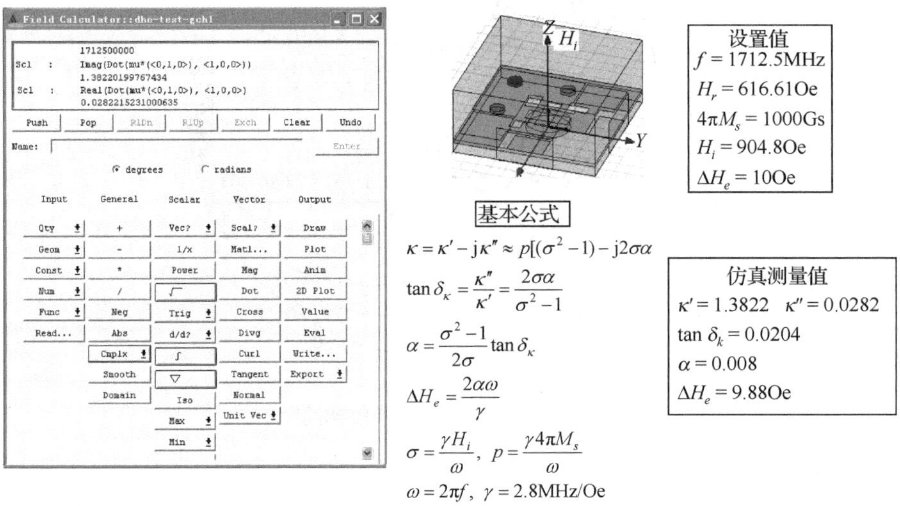

图 1.64　有效线宽 ΔH_e 的仿真测量

图 1.65 为有效线宽 ΔH_e 的 S 参数测量法,即通过矢网对测试夹具进行 S 参数测量,测出 S_{12}、S_{21}。通过 $dS=S_{12}-S_{21}$ 值的确定,它是结构的非互易性基本量,它与 κ 值有正比关系,$\kappa=\mathrm{d}S/F$,其中 F 是场积分:

$$F=\omega\mu_0\int_f i_z\cdot(h_1\times h_2)\mathrm{d}V$$

通过铁氧体圆柱内高频磁场体积分求出的 F 为复量,从而获得 κ' 和 κ''。图中通过矢网可以测出测试夹具的 S_{12}、S_{21} 值,以及 $\mathrm{d}S$ 值。3 个点的位置分别表示在阻抗圆图中,图 1.65 的右方为测量和计算流程图,测量结果为 $\Delta H_e=10.026\mathrm{Oe}$,误差 $\delta=0.026\mathrm{Oe}$,测量精度达到 0.26%。

有效线宽 ΔH_e 的测试方法和铁磁共振线宽 H 的测试法有所不同,前者是定频定场的测试法,后者是定频变场测试法,按磁场变化大小直接确定 ΔH 的大小,而有效线宽测定有如下 3 个特点:①应用矢网测定 $S_{12}-S_{21}$ 的非互易参数,该参数是复量形式,可表示在阻抗圆图上，其测试技术含量高；②从κ'、κ''值推断材料损耗因子$\tan\delta_\kappa$、材料阻尼因子α和材料的有效线宽ΔH_e，这三个参数内含着材料损耗的机制；③$S_{12}-S_{21}$测试值和κ'、κ''之间是通过复量方程$\mathrm{d}S=F\kappa$联系在一起的，其中，dS、F、κ均为复量，而复量值F为非测量值，它通过场积分获得，它统一了测试结构和被测材料的特性、尺寸之间的关系。

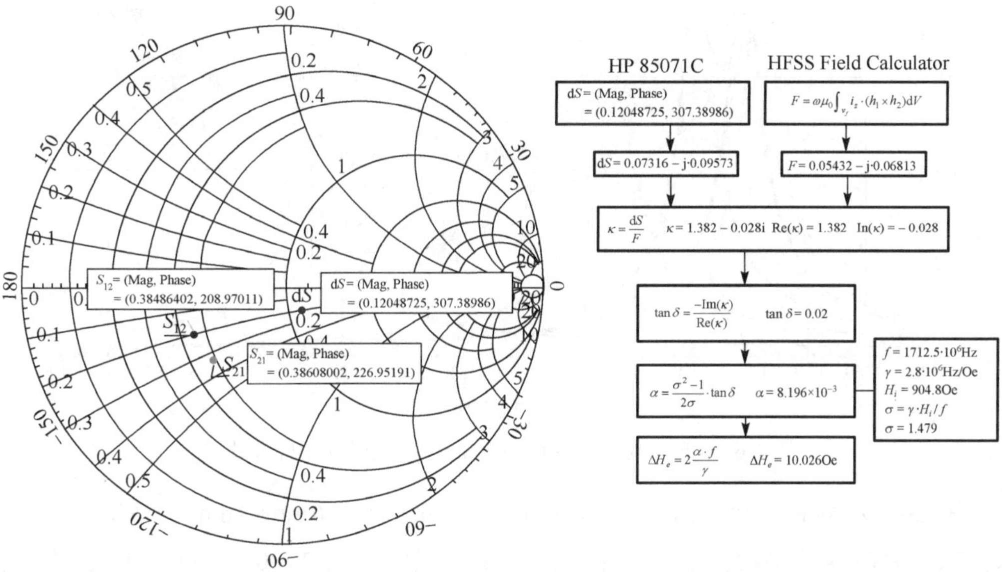

图 1.65　有效线宽ΔH_e的S参数测量方法和计算流程

1.11.3　低场有效线宽ΔH_{eff}测试

微波铁氧体材料，在多数情况下，还是低场器件下工作，归一化工作磁场$\sigma\geqslant 0$，特别在高频工作时共振磁场较高，难以实现在高场工作。

测量低场有效线宽基本原理和高场情况没有本质差别，都是利用磁损耗大小对测试腔的输出大小的影响，通过标定比较法来实现有效线宽测量。

图 1.66 为通过“跟踪扫描”法进行仿真测试，获得的标样曲线，仿真时$4\pi M_s$取值为 0Gs、200Gs、400Gs、600Gs、800Gs、1000Gs，分别记为 M0、M200、M400、M600、M800、M1000，ΔH_{eff}=0Oe、5Oe、10Oe、20Oe、50Oe。不同ΔH_{eff}值可获得 6 组共振曲线族，根据共振峰处的$|S_{21}|$值，可断定出ΔH_e的值。其中 M0 曲线族实际上是一条共振曲线，因为$4\pi M_s$=0 时实际是介质材料，其峰值点没有磁损耗的影响。由图 1.66 可以看出，随着$4\pi M_s$增加，共振峰位置向高频移动，这是由于$4\pi M_s$上升，μ_e下降所致。用峰顶处$|S_{21}|$值的大小来衡量ΔH_{eff}的大小。根据不同$4\pi M_s$磁矩和不同共振频率以及峰顶所在的区域 1、2、3、4，利用图 1.66 作为标样曲线和峰顶处$|S_{21}|$值

的大小，可估计算 $\Delta H_{\rm eff}$ 的大小。测试中应注意到测试腔的 $Q_L \geqslant 400$ 为宜，这样保证了 $|S_{21}|$ 对 $\Delta H_{\rm eff}$ 的分辨率。

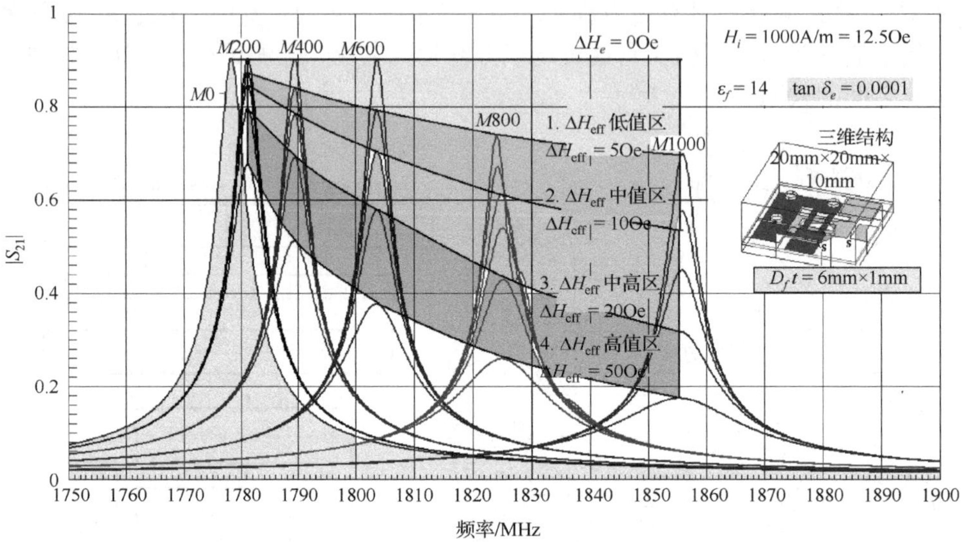

图 1.66 低场测试变化($4\pi M_s, \Delta H_{\rm eff}$)值时的标样曲线

图 1.67 为 $4\pi M_s = 900\,{\rm Gs}, \Delta H_{\rm eff} = 10\,{\rm Oe}, \varepsilon_f = 14, D_f t_f = 6\,{\rm mm}\times 1\,{\rm mm}$ 的情况下，测出 S_{12}、S_{21} 和 dS 在阻抗圆图上表示的曲线，有趣的是它们在 1700～1900MHz 频率范围内为 3 个圆。利用 dS 圆，可以在圆周上特定的频率点，通过类似图 1.65 所示的方法，测出该点的 $\kappa = \kappa' - {\rm j}\kappa''$ 值、$\tan\delta_\mu$、α 和 $\Delta H_{\rm eff}$。

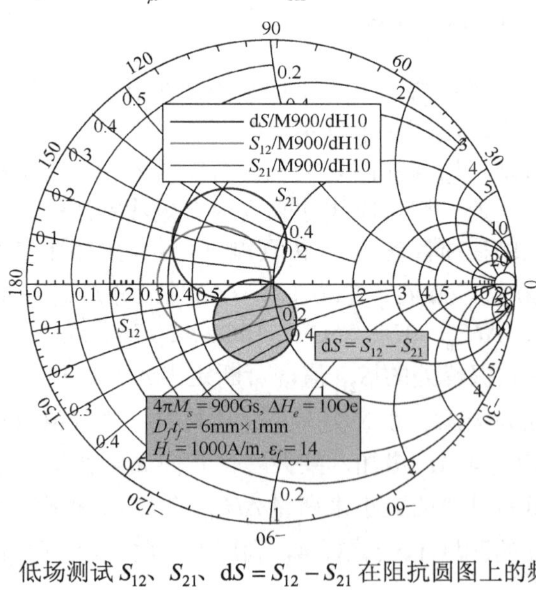

图 1.67 低场测试 S_{12}、S_{21}、${\rm d}S = S_{12} - S_{21}$ 在阻抗圆图上的频响曲线

1.11.4　本征线宽ΔH_0测试

利用同样的腔体可测量零场工作情况下的有效线宽，称为本征线宽ΔH_0。零场情况样品处于退磁态。晶粒、磁畴杂乱分布和气孔退磁场等因素的影响，会产生畴壁共振和自然共振。这些损耗机制非常复杂，由于退磁态关系，把它视为(ε_d,μ_d)的各向同性介质，不存在进动导致的κ值，复量值$\mu_d=\mu_d'-\mathrm{j}\mu_d''$、归一化磁矩$p$、阻尼因子$\sigma$、材料$\tan\delta_d$的关系为

$$
\begin{aligned}
&\mu_d'=\frac{1}{3}+\frac{2}{3}\sqrt{1+p^2}\\
&\mu_d''=\frac{2\alpha}{3p}\ln\frac{1}{1-p^2},\quad \alpha=\frac{\gamma\Delta H_0}{2\omega}\\
&\tan\delta_d=\frac{\mu''}{\mu'}
\end{aligned}
\tag{1.95}
$$

各向同性介质(μ_d'，$\tan\delta_d$)的不同组合，用仿真测量测出其标样曲线如图1.68所示。在无损耗情况$\tan\delta_d$=0，峰顶连线为$|S_{21}|$=0.92的直线。当$\tan\delta_d$=5×10^{-3}，10×10^{-3}，20×10^{-3}，30×10^{-3}等值时，谐振峰顶点连线倾斜下移。通过材料的谐振峰观察，立刻估出材料μ_d'值及其峰顶对应的$\tan\delta_d$值，从而根据式(1.95)，由(μ_d'，$\tan\delta_d$)算出(μ_d',p)→(α,ω)→ΔH_0(本征线宽)。

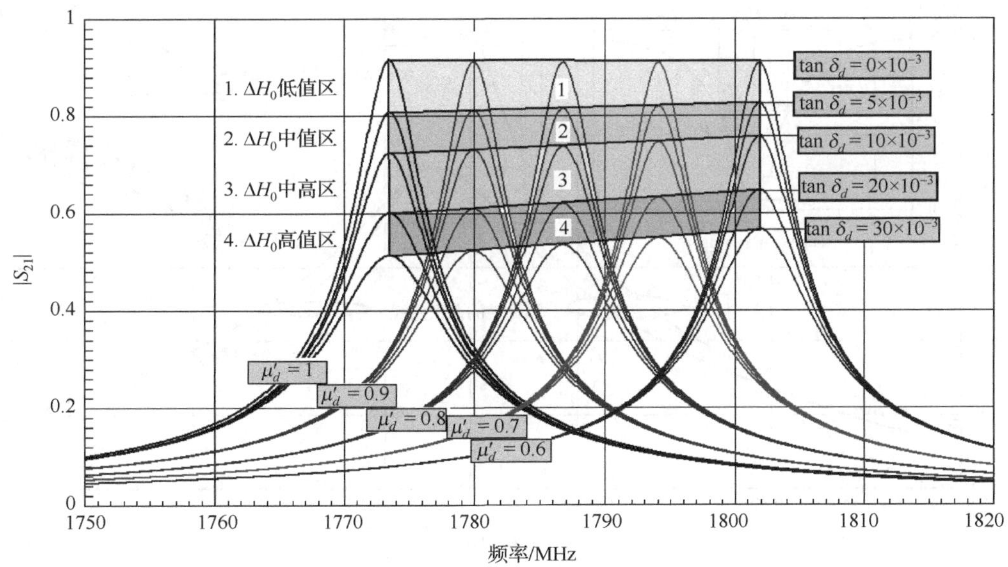

图1.68　退磁态材料本征线宽ΔH_0的标样曲线

1.11.5 铁磁共振线宽ΔH的常规测试

1. 测试ΔH的基本原理

本节利用铁氧体小球放入波导谐振腔中，在谐振腔的共振频率f_r附近，在铁磁共振点H_c处，测量通过式谐振腔的谐振曲线和输出量$S_{12}(c)$、测量当偏离铁磁共振处$(H=H_c\pm\Delta H/2)$的谐振曲线和谐振点的S_{12}值：$S_{12}(a)=S_{12}(b)=S_{12}(1/2)$ (dB)来确定共振线宽ΔH的值。

如图1.69所示，图右上角显示矩形波导谐振腔工作于TE_{106}模式，铁氧体样品放在腔体中心，该处电场最弱，磁场最强。由于测试腔的体积比小球体积大很多，腔体尺寸$abL=22.86\text{mm}\times10.16\text{mm}\times129.6\text{mm}$，小球直径为1mm，所以虽然铁氧体小球处于铁磁共振状态，共振时$\mu''_{\max}$很大，但对整个腔体来说仍是微扰而已。图的左上方表示铁氧体材料的铁磁共振吸收曲线，在重合共振(coincide resonance)情况下，$H=H_c$，磁场H_c为铁磁共振点的磁化场，此时吸收最大$\mu''_{\max}$；当磁化场为$H_a=(H_c+\Delta H/2)$时，材料处于半功率吸收状态$\mu''=\mu''_{\max}/2$；当磁化场$H_b=(H_c-\Delta H/2)$时，为另一个半功率吸收点。$\Delta H=H_a-H_b$，如果在测量中能正确确定H_a、H_b的差值，便测出了H值。

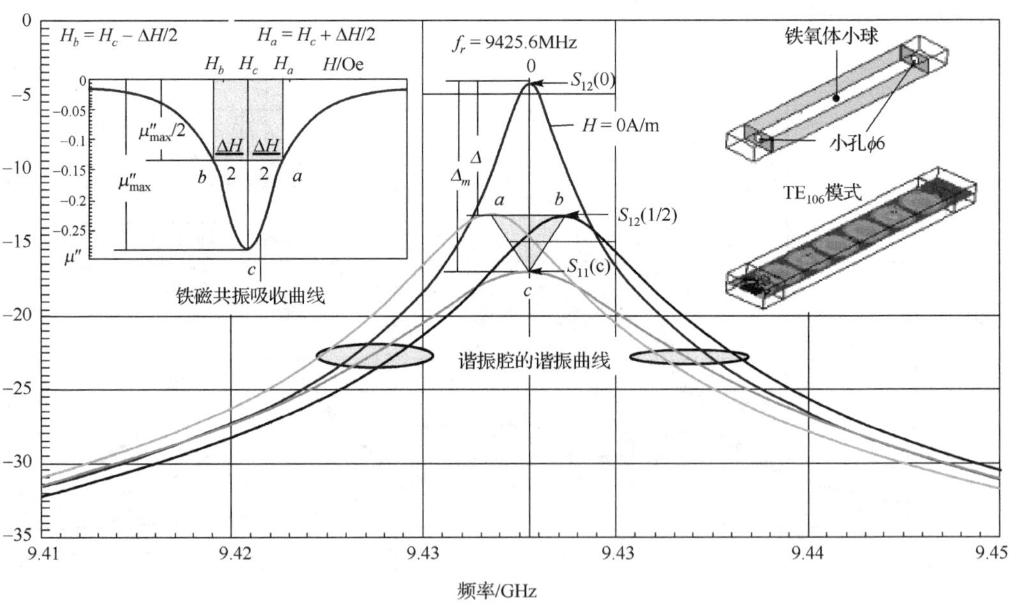

图 1.69　铁磁共振线宽测试的基本方法

在图 1.69 中，当磁化场 $H = 0$ 、铁氧体未磁化（$M = 0$）时，其谐振腔的谐振曲线为 $S_{12}(0)$，在共振点的输出 $S_{12}(0) = -4.3\,\text{dB}$，$Q \geqslant 4000$；当铁氧体小球外加磁化场 H_c 时，材料处于铁磁共振状态，由于材料损耗最大（$\mu'' = \mu''_{\max}$），所以谐振腔共振曲线变成曲线 c，c 点的值 $S_{12}(c) = -17.2\,\text{dB}$；当磁化场处于半功率损耗状态（$\mu'' = \mu''_{\max}/2$）时，磁化场为 H_a，便获得谐振曲线 a，相对于 c 曲线左移，而且 a 点的幅度升高 $S_{12}(a) = S_{12}(1/2)$；当磁化场为 H_b 时，便获得谐振曲线 b，相对于 c 曲线右移，而且 b 点的幅度升高 $S_{12}(b) = S_{12}(1/2)$。在实际测量中，用功率来表示时，令 P_0 为腔体在 $H = 0$ 时的输出功率，P_m 为样品产生铁磁谐振时（$H = H_c$）的输出功率，由此可计算出 $H = H_a$ 和 H_b 时的输出功率 $P_{1/2}$，通过调节磁场 H，可找出两个相应的输出功率 $P_{1/2}$ 所对应的磁场大小 H_a 和 H_b，便获得 $\Delta H = H_a - H_b$。但 $P_{1/2}$ 的值应由式(1.96)计算而得，这就是共振线宽 ΔH 测量的基本方法。

$$P_{1/2} = \frac{4P_0}{(\sqrt{P_0/P_m} - 1)^2} \tag{1.96}$$

但是由于测量设备很少用微波功率计来测量 P_0、P_m 和 $P_{1/2}$ 值，用网络分析仪测量可以方便地测出 P_0、P_m 和 $P_{1/2}$ 所对应的 $S_{12}(\text{dB})$ 参数值，它们是 $S_{12}(0)$、$S_{12}(c)$ 和 $S_{12}(a) = S_{12}(b) = S_{12}(1/2)$，它们之间的转换关系通过式(1.97)和式(1.98)来计算。

$$S_{12}(0) - S_{12}(1/2) = 20\lg\left[\frac{\sqrt{P_0/P_m} + 1}{2}\right] = \varDelta(\text{dB}) \tag{1.97}$$

$$\begin{gathered} \frac{P_0}{P_m} = 10^{\frac{|\varDelta_m(\text{dB})|}{10}} \\ |\varDelta_m(\text{dB})| = |S_{12}(0) - S_{12}(c)| \end{gathered} \tag{1.98}$$

式中，$S_{12}(0)$ 对应于远离铁磁共振下的 $|S_{12}|(\text{dB})$ 值，c 点的 $S_{12}(c)$ 为铁磁共振状态下的值(以 dB 计)。$S_{12}(a)$ 和 $S_{12}(b)$ 为 a、b 两点的值。式(1.97)中的差值 $\varDelta$ 以 dB 计算。通过差值 $\varDelta$ 可以计算出 $S_{12}(1/2)$ (dB)，而差值 $\varDelta_m(\text{dB}) = S_{12}(0) - S_{12}(c)$ 是来计算两个极值点的功率比 P_0/P_m。图中 a、b、c、0 四个点对应的 $|S_{12}|(\text{dB})$ 值是测量 ΔH 的关键点，$(\varDelta_m(\text{dB}) - \varDelta(\text{dB}))$ 就是三角形的高度。

2. 用仿真技术测量 ΔH

用仿真方法可以获得腔体的谐振曲线，从而获得 ΔH 值。图 1.70 和图 1.71 所示为仿真测试 ΔH 的谐振曲线族图。

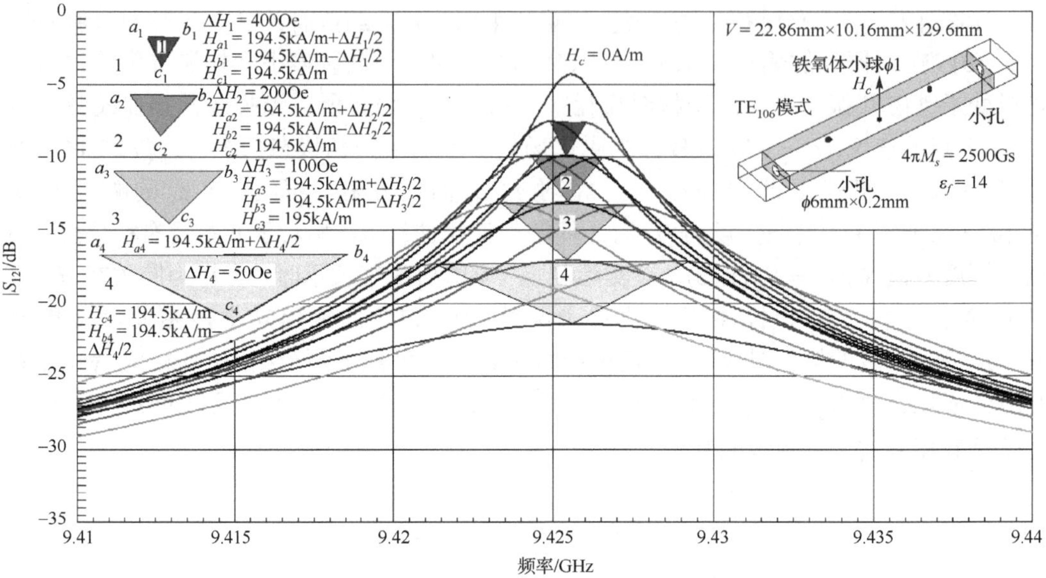

图 1.70　仿真测试的 ΔH 谐振曲线族($4\pi M_s = 2500\text{Gs}$)

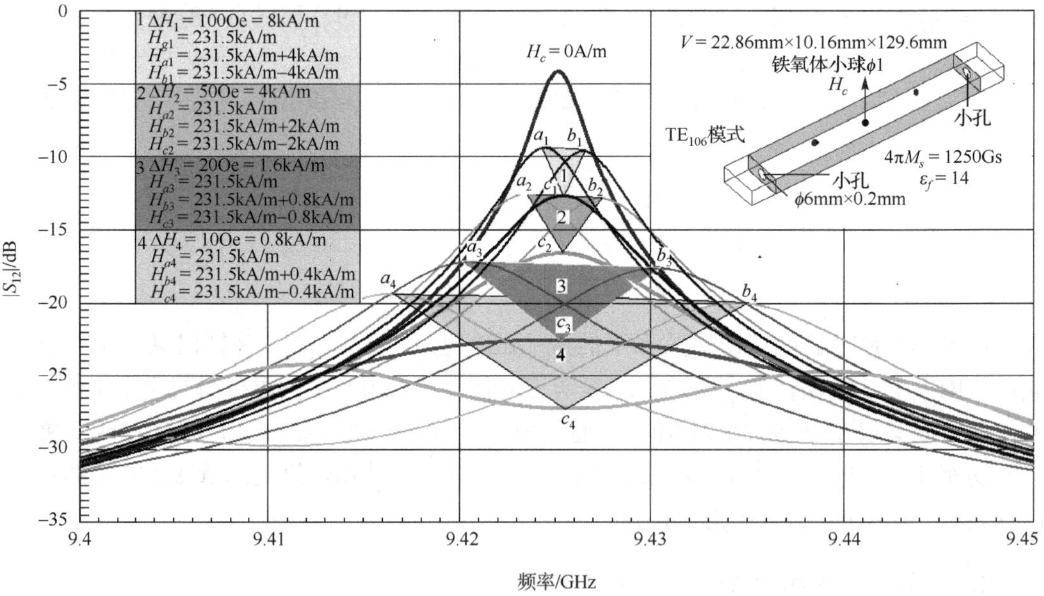

图 1.71　仿真测试的 ΔH 谐振曲线族($4\pi M_s = 1250\text{Gs}$)

图 1.70 中除了零场 $H = 0$ 外，共有 12 条谐振曲线，它们分成 1、2、3、4 四个组，谐振曲线分别对应：① $\Delta H = 400\text{Oe}$；② $\Delta H = 200\text{Oe}$；③ $\Delta H = 100\text{Oe}$；④ $\Delta H = 50\text{Oe}$，各组谐振曲线有 3 条，其谐振点 a、b、c，c 为 $H = H_c$ (铁磁共振磁场)时的谐振曲线；

a、b 为 $H=H_a$ 和 $H=H_b$ 时的谐振曲线，从各谐振点上索取各个磁化场值 H_c、H_a、H_b 及相应的 $S_{12}(c)$、$S_{12}(a)$ 和 $S_{12}(b)$ 值，其中 $\Delta H=H_a-H_b$ 在仿真测量过程中是确定值，而 $S_{12}(a)$ 和 $S_{12}(b)$ 为被确定值(仿真测量值)。图 1.71 所示为另类仿真测量结果，不同之点是前者为高磁矩、大线宽的情况，这里是中低磁矩 $4\pi M_s=1250\text{Gs}$ 和中低线宽 $\Delta H=100\text{Oe}$、50Oe、20Oe、10Oe 时的情况。两者的仿真结果都客观地反映出 ΔH 的测试结果。

为把图 1.70 和图 1.71 的仿真结果融合起来，把各谐振点的 S_{12} 值和 H 值综合于表 1.18。表 1.18 的上半部分即为测量 $4\pi M_s=2500\text{Gs}$ 和不同 ΔH 值材料的结果。从表中的 $S_{12}(1/2)$ 数据看到：仿真结果和公式计算结果相当接近。例如，当 $\Delta H=200\text{Oe}$ 时，$S_{12}(1/2)=-10\ \text{dB}$(仿真)，$S_{12}(1/2)=-10.2\ \text{dB}$(计算)，两者比较接近。仿真测量和常规测量的最大区别是：在仿真测量中，ΔH 是已知值，$S_{12}(1/2)$ 是被确定值(测量值)；而实际测量中，$S_{12}(1/2)$ 是通过计算得到的已知值，H_a 和 H_b 才是被确定值(测量值)。表 1.18 下面的表格综合了磁矩 $4\pi M_s=1250\text{Gs}$ 时的测量结果，当 $\Delta H=100\text{Oe}$、50Oe、20Oe 时，$S_{12}(1/2)$ 的仿真结果和计算结果相差不大，但当窄线宽时，$H=10\text{Oe}$，$S_{12}(1/2)=-19.8\text{dB}$ 而计算值 $S_{12}(1/2)=-21.8\text{dB}$，误差较大，其原因在于图 1.71 中，$c_4$ 谐振曲线出现双峰，说明铁氧体样品对谐振腔的影响超出了微扰范畴，所以带来测试误差。当铁氧体小球太大且 ΔH 太小时都有可能超越微扰的底线。

表 1.18 仿真测试结果

	$4\pi M_s=2500\text{Gs}$		仿真结果 $S_{12}(0)=-4.3\text{dB}$		公式计算结果			
	序号	$\Delta H/\text{Oe}$	$S_{12}(1/2)/\text{dB}$	$S_{12}(c)/\text{dB}$	Δ_m/dB	P_0/P_m	Δ/dB	$S_{12}(1/2)/\text{dB}$
图 1.70 中的数据	1	400	−7.64	−9.9	5.6	3.63	3.2	−7.5
	2	200	−10.0	−13.1	8.8	7.38	5.9	−10.2
	3	100	−13.3	−17.1	12.8	19.1	8.6	−12.9
	4	50	−17.2	−21.5	17.2	52.5	12.3	−16.6
图 1.71 中的结果	1	100	−9.5	−12.6	8.3	6.8	5.1	−9.4
	2	50	−12.6	−16.6	12.3	17	8.17	−12.5
	3	20	−17.4	−22.6	18.3	67.6	13.3	−17.6
	4	10*	−19.8	−27.2	22.9	195	17.5	−21.8*

图 1.72 所示为测试系统方框图，分为 4 个测量步骤。

第一步，当 $I=0$ 时，测出谐振腔的谐振曲线 $S_{12}(0)$，记下 $S_{12}(0)$ 的峰值，程控计算机自动显示腔体的谐振频率 f_r 和 Q_0 值。

第二步，调节电磁铁磁化电流 I，使 $I=I_c$，即磁化场 $H=H_c$，为谐振腔谐振频率 f_r 和铁磁共振频率 f_0 重合共振的情况，谐振曲线 $S_{12}(c)$ 的峰值下降至 $S_{12}(c)(\text{dB})$，程控计算机记下其值，并输出 $S_{12}(1/2)$ 值。程控计算机自动显示 γ 值(g 值)。

第三步，调节 $I=I_a$，磁化场 $H=H_a(H_a>H_c)$，磁化场大于铁磁共振磁场，谐振腔谐振曲线 $S_{12}(a)$ 左移(谐振频率下降)，其峰值 $S_{12}(a)$ (dB)升高，$S_{12}(a)=S_{12}(1/2)>S_{12}(c)$。

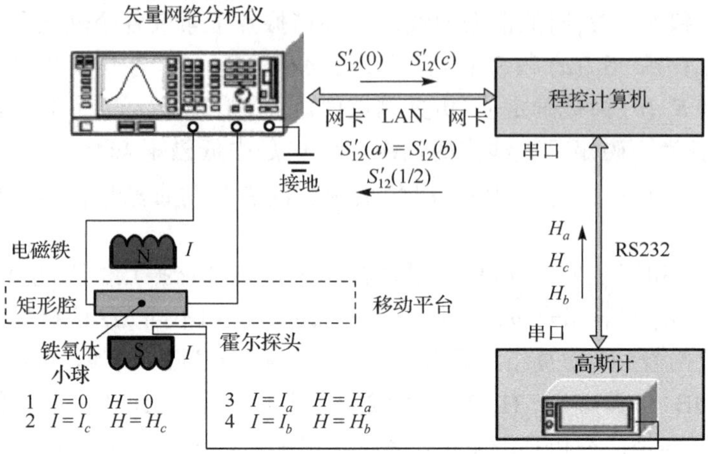

图 1.72　ΔH 测量框图

第四步，调节 $I=I_b$，磁化场 $H=H_b$，这时 $H_b<H_c$，磁化场小于铁磁共振磁场，谐振腔谐振曲线 $S_{12}(b)$ 右移(谐振频率升高)，同样，其峰值 $S_{12}(b)$ 升高，并使 $S_{12}(b)=S_{12}(1/2)>S_{12}(c)$。最后程控计算机自动算出 ΔH 数值。

3. 实际测量与仿真测量的主要差别

除了上述仿真测量把 ΔH 作为已知量(设置量)，$S_{12}(1/2)$ 作为被测值；实际测量中则是把 ΔH 作为被测量值，$S_{12}(1/2)$ 作为已知值(尽管通过计算公式获得)外，还有如下差别。

(1) 磁化场的差别。实际测量中磁化场用外场 H_0，而仿真中用内场 H_i。根据小球铁磁共振频率公式：$\omega_0=\gamma H_0$ (实际测量)，$\omega_0=\gamma(H_i+4\pi M_s)$ (仿真测量)。

其内场和外场差值随材料的 $4\pi M_s$ 而变，在仿真过程中为了使 $\omega_0\to\omega_r$ (腔体谐振频率)，通过不断调整 H_i 值来实现，铁磁共振频率向腔体谐振频率逼近，可以控制到 MHz 量级。

(2) γ 和 $4\pi M_s$ 测量。在实际测量中，通过 H_0 和 ω_0 的精确测量，可得旋磁比 γ 的值。但在仿真测量中，$4\pi M_s$ 值对 H_i 有影响，所以必须进行两次铁磁共振测量，分别为 $(\omega_{01},\ H_{i1})$ 和 $(\omega_{02},\ H_{i2})$，才能算出 $\gamma=(\omega_{01}-\omega_{02})/(H_{i1}-H_{i2})$。尽管两次测试带来麻烦，但也可从中获得 $4\pi M_s$ 数据，这是实际测量中无法实现的。

(3) 测量步骤的差别。

实际测量：①在零场 $H=0$ 下调出腔体谐振曲线，记下 $S_{12}(0)$ 值和谐振频率及 Q；②调节磁化场 $H=H_c$ 使铁磁共振频率 $f_0\to f_r$，记下 $S_{12}(c)$ 极值点(峰值最低点)；③把 $S_{12}(0)$ 和 $S_{12}(c)$ 值代入式(1.98)及式(1.97)中计算出 $\varDelta_m$(dB)、P_0/P_m 和 $S_{12}(1/2)$ 值；④调节磁化场使 $S_{12}(a)=S_{12}(b)=S_{12}(1/2)$，分别记下磁化场 H_a 和 H_b 值，求出铁磁共振线宽 $\Delta H=H_a-H_b$。

仿真测量：①仿真出 $H_i=0$（$M=0$）的共振曲线 $S_{12}(0)$，记下 f_r 及 Q 值；②调节磁化场 $H_i=H_c$ 获得最大吸收时谐振曲线 $S_{12}(c)$，记下极值点的值 $S_{12}(c)$；③附加内磁场 $H_i=H_a=(H_c+\Delta H/2)$，谐振曲线左移到 a 曲线，记下其值 $S_{12}(a)=S_{12}(1/2)$；附加内磁场 $H_i=H_b=(H_c-\Delta H/2)$，谐振曲线右移到 b 曲线，记下其值 $S_{12}(b)=S_{12}(1/2)$；④用仿真出的 $S_{12}(0)$ 和 $S_{12}(c)$ 值，通过式(1.98)及式(1.97)求出 $S_{12}(1/2)$，其计算值和③得出的 $S_{12}(1/2)$ 一致，仿真才是正确的。

1.11.6 毫米波段铁磁共振线宽ΔH测试

前面阐述了 X 波段 ΔH 的常规测试方法，将铁氧体小球 $\phi 1$ 插入波导谐振腔中，通过小球在铁磁共振状态下，谐振腔的谐振 Q 值变化来测定小球的 ΔH 值。此法可以推广到毫米波段 ΔH 的测试。其主要差别是在毫米波段所用的小球样品直径更小（$\phi 0.5$），甚至用铁氧体薄膜样品进行测试；另外，测量 ΔH 值的范围也有变化。①是宽线宽材料如六角晶系列，其 $\Delta H>200\,\text{Oe}$，对 $\Delta H=100\,\text{Oe}$、$200\,\text{Oe}$、$400\,\text{Oe}$、$800\,\text{Oe}$ 进行了仿真测量；②是窄线宽材料如对 YIG 薄膜样品进行了仿真测试。

1. 小球样品 ΔH 测试

使用的测试腔为矩形腔，尺寸为 $86\text{mm}\times 4.3\text{mm}\times 35.8\text{mm}$，工作在 TE_{106} 模式，其谐振频率 $f_0=30507\,\text{MHz}$。如果要扩大测试频点，可用 TE_{105} 模式，$f_0=27.1\text{GHz}$；TE_{107} 模式，$f_0=33.86\,\text{GHz}$；TE_{108} 模式，$f_0=37.35\,\text{GHz}$，基本上跨越 Ka 波段。这里仅研究 TE_{106} 模式的测试情况。使用材料 $4\pi M_s=4000\,\text{Gs}$，$\varepsilon_f=14$，$\Delta H=800\,\text{Oe}$、$400\,\text{Oe}$、$200\,\text{Oe}$、$100\,\text{Oe}$ 四种材料。测出 4 种小球样品的谐振曲线。其中 c 点表示腔体谐振和铁磁共振重合共振时，腔体谐振曲线顶点(图 1.73) c_1、c_2、c_3、c_4 四个点，记下共振磁场 H_c；图中 a、b 点表示当磁场偏离 H_c 时，$H_a=H_c+\Delta H/2$ 和 $H_b=H_c-\Delta H/2$，得到 $2\times 4=8$ 条谐振曲线，连同重合共振 4 条谐振曲线，在图 1.73 中共有 12 条谐振曲线，其峰顶点值 $S_{12}(a_1)$，$S_{12}(b_1)$，$S_{12}(c_1)$，…，$S_{12}(c_4)$，记录在表 1.19 中。远离铁磁共振时（$H=0$），其 $S_{12}(0)=14.4\,\text{dB}$，它和 $S_{12}(c)$ 相组合计算出“半功率”点 $S_{12}(1/2)$ 的值。理论上，$S_{12}(1/2)=S_{12}(a)=S_{12}(b)$，从表中所见，对于 4 种情况，它们相差无几，这从仿真角度分析了测试方法的可靠性。表 1.19 还测出了各谐振曲线的 Q 值：$Q(a_1)$，$Q(b_1)$，$Q(c_1)$，…，$Q(c_4)$。从仿真曲线看出，c_1、c_2、c_3 的顶峰位置仍在 $f_0=30.5\,\text{GHz}$ 处，但 c_4 顶峰有所偏离，说明当 $\Delta H<200\,\text{Oe}$ 时测量带来误差。正如图 1.71 所示，当 $\Delta H=10\,\text{Oe}$ 时，c_4 点的曲线出现双峰情况，主要原因是当窄线宽材料在铁磁共振点 $H=H_c$ 频率和腔体谐振频率一致时出现强耦合导致谐振峰的漂移，严重情况会出现双峰。为了防止强耦合出现，可以减小铁氧体小球的尺寸。

表 1.19　用小球样品测量值 $S_{12}(a)$、$S_{12}(b)$ 和计算值 $S_{12}(1/2)$ 比较

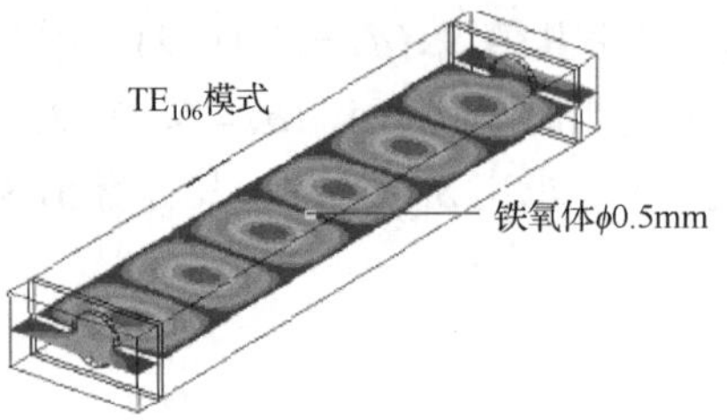

$$S_{12}(1/2)=S_{12}(0)-20\lg\left[\frac{\sqrt{10^{\frac{\Delta}{10}}}}{2}+1\right]$$

$$\Delta_c=S_{12}(0)-S_{12}(c)$$

$Q_0=5980$　　$S_{12}(0)=-14.4\text{dB}$　　$S_{12}(1/2)$

$\Delta H=800\text{Oe}$	$S_{12}(a_1)=-23.8\text{dB}$ $Q(a_1)=1906$	$S_{12}(b_1)=-23.7\text{dB}$ $Q(b_1)=1906$	$S_{12}(c_1)=-28.1\text{dB}$ $Q(c_1)=1173$	$S_{12}(1/2)=-23.7\text{dB}$
$\Delta H=400\text{Oe}$	$S_{12}(a_2)=-28.1\text{dB}$ $Q(a_2)=1270$	$S_{12}(b_2)=-27.9\text{dB}$ $Q(b_2)=1173$	$S_{12}(c_2)=-33\text{dB}$ $Q(c_2)=663$	$S_{12}(1/2)=-28\text{dB}$
$\Delta H=200\text{Oe}$	$S_{12}(a_3)=-32.5\text{dB}$ $Q(a_3)=744$	$S_{12}(b_3)=-32.8\text{dB}$ $Q(b_3)=726.2$	$S_{12}(c_3)=-38.4\text{dB}$ $Q(c_3)=314.4$	$S_{12}(1/2)=-32.9\text{dB}$
$\Delta H=100\text{Oe}$	$S_{12}(a_4)=-36.3\text{dB}$ $Q(a_4)=477$	$S_{12}(b_4)=-37.5\text{dB}$ $Q(b_4)=332$	$S_{12}(c_4)=-44\text{dB}$ $Q(c_4)=188$	$S_{12}(1/2)=-38.2\text{dB}$

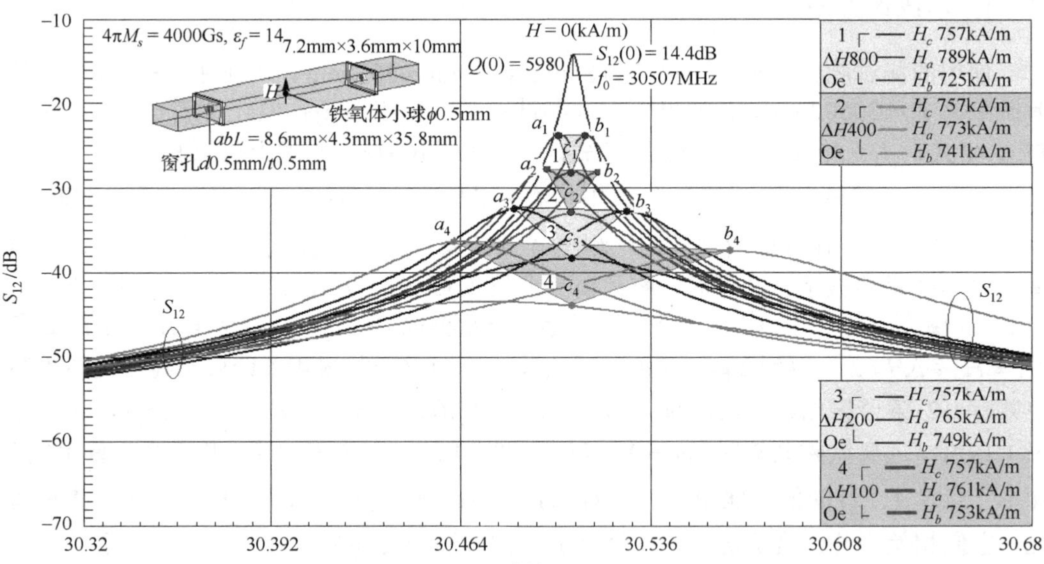

图 1.73　小球样品 4 组谐振曲线族的仿真测量

2. 铁磁薄膜样品 ΔH 测试

对于 YIG 外延薄膜材料，其 ΔH 较小，薄膜体积小，可以满足微扰耦合条件。其方法仍与上同，腔体工作模式仍为 TE_{106} 模式，如表 1.20 所示，$4\pi M_s=1800\text{Gs}$，腔

体谐振频率 $f_0 = 30.5\mathrm{GHz}$。此处仿真测量 $\Delta H = 100\mathrm{Oe}$、$60\mathrm{Oe}$、$40\mathrm{Oe}$、$20\mathrm{Oe}$ 四种材料，每个材料有 a、b、c 三条曲线，如 1 号材料 $\Delta H = 100\mathrm{Oe}$，三条谐振曲线为 a_1、b_1、c_1，图中共计算了 12 条谐振曲线及一条远离铁磁共振 $S_{12}(0)$ 的谐振曲线。通过重合共振下的 $S_{12}(c)$ 和 $S_{12}(0)$，算出 H_a、H_b 铁磁共振半功率点下的 $S_{12}(1/2)$ 值，由此推断出 $S_{12}(a)$、$S_{12}(b)$ 值，从而找出 $\Delta H = H_a - H_b$。但是从表 1.20 中见到，计算出的 $S_{12}(1/2)$ 值小于 $S_{12}(a)$、$S_{12}(b)$ 值，特别当 $\Delta H = 20\mathrm{Oe}$ 时，$S_{12}(a) - S_{12}(1/2) \approx 2\mathrm{dB}$，因此薄膜样品的测试结果 ΔH 偏小，这是薄膜样品的形状各向异性对 ΔH 的影响。对于球状样品，无形状各向异性问题：

$$\frac{\omega_r}{\gamma} = H_0 = H_i + 4\pi M_s / 3$$

表 1.20　用薄膜样品测量值 $S_{12}(a)$、$S_{12}(b)$ 和计算值 $S_{12}(1/2)$ 的比较

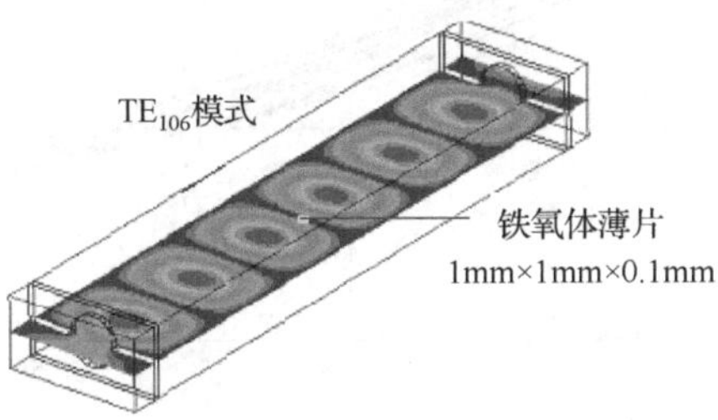

$$S_{12}(1/2) = S_{12}(0) - 20\lg\left[\frac{\sqrt{10^{\frac{\Delta}{10}}}}{2} + 1\right]$$

$$\Delta_c = S_{12}(0) - S_{12}(c)$$

$Q_0 = 5980$　　$S_{12}(0) = -14.2\mathrm{dB}$　　$S_{12}(1/2)$

$\Delta H = 100\mathrm{Oe}$	$S_{12}(a_1) = -19.7\mathrm{dB}$ $Q(a_1) = 3177$	$S_{12}(b_1) = -19.6\mathrm{dB}$ $Q(b_1) = 3388$	$S_{12}(c_1) = -22.5\mathrm{dB}$ $Q(c_1) = 2178$	$S_{12}(1/2) = -19.3\mathrm{dB}$
$\Delta H = 60\mathrm{Oe}$	$S_{12}(a_2) = -22.1\mathrm{dB}$ $Q(a_2) = 2542$	$S_{12}(b_2) = -22.2\mathrm{dB}$ $Q(b_2) = 2692$	$S_{12}(c_2) = -25.2\mathrm{dB}$ $Q(c_2) = 1522$	$S_{12}(1/2) = -21.3\mathrm{dB}$
$\Delta H = 40\mathrm{Oe}$	$S_{12}(a_3) = -24.2\mathrm{dB}$ $Q(a_3) = 1974$	$S_{12}(b_3) = -23.4\mathrm{dB}$ $Q(b_3) = 2033$	$S_{12}(c_3) = -27.2\mathrm{dB}$ $Q(c_3) = 1130$	$S_{12}(1/2) = -22.9\mathrm{dB}$
$\Delta H = 20\mathrm{Oe}$	$S_{12}(a_4) = -27.6\mathrm{dB}$ $Q(a_4) = 1271$	$S_{12}(b_4) = -27.8\mathrm{dB}$ $Q(b_4) = 1173$	$S_{12}(c_4) = -30.6\mathrm{dB}$ $Q(c_4) = 663$	$S_{12}(1/2) = -25.8\mathrm{dB}$

在 $4\pi M_s$ 不变的情况下，$\Delta H_o = \Delta H_i = \Delta H$，即从外场差值和内场差值所获得的值 ΔH 是一致的。对于薄膜样品，有样品形状各向异性的影响，铁磁共振频率：

$$\frac{\omega_r}{\gamma} = \sqrt{H_o(H_o + M)} = H_{eq} = H_o\sqrt{1 + \frac{M}{H_o}}$$

所测的薄膜 $\Delta H_{eq} > \Delta H_o = \Delta H$，等效线宽 ΔH_{eq} 大于 ΔH，这里 ΔH 是由 $S_{12}(a) - S_{12}(c)$ 或 $S_{12}(b) - S_{12}(c)$ 落差值决定的，其落差值比 $S_{12}(1/2) - S_{12}(c)$ 的落差小（表 1.20），所以获得的 ΔH 值小。与此相反，等效线宽 ΔH_{eq} 值由 $S_{12}(1/2) - S_{12}(c)$ 落差值确定，所以测出的线宽 ΔH_{eq} 值大。

在上述的小球和薄膜测量中，小球体积为 0.065mm^3，而薄膜的体积为 0.01mm^3，从图 1.73(小球)和图 1.74(薄膜)曲线对比来看：前者 ΔH 为 800～100Oe 内变化，其 S_{12}(dB) 变化约 20dB；后者 ΔH 为 100～20Oe 内变化，其 S_{12}(dB) 变化约 11dB。应该说用小球测量和用薄膜测量的灵敏度相当。

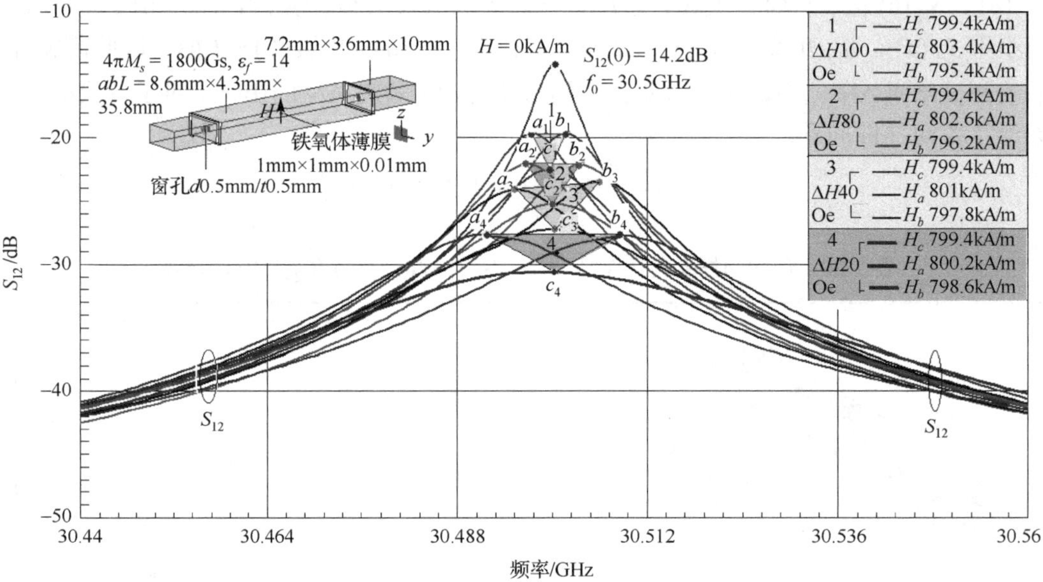

图 1.74　薄膜样品 4 组谐振曲线族的仿真测量

1.11.7　自旋波线宽ΔH_K的测试

1. 自旋波线宽 ΔH_K 测试系统与测试方法

图 1.75 所示为自旋波线宽的测试框图，主要包括如下几方面。

(1) 磁控管功率源，功率 1000～2000W，脉宽 2μs 。

(2) 微波测试波导系统(工作在 X 波段)，其中包括微波功率调节器，用来调节输出功率 P_0 的大小，调节器的功率可变范围为 0.2～−15dB，测试腔共振频率 $f_r \approx 9.425\,\text{GHz}$，腔体工作在 TE_{106} 模式，铁氧体小球样品 $\phi 1\,\text{mm}$ 放置在腔体中央(高频磁场最大处)。

(3) 高斯计测量出样品的磁化场，其大小应满足平行泵激发自旋波 $\omega_k = \omega / 2$ 所需的外磁场：

$$H_0 = -\frac{4\pi M_s}{6} + \sqrt{(4\pi M_s / 2)^2 + (\omega / 2\gamma)^2} \tag{1.99}$$

式中，ω 为工作角频率，也就是腔体的谐振频率，激发自旋波频率 $\omega_k = \omega / 2$ 的情况。

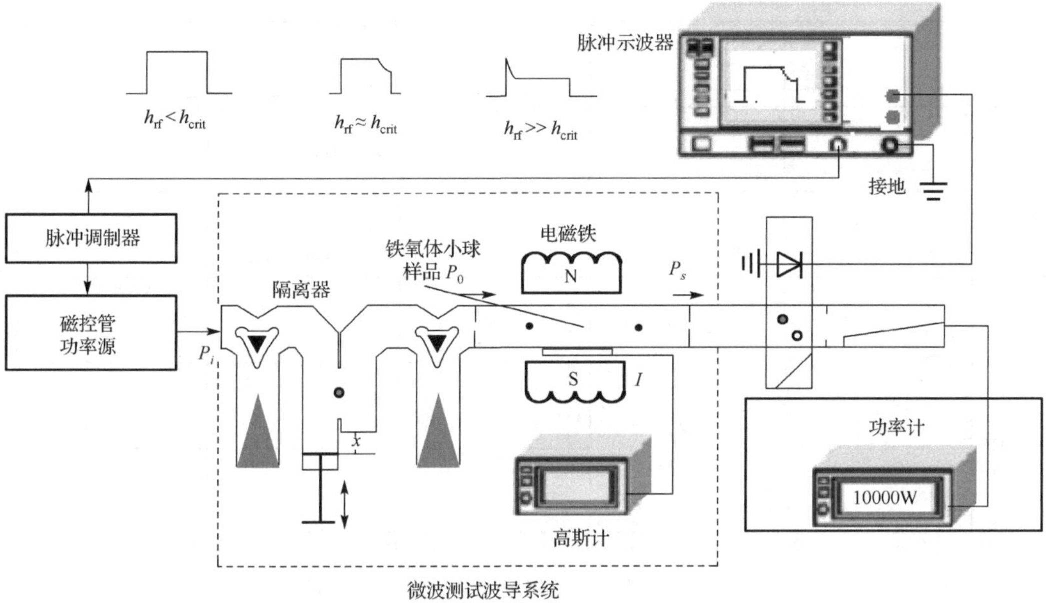

图 1.75 自旋波线宽 ΔH_k 的测量框图

(4) 功率计用来测试腔体在谐振状态下的通过功率 P_S，功率大小可用功率调节器调节：2～800W，图 1.76 为功率调节器调节输出功率和频率关系曲线。

(5) 把铁氧体测试小球放入测试腔中，调节腔体输出功率 P_S 的大小，观察脉冲波形，在出现非线性吸收时，$h_{rf} \approx h_{crit}$。

(6) 脉冲示波器用来观察微波脉冲通过检波后的波形，当 $h_{rf} < h_{crit}$ 时，不出现非线性吸收，脉冲波形不失真；当 $h_{rf} \approx h_{crit}$ 时，开始出现非线性效应，脉冲缺角畸变，测量此时的功率 P_S。射频场 h_{rf} 和功率 P_S 的关系为

$$h_{rf} = \sqrt{\frac{P_S Q_L}{\omega_0 \mu_0 \frac{V}{4} (\lambda_g / \lambda_0)^2}} \tag{1.100}$$

式中，V 为腔体体积，Q_L 为空腔的有载品质因素，最后通过式(1.100)算出临界场 h_{crit}。并应用下式算出 ΔH_k

$$\Delta H_k = \frac{\gamma 4\pi M_s}{\omega} |h_{crit}| \tag{1.101}$$

2. 自旋波线宽 ΔH_K 的仿真测试和计算

图 1.77 表示样品腔的有载 Q_L 值的测量计算结果。谐振腔共振频率 $f_0 = 9425.25\text{MHz}$，谐振曲线 S_{12}(dB)，从仿真结果测出带宽 $\Delta f = 2.35\text{MHz}$，故有载 $Q_L = 4011$。腔体的 Q_L 大小直接影响到高频场强 h_{rf} 的大小，表 1.21 为腔体输入功率 P_0(W) 和腔体输出功率 P_S(W) 及铁氧体小球所处的场强关系。

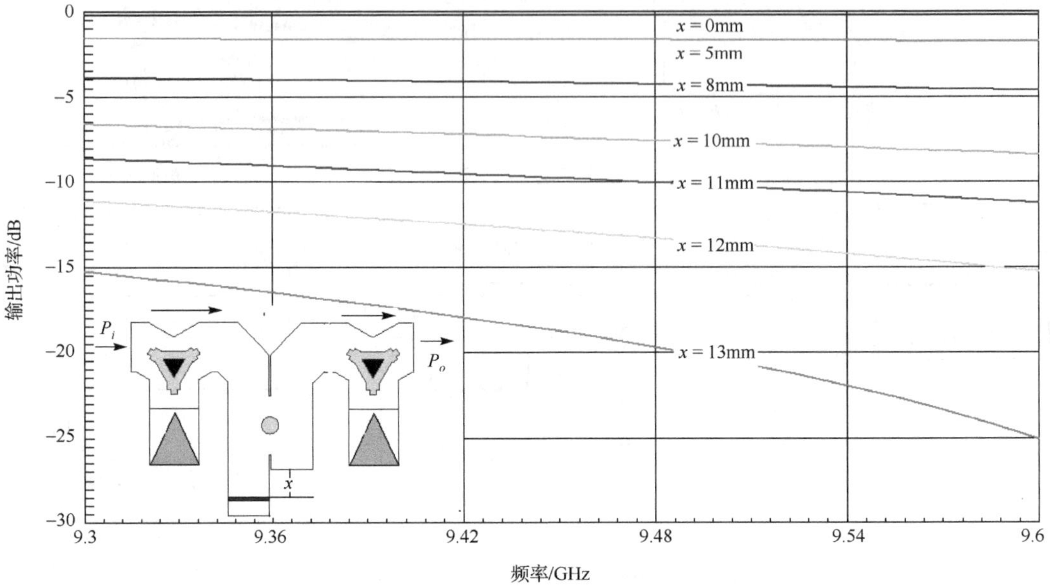

图 1.76　功率调节器调节输出功率 $\alpha(P_0)$-f 曲线

表 1.21　P_0、P_S、h_{rf}、Q_L 计算结果

P_0/W	P_s/W	$\lvert h_{rf}\rvert \frac{A}{m}\Big/\mathrm{Oe}$	P_0/W	P_s/W	$\lvert h_{rf}\rvert \frac{A}{m}\Big/\mathrm{Oe}$
5.4	2	293(3.7)	27	100	2074(26)
13.5	5	464(5.8)	540	200	2932(36.8)
27	10	656(8.2)	1080	400	4147(52.1)
54	20	927(11.6)	1620	600	5079(63.8)
135	50	1466(18.4)	2160	800	5864(73.7)
Port1 | Port1: −5.682, port2: −4.759			$U=\int_{\mathrm{all}} H^{*}.\mu H\mathrm{d}V$　　$Q_L=\frac{f_0 U}{P_s}$		

$S_{11}=-5.6829(\mathrm{dB})$
 $S_{12}=-4.759(\mathrm{dB})$
			`Integrate(ObjectList(-all-)`
			 `ObjectList(-all-)`
			 `Mag(Dot(Conj((<Hx,Hy,Hz>)),mu*(<Hx,Hy,Hz>)))`		

$P_0=1\mathrm{W}$ $P_s=0.335\mathrm{W}$			$U=1.43300899368608\mathrm{E}-007$ $f_0=9425.25\mathrm{MHz}$ $Q_L=\frac{1341.19864210571}{0.335}=4003$		

当自旋波频率为信号频率一半$(\omega_k=\omega/2)$时，产生副峰吸收。近年来，均采用平行泵激励方式测定一致进动模的非线性不稳定性。若采用矩形波导腔$\mathrm{TE}_{10n}(n=4)$，被测试的铁氧体小球直径 d=2mm，它放置在测试腔中心，尽量离开波导壁保持一定距离，小球处于射频磁场最大、电场最小处。在平行泵激励时，H_0 满足式(1.99)，发生非线性不稳定的条件满足最低临界功率 P_{crit}。临界场强 $h_c=h_{\mathrm{rf}}$ 由式(1.100)计算而得。公式均采用单位制。其中测试腔体积 $V=abL$=22.86mm×10.16mm×88mm，Q_L 为腔体的有载

Q 值，它取决于耦合孔的直径及厚度，这里采用 dt=6mm×0.5mm。通过仿真测试腔体 $Q_L = 4000$ 左右。

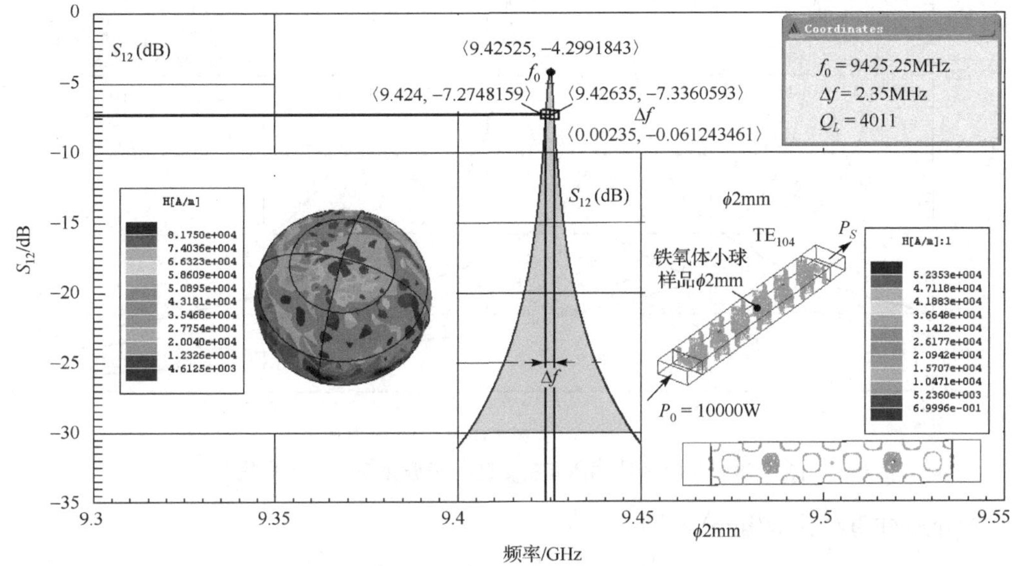

图 1.77 $Q_L = f_0 / \Delta f$ 的仿真计算和场分布

输入功率 P_0 增大时，功率 P_S 按比例增大(因为腔体反射损耗约为 4.3dB)，通过式(1.100)，由测量值 P_S 可算出 $|h_{\rm rf}|$ 值。如果 $h_{\rm rf}$ 为临界状态：$|h_{\rm rf}|=|h_{\rm crit}|$，再通过式(1.101)便算出 ΔH_k。在计算公式中，精确确定腔体的 Q_L 至关重要。一方面可从图的仿真曲线中获得 $Q_L = 4011$ (图 1.77)，还可从下列公式：

$$U = \int_{\rm all} h^* \cdot \mu h {\rm d}V, \qquad Q_L = \frac{f_0 U}{P_S} \tag{1.102}$$

式中，f_0 为腔体谐振频率，U 为腔内储能，通过计算(表 1.21)：$Q_L = 4003$。两者差别不大。

1.11.8 介电常数的测定

图 1.78 中所用的测试腔尺寸 $Lab = 108{\rm mm} \times 22.86{\rm mm} \times 10.16{\rm mm}$，介质棒尺寸为 $\phi 1{\rm mm} \times 10.16{\rm mm}$，介电常数 ε'=1、6、10、12、13、14、15、16、17 和 18，插进腔中心(TE_{105} 模式)时，所测得的谐振频率 f 变化规律如图 1.78 所示。相对于空腔(ε'=1)时，其频偏量为

$$\frac{\Delta f}{f} = \frac{f_0 - f}{f} = (\varepsilon' - 1)K$$

如果 $\varepsilon' = 14$，$f = 9441{\rm MHz}$，$f_0 = 9526{\rm MHz}$，$K = 6.93 \times 10^{-4}$，当介质柱尺寸 $\phi 1{\rm mm} \times 10.16{\rm mm}$ 时，可由频偏量 Δf 获得 ε' 值。

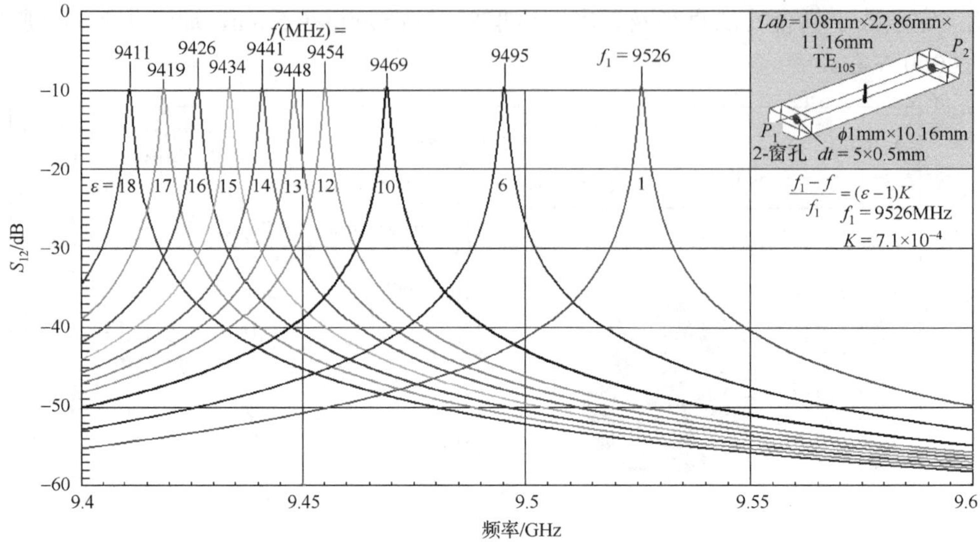

图 1.78　介质圆柱插入 TE_{105} 腔，谐振频率 $f\sim\varepsilon'$ 变化

若介质柱直径为 d(mm)，则

$$\frac{\Delta f}{f}=\frac{f_0-f}{f}=(\varepsilon'-1)Kd^2$$

关于 $\tan\delta_e$ 的测定，由图 1.79 可见，同一种材料的 ε' 一定，不同 $\tan\delta_e$ 有不同的峰值(dB 值)，例如，$\varepsilon'=14$ 时，$f=9411\text{MHz}$ 值，谐振峰顶值(dB 值)不同，当 $\varepsilon'=14$，$\tan\delta_e=0.005$ 时，$|\varDelta|=5\text{dB}$，$\tan\delta_e=0.0005$，$|\varDelta|=1\text{dB}$，根据不同峰差 $|\varDelta|$ 测量值，可推算出 $\tan\delta_e$ 值。

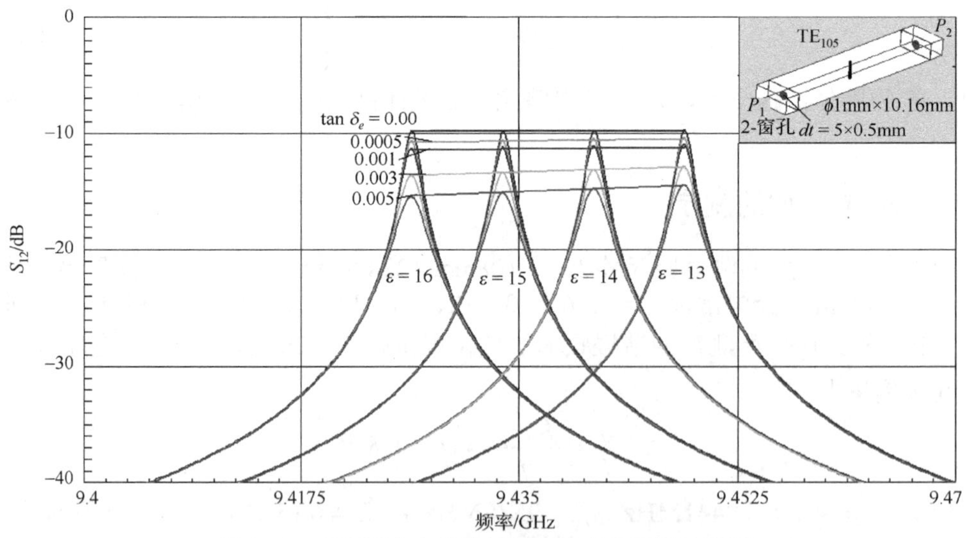

图 1.79　对不同介电常数材料的铁磁共振谱的测试

用峰高度变化确定 $\tan\delta_e$，此法的正确性和定量性受到质疑。下面用峰位法和峰宽法定量测试 ε' 及 $\tan\delta_e$，并举例说明。

1) ε' 测试(峰位法)

用谐振峰位置变化可精确测试 ε' 值。举例说明(如图 1.80 所示)。

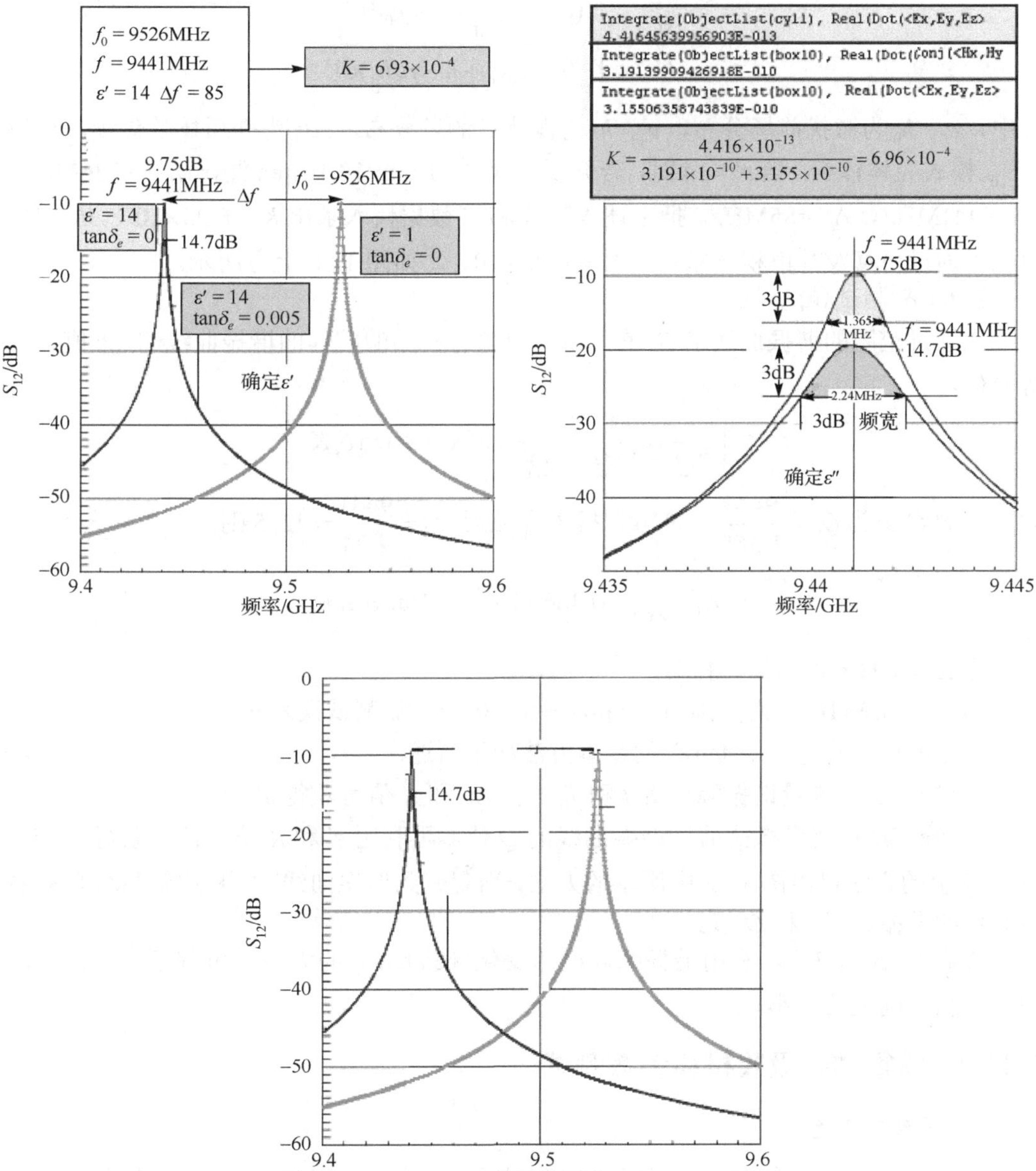

图 1.80 K 值和 ε'、ε'' 的确定

先测出放样品前的腔体共振频率 f_0，然后测出插入介质棒及腔体的共振频率 f：

$$\frac{\Delta f}{f}=\frac{f_0-f}{f}=(\varepsilon'-1)K$$

式中，K 根据微扰公式计算：

$$K=\frac{\Delta U}{U}=\frac{(\varepsilon'-1)\int_{\Delta V}e^{*}\cdot\varepsilon_0 e_0\mathrm{d}V}{\int_V(e^{*}\cdot\varepsilon_0 e_0+h^{*}\cdot\mu_0 h_0)\mathrm{d}V}$$

式中，e_0、h_0 为微扰前场分布，e^{*}、h^{*} 为微扰后的场分布，ΔV 为介质棒的体积，V 为 TE_{105} 模式腔体体积。当 $\varepsilon'=14$ 时，若介质棒尺寸 ϕ1mm×10.16mm 测出 $f_0=9526\text{MHz}$，$f=9441\text{MHz}$，Δf =85MHz。把上述 Δf、f_0 和 ε' 数据代入求出 $K=6.93\times10^{-4}$。K 的数值也可通过仿真及数值积分求得，$K=6.96\times10^{-4}$，如图 1.80 上方所示。

2) $\tan\delta_e$ 测试(峰宽法)

先通过空腔的谐振曲线求 Q_0 值，再测出含有样品的腔体的谐振曲线的 Q 值，两者差值：

$$\Delta\left(\frac{1}{2Q}\right)=\frac{1}{2Q}-\frac{1}{2Q_0}=\varepsilon''K=\varepsilon'\tan\delta_e K$$

如腔体的 Q 值为 $Q_0=\dfrac{9441}{1.365}=6916$，插入样品后 $Q=\dfrac{9441}{2.24}=4215$ 则：

$$\Delta\left(\frac{1}{2Q}\right)=0.466\times10^{-4}=14\tan\delta_e K$$

当 $K=6.93\times10^{-4}$ 时，得到：

$\tan\delta_e=4.9\times10^{-3}$ (而实际值为 $\tan\delta_e=5\times10^{-3}$)，故测试误差 $\delta=2\%$。

综上所述，测量 ε'、$\tan\delta_e$ 的基本方法如下所述。

(1) 峰位法：测量谐振峰位置 f 和 f_0，由 Δf 和 K 值可获得 $\varepsilon'-1$。

(2) 峰宽法：测量微扰前后谐振曲线的 Q 值，再利用 ε' 和 K 值，计算获得 $\tan\delta_e$。测量 Q 值的方法仍用图 1.72 中所示的方法，当观察到谐振曲线时，程序计算机自动显示腔体的谐振频率 f 和 Q 值。

峰高法(图 1.78)，利用谐振峰高度的变化判断 $\tan\delta_e$ 的大小，可判断其值大小，但不能精确确定其大小。

1.11.9 铁氧体和吸收材料参数测试

1. 同轴腔测量

图 1.81 所示的流程图表示了材料参数测试的基本方法和测试结果。同轴腔的特性阻抗为 50Ω，同轴腔的内外径尺寸可以适当变化，但比值在 2.3 左右。测量用的圆环样品厚度为 2mm，内直径为 2mm，外径为 4.6mm。

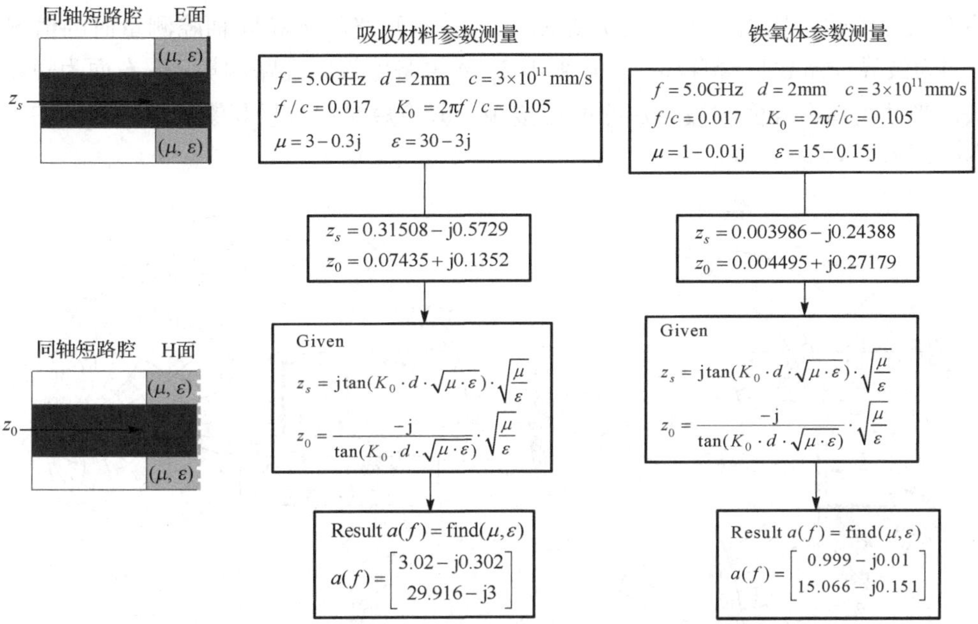

图 1.81　同轴腔测量铁氧体材料和吸收材料参数的测试流程

测量出终端短路情况下(E 面)归一化阻抗 z_s 及终端开路情况下归一化阻抗 z_0，把它们代入 z_s 和 z_0 的超越方程组(即计算公式)，便可获得材料的(μ,ε)等参数值。

图中测量了如下两种材料。

(1) 吸收材料参数，在 5GHz 频率点下进行测试。被测材料的设置参数 $\mu=3-0.3\text{j}$；$\varepsilon=30-3\text{i}$；在矢量网络分析仪可测出开路归一化阻抗 $z_0=0.07435+\text{j}0.13529$ 及短路归一化阻抗 $z_s=0.31508-\text{j}0.5729$，最终测试结果为 $\mu=3.02-\text{j}0.302$，$\varepsilon=29.916-\text{j}3$。测量结果表明测试值和设置值相差无几。说明这种测试方法适用于电磁损耗大的材料。

(2) 铁氧体材料参数测量用同样的测试腔、同样的圆环尺寸、同样的频率点进行测试。用矢网测出归一化阻抗：$z_0=0.003986-\text{j}0.024388$ 及 $z_s=0.04495+\text{j}0.27179$，通过计算公式，解复量超越方程组求出：$\mu=0.999-\text{j}0.01$，$\varepsilon=15.066-\text{j}0.151$，其结果和被测材料的 $\mu=1-\text{j}0.01$ 和 $\varepsilon=15-\text{j}0.15$ 较为一致。说明该测试方法同样适用于电磁损耗小的铁氧体材料，可以推断，对一般低损耗介质材料也能得出相应的结果。

以上是点频测量实例，原则上可以推广到计算磁谱曲线和介电谱曲线；图中应用了专门的数学软件进行解谱。

2. *波导反射腔测量*

除同轴腔测量材料的(μ,ε)外，用波导腔测量更适宜高频测量。图 1.82 表示在 X 波段对材料的复参数进行测试。图 1.82 中显示了两种测试腔：左面为开路腔测试，即样品放在离终端(E 面)距离 $\lambda_0/4$ 处，其样品右表面在磁壁处，即等效开路测试，测出样品左表面的输入阻抗为归一化开路阻抗 z_0。测开路阻抗和同轴腔测量时的情况不同，因为波导开路意味着有辐射，必须用 $\lambda_0/4$ 短路等效成开路测量；图右面为短路测量法，当铁氧体右表面和波导短路面相接触，即为短路法测量其铁氧体表面的归一化输入阻抗为 z_s。

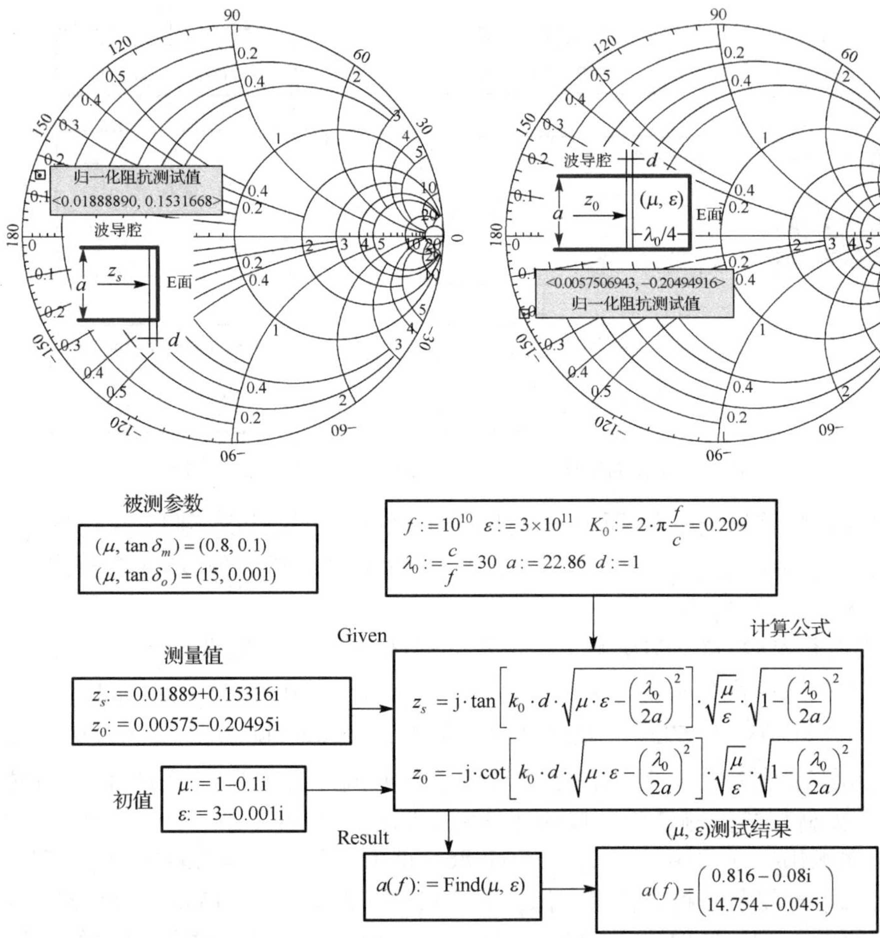

图 1.82　波导腔测量片状材料参数的测试流程

图中设置值为测试频率 f=10GHz，矩形波导宽度 a=22.86mm，铁氧体片厚度 d=1mm，样品充满波导高和宽，设样品的参数：$\varepsilon=15, \tan\delta_e=0.3; \mu=3, \tan\delta_m=0.3$。测出铁氧体表面归一化输入阻抗分别为 z_s(短路)和 z_0(开路)。z_s、z_0 超越方程组为

$$z_s=-\mathrm{j}\cot[k_0 d\sqrt{\mu\varepsilon-(\lambda_0/2a)^2}]\sqrt{1-(\lambda_0/2a)^2}\sqrt{\mu/\varepsilon}$$

$$z_0=\mathrm{j}\tan[k_0 d\sqrt{\mu\varepsilon-(\lambda_0/2a)^2}]\sqrt{1-(\lambda_0/2a)^2}\sqrt{\mu/\varepsilon}$$

经过归一化，短路阻抗 z_s 和开路阻抗 z_0 的测量值为

$$z_s = 0.01889 + \mathrm{j}0.15316$$
$$z_0 = 0.00575 - \mathrm{j}0.20495$$

并输入任意的初值(见图 1.82 中) μ、ε 便可解出其测量值：$\mu' = 0.816, \mu'' = 0.08$；$\varepsilon' = 14.754$，$\varepsilon'' = 0.045$，误差 $\delta \leqslant 2\%$。测量值和实际值比较：$\tan\delta_e = 0.098$ (测量值)，$\tan\delta_e = 0.1$ (实际值)，误差 $\delta \leqslant 2\%$；而 $\tan\delta_e = 0.003$ (测量值)，$\tan\delta_e = 0.001$ ((实际值)，误差 $\delta \geqslant 66\%$。因此，反射腔测量法适用于 $\tan\delta_e \geqslant 0.01$ 的测量。

3. 波导通过法测量

图 1.83 所示为用通过式波导测量法的流程图，其测量原理和反射腔法是一样的，这里测量出通过腔的 $S_{11} = S_{22}$ 和 $S_{12} = S_{21}$ 两个参数，并在阻抗圆图上表示出其等效短路反射系数 S_s 和开路反射系数 S_0；从而获得相应的归一化反射阻抗 z_s 和 z_0。通过 z_s、z_0 的测量值，图中计算了当 $(\mu, \tan\delta_\mu) = (0.8, 0.3)$ 和 $(\varepsilon, \tan\delta_e) = (15, 0.3)$ 时，具有大损耗参数的材料的测量结果。图 1.83 中右侧计算出了材料参数：$\mu = 0.818 - \mathrm{j}0.233$ 及 $\varepsilon = 14.787 - \mathrm{j}4.681$，其 $\tan\delta_\mu = 0.285$ 及 $\tan\delta_e = 0.316$，其误差 $\delta \approx 5\%$。

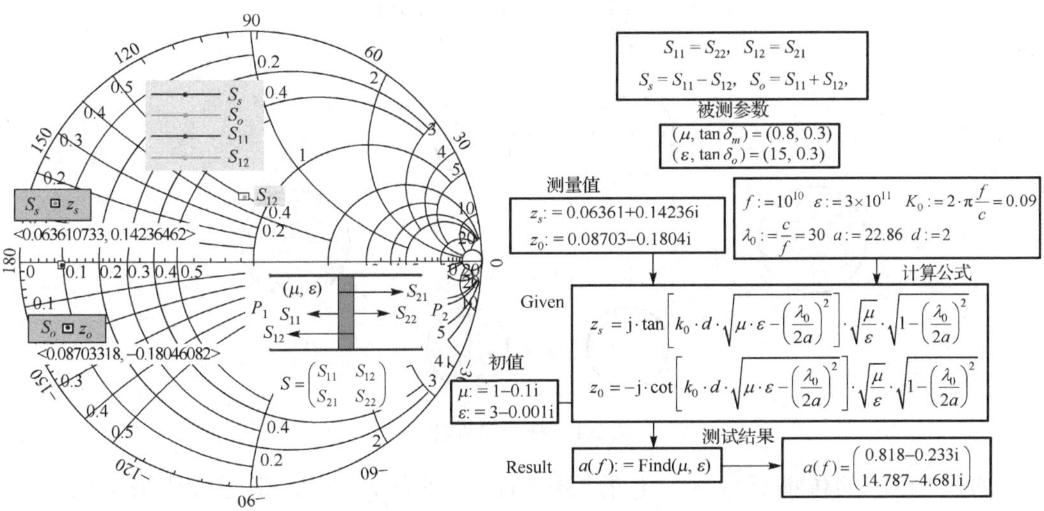

图 1.83　波导通过法测量片状材料参数的测试流程

第 2 章　电磁波在旋磁介质中传播

2.1　电磁波在无限旋磁介质中传播

2.1.1　法拉第旋转效应

当线极化波 A_y 沿 H_0 方向传播（$H_0 // z$）时，A_y 分解成一对正负圆极化波（A_+，A_-），其传播速度和传播常数各不相同，如图 2.1 所示。

$$V_+ = \frac{c}{\sqrt{\varepsilon\mu_+}}, \qquad \beta_+ = \frac{\omega}{c}\sqrt{\varepsilon\mu_+}$$

$$V_- = \frac{c}{\sqrt{\varepsilon\mu_-}}, \qquad \beta_- = \frac{\omega}{c}\sqrt{\varepsilon\mu_-}$$

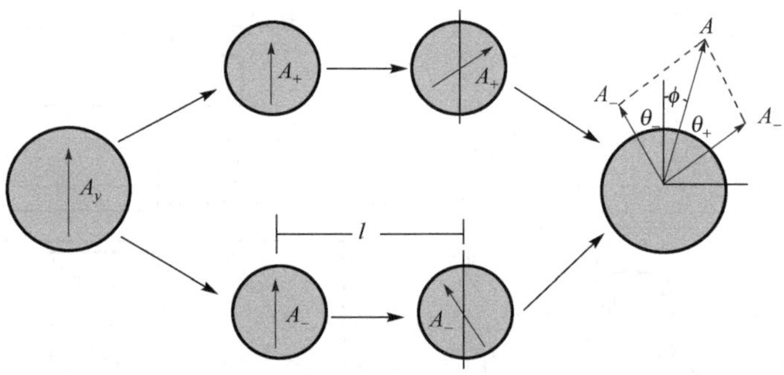

图 2.1　法拉第旋转

通过 l 距离的传播后，A_+、A_- 的旋转相位分别为 θ_+、θ_-，把圆极化矢 $A_+(\theta_+)$、$A_-(\theta_-)$ 合成后获得旋转角为 ϕ 的极化矢 A。

$$\phi = \frac{1}{2}(\beta_+ - \beta_-)l = \frac{\beta l}{2}(\sqrt{1+\kappa/\mu} - \sqrt{1-\kappa/\mu}) = 0.5\beta l\frac{\kappa}{\mu} \tag{2.1}$$

ϕ 为法拉第旋转角，其旋向为绕 H_0 左旋（低场工作情况），高场情况旋向相反。传播沿 z 轴传播。不同位置极化旋转情况如图 2.2 所示。

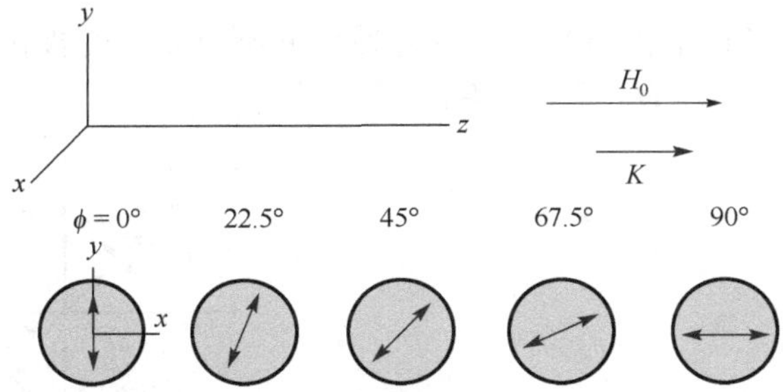

图 2.2　法拉第旋转角沿 z 轴传播

上述分析把正负圆极化波 A_+、A_- 视为一对简正波，其传播方程为

$$\frac{\mathrm{d}A_+}{\mathrm{d}z} = -\mathrm{j}\beta_+ A_+ , \qquad \frac{\mathrm{d}A_-}{\mathrm{d}z} = -\mathrm{j}\beta_- A_- \tag{2.2}$$

通过变换可转为耦合波方程，表示为

$$\frac{\mathrm{d}A_x}{\mathrm{d}z} = -\mathrm{j}\beta A_x - k_f A_y , \qquad \frac{\mathrm{d}A_y}{\mathrm{d}z} = k_f A_x - \mathrm{j}\beta A_y \tag{2.3}$$

式中

$$\beta = \frac{\omega}{c}\sqrt{\varepsilon\mu} , \qquad k_f = \frac{\beta}{2}\frac{\kappa}{\mu}$$

其解为

$$A_y(z) = \cos(k_f z)\mathrm{e}^{-\mathrm{j}\beta z}$$

$$A_y(z) = -\sin(k_f z)\mathrm{e}^{-\mathrm{j}\beta z}$$

其振幅随 z 可变。传播常数中出现耦合项 k_f 代表 A_x 和 A_y 之间的耦合大小，为传播单位长度的法拉第旋转角 ϕ / l 。

2.1.2　双折射效应

若电磁波在 x 方向传播，$H_0 // z$ 轴(图 2.3) $A_\perp \perp H_0$ 轴，$A_{//} // H_0$ 轴，这时的传播方程为

$$\frac{\mathrm{d}A_\perp}{\mathrm{d}z} = -\mathrm{j}\beta_\perp A_\perp , \qquad \frac{\mathrm{d}A_{//}}{\mathrm{d}z} = -\mathrm{j}\beta_{//} A_{//} \tag{2.4}$$

式中，$\beta_\perp = \frac{\omega}{c}\sqrt{\varepsilon\mu_\perp} = \beta\sqrt{\mu_e}$ ，$\beta_{//} = \beta\sqrt{\mu_z}$ ，$\beta = \frac{\omega}{c}\sqrt{\varepsilon}$ ，$\mu_e = \frac{\mu^2 - \kappa^2}{\mu}$ 。

这是一对简正波传播，不同传播常数意味着有不同的折射系数 $n_\perp$ 及 $n_{//}$ 。当电磁波以入射角 θ_i 射入磁化铁氧体表面时，就产生不同的折射角 $\theta_\perp$ 和 $\theta_{//}$ ，见图 2.4。双折射效应是光在晶体中传播时，其极化平行晶轴方向和垂直晶轴方向传播时有不同的折射率引起的。不过，这里是研究电磁波在旋磁介质中传播，沿用了双折射的名字。其

实在研究电磁波在铁氧体中传播时，双折射效应并不重要，变极化效应更为重要，它的基本原理如图 2.5 所示，H_0 与 y、z 轴夹角为 45°。

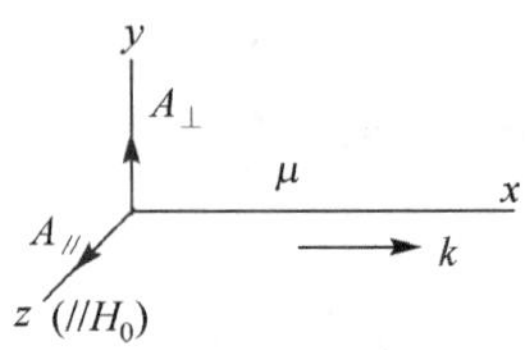

图 2.3　简正波传播

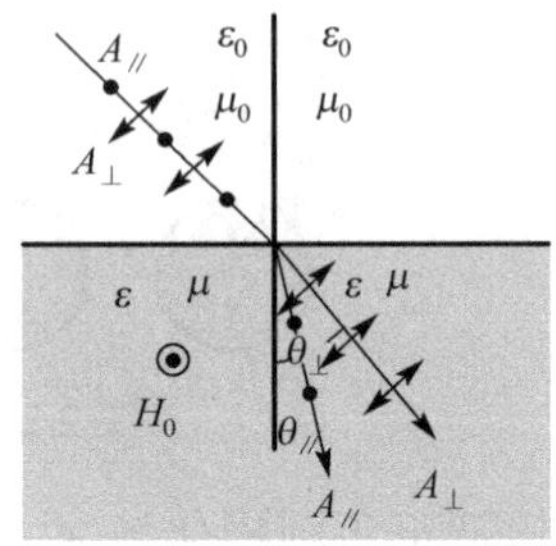

图 2.4　双折射效应

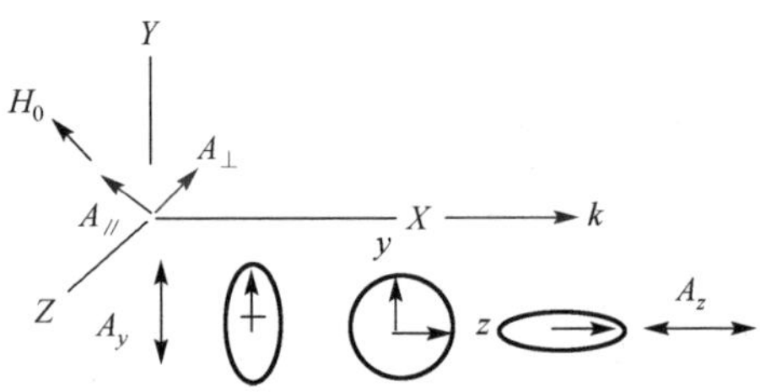

图 2.5　变极化效应

其耦合波方程为

$$\frac{\mathrm{d}A_x}{\mathrm{d}z} = -\mathrm{j}\beta A_x + \mathrm{j}k_v A_y$$

$$\frac{\mathrm{d}A_y}{\mathrm{d}z} = \mathrm{j}k_v A_x - \mathrm{j}\beta A_y \tag{2.5}$$

其解为

$$A_x(z) = \mathrm{j}\sin(k_v z)\mathrm{e}^{\mathrm{j}\beta z}$$

$$A_y(z) = \cos(k_v z)\mathrm{e}^{\mathrm{j}\beta z} \tag{2.6}$$

其传播过程是一种变极化过程。其中，$\beta = (\beta_\perp + \beta_{//})/2$，$k_v = (\beta_+ - \beta_-)/2$，所以，电磁波在无限铁氧体媒质传播。当纵向磁化时，法拉第旋转系数 k_f 随磁化方向 $\pm H_0$ 而变号，它与传播方向±z 无关，不牵涉非互易性。在横向磁化情况下，变极化系数 $k_v \propto k^2$，它与磁化方向无关，与传播方向也无关，所以不牵涉非互易性。

微波铁氧体材料的特性是磁导率张量特性及其随磁化的可变特性，以及波传播特性的非互易性，在无限铁氧体旋磁介质中的传播并未体现出来，只有在充有铁氧体波导中传播才能体现出来。

2.2　电磁波在充有铁氧体波导中的传播

2.2.1　微扰理论

因为波导为规则的均匀波导，所以处理此问题视为二维的微扰问题。主要解决传播常数 Γ 的微扰问题。即两种磁化状态，第一磁化态为基本态，第二磁化态就是微扰态。两种状态传播常数差：

$$\Delta\Gamma = \Gamma_2 - \Gamma_1 = \frac{\mathrm{j}\omega\mu_0 \int_S (h_1 \cdot \Delta\mu h_2^*)\mathrm{d}S}{2\int_S (e \times h) \cdot i_z \mathrm{d}S} \tag{2.7}$$

式中，$\Delta\mu = \mu_2 - \mu_1$。当用归一化方式激励时，$P_1 = P_2 = 0.5\,\mathrm{W}$，$P_1$、$P_2$ 分别为磁化态 1、2 的激励功率，公式简化成相位常数 β 的微扰公式：

$$\Delta\beta = \frac{\omega\mu_0}{2}\int_S \mathrm{Re}(h_1 \cdot \mu_2 h_2^* - h_1 \cdot \mu_1 h_2^*)\mathrm{d}S \tag{2.8}$$

式中，S 为任意位置的铁氧体波导横截面，h_1 为第一磁化态的激励场，h_2 为第二磁化态的激励场。处理微扰问题，有两种方法。第一种为传统的将样品放入波导前的状态视为非微扰态，放入样品后作为微扰态。当样品截面对波导的占空比超过 4%时用微扰公式计算出的相移差将超过 25%。第二种方法如这里所指的磁化微扰法，把磁化前作为非微扰态，磁化后作为微扰态来处理，其计算精度较高。传统微扰法要把端口场的分布函数代入微扰公式进行函数积分计算。而这里的磁化微扰法，其数值积分中被积函数 h_1 是通过 HFSS 软件作为设计平台求出的激励场 h_1、h_2 的数值分布，对波导及样品截面没有一定规则的要求。图 2.6 为非互易移相器，铁氧体处于圆极化磁场位置，在 $\pm x$ 方向传播时其非互易相移 $\Delta\beta = \beta_x - \beta_{-x}$，其值应等效于同一传播方向(如 x 方向)不同磁化方向 $H_0//z$ 及 $H_0//-z$ 两种磁化方向的相移差 $\Delta\beta = \beta_1 - \beta_2$，所以相移差和非互易相移是等效的，前者指不同磁化方向的相移差；后者是不同传播方向的相移差。图 2.7 为互易移相器，在 $\pm z$ 传播时没有非互易相移，这种移相器要解决由于 $\mu_1 = \mu_0\mu_d$ (退磁态磁导率)和饱和态磁导率 $\mu_2 = \mu_0$ 的不同而产生的微扰相移。

式(2.8)是经典方法处理的微扰公式，公式可推广应用到数值积分方法，二维积分(面积分)，仅能针对二维问题，下面仅举两例说明。

1. 非互易移相器计算实例

在矩形波导中放置磁化铁氧体棒，如图 2.6 所示。

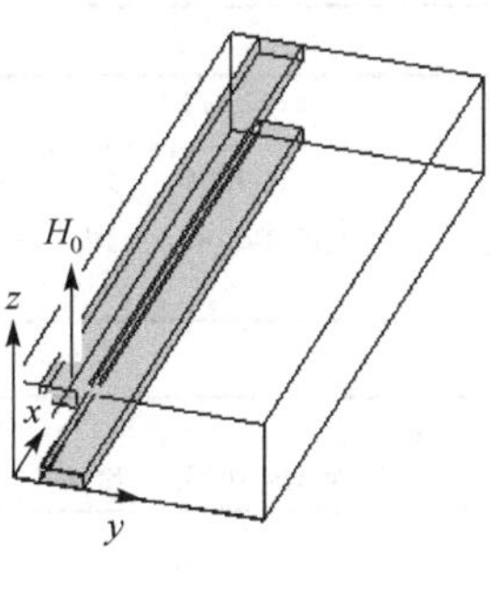

A

	port1:m1	port2:m1
port1:m1	(0.00089, -68.478)	(0.99254,-140.185)
port2:m1	(0.99224,-116.191)	(0.00107, 5.729)

B

Scl	:	7.12278254308899
Scl	:	Integrate(CutPlane(plane2)

图 2.6　横磁化铁氧体矩波导

矩形波导截面尺寸为 $ab = 22.86\text{mm} \times 10.16\text{mm}$；铁氧体矩形片尺寸为 $WtL = 4\text{mm} \times$

1.5mm×58mm，样品截面的占空比为 5.25%，上下两片铁氧体离侧壁距离 2.43mm。材料 $M_s = 1000/(4\pi)$ (kA/m)，$\varepsilon = 13$，工作频率 $f = 9000$MHz，仿真结果如图 2.6 中的 A。非互易相移 $\theta_{12} - \theta_{21} = 24°$。图 2.6 中的 B 是利用微扰公式(2.8)的计算结果。$\Delta\beta = 7.123\text{rad/m} = 4.0815°/\text{cm}$，差相移 $\Delta\theta = \Delta\beta L = 23.673°$，误差 $\delta\Delta\theta/\Delta\theta = (24 - 23.673)/24 = 1.36\%$。差相移 $\Delta\theta$ 可看作传播方向相同，不同磁化方向 $(H // \pm z)$ 之间的相移差；而非互易相移 dθ 可看作同一磁化方向($H//z$ 或者 $H//-z$)，不同传播方向之间的相移差。在这里两者相等，即 $|\mathrm{d}\theta| = |\Delta\theta|$，其相移来源于 μ_+、μ_- 圆极化磁导率的差。

2. *互易移相器计算实例*

计算图 2.7 所示的情况。从图看出，$\theta_{12} = \theta_{21}$，所以为互易移相器，其中 A 为 $\mu_1 = \mu_0\mu_d$ (去磁态)的磁导率；B 为饱和态磁导率 $\mu_2 = \mu_0$，两者相移差为磁化相移 $\Delta\theta = 118°$；C 为利用微扰公式算出 $|\Delta\theta| = 116.5°$，其精度达到 1.3%。关于去磁态的磁导率 μ_d，如果 $M_s = 2200/(4\pi)$ (kA/m)，$f = 9000$ MHz，根据式(1.37)，算出 $\mu_d = 0.819$。在仿真中，铁氧体样品尺寸 $WHL = 3\text{mm} \times 10\text{mm} \times 58\text{mm}$，波导尺寸为 $22.86\text{mm} \times 10.16\text{mm}$。互易移相器的相移主要取决于 μ 的变化，μ 由 μ_d 变化为 1，与张量非对角分量 κ 无关；而非互易相移与 κ 有关。具体来说，铁氧体处于矩波导的正负圆极化场的部位，所以产生非互易相移。

微扰理论是二维场积分理论，适用于含铁氧体介质的均匀波导，对磁化场要求是沿传播方向均匀磁化。这里所谓的微扰是指磁化的扰动，即磁化的改变(方向或大小)对场的影响仅是一种微扰。在处理二维面积分问题上，由于采用了数值积分方法，不是函数积分方法，是以 HFSS 软件作为平台进行的，所以不一定要求规则波导，尽管实例中采用了充填铁氧体的规则波导。

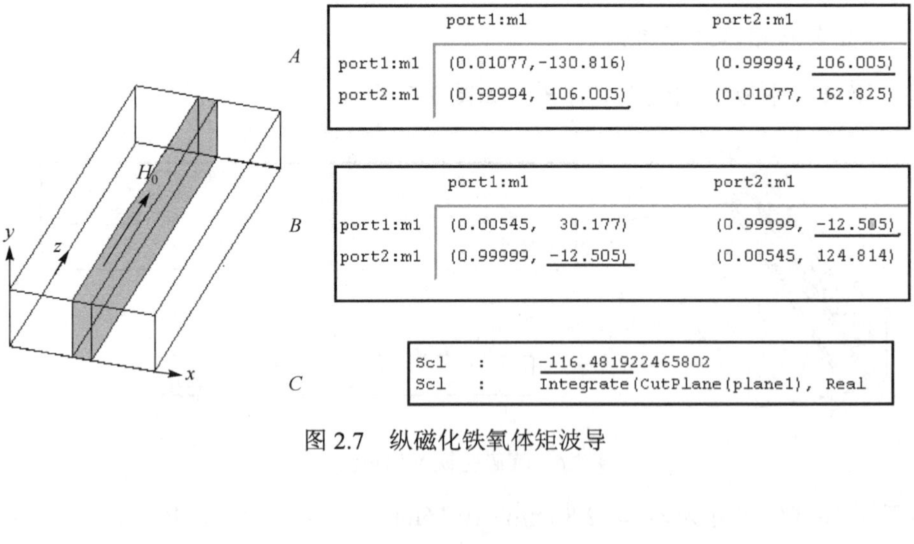

图 2.7 纵磁化铁氧体矩波导

2.2.2　穿越方程

当微波结构充有磁化铁氧体后，此结就成为非互易结，电磁波在非互易结中的传播特性是微波铁氧体器件的基本特性。环行器、隔离器和移相器等铁氧体器件都是在这个基础上发展起来的。穿越方程可直接从旋磁 Maxwell 方程导出。

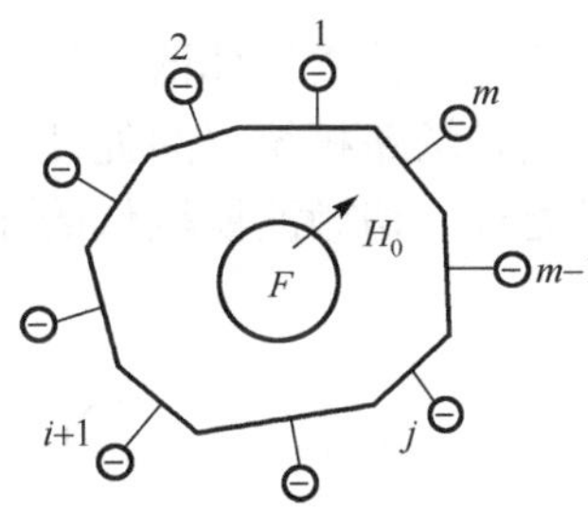

图 2.8　m 端口的微波非互易结

图 2.8 所示为 m 端口的微波非互易结，F 为磁化铁氧体，当第 i 端口用 e_i、h_i 进行场激发，而第 j 端口用 e_j、h_j 进行场激发时，Maxwell 方程变为

$$\nabla\times e_i\cdot h_j=-\mathrm{j}\omega\mu\mu_0 h_i\cdot h_j,\qquad \nabla\times h_i\cdot e_j=\mathrm{j}\omega\varepsilon\varepsilon_0 e_i\cdot e_j$$

$$\nabla\times e_j\cdot h_i=-\mathrm{j}\omega\mu\mu_0 h_j\cdot h_i,\qquad \nabla\times h_j\cdot e_i=\mathrm{j}\omega\varepsilon\varepsilon_0 e_j\cdot e_i$$

的形式，应用算子和矢量运算关系式 $\nabla\cdot(A\times B)=B\cdot(\nabla\times A)-A\cdot(\nabla\times B)$ 便把上式化为

$$\nabla\cdot(e_i\times h_j)=h_j\cdot(\nabla\times e_i)-e_i\cdot(\nabla\times h_j)=-\mathrm{j}\omega h_j\cdot\mu\mu_0 h_i+\mathrm{j}\omega e_j\cdot\varepsilon\varepsilon_0 e_i$$

$$\nabla\cdot(e_j\times h_i)=h_i\cdot(\nabla\times e_j)-e_j\cdot(\nabla\times h_i)=-\mathrm{j}\omega h_i\cdot\mu\mu_0 h_j+\mathrm{j}\omega e_i\cdot\varepsilon\varepsilon_0 e_j$$

上面两个式相减得

$$\nabla\cdot(e_i\times e_j-e_j\times h_i)=\mathrm{j}\omega\mu_0(h_i\cdot\mu h_j-h_j\cdot\mu h_i)$$

上式左边把散度的体积分变成面积分后，有

$$\int(e_i\times h_j-e_j\times h_i)\mathrm{d}S=\mathrm{j}\omega\mu_0\int(h_i\cdot\mu h_j-h_j\cdot\mu h_i)\mathrm{d}V$$

所以

$$\mathrm{d}S=S_{ij}-S_{ji}=\frac{\mathrm{j}\omega\mu_0}{2}\int_V(h_i\cdot\mu h_j-h_j\cdot\mu h_i)\mathrm{d}V \tag{2.9}$$

式中，系数 $\frac{1}{2}$ 是通过归一化功率激发以后的结果，激发功率 $P_i+P_j=1$，而且当 $P_i=P_j$ 的条件下可以使用。式(2.9)就体现了非互易性，即从 $i\to j$ 的散射参数 S_{ji} 和由 $j\to i$ 的散射参数 S_{ij} 两者不相等。所以 i、j 端之间形成非互易性散射。显然，其非互易性是由张量磁导率 μ 特性导致的。式(2.9)就是所求的穿越方程。它是“穿越时空”的积分方程。从结构内部特性：包括场分布 h_i、h_j，体积 V 内各物质的性质和各物质的形状和尺寸，通过积分获得端口间的性能。这种穿越包括时间的穿越，因为复量积分包含时间因素在内。实际上，穿越方程在形式上综合了 Maxwell 方程、边界场连续性条件、物性方程，通过有限元方法求解，它比经典方法通过这些方程和条件导出超越方程并进行数值计算的方法方便得多，因为穿越方程可以在 HFSS 平台上直接通过数值计算求其数值解。另外，用穿越方程可以处理各类微波铁氧体器件，包括任意端口、任意

结构、任意磁化方向的微波铁氧体器件，如各类结环行器、隔离器，各类移相器、开关和变极化器。它综合了微波铁氧体器件理论的核心问题。

2.2.3 互易性和非互易性

这是微波铁氧体器件的基本传播特征，包括相位的非互易性和幅度的非互易性。本理论是场路相统一的处理方法，即场积分为三维积分形式和网络参数之间关系，借此可处理一切微波铁氧体的非互易性问题。将超越方程具体化后可变成非互易性方程形式：

$$S_{12}-S_{21}=\frac{\mathrm{j}\omega}{2}\int_{V_f}(h_1\cdot\mu h_2-h_2\cdot\mu h_1)\mathrm{d}V \tag{2.10}$$

式中，μ 为张量磁导率的绝对值(内含 μ_0，下同)，式(2.10)是二端口网络非互易性方程。式(2.10)与式(2.9)在形式上有些差别，式(2.10)更加具体化，此处的 h_1、h_2 分别是端口 1 和端口 2 在归一化激发条件($P_1=P_2=0.5\,\mathrm{W}$)下铁氧体体积 V_f 中的场分布，S_{12} 为端口 2→1 的传播系数(或散射参数)，S_{21} 为端口 1→2 的传播系数。被积函数是复量，把实部和虚部分别积分，结果 $\mathrm{d}S=S_{12}-S_{21}$ 是复量。其幅度 $|\mathrm{d}S|$ 在移相器中与非互易相移有关。另外，被积函数中的 μ，对于固定磁场器件是恒定的；对于变动磁场器件，它是可以变化的。式(2.10)充分体现了传播的非互易性。对于常规介质，μ 不是张量。若被积函数为零，就不存在非互易性。也就是说，微波铁氧体的磁导率张量特性是微波铁氧体器件的特有性质。令 $\mathrm{d}S=R+\mathrm{j}I$，其中

$$R=\frac{\omega}{2}\int_{V_f}\mathrm{Im}(h_1\cdot\mu h_2-h_1\cdot\mu h_2)\mathrm{d}V \tag{2.11}$$

$$I=\frac{\omega}{2}\int_{V_f}\mathrm{Re}(h_1\cdot\mu h_2-h_1\cdot\mu h_2)\mathrm{d}V \tag{2.12}$$

$$|\mathrm{d}S|=\sqrt{R^2+I^2} \tag{2.13}$$

对于环行器和隔离器，其非互易性为 $|S_{12}|<<|S_{21}|$，故 $|\mathrm{d}S|\approx|S_{21}|$。例如，正向传播系数 $|S_{21}|=0.96$ (对应 0.35dB)，反向传播系数 $|S_{12}|=0.05$，则 $|\mathrm{d}S|\in(0.91\sim1.01)$ 范围。

对于移相器，$|S_{12}|\approx|S_{21}|\to1$，其非互易相移通过 $|\mathrm{d}S|$ 值求得

$$\mathrm{d}\theta=2\arcsin\frac{|\mathrm{d}S|}{2} \tag{2.14}$$

非互易性方程(2.9)通过 Maxwell 方程严格推出的，场量是通过端口激励获得的数值解，运算结果比微扰法精确得多，可通过以下实例来见证。

1. 波导共振式隔离器

波导共振式隔离器如图 2.9 所示。波导上下有两片铁氧体，尺寸为 $WHL = 3\text{mm} \times 1\text{mm} \times 40\text{mm}$。距波导窄壁 4mm。上下两片铁氧体沿长度方向错开 6mm，以改善匹配性能。铁氧体材料为 NiZn 铁氧体，$\varepsilon = 13$，$M_s = 2800/(4\pi)$ (kA/m)，$\Delta H = 100/(4\pi)$ (kA/m)、磁化场为 240kA/m(3000Oe)，波导长 50mm，口径尺寸为 $22.86\text{mm} \times 10.16\text{mm}$。图 2.9 表示各 S 参数的性能。图 2.10 中的 dS 值是通过仿真获得的。其中 d$S = 0.9696 \angle 299.081°$。根据式(2.11)～式(2.14)求出 I、R 值，如图 2.10 所示，$I = -0.8474$，$R = 0.4713$，计算出 $|\mathrm{d}S| = 0.9696$，$\Delta\theta = 270° + \arctan|R/I| = 299.08°$。仿真结果和用式(2.9)的计算结果完全吻合。说明非互易方程对共振区工作器件的正确性。

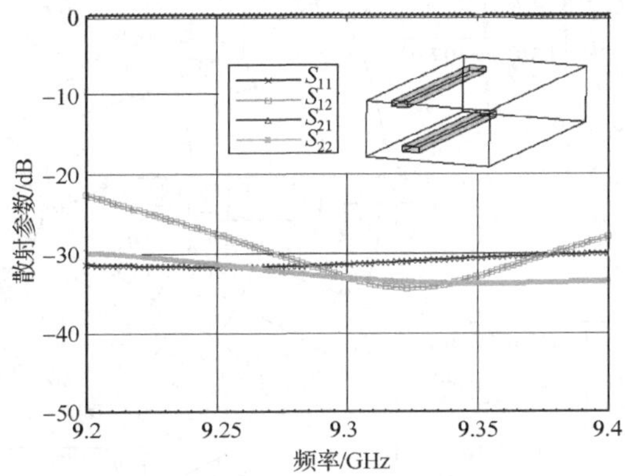

图 2.9　波导共振式隔离器性能

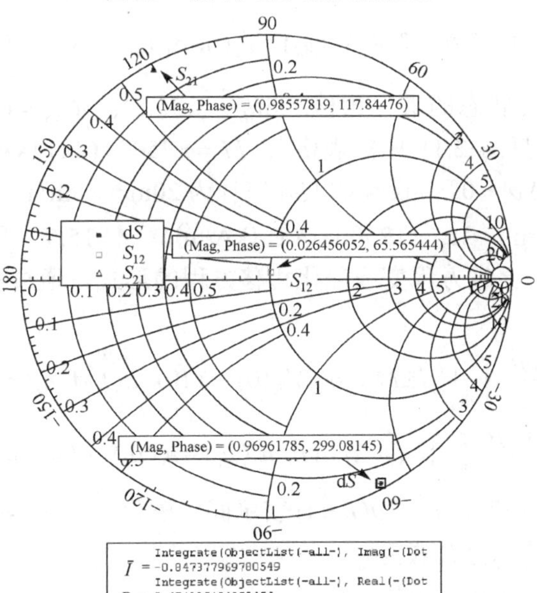

图 2.10　共振式隔离器 dS 值仿真和计算结果

2. Reggia-Spancer 互易移相器

图 2.11 所示为纵向磁化场互易移相器。图中 3 种磁化状态如下。

饱和磁化态 A：$M=\pm2500/(4\pi)(\mathrm{kA/m})$，$S_{12}(\pm M)=0.97803\angle-15.486^\circ$；

磁化态 B：$M=0(\mu=1)$，$S_{12}(1)=0.9999\angle46.75^\circ$；

去磁态 C：$\mu_1=\mu_0\mu_d$，$S_{12}(\mu_d)=0.99879\angle-177.533^\circ$。

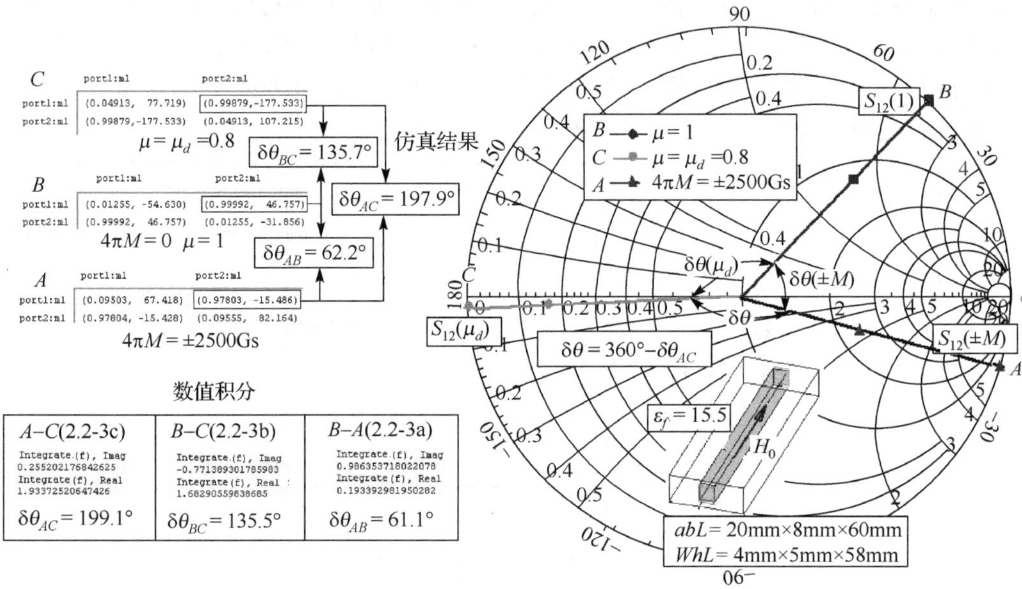

图 2.11　阻抗圆图中 $S_{12}(\mu_d)$、$S_{12}(1)$、$S_{12}(\pm M_S)$ 和 dS 变化

测出两种不同磁化状态的磁化相移：$\delta\theta_{BC}=135.7^\circ$、$\delta\theta_{AB}=62.2^\circ$、$\delta\theta_{AC}=197.9^\circ$ $(\delta\theta_{AC}=\delta\theta_{AB}+\delta\theta_{BC})$（见图 2.11 中的表格）。$M=\pm2500/(4\pi)$ (kA/m) 两种状态的相移均为互易 $|\mathrm{d}\theta|=0^\circ$，$|\Delta\theta|=0^\circ$。设计的波导口径为 $20\mathrm{mm}\times8\mathrm{mm}$，$L=58\,\mathrm{mm}$。铁氧体截面尺寸为 $5\mathrm{mm}\times4\mathrm{mm}$，$M_s=\pm2500/(4\pi)$ (kA/m)，$\varepsilon=15.5$。因其互易性，对于同一磁化态，$S_{12}=S_{21}$。穿越方程变成磁化相移方程的形式，通过不同磁化态方式的数值积分来计算：

$$\delta S_{\pm}=\frac{\mathrm{j}\omega\mu_0}{2}\int_{\mathrm{all}}[h_1(\pm M)\cdot\mu(0)h_2(0)-h_1(0)\cdot\mu(\pm M)h_2(\pm M)]\mathrm{d}V \tag{2.15}$$

$$\delta S(\mu_d)=\frac{\mathrm{j}\omega\mu_0}{2}\int_{\mathrm{all}}[h_1(\mu_d)\cdot\mu(\mu_1)h_2(\mu_1)-h_1(\mu_1)\cdot\mu(\mu_d)h_2(\mu_d)]\mathrm{d}V \tag{2.16}$$

式中，$\mu(0)=\mu(M=0)$ 和 $\mu(\mu_1)=\mu(\mu=1)$ 表示同一磁化态。从磁化态 $A(\pm M)$ 到去磁态 $C(\mu=\mu_d)$，其数值积分公式为

$$\delta S_{AC}=\frac{\mathrm{j}\omega\mu_0}{2}\int_{\mathrm{all}}[h_1(C)\cdot\mu(A)h_2(A)-h_1(A)\cdot\mu(C)h_2(C)]\mathrm{d}V \tag{2.17}$$

利用式(2.17)，计算频率点 9.5GHz 的$\delta\theta_{AC}$值。求出$I=0.2552$，$R=-1.9337$，$\delta\theta=160.9°$，$\delta\theta_{AC}=360°-\delta\theta=199.1°$，与仿真结果$\delta\theta_{AC}=197.9°$比较吻合。

从图 2.11 所示的阻抗圆图中的各磁化态$S_{12}=|S_{12}|\angle\theta_{12}$位置可以看出，参照点(基本点 B)相位为$S_{12}=0.99992\angle 46.757°$；去磁态($C$) $S_{12}(\mu_d)=0.99879\angle -177.533°$，顺时针转到$\mu=1$的状态($B$)；然后由$\mu=1$的状态($M=0$)顺时针转到饱和磁化态$S_{12}(\pm M)$=0.97803$\angle -15.486°$。由磁化态$C\to B\to A$的变化为顺时针转，为滞后相移$\delta\theta$为负值。例如，①$\delta\theta_{CB}=\theta_{12}(B)-\theta_{12}(C)=-135.7°$，这是$\mu$值由$\mu_d\to\mu=1$变化获得的相移；②$\delta\theta_{BA}=\theta_{12}(A)-\theta_{12}(B)=-62.2°$，是由$S_{12}(1)$到饱和磁化态$S_{12}(\pm M)$的相移。总相移$\delta\theta_{CA}=-197.9°$。这样，结果达不到 360° 相移的要求。在这中间，$\delta\theta_{BA}$仅占总相移量的 31.4%，由κ^2变化的贡献，以κ的平方出现，其相移变化不大。为了解决矩波导纵场磁化移相器的相移量问题。必须引进圆极化导磁率的变化产生相移。为了产生圆极化磁场，采取两项措施。其一，在矩形棒两端引入(N,N)、(S,S)磁化机制，如图 2.12(a)和(b)所示。利用磁化回路来实现圆极化场的激发。其二，在铁氧体方棒上下方各加载介质片，其$\varepsilon=25$，尺寸为$4\text{mm}\times0.6\text{mm}\times54\text{mm}$，这样有利于圆极化波的传播 。圆极化磁场受磁化影响，相移较大。尽管这里不会产生理想的圆极化波，一般可能是椭圆极化波，能补偿些相移也就足够了。

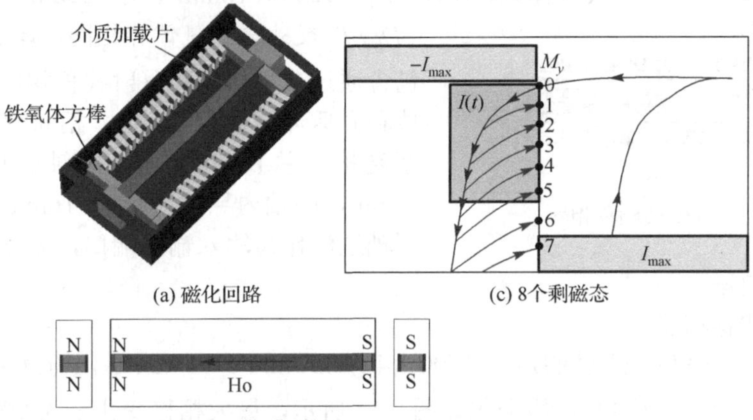

图 2.12　Reggia-Spancer 互易移相器

仿真计算结果列于表 2.1 中，$f=9.5\text{GHz}$，铁氧体材料的参数及尺寸同前，只是(N,N)、(S,S)对极磁化长度设为 2mm。饱和剩磁态为移相器零态。不同的磁化电流I获得不同的剩磁态 0，1，2，…。可以想象，半个工作区能达到 465° 的相移，而且铁氧体长度不超过 50mm。在设计上应该是成功的。$\Delta\theta_1$和$\Delta\theta_2$两者相移相当。总相移比原来的大一倍还多。不难证明，不论磁化矩M为何值，$\mathrm{d}S=S_{12}(M)-S_{21}(M)\to 0$，这是互易相移。不过它有磁化相移，$\delta S=S_{12}(M)-S_{12}(0)\neq 0$，但磁化反向不存在相移，

即 $\Delta S = S_{12}(M) - S_{21}(-M) = 0$ 。这就是 Reggia-Spancer 移相器的基本特点。根据这个特征，磁化曲线工作点将停留在上半个磁滞回曲线上。一般采用图 2.12(c) 中零态为基态，其余 1～7 为移相态。

表 2.1　μ、κ 对相移影响

μ 的贡献			κ 的贡献		
μ	θ_1/(°)	$\delta\theta_1$/(°)	M/(4π)/(kA/m)	θ_2/(°)	$\delta\theta_2$/%
1	27.7*	0	0	27.7*	0
0.95	85.6	57.9	500	14.9	−12.8
0.9	144.3	116.6	1000	−19.4	−47.1
0.85	204	176.3	1500	−70.9	−98.6
0.8	256.2	228.5	2000	−135	−162.7
			2500	−209	−236.7
$\delta\theta = \delta\theta_2 - \delta\theta_1 = 465.2°$					

*为参考相位。

3. 同轴高场移相器

大多数移相器都是波导形式的，用同轴线作为移相器的例子不多。这里列举的特殊例子工作于高场，适用于微波低频段(米波波段)。图 2.13 所示为同轴低频移相器。移相器是周期结构，由铁氧体圆环（$D_0 / D_t = 52\text{mm} / 16\text{mm}$ 、厚 20mm)和介质圆环（D_0 / D_i 尺寸与铁氧体环相同，厚 5mm)组成，包含通过式移相器和反射式移相器两种。铁氧体和介质环总数各 12 个。相间轴向排列呈周期结构，总长 300mm。同轴壳体的外径为 55mm，同轴内导体直径为 16mm。两端各由同轴过渡作为输入输出端口，这是纵向磁化形式的互易移相器。

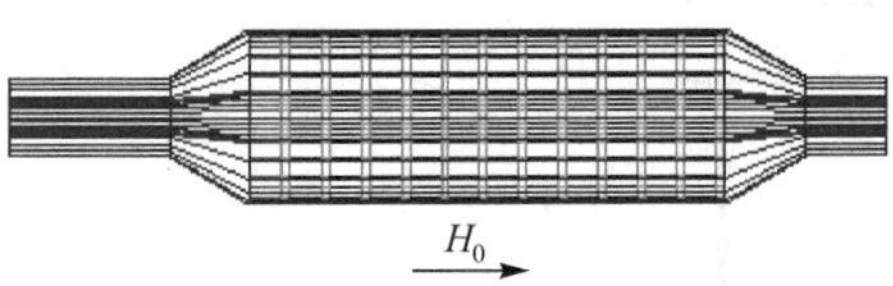

图 2.13　同轴低频移相器

1) 通过式移相器

介质环的 $\varepsilon = 37$；铁氧体的 $M_s = 1600 / (4\pi)$ (kA/m)，$\varepsilon = 14.5$；磁化场为 6～9(kA/m)，在 75～85MHz 频率范围的相移变化如图 2.14 所示，最大相移变化量为 90° 左右。

低频高场工作的移相器，其磁矩 M 保持不变，仅磁场强弱变化，所以 $\delta S = S_{12}(H_1) - S_{12}(H_2) \neq 0$，由此计算相移量 $\delta\theta$ 。

图 2.15 所示为移相器的插损与反射特性，反射功率的带宽在 20dB 范围内约为 4.5MHz；插损的带宽较宽。关于通过式移相器，可以利用非互易方程(2.9)在恒定磁化场下进行，$S_{12}(H) - S_{21}(H) = 0$，而磁化相移公式可写为

$$
\begin{aligned}
\delta S &= S_{12}(H_1) - S_{12}(H_2) \\
&= \frac{\mathrm{j}\omega\mu_0}{2}\int_{\text{all}}[h_1(H_2)\cdot\mu(H_1)h_2(H_1) - h_1(H_1)\cdot\mu(H_2)h_2(H_2)]\mathrm{d}V
\end{aligned} \tag{2.18}
$$

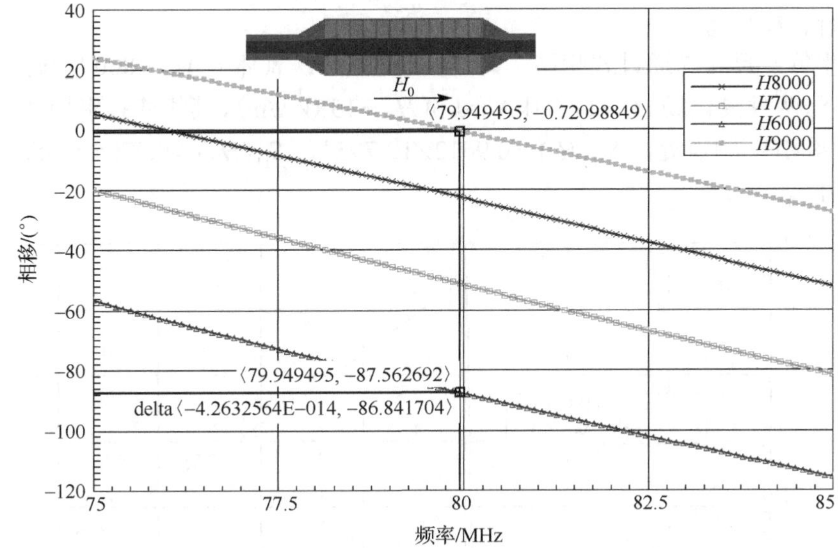

图 2.14　通过式同轴线移相器的互易相移

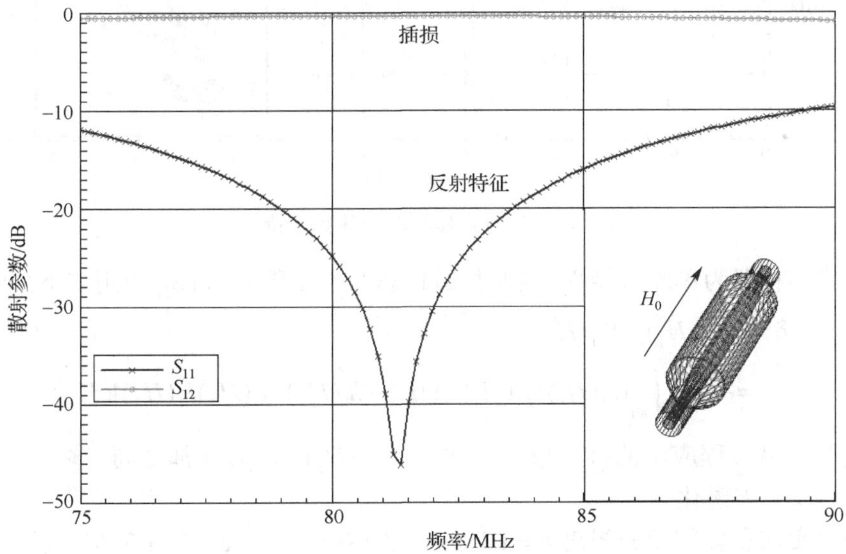

图 2.15　移相器的插损与反射特性

在积分公式中出现磁化交叉项。对于图 2.14 中任何频点，任意两个磁场 H_1、H_2 之间的磁化相移均可得到验证(这里略)。特别引起注意的是，一般低场移相器的相移通过磁矩 M 的变化引起的 $\mu(M)$，以 M 改变 μ 值；而高场移相器是 $\mu(H)$ 通过磁场变化而改变相移。

2) 反射式移相器

其移相单元尺寸与通过式相同，共 24 级组成。铁氧体的 $M_s = 800/(4\pi)$ (kA/m)，没有介质环。两种磁化场 $H_1 = 11.5$ (kA/m) 和 $H_2 = 15$ (kA/m)，其相移频率特性如图 2.16 所示。在 90MHz 频点处，$S_{11}(H_1) = 0.9612\angle 12.795^\circ$，$S_{11}(H_2) = 0.9704\angle 105.8^\circ$，所以 $\delta\theta_{11} = 90.01^\circ$。

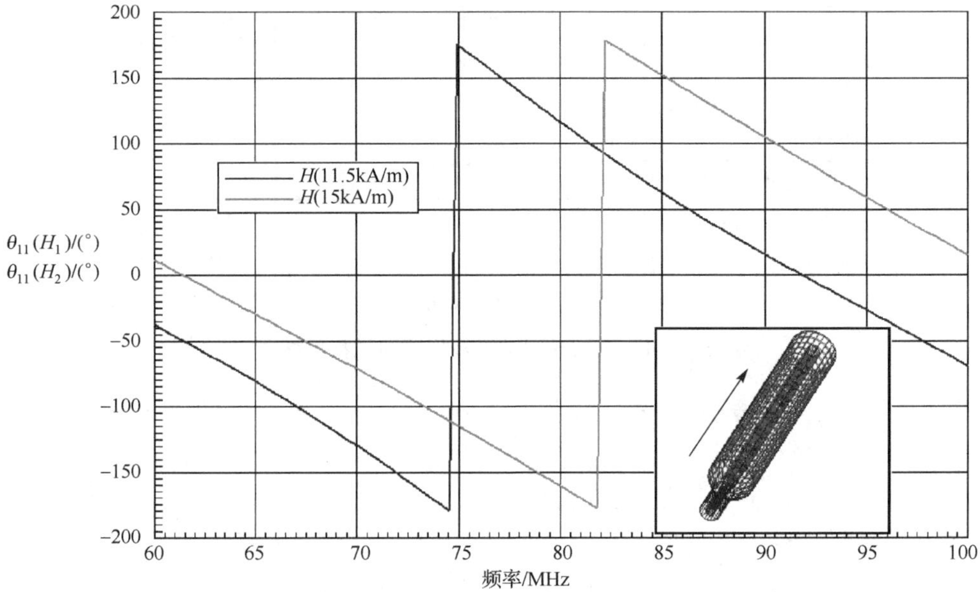

图 2.16　反射式移相器相移频率特征

反射式移相器为单端口器件，其两种磁化态 S_{11}，参数差值 δS_{11} 应用如下公式计算。

$$\begin{aligned}\delta S &= S_{11}(H_1) - S_{11}(H_2) \\ &= \frac{\mathrm{j}\omega\mu_0}{2}\int_{\mathrm{all}}[h_1(H_1)\cdot\mu(H_1)h_1(H_1) - h_1(H_2)\cdot\mu(H_2)h_1(H_2)]\mathrm{d}V\end{aligned} \tag{2.19}$$

这是非互易方程应用的推广形式，式中，$h_1(H_1)$、$h_1(H_2)$ 都是同一端口在不同磁化场 H_1、H_2 下来磁化。

分别对实部和虚部积分得出 $R = 1.1894$，$I = 0.6720$，$|\delta S_{11}| = 1.3661$，而

$$\delta\theta_{11} = 2\arcsin\frac{|\delta S_{11}|}{2|S_{11}|} \tag{2.20}$$

算出 $\delta\theta_{11} = 90.06^\circ$，其 $S_{11}(H_1)$、$S_{11}(H_2)$ 及 δS_{11} 在阻抗圆图上的分布如图 2.17 所示。

综合同轴高场互易移相器的特点，因其 μ 值高，μ 值随磁场变化范围大，所以单位长度相移量大。这里讨论的相移量并不大，为 $\Delta\theta = 90^\circ$ 左右。但移相器长度只有 30cm，与该频率对应的波长 3m 相比，只是其的 1/10。在低频移相器中，360° 相移时

移相段的长度有 1～2 个波长。高场移相器的相移量随外加场 H 而变，不是随 M 的变化而变化。移相段若在 6～9(kA/m) 范围变化时，μ 从 25.8 降到 16.1，变化量为 38%，故相移大，但不宜闭锁方式工作，因为闭锁方式工作时，只能在零场状态，驱动电路功耗亦大。

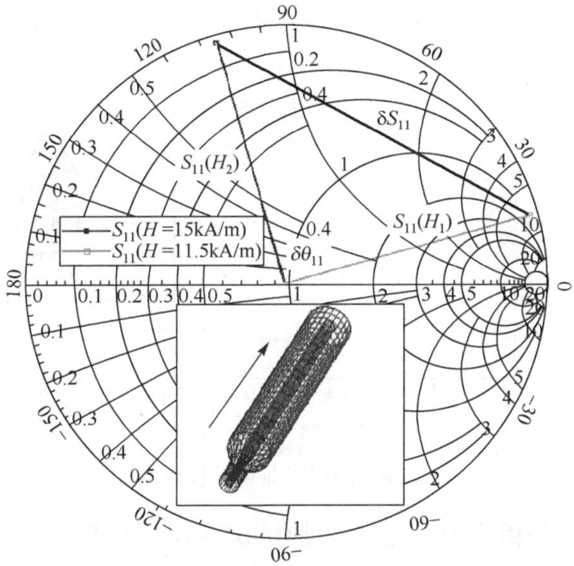

图 2.17　反射式移相器相移 $\delta\theta_{11}$

4. 闭锁式非互易移相器

图 2.18 显示了闭锁式非互易移相器是一段长为 50mm 的十字形波导，横宽 36mm，纵高 18mm。闭锁式环形铁氧体样品放置于十字形波导的中央，尺寸为 $WHL = 9\text{mm} \times 18\text{mm} \times 50\text{mm}$。环缝宽 1mm，缝长 11mm，缝深 50mm。铁氧体材料的 $\varepsilon = 15.5$，$M_s > 1000/(4\pi)$ (kA/m)。其非互易相移的仿真结果为在频点 $f = 3.5\,\text{GHz}$ 处，当 $M = 500/(4\pi)$ (kA/m) 时，非互易相移 $\Delta\theta_{11} = 90°$；当 $M = 1000/(4\pi)$ (kA/m) 时，$\text{d}\theta = 174°$。所以为了获得 360° 相移，其移相段的长度 $L \approx 100\,\text{mm}$。

1) 非互易相移与差相移

这类移相器的特点是其非互易相移等于差相移。

$$
\begin{aligned}
\text{d}S(M) &= S_{12}(M) - S_{21}(M) \\
&= \frac{\text{j}\omega\mu_0}{2}\int_{\text{all}}[h_1(M)\cdot\mu(M)h_2(M) - h_2(M)\cdot\mu(M)h_1(M)]\text{d}V
\end{aligned} \tag{2.21}
$$

而正反磁化态时有

$$S_{21}(M) = S_{12}(-M)$$

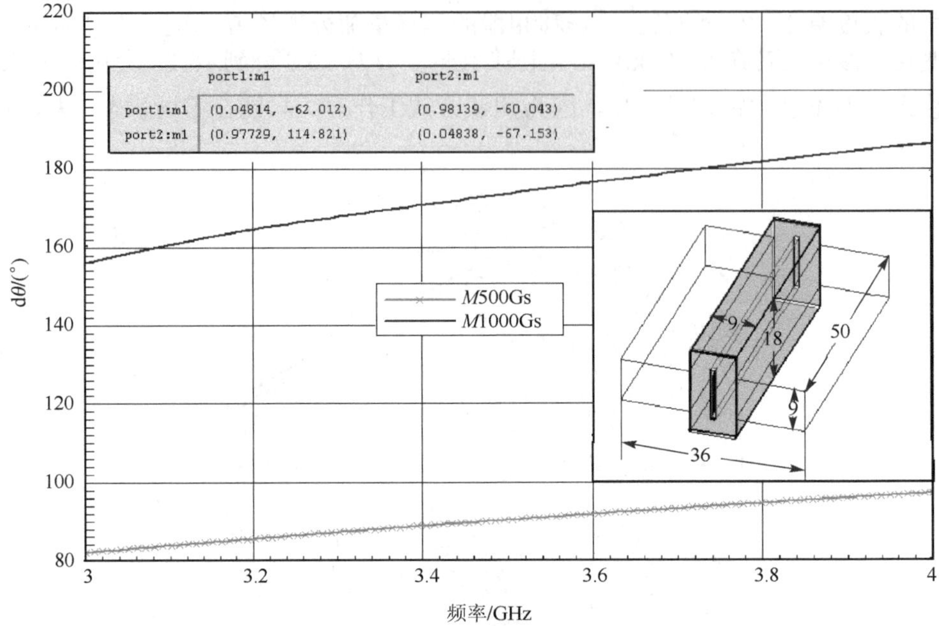

图 2.18 闭锁式非互易移相器

所以差相移 $\Delta\theta$ = 非互易相移 $\mathrm{d}\theta$，其值可通过 ΔS 和 $\mathrm{d}S$ 计算。

$$\Delta S = S_{12}(M) - S_{12}(-M) = S_{12}(M) - S_{21}(M) = \mathrm{d}S$$

以 $f = 3.5\text{GHz}$ 频点为例。利用式(2.21)，当 $M = 1000/(4\pi)$ (kA/m) 时，求出 $I = 1.7373$，$R = 0.9003$，故 $|\mathrm{d}S| = 1.9567$，非互易相移:

$$\mathrm{d}\theta = 2\arcsin\frac{1.9567}{2\times 0.0794} = 174.72^\circ$$

而仿真结果为其非互易相移 $\mathrm{d}\theta = 174.86^\circ$ (见图 2.18 中的表格)。

2) 开关时间与开关能量

闭锁式移相器的开关过程是一种动态磁化过程。涉及磁化动力学的复杂过程。现用简单的方法来处理。注重结果，对过程只作简单处理。研究对象就是矩形铁氧体闭锁环，其外形尺寸为 $18\text{mm}\times 9\text{mm}\times 96\text{mm}$，纵缝尺寸为 $11\text{mm}\times 1\text{mm}\times 96\text{mm}$，通过两个复位脉冲，即从 $B_r \to -B_r \to B_r$ 的磁化过程，完成一周开关过程，求其开关能量。

$$E_s = 4B_r H_c V_f$$

式中，$B_r = M_r = 0.1\text{T}$，$H_c = 1/(4\pi)$ (kA/m)，铁氧体的体积 $V_f = 1.45\times 10^{-5}\text{m}^3$。求出 $E_s = 462\,\mu\text{J}$。假定这是获得的最大相移，即最大的开关能量。如果在相控阵天线阵中应用时开关速率 $R = 1000\,\text{Hz}$，则求出开关功率 $P_s = 462\,\text{W}$。开关时间 t_s 与驱动场 H_m 大小有关，H_m 越大，t_s 越小。开关系数 S_w 对特定材料而言为常量。S_w 的测量如图 2.19 所示。

$$S_w = t_s(H_m - H_0) \tag{2.22}$$

式中，H_m 为驱动磁场大小，H_0 为发动场。只有当 $H_m > H_0$ 时才能反磁化，H_0 大小略比 H_c 大。开关系数对于不同的材料可能有不同的值 $S_w = 0.1 - 1.5\mu s\cdot Oe$；而 H_m 取决于激励线电源的大小及闭合磁路平均长度 l_m。大多数情况下，励磁电流在 5～15A 内变动，与样品磁路长度 l_m 有关。本例中，磁化场 $H_m = 4Oe = 4/(4\pi)(kA/m)$ 时，由 $I_m = H_m l_m$ 算出励磁电流 $I_m = 4\times 79.6\times 0.04 = 12.7A$，$S_w = 1\mu s\cdot Oe$。由式(2.22)算出材料的磁化反转时间 $t_s = 0.33\mu s$。这是完成反磁化过程所需的时间，完成开关时间 $2t_s = 0.66\mu s$。图 2.20 所示为反磁化过程①～⑤中对应的励磁电流和时间关系曲线。从①、②磁通变化缓慢，对应 *I-t* 曲线电流上升较快；②、③磁通变化陡峭，*I-t* 曲线中②、③较平直；③、④磁通上升较慢，③、④的 *I-t* 曲线变化较快；④、⑤磁通降落缓慢，④、⑤的 *I-t* 曲线下降快。①～⑤的时间称为磁化反转时间 t_s。

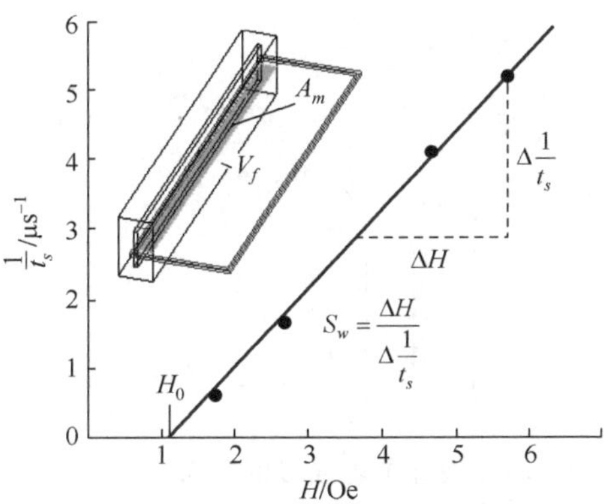

图 2.19　开关系数 S_w 的测量

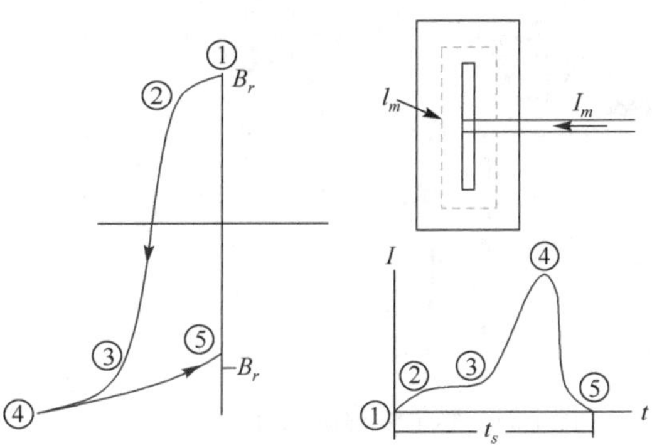

图 2.20　反磁化过程

开关线电感计算：

$$L_m = \frac{\Phi}{I} = \frac{2A_m B_r}{I} = \frac{2\times 0.0004\times 0.096\times 0.1}{12.7} = 6\mu H$$

磁损耗引起的等效电阻为 R_m。

$$I_e^2 R_m = E_s / 2t_s = 694\mu W$$

设有效电流 $I_e = 0.5I$，计算出 $R_m = 17.2\Omega$，磁化线圈的时间常数：

$$\tau = \frac{l_m}{R_m} = 0.35\mu s$$

τ 和 t_s 的值比较接近。根据磁畴运动，反磁化时间计算公式为

$$t_s = \frac{6.4d\lambda}{\delta g^2 M_s (H_m - H_0)} \tag{2.23}$$

式中，因子 $g = 2$，令畴的厚度 d 与畴壁厚度 δ 之比 $d/\delta = 1$，$M_s = 0.1T$，$H_m - H_0 =$

$3/(4\pi)$ (kA/m)； $t_s = 0.33\mu s$ 。因而有弛豫时间 $\lambda = t_s / 5.33 = 6.2\times10^{-8}$ s ，弛豫频率 $f_r = 1/\lambda = 16$ MHz 。

3) 闭锁式移相器的耐功率问题

峰功率分析如图 2.21 所示，输入峰功率 10kW，观察铁氧体内磁场分布最大场强 $|h_x| = 2264$ A/ m $= 28.4$Oe，材料归一化磁矩 $p = 0.8$ ，临界场强 $h_c = \Delta H_k / 0.8 = 25$Oe ，将出现非线性效应，所以必须选用更高的自旋波线宽材料，如 $\Delta H_k = 30$Oe 。观察波导中的电场强度 E, 如图 2.22 所示，$P_p = 10$kW ，$|E_{max}| = 3.45\times10^5$ V/m, $|E_{max}| < E_b = 3\times10^6$ V/m，不会引起电击穿。

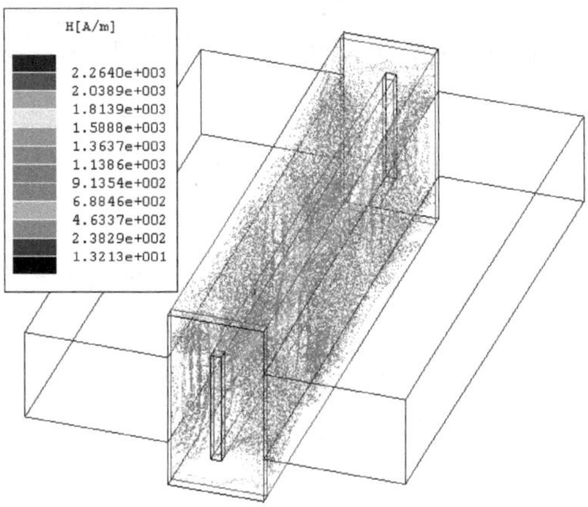

图 2.21　铁氧体内磁场分布

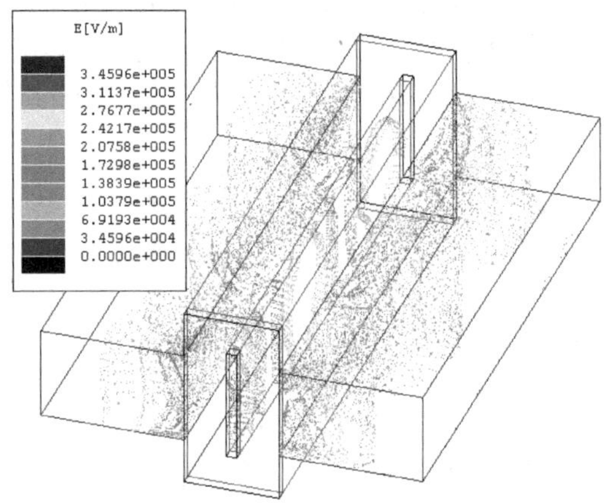

图 2.22　波导中场强 E 的分布

耐平均功率仿真如下。散热法结构如图 2.23 所示。铁氧体环热导系数 $C_t = 4$ W/ (cm·℃) ，密度 $D = 4.6$ g/ cm^3 ，强迫风冷，风速1m/ s ，环境温度 30℃。仿真结果如图 2.24 所示，铁氧体功耗 $P_L = 5$ W ，铁氧体体内温度分布平均值为 67℃，输入平均功率 $P_{in} = 30$ W 。

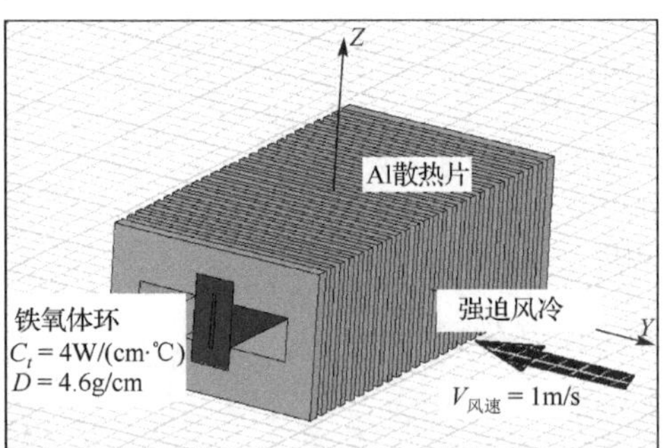

图 2.23　散热法结构

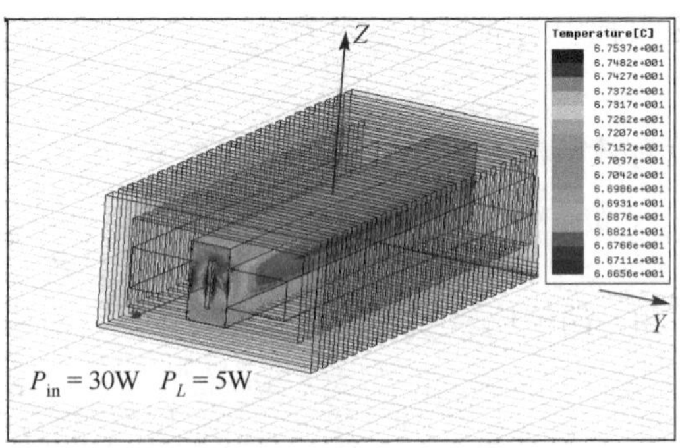

图 2.24　仿真结果

5. 高功率差相移器

图 2.25 所示为高功率 90° 差相移器的示意图。波导宽截面上下贴有铁氧体薄片，有利于散热。波导尺寸为 66mm×34mm×200mm，铁氧体尺寸为 $WHL = 18\text{mm}\times 20\text{mm}\times 5\text{mm}$，两头磨劈形长 30mm，$M_s = 650/(4\pi)$ (kA/m)，$\varepsilon = 14.5$，工作频率 $f = 2.8\sim3.2$ GHz，其相移曲线见图 2.23 和图 2.24 中心频率 3GHz 处非互易相移 $\mathrm{d}\theta = 85.94°$。

(1) 非互易相移 $\mathrm{d}\theta$。

差相移 $\Delta\theta$ 和磁化相移 $\delta\theta_\pm$ 的计算公式为

$$\mathrm{d}S = S_{12} - S_{21} = \frac{\mathrm{j}\omega}{2}\int_V [h_1 \cdot \mu h_2 - h_2 \cdot \mu h_1]\mathrm{d}V \tag{2.24}$$

$$\begin{aligned}\Delta S &= S_{12}(\vec{M}) - S_{12}(\overleftarrow{M}) \\ &= \frac{\mathrm{j}\omega}{2}\int_V [h_1(\vec{M}) \cdot \mu(\vec{M}) h_2(\vec{M}) - h_1(\overleftarrow{M}) \cdot \mu(\overleftarrow{M}) h_2(\overleftarrow{M})]\mathrm{d}V\end{aligned} \tag{2.25}$$

$$\begin{aligned}\delta S_\pm &= S_{12}(0) - S_{12}(\pm M) \\ &= \frac{\mathrm{j}\omega}{2}\int_V [h_1(0) \cdot \mu(0) h_2(\pm M) - h_1(0) \cdot \mu(\pm M) h_2(\pm M)]\mathrm{d}V\end{aligned} \tag{2.26}$$

端口间传播与磁化方向之间的旋转转换关系见图 2.25。由图 2.25(a) 通过绕 z 轴旋转 180° 变成图 2.25(b)；由图 2.25(b) 通过绕 x 轴旋转 180° 转换到图 2.25(c)；图 2.25(c) 通过反磁化过程 $M \to -M$ 转换到图 2.25(d)。图 2.25(a) 中 $S_{21}(M)$ 与图 2.25(d) 中 $S_{12}(-M)$ 是等效的，即 $S_{21}(M) = S_{12}(-M)$，故 $|\mathrm{d}S| = |\Delta S|$，$|\mathrm{d}\theta| = |\Delta\theta|$，通过 $\mathrm{d}S$ 公式获得实部与虚部分别为 $|\mathrm{d}S| = 1.3459$ (图 2.26) $\mathrm{d}\theta = 85.94°$ (计算值) 与图 2.27 中仿真值 (在 3GHz 点) $\mathrm{d}\theta = 85.94°$ 非常吻合。

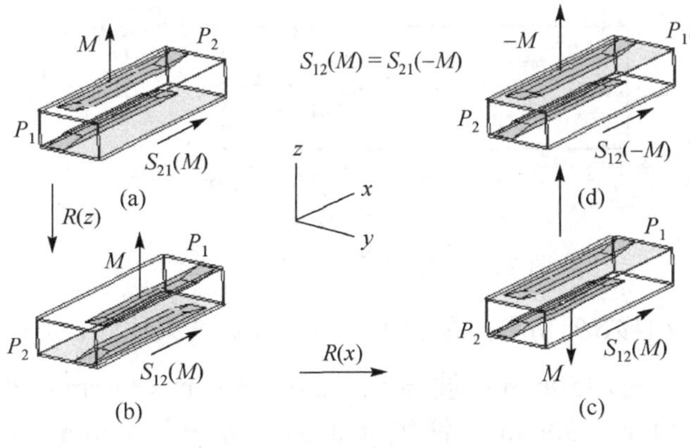

图 2.25　高功率 90° 差相移器

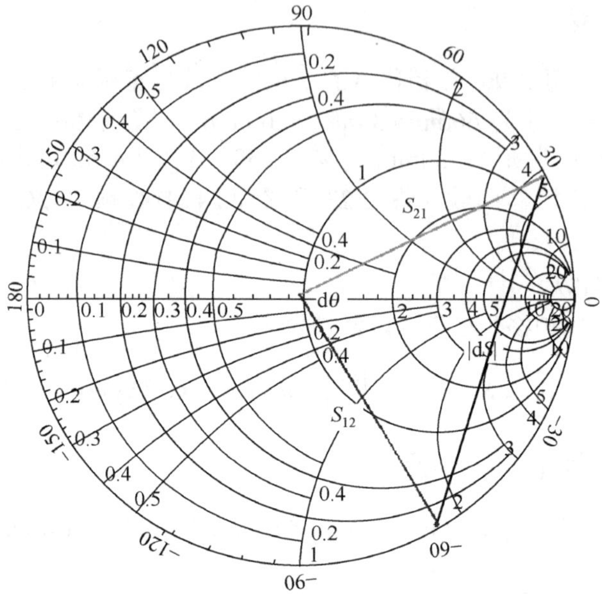

图 2.26　dθ 仿真值：$d\theta=86.9494°$

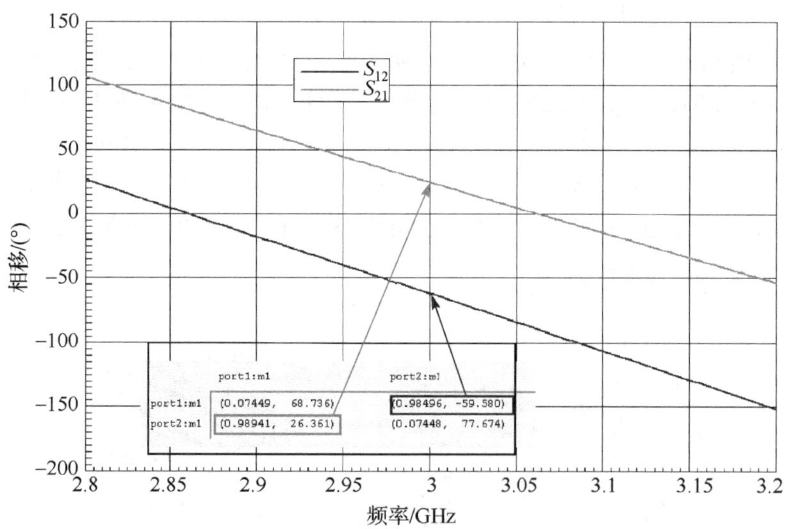

图 2.27　dθ 计算值：$d\theta=85.94°$

图 2.28 为磁化相移 $\delta\theta_{\pm}$ 仿真结果和积分方程计算结果比较，铁氧体（$\varepsilon_f=14$）的尺寸为 $wth=20\text{mm}\times5\text{mm}\times150\text{mm}$；波导尺寸 $abL=66\text{mm}\times34\text{mm}\times170\text{mm}$；铁氧体斜劈的尺寸为 $WL=20\text{mm}\times30\text{mm}$；铁氧体距离波导窄边 5mm。仿真的磁化相移 $\delta\theta_+=-21.98°$，$\delta\theta_-=17.82°$。仿真结果和积分方程计算结果一致。

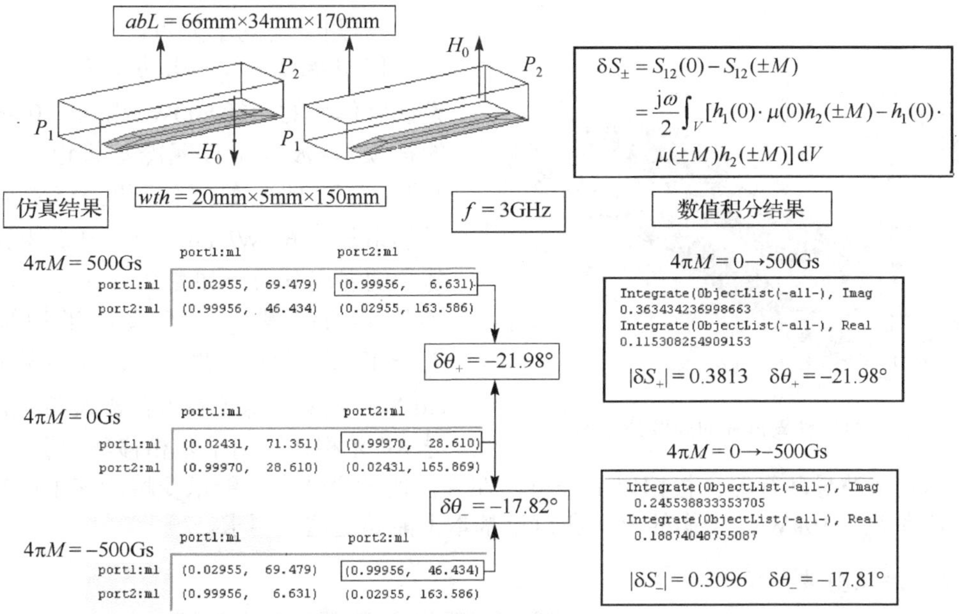

图 2.28　磁化相移 $\delta\theta_{\pm}$ 仿真结果和积分方程计算结果比较

(2) 耐峰功率分析。

当 $P_p = 5\text{MW}$ 从端口 1 输入，测量波导内的场强分布如图 2.29 所示，最大场强 $|E_{\max}| = 2.902\ \text{V/m}$，略小于空气击穿强度 $E_b = 3\times10^6\ \text{V/m}$。理论上不发生波导高峰值功率击穿。同时测量了下层铁氧体片内的磁场分布，如图 2.30 所示，最大高频磁场 $h_{\max} = 7144\ \text{A/m}$，而铁氧体内平均场强 $|h| = 4402\ \text{A/m} = 55\text{Oe}$，材料的非线性临界场 $h_c = \Delta H_k / p = 34\text{Oe}/0.6 = 56.7\text{Oe}$，故 $|h| < h_c$，理论上能克服非线性效应。

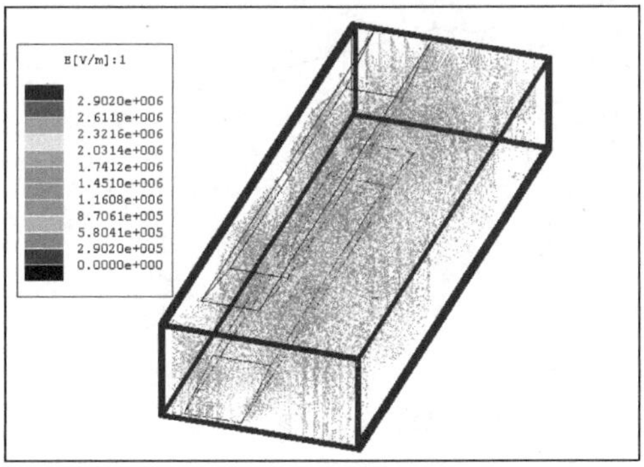

图 2.29　波导内的电场 E 分布

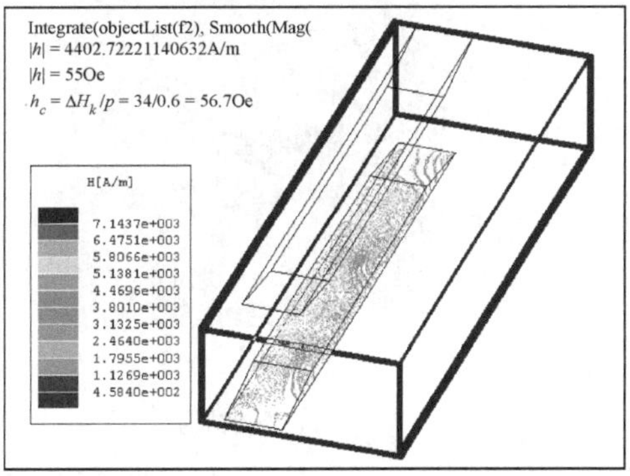

图 2.30　铁氧体片内的磁场 H 分布

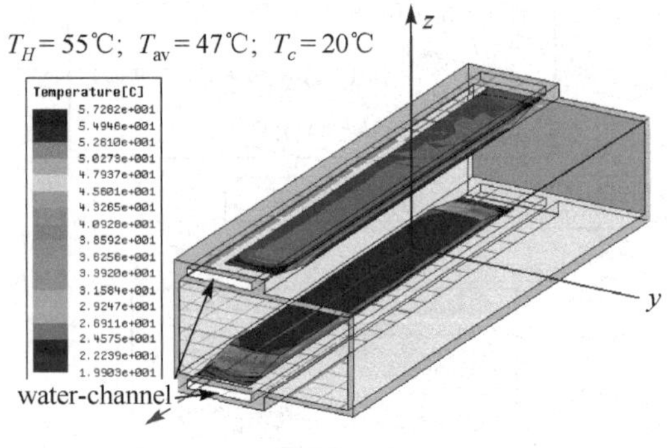

图 2.31　铁氧体片的温度分布场

(3)耐平均功率分析。

移相器的输入平均功率 $P_{av}=5\text{kW}$，设铁氧体片的功耗 500W(相当于 0.46dB 的插损)。波导上设置冷却管道，水温 20℃。流速 2m/s，铁氧体密度为 5g/cm^3，导热系数为 6.3W/(cm·℃)，计算出铁氧体片的温度分布场如图 2.31 所示，铁氧体片最高温度 $T_H=55$ ℃，平均温度 $T_{av}=47$ ℃，冷点温度 $T_c=20$ ℃。采用加 Gd-YIG 材料，保证良好的温度特性。波导 90°差相移器用于差相移环行器中，特别是高功率波导环行器。根据以上分析，在 S 波段的设计中，能承受峰功率 10MW，平均功率 $P_{av}=10\text{kW}$。上面的分析和讨论基本上能满足这一要求。

6. 法兰型波导隔离器

它是一种小型化的波导隔离器，其长度只有波导波长的 50%左右，图 2.32(a)为其外形结构，尺寸为 $WHL=38.4\text{mm}\times 33.3\text{mm}\times 12.7\text{mm}$，$B$ 为内腔结构，有两片铁氧体三角块 $A_f t=5.8\text{mm}\times 1.5\text{mm}$。两块金属三角块的两顶点置于波导口径中心，其尺寸为 $At=11.4\text{mm}\times 2.2\text{mm}$；和 T 形吸收材料。波导口径为 $15.8\text{mm}\times 7.9\text{mm}$，铁氧体材料参数取为 $M_s=3000/(4\pi)$ (kA/m)、$\varepsilon=13$、$\Delta H=100\text{Oe}$，T 形吸收块的 $\varepsilon=15$、$\mu=4$、$\tan\delta_\mu=0.1$、$\tan\delta_z=0.1$、导电率为 40s/m，尺寸为 $(W_1H_1/W_2H_2)-L=(7.9\text{mm}\times 2.7\text{mm}/4\text{mm}\times 5\text{mm})-9.4\text{mm}$。隔离器的性能如图 2.33 所示，带宽为 1.1GHz。

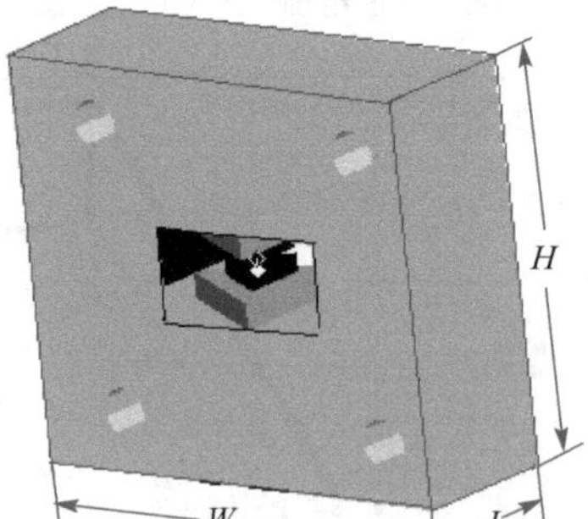

(a) 外形结构

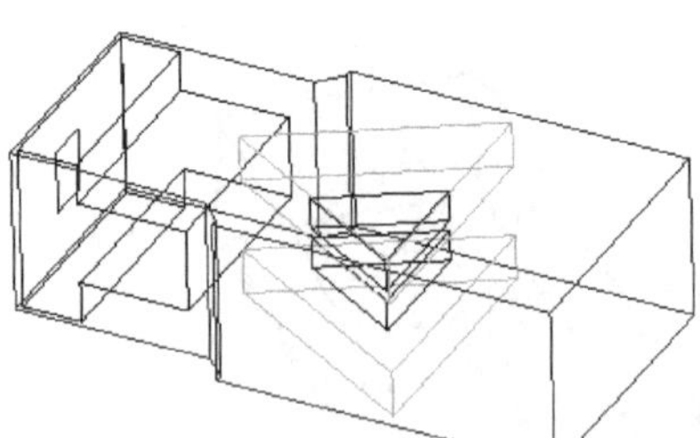

(b) 内腔结构

图 2.32　法兰波导隔离器

对非互易性分析见图 2.34，反映整个波段(14.3～15.4GHz)内的非互易性，其中 $|\text{d}S(f)|\approx 0.946$，符合隔离器的特性。对频点 $f=14.8\text{GHz}$ 进行了详细计算。仿真结果

是 $dS(14.8\text{GHz}) = 0.9477\angle 88.754°$；用非互易理论，对整个腔体求数值积分算出：

$$R = 0.0206\text{，}\ I = 0.9464\text{，}\ |dS| = \sqrt{R^2 + I^2} = 0.9466\text{，}\ \theta = \arctan I / R = 88.735°$$

两者结果非常接近。说明非互易性理论对法兰型波导隔离器也是适用的，尽管隔离器内部含有磁性吸收材料。

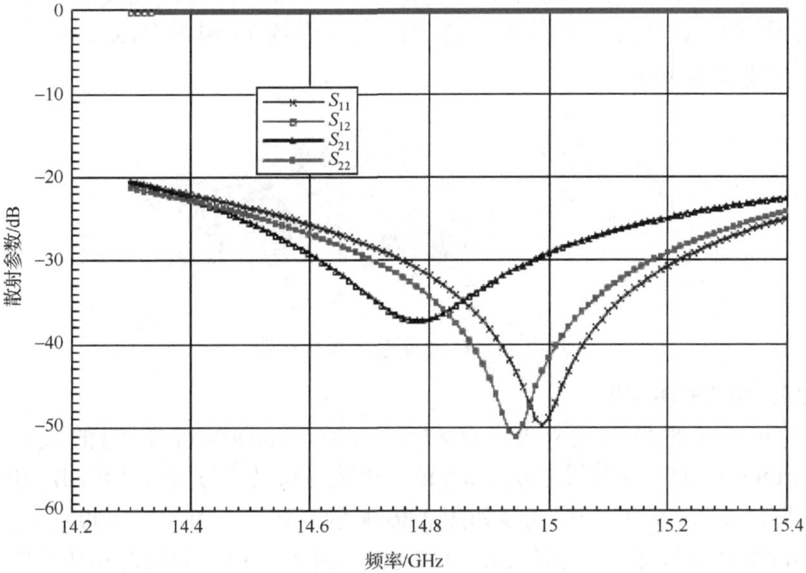

图 2.33　隔离器的性能

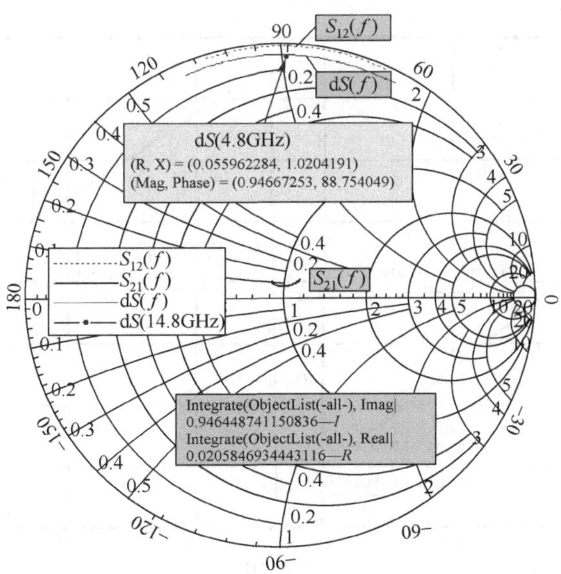

图 2.34　隔离器的非互易性

7. 慢波线非互易移相器

波导移相器的结构较大，外形长度一般均超过波长 1～2 倍。慢波线移相器是小型化、微波集成化的结构，如图 2.35 所示。慢波线集成在介质基板上，基板厚度为 0.25mm，宽为 4.2mm，长为 9mm。慢波线由 5 级 U 形段组成，集成基板插进铁氧体方环样品中。慢波线的宽 $w = 0.25\,\text{mm}$，线距 $s = 0.5\,\text{mm}$。因为慢波线的长度接近于 1/4 波长，所以慢波线上的电流在磁化铁氧体中的高频磁场 h，相对 H_0 是正或负圆极化场，能有效地产生非互易相移。

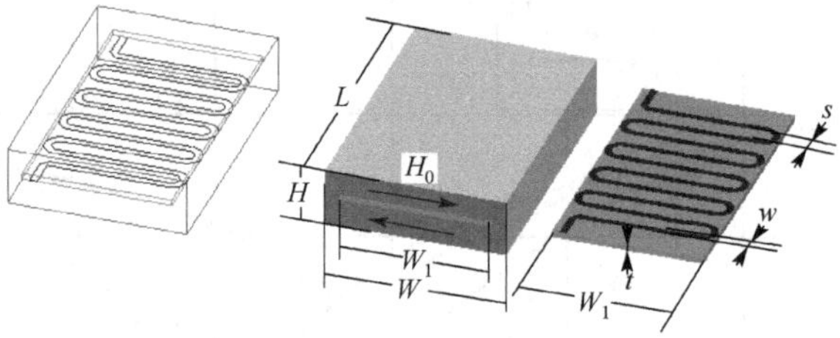

图 2.35　C 波段慢波线相移器

1) C 波段慢波线移相器

铁氧体矩形环的外形尺寸 $W \times H \times L = 6\text{mm} \times 2\text{mm} \times 9\text{mm}$，缝的尺寸是 $5\text{mm} \times 0.25\text{mm} \times 9\text{mm}$；U 形线横跨尺寸 $W_1 = 5\,\text{mm}$，介质基板尺寸与缝尺寸相同，介电常数 2.6 通过仿真计算，S_{12} 和 S_{21} 的相位曲线如图 2.36 所示，其中，当 $M_s = 500/(4\pi)$ (kA/m)、频率 $f = 4.404\,\text{GHz}$ 时，非互易相移 $\text{d}\theta = 142.86°$。图 2.37 所示为反射和传播性能，在 4～5GHz 带宽范围内，反射小于−19dB，插损为 0.35dB(铁氧体材料 $M_s = 1000/(4\pi)$ (kA/m)、$\varepsilon = 16$、$\Delta H = 40\,\text{Oe}$)。

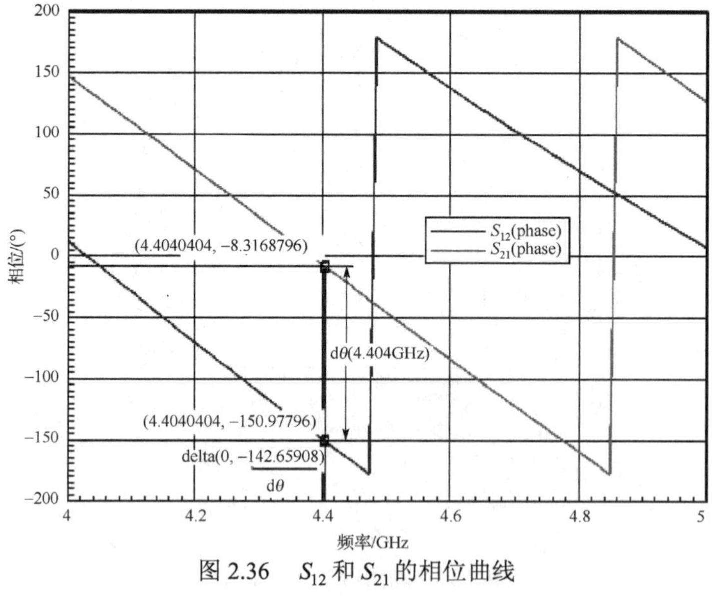

图 2.36　S_{12} 和 S_{21} 的相位曲线

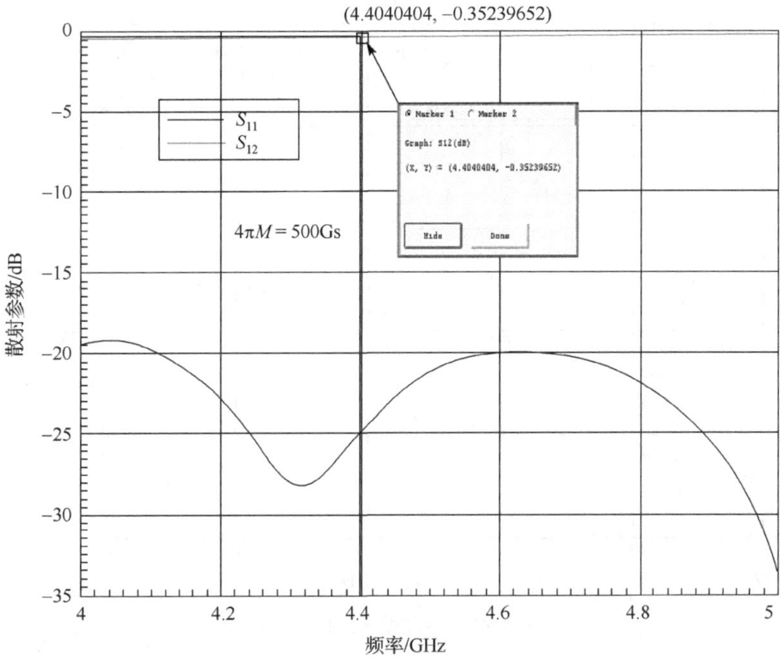

图 2.37　反射和传播性能

图 2.36 所示为两种磁矩 $M_s = 500/(4\pi)$ (kA/m) 和 $M_s = 900/(4\pi)$ (kA/m) 的非互易相移-频率曲线。当 $M_s = 900/(4\pi)$ (kA/m) 时，$\mathrm{d}\theta$ 达到 220°。如果移相段长度为 18mm，便可产生 360° 相移。

将图 2.38 中的仿真结果和用非互易积分方程求出的结果做比较，再次证明即使是非均匀波导系统，非互易方程仍然可以使用。

	port1:m1	port2:m1
port1:m1	(0.08424, 178.194)	(0.98676, 29.555)
port2:m1	(0.98574, 173.526)	(0.08352,-156.026)

$f = 4.404\text{GHz}$
$\mathrm{d}\theta = 143.9°$

```
Integrate(ObjectList(-all-), Imag
0.37558431880413
Integrate(ObjectList(-all-), Real
1.83782098135479
```

$$|\mathrm{d}S| = \sqrt{R^2 + I^2} = 1.8758$$

$$\mathrm{d}\theta = \sin^{-1}\frac{|\mathrm{d}S|}{2|S_{12}|} = 143.95°$$

图 2.38　$|\mathrm{d}\theta|$ 的仿真结果和计算结果

2) X 波段慢波线移相器

图 2.39 所示为慢波线的差相移曲线。随着 M 的增大，$\mathrm{d}\theta$ 线性增大。铁氧体环尺寸为 $WHL = 5.4\text{mm} \times 1.63\text{mm} \times 9\text{mm}$，而矩形槽尺寸是 $4.2\text{mm} \times 0.25\text{mm} \times 9\text{mm}$。当频率为 10～11GHz 时，$4\pi M_s = 2000\text{Gs}$，非互易相移 $\mathrm{d}\theta = 175°$，所以铁氧体环的长度增加到 20mm 时，能达到 360° 相移。

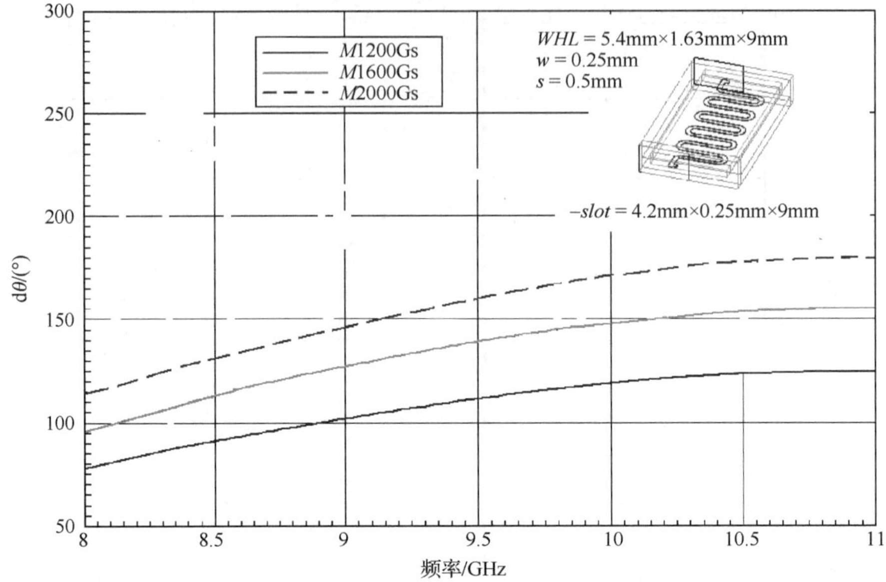

图 2.39　慢波线差相移曲线

图 2.40 所示为 X 波段慢波线的传播特性。当 $f > 9.5$GHz 时，反射优于–20dB，并出现了三个峰/谷值，说明慢波线 U 形之间有耦合存在，特别是当 U 形线间距 s 减小时，互耦影响更大。

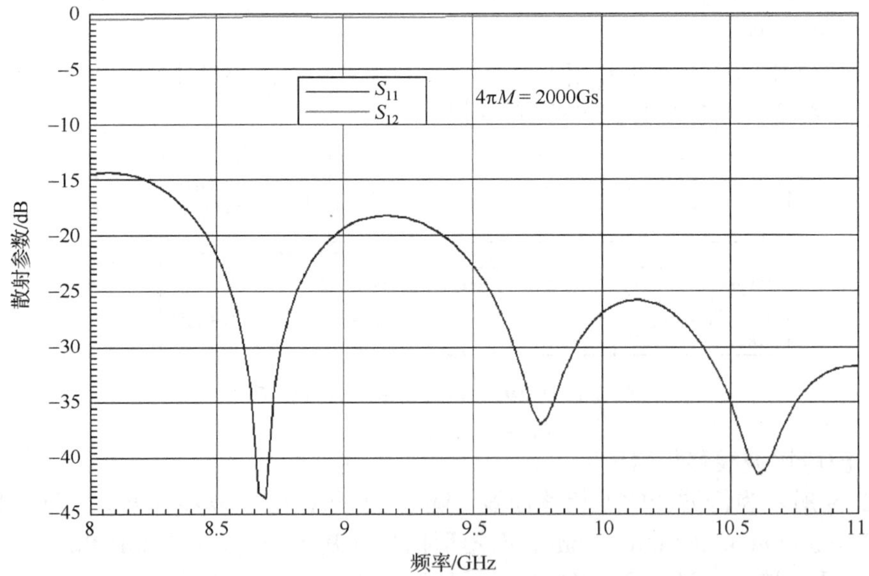

图 2.40　X 波段慢波线的传播特性

8. 集总参数共振隔离器

这种器件工作在铁氧体磁共振区，适宜于低频工作，是一种小型化设计的微波铁氧体器件。图 2.41(a)是它的内外结构示意图。内腔结构尺寸为 20mm×20mm×10mm，器件装在基板上，尺寸为 20mm×20mm×1mm 的基板，$\varepsilon=2.6$，微带线印制在基板上。印制电路宽度为 1.6mm，铁氧体圆盘尺寸为 $D_f t=6\text{mm}\times1\text{mm}$，输入/输出用同轴接头。如图 2.41(b)所示，铁氧体圆片上有一对相互绝缘、相互垂直线圈，线圈以两并行线方式绕在铁氧体的上下面，线圈不仅产生 h_1 和 h_2 一对空间正交磁场，而且时间相位上相差 90°，目的在铁氧体中产生圆极化磁场。如果由端 1→端 2 传播时是负圆极化磁场，则端 2→端 1 传播时变成正圆极化。因其 μ''_+、μ''_- 吸收不同，利用这一原理制成集总参数共振隔离器。在设计中，$C=5.2\text{pF}$，$L=6\mu\text{H}$，$C_2=2\text{pF}$，作为 L/C-Γ 网络使端 1 匹配。铁氧体材料取 $M_s=800/(4\pi)(\text{kA/m})$，$\Delta H=50/(4\pi)(\text{kA/m})$ 铁氧体附加磁化场 $H=4800\text{A/m}$。设计中心频率为 680MHz，并联谐振回路 $L_2//C_2$ 处于谐振状态，保证了端 2 的匹配，而 L_1-L/C 构成的 T 形匹配回路确保端 1 匹配。

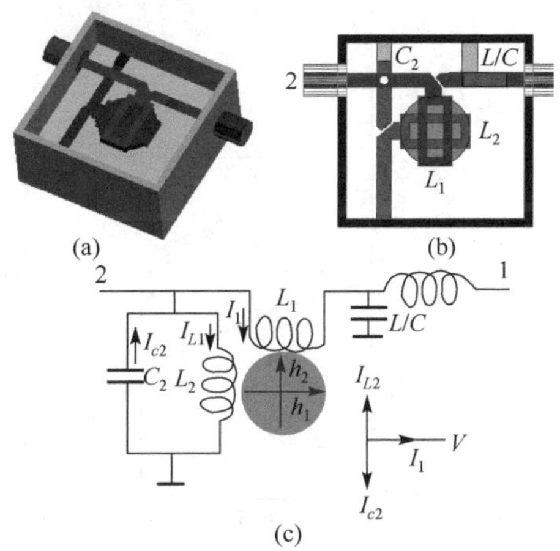

图 2.41　集总参数共振隔离器

图 2.42 所示为共振隔离器的性能，其中 S_{21}(dB) 为正向传播特性，在 660～700MHz 频带范围内，插损约为 0.5dB，而 S_{11}(dB)、S_{22}(dB)、S_{12}(dB) 均优于−20dB。正向衰减量偏大的主要原因是铁氧体圆片中的场未必都是正或负圆极化场，只有在双平行线的 4 个交点附近，圆极化较好，偏离交点处可能存在椭圆极化场。从铁磁共振磁场向低偏移也足以说明椭圆极化的存在，因为 680MHz 的谐振磁场 H_r 应为 19.4kA/m，但目前的工作磁场只有 4.8kA/m，这在第 1 章中研究椭圆极化铁磁共振曲线 μ_e-δ 时已作了说明，特别是对于 p 值大的情况（$p=\gamma M_s/\omega=3.7$）。

图 2.43 所示为隔离器的非互易性讨论。从 S_{12}、S_{21} 值，算出 $\text{d}S=S_{12}-S_{21}$，表示在圆图中，$\text{d}S=|\text{d}S|\angle\text{d}\theta=0.9528\angle95.368°$，这是仿真结果。而图 2.43(b)是利用非互易公式求出数值积分值 R、I，然后求得 $|\text{d}S|$ 及 $\text{d}\theta$，与图 2.43(a)一致。

2.2.4　本节小结

(1) 本节研究了电磁波在铁氧体波导中的传播。用传统微扰理论来研究铁氧体的相移有一定的局限性，一般适用于规则波导中的二维微扰问题，是一种近似的求解方法。本节介绍的非互易性方程、非倒易性方程(非互易性的另一种形式)及磁化方程属于三维场激发理论。数值计算精度高，适应性强，可以对任意复杂形状波导求解。

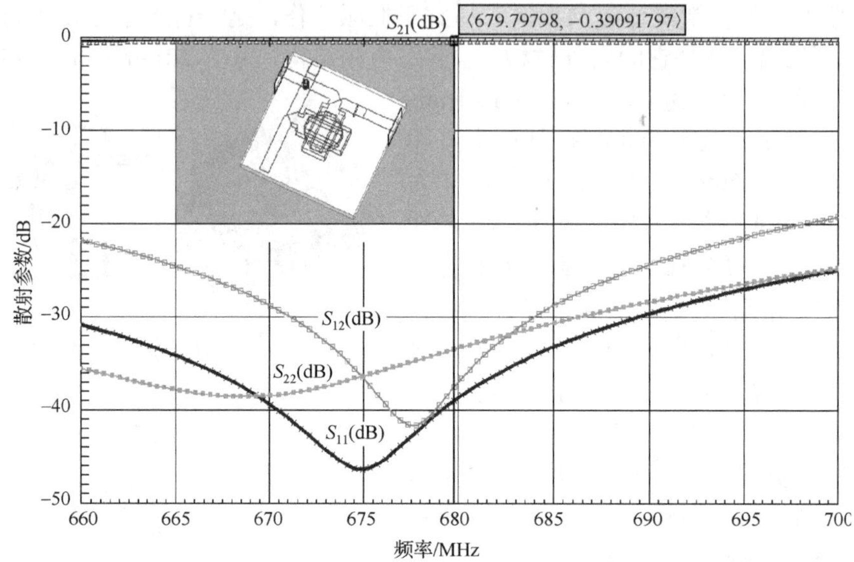

图 2.42　共振隔离器的性能

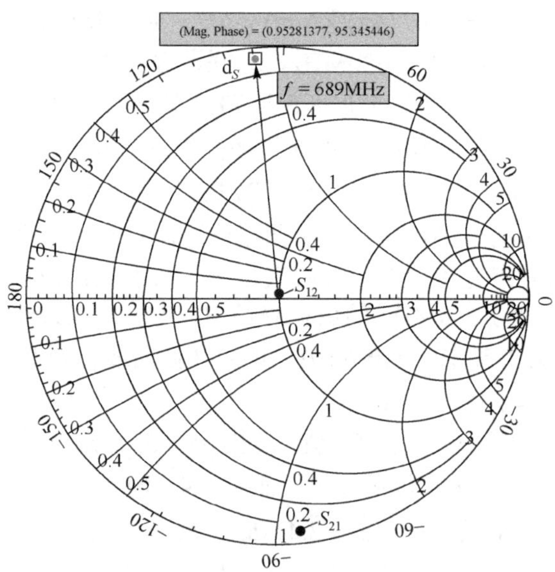

(a) 隔离器的非互易性仿真结果

```
Integrate(ObjectList(-all-), Imag
0.948670081709269
Integrate(ObjectList(-all-), Real
-0.0887644740029606
```

$\mathrm{d}S=\sqrt{R^2+I^2}=0.9528$

$\mathrm{d}\theta=90°+\arctan(I/R)=95.368°$

(b) 隔离器的非互易性计算结果

图 2.43　隔离器的非互易性

(2) 关于两端口器件，用非互易性方程求解 $\mathrm{d}S$，不仅适用于移相器之类的变磁化器件，也适用于隔离器之类的固定磁场器件，前者通过 $|\mathrm{d}S|$ 求 $|\mathrm{d}\theta|$ 来研究相移变化；后者通过 $|\mathrm{d}S|$ 计算直接判断非互易性能 $|\mathrm{d}S|\to 1$。

(3) 非互易与非倒易性是两个不同的概念。前者是指磁场不变、传播方向改变导致的 $S_{12}-S_{21}$ 的差值。后者是指传播方向确定，随着磁化(或磁场)倒向导致的 $S_{12}(\vec{M})-S_{12}(\overleftarrow{M})$ (或 $S_{12}(\vec{H})-S_{12}(\overleftarrow{H})$)差值。对于非互易性，定义 $\mathrm{d}S=S_{12}-S_{21}\neq 0$ ，对于非倒易性定义， $\Delta S=S_{12}(\vec{M})-S_{12}(\overleftarrow{M})\neq 0$ 。反之，当 $\mathrm{d}S=0$ 或 $\Delta S=0$ 称为互易性或倒易性。两端口器件的非互易性积分公式：

$$\begin{aligned}\mathrm{d}S&=S_{12}(M)-S_{21}(M)\\&=\frac{\mathrm{j}\omega\mu_0}{2}\int_V[h_1(M)\cdot\mu(M)h_2(M)-h_2(M)\mu(M)h_1(M)]\mathrm{d}V\end{aligned}\tag{2.27}$$

当 μ 为张量磁导率的情况下，被积函数两项的非交换性决定了 $\mathrm{d}S\neq 0$ 的非互易性。两端口器件的非倒易性积分公式为

$$\begin{aligned}\Delta S&=S_{12}(\vec{M})-S_{12}(\overleftarrow{M})\\&=\frac{\mathrm{j}\omega\mu_0}{2}\int_V[h_1(\vec{M})\cdot\mu(\vec{M})h_2(\vec{M})-h_1(\overleftarrow{M})\cdot\mu(\overleftarrow{M})h_2(\overleftarrow{M})]\mathrm{d}V\end{aligned}\tag{2.28}$$

$\Delta S\neq 0$ 决定了两端口器件的非倒易性，利用它可以研究开关相移特性。本节中的实例，大多数器件的非互易性和非倒易性是并存的(如非互易移相器)，另一类器件则互易性与倒易性是并存的(如 Reggia-Spancer 互易移相器、同轴高场移相器)。除此以外，以后讨论的双模互易移相器具有互易性，但不具有倒易性。

(4) 通过求 $\mathrm{d}S$ 获得的非互易相移 $\mathrm{d}\theta$ ，通过求 ΔS 获得的差相移 $\Delta\theta$ 和通过 δS 求的磁化相移 $\delta\theta$ ，它们之间有不同含义。实际的磁控移相器都是由磁化相移引起的，它包括磁化场不同引起的相移， $\delta\theta(H)=\theta_{12}(H)-\theta_{12}(0)$ 或 $\delta\theta(H)=\theta_{12}(H_1)-\theta_{12}(H_2)$ ；或者磁化矩不同所产生的相移， $\delta\theta(M)=\theta_{12}(M)-\theta_{12}(0)$ 或 $\delta\theta(M)=\theta_{12}(M_1)-\theta_{12}(M_2)$ 。前者适用于高场区，后者适用于未饱和磁化区。 $|\mathrm{d}\theta|$ 为零与否仅取决于移相器的互易或非互易性质：对于互易移相器， $|\mathrm{d}\theta|=0$ ；对于非互易移相器， $|\mathrm{d}\theta|\neq 0$ 。 $|\Delta\theta|$ 为零与否仅取决于移相器磁化场反转对相移有无影响。 $|\Delta\theta|\neq 0$ 表示反转磁场有影响， $|\Delta\theta|=0$ 表示反转磁场无碍于相移，即磁化场的倒易性，例如，Reggia-Spencer 互易移相器是倒易性的；而一般的双模(互易)移相器虽然是互易的 $(\mathrm{d}\theta=0)$ ，但是为非倒易的 $(\Delta\theta\neq 0)$ 。

(5) 数值积分方法是研究微波铁氧体器件的基本方法，它是建立在高频仿真软件 HFSS 这个设计平台基础上的。其积分方程含义深刻，它表示腔内的微波结构特性和电磁场分布特性，决定了端口间的传播特性——非互易性和非倒易性，以及互易性和倒易性。它是场路统一的最佳理论，普遍适用于一切铁氧体器件的传播问题。上面几种铁氧体器件的讨论，充分证明了其普遍性。另外，在数值积分过程中，既可以采取腔体 V 全域积分也可以采取铁氧体域 V_f 积分，两者结果是一致的。因为在非张量 μ 区域，被积函数两项相等，其积分为零，它们对非互易性没有贡献。

2.3　电磁波在双模铁氧体波导中传播

2.3.1　铁氧体双模波导中的基本效应

这里的双模波导是指圆波导或方波导中充有旋磁介质波导系统。在铁氧体未磁化状态时，圆波导中的 H_{11} 奇模和偶模是一对简并的正交模，它们的传播常数 β_{11o} 和 β_{11e} 相等，而且是独立的互不耦合的简正波。在方波导中的 H_{10} 和 H_{01} 模，其传播常数 β_{10} 及 β_{01} 也是一对独立的简正波。当这类波导系统以特定方式加到磁化场时，这些磁化铁氧体波导系统的一对简并波分裂成一对非简并波，或者非耦合波变成耦合波，它与磁化方式有关。图 2.44 所示为充满磁化铁氧体波导的情况。

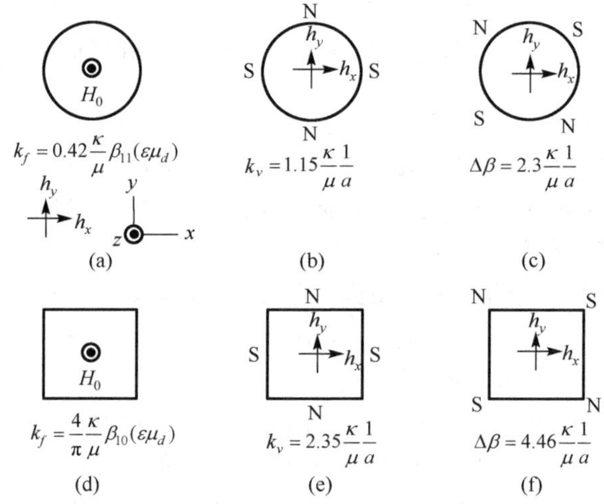

图 2.44　充满磁化铁氧体波导中非简并波和耦合波

图 2.44(a)和(d)为法拉第旋转，对于正负圆极化模则是一对非简并的独立模式（$\beta_+ \neq \beta_-$）。图 2.44(b)和(e)为四磁极磁化情况，h_x 和 h_y 为相位差为 90° 的耦合模，产生变极化效应，其耦合系数为 k_v；图 2.44(c)和(f)为四磁极磁化旋转 45° 时的情况，h_x 和 h_y 是一对非简并的独立模式。这几类磁化结构方式是组成双模移相器的基本结构，是重点讨论的目标。

对于部分充满铁氧体双模波导的情况(图 2.45)，有时也遇到。

图 2.45(a)为法拉第旋转器，因为圆波导中，在中心处，h_x 和 h_y 场强较集中，它与磁场 H_0 方向正交，h_x 和 h_y 之间通过 H_0 相互耦合，为耦合模，其旋磁效应(即法拉第旋转效应)较大。其中图 2.45(a)和(d)的情况，磁场在 z 方向，水平模 h_x、h_y 是一对同相耦合模，产生“体效应”耦合，不过难以承受高功率。图 2.45(b)和(e)所示的

两种情况，铁氧体贴在波导壁上，N-N 极处产生的磁场 H_0 在 y 方向，此处，高频场对模式 m_1 的磁场在 z 方向，模式 m_2 的磁场在 x 方向，H_0 使 m_1 和 m_2 产生耦合(即 h_z-h_x 耦合)，所以 m_1、m_2 为两个耦合模式。同理在 S-S 两极点处，H_0 在 x 方向，模式 m_1 的磁场在 y 方向，模式 m_2 的磁场在 z 方向，两者相互垂直。H_0 使 h_y 和 h_z 产生耦合。从整体看，m_1、m_2 两个模式的耦合系数为 k_v，相位差 90°，结果产生变极化效应，变极化效应为波导壁效应。

图 2.45(c)和(f)所示的两种情况，因为波导上下面处 H_0 在 x 方向，而模 m_1 和模 m_2 的高频场为 h_z 和 h_x，三者不能形成正交关系，所以为非耦合模；但 m_1 和 m_2 的传播常数分别为 β_1 和 β_2，模式间的差相移为 $\beta_1-\beta_2$。它也是产生在波导壁处的旋磁效应。

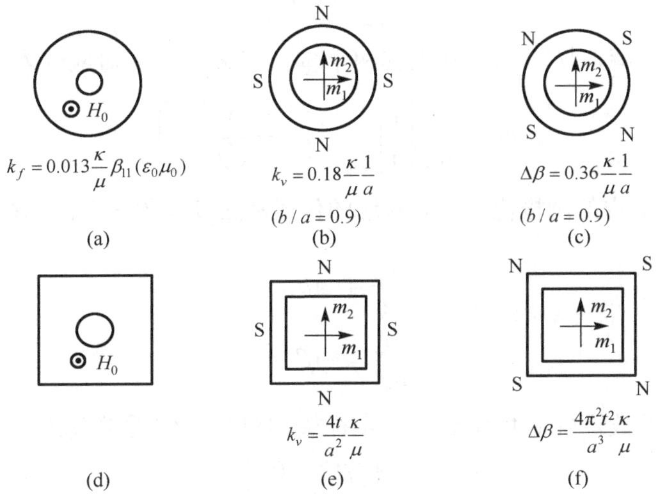

图 2.45　部分充填铁氧体的情况

2.3.2　双模波导中的耦合模和本征模传播

上述的双模波导中，耦合模方程可写为

$$\begin{aligned}\frac{\mathrm{d}m_1}{\mathrm{d}z}&=\mathrm{j}\beta m_1+k_{12}m_2\\\frac{\mathrm{d}m_2}{\mathrm{d}z}&=k_{21}m_1+\mathrm{j}\beta m_2\end{aligned}\tag{2.29}$$

式中，k_{12} 和 k_{21} 为模 m_1 和模 m_2 之间的耦合系数。

1. 纵向磁化下的本征模和本征矢

纵向磁化情况下，$H_0//z$，$k_{21}=-k_{12}=k_f$ (法拉第旋转系数)，这时传输常数矩阵可写为

$$\varGamma = \begin{bmatrix} -\mathrm{j}\beta & k_f \\ -k_f & -\mathrm{j}\beta \end{bmatrix}$$

令

$$m = \begin{bmatrix} m_1 \\ m_2 \end{bmatrix}, \qquad \frac{\mathrm{d}m}{\mathrm{d}z} = \begin{bmatrix} \dfrac{\mathrm{d}m_1}{\mathrm{d}z} \\ \dfrac{\mathrm{d}m_2}{\mathrm{d}z} \end{bmatrix}$$

则

$$\frac{\mathrm{d}m}{\mathrm{d}z} = \varGamma m \tag{2.30}$$

求其本征问题解，$|\varGamma - \lambda I| = 0$ 求其两个本征值 λ_+、λ_-，对应的本征矢

$$m_+ = \frac{1}{\sqrt{2}}\begin{bmatrix} 1 \\ \mathrm{j} \end{bmatrix}, \qquad m_- = \frac{1}{\sqrt{2}}\begin{bmatrix} 1 \\ -\mathrm{j} \end{bmatrix} \tag{2.31}$$

即为垂直于 H_0 平面内的圆极化模。其对应的传播常数 $\beta_\pm = \beta \pm k_f$。本征模方程可写为

$$\begin{aligned} \frac{\mathrm{d}m_+}{\mathrm{d}z} &= -\mathrm{j}\beta_+ m_+ \\ \frac{\mathrm{d}m_-}{\mathrm{d}z} &= -\mathrm{j}\beta_- m_- \end{aligned} \tag{2.32}$$

所以耦合模传输常数矩阵对角化后变成本征模的对角化传播常数：

$$\varGamma = \begin{bmatrix} \mathrm{j}\beta_+ & 0 \\ 0 & \mathrm{j}\beta_- \end{bmatrix}$$

本征模式差相移 $\Delta\beta = 2k_f$，$\Delta\beta$ 表征单位长度模式差相移，为单位长度法拉第旋转角。

2. 横向磁化下的本征模和本征矢

对于横向四磁极磁化，$k_{12} = k_{21} = \mathrm{j}k_v$，这时对于耦合模有

$$\varGamma = \begin{bmatrix} \mathrm{j}\beta & \mathrm{j}k_v \\ \mathrm{j}k_v & \mathrm{j}\beta \end{bmatrix}$$

用类似法求出本征值 $\beta_\pm = \beta \pm k_v$，$k_v$ 为变极化系数，而本征矢为

$$m_+ = \frac{1}{\sqrt{2}}\begin{bmatrix} 1 \\ 1 \end{bmatrix}, \qquad m_- = \frac{1}{\sqrt{2}}\begin{bmatrix} 1 \\ -1 \end{bmatrix} \tag{2.33}$$

所以本征模为 $\pm 45^\circ$ 方向上的一对线极化模，对应本征模的差相移 $\Delta\beta = 2k_v$。

尽管图 2.44(c)和(f)、图 2.45(c)和(f)四种情况这里没有直接讨论，但实际上从图 2.46(c)和(d)中涉及的本征模 m_1 和 m_2 的问题已涵盖了这些问题。

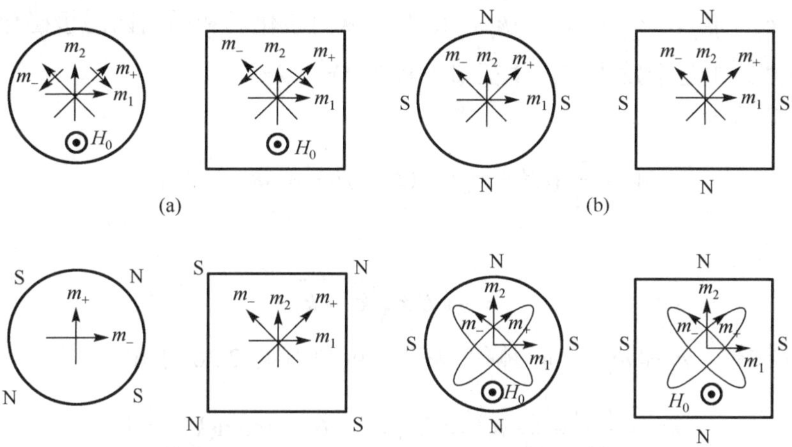

图 2.46　双模波导中的耦合模和本征模传播

双模波导中主要涉及的问题是模式间差相移、法拉第旋转系数和变极化系数。基本传播常数尽管不那么重要，但也应有所交代。

对于充满铁氧体的圆波导，有

$$\beta=\beta_{11}=\sqrt{\left(\frac{\omega}{c}\right)^2\varepsilon\mu_d-\left(\frac{1.84}{a}\right)^2}$$

对于充满铁氧体的方波导，有

$$\beta=\beta_{10}=\sqrt{\left(\frac{\omega}{c}\right)^2\varepsilon\mu_d-\left(\frac{\pi}{a}\right)^2}$$

式中，ε 为铁氧体的介电常数，μ_d 为未磁化态铁氧体的磁导率，a 为圆波导直径或方波导口径尺寸。图 2.46(a)所讨论的问题，对应于图 2.44(a)和(d)和图 2.45(a)和(d)的问题；图 2.46(b)的问题对应图 2.44(a)和(d)的问题；图 2.46(c)对应图 2.44(c)和(f)和图 2.45(c)和(f)的问题；图 2.46(d)为纵向磁化和横向磁化兼有之的情况，比较复杂，在磁路转弯处会出现这类磁化场(混合磁化场)。

3. 混合磁化下的本征模和本征矢

铁氧体未磁化时，波导中存在两个简并的本征模式，$\beta_1=\beta_2=\beta$。对于非简并情况，$\beta_1\neq\beta_2$ 而且 k_v、k_f 均不为零，则传播常数矩阵变为

$$\Gamma=\begin{bmatrix}-\mathrm{j}\beta_1 & k_{12}\\ k_{21} & -\mathrm{j}\beta_2\end{bmatrix}\tag{2.34}$$

式中，$k_{12}=k_f+\mathrm{j}k_v$，$k_{21}=-k_f+\mathrm{j}k_v$，相当于纵向磁化场和横向四磁极磁化场并存的情况，在磁回路中是会发生的。本征值方程为 $\Gamma m=\lambda m$。

解出两个本征值为

$$\lambda_{\pm}=\frac{-\mathrm{j}}{2}\{(\beta_1+\beta_2)\pm[(\beta_1-\beta_2)^2+4k_{12}k_{21}]^{1/2}\}\tag{2.35}$$

当 $\beta_1=\beta_2$ 时

$$\lambda_{\pm}=-\mathrm{j}(\beta\pm\sqrt{k_v^2+k_f^2})\tag{2.36}$$

两个耦合模式 m_1 和 m_2 之间的幅度关系，可利用式(2.36)求出

$$m_2=\frac{k_v+\mathrm{j}k_f}{\sqrt{k_v^2+k_f^2}}m_1=\mathrm{e}^{\mathrm{j}\theta}m_1,\qquad \theta=\arctan(k_f/k_v)$$

故混合磁化时的本征模为

$$m_+=\frac{1}{\sqrt{2}}\begin{bmatrix}1\\ \mathrm{e}^{\mathrm{j}\theta}\end{bmatrix},\qquad m_-=\frac{1}{\sqrt{2}}\begin{bmatrix}1\\ -\mathrm{e}^{-\mathrm{j}\theta}\end{bmatrix}\tag{2.37}$$

本征模是椭圆极化(图 2.46(d))，也就是说在混合磁化情况下，正负圆极化模和 45°线极化模在混合磁化情况下均不是本征模，而是耦合模了。

特殊情况下，$k_f=0$、$\theta=0$，式(2.37)中的 m_+ 和 m_- 变成式(2.33)，这就是四磁极磁化情况。而当 $k_v=0$、$\theta=90°$ 时，m_+ 和 m_- 变成式(2.31)，即纵向磁化情况的本征矢。

2.3.3 简并耦合波方程解及极化传输矩阵

1. 简并状态

简并状态耦合波方程可写为

$$\begin{aligned}\frac{\mathrm{d}m_1}{\mathrm{d}z}&=-\mathrm{j}\beta m_1-k_{12}m_2\\ \frac{\mathrm{d}m_1}{\mathrm{d}z}&=-k_{21}m_1-\mathrm{j}\beta m\end{aligned}\tag{2.38}$$

式中，β 为圆(或方)波导中充满退磁化铁氧体情况下，TE_{11} 模(或 TE_{10} 模)的传播常数。当外加四磁极磁场或 z 向磁化场时，m_1、m_2 称为耦合模，k_{12} 和 k_{21} 为模式 m_1、m_2 之间的变极化系数或法拉第旋转系数：当四磁极磁化时，为变极化系数；当纵向(z)磁化时，为法拉第旋转系数。

在三维状态下，对于两端口双模器件，变极化器或法拉第旋转器可以通过 HFSS 仿真求解得到

$$T_{21}=\begin{bmatrix} S_{21}(m_1,m_1) & S_{21}(m_1,m_2) \\ S_{21}(m_2,m_1) & S_{21}(m_2,m_2) \end{bmatrix},\qquad T_{12}=\begin{bmatrix} S_{12}(m_1,m_1) & S_{12}(m_1,m_2) \\ S_{12}(m_2,m_1) & S_{12}(m_2,m_2) \end{bmatrix} \tag{2.39}$$

式中，$S_{21}(m_2,m_1)$ 表示从端 1 到端 2 传输时，模式 m_1 耦合到模式 m_2 的耦合系数；$S_{21}(m_1,m_2)$ 表示从端 1 到端 2 传输时，模式 m_2 耦合到模式 m_1 的耦合系数，它可以通过场积分：

$$\begin{aligned} S_{21}(m_2,m_1)&=\frac{\mathrm{j}\omega\mu_0}{2}\int_{V_f} h_2(m_2)\cdot\mu h_1(m_1)\mathrm{d}V \\ S_{21}(m_1,m_2)&=\frac{\mathrm{j}\omega\mu_0}{2}\int_{V_f} h_2(m_1)\cdot\mu h_1(m_2)\mathrm{d}V \\ S_{12}(m_2,m_1)&=\frac{\mathrm{j}\omega\mu_0}{2}\int_{V_f} h_1(m_2)\cdot\mu h_2(m_1)\mathrm{d}V \\ S_{12}(m_1,m_2)&=\frac{\mathrm{j}\omega\mu_0}{2}\int_{V_f} h_1(m_1)\cdot\mu h_2(m_2)\mathrm{d}V \end{aligned} \tag{2.40}$$

求得，上述公式适合于图 2.46(a) 中(法拉第旋转器)和(b)(变极化器)两种情况。

法拉第旋转器：图 2.47 列出了用场积分方程计算出的模式 m_1 和 m_2 之间的耦合系数 S_{12} 和 S_{21}（当端口 $P_1\leftrightarrow P_2$ 传输时），为复量，此值和仿真结果 T_{21}、T_{12} 中的 S_{12}、S_{21} 值相符。

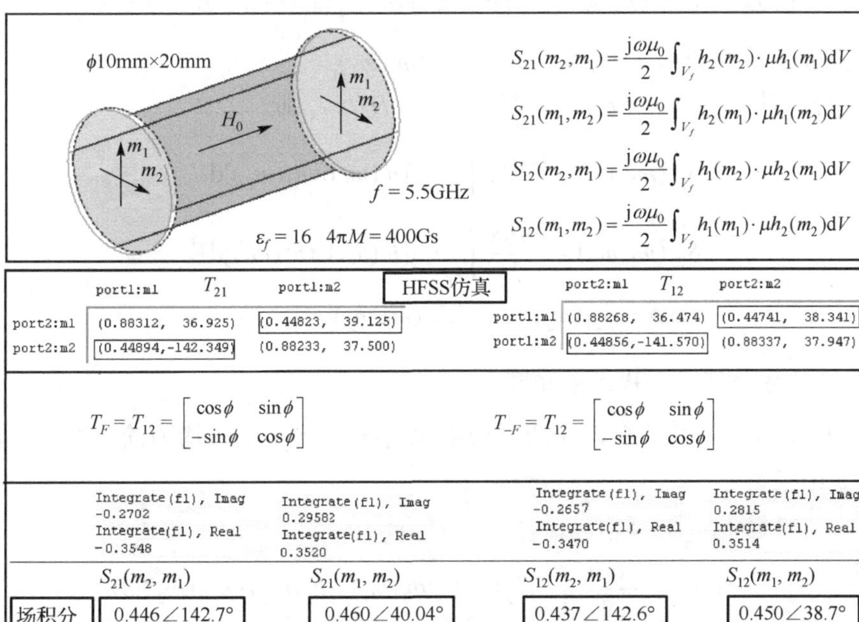

图 2.47　法拉第旋转器耦合系数仿真计算和场积分计算结果比较

四磁极变极化器：图 2.48 列出了仿真得到的 $S_{21}(m_2,m_1)$、$S_{21}(m_1,m_2)$ 和 $S_{12}(m_2,m_1)$、$S_{12}(m_1,m_2)$ 数据与利用场积分方程计算的结果，两者较为吻合。

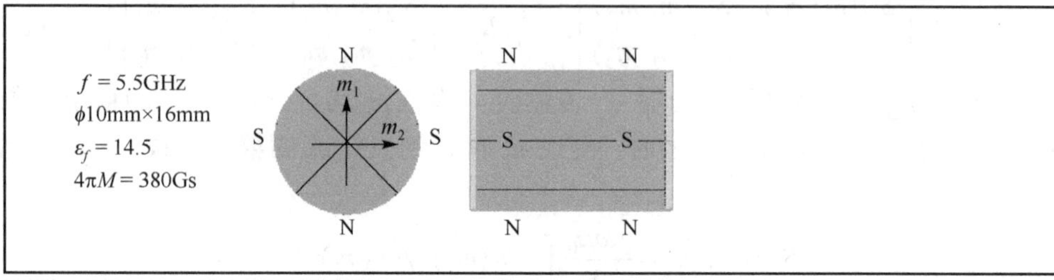

HFSS仿真

T_{21}	port1:m1	port1:m2
port2:m1	(0.69727, 158.614)	(0.71677,-110.697)
port2:m2	(0.71680,-110.755)	(0.69727, 159.933)

T_{12}	port2:m1	port2:m2
port1:m1	(0.69241, 159.094)	(0.72149, 69.385)
port1:m2	(0.72148, 69.443)	(0.69240, 159.737)

$$T_{\alpha}=T_{12}=\begin{bmatrix}\cos\phi & \mathrm{j}\sin\phi\\ \mathrm{j}\sin\phi & \cos\phi\end{bmatrix}\qquad T_{-\alpha}=T_{21}=\begin{bmatrix}\cos\phi & -\mathrm{j}\sin\phi\\ -\mathrm{j}\sin\phi & \cos\phi\end{bmatrix}$$

	$S_{21}(m_2,m_1)$	$S_{21}(m_1,m_2)$	$S_{12}(m_2,m_1)$	$S_{12}(m_1,m_2)$
Integrate(f1), Imag	-0.6902	-0.6769	0.6691	0.65536
Integrate(f1), Real	-0.2512	-0.2206	0.28597	0.25687
场积分	0.734∠-110°	0.712∠-108°	0.728∠-66.9°	0.704∠-68.6°

图 2.48　四磁极变极化器耦合系数仿真计算和场积分计算结果比较

对于变极化系数 $\sin\alpha=|S_{21}(m_2,m_1)|=|S_{21}(m_1,m_2)|$。

对于法拉第旋转系数 $\sin\phi$，如果磁化方向 $H//x$，则

$$\begin{aligned}S_{21}(m_2,m_1)&=\frac{\omega\mu_0\kappa}{2}\int_{V_f}i_x\cdot[h_1(m_1)\times h_2(m_2)]\mathrm{d}V\\S_{21}(m_1,m_2)&=\frac{\omega\mu_0\kappa}{2}\int_{V_f}i_x\cdot[h_1(m_2)\times h_2(m_1)]\mathrm{d}V\\\sin\phi&=|S_{21}(m_2,m_1)|=|S_{21}(m_1,m_2)|\end{aligned}\tag{2.41}$$

2. 简正波方程解——模式差相移

如图 2.46(c)所示的情况，在四磁极磁化情况下，m_1、m_2 均为简正波，其波型差相移从下式中求得

$$\begin{aligned}\Delta S(m_1,m_2)&=S_{21}(m_1,m_1)-S_{21}(m_2,m_2)\\&=\frac{\mathrm{j}\omega\mu_0}{2}\int_{V_f}[h_2(m_1)\cdot\mu h_1(m_1)-h_2(m_2)\cdot\mu h_1(m_2)]\mathrm{d}V\end{aligned}\tag{2.42}$$

$$\Delta S(m_2,m_1)=S_{12}(m_2,m_2)-S_{12}(m_1,m_1)$$
$$=\frac{\mathrm{j}\omega\mu_0}{2}\int_{V_f}[h_1(m_1)\cdot\mu h_2(m_1)-h_1(m_2)\cdot\mu h_2(m_2)]\mathrm{d}V \tag{2.43}$$

$$\Delta\theta(m_1,m_2)=2\arcsin\frac{|\Delta S(m_1,m_2)|}{2} \tag{2.44}$$

$$\Delta\theta(m_2,m_1)=2\arcsin\frac{|\Delta S(m_2,m_1)|}{2} \tag{2.45}$$

对于m_1、m_2为简正波的情况，图 2.49 给出了在四磁极情况下，通过图中的公式$\Delta S(m_1,m_2)$及$\Delta S(m_2,m_1)$计算出m_1、m_2传输时的差相移$\Delta\theta=91.06°$，它和 HFSS 仿真结果$\Delta\theta=91.17°$也十分相近。

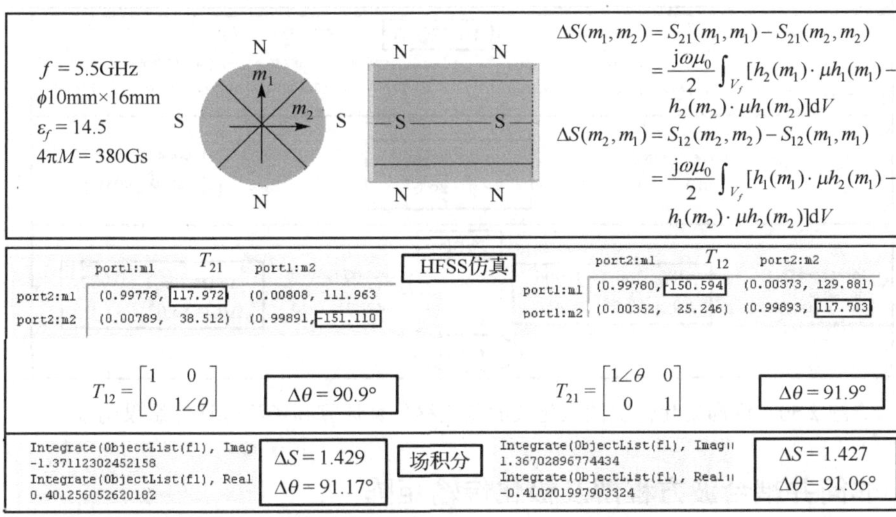

图 2.49　四磁极磁化简正波情况下，模式差相移仿真计算和场积分计算结果比较

对于纵向磁化情况，把m_1换成m_+，m_2换成m_-，$m_\pm=m_1\pm \mathrm{j}m_2$，可以算出圆极化波的差相移$\Delta\theta_\pm=\theta_+-\theta_-$；而归一化激励功率为

$$P_{1\pm}=(0.25,0.25\angle\pm 90°),\qquad P_{2\pm}=(0.25,0.25\angle\pm 90°)$$

图 2.49 中的积分公式换成$\Delta S(m_+,m_-)$和$\Delta S(m_-,m_+)$，场积分公式中$m_1\to m_+,m_2\to m_-$。其结果如图 2.50 所示。

$$\Delta S(m_+,m_-)=S_{21}(m_+,m_+)-S_{21}(m_-,m_-)$$
$$=\frac{\mathrm{j}\omega\mu_0}{2}\int_{V_f}[h_2(m_+)\cdot\mu h_1(m_+)-h_2(m_-)\cdot\mu h_1(m_-)]\mathrm{d}V \tag{2.46}$$

$$
\begin{aligned}
\Delta S(m_-,m_+) &= S_{12}(m_-,m_-) - S_{12}(m_+,m_+) \\
&= \frac{\mathrm{j}\omega\mu_0}{2}\int_{V_f}[h_1(m_-)\cdot\mu h_2(m_-) - h_1(m_+)\cdot\mu h_2(m_+)]\mathrm{d}V
\end{aligned} \tag{2.47}
$$

$$
\Delta\theta(m_+,m_-) = 2\arcsin\left|\Delta S(m_+,m_-)/2\right| \tag{2.48}
$$

$$
\Delta\theta(m_-,m_+) = 2\arcsin\left|\Delta S(m_-,m_+)/2\right| \tag{2.49}
$$

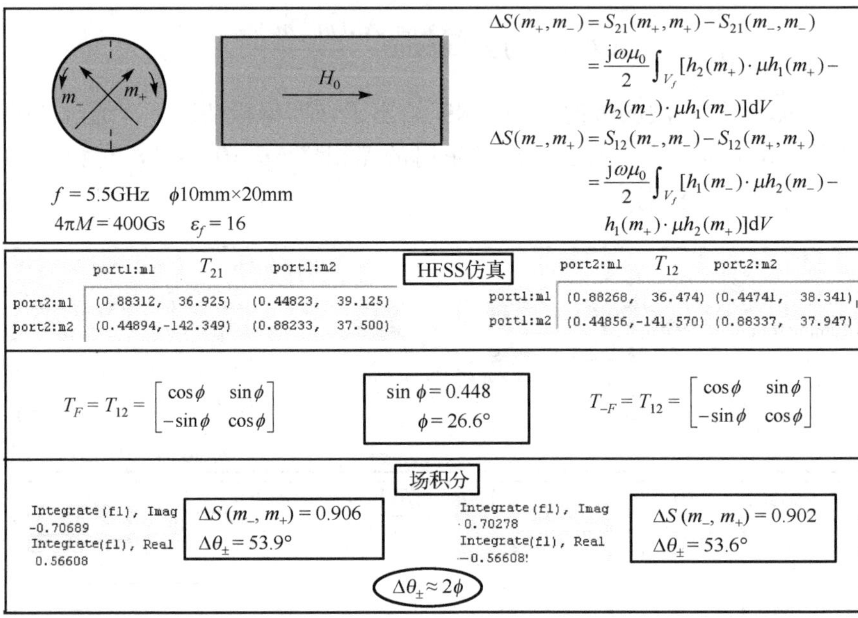

图 2.50　纵向磁化情况圆极化波的差相移仿真计算和场积分计算结果比较

2.3.4　非简并耦合波方程解及极化传输矩阵

1．混合磁化情况耦合波方程

关于非简并的耦合波方程按式(2.38)的形式可写为

$$
\begin{aligned}
\frac{\mathrm{d}m_1}{\mathrm{d}z} &= -\mathrm{j}\beta_1 m_1 - k_{12}m_2 \\
\frac{\mathrm{d}m_2}{\mathrm{d}z} &= -k_{21}m_1 - \mathrm{j}\beta_2 m_2
\end{aligned} \tag{2.50}
$$

式中，k_{12} 和 k_{21} 为混合磁化情况的耦合系数，$k_{12} = k_f + \mathrm{j}k_v$，$k_{21} = -k_f + \mathrm{j}k_v$。

极化(模式)传输矩阵：

$$
T = \begin{bmatrix} T_{11} & T_{12} \\ T_{21} & T_{22} \end{bmatrix} \tag{2.51}
$$

式中，T_{11} 为 $m_1 \to m_1$ 的传输系数，T_{12} 为 $m_1 \to m_2$ 的耦合传输系数，T_{21} 为 $m_2 \to m_1$ 的耦合传输系数，T_{22} 为 $m_2 \to m_2$ 的传输系数。传输矩阵可用来研究输入极化和输出极化的关系。其极化传输系数为

$$T_{11} = \cos kl - \mathrm{j}\frac{\sin kl}{\sqrt{1+Q^2}}, \qquad T_{12} = \frac{k_{12}}{k}\frac{\sin kl}{\sqrt{1+Q^{-2}}}$$

$$T_{21} = \frac{k_{21}}{k}\frac{\sin kl}{\sqrt{1+Q^{-2}}}, \qquad T_{22} = \cos kl + \mathrm{j}\frac{\sin kl}{\sqrt{1+Q^2}}$$

$$k = \sqrt{k_f^2 + k_v^2}, \qquad Q = \frac{2k}{|\beta_1 - \beta_2|}$$

式(2.51)中极化传输矩阵中诸元素，在 HFSS 仿真技术中是可测量的(对 1→2 传输情况)

$$T = \begin{bmatrix} S_{21}(m_1,m_1) & S_{21}(m_1,m_2) \\ S_{21}(m_2,m_1) & S_{21}(m_2,m_2) \end{bmatrix}$$

式中，S 的下标为端口号，m_1、m_2 为相应模式。l 为双模波导段的长度，Q 为耦合能力，为正值，对于耦合模的情况，$k \neq 0, \beta_1 = \beta_2, Q \to \infty$ 属于同步强耦合情况；对于本征模而言，$k = 0, \beta_1 \neq \beta_2, Q = 0$ 耦合能力为零，表示非耦合情况，一般来说，Q 为有限的正数。对于纵向磁化而言，$k_v = 0$，$k_f \neq 0$，在同步强耦合的情况下，$Q \to \infty$ 得到法拉第旋转段的极化传输矩阵：

$$T_F = \begin{bmatrix} \cos k_f l & \sin k_f l \\ -\sin k_f l & \cos k_f l \end{bmatrix} = \begin{bmatrix} \cos\phi & \sin\phi \\ -\sin\phi & \cos\phi \end{bmatrix} \tag{2.52}$$

当垂直极化输入时，其输出极化：

$$P = \begin{bmatrix} \cos k_f l & \sin k_f l \\ -\sin k_f l & \cos k_f l \end{bmatrix}\begin{bmatrix} 0 \\ 1 \end{bmatrix} = \begin{bmatrix} \sin k_f l \\ \cos k_f l \end{bmatrix} = \begin{bmatrix} \sin\phi \\ \cos\phi \end{bmatrix}$$

法拉第旋转 $\phi = k_f l$，耦合系数 $k_f = \phi / l$ 称为单位长度的法拉第旋转角。

2. *横向四磁极磁化情况*

对于 $\theta_R = 0°$ 横向四磁极情况而言，$k_f = 0$、$k_v \neq 0$ 在强耦合的情况下，得到变极化段的极化传输矩阵：

$$T_\alpha = \begin{bmatrix} \cos k_v l & \mathrm{j}\sin k_v l \\ \mathrm{j}\sin k_v l & \cos k_v l \end{bmatrix} = \begin{bmatrix} \cos\alpha & \mathrm{j}\sin\alpha \\ \mathrm{j}\sin\alpha & \cos\alpha \end{bmatrix} \tag{2.53}$$

式中，$k_v l = \alpha$，α 为变极化角，当垂直极化输入，输出极化为

$$P=\begin{bmatrix}\mathrm{j}\sin\alpha\\ \cos\alpha\end{bmatrix}$$

当 $\alpha=45^\circ$ 时，变成圆极化输出，α 为变极化角，k_f 为变极化系数(单位长度的变极化角)。

对于 $\theta_R=45^\circ$ 的横向四磁极磁化情况(图 2.44(c)、(f) 和图 2.45(c)、(f))，$k_f=0,k_v=0,k=0,Q\to 0$，$T_{12}=T_{21}=0$ 时

$$T=\begin{bmatrix}\mathrm{e}^{\mathrm{j}\frac{\Delta\theta}{2}} & 0\\ 0 & \mathrm{e}^{-\mathrm{j}\frac{\Delta\theta}{2}}\end{bmatrix}k_v l=\begin{bmatrix}\mathrm{e}^{\mathrm{j}\frac{\beta_1-\beta_2}{2}l} & 0\\ 0 & \mathrm{e}^{-\mathrm{j}\frac{\beta_1-\beta_2}{2}l}\end{bmatrix} \tag{2.54}$$

对于水平极化和垂直极化，本征模之间的模式差相移 $\Delta\theta=2k_v l=(\beta_1-\beta_2)l$，得到差相移的极化矩阵：

$$T_\theta=\begin{bmatrix}\mathrm{e}^{\mathrm{j}\Delta\theta} & 0\\ 0 & 1\end{bmatrix} \tag{2.55}$$

对于任意 θ_R 横向四磁极磁化情况，极化矩阵 T_{θ_R} 为

$$T_{\theta_R}=\begin{bmatrix}S_{21}(m_1,m_1) & S_{21}(m_1,m_2)\\ S_{21}(m_2,m_1) & S_{21}(m_2,m_2)\end{bmatrix}\approx\begin{bmatrix}\cos A\mathrm{e}^{\mathrm{j}\theta_1} & \sin A\\ \sin A & \cos A\mathrm{e}^{\mathrm{j}\theta_2}\end{bmatrix} \tag{2.56}$$

变极化系数用下式计算：

$$S_{ij}(m_1,m_2)=\frac{\mathrm{j}\omega\mu_0}{2}\int_{V_f}h_i(m_1)\cdot\mu h_j(m_2)\mathrm{d}V \qquad i,j(i\neq j)=1,2 \tag{2.57}$$

模式之间的差相移计算公式：

$$\begin{aligned}\Delta S_{ij}(m_1,m_2)&=S_{ij}(m_1,m_1)-S_{ij}(m_2,m_2)\\ &=\frac{\mathrm{j}\omega\mu_0}{2}\int_{V_f}[h_i(m_1)\cdot\mu h_j(m_1)-h_i(m_2)\cdot\mu h_j(m_2)]\mathrm{d}V\end{aligned} \tag{2.58}$$

$$i,j(i\neq j)=1,2$$

$$\Delta\theta=2\arcsin\frac{\left|\Delta S_{ij}\right|}{2\cos A},\quad \sin A=\left|S_{ij}(m_1,m_2)\right| \tag{2.59}$$

式(2.59)中，$\sin A$ 为变极化系数的幅值，A 为变极化角。矩阵 T_{θ_R} 的元素用散射参数表示时为通用式，用变极化角 A 表示时为变极化矩阵的简化表示式，两者的差别是后者不考虑固定相位。矩阵 T_{θ_R} 的非对角项(变极化系数项)，$S_{ij}(m_1,m_2)$ 用式(2.57)计算，它表示正交模式 m_1、m_2 在传输过程中的变极化效应。如果对一般介质，积分为

零；对张量介质积分值非零。积分式(2.57)的幅值表示变极化系数 $\sin A$ 值；矩阵 T_{θ_R} 的对角分量项，可以用以计算模式 m_1、m_2 之间的差相移，它通过式(2.58)和式(2.59)进行计算。图 2.51 将用 HFSS 仿真方法和场积分计算结果作比较，两者比较吻合。场积分公式中的 $h_1(m_1)$、$h_1(m_2)$ 和 $h_2(m_1)$、$h_2(m_2)$ 表示各端口、各模式分别用归一化激励功率 $P_1(m_1)=P_1(m_2)=P_2(m_1)=P_2(m_2)=0.5\,\text{W}$ 所产生的场分布。

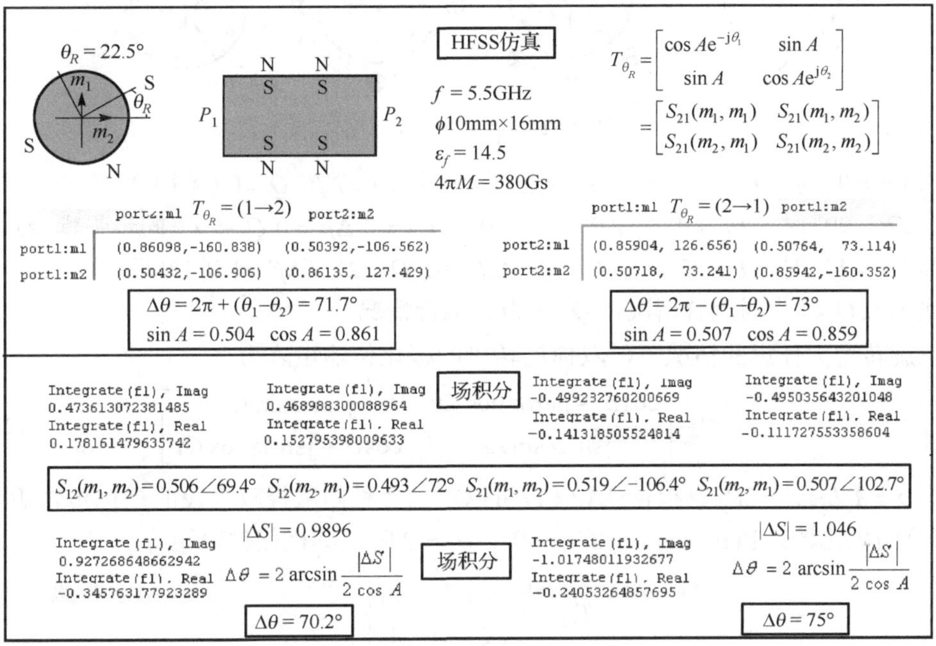

图 2.51　用 HFSS 仿真方法和场积分计算 $\sin A$、$\cos A$、$\Delta\theta$

3. 旋转四磁极磁化的双模波导中的非简并耦合模

以上讨论的四磁极中的耦合模与本征模只是两种磁化状态。0/90° 放置的(NSNS)四磁极，垂直模 m_2 和水平模 m_1 为一对强耦合的耦合模，其耦合能力 $Q\to\infty$；另外一种是 ±45° 放置的(NSNS)' 四磁极，m_2 和 m_1 为一对本征模。除此之外，讨论 $0<\theta_R<45°$ 放置的四磁极情况，这时 Q 值就不是两种极端情况，属于非同步耦合情况，即 $\Delta\beta\neq 0, k_v\neq 0$，而 $Q=2k_v/\Delta\beta$ 的一般情况。

如图 2.52 所示，在复合(NSNS)+(NSNS)'两组四磁极场的共同作用下，由 A 绕组通电流 I_A ($I_A=\sin\Omega t$) 产生(NSNS)四磁极场，由 B 绕组通电流 I_B ($I_B=\cos\Omega t$) 产生(NSNS)′四磁极场，两者作用下产生旋转磁化四磁极场。显见当 $\Omega t=90°$ 时，电流 I_A 使 m_1、m_2 成为耦合模，电流 I_B 使 m_1、m_2 成为本征模，一般情况下，就形成倾斜角度为 θ_R 的四磁极，这时 m_1、m_2 为非简并 ($\beta_1\neq\beta_2$) 的耦合模情况，令 $2k_v\propto\sin\Omega t$，$\Delta\beta\propto\cos\Omega t$，得到

$$Q = \frac{2k_v}{\Delta\beta} \tag{2.60}$$

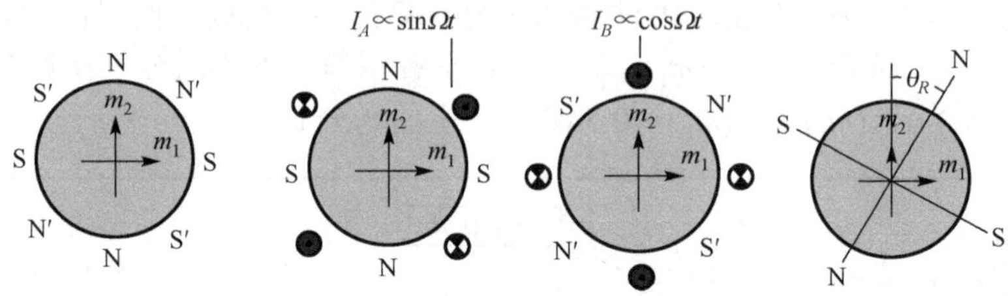

图 2.52　旋转四磁极磁化

当 $\Omega t = 0°$ 时，$\theta_R = 45°, k_v = 0$，模式差相移 $\Delta\theta = \Delta\beta l, Q = 0$ (无耦合)。

当 $\Omega t = 90°$ 时，$\theta_R = 0°, k_v \neq 0$，变极化器 $k_v l \neq 0, \Delta\beta = 0, Q \to \infty$ (同步强耦合)。

当 $\Omega t = 45°$ 时，$\theta_R = 22.5°$，$k_v \neq 0$，$\Delta\beta \neq 0$，$Q = 2k_v / \Delta\beta = 1$ (临界耦合)。

现定义 $Q<1$ 为弱耦合情况，$Q>1$ 为强耦合情况。

在旋转角为任意的情况下，双模旋转段的极化传输矩阵为

$$T(R) = \begin{bmatrix} \cos\alpha - \mathrm{j}\sin\alpha\cos\Omega t & \mathrm{j}\sin\alpha\sin\Omega t \\ \mathrm{j}\sin\alpha\sin\Omega t & \cos\alpha + \mathrm{j}\sin\alpha\cos\Omega t \end{bmatrix} \tag{2.61}$$

式中，$\alpha = k_v L, \Omega t = 2\theta_R$。根据式(2.61)可以写出各种四磁极双模段的极化传输矩阵。

(1) 圆极化器。当 $\alpha = \pm 45°$、$\Omega t = 90°$、$\theta_R = 0$ 时，其极化传输矩阵

$$T_{\pm 90°} = \frac{1}{\sqrt{2}}\begin{bmatrix} 1 & \pm\mathrm{j} \\ \pm\mathrm{j} & 1 \end{bmatrix}$$

当水平极化输入时，输出极化为

$$P_+ = \frac{1}{\sqrt{2}}\begin{bmatrix} 1 & \mathrm{j} \\ \mathrm{j} & 1 \end{bmatrix}\begin{bmatrix} 1 \\ 0 \end{bmatrix} = \frac{1}{\sqrt{2}}\begin{bmatrix} 1 \\ \mathrm{j} \end{bmatrix} \qquad \text{(正圆极化)}$$

或

$$P_- = \frac{1}{\sqrt{2}}\begin{bmatrix} 1 & -\mathrm{j} \\ -\mathrm{j} & 1 \end{bmatrix}\begin{bmatrix} 1 \\ 0 \end{bmatrix} = \frac{1}{\sqrt{2}}\begin{bmatrix} 1 \\ -\mathrm{j} \end{bmatrix} \text{(负圆极化)}$$

(2) 半波片。当 $\alpha = 90°$、$\Omega t = 90°$，即 $\theta_R = 0°$ 时

$$T_\pi = \begin{bmatrix} 0 & \mathrm{j} \\ \mathrm{j} & 0 \end{bmatrix}$$

当水平极化输入时，得到垂直极化输出为

$$P_\perp = \mathrm{j}\begin{bmatrix} 0 & 1 \\ 1 & 0 \end{bmatrix}\begin{bmatrix} 1 \\ 0 \end{bmatrix} = \mathrm{e}^{\mathrm{j}90°}\begin{bmatrix} 0 \\ 1 \end{bmatrix}$$

(3) 旋转半波片。当 $\alpha = 90^\circ$，$\Delta\theta = \Delta(\Omega t)/2$：

$$T(\pi) = \mathrm{j}\begin{bmatrix} -\cos\Omega t & \sin\Omega t \\ \sin\Omega t & \cos\Omega t \end{bmatrix}$$

当水平极化输入时，得到旋转线极化输出为

$$P_\Omega = \mathrm{j}\begin{bmatrix} -\cos\Omega t \\ \sin\Omega t \end{bmatrix}$$

可利用该原理制作旋转场调制器。当圆极化输入时，得到输出：

$$P_0 = \mathrm{j}\begin{bmatrix} -\cos\Omega t & \sin\Omega t \\ \sin\Omega t & \cos\Omega t \end{bmatrix}\begin{bmatrix} 1 \\ j \end{bmatrix} = \mathrm{e}^{-\mathrm{j}(\Omega t + 90^\circ)}\begin{bmatrix} 1 \\ -j \end{bmatrix}$$

输出极化仍为圆极化。另外，得到可变相移 $\Delta\theta = \Omega t$，附加 90° 的固定相移，但是正圆极化输入变为负圆极化输出，这一原理可用来制作旋转场移相器。

(4) 水平极化吸收片和垂直极化吸收片的极化矩阵分别为

$$T_H = \begin{bmatrix} 1 & 0 \\ 0 & 1 \end{bmatrix}, \qquad T_V = \begin{bmatrix} 0 & 0 \\ 0 & 1 \end{bmatrix}$$

(5) 任意倾斜角 θ_R 的四磁极极化矩阵为

$$T_{\theta_R} = \begin{bmatrix} \cos\alpha - \mathrm{j}\sin\alpha\sin 2\theta_R & \mathrm{j}\sin\alpha\cos 2\theta_R \\ \mathrm{j}\sin\alpha\cos 2\theta_R & \cos\alpha + \mathrm{j}\sin\alpha\sin 2\theta_R \end{bmatrix} \tag{2.62}$$

由式 (2.62) 可知，在横向四磁极磁化情况下，其极化矩阵为对称矩阵，即 $T_{12} = T_{21}$。

4. 双模器件的极化传输矩阵

弄清极化传输矩阵的基本概念，必须对双模器件的网络参数进行归类，因为它涉及两个端口和两个模式的传输问题，所以其 S 参数元素 $S_{ij}(m_i, m_j), i, j = 1,2$ 共有 16 个。其散射矩阵可写成分块矩阵形式：

$$S = \begin{bmatrix} R & T \\ T & R \end{bmatrix} \tag{2.63}$$

式中，分块矩阵 R 为反射参数矩阵：

$$R = \begin{bmatrix} S_{11}(m_1, m_1) & S_{11}(m_1, m_2) \\ S_{11}(m_2, m_1) & S_{11}(m_2, m_2) \end{bmatrix}$$

分块矩阵 T 为传输参数矩阵：

$$T = \begin{bmatrix} S_{21}(m_1, m_1) & S_{21}(m_1, m_2) \\ S_{21}(m_2, m_1) & S_{21}(m_2, m_2) \end{bmatrix} = \begin{bmatrix} T_{11} & T_{12} \\ T_{21} & T_{22} \end{bmatrix}$$

分块矩阵 T 是表示端 1 到端 2 传输条件下，m_1 和 m_2 的传输情况和耦合传输情况。如 $S_{21}(m_1,m_1)$ 表示 m_1 从端 1 到端 2 传输系数；而 $S_{21}(m_2,m_1)$ 表示从端 1 到端 2 传输过程中 m_1 耦合到 m_2 的耦合系数。在匹配良好的情况下，不考虑 R 的影响。极化传输矩阵 T 和微波网络中的传输矩阵有所区别，后者是双向传输，这里 T_{11} 是 $m_1 \to m_1$ 的传输系数；T_{12} 是 $m_2 \to m_1$ 的传输系数；T_{12} 是 $m_2 \to m_1$ 的传输系数，T_{22} 是 $m_2 \to m_2$ 的传输系数。对于端口而言，均是端 1→端 2 的单向传输。

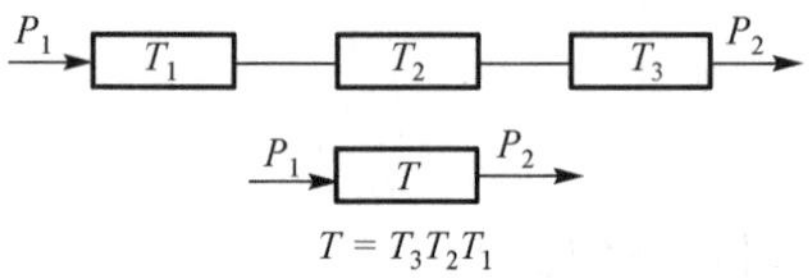

图 2.53　级联矩阵乘法运算

利用极化传输矩阵对研究双模波导传输非常方便，它满足级联矩阵乘法运算，如图 2.53 所示。为方便起见把各双模段的极化传输矩阵综合于图 2.54。

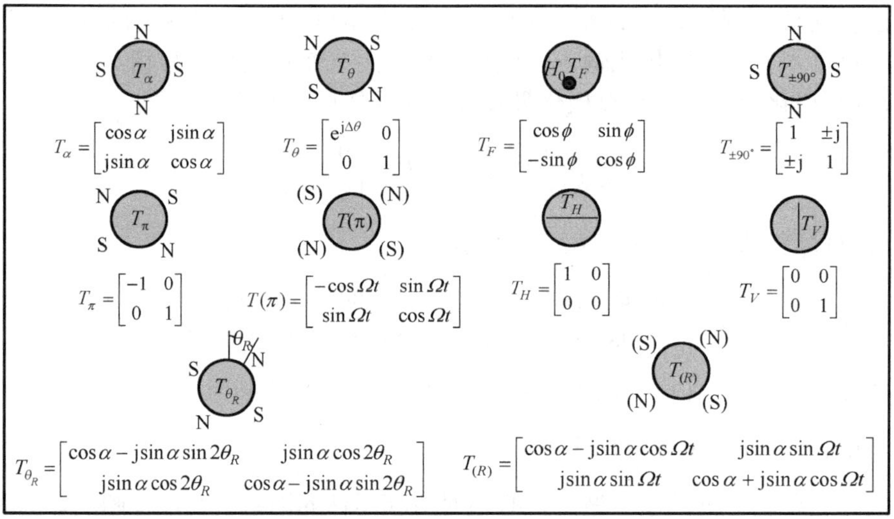

图 2.54　双模段的极化传输矩阵

利用图 2.54 中基本段的极化传输矩阵，可以组合成各类双模铁氧体器件。

(1) 双模互易移相器极化传输矩阵是由两个圆极化器和法拉第旋转器组成：

$$T = T_H T_{90^\circ} T_F T_{-90^\circ} T_H$$

(2) 旋转场移相器极化传输矩阵：

$$T = T_H T_{90^\circ} T_\pi T_{-90^\circ} T_H$$

(3) α-θ 型变极化器极化传输矩阵：

$$T = T_\theta T_\alpha = \begin{bmatrix} \cos\alpha \cdot \mathrm{e}^{\mathrm{j}\Delta\theta} & \sin\alpha \cdot \mathrm{e}^{\mathrm{j}\Delta\theta} \\ \mathrm{j}\sin\alpha & \cos\alpha \end{bmatrix}$$

对于垂直极化输入，输出极化为 $P_{\mathrm{OUT}}=\begin{bmatrix}\mathrm{j}\sin\alpha\cdot\mathrm{e}^{\mathrm{j}\Delta\theta}\\ \cos\alpha\end{bmatrix}$ 是典型的琼斯极化矢形式。

(4) α-(π) 型变极化器的极化传输矩阵：

$$T=T(\pi)T_{\alpha}$$

(5) 多极化移相器的极化传输矩阵：

$$T=T_{\theta}T_{\alpha}T_{F}T_{90^{\circ}}$$

2.3.5　广义微扰理论

1. 基本理论

本理论是微扰理论的推广形式，用来解决充有未磁化铁氧体的波导系统和任意方向磁化铁氧体波导系统的传播常数的差值，两者之间的差异可用微扰理论来解决。它不仅能解决本征模的微扰问题，而且能解决耦合模微扰问题。它不仅能解决单模波导(矩形波导)的微扰问题，而且能解决双模波导的微扰问题。

在微扰前，Maxwell 方程组形式：

$$\begin{aligned}\nabla\times h_0^*-\Gamma_0^*(i_z\times h_0^*)&=\mathrm{j}\omega\varepsilon\varepsilon_0 e_0^*\\ \nabla\times e_0^*-\Gamma_0^*(i_z\times e_0^*)&=\mathrm{j}\omega\mu_0 h_0^*\end{aligned}\tag{2.64}$$

微扰后，磁导率从 $\mu_0\to\mu_0\mu$，其 Maxwell 方程组形式：

$$\begin{aligned}\nabla\times h-\Gamma(i_z\times h)&=\mathrm{j}\omega\varepsilon\varepsilon_0 e\\ \nabla\times e-\Gamma(i_z\times e)&=\mathrm{j}\omega\mu_0 h\end{aligned}\tag{2.65}$$

其中

$$\mu=\begin{bmatrix}\mu & \mathrm{j}\kappa\cos\gamma & \mathrm{j}\cos\beta\\ -\mathrm{j}\kappa\cos\gamma & \mu & \mathrm{j}\kappa\cos\alpha\\ -\mathrm{j}\cos\beta & -\mathrm{j}\kappa\cos\alpha & \mu\end{bmatrix}$$

式中，$\mu\to 1,\kappa=\gamma M/\omega$，$\alpha$、$\beta$、$\gamma$ 为任意的磁化矢的方向角，对矢量积分利用格林定理，可以解出：

$$\Gamma+\Gamma_0^*=\frac{-\mathrm{j}\omega\mu_0\int_{S_0}h_0^*\cdot\Delta\mu h\mathrm{d}S}{\int_S[(e_0^*\times h)-(e^*\times h_0)]\mathrm{d}S}\tag{2.66}$$

h_0 和 h 为微扰前后的磁场，e_0、e 为微扰前后的电场，S_0 为铁氧体的截面，S 为波导总截面，$\Delta\mu=(\mu-I)$，分母为输入功率，可以作归一化处理。

2. 本征模的微扰

在双模波导中，已知本征模 m_1 的场型 h_1 的情况下，代入式(2.66)求出相位常数的微扰公式：

$$\beta_1 - \beta_0 = \frac{\omega\mu_0}{2} \frac{\int_{S_0} \mathrm{Re}(h_1^* \cdot \Delta\mu h_1) \mathrm{d}S}{\int_S \mathrm{Re}(e_1^* \times h_1) \cdot i_z \mathrm{d}S}$$

同样，将本征模 m_2 的场型 h_2 代入式(2.66)可求出 β_z 。

两式相减求出模 m_1、m_2 的差相移：

$$\Delta\beta = \beta_1 - \beta_2 = \frac{\omega\mu_0 \int_{S_0} \mathrm{Re}(h_1 \cdot \Delta\mu h_1 - h_2^* \cdot \Delta\mu h_2) \mathrm{d}S}{\int_S \mathrm{Re}(e_1^* \times h_1 + e_2^* \times h_2) \cdot i_z \mathrm{d}S} \tag{2.67}$$

$\Delta\beta$ 称为模式差相移(单位为 rad/cm)。当输入功率归一化后（本征模 m_1、m_2 的激励功率均为 0.5W)：

$$\Delta\beta = \frac{\omega\mu_0}{2} \int_{S_0} \mathrm{Re}(h_1^* \cdot \Delta\mu h_1 - h_2^* \cdot \Delta\mu h_2) \mathrm{d}S \tag{2.68}$$

3. 耦合模微扰

若 h_1 和 h_2 是一对耦合模，则其耦合系数 k

$$k = \frac{\omega\mu_0}{2} \int_{S_0} h_1^* \cdot \Delta\mu h_2 \mathrm{d}S = k_f + \mathrm{j}k_v \tag{2.69}$$

$$k_f = \frac{\omega\mu_0}{2} \int_{S_0} \mathrm{Im}(h_1^* \cdot \Delta\mu h_2) \mathrm{d}S \tag{2.70}$$

$$k_v = \frac{\omega\mu_0}{2} \int_{S_0} \mathrm{Re}(h_1^* \cdot \Delta\mu h_2) \mathrm{d}S \tag{2.71}$$

耦合能力 Q 的微扰公式为

$$Q = \frac{2|k|}{|\Delta\beta|} = \left| \frac{2\int_{S_0} h_1^* \cdot \Delta\mu h_2 \mathrm{d}S}{\int_{S_0} \mathrm{Re}(h_1^* \cdot \Delta\mu h_1 - h_2^* \cdot \Delta\mu h_2) \mathrm{d}S} \right| \tag{2.72}$$

在微扰理论中，h_1 和 h_2 代表模 m_1 和模 m_2 的磁场分布函数。经典的方法就是求其分布函数的解析式，前面图 2.44 和图 2.45 中的 k_f、k_v、$\Delta\beta$ 均是按照微扰公式磁场分布函数积分获得的解析式，使用方便但其精度受到质疑，尤其是在部分填充铁氧体的情况。现代的微扰理论计算建立在 HFSS 平台基础上的，不用数学函数来积分，而是用数值积分来解决，其计算精度相对高些，以下将有实例说明。

4. 数值积分实例

1) 法拉第旋转段

(1) 法拉第旋转段的仿真与圆极化差相移计算。如图 2.55 所示，铁氧体圆柱 $D_f = 10\text{mm}$，长 $l = 20\text{mm}$，工作频率为 5.5GHz，$M_s = 750/(4\pi)\,(\text{kA/m})$，$\varepsilon_f = 14.5$。仿真结果如图 2.55 左方，其法拉第旋转角 $\phi = 44.12°$。

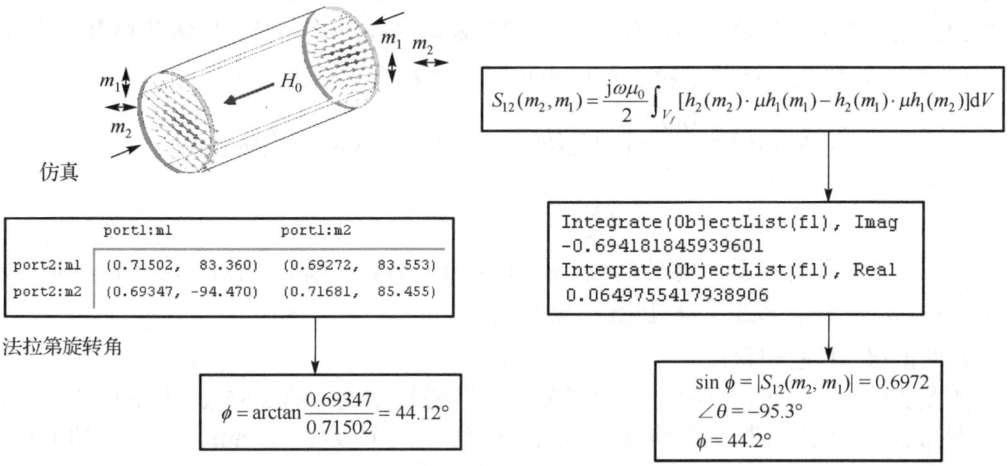

图 2.55　法拉第旋转角仿真与计算

(2) 微扰体积分公式。根据数值面积分公式(2.69)，因为是均匀波导，若把它直接转到体积分公式：

$$\phi = \frac{\omega\mu_0}{2}\int_V \text{Im}(h_1^* \cdot \mu h_2 - h_1^* \cdot \mu_0 h_2)\text{d}V$$
$$= 1.3427 - 05152 = 0.8275\,\text{rad} = 47.4°$$

式中，h_1 为模 1 的激励磁场，h_2 为模 2 的激励磁场，激励功率都是 0.5W。

(3) 微扰面积分公式。如果利用面积分求法拉第旋转 k_f，把积分面取在端口的截面求面积分：

$$k_f = \frac{\omega\mu_0}{2}\int_S \text{Im}(h_1^* \cdot \mu h_2 - h_1^* \cdot \mu_0 h_2)\text{d}S$$
$$= 0.597 - 0.22 = 0.38\,\text{rad/cm}$$

法拉第旋转角 $\phi = k_f l = 0.76\,\text{rad} = 43.5°$。

(4) 解析公式。利用图 2.44 中的解析公式：$k_f = 0.42\beta_{11}k/\mu = 0.42\times 0.38\times 2.66 = 0.424\,\text{rad/cm}$，$\phi = k_f l = 48.6°$，以仿真结果 $\phi = 44.12°$ 为准，面积分结果 43.5° 最为接近。积分公式误差较大，解析公式的误差更大，所以传统的微扰理论是以面积分为基础的，是一种近似理论。图 2.55 的右方是把法拉第旋转段作为圆极化互易移相器，用非互易方程 dS 来计算互易性：$\mathrm{d}\theta = 0.23° \approx 0°$。图 2.55 的下方，法拉第旋转角 $\phi = 44.12°$。

(5) 圆极化差相移积分公式。若直接利用圆极化差相移积分公式(2.46)～式(2.49)来计算，圆极化波用归一化激励功率 $P_1(m_+) = (0.25, 0.25\angle 90°)\mathrm{W}$，计算圆极化差相移 $\Delta\theta = 88.05°$，大约为法拉第旋转角的 2 倍($\Delta\theta = 2\phi$)。互易相移的计算公式是精确的，积分公式中，h_1、h_2 为端口 p_1、p_2 用归一化圆极化场激励，激励功率 $P_1(m_+) = P_2(m_+) = (0.25, 0.25\angle 90°)\mathrm{W}$，计算获得的法拉第旋转角 $\phi = \Delta\theta / 2 = 44.03°$，显然其精度高许多。

(6) 耦合系数法。计算法拉第旋转角可以利用耦合系数公式:

$$S_{21}(m_2, m_1) = \frac{\mathrm{j}\omega\mu_0}{4}\int_{V_f}[h_2(m_2)\cdot\mu h_1(m_1) - h_2(m_1)\cdot\mu h_1(m_2)]\mathrm{d}V$$

$$\sin\phi = |S_{21}(m_2, m_1)|$$

如图 2.55 右端所示，用模式 m_1、m_2 的耦合公式，计算法拉第旋转角 $\phi = 44.2°$，相角 $\angle S_{21}(m_2, m_1) = -95.3°$，与仿真结果接近。

2) 四磁极 90° 差相移段

如图 2.56 所示，图 2.56(a) 为双模差相移四磁极结构，图 2.56(b) 为铁氧体中磁化分布情况，它由静磁仿真结果而来。铁氧体直径 $D_f = 11\mathrm{mm}$，长 $l = 20\mathrm{mm}$，$M_s = 400/(4\pi)(\mathrm{kA/m})$，工作频率为 5.8375GHz。

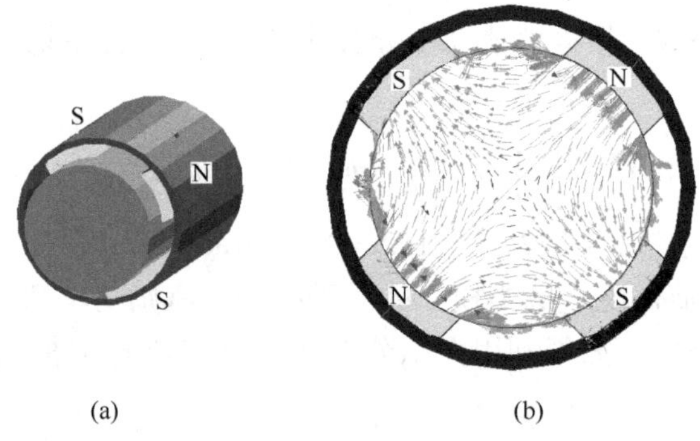

图 2.56　双模差相移四磁极结构和磁化场分布

$\theta_R = 45°$ 的四磁极结构，仿真结果的 T 矩阵为

$$T = \begin{bmatrix} 0.99662\angle -1.712° & 0.00236\angle 0.99° \\ 0.00236\angle 158.16° & 0.99661\angle 91.09° \end{bmatrix}, \qquad \Delta\theta = 92.8°$$

利用二维数值积分公式(2.67)，当模 1 和模 2 归一化激励功率为 $P_1 = P_2 = 0.5\ \mathrm{W}$ 时，其相位常数的微扰公式为

$$\Delta\beta = \frac{\omega\mu_0}{2}\int_{S_0}\mathrm{Re}(h_1^*\cdot\Delta\mu h_1 - h_2^*\cdot\Delta\mu h_2)\mathrm{d}S$$

求出 $\Delta\beta = 0.787\mathrm{rad/cm} = 45.1^\circ/\mathrm{cm}$，$\Delta\theta = \Delta\beta l = 90.2^\circ$，两者误差 2.8%。

3) 旋转四磁极中的场积分计算

利用上述结构，研究了当 θ_R 为 0～90° 范围内，每步进 11.25°，共 8 个 θ_R 值，计算了 $\alpha = k_v l$ 值，$\Delta\theta = (\beta_1 - \beta_2)l$ 值和 Q 值 ($Q = 2\alpha/\Delta\theta$)，列于表 2.2。

表 2.2　旋转四磁极中 α、$\Delta\theta$、Q 和 θ_R 关系

$\theta_R/(^\circ)$	$\alpha/(^\circ)$	$\Delta\theta/(^\circ)$	$Q=2\alpha/\Delta\theta$	$\cot 2\theta_R$
0	45.12	0.11	820	
11.25	44.51	36.77	2.42	2.41
22.5	31.62	63.8	0.99	1
33.75	17.30	82.9	0.42	0.41
45	0.008	90.2	0.002	0
56.25	17.29	82.6	0.418	0.41
67.5	31.65	63.4	0.998	1
78.75	40.86	33.76	2.42	2.41

由表 2.2 可知，不同旋转角 θ_R 下，计算 Q 值与 $\cot 2\theta_R$ 是融洽的。当 $\theta_R = 0^\circ$ 时，为同步强耦合状态；$\theta_R = 22.5^\circ$ 为临界状态；$\theta_R = 45^\circ$ 为非耦合状态。

2.3.6　双模铁氧体波导非互易相移

双模铁氧体波导有两个端口、两个模式、不同磁化状态，所以传播问题更是复杂。两个端口之间传播，研究其非互易性。模式 m 的非互易性关系式为

$$\begin{aligned}\mathrm{d}S(m) &= S_{12}(m) - S_{21}(m)\\ &= \frac{\mathrm{j}\omega\mu_0}{2}\int_{\mathrm{all}}[h_1(m)\cdot\mu h_2(m) - h_2(m)\cdot\mu h_1(m)]\mathrm{d}V\end{aligned} \tag{2.73}$$

式中，μ 为张量磁导率的绝对值(内含 μ_0，下同)，m 代表两种可能的模式，若 m_1 和 m_2 为简并的本征模，则有 $\mathrm{d}S(m_1) = -\mathrm{d}S(m_2)$。

用实例证明式(2.73)的正确性，见图 2.57。方块状铁氧体尺寸为 10mm×10mm×10mm。四磁极磁化是典型的波型差相移结构，用垂直模 m_1 进行仿真，铁氧体材料 $\varepsilon_f = 14.5$，$M_s = 770/(4\pi)(\mathrm{kA/m})$，测出 $\theta_{21} = 123.042^\circ$，$\theta_{12} = 77.152^\circ$（见图中），$\Delta\theta = 45.89^\circ$。用式(2.73)算出 $\mathrm{d}S(m_1)$ 的实部 $R = -0.7676$，虚部 $I = 0.1367$，算出 $|\mathrm{d}S| = 0.7796$。非互易相移 $\mathrm{d}\theta = 2\arcsin(|\mathrm{d}S(m_1)|/2) = 45.88^\circ$，仿真测量结果和非互易公式计算是一致的。

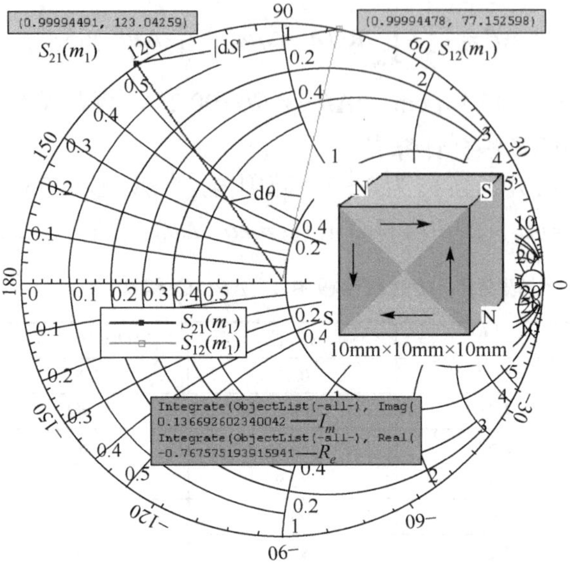

图 2.57　四磁极磁化波型差相移结构

模式差相移指同一传播方向，如 $P_2 \to P_1$，不同模式之间的差相移：

$$\Delta S = S_{12}(m_1) - S_{12}(m_2)$$

$$\Delta\theta = \theta_{12}(m_1) - \theta_{12}(m_2) = \theta_{12}(m_2) - \theta_{21}(m_1) = \mathrm{d}\theta$$

模式差相移 $\Delta\theta$ 和非互易相移在数值上是相等的，这根据结构对称特点就可知道。

反磁化相移 $\Delta\theta(M)$ 指同一模式同一传输方向传输，磁化倒向的相移差：

$$\begin{aligned}\Delta S(M) &= S_{12}(M) - S_{12}(-M) \\ &= \frac{\mathrm{j}\omega\mu_0}{2}\int_{\mathrm{all}}[h_1(M)\cdot\mu(M)h_2(M) - h_1(-M)\cdot\mu(-M)h_2(-M)]\mathrm{d}V\end{aligned} \tag{2.74}$$

用 $|\Delta S(M)|$ 算出 $\Delta\theta(M)$，称为反磁化相移(或差相移)。对于同样的问题，磁化倒向后，积分得出 $\mathrm{Re} = 0.7677, \mathrm{Im} = 0.1359, |\Delta S(M)| = 0.7769$。反磁化相移 $\Delta\theta(M) = 45.88°$，这个数值和非互易相移是一致的。总结起来，对于双模差相移段非互易相移 $\mathrm{d}\theta$、波型差相移 $\Delta\theta$、磁化相移 $\delta\theta$（由一个磁化态 M_1 变到第二个磁化态 M_2 之间的差相移 $\delta\theta$），三者有共同点，在反磁化状态下比较，它们数值是一致的，但一般来说，$\delta\theta$、$\mathrm{d}\theta$ 和 $\Delta\theta$ 是有区别的。即任意两个磁化态 M_1、M_2 之间，其 $\delta\theta$ 未必与 $\mathrm{d}\theta$ 和 $\Delta\theta$ 相同。

2.3.7　双模互易移相器原理

以上讨论的是双模结构的非互易性，但几种双模结构组合在一起，它有可能成为互易性的。双模互易移相器(简称双模移相器)是一种组合结构。图 2.58 中，其双模结

构是两个圆极化器和一个法拉第旋转结构的组合，其组合方式为$T=T_{90°}T_F T_{-90°}$。它的相移是磁化相移的贡献。移相器主体是由尺寸为$aaL=10\text{mm}\times10\text{mm}\times66\text{mm}$的方形铁氧体棒组成的，$T_{90°}$ $T_{-90°}$段的长度为 10mm，移相段长 46mm，铁氧体材料$M_s=1000/(4\pi)(\text{kA/m})$，$\varepsilon=14.5$，仿真频率为 5.5～6GHz，调节其磁化状态由 −800Gs 变化到 800Gs，获得相移频率曲线如图 2.58 所示。图中只列出$\theta_{12}(M)$的相移，实际上，$\theta_{12}(M)$和$\theta_{21}(M)$非常接近，以 5.6GHz 频点为例，从仿真数据获得$|\text{d}\theta|=|\theta_{12}(M800)-\theta_{21}(M800)|=0.012°$，其相移的非互易性接近零。

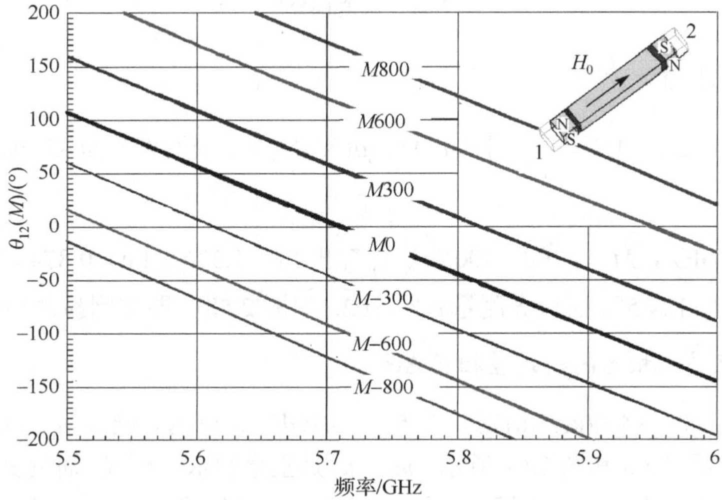

图 2.58　双模互易移相器的磁化相位

另外，利用非互易性关系式(2.73)，数值积分结果如图 2.59 所示，仿真结果和用式(2.73)计算结果证实：双模移相器虚部$\text{Im}=1.172\times10^{-4}$，实部$\text{Re}=1.727\times10^{-4}$，求出$|\text{d}S|=1.445\times10^{-4}$，算出$|\text{d}\theta|=0.012°$，所以基本上是一种互易器件。非互易性相移$\text{d}\theta=0°$，但$\Delta\theta=\theta_{12}(M)-\theta_{12}(-M)\neq0°$（非倒易性的）。

1. 磁化相移 $\delta\theta$

这对双模移相器非常重要，改变相移靠磁化状态的变化，如$M=0\to M$，把未磁化态$M=0$作为零态，则S_{12}的变化量为

$$
\begin{aligned}
\delta S &= S_{12}(M)-S_{12}(0) \\
&= \frac{\text{j}\omega\mu_0}{2}\int_V[h_1(0)\cdot\mu(M)h_2(M)-h_1(M)\cdot\mu(0)h_2(0)]\text{d}V
\end{aligned}
\tag{2.75}
$$

这个公式是沿用了非互易性公式，属于微扰公式，带有一定的近似性。不妨举个实例考证其正确性。就本节的双模移相器，设$4\pi M=0$、600Gs 两个磁化态变化，

$f = 5.6\text{GHz}$。通过数值积分求出：δS 的实部 $\text{Re} = -1.5548$，虚部 $\text{Im} = 0.6676$（图 2.59），计算出 $|\delta S| = 1.692$，$\delta\theta = 2\arcsin|\delta S|/2 = 115.6°$，而仿真结果 $\delta\theta = 115.9°$，两者非常接近。

$4\pi M = 0 \to 0\text{GS}$

```
Integrate(ObjectList(-all-), Imag
-0.000117240962975744
Integrate(ObjectList(-all-), Real
-0.000172740923878299
```

$4\pi M = 0 \to 600\text{GS}$

```
Integrate(ObjectList(-all-), Imag
0.667572370120854
Integrate(ObjectList(-all-), Real
-1.55482946587208
```

图 2.59　数值积分值

2. *反磁化相移*

$$\Delta S = S_{12}(M) - S_{12}(-M) = \frac{\mathrm{j}\omega\mu_0}{2}\int_V [h_1(M)\cdot\mu(M)h_2(M) - h_1(-M)\cdot\mu(-M)h_2(-M)]\mathrm{d}V \tag{2.76}$$

若 $f = 5.6\text{GHz}$，$M = -300 \sim 300\text{Gs}$，计算出 $\text{Re} = 1.336$，$\text{Im} = 0.874$，$|\Delta S| = 1.582$，反磁化相移 $\Delta\theta = 104.5°$，而仿真测量 $\Delta\theta = 102.3°$（图 2.58），即非倒易性相移（差相移）。

3. *双模互易移相器的模式差相移 $\Delta\theta$*

当 M_s 取为 $800/(4\pi)(\text{kA/m})$ 时，在 5.5～5.7GHz 范围内，模式 m_1、m_2 都有一组磁化相移曲线。如图 2.60 和图 2.61 所示，m_1、m_2 是垂直和水平模式，研究其相位 $\theta_{12}(m_1)$ 和 $\theta_{12}(m_2)$ 随磁化状态 M 的不同而变化，发现它们的磁化相移 $\delta\theta_{12}(m_1)$ 和 $\delta\theta_{12}(m_2)$ 有所不同。设 $M = 0$ 时，$\theta_{12}(m_1)$、$\theta_{12}(m_2)$ 两相位是重合的。磁化 M 值不同，产生不同的 $\delta\theta_{12}(m_1)$ 和 $\delta\theta_{12}(m_2)$，前者是超前相位，后者是滞后相位。模式 m_1、m_2 激励场在铁氧体中传播时，形成正/负圆极化场（相对于 H_0），所以正/负圆极化能够获得大的相移差。在仿真中，长 46mm 的样品，产生 $\Delta\theta(m_1m_2) = 283.22°$ 的相移量（当 $M = 800/(4\pi)(\text{kA/m})$ 时）。关于 $\Delta\theta(m_1,m_2)$ 的计算可用磁化扰动法，分别求出模式 m_1、m_2 的磁化相移 $\delta\theta(\Delta M,m_1)$ 与 $\delta\theta(\Delta M,m_2)$。这里仿真了 $4\pi M = 0$、300Gs、600Gs、800Gs 四种磁化状态，求出其磁化差相移 $\delta\theta(\Delta M,m)$ 值（$\Delta M = M \to 0$），$\Delta\theta(m_1,m_2) = |\delta\theta(m_1)| + |\delta\theta(m_2)|$ 从而获得模式差相移。

关于 $\delta\theta(m_1)$ 和 $\delta\theta(m_2)$ 值，可以从 $\delta S_{12}(m_1)$ 和 $\delta S_{12}(m_2)$ 的计算结果中获得，参数 S_{12} 的磁化扰动公式：

$$\begin{aligned}\delta S(m) &= S_{12}(M,m) - S_{12}(0,m)\\ &= \frac{\mathrm{j}\omega\mu_0}{2}\int_{\text{all}}[h_1(M,m)\cdot\mu(M)h_2(M,m) - h_1(0,m)\cdot\mu(0)h_2(0,m)]\mathrm{d}V\end{aligned} \tag{2.77}$$

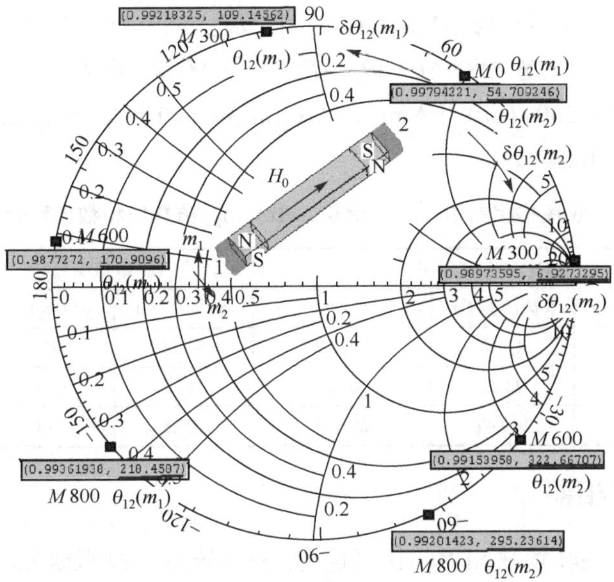

图 2.60　双模互易移相器模 m_1、m_2 的差相移

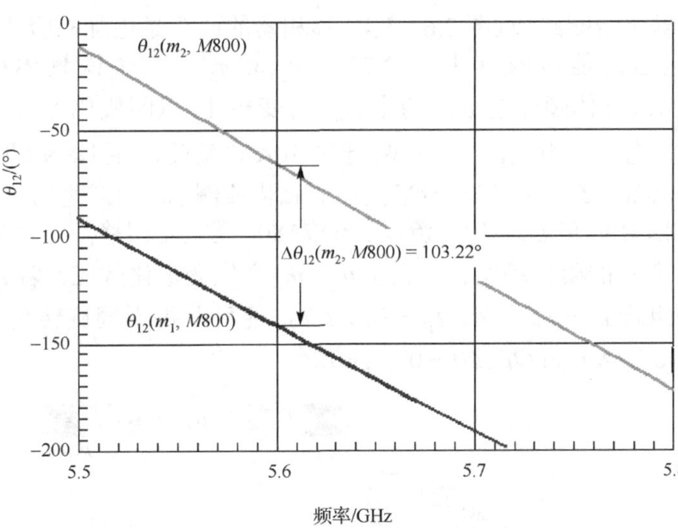

图 2.61　双模互易移相器在不同磁化状态 M 的相移

式中，m 代表模式 m_1 或 m_2，$\mu(0)$ 表示 $M=0$ 时的磁导率 $\mu(0)\approx\mu_d$，$\mu(M)$ 表示磁化态下的张量磁导率，$h_1(M,m)$ 表示磁化态 M 下，模式 m 在端口 1 激励时产生的磁场；$h_1(0,m)$ 表示退磁态下，模式 m 在端口 1 激励产生的磁场。在激励功率 $P(p_1,m_1)$、$P(p_2,m_2)$、$P(p_1,m_2)$、$P(p_2,m_1)$ 均为 0.5W，p_1、p_2 才保证归一化激励方式，确保式(2.77)数值积分可操作性。把仿真结果和数值积分结果列于表 2.3 中，两者结果颇为一致。所

以，双模移相器的非互易相移 $d\theta(m)=0°$，两个模式都没有非互易相移，其模式差相移 $\Delta\theta(m_1,m_2)$ 和磁化反转差相移 $\Delta\theta=|\theta_{12}(M)-\theta_{12}(-M)|$ 两者是一致的，而图 2.60 中，当 $f=5.6\text{GHz}$、$M=300/(4\pi)$ (kA/m)、$\Delta\theta_{12}(m_1,m_2)=102.2°$ 与表 2.3 中 $\Delta\theta(m_1,m_2)=102.24°$ 对比相差仅 0.04°。

表 2.3　双模移相器中模式差相移 $\Delta\theta(m_1,m_2)$ 仿真值和数值积分比较

$M/(4\pi)$/(kA/m)	HFSS 仿真结果			数值积分(应用式(2.77))		
	$\|\delta\theta(m_1)\|$/(°)	$\|\delta\theta(m_2)\|$/(°)	$\Delta\theta(m_1, m_2)$/(°)	$\|\delta\theta(m_1)\|$/(°)	$\|\delta\theta(m_2)\|$/(°)	$\Delta\theta(m_1, m_2)$/(°)
300	54.44	47.78	102.22	54.54	47.7	102.24
600	116.2	92.05	208.25	117.2	91.91	209.13
800	163.75	119.47	283.22	170.5	118.5	289

2.3.8 旋转场移相器

图 2.62 所示为旋转场移相器的仿真模型。移相段由三段组成 $T_{90°}T(\pi)T_{-90°}$。$T_{\pm 90°}$ 的作用是把线极化波变成圆极化波，或由圆极化波复原成线极化波，旋转半波片 $T(\pi)$ 的作用是使圆极化波获得相移，其值和半波片旋转角 θ_R 有关，相移 $\delta\theta=2\theta_R$。三个基本段由三个独立的磁化线圈组成(图 2.62 左)。移相器的两头是由加有吸收电阻片的介质匹配段组成，电阻片能吸收其中一个模式 m_1 或 m_2，整个铁氧体移相段由一根 $\phi 10\,\text{mm}\times 60\,\text{mm}$ 的铁氧体圆棒组成。两个 $T_{\pm 90°}$ 为变极化段(圆极化器)，其磁化场的结构如图 2.63 所示，它有一组线圈(V/H 型)通过 20A 电流便产生 NSNS 四磁极场，是典型的非互易圆极化器。图 2.64 为旋转半波片的磁化线圈(0°/45°型)，它由 AB 两组互成 45° 的线圈组成，A 线包通过 I_A 电流，可形成 180° 模式差相移，另一线包 B 通以 I_B，它形成如图 2.64 所示的磁化场结构，它使 m_1、m_2 产生变极化效应，若 A、B 两组线包通以不同的电流组合 $I_A=I\sin\Omega t$、$I_B=I\cos\Omega t$，便可获得不同旋转角 θ_R 的磁化场结构，$2\theta_R=\arctan(\cos\Omega t/\sin\Omega t), \Omega t=0°\sim360°$。

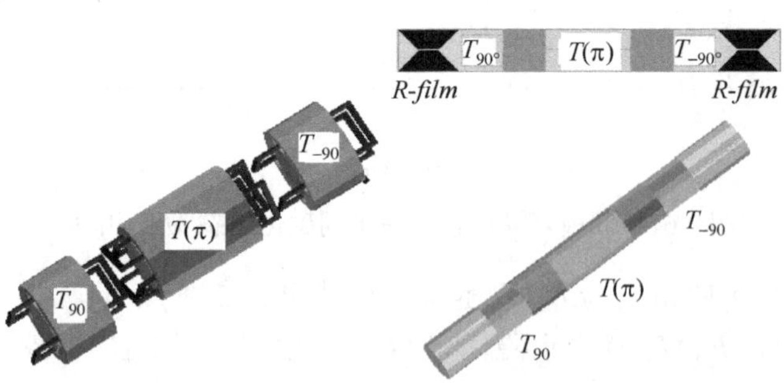

图 2.62　旋转场移相器结构

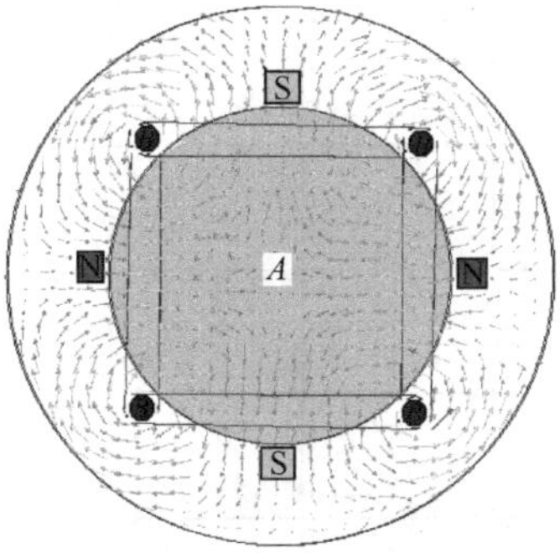

图 2.63　V/H 型磁化线圈（T_{90°）

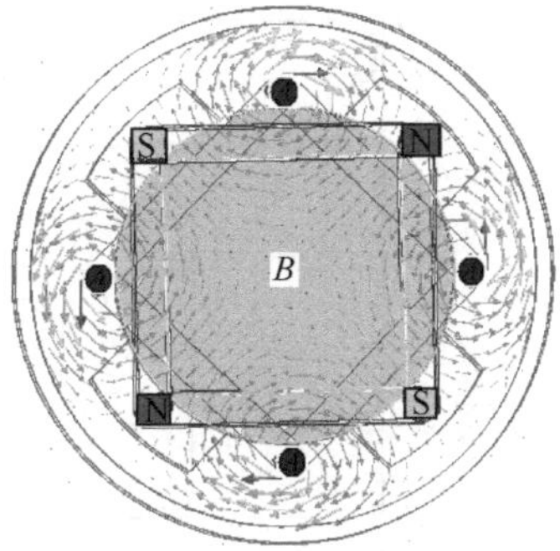

图 2.64　0°/45° 型磁化线圈 $T(\pi)$

图 2.65 为圆极化器的性能数据，在其输入端 m_1、m_2 的幅度基本平衡，相位差 273°(−87°)，基本上是圆极化特性。图 2.66 为半波片的特性，当 $\theta_R=0^\circ$ 时，模式差相移 $\Delta\theta=177.5^\circ$。

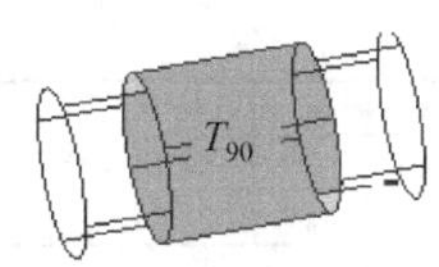

f = 5.5GHz
T_{90}: ϕ10mm×10mm
M_s = 670/(4π)(kA/m)

	port1:m1	port1:m2
port2:m1	(0.70550, 109.851)	(0.70759,-155.867)
port2:m2	(0.70654,-163.171)	(0.70410, 111.221)

图 2.65　圆极化器性能

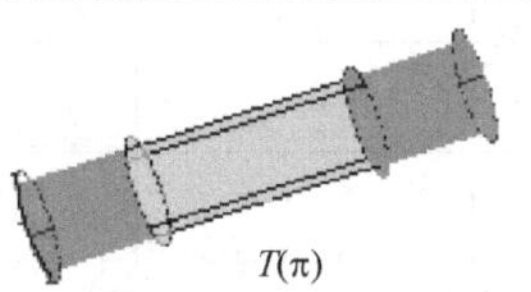

f = 5.5GHz
$T(\pi)$: ϕ10mm×20mm
M_s = 670/(4π)(kA/m)

	port1:m1	port2:m1
port1:m1	(0.05464, 168.047)	(0.99843, -17.422)
port2:m1	(0.99840, 160.065)	(0.05467, 154.589)

图 2.66　半波片的特性

图 2.67 所示为整个旋转场移相器的传输特性，从中可以看出，$|S_{12}|=|S_{21}|$、$|S_{11}|=|S_{22}|$，所以其幅度是互易的。

图 2.68 所示为旋转场移相器的旋转相移和旋转角 θ_R 的关系曲线，相移-频率特性保持良好的线性，而且 $\delta\theta=2\theta_R$，图中仅算出 θ_R 为 5 种特殊角度的旋转相移 $\delta\theta$ 的情况，旋转角是靠磁化电流分配变化来实现的。

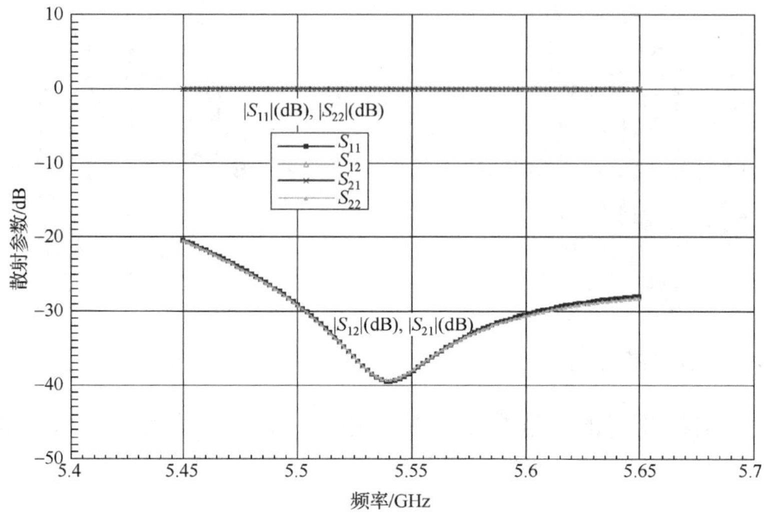

图 2.67　半波片的传输特性

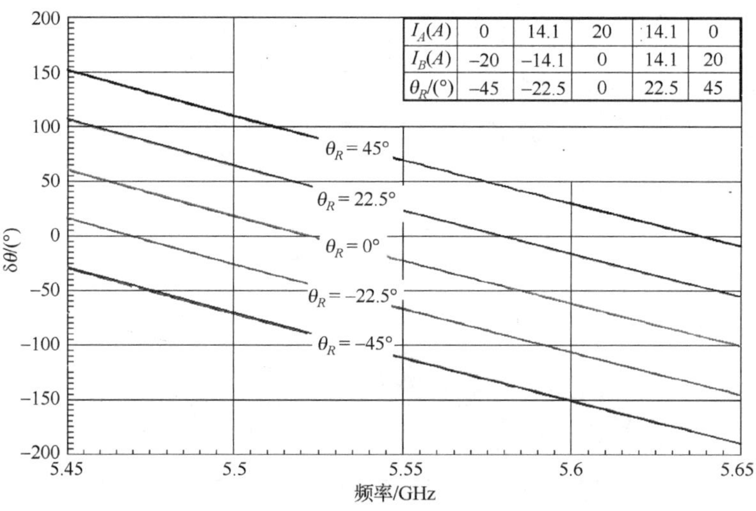

图 2.68　旋转相移和旋转角 θ_R 的关系曲线

这种旋转场移相器是非互易移相器，其原因是 $T_{\pm 90^\circ}$ 是非互易圆极化器，它的非互易性比较复杂。当 $\theta_R = 0^\circ$ 时，$\mathrm{d}\theta = -178.3^\circ$；当 $\theta_R = 22.5^\circ$ 时，$\mathrm{d}\theta = -86.3^\circ$；当 $\theta_R = 45^\circ$ 时，$\mathrm{d}\theta = 0.49^\circ$；当 $\theta_R = 67.5^\circ$ 时，$\mathrm{d}\theta = 91.06^\circ$；当 $\theta_R = 90^\circ$ 时，$\mathrm{d}\theta = 177.5^\circ$。应用非互易性公式，旋转场移相器的非互易性的计算结果见表 2.4。表中说明了该旋转场移相器具有非互易相移的特性，而且其值随旋转角 θ_R 而变。如果 $T_{\pm 90^\circ}$ 用互易圆极化器(介质片圆极化器)，则非互易相移 $|\mathrm{d}\theta| = 180^\circ$。

表 2.4　移相器的非互易特性

$\theta_R=0°$	$\theta_R=\pm22.5°$	$\theta_R=\pm45°$
$\lvert dS\rvert=1.997,\ \lvert d\theta\rvert=180°$	$\lvert dS\rvert=1.3596,\ \lvert d\theta\rvert=86.2°$	$\lvert dS\rvert=0.031,\ \lvert d\theta\rvert=1.77°$
Integrate(ObjectList(-all-) -1.74809746899279 Imag Integrate(ObjectList(-all-) -0.965621575103642 Real	Integrate(ObjectList(-all-) -1.01124398374492 Imag Integrate(ObjectList(-all-) 0.908791718935643 Real	Integrate(ObjectList(-all-) -0.028475059181457 Imag Integrate(ObjectList(-all-) 0.0121087907781606 Real

2.3.9 圆极化移相器

圆极化移相器机理最为复杂，传播方向不同、磁化场方向不同、模式(±CP)不同，会产生不同的相移效果。虽然这类移相器结构在双模中最简单的，就是图 2.55 中的法拉第旋转器件，在该图中是用水平模(m_1)和垂直模(m_2)来讨论它的，主要是研究其法拉第旋转角。这里，在端口有正负圆极化(±CP)模存在，便产生圆极化相移。在各种双模器件中，如旋转场移相器，双模互易移相器和 Reggia-Spancer 等移相器，它们的结构虽然比圆极化移相器复杂，理论上反而容易处理，因为移相器的端口模式是限令单模出现。唯有圆极化移相器的端口是两个模式存在，所以处理问题最为复杂。在图 2.69 中，把圆极化移相器的相移分成如下四类。

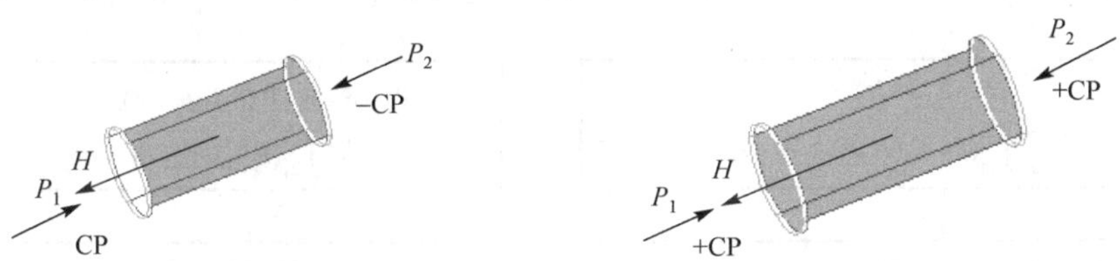

$f=5.5$GHz

(a) $P_1=(0.25,\ 0.25\angle 90°)$, $P_2=(0.25,\ 0.25\angle -90°)$

$$dS(+/-)=S_{12}(-\text{CP})-S_{21}(\text{CP})=\frac{j\omega}{4}\int_{\text{all}}(h_{1+}\cdot\mu h_{2-}-h_{2-}\cdot\mu h_{1+})\,dV$$

```
Integrate(ObjectList(-all-), Imag
-0.139021698242005
Integrate(ObjectList(-all-), Real
 1.38489992448989
```

$$|dS|=\sqrt{R^2+I^2}=1.3919$$

$$d\theta(\pm\text{CP})=2\arcsin\frac{|dS|}{2}=88.2°$$

(a) 正负圆极化模式非互易相移

(b) $P_1=(0.25,\ 0.25\angle 90°)$, $P_2=(0.25,\ 0.25\angle 90°)$

$$dS(+/-)=S_{12}(-\text{CP})-S_{21}(\text{CP})=\frac{j\omega}{4}\int_{\text{all}}(h_{1+}\cdot\mu h_{2-}-h_{2-}\cdot\mu h_{1+})\,dV$$

```
Integrate(ObjectList(-all-), Imagg
0.0031091918815233
Integrate(ObjectList(-all-), Reall
0.00249755339820373
```

$$|dS|=\sqrt{R^2+I^2}=0.004$$

$$d\theta=2\arcsin\frac{|dS|}{2}=0.23°$$

(b) 正圆极化模式互易相移

图 2.69　圆极化移相器的非互易相移 $d\theta(\pm\text{CP})$ 和互易相移 $d\theta$

(1) (±CP) 圆极化的非互易相移，其磁化方向 H 不变，其 (±CP) 模式间的非互易相移。

(2) 磁化方向不变，求同一模式如 (±CP)，对两个传播方向间的非互易相移 $\mathrm{d}\theta$，如果其值为零，为互易性。

(3) 在图 2.70 中，模式和传播方向不变(如 (±CP) 及 1→2 方向传播)，求其反磁化差相移 $\Delta\theta(\pm H)$。

(4) 模式差相移是磁化方向不变、传播方向不变、不同模式 (±CP) 间的差相移 $\Delta\theta(\pm\mathrm{CP})$，其值 $\Delta\theta(\pm\mathrm{CP}) \approx \Delta\theta(\pm H)$。反磁化差相移 $\Delta\theta(\pm H)$，模式差相移 $\Delta\theta(\pm\mathrm{CP})$ 和模式非互易相移 $\mathrm{d}\theta(\pm\mathrm{CP})$ 在理论上是相等的，其值为两倍法拉第旋转角 2ϕ (图 2.55)。图中的计算实例，铁氧体的尺寸和磁化状态与图 2.55 是一致的。

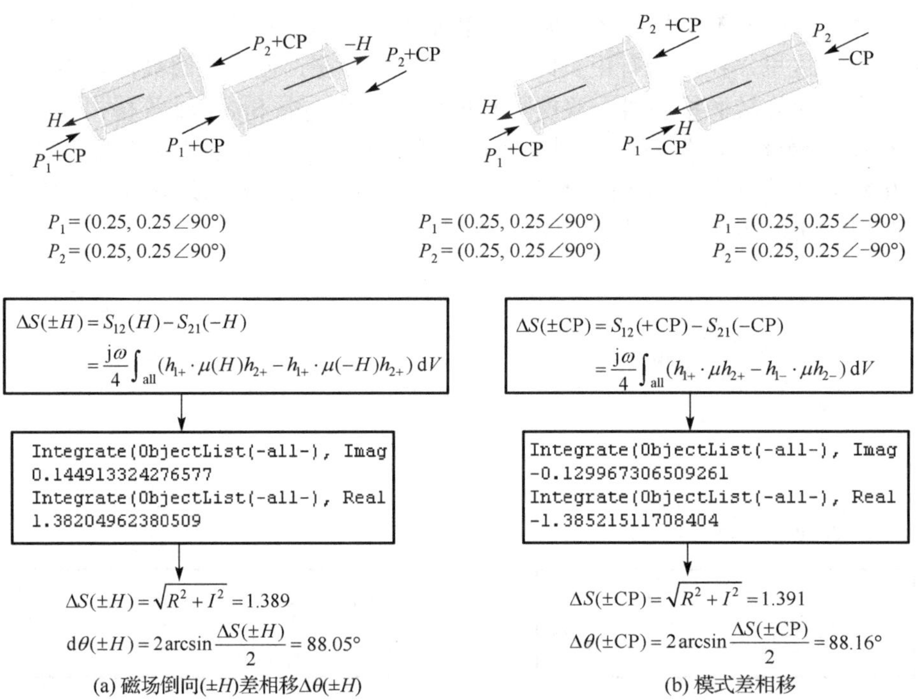

图 2.70　圆极化移相器的反磁化差相移 $\Delta\theta(\pm H)$ 和模式差相移 $\Delta\theta(\pm\mathrm{CP})$

2.3.10　移相器小结

表 2.5 为各种铁氧体移相器分类表，表中上面 3 种为矩波导单模移相器，下面 4 种为双模形式的移相器。$\mathrm{d}\theta$ 是否等于零是判断移相器属于非互易性 $(\mathrm{d}\theta \neq 0)$ 或互易性 $(\mathrm{d}\theta = 0)$ 的标志。$\Delta\theta$ 是否等于零是判断移相器随磁场方向是否倒易的标志，如果 H 倒向，$\Delta\theta = 0$，称为倒易性；$\Delta\theta \neq 0$，称为非倒易性。作为磁控移相器，其相移大小视

$\delta\theta$ 的大小，有全态工作的 $M \leftrightarrow -M$，也有半态工作的 $M \leftrightarrow 0$。双模类型移相器的情况比较复杂。

表 2.5　移相器分类表

移相器类型	非互易移相 $\mathrm{d}\theta = 2\arcsin(\|\mathrm{d}S\|/2)$	差相移 $\Delta\theta = 2\arcsin(\|\Delta S\|/2)$	磁化相移 $\delta\theta = 2\arcsin(\|\delta S\|/2)$
非互易移相器	$\mathrm{d}\theta \neq 0$	$\Delta\theta \neq 0$	$\delta\theta = \theta_{12}(M) - \theta_{12}(0)$
互易移相器	$\mathrm{d}\theta = 0$	$\Delta\theta = 0$	$\delta\theta = \theta_{12}(M) - \theta_{12}(0)$
闭锁式 非互易移相器	$\mathrm{d}\theta \neq 0$	$\Delta\theta \neq 0$	$\delta\theta = \theta_{12}(M) - \theta_{12}(0)$
圆极化移相器	$\mathrm{d}\theta = 0$	$\Delta\theta \neq 0$	$\delta\theta = \theta_{12}(M) - \theta_{12}(0)$
双模互易移相器	$\mathrm{d}\theta = 0$	$\Delta\theta \neq 0$	$\delta\theta = \theta_{12}(M) - \theta_{12}(0)$
旋转场移相器	$\mathrm{d}\theta \to \pi$	$\Delta\theta \to \pi$	$\delta\theta = 2\theta_R$
Reggia-Spencer 互易移相器	$\mathrm{d}\theta = 0$	$\Delta\theta = 0$	$\delta\theta = \theta_{12}(M) - \theta_{12}(0)$

(1) 圆极化移相器最为复杂，有传播方向不同、磁化场方向不同、模式(+/–)不同等多种因素影响。实际情况为选择特定模式：端 1 $\leftrightarrow$ 端 2 用正圆极化，或用负圆极化场激励，其 $\mathrm{d}\theta = 0$ 为互易性。采用纵向磁化全态工作 $M \leftrightarrow -M$ 或 $H \leftrightarrow -H$ 保证获得很大的移相量。

(2) 双模互易移相器，其 $\mathrm{d}\theta = 0$ 为互易性的。由于相移不随磁化 M 方向的改变而变，即 $\Delta\theta = 0$，所以可以在全态方式工作 $M \leftrightarrow -M$，获得较大相移。本移相器在输入/输出端口是限令单模进出。

(3) 旋转场移相器，进出口限令单模。主体结构为双模工作，相移 $\delta\theta$ 随磁化方向 M 而变。$\delta\theta = 2\theta_R$，θ_R 为四磁极磁化场的旋转转角，当 $\theta_R = \pi$ 时，获得 $\delta\theta = 360°$ 的相移。

(4) Reggia-Spancer 移相器，由于 $\mathrm{d}\theta = \Delta\theta = 0°$，所以其磁化相移 $\delta\theta$ 只能在半态工作 $M \leftrightarrow 0$。这类移相器端口限令单模(线极化)主体部分为椭圆极化模。

2.4　电磁波在非互易结中的传播

2.4.1　Y 形环行器的非互易性方程

穿越方程在不同情况下可以用不同形式来表示，若磁化在 z 方向，把张量磁导率 μ 分量代入，求出环行器的非互易性公式：

$$h_i \cdot \mu h_j = -\mathrm{j}\kappa i_z \cdot (h_i \times h_j) + (\mu - 1) h_i \cdot h_j$$

$$h_j \cdot \mu h_i = -\mathrm{j}\kappa i_z \cdot (h_i \times h_j) + (\mu - 1) h_i \cdot h_j$$

非互易散射公式变为

$$S_{ij} - S_{ji} = \omega\mu_0\kappa\int_V i_z \cdot (h_i \times h_j)\mathrm{d}V \tag{2.78}$$

由此可见，其非互易特性是磁导率张量的非对角元素κ所导致的。

若在低场饱和态工作，$\kappa = p = \gamma M_s / \omega$，则

$$\mathrm{d}S = S_{ij} - S_{ji} = \mu_0\gamma M_s\int_V i_z \cdot (h_i \times h_j)\mathrm{d}V \tag{2.79}$$

由此可见，其非互易特性是微波铁氧体材料的磁矩M_s导致的。

式(2.79)提示我们，若场分布随频率稳定分布，则 dS 值趋于稳定，这是宽带器件所需要的。

对于非旋磁介质，$\kappa = 0$，则$S_{ij} = S_{ji}$变成互易性。从式(2.78)看出张量μ的作用是使被积函数两项不具有交换性，一旦μ变为标量形式，就变成可交换性，所以张量磁导率的出现，是非互易散射形成的机理。式(2.78)适合任意复杂的多端口(m 端口)微波结构。i、j为m端口中的任意两个端口，公式具有普遍性，其积分体积V可以是结的总体积，也可是铁氧体的体积V_f，因为在铁氧体以外的空间，μ不是张量，对积分结果没有影响。

式(2.78)当然也可以应用到两端口结构(在 2.2.2 节中已使用过)。如果磁化或磁场倒向，则式(2.78)可变成非倒易性方程，即

$$\begin{aligned}\Delta S_{ij} &= S_{ij}(H) - S_{ij}(-H) \\ &= \frac{\mathrm{j}\omega\mu_0}{2}\int_{\mathrm{all}}[h_i(H)\cdot\mu(H)h_j(H) - h_i(-H)\cdot\mu(-H)h_j(-H)]\mathrm{d}V\end{aligned} \tag{2.80}$$

这里传输方向相同，由于磁化方向不同，导致$S_{ij}(M) \neq S_{ji}(-M)$。利用其相移变化，可以计算差相移大小；利用其幅度变化，可以研究磁控开关器件。

1. 四端微带环行器

图 2.71 为微带内导体呈鱼翅状，铁氧体基片尺寸为$8\,\mathrm{mm}\times10.5\,\mathrm{mm}\times0.7\,\mathrm{mm}$，$M_s = 2700/(4\pi)(\mathrm{kA/m})$，仿真的性能见图 2.72。其中端口 2→端口 3，正向传输情况，$f = 10\,\mathrm{GHz}$ 时，S_{23} 达到隔离大于 35dB，因为通过两个相反方向的 Y 结是大隔离状态，而端口 2、端口 3 反射损耗在 8.4～12.8GHz 宽带范围内均大于 25dB。

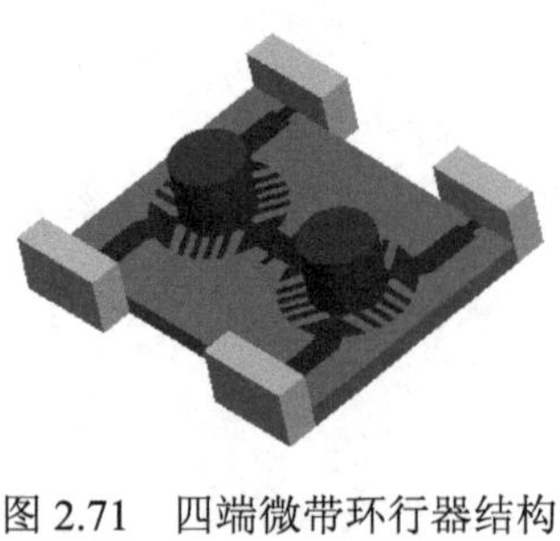

图 2.71　四端微带环行器结构

现在对频率 10GHz 进行分析研究，图 2.73 从阻抗圆图中列出了 S 参数的仿真结果：$S_{32} = 0.97954\angle -175.603^\circ$，$S_{23} = 0.01514\angle -72.507^\circ$，算出$\mathrm{d}S(2,3) = 0.9831\angle 183.538^\circ$，然后利用非互易公式计算 d$S(2,3)$。从图 2.73 可见 $|\mathrm{d}S(2,3)| = 0.9831$，$\theta_{23} = 183.534^\circ$，两者非常吻合，检验了式(2.79)的正确性。

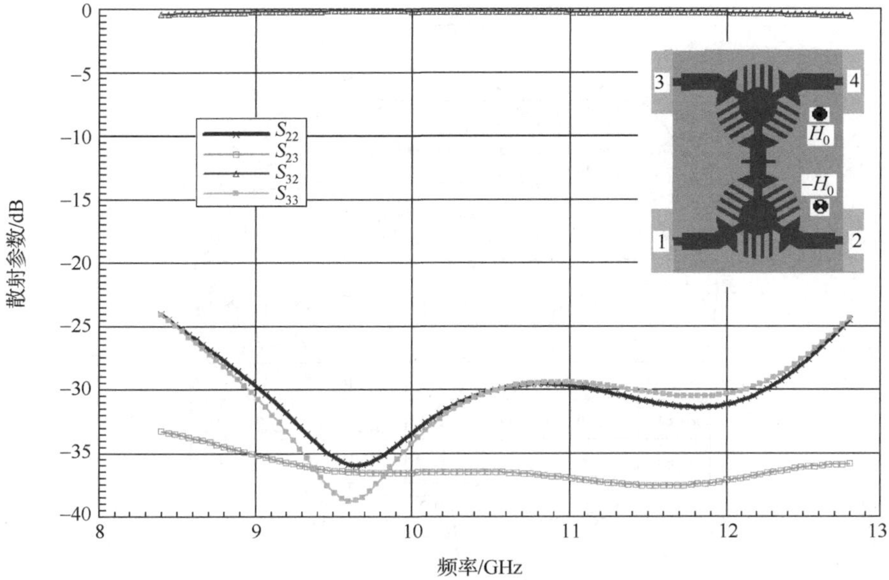

图 2.72　四端微带环行器的仿真性能

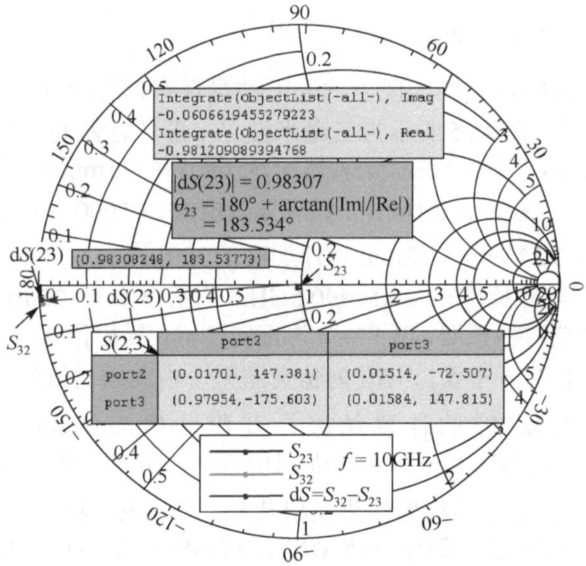

图 2.73　四端微带环行器非互易性分析(端 2 和端 3，f=10GHz)

端 2 和端 4 之间均为隔离端，S_{24} 和 S_{42} 的隔离均大于 30dB，式(2.79)仍然可检验小量之间差值 dS(2,4)。从图 2.74 中找到端 2、端 4 之间的 S_{24} 和 S_{42} 参数，仿真结果为 $S_{42}=0.02314\angle-122.767°$，$S_{24}=0.02529\angle133.595°$。算出 $\mathrm{d}S(2,4)=0.00614\angle133.595°$。又从式(2.80)求出其实部 $R=-0.00423$ 及虚部 $I=0.0044$，得到 $|\mathrm{d}S(2,4)|=0.00631$ 及 $\theta_{24}=133.59°$，所以对 $|\mathrm{d}S|$ 小量的差值仍是计算正确的。

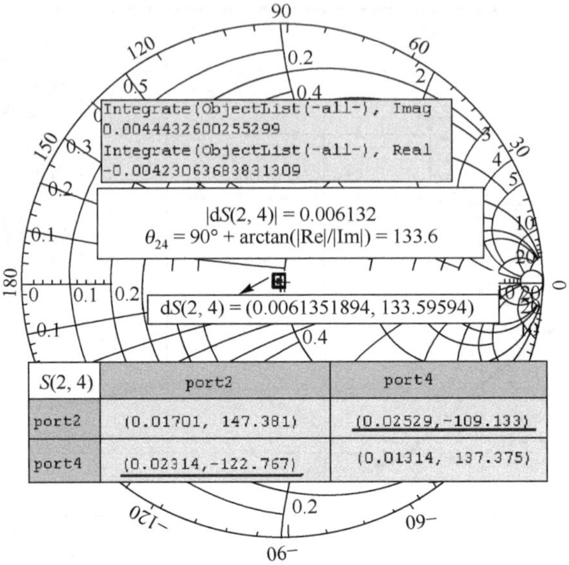

图 2.74　四端微带环行器非互易性分析(端 2 和端 4，f=10GHz)

2. 三毫米波导 Y 形环行器

为了证实式(2.80)的可靠性，现以 3mm 波导环行器作为非互易相移和开关相移(磁化反转相移)的例子。图 2.75 所示为三毫米波导 Y 形环行器的示意图及其环行性能。环行器的结构如图所示，两片圆柱状铁氧体$\phi 1.35\,\text{mm}\times 0.375\,\text{mm}$放置在三角金属匹配块上，匹配块尺寸为$At = 2.6\,\text{mm}\times 0.1\,\text{mm}$，铁氧体磁矩$M_s = 5000/(4\pi)(\text{kA/m})$，$\varepsilon = 12.5$，波导口径尺寸为$ab = 2.54\,\text{mm}\times 1.25\,\text{mm}$，外加磁场$300\,\text{kA/m}$，环行器的部分指标如图所示。隔离和反射损耗在频率在 88.5～90.5GHz 范围内小于–20dB。把这环行器的第三端短路，就成为两端口移相器，其$1\to 2$为正向传输，其相位θ_{21}，反向传输相位θ_{12}，求非互易相移$\mathrm{d}\theta$。图 2.76 中S_{12}、S_{21}为仿真结果，由此求出$|\mathrm{d}\theta| = 103.7^\circ$；图的左端为利用式(2.78)和式(2.79)的计算结果，其积分虚部值$\text{Im} = 1.4668$，实部值$\text{Re} = 0.5466$，从而求得$|\mathrm{d}S| = 1.5653$及$|\mathrm{d}\theta| = 103.67^\circ$。仿真值和计算值几乎无差别。

图 2.77 所示为用三毫米环行器作为反磁化移相器，求两种磁化状态 $M/-M$ 的相移差，利用式(2.80)求出 δS 的实部与虚部$R(\delta S)$和$I(\delta S)$；$R = -0.5332$及$I = 1.4479$，从而求出$|\delta S| = 1.543$及$|\delta\theta| = 102^\circ$，它和$|\mathrm{d}\theta|$略有差别，其误差小于 1.7%。主要原因不是式(2.80)的近似问题，而是当$M\to -M$两种磁化方式的场的计算精度问题。

$$\begin{aligned}\delta S &= S_{12}(M) - S_{12}(-M)\\ &= \frac{\mathrm{j}\omega\mu_0}{2}\int_V \left[h_1(M)\cdot\mu(M)h_2(M) - h_1(-M)\cdot\mu(-M)h_2(-M)\right]\mathrm{d}V\end{aligned}$$

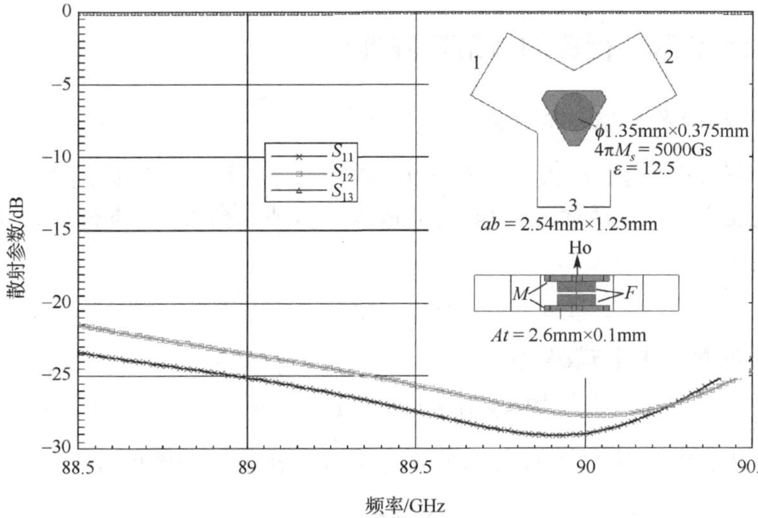

图 2.75　三毫米波导 Y 形环行器

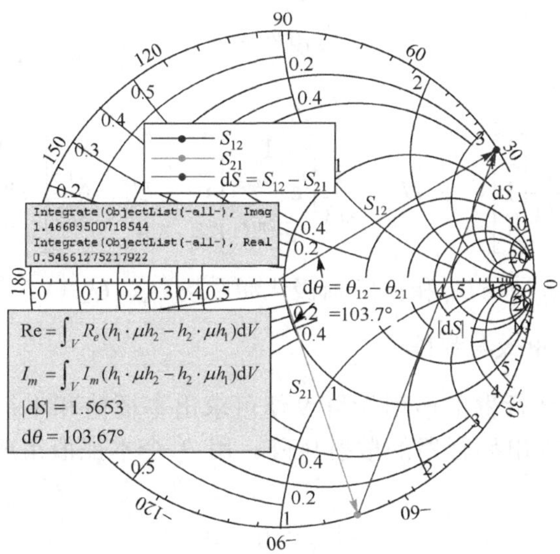

图 2.76　三毫米环行器的阻抗圆图中 dS 值

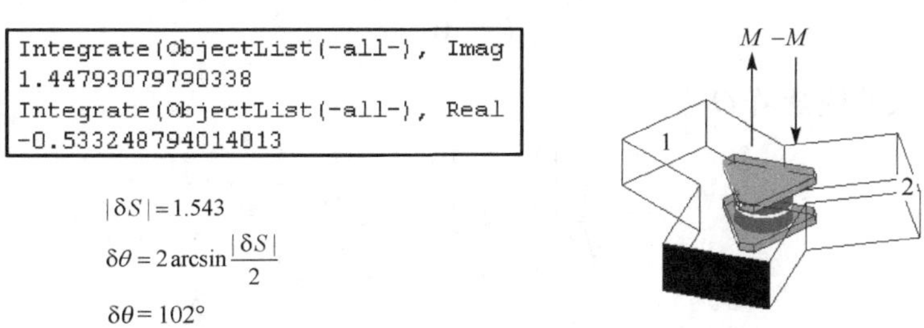

图 2.77　三毫米环行器反磁化相移计算

2.4.2 对称结 Y 形环行器的散射矩阵理论

1. 散射矩阵的本征值和本征矢

对称 Y 形结环行器其结构上具有 120° 旋转对称的特征，所以用本征矢和本征值问题来讨论它更为方便。环行器的散射矩阵 S 和其本征矢 U_n 、本征值 s_n 的关系用本征值方程来表示：

$$SU_n = s_n U_n \tag{2.81}$$

本征值 s_n 的解，由下式决定：

$$\left|S - s_n I\right| = 0\,,\qquad n = 0,+,- \tag{2.82}$$

一般情况下，对称结 Y 形环行器的本征值分布在阻抗圆图外圆上，互成 120° 角：

$$\begin{aligned} s_0 &= \mathrm{e}^{\mathrm{j}\theta} \\ s_+ &= \mathrm{e}^{\mathrm{j}(\theta+2\pi/3)} \\ s_- &= \mathrm{e}^{\mathrm{j}(\theta-2\pi/3)} \end{aligned} \tag{2.83}$$

对应的本征矢为

$$U_0 = \frac{1}{\sqrt{3}}\begin{bmatrix}1\\1\\1\end{bmatrix},\qquad U_+ = \frac{1}{\sqrt{3}}\begin{bmatrix}1\\ \mathrm{e}^{-\mathrm{j}2\pi/3}\\ \mathrm{e}^{\mathrm{j}2\pi/3}\end{bmatrix},\qquad U_- = \frac{1}{\sqrt{3}}\begin{bmatrix}1\\ \mathrm{e}^{\mathrm{j}2\pi/3}\\ \mathrm{e}^{-\mathrm{j}2\pi/3}\end{bmatrix} \tag{2.84}$$

它们分别对应于同相激励场 U_0 和正负圆极化激励场 U_+、U_- 。

2. 由本征矩阵求出散射矩阵

上述过程是已知环行器的散射矩阵 S 便可求出本征值和本征矢。相反，若已知本征值和本征矢也可求出环行器的散射矩阵。用 3 个本征值组成对角化本征值矩阵的形式：

$$s_n = \begin{bmatrix} s_0 & 0 & 0 \\ 0 & s_+ & 0 \\ 0 & 0 & s_- \end{bmatrix}$$

三个本征矢组成的模矩阵 O 为

$$O = \frac{1}{\sqrt{3}}\begin{bmatrix} 1 & 1 & 1 \\ 1 & \mathrm{e}^{-\mathrm{j}2\pi/3} & \mathrm{e}^{\mathrm{j}2\pi/3} \\ 1 & \mathrm{e}^{\mathrm{j}2\pi/3} & \mathrm{e}^{-\mathrm{j}2\pi/3} \end{bmatrix}$$

其逆矩阵为

$$O^{-1} = \frac{1}{\sqrt{3}} \begin{bmatrix} 1 & 1 & 1 \\ 1 & e^{j2\pi/3} & e^{-j2\pi/3} \\ 1 & e^{-j2\pi/3} & e^{j2\pi/3} \end{bmatrix}$$

从而求出散射矩阵：

$$S = Os_n O^{-1} \tag{2.85}$$

把 s_n 和 O、O^{-1} 代入式(2.85)，考虑其结构 120° 旋转对称，求出 3 个散射矩阵元素：

$$\begin{aligned} S_{11} &= (s_0 + s_+ + s_-)/3 \\ S_{12} &= (s_0 + s_+ e^{j2\pi/3} + s_- e^{-j2\pi/3})/3 \\ S_{13} &= (s_0 + s_+ e^{-j2\pi/3} + s_- e^{j2\pi/3})/3 \end{aligned} \tag{2.86}$$

而 $S_{11} = S_{22} = S_{33}$， $S_{12} = S_{23} = S_{31}$， $S_{13} = S_{21} = S_{32}$，式(2.86)的意义囊括 Y 结环行器的基本原理：若环行器 3 个本征值在复平面上互呈 120° 角，且其值为 1，则环行器理想匹配 $|S_{11}| = 0$。从 S_{12} 和 S_{13} 的表示式可以看出 $|S_{12}|$、$|S_{13}|$ 可能有两种情况：若 $|S_{12}| = 0$、$|S_{13}| = 1$，则环行方向为 $1 \to 2 \to 3 \to 1$，正向环行；若 $|S_{13}| = 0$、$|S_{12}| = 1$，则环行方向为 $2 \to 1 \to 3 \to 2$，反向环行。若已知散射矩阵 S，利用模矩阵可求出对角化的本征值矩阵 $S_n = O^{-1}SO$，求 3 个本征值：

$$\begin{aligned} s_0 &= S_{11} + S_{12} + S_{13} \\ s_+ &= S_{11} + S_{12} e^{j2\pi/3} + S_{13} e^{-j2\pi/3} \\ s_- &= S_{11} + S_{12} e^{-j2\pi/3} + S_{13} e^{j2\pi/3} \end{aligned} \tag{2.87}$$

由式(2.87)可见，对称非互易结， $S_{12} \neq S_{13}$，3 个本征值均不等；但对称互易结情况， $S_{12} = S_{13}$，故有 $s_+ = s_-$，即有两个本征值简并。在 U_+ 和 U_- 的激发下，铁氧体的 μ_+ 和 μ_- 的差异，导致 s_+ 和 s_- 的分裂，这就是旋磁性的作用。

上述的讨论，涉及非互易结(包括环行器)的散射问题和本征模的散射问题的相互关系，可用图 2.78 形象地表达，其中 s_0、s_+、s_- 为 3 个本征激发态下的散射系数。

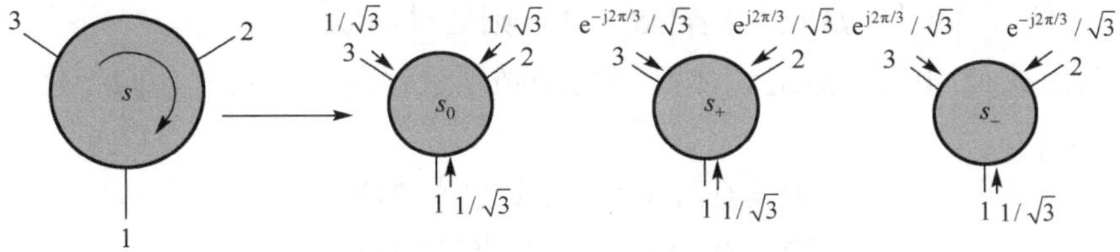

图 2.78　非互易结散射和本征模的散射相互关系

3. Y 形非互易结的非互易散射特性

由于结构的对称性，研究端口 1 和端口 2 的相互关系，也就代表了其他端口之间的关系。当端口 1 和端口 2 的归一化场激发 ($P_1 = P_2 = 0.5\,\text{W}$) 时，在环行器中形成的微波场分别为 h_1 和 h_2。则非互易结的不对称散射(非互易散射)公式，利用式(2.78)转化为

$$S_{12}-S_{21}=\frac{\mathrm{j}\omega\mu_0}{2}\int_V(h_1\cdot\mu h_2-h_2\cdot\mu h_1)\mathrm{d}V \tag{2.88}$$

若 Y 形结环行器在 z 轴方向磁化，根据(2.78)有

$$S_{12}-S_{21}=\omega\mu_0\kappa\int_V i_z\cdot(h_1\times h_2)\mathrm{d}V \tag{2.89}$$

4. 本征激发与散射理论

若三端口的激发为本征激发态，则本征值 s_+、s_- 与本征激发场之间的关系可以写成另一种形式的非互易性方程：

$$\mathrm{d}s_\pm=s_+-s_-=\frac{\mathrm{j}\omega\mu_0}{2}\int_{\mathrm{all}}(h_+\cdot\mu h_--h_-\cdot\mu h_+)\mathrm{d}V \tag{2.90}$$

式中，$h_+=(h_1,h_2\beta,h_3\beta^2)$，$h_-=(h_1,h_2\beta^2,h_3\beta)$，$\beta=\mathrm{e}^{\mathrm{j}120^\circ}$。代入式(2.90)，考虑到下标 $1\to2\to3\to1$ 置换关系，可得

$$\begin{aligned}\mathrm{d}s_\pm&=\frac{\mathrm{j}\omega\mu_0}{2}(\beta^2-\beta)\int_{\mathrm{all}}(h_1\cdot\mu h_2-h_2\cdot\mu h_1)\mathrm{d}V\\&=\sqrt{3}\mathrm{d}S\end{aligned} \tag{2.91}$$

式(2.90)表示了对称非互易结的基本特性，本征值的分裂 $\mathrm{d}s_\pm$ 和 S 参数的非互易性之间关系可用积分式(2.91)来表达。它的物理概念较有意义，在“+”、“−”圆极化模的激发下，本征值分裂成 s_+、s_-，这是由矢量场 h_+、h_- 交换后被积函数不为零所致。

非本征态激发产生的非互易性和本征态激发产生的分裂模之间有一定的相关性，它们之间直接从本征值 s_+、s_- 和 s 参数关系中求出：

$$\begin{gathered}s_+-s_-=(S_{11}+S_{12}\beta+S_{13}\beta^2)-(S_{11}+S_{12}\beta^2+S_{13}\beta)\\ \mathrm{d}s_\pm=S_{12}(\beta-\beta^2)+S_{21}(\beta^2-\beta)=\mathrm{j}\sqrt{3}(S_{12}-S_{21})\\ |\mathrm{d}S|=|\mathrm{d}s_\pm|/\sqrt{3}\end{gathered} \tag{2.92}$$

式中，$\beta=\mathrm{e}^{\mathrm{j}2\pi/3}$，$|\mathrm{d}s_\pm|=\sqrt{3}|\mathrm{d}S|$。若 $|\mathrm{d}S|\to1$，则 $|\mathrm{d}s_\pm|\to\sqrt{3}$。

为了利用式(2.90)计算 $\mathrm{d}s_\pm$，本征激发场必须进行归一化处理，归一化本征激发功率：

$$P_+=(1/2,\mathrm{e}^{\mathrm{j}2\pi/3}/2,\mathrm{e}^{-\mathrm{j}2\pi/3}/2)\ \mathrm{W}$$
$$P_-=(1/2,\mathrm{e}^{-\mathrm{j}2\pi/3}/2,\mathrm{e}^{\mathrm{j}2\pi/3}/2)\ \mathrm{W}$$

2.4.3 S 波段带线 Y 形环行器的场积分分析

为了进一步说明本征态激发的实际意义，以 S 波段 Y 形带线环行器为例。图 2.79 所示为 S 波段 Y 形带线环行器性能，内导体用双 Y 结，三处连接圆盘结是尺寸为 $wt=3.6\mathrm{mm}\times0.2\mathrm{mm}$ 的带线段，内导体放置于两片圆盘铁氧体中。铁氧体尺寸为

$D_f t_f = 8.2\text{mm} \times 1.5\text{mm}$，腔高 3.2mm；$4\pi M_s = 1200/(4\pi)(\text{kA/m})$，$\varepsilon_f = 14$，相应的端口阻抗为 50Ω。环行器的 S 参数 S_{21}、S_{12} 表示在图 2.80 中。在 $f = 3.65\text{GHz}$ 点进行本征模积分计算，其结果如图 2.80 中所示，S_{12} 为正向传输系数，$S_{12} = 0.9855\angle 179.26°$；$S_{21}$ 为反向传输系数，$S_{21} = 0.0053\angle 108.2°$，算出 $\text{d}S = 0.9838\angle 359.54°$。图 2.80 的右下方为利用本征态激发公式(2.90)计算的结果，用积分的虚部与实部可求出 $|\text{d}s_{\pm}| = 1.69$，从而算出 $\text{d}s_{\pm}$ 幅度误差 $\delta(|\text{d}S|) = 0.11\%$，幅角误差 $\delta(\theta) = 0.02\%$。仿真结果和利用本征态激发的式(2.90)计算结果一致。

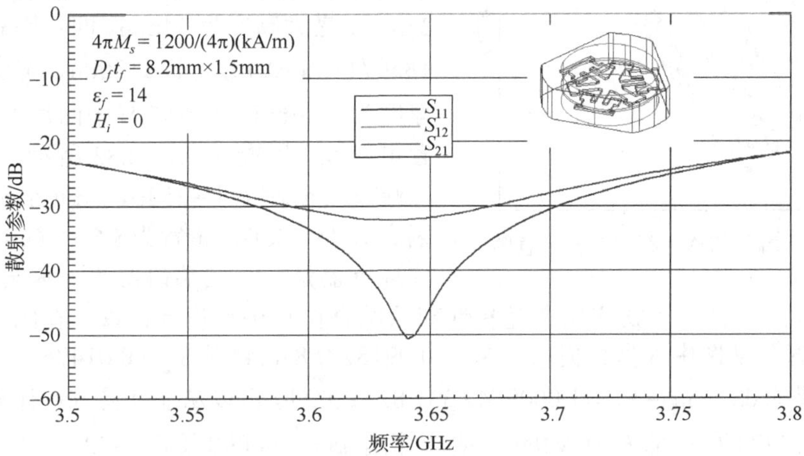

图 2.79　S 波段 Y 形带线环行器性能

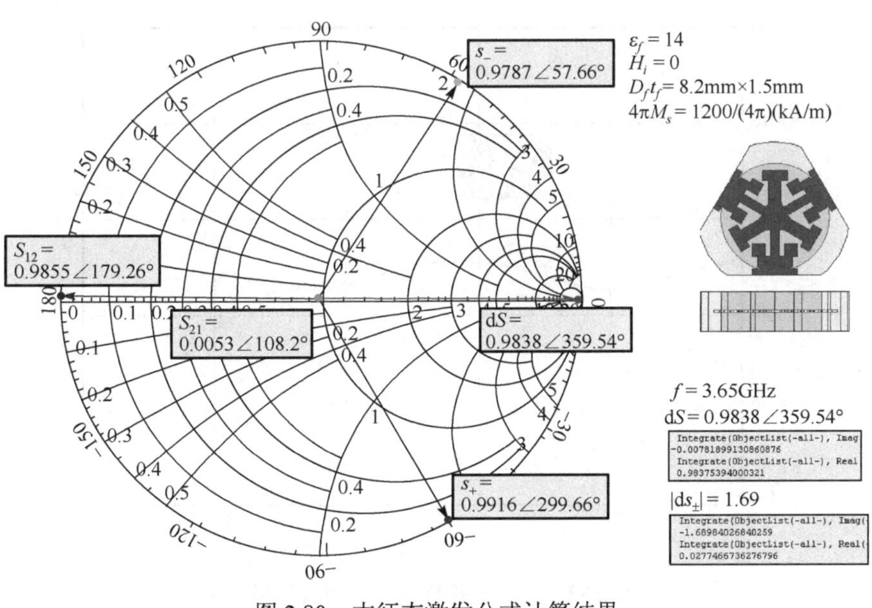

图 2.80　本征态激发公式计算结果

2.4.4　X 波段四端波导差相移环行器的场积分分析

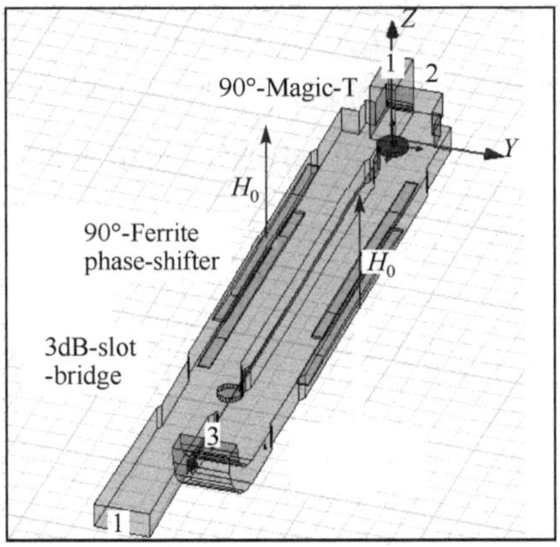

图 2.81　四端差相移环行器结构示意图

图 2.81 所示为四端差相移环行器，它由折叠波导双 T、铁氧体±90°非互易移相段和三分贝裂缝电桥三部分组成。附加 90°E 面弯头和直波导等，器件总长度 300mm，其中波导双 T 长 29.3mm、铁氧体并联移相段长 134mm、裂缝电桥长 30.6mm。环行器最大宽度为 25mm、最大高度为 34mm。四片铁氧体 $M_s = 1850/(4\pi)(\text{kA/m})$、长 115mm、宽度 5mm、厚度为 1.4mm，每个波导中两片上下错开放置可以改善匹配。如图 2.82 所示，环行器输入端反射损耗小于–25dB，正向小于 0.2dB，隔离大于 28dB，带宽为 8.6～9.6GHz。差相移环行器是一个四端口器件，本质上属于多端口非互易结器件。不妨应用非互易性理论结合仿真进行设计计算。在图 2.83 中，$f = 9\text{GHz}$ 时，从图中 S 参数提取，$S_{21} = 0.9918\angle 158.484°$ 及 $S_{12} = 0.01476\angle -73.492°$。从仿真结果知 $\text{d}S = S_{12} - S_{21} = 1.000974\angle 337.82°$；此外，可以从非互易方程计算出 $\text{d}S$ 的虚部 $I = -0.3779$ 和实部 $R = 0.9269$，便计算出 $\text{d}S = 1.00098$ 及 $\theta = -22.1907°$，两者结果完全一致。

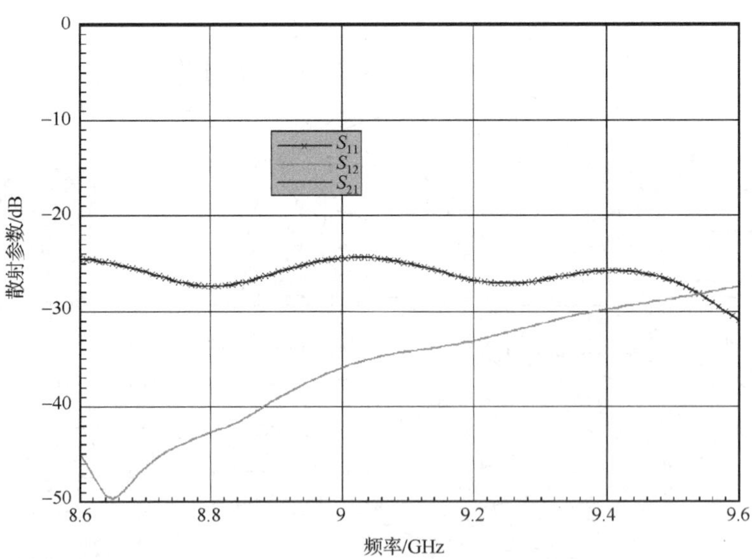

图 2.82　四端差相移环行器仿真结果

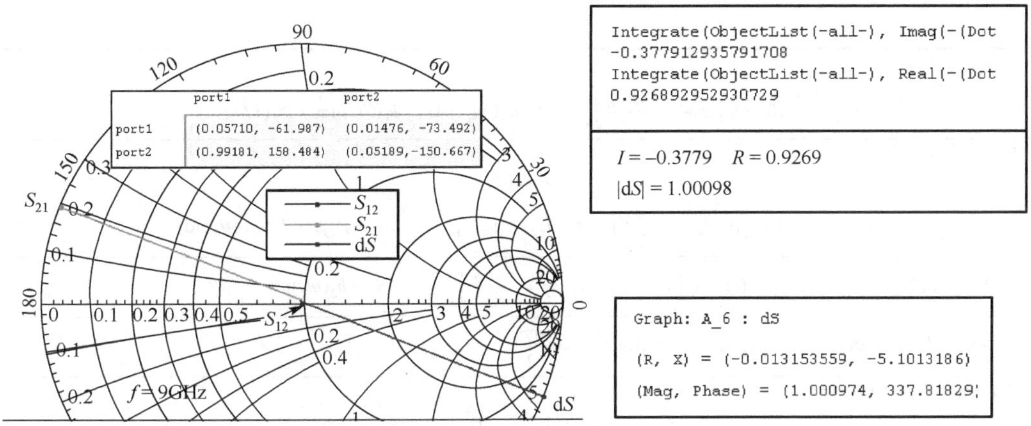

图 2.83　S 参数仿真结果和非互易性 |dS| 计算结果

2.5　传播理论公式总结

第 2 章中涉及多种铁氧体波导系统的传播理论公式，表 2.6 中综合了如下 9 种常用的公式。

(1) 穿越方程适用于多端口、任意磁化方向，有普遍意义。

(2) 环行器的非互易性公式，使用于结环行器、在 z 方向均匀磁化情况。

(3)～(5) 适用于各类移相器，包括互易、非互易移相器，差相移 $\Delta\theta$ 表示 $\pm M$ 磁化相移差；$\mathrm{d}\theta$ 表示 $1\leftrightarrow 2$ 传播方向相移差，即非互易相移；$\delta\theta$ 表示两种磁化态 $(0/M)$ 之间的相移差。对于双模器件也是适用的，但是端口仅设置一个模式。

(6) 适用于旋转场移相器的相移计算，$\theta_R = 0$ 为简正模状态，$\theta_R \neq 0$ 为耦合模状态。

(7) 适用于纵向 (x 方向) 传播和均匀磁化态计算其法拉第旋转角。

(8) 适用于四磁极磁化情况，计算其模式耦合系数 $S_{21}(m_2, m_1)$ 或变极化系数 $\sin\alpha = |S_{21}(m_2, m_1)|$。

(9) 适用于双模波导中两个同向传播的模式之间的差相移计算。

表 2.6　传播理论公式综合表

(1) 穿越方程：	$\mathrm{d}S = S_{ij} - S_{ji} = \dfrac{\mathrm{j}\omega\mu_0}{2}\int_V (h_i \cdot \mu h_j - h_j \cdot \mu h_i)\mathrm{d}V$
(2) 环行器的非互易性：	$\mathrm{d}S = \omega\mu_0 k \int_V i_z \cdot (h_i \times h_j)\mathrm{d}V$
(3) 差相移 $\Delta\theta$：	$\Delta S = S_{12}(M) - S_{12}(-M) = \dfrac{\mathrm{j}\omega\mu_0}{2}\int_V [h_1(M)\cdot\mu(M)h_2(M) - h_1(-M)\cdot\mu(-M)h_2(-M)]\mathrm{d}V$
(4) 非互易相移 $\mathrm{d}\theta$：	$\mathrm{d}S = S_{12} - S_{21} = \dfrac{\mathrm{j}\omega\mu_0}{2}\int_V (h_1 \cdot \mu h_2 - h_2 \cdot \mu h_1)\mathrm{d}V$

续表

(5) 磁化相移 $\delta\theta_{\pm}$：

$$\delta S_{\pm} = S_{12}(0) - S_{12}(\pm M) = \frac{\mathrm{j}\omega\mu_0}{2}\int_V [h_1(0)\cdot\mu(0)h_2(\pm M) - h_1(0)\cdot\mu(\pm M)h_2(\pm M)]\mathrm{d}V$$

(6) 旋转场移相器：

$$\delta\theta = 2\delta\theta_R$$

$$\delta S = S_{21}(\theta_R) - S_{21}(-\theta_R) = \frac{\mathrm{j}\omega\mu_0}{2}\int_{V_f} [h_2(\theta_R)\cdot\mu(\theta_R)h_1(\theta_R) - h_2(-\theta_R)\cdot\mu(-\theta_R)h_1(-\theta_R)]\mathrm{d}V$$

(7) 法拉第旋转系数：$\sin\phi = |S_{21}(m_2,m_1)|$，　$S_{21}(m_2,m_1) = \frac{\omega\mu_0 k}{2}\int_{V_f} i_x\cdot h_1(m_1)\times h_2(m_2)\mathrm{d}V$

(8) 变极化系数：$\sin\alpha = |S_{21}(m_2,m_1)|$，　$S_{21}(m_2,m_1) = \frac{\mathrm{j}\omega\mu_0}{2}\int_{V_f} h_2(m_2)\cdot\mu h_1(m_1)\mathrm{d}V$

(9) 双模模式差相移：

$$\Delta S(m_1,m_2) = S_{21}(m_1,m_1) - S_{21}(m_2,m_2) = \frac{\mathrm{j}\omega\mu_0}{2}\int_V [h_2(m_1)\cdot\mu h_1(m_1) - h_2(m_2)\cdot\mu h_1(m_2)]\mathrm{d}V$$

第二篇　微波铁氧体恒场器件

第 3 章　Y 形结环行器的非互易网络理论

在第 2 章已谈及非互易网络的一些特征，主要是从散射参量之间的非互易性或其本征值与微波场之间的关系来论述的。本章涉及的是散射参量与阻抗参量(或导纳参量)之间的关系，从而可进一步研究非互易网络的一些特性，这在工程设计中更为实用，特别是对于集总参数环行器的设计，其工程概念更为明晰。

3.1　散射矩阵与阻抗矩阵

3.1.1　阻抗矩阵与导纳矩阵

对于一个三端结，结的端电压 (v_1,v_2,v_3) 与端电流 (i_1,i_2,i_3) 之间的关系可用阻抗矩阵来描述：

$$v = Zi \tag{3.1}$$

式中

$$Z = \begin{bmatrix} Z_{11} & Z_{12} & Z_{13} \\ Z_{21} & Z_{22} & Z_{23} \\ Z_{31} & Z_{32} & Z_{33} \end{bmatrix} \tag{3.2}$$

$$v = \begin{bmatrix} v_1 \\ v_2 \\ v_3 \end{bmatrix}, \qquad i = \begin{bmatrix} i_1 \\ i_2 \\ i_3 \end{bmatrix} \tag{3.3}$$

而散射矩阵是通过输入波振幅 a 和输出波振幅 b 之间关系来定义的。令 a 、b 与电压 v 和电流 i 之间用下式相联系：

$$a = (v+i)/2, \quad b = (v-i)/2$$

或

$$v = (a+b)/2, \quad i = (a-b)/2$$

因而有

$$v = (I+S)a, \quad i = (I-S)a$$

便获得阻抗矩阵 Z 与散射矩阵 S 的关系为

即

$$(I+S) = Z(I-S) \tag{3.4}$$

$$Z=(I+S)(I-S)^{-1} \tag{3.5}$$

或

$$S=(Z-I)(Z+I)^{-1} \tag{3.6}$$

式中，I 为单位矩阵。

同样的方法可证明散射矩阵 S 与导纳矩阵 Y 的关系为

$$Y=(I-S)(I+S)^{-1} \tag{3.7}$$

或

$$S=(I-Y)(I+Y)^{-1} \tag{3.8}$$

在非互易或环行器网络中，其散射矩阵元素的特征是 $S_{ij}\neq S_{ji}$，而在非互易电路或环行器电路中，其阻抗矩阵或导纳矩阵中，其元素 $Z_{ij}=-Z_{ji}^{*}$、$Y_{ij}=-Y_{ji}^{*}$，这在下面的例子中有所体现。

3.1.2 本征值问题

在求散射矩阵 S 的本征值的基础上，不难求出阻抗矩阵和导纳矩阵的本征值。对于矩阵 S、Z、Y，它们有共同的本征矢，根据矩阵理论，若已知 $SU_n=s_nU_n$，则矩阵函数 $f(s)$ 的本征值问题为

$$f(S)U_n=f(s_n)U_n \tag{3.9}$$

即矩阵函数 $f(s)$ 与矩阵 S 的本征矢相同，本征值为 $f(s_n)$。应用这些关系，不难求出阻抗矩阵本征值 z_n 和导纳矩阵本征值 y_n，其相互关系为

$$s_n=\frac{z_n-1}{z_n+1},\qquad z_n=\frac{1+s_n}{1-s_n} \tag{3.10}$$

$$s_n=\frac{1-y_n}{1+y_n},\qquad y_n=\frac{1-s_n}{1+s_n} \tag{3.11}$$

$$z_n=\frac{1}{y_n},\qquad y_n=\frac{1}{z_n} \tag{3.12}$$

3.1.3 Y 形对称结的 Z 矩阵和 Y 矩阵的对角化矩阵 Z_n 和 Y_n

求阻抗矩阵 Z 和导纳矩阵 Y 的对角化矩阵，可以仿效散射矩阵 S 的对角化方法进行。由于它们有共同的本征矢，故有共同的模矩阵 O 和 O^{-1}。不难写出阻抗矩阵和导纳矩阵与它们的对角化矩阵的关系：

$$Z=OZ_nO^{-1}$$

式中

$$Z_n = \begin{bmatrix} z_0 & 0 & 0 \\ 0 & z_+ & 0 \\ 0 & 0 & z_- \end{bmatrix} \tag{3.13}$$

$$Z = \begin{bmatrix} Z_{11} & Z_{12} & Z_{13} \\ Z_{13} & Z_{11} & Z_{12} \\ Z_{12} & Z_{13} & Z_{11} \end{bmatrix} \tag{3.14}$$

$$\begin{aligned} Z_{11} &= (z_0 + z_+ + z_-)/3 \\ Z_{12} &= (z_0 + z_+ \mathrm{e}^{\mathrm{j}2\pi/3} + z_- \mathrm{e}^{-\mathrm{j}2\pi/3})/3 \\ Z_{13} &= (z_0 + z_+ \mathrm{e}^{-\mathrm{j}2\pi/3} + z_- \mathrm{e}^{\mathrm{j}2\pi/3})/3 \end{aligned} \tag{3.15}$$

同理，对于导纳矩阵有

$$Y = OY_nO^{-1}$$

式中

$$Y_n = \begin{bmatrix} y_0 & 0 & 0 \\ 0 & y_+ & 0 \\ 0 & 0 & y_- \end{bmatrix} \tag{3.16}$$

$$Y = \begin{bmatrix} Y_{11} & Y_{12} & Y_{13} \\ Y_{13} & Y_{11} & Y_{12} \\ Y_{12} & Y_{13} & Y_{11} \end{bmatrix} \tag{3.17}$$

式中

$$\begin{aligned} Y_{11} &= (y_0 + y_+ + y_-)/3 \\ Y_{12} &= (y_0 + y_+ \mathrm{e}^{\mathrm{j}2\pi/3} + y_- \mathrm{e}^{-\mathrm{j}2\pi/3})/3 \\ Y_{13} &= (y_0 + y_+ \mathrm{e}^{-\mathrm{j}2\pi/3} + y_- \mathrm{e}^{\mathrm{j}2\pi/3})/3 \end{aligned} \tag{3.18}$$

必须注意的是这些矩阵元素和本征值对端口的特性阻抗或特性导纳都是归一化值。

3.1.4　对称三端结环行器的本征值

无耗对称三端结环行器的散射矩阵本征值分布在阻抗圆图的圆周上。理想情况下，$|s_n|=1$，而幅角互成 120°，所以阻抗本征值和导纳本征值应有

$$\begin{aligned} z_0 &= \frac{1+\mathrm{e}^{\mathrm{j}\theta}}{1-\mathrm{e}^{\mathrm{j}\theta}} \\ z_\pm &= \frac{1+\mathrm{e}^{\mathrm{j}(\theta\pm 2\pi/3)}}{1-\mathrm{e}^{\mathrm{j}(\theta\pm 2\pi/3)}} \end{aligned} \tag{3.19}$$

习惯上，在阻抗圆图上复阻抗值 z 和对应的复散射参量 s 呈一一对应关系，s 的复角用 θ 表示，即 $s=|s|e^{j\theta}$，所以把式(3.19)简化后变成

$$z_0 = j\frac{\sin\theta}{1-\cos\theta}$$

$$z_+ = j\frac{\sqrt{3}\cos\theta-\sin\theta}{2+\cos\theta+\sqrt{3}\sin\theta} \tag{3.20}$$

$$z_- = -j\frac{\sqrt{3}\cos\theta+\sin\theta}{2+\cos\theta-\sqrt{3}\sin\theta}$$

与上述相类似，在导纳圆图上，与复导纳 y 对应的散射参量用 $s=|s|e^{j\phi}$ 表示，所以有

$$y_0 = \frac{1-e^{j\phi}}{1+e^{j\phi}}$$

$$y_\pm = \frac{1-e^{j(\phi\pm 2\pi/3)}}{1+e^{j(\phi\pm 2\pi/3)}} \tag{3.21}$$

令 $\theta=\pi-\phi$，$\sin\theta=\sin\phi$，$\cos\theta=-\cos\phi$，归一化导纳本征值，把式(3.21)简化后变成

$$y_0 = -j\frac{1+\cos\phi}{\sin\phi}$$

$$y_+ = j\frac{2-\cos\phi+\sqrt{3}\sin\phi}{\sqrt{3}\cos\phi+\sin\phi} \tag{3.22}$$

$$y_- = -j\frac{2-\cos\phi-\sqrt{3}\sin\phi}{\sqrt{3}\cos\phi-\sin\phi}$$

不同的 θ 值，就可算出一组 s_n、z_n、y_n，$n=0,\pm$，它们分布在阻抗圆图或导纳圆图的圆周上，互成 120°。今对特殊的 θ，把 s_n、z_n、y_n 列在表 3.1 中。

表 3.1　理想环行器本征值：$\theta_n(s_n)$、z_n、y_n 对应关系

θ/(°)	θ_0/(°)	θ_+/(°)	θ_-/(°)	y_0	y_+	y_-	z_0	z_+	z_-
0	0	120	−120	0	$-j\sqrt{3}$	$+j\sqrt{3}$	∞	$j/\sqrt{3}$	$-j/\sqrt{3}$
60	60	−180	−60	$-j/\sqrt{3}$	∞	$+j/\sqrt{3}$	$+j\sqrt{3}$	0	$-j\sqrt{3}$
120	120	−120	0	$-j\sqrt{3}$	$+j\sqrt{3}$	0	$+j/\sqrt{3}$	$-j\sqrt{3}$	∞
180	−180	−60	60	∞	$j/\sqrt{3}$	$-j/\sqrt{3}$	0	$-j\sqrt{3}$	$+j\sqrt{3}$
−120	−120	0	120	$+j\sqrt{3}$	0	$-j\sqrt{3}$	$-j/\sqrt{3}$	∞	$+j/\sqrt{3}$
−60	−60	60	−180	$+j/\sqrt{3}$	$-j\sqrt{3}$	∞	$-j\sqrt{3}$	$+j\sqrt{3}$	0

把阻抗本征值中的 θ 或导纳本征值中的 ϕ 视为参量。不同 θ 或 ϕ 值反映了不同的环行状态。在无耗情况下，对于 $\theta=\pi$ 的环行状态，阻抗本征值 $z_0=0, z_\pm=\mp \mathrm{j}\sqrt{3}$；而对于导纳本征值而言，为 $\phi=0, y_0=\infty, y_\pm=\pm \mathrm{j}/\sqrt{3}$，$\theta$ 和 ϕ 是互补关系，$\phi=\theta-180°$。在一般情况下，环行状态可以异于 $z_0=0$ 或 $y_0=\infty$，例如，$165°\leqslant\theta<180°$ 或 $-15°\leqslant\phi<0°$，只要 3 个本征值（z_0、$z_\pm$）对应的散射矩阵 S 的本征值相位角 θ_0、$\theta_\pm$ 相互差 120°；或 y_0、$y_\pm$ 对应的相位角 ϕ_0、$\phi_\pm$ 相互差 120° 就行。

图 3.1 表示在无耗情况下，$y_0=\mathrm{j}b_0$，$y_\pm=\mathrm{j}b_\pm$，参量角在上述分布范围内 $(-15°\leqslant\phi<0°)$。在环行状态下，电纳本征值的分布曲线，例如，$\phi=-10°$、$b_0=-11.4$、$b_+=0.68$、$b_-=-0.42$ 为环行状态。

关于无耗 Y 形对称结集总参数环形器，因其非互易结由环绕铁氧体圆片的 3 个短路线圈组成，所以同相激励时阻抗本征值 $z_0=\mathrm{j}x_0$，其 x_0 很小，θ_0 处于 180° 附近，其导纳本征值 $y_0=\mathrm{j}b_0$，b_0 值很大，ϕ_0 处于 0 附近，图 3.1 只是表示 $b_0(\phi)\sim\phi$ 的关系及 $b_\pm(\phi)\sim\phi$ 关系而已。

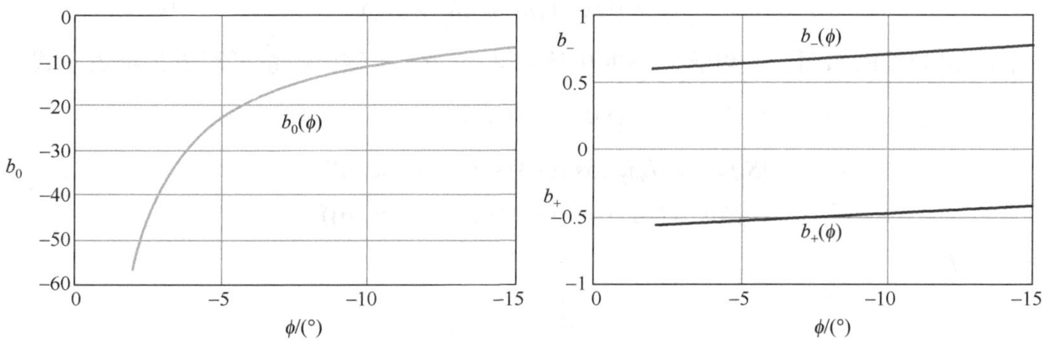

图 3.1　无耗状态下，环行器的导纳（电纳）本征值随 ϕ 值的分布曲线

3.2　非互易结的耦合电路方程

为了导出非互易结的阻抗矩阵，用图 3.2 非互易结的等效电路模型，端口电压和电流为其基本物理量，两者间的相互关系用阻抗矩阵联系起来。设 3 个电感线圈中分别流过 i_1、i_2、i_3 的电流，电感线圈之间并不直接相连，相互耦合靠铁氧体的旋磁耦合作用，电流线圈产生的射频磁场分别为 h_1、h_2、h_3，这些场贯穿了整个铁氧体圆片，3 个电感线圈的平面法向单位矢分别为 s_1、s_2、s_3，它们在 x-y 平面内相互成 120°。

$$\begin{aligned} s_1&=(-1,0)\\ s_2&=(1/2,-\sqrt{3}/2)\\ s_3&=(1/2,\sqrt{3}/2)\end{aligned}\tag{3.23}$$

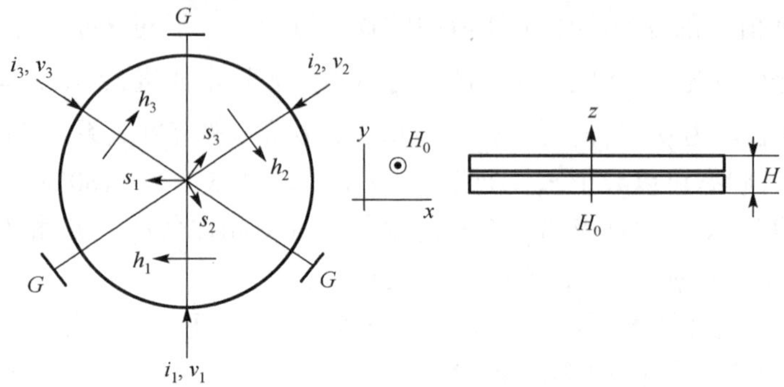

图 3.2　非互易结的等效电路模型

线圈上感应电压：

$$
\begin{aligned}
v_1 &= \mathrm{j}\omega|S| s_1 \cdot (\mu h_1 + \mu h_2 + \mu h_3) \\
v_2 &= \mathrm{j}\omega|S| s_2 \cdot (\mu h_1 + \mu h_2 + \mu h_3) \\
v_3 &= \mathrm{j}\omega|S| s_3 \cdot (\mu h_1 + \mu h_2 + \mu h_3)
\end{aligned}
\tag{3.24}
$$

式中，$|S|$为线圈的面积。电感回路的电感L_0与电流i及磁通关系可写成二维表示式：

$$
\begin{aligned}
|S| h_1 &= (-L_0 i_1, 0) \\
|S| h_2 &= (-L_0 i_2 \cos(\pi/3), -L_0 i_2 \cos(\pi/6)) \\
|S| h_3 &= (-L_0 i_3 \cos(\pi/3), L_0 i_3 \cos(\pi/6))
\end{aligned}
$$

令$V = ZI$：

$$
V = \begin{bmatrix} v_1 \\ v_2 \\ v_3 \end{bmatrix}, \qquad I = \begin{bmatrix} i_1 \\ i_2 \\ i_3 \end{bmatrix}
$$

$$
Z = \mathrm{j}\omega L_0 \begin{bmatrix} \mu & -\mu/2 + \mathrm{j}\kappa\sqrt{3}/2 & -\mu/2 - \mathrm{j}\kappa\sqrt{3}/2 \\ -\mu/2 - \mathrm{j}\kappa\sqrt{3}/2 & \mu & -\mu/2 + \mathrm{j}\kappa\sqrt{3}/2 \\ -\mu/2 + \mathrm{j}\kappa\sqrt{3}/2 & -\mu/2 - \mathrm{j}\kappa\sqrt{3}/2 & \mu \end{bmatrix}
\tag{3.25}
$$

式(3.25)就是所求的非互易电路的阻抗矩阵，它与互易电路的区别就是矩阵中含有铁氧体张量磁导率非对角分量，阻抗矩阵的非对角分量互为共轭关系$Z_{ij} = -Z_{ji}^*$，对角分量Z_{ii}对无耗网络而言为纯虚数。

3.2.1　非互易结的本征值

一个完整的集总参数环行器必须由非互易三端结组成，因为非互易三端结的 3 个本征值非简并，所以它们才有可能构成在阻抗圆图上呈现 120° 分布，而互易结的阻抗矩阵是对称性的，即 $Z_{ij}=Z_{ji}$，其本征值存在两重简并，正负圆极化激励的本征态是同一本征值。非互易三端结的网络阻抗特性根据关系式(3.25)可写成

$$Z=\begin{bmatrix} Z_{11} & Z_{12} & Z_{13} \\ Z_{13} & Z_{11} & Z_{12} \\ Z_{12} & Z_{13} & Z_{11} \end{bmatrix}=\begin{bmatrix} Z_{11} & Z_{12} & -Z_{12}^* \\ -Z_{12}^* & Z_{11} & Z_{12} \\ Z_{12} & -Z_{12}^* & Z_{11} \end{bmatrix} \tag{3.26}$$

即 $Z_{13}=-Z_{12}^*$，根据式(3.25)，可求出非互易结的 3 个阻抗本征值为

$$\begin{aligned} z_0 &= Z_{11}+Z_{12}+Z_{13}=0 \\ z_+ &= Z_{11}+Z_{12}\beta+Z_{13}\beta^2=\mathrm{j}\omega\mu_+\xi \\ z_- &= Z_{11}+Z_{12}\beta^2+Z_{13}\beta=\mathrm{j}\omega\mu_-\xi \end{aligned} \tag{3.27}$$

式中，$\beta^2=\mathrm{e}^{-\mathrm{j}2\pi/3}$，$\mu_+=\mu+\kappa$，$\mu_-=\mu-\kappa$，$\xi=3L_0/2$。$z_0=0$ 表示三端同相同幅激励时，在理想状态下合成磁场为零所致，而 $z_+\neq z_-$ 为正负圆极化激励时由于 μ_+、μ_- 的不同而导致本征值分裂成两个值，这是非互易结的基本特征。

至此为止，从非互易结电感的耦合到阻抗本征值的求出，都是在理想情况下获得的。事实上，线圈之间的耦合并非都是全耦合状态，线圈各自保留着自感系数。另外，线圈之间的绝缘交叉处或多或少有电容存在，忽略微波结的分布特性，完全作为集中参数看待也是带有某种近似性。如果把这些复杂因素考虑在内，$z_0\neq 0$，这样，问题就复杂化了，给弄清集中参数环行器的基本原理带来不便。

3.2.2　4 种非互易电路的本征值

表 3.2 中反映了 4 种非互易电路的本征值情况。(L_0) 为非互易电感结的情况，用阻抗矩阵本征值 z_0、z_+、z_- 来表示；$(L_0//C_0)$ 为在非互易电感结基础上各端加上并联电容 C_0，在满足一定条件时，成为窄带集总参数环行器，用导纳矩阵本征值 y_0、y_+、y_- 来表示，表中 y_0，$y_\pm$ 在一定条件下(加 C_0)，非互易电结就可以满足环行条件。

表 3.2 中，$(x_s-L_0//C_0)$ 表示在窄带环行器的基础上各端串联一个串联谐振电路，其归一化值为 x_s，$x_s=\mathrm{j}(\omega L_s-1/\omega C_s)$。这时，其非互易结的阻抗本征值 z_0、$z_\pm$ 的表示式如表中所示。

表 3.2 中，$(L_0//C_0-z_j)$ 表示在窄带环行器的基础上串联一个结串联谐振电路，用阻抗矩阵本征值 z_0、z_+、z_- 来表示结的特性。$(x_s-L_0//C_0)$ 和 $(L_0//C_0-z_j)$ 两者为宽带集总参数环行器。

表 3.2　非互易电路的本征值表

A 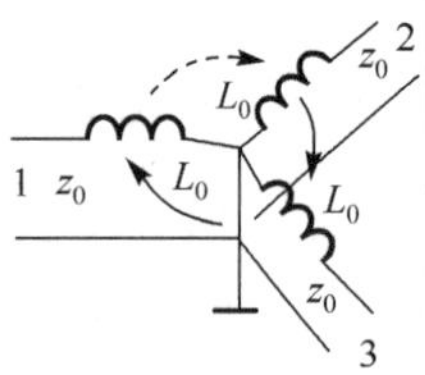	B 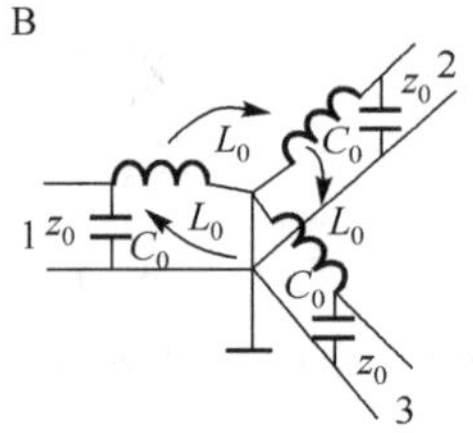	C 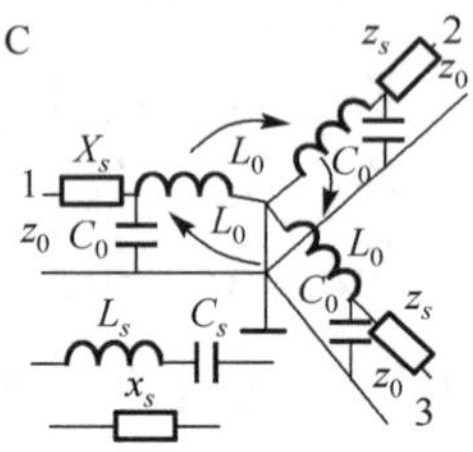	D 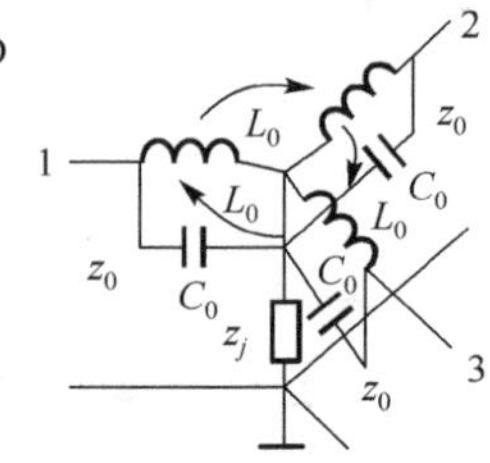
(L_0)	$(L_0//C_0)$	$(x_s-L_0//C_0)$	$(L_0//C_0-z_j)$
$z_0=0$ $z_+=\mathrm{j}\omega\mu_+\xi$ $z_-=\mathrm{j}\omega\mu_-\xi$	$y_0=\infty$ $y_+=\dfrac{1}{\mathrm{j}\omega\mu_+\xi}+\mathrm{j}\omega x_0$ $y_-=\dfrac{1}{\mathrm{j}\omega\mu_-\xi}+\mathrm{j}\omega x_0$	$z_0=x_s=\mathrm{j}\omega L_s+\dfrac{1}{\mathrm{j}\omega c_s}$ $z_+=\left(\dfrac{1}{\mathrm{j}\omega\mu_+\xi}+\mathrm{j}\omega c_0\right)^{-1}+z_s$ $z_-=\left(\dfrac{1}{\mathrm{j}\omega\mu_-\xi}+\mathrm{j}\omega c_0\right)^{-1}+z_s$	$z_0=3z_j$ $z_+=\left(\dfrac{1}{\mathrm{j}\omega\mu_+\xi}+\mathrm{j}\omega c_0\right)^{-1}$ $z_-=\left(\dfrac{1}{\mathrm{j}\omega\mu_-\xi}+\mathrm{j}\omega c_0\right)^{-1}$

3.2.3　非互易结的环行条件

对非互易结的环行条件有许多表示方法。从 S 矩阵角度看，对无耗非互易 Y 形结，必须使$|s_{11}|\to 0$，以本征值方法来描述，3 个本征值参数必须在阻抗圆图的圆周上互成 120°。对于集总参数环行器而言，如并联电容式($L_0//C_0$)结环行器，当环行条件满足时，有

$$y_0=\infty$$
$$y_\pm=\pm\mathrm{j}/\sqrt{3}$$

因而有

$$\begin{aligned}\frac{1}{\mathrm{j}\omega\mu_+\xi}+\mathrm{j}\omega c_0&=\mathrm{j}/\sqrt{3}\\ \frac{1}{\mathrm{j}\omega\mu_-\xi}+\mathrm{j}\omega c_0&=-\mathrm{j}/\sqrt{3}\end{aligned}\tag{3.28}$$

把 $\xi=3l_0/2$ 代入，其中，l_0 为归一化值 $l_0=L_0/z_0$，求出符合设计要求的理想情况下的环行条件：

$$\omega l_0=\frac{2\kappa/\mu}{\sqrt{3}\mu_e}\tag{3.29}$$

$$\omega c_0=\frac{1}{\sqrt{3}\kappa/\mu}\tag{3.30}$$

式中

$$\mu_e=\frac{\sigma^2+2p\sigma-1}{\sigma^2+p\sigma-1}, \qquad \frac{\kappa}{\mu}=\frac{p}{\sigma^2+p\sigma-1}$$

上式算出的电感和电容值都是归一化值，折算到实际值为 $l_0=L_0/z_0$，$c_0=C_0/z_0$，$z_0=50\Omega$。μ_e、κ/μ 的公式是在无损耗条件下（$\alpha=0$）得出的。当 $\sigma\to 1$、$p\to 10$、$\mu_e\to 2$ 和 $\kappa/\mu\to 1$ 时，估计出 $\omega c_0\to 0.577$ 和 $\omega l_0\to 0.577$。当频率 $f=500\text{MHz}$、$H_r=179\text{Oe}$、$M_s=1790/(4\pi)(\text{kA/m})$、$p=10$ 时，算出 $C_0=3.67\text{pF}$、$L_0=9.18\text{nH}$。

实际情况的环行条件比式(3.29)和式(3.30)复杂。因为该式是在理想的非互易耦合电感结 $z_0=0$、$z_\pm=\pm \text{j}\sqrt{3}$ 的情况下得出的结果。实际情况下 $z_0\neq 0$。这是由于一般情况下，3 个耦合线圈除耦合电感 L_0 外，还存在非耦合电感部分，以下将由实例来说明。

为了求出非互易结阻抗本征值 (z_0,z_+,z_-) 或电抗本征值 (x_0,x_+,x_-)，利用电感元件 L 中储能计算方法，即

$$\frac{1}{2}LI^2=\int_{\text{all}}(h\cdot\mu h^*)\text{d}V \tag{3.31}$$

电感元件的电抗公式：

$$\text{j}X=\text{j}\omega L=\text{j}\frac{2\omega}{I^2}\int_{\text{all}}h\cdot\mu h^*\text{d}V \tag{3.32}$$

式中，激磁电流 $I^2\propto P$。若三端非互易电感结处在本征激发态（同相激发态“0”，圆极化激发态“±”），利用上述过程，求出 3 种本征激发态的归一化阻抗本征值：

$$\begin{aligned}z_0&=\text{j}\frac{2\omega}{P_0Z_0}\int h_0\cdot\mu h_0^*\text{d}V\\ z_+&=\text{j}\frac{2\omega}{P_+Z_0}\int h_+\cdot\mu h_+^*\text{d}V\\ z_-&=\text{j}\frac{2\omega}{P_-Z_0}\int h_-\cdot\mu h_-^*\text{d}V\end{aligned} \tag{3.33}$$

式中，Z_0 为端口的特性阻抗 $P_0=(1,1,1)$、$P_+(1,1\angle 120°,1\angle -120°)$ 和 $P_-(1,1\angle -120°,1\angle 120°)$ 为 3 种激发态，积分中取值 $P_0=P_+=P_-=1$。在无耗条件下，z_0、z_+、z_- 均为纯虚数，即 $z_0=\text{j}x_0$、$z_+=\text{j}x_+$、$z_-=\text{j}x_-$，这时归一化电抗本征值为

$$\begin{aligned}x_0&=\frac{2\omega}{Z_0}\int_{\text{all}}\text{Re}(h_0\cdot\mu h_0)\text{d}V\\ x_+&=\frac{2\omega}{Z_0}\int_{\text{all}}\text{Re}(h_+\cdot\mu h_+)\text{d}V\\ x_-&=\frac{2\omega}{Z_0}\int_{\text{all}}\text{Re}(h_-\cdot\mu h_-)\text{d}V\end{aligned} \tag{3.34}$$

如图 3.3 所示，考虑一个无耗非互易结的设计实例，中心频率 $f_0 = 347\,\mathrm{MHz}$ 。其中由两片铁氧体圆柱和网状电感组成：铁氧体尺寸为 $D_f t = 10\,\mathrm{mm}\times1.2\,\mathrm{mm}$ 、 $\varepsilon_f = 14$ ，磁化场 $H_i = 14\mathrm{kA/m}$ 、 $M_s = 1780/(4\pi)(\mathrm{kA/m})$ 、 $\Delta H = 0$ 。网状电感印制在 $\varepsilon_d = 2.6$ 的介质板上，介质板厚度 $t = 0.2\,\mathrm{mm}$ ，网状电感间距为 $w/s/w = 1\mathrm{mm}/3\mathrm{mm}/1\mathrm{mm}$ 。通过仿真测试，测出非互易电感结的 S 参数，由此求出其本征值 $s_0 = 1\angle171.4^\circ$ 、 $s_+ = 1\angle111.8^\circ$ 及 $s_- = 1\angle143.3^\circ$ ，算出非互易结归一化阻抗矩阵的本征值 $x_0 = 0.075$ 、 $x_+ = 0.677$ 及 $x_- = 0.332$ ，相应地求出归一化导纳的本征值 $b_0 = -13.4$ 、 $b_+ = -1.48$ 、 $b_- = -3$ ，它们在阻抗（导纳）圆图的圆周上，对应的相位角 $\phi_0 = -8.6^\circ$ 、 $\phi_+ = -68.2^\circ$ 及 $\phi_- = -36.7^\circ$ ，图 3.2 中的附表为非互易电感结的电抗本征值 x_0、$x_\pm$ 的仿真结果和利用式(3.34)进行数值计算结果，两者差别不大。当 $f_0 = 347\,\mathrm{MHz}$ 、 $M_s = 1780\times10^3/(4\pi)(\mathrm{A/m})$ 、 $H_i = 14\,\mathrm{kA/m}$ 、 $p = 14.4$ 、 $\sigma = 1.41$ 、 $\mu = 1 + p\sigma/(\sigma^2 - 1)$ 、 $\kappa = p/(\sigma^2 - 1)$ 时，计算结果为 $\mu = 21.16$ 、 $\kappa = 14.22$ 、 $\kappa/\mu = 0.672$ 、 $\mu_e = 11.6$ ；根据式(3.29)和式(3.30)可估计出电感 L_0 和 C_0 ： $\omega l_0 = 0.067$ 、 $\omega L_0 = 0.067\times50 = 3.34\Omega$ ， $L_0 = 1.53\,\mathrm{nH}$， $\omega c_0 = 0.859$ 、 $\omega C_0 = 0.017\ (1/\Omega)$ 、 $C_0 = 7.8\,\mathrm{pF}$ 。

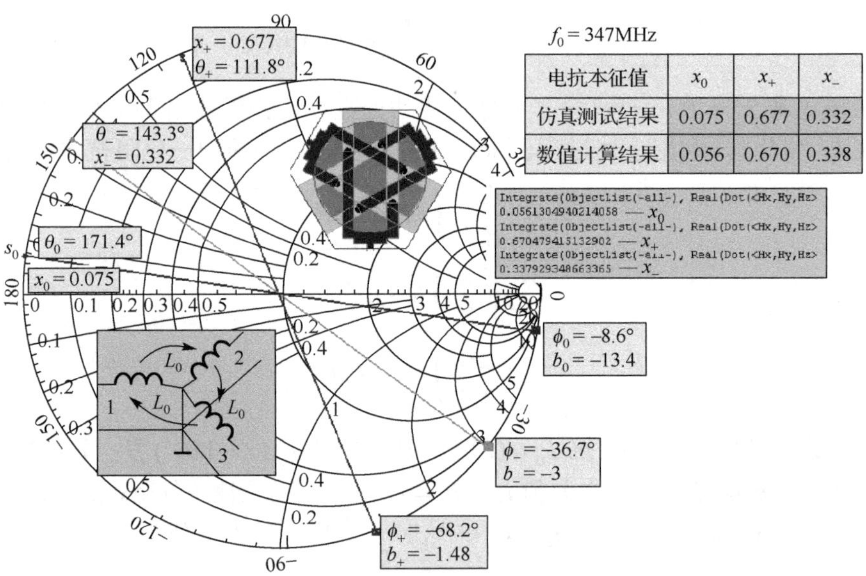

图 3.3　非互易电感结的电抗本征值 x_0、$x_\pm$ 和电纳 b_0、$b_\pm$ 本征值实例

必须指出，利用式(3.29)和式(3.30)估计 L_0、C_0 是粗略估计值。L_0 值可通过输入阻抗 z_{in} 的测量结果来认定：互易结输入电抗 $x_{\mathrm{in}}(j) = \omega L_0/Z_0 = 0.11, L_0 = 2.52\mathrm{nH}$ 。

图 3.4 所示为集总参数环行器阻抗本征值和散射参量本征值的情况。在上述非互易结的每一端附加并联电容 C_0 ，它是印制板上的电极 C_0 和接地端间的电容，取合适

的电容数值，可获得如图中的 S 参数本征值 s_0、s_+、s_- 的分布：$s_0 = 0.996\angle 170°$、$s_+ = 0.981\angle 292°$ 及 $s_- = 0.962\angle 45.5°$ 以及相应的电抗本征值 x_0、x_+、x_- 和电纳本征值 b_0、$b_\pm$、b_-，其值列于表 3.3 中。

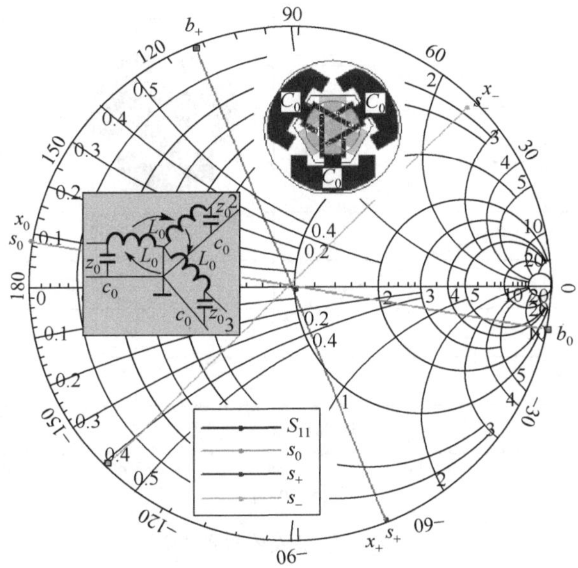

图 3.4　集总参数环行器的电抗本征值 x_0、$x_\pm$ 和电纳本征值 b_0、$b_\pm$ 实例

表 3.3　非互易结电路的电抗本征值和电纳本征值表 ($f_0 = 347\text{MHz}$)

电抗本征值	θ	电纳本征值	ϕ
$x_0(j) = 0.075$	$\theta_0(j) = 171.4°$	$b_0(j) = -13.4$	$\phi_0(j) = -8.6°$
$x_+(j) = 0.677$	$\theta_+(j) = 111.8°$	$b_+(j) = -1.48$	$\phi_+(j) = -68.2°$
$x_-(j) = 0.332$	$\theta_-(j) = 143.4°$	$b_-(j) = -3.04$	$\phi_-(j) = -36.7°$

C_0 的值可通过本征模 b_+、b_- 的测量和变化结果来认定：从表 3.3 和表 3.4 中的电纳值 $b_+(c)$、$b_-(c)$ 和 $b_+(j)$、$b_-(j)$ 求出其差值 $\Delta b_+ = b_+(c) - b_+(j) = 0.68 + 1.48 = 2.16$ 及 $\Delta b_- = b_-(c) - b_-(j) = -0.42 + 3.04 = 2.62$，取归一化电容值 c_0，使 $\omega c_0 = 2.16$。由此求出并联电容值 $C_0 = 2.16/(\omega Z_0) = 2.16/(2\pi \times 347 \times 10^6 \times 50) = 19.8\text{pF}$，由 $A = C_0 t/\varepsilon_0 \varepsilon_d$ 算出电极面积 $A = 0.86\text{cm}^2$，这和实际情况 $A = 0.78\text{cm}^2$ 接近。

表 3.4　集总参数环行器的电抗本征值和电纳本征值表 ($f_0 = 347\text{MHz}$)

电抗本征值	θ	电纳本征值	ϕ
$x_0(c) = 0.088$	$\theta_0(c) = 170°$	$b_0(c) = -11.4$	$\phi_0(c) = -10°$
$x_+(c) = -1.48$	$\theta_+(c) = -68°$	$b_+(c) = 0.68$	$\phi_+(c) = 112°$
$x_-(c) = 2.38$	$\theta_-(c) = 45.5°$	$b_-(c) = -0.42$	$\phi_-(c) = -134.5°$

图 3.5 表示将印制板电极作为电容 C_0 获得的环行器性能，在 $f = 335$～360MHz 内，$2\delta = 7.2\%$ 带宽内满足反射损耗及隔离小于–20dB。中心频率 f_0 在 347MHz 处，这是对 50Ω端口特性阻抗归一化的结果。

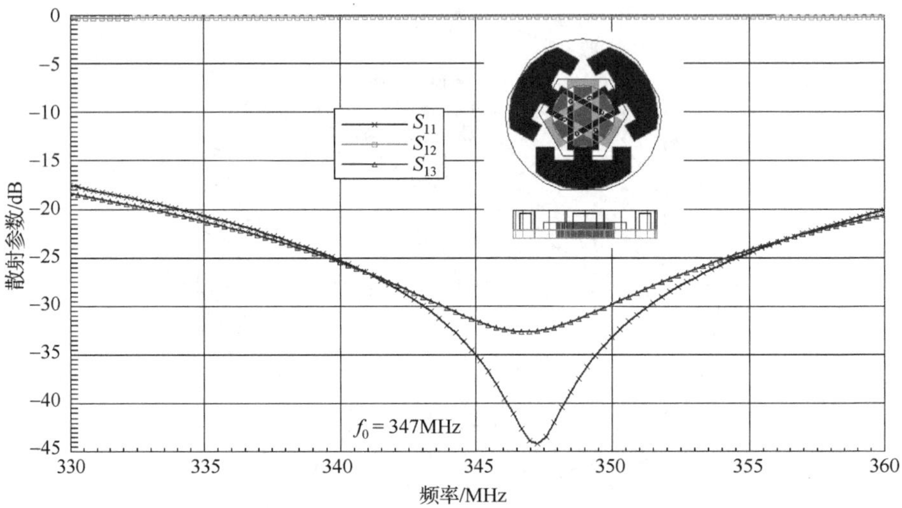

图 3.5　集总参数环行器性能

图 3.6 为环行器未经归一化处理，端口特性阻抗为 24.4Ω时，非环行状态下的非互易参数 dS 的计算和仿真结果。计算结果为 $\mathrm{d}S = 0.564\angle 352.7°$，仿真结果为 $\mathrm{d}S = 0.565\angle 353.6°$，两者相当吻合。

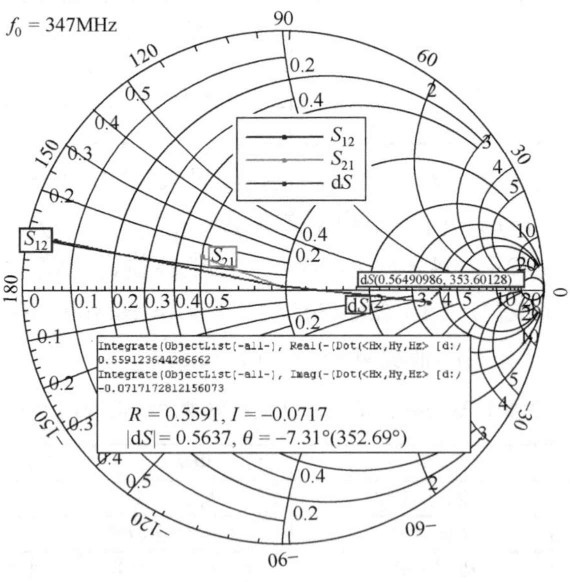

图 3.6　在非环行状态下，环行器非互易性 dS 的仿真结果和数值计算结果

3.2.4　集总元件环行器的结构设计及其输入阻抗

用非互易结的阻抗矩阵及其本征值来描述环行特性不是十分方便，如果能算出归一化输入阻抗，问题就迎刃而解：

$$Z_{\text{in}} = Z_{11} - \frac{Z_{12}Z_{12}}{Z_{13}} \tag{3.35}$$

令

$$z_{\text{in}} = Z_{\text{in}} / 50$$

图 3.7 为集总元件环行器的网状电感设计图，把平行耦合线电感条集成在印制板上，把每根电感条分成两段，分别印制在印制板的正反两面，通过金属化孔把它们连接，3 组电感条相互成 120°，但相互交叠部分互相绝缘，3 组电感条通过铁氧体圆片的张量磁导率作用形成非互易结。

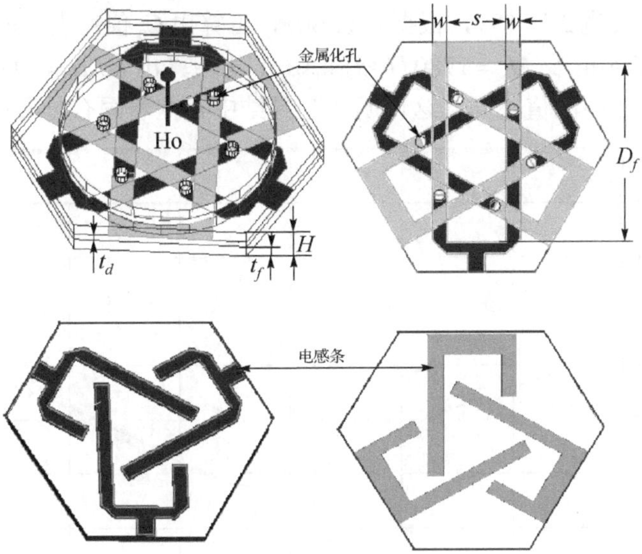

图 3.7　印制电路板及网状电感

3.3　窄带集总参数环行器的设计

根据不同频段、带宽特性，设计成 4 种集总元件环行器。它们的内导体结构尺寸、铁氧体磁化场、印制板的厚度及介电常数等不同，适合于不同频段。但铁氧体材料参数都是统一的。它们的仿真结果见表 3.5。

表 3.5　4 种集总元件环行器设计参数

f / MHz	360～390	600～660	900～990	250～320
$w/s/w$ / mm	1/3/1	1/3/1	1/2.8/1	0.8/3.2/0.8
$D_f t_f$ / mm	10×1.0	10×1.2	10×0.7	10×1.0
t_d(mm) / ε	0.2/10	0.2/10	0.4/8	0.4/2.6
H / mm	2.2	2.6	1.8	2.4
C_0 / pF	15	0	0	27.6
H_0 / (kA/m)	18	18	28	11
M_s / (4π)/(kA/m)	1780	1780	1780	1780
ΔH / (4π)/(kA/m)	5	5	5	5
ε_f	14.5	14.5	14.5	14.5
$(L_1-C_1)/C_2$ / (nH-pF)	—	—	—	(5.2～7.93)/6.6

3.3.1　360～390MHz 窄带环行器

本结构属于表 3.2 中的$(L_0//C_0)$型环行器。在结的各端附加并联电容$C_0=15\text{pF}$，图 3.8 为其性能，带宽$2\delta=8\%$，根据式(3.30)，可算出C_0值：当$f=375\text{MHz}$时，附加磁化场$H_0=18\text{kA/m}$及$M_s=1780/(4\pi)(\text{kA/m})$时，算出$\kappa/\mu=7.19/13.13=0.55$和$C_0=9\text{pF}$，与表 3.2 中的值不同，这说明非互易结中存在着固有分布电容的影响。

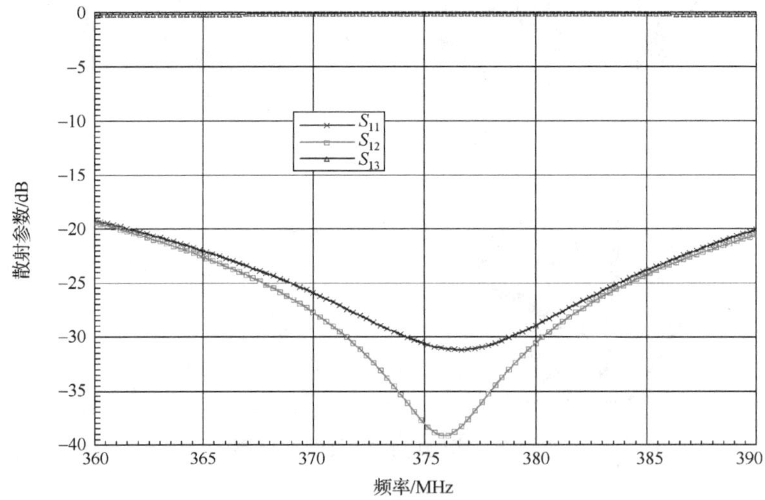

图 3.8　360～390MHz 窄带环行器性能

3.3.2　600～660MHz 窄带环行器

尺寸及磁化场等参数从表 3.5 中可查到。其环行器的性能如图 3.9 所示：60MHz 带宽，$2\delta=9.5\%$，其特点这里$C_0=0$，犹如表 3.5 中的(L_0)型非互易结。按理说，这种理想状态的非互易结，没有电容C_0的支持是不能形成环行的。恰好利用了非互易电感结中的漏感和分布电容等才获得了较好的环行性能，如图 3.10 所示。其中

$$z_0 = 4.29\times10^{-3} + \mathrm{j}0.208$$
$$z_+ = 0.215 + \mathrm{j}3.19$$
$$z_- = 0.088 - \mathrm{j}1.229$$

在 630MHz 处，基本是环行的，因为其相应的 s_0、s_+、s_- 互成$120°$关系。再从图 3.10 中所示的阻抗矩阵测量可知 $z_{12} \approx -z_{13}^*$，用阻抗矩阵元素和式(3.31)可算出归一化输入阻抗 $z_{\mathrm{in}} = 1.07 + \mathrm{j}0.06$，其值和图 3.10 中 s_{11} 所处位置的 z_{in} 相当。这种免用 C_0 方法而获得环行性能不是容易得到的，它与非互易结电路的调整、印制板厚薄及 ε_d 大小等因素有关，但免用 C_0 的集总参数环行器可以获得小型化结构。

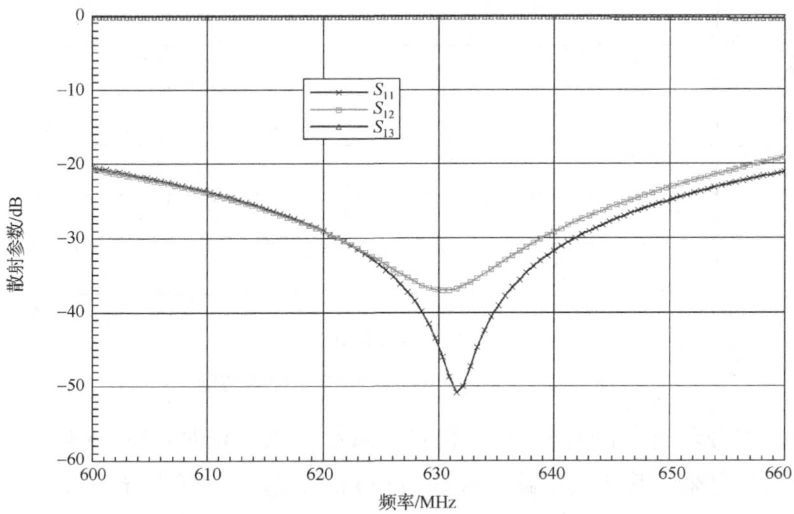

图 3.9　600～660MHz 集总参数环行器性能

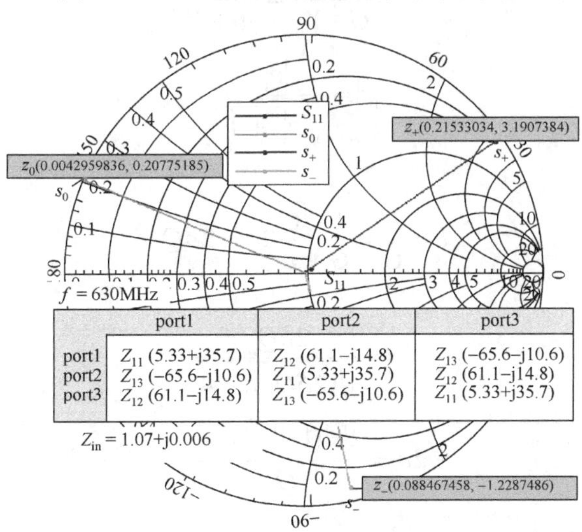

图 3.10　集总参数环行器的阻抗矩阵及其本征值

3.3.3　900～990MHz 窄带环行器

同样的方法，利用表 3.2 中的有关参数，可以仿真出如图 3.11 所示的环行器性能，不用并联电容 $C_0 = 0$，带宽为 90MHz，相对带宽 $2\delta = 9.5\%$。

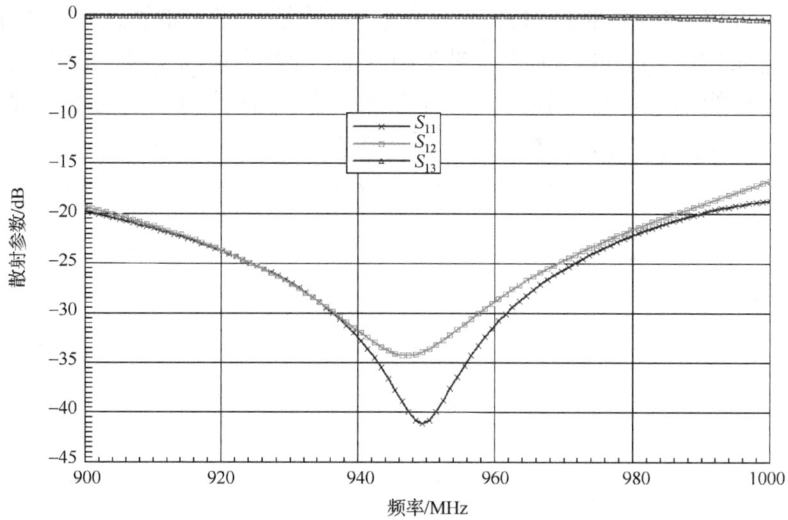

图 3.11　900～990MHz 窄带环行器性能

窄带集总参数环行器的有载 Q_L 值和驻波系数 ρ 以及相对带宽 2δ 有一定的关系。上述 3 种窄带环行器，其等效电路为并联谐振回路，假定负载电导为 G，其反射系数：

$$r = \frac{G - Y_{\text{in}}}{G + Y_{\text{in}}} = \frac{\text{j}b}{\text{j}b + 2} \tag{3.36}$$

$$|r| = \frac{|b|}{\sqrt{|b|^2 + 4}}$$

式中

$$b = \frac{B}{G} = \frac{1}{G}\sqrt{\frac{C}{L}}2\delta = 2\delta Q_L$$

则

$$|r| = \frac{2\delta Q_L}{\sqrt{(2\delta Q_L)^2 + 4}}$$

解出相对带宽：

$$2\delta = \frac{2|r|(1 - |r|^2)^{-1/2}}{Q_L}$$

写成驻波形式为

$$Q_L 2\delta = \frac{\rho - 1}{\sqrt{\rho}} \tag{3.37}$$

式(3.30)中为归一化值：　$Q_L = \dfrac{\omega C_0}{G} = \omega c_0 = \dfrac{\mu}{\sqrt{3}\kappa}$

结果为

$$2\delta = \frac{\sqrt{3}(\rho - 1)}{\sqrt{\rho}} \frac{\kappa}{\mu} \tag{3.38}$$

在高场区工作时，$\kappa/\mu \approx 0.4$，$\rho = 1.2$，算出 $2\delta = 12.6\%$，这是把非互易结加并联电容后构成的基本集总参数环行器的带宽公式，前面的 3 个例子均属窄带时的情况，其实际电路的带宽一般略低于式(3.38)算出的理论带宽。原因之一是理想的非互易结和实际的非互易结存在一定差别。

3.4　宽带集总参数环行器的设计

图 3.12(a)为宽带集总参数环行器的结构示意图，结构中的两块铁氧体圆盘之间夹有电路板，电路板上印制非互易结电感，其尺寸见表 3.5，宽带电路结构如表 3.2 中所示的 $x_s - (L_0 // C_0)$ 型，只是其中串联谐振阻抗 x_s 变成图 3.12(b)中的 $Z_1 = \mathrm{j}(\omega L_1 - 1/\omega C_1)$ 而已。宽带匹配的原理如图 3.12(b)所示，其中非互易结的输入阻抗为曲线 1，加上并联电容 C_0 后，变成一个窄带环行器，其频率响应特性在阻抗圆图上为曲线 2，是一个窄带环行器。典型的并联谐振回路的特性曲线是垂直分布，下端为高频分布呈容抗特性，上端为低频分布，呈感抗特性。

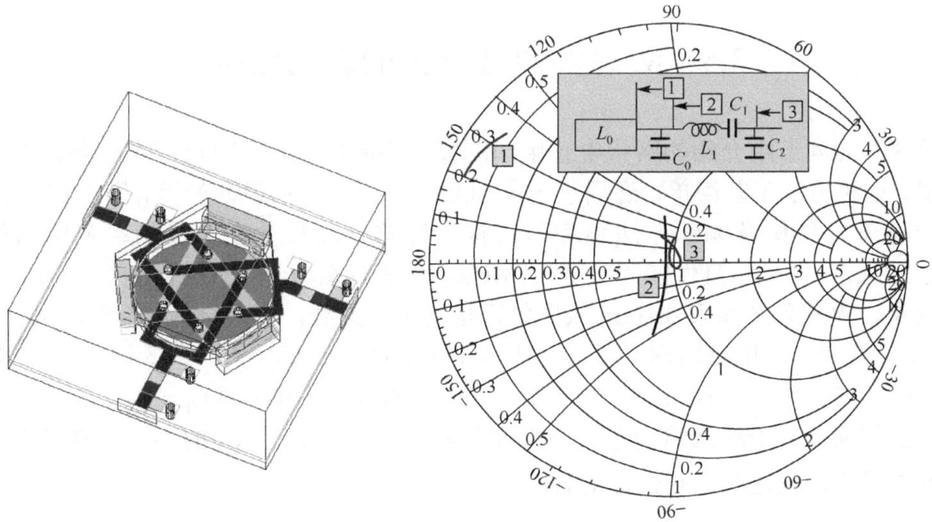

(a)　　(b)

图 3.12　宽带集总参数环行器的阻抗特性

在窄带环行器的 3 个端口加上串联谐振电路，其电抗的频率特性为高频呈感抗、低频呈容抗，和并联谐振回路的特性互补，得到宽频带匹配，其结果如图 3.13 所示，带宽为 250～320MHz，$2\delta = 24.5\%$。其阻抗特性在阻抗圆图上聚于如图 3.12(b)中所示的曲线 3。

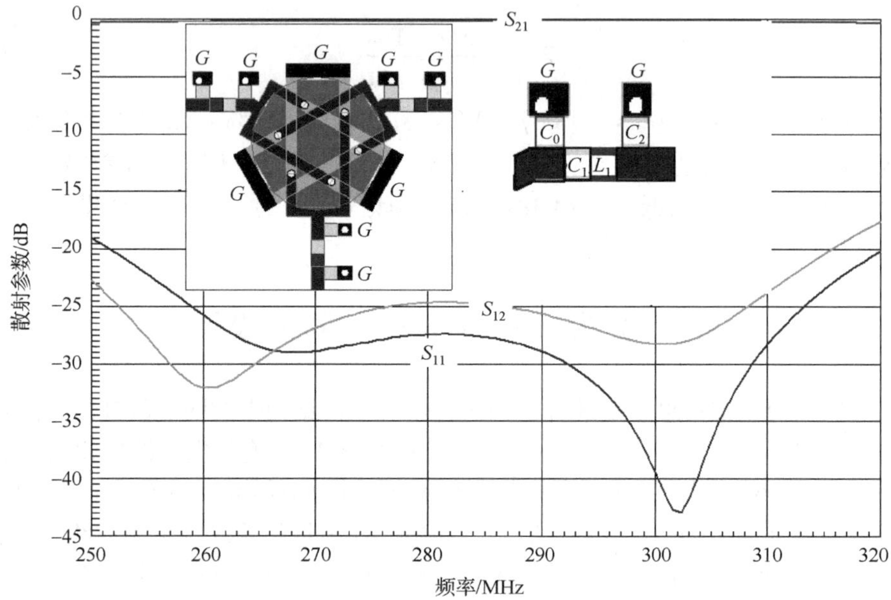

图 3.13 宽带集总参数环行器仿真性能

3.5 集总参数环行器的编网结构

除 3.3、3.4 节中介绍的网状电感用印制板电路制作外，也可以用电感条编网方法来实现。这种方法工艺简单，适用于 50～500MHz 频率范围设计使用。图 3.14 展示了金属电感条的结构及编织方法和腔体结构，腔体平面尺寸在上述频率范围内约为 30mm×30mm。图中仿真性能为带宽 25MHz，中心频率为 280MHz。3 个电感条相互 120°交叉，电感条之间用 0.1mm 聚四氟乙烯薄膜作绝缘，形成导体-绝缘膜-导体-绝缘膜-导体叠层网状电感结构。三端口处的并联电容 C_1、C_2、C_3(图 3.14)可以用微型电容压接在内导体上，有利于小型化设计。一般而言，并联电容 $C_1 = C_2 = C_3 = C_0$，这里的微小差别是由于编网结构叠层不对称所致，用 C_1、C_2、C_3 的不一致来调整网状结构的不对称，以达到三端性能对称。

3.5.1　265～295MHz 集总参数环行器

图 3.14 中，电感条的尺寸为宽带为 $w/s/w=1.25\text{mm}/4\text{mm}/1.25\text{mm}$，长度为 $l=23\text{mm}$。圆柱铁氧体尺寸为 $D_f t=15\text{mm}\times1.2\text{mm}$，材料参数 $M_s=1850/(4\pi)(\text{kA/m})$，$\Delta H=5/(4\pi)(\text{kA/m})$；工作内场 $H_i=8100\text{A/m}$，靠近端口处连接 3 个并联电容，$C_1=C_2=9.5\text{pF}$、$C_3=10\text{pF}$（电感条分别通过 C_1，C_2，C_3 接地）。仿真性能相对带宽 $2\delta=9\%$，插损约 0.5dB，反射损耗和隔离优于 20dB。以 $f=280\text{MHz}$ 为准，$p_0=28.5$、$\sigma_0=1.018$，计算出 $\mu_e=8.836$，$\kappa/\mu=0.977$。由于大的 p_0 值对 μ_e、κ/μ “共振峰”低场偏移影响很大，“共振峰”在 σ 约等于 0.2 处，不像 μ、κ 那样，其共振发生在 $\sigma=1$ 处。本例 $\sigma\to1$，但仍是高场器件，s_{21} 为正向传输系数，环行方向围绕磁化场方向作右旋。

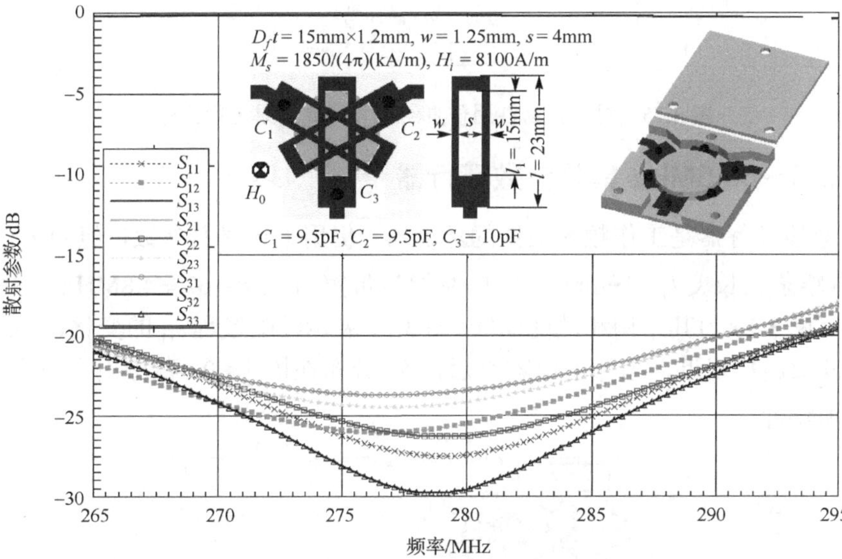

图 3.14　编网结构环行器的性能与结构参数

式(3.29)和式(3.30)在此可写成非归一化形式：

$$\omega^2 L_0 C_0=\frac{2}{3\mu_e} \tag{3.39}$$

及

$$\frac{L_0}{C_0}=\frac{2\kappa^2 Z_0^2}{\mu^2\mu_e} \tag{3.40}$$

此处，κ/μ 及 μ_e 均处于非共振状态。

图 3.15 为对集中参数环行器的非互易性用仿真结果和数值计算结果作比较。仿真结果为 $\text{d}S=0.9637\angle331.163^\circ$。利用非互易方程，计算出 $\text{d}S=0.9637\angle-29.73^\circ$。两者是一致的。

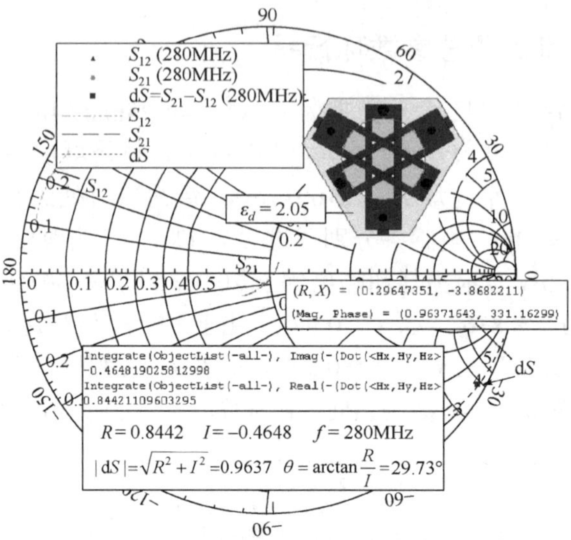

图 3.15　对非互易性用仿真结果和计算结果进行比较

3.5.2　62.5～66.5MHz 集总参数环行器

UHF 频段环行器是工作频率很低的环行器。仍用上述材料参数，但 $D_f t=16\text{mm}\times 2\text{mm}$，电感条孔长度 $l_0=19\text{mm}$。仿真性能为带宽为 $66.8-62=4.8\text{MHz}$。并联电容 $C=140\text{pF}$。图 3.16 为其结构和性能曲线。图 3.17 展示匹配过程 s_{11} 的变化，当 $C=0$ 时，s_{11} 聚于 $0.95\angle 152°$ 附近，当加上电容 C 后，S_{11} 分布在 $|S_{11}|\leqslant 0.1$ 范围内，呈垂直分布，为并联谐振特性。

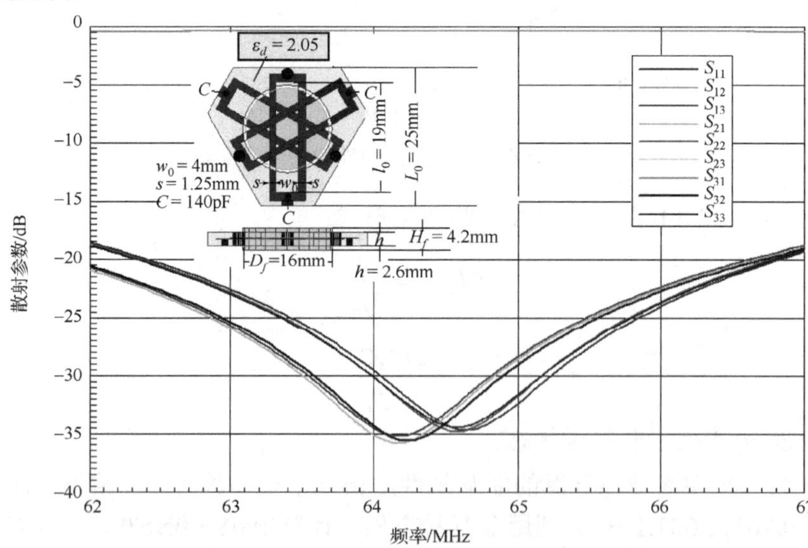

图 3.16　编网结构 UHF 环行器及性能

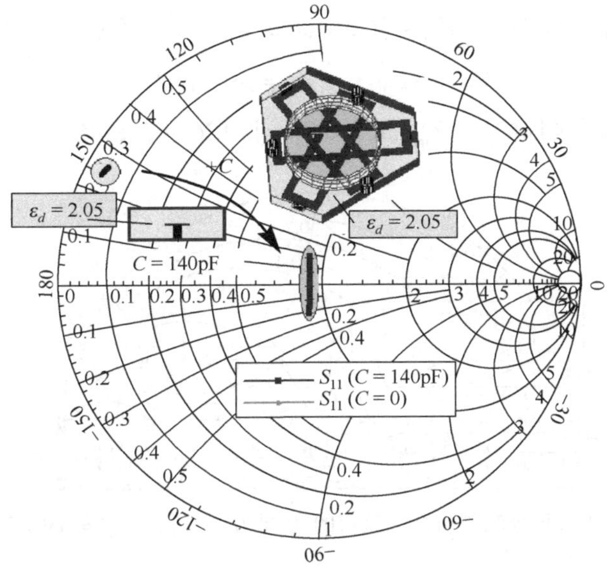

图 3.17　非互易结在附加电容 C 前后的阻抗分布

现利用环行条件公式(3.40)进行核对，$f=64.5\text{MHz}$，$H_i=23.04\text{Oe}=1834\text{A/m}$。计算出 $p=1850/23.04=80.3$、$\sigma=1.47$。利用式(1.33)和式(1.34)，算出无耗情况下 $\mu_e=56.08$，$\kappa/\mu=0.674$。根据式(3.40)右端算出：$2(\kappa/\mu)^2Z_0^2/\mu_e=40.5$，其中 $Z_0=50\Omega$ 在 $M_s=0$，$C=0$ 时进行仿真测试，测出电感条的归一化电抗值 $x=\omega l=0.0399$，$\omega L=1.995\Omega$，从而 $L=5.29\times10^{-9}\text{H}$；而 $C=140\text{pF}$，求出式(3.40)左端值 $L_0/C_0=37.78$，两者误差为 6.7%。

最后，总结一下集中参数环行器的设计问题，网状电感具有电感性的低阻抗特性，其归一化值 $z=r+\text{j}x$，$r\leqslant0.05$，$x\approx0.2\sim0.3$。其匹配过程如下。

第一，单加并联电容 C 后形成并联谐振回路，其阻抗响应是个窄带环行器，Y 形响应曲线如图 3.14 和图 3.16 所示。

第二，端口附加 L_1-C_1 串联匹配网络，可以补偿并联回路而获得宽带匹配，如图 3.13 所示，其带宽为 25%左右。

第三，在端口附加 L_1C_2-Γ 形网络，如图 3.13 所示，可以调整阻抗匹配，Γ 形网络的特性阻抗 $\sqrt{L_2/C_2}$ 使 S_{11} 曲线在 $|S_{11}|=0$ 零点左右移动，使匹配更加完善。

图 3.18 表示窄带环行器在 $f=65\text{MHz}$ 的频率下，用数值积分法算出的 dS 值(上端)和用仿真计算结果(下端)作比较，两者相互吻合。表 3.6 为 $f=65\text{MHz}$ 下的 S 参数，其中 S_{11} 表示在图 3.18 中。表 3.7 和表 3.8 表示该频率点的 Z 矩阵和 Y 矩阵，从中算出输入阻抗 Z_{in} 和输入导纳 Y_{in}，其结果与图 3.18 中的(R，X)值较为接近。

一般而言对无耗电路，Z_{11} 的实部为零。另外，这是非互易网络阻抗矩阵特性。

$$Z_{11} \approx 23.8, \quad Z_{12} \approx 56.3 + j99.2, \quad Z_{13} = 56.2 + j10.6$$

$$Z_{12} = -z_{21}^{*}, \quad Z_{in} = 49 - j6.28$$

计算出归一化输入阻抗 $z_{in} = Z_{in} / 50 = 0.98 - j0.126$ 结果和仿真结果吻合(图 3.18)。

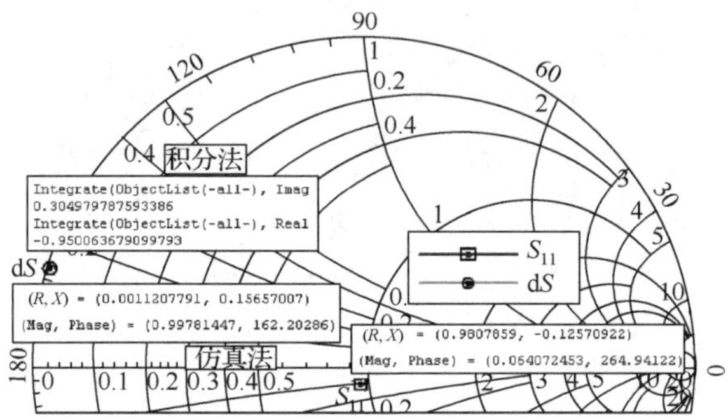

图 3.18　积分法与仿真法获得的 dS 非互易性比较($f = 65$MHz)

从表 3.6～表 3.8 中可知，对于无耗非互易结有 Y_{11} 的实部为零，Y 矩阵非对角元之间有 $Y_{ij} = -Y_{ji}^{*}$，图 3.16 所示的编网结构环行器属于窄带集总参数环行器，相对带宽 $2\delta = 7.4\%$，这类环行器的阻抗响应曲线(见图 3.17)呈并联谐振回路特性，电抗特性低频端朝上，高频端朝下。若在环行器的每个端口附加 L-C 串联谐振回路，其电抗特性 $z_s = j(\omega L - 1/(\omega C))$，高频电抗为正值，低频电抗为负值，这样可以使电抗补偿而获得宽带匹配。图 3.19 为 L-C 回路附加到宽带环行器以后，获得宽带的匹配效果。其窄带环行器结构尺寸同图 3.16 中的结构尺寸，铁氧体参数也沿用了前者结果；磁化场 $H_i = 2700$A/m。当 L-C 附加以后，环行器的工作频率扩展到 57～70MHz，带宽接近窄带时的 3 倍。其 $L = 280$nH，$C = 22.3$pF，谐振频率 $f_0 = 1/(2\pi\sqrt{LC}) = 63.7$MHz，在环行器的中心频率处。图 3.20 为 L-C 网络匹配前后的阻抗分布特性，附加 L-C 网络后，阻抗成团聚分布。

表 3.6　S 参数仿真结果

	port1	port2	port3
port1	(0.06407,-95.059)	(0.99607,-14.530)	(0.06111,-111.802)
port2	(0.05687,75.591)	(0.06231,-93.583)	(0.99644,-14.073)
port3	(0.99632,165.815)	(0.06291,69.384)	(0.05815,-100.145)

表 3.7　Z 矩阵仿真结果($Z = R + jX$)

	port1	port2	port3
port1	(2.26808e-010,2.38341e+001)	(5.63169e+001,9.91819e+000)	(5.62373e+001,-1.05889e+001)
port2	(-5.63169e+001,9.91819e+000)	(2.47451e-010,2.38616e+001)	(5.60472e+001,1.07525e+001)
port3	(-5.62373e+001,-105889e+001)	(-5.60472e+001,1.07525e+001)	(2.18555e-010,2.44341e+001)

表 3.8 导纳矩阵 Y 仿真结果（$Y=G+jB$）

	port1:m1	port2:n1	port3:m1
port1:m1	(-4.17244e-015,-1.00711e-001)	(-6.69991e-003,1.05301e-001)	(-6.79772e-003,-1.05352e-001)
port2:m1	(6.69991e-003,1.05301e-001)	(5.91604e-016,-1.01408e-001)	(-6.84486e-003,1.05680e-001)
port3:m1	(6.79772e-003,-1.05352e-001)	(6.84486e-003,1.05680e-001)	(3.56108e-015,-1.01742e-001)

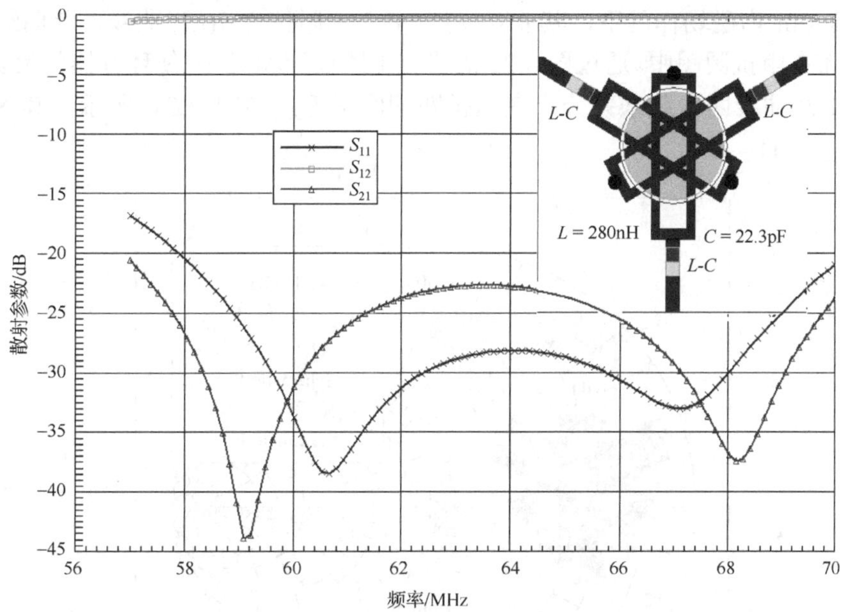

图 3.19 *L-C* 网络宽带匹配环行器的结构及性能(腔体平面尺寸为 40mm×40mm)

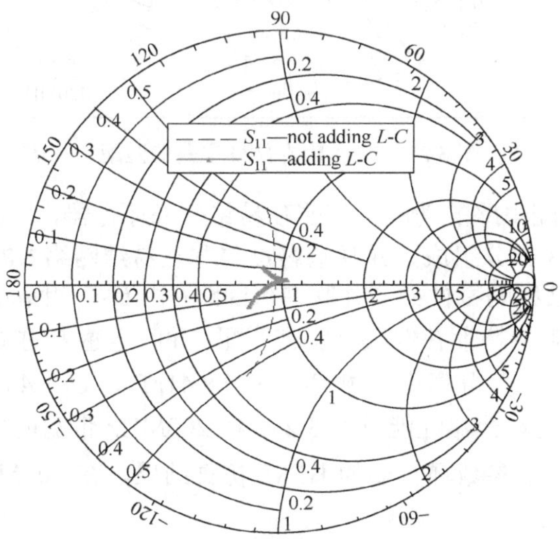

图 3.20 *L-C* 网络附加前后的阻抗特性

3.5.3　420～620MHz 集总参数环行器

图3.21是由网状电感和铁氧体圆柱组成的非互易结，平行网状电感条宽为 $w=1\text{mm}$；网孔为 $10\text{mm}\times3\text{mm}$，3 个独立的互感条交叉 120°，相互间用绝缘介质 $\varepsilon=2.05$ 隔开，间距为 0.1mm；铁氧体圆柱尺寸为 $D_f t=10\text{mm}\times1\text{mm}$，$M_s=1400/(4\pi)$ (kA/m)，在 $H_i=17.5\,\text{kA/m}$ 内磁场作用下，其非互易结 NRJ 的阻抗为 $S(1,1)$ 曲线，此曲线在频带内离散分布在阻抗圆图中。通过图 3.22 的优化电路设计和优化，使环行器的反射 $S(1,1)$ 和隔离 $S(1,2)$ 曲线团聚起来并分布在阻抗匹配区附近，如图 3.21 所示，其 $|S(1,1)|$ 和 $|S(1,2)|$ 小于 0.11。

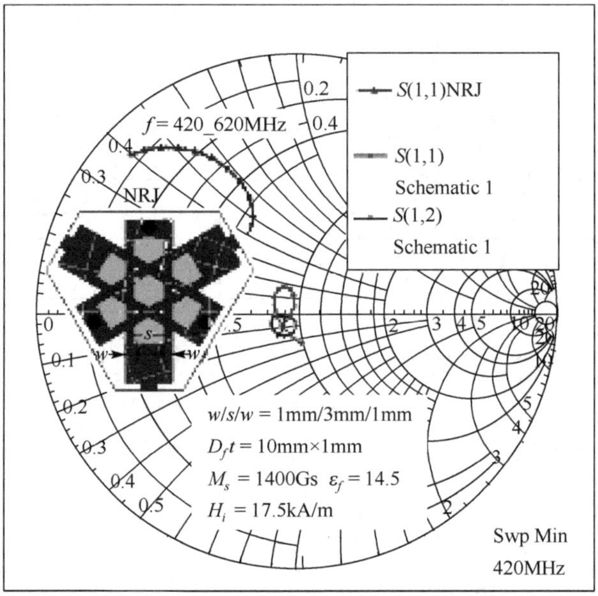

图 3.21　非互易结 NRJ 电路的匹配

图 3.22 中优化匹配电路的功能是使非互易结变成环行器，它连接在非互易结的 3 个端口。匹配电路由 3 部分组成，并联电容 C 与非互易结网络 NRJ 三个端口并联，形成一个窄带环行器，其频响特性如同并联谐振回路；由 L_1-C_1 组成的串联谐振回路的作用是使窄带环行器的频响特性补偿获得宽带匹配；并联电感 L_2 在端口处起到阻抗微调作用。通过优化过程，获得集中参数值：$C=8.41\text{pF}$、$C_1=4.8\text{pF}$、$L_1=12.3\text{nH}$ 和 $L_2=22.7\text{nH}$，优化后的环行器性能见图 3.23，在 200MHz 带宽内反射损耗及隔离均大于 19dB；图 3.24 为集总参数环行器的 HFSS 仿真结果，在 200MHz 带宽内，反射及隔离大于 18dB。

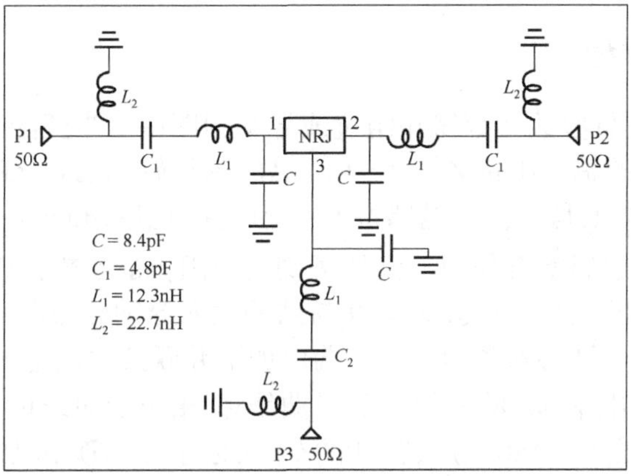

图 3.22　优化匹配电路

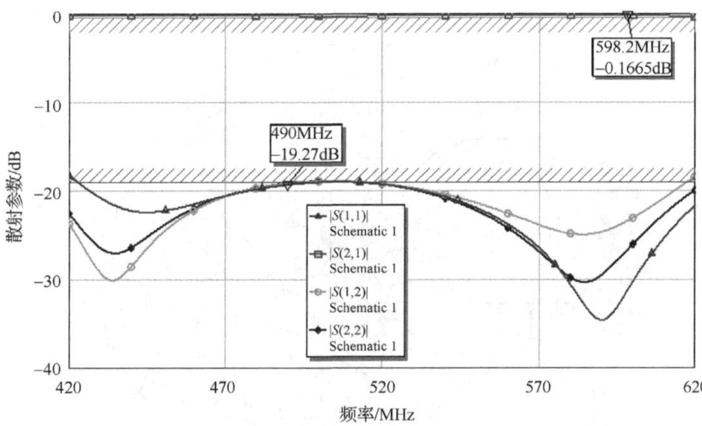

图 3.23　优化匹配宽带环行器特性

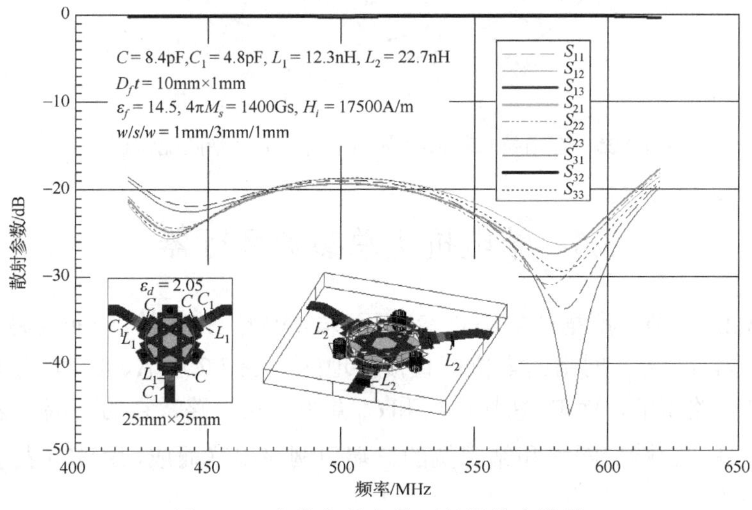

图 3.24　宽带集总参数环行器仿真特性

3.5.4　宽带匹配过程

图 3.25 所示为集总参数环行器在阻抗或导纳圆图中宽带匹配全过程，共分为 6 个环节。ⓐ 为网状电感的输入阻抗 $Z_{in}(M=0)$，这时未加磁化场($4\pi M=0$)，低频端 1-LF 和高频段 2-HF，基本上是互易纯电感特性；ⓑ 为磁化后($4\pi M=1400\text{Gs}$)非互易结的输入阻抗特征，由于旋磁耦合作用，高低频均出现阻抗的实部，因工作在高场区，高频段的实部比低频段的实部大；ⓒ 为非互易结的输入导纳分布曲线(虚线)，它与 ⓑ 曲线的相应频率点相对于圆心对称；ⓓ 为各端口加上并联接地电容 C 后的输入导纳分布曲线，由于各频率点电纳 ωC 的差异，所以曲线 ⓓ 相对于曲线 ⓒ 改变形状；ⓔ 为对应曲线 ⓓ 绕原点旋转 180°后端口的输入阻抗；ⓕ 为加上串联谐振电路 $Z_s=X_s=\text{j}(\omega L_1-1/\omega C_1)$ 后的阻抗分布曲线，呈团聚状态，达到了宽带阻抗匹配的目的。

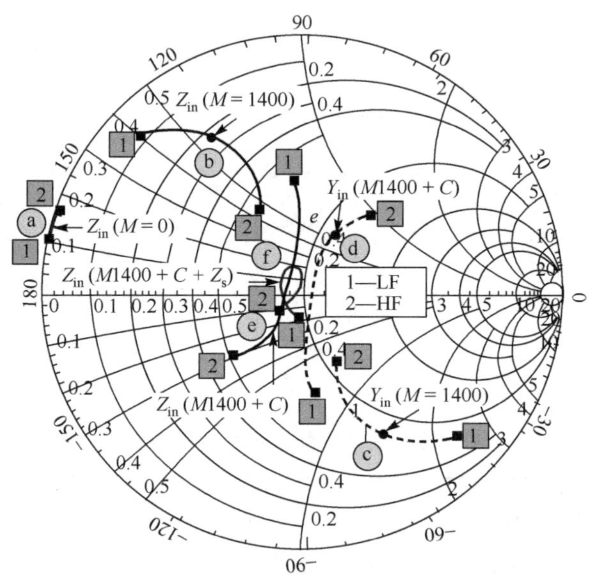

图 3.25　在阻抗(或导纳)圆图中所示的宽带匹配过程

3.6　结电抗集总参数环行器

3.2.3 和 3.2.4 小节中所描述的集总参数环形器均属短路型的，即非互易结电感(L_0)或非互易环形器($L_0//C_0$)网络的零位端直接接地的。表 3.2 中 A、B、C 型所示的几种电路结构皆是短路型的，而 D 型中的 L_0 和 C_0 并不直接短路，它的下端与 Z_j 三端口网络相连即非互易结三端口网络和结阻抗的三端口网络串联而成，用$[Z_j)$表示 Z_j 三端口网络。

本节讨论的环行器称为结电抗(阻抗)型集总参数环行器如表 3.9 中的 B、C、D 所示。

如果表 3.9 中 A 型结构$(L_0//C_0]$为开路型结构，结电位非零位状态，其结阻抗$Z_j \to \mathrm{j}\infty$，这时 A 型结构难以获得良好的环行特性；若 A 型结构变成短路型结构，$Z_j = 0$，则成为最基本的集总参数环行器。

表 3.9 中 B 型结构是结电容式环行器结构，这是比较现实的结构形式，因为非互易结环行器的壳体，即使处于开路状态，两者之间必有分布电容C_j，这里称为结电容，它的大小与结的尺寸关系很大，可从几 pF 到几十 pF 量级变化。在铁氧体参数一定的条件下，通过调整C_0、L_0和C_j值，可对任何频点匹配，达到环行性能。本征值z_0、z_+、z_-之间满足式(3.20)的关系。但结电容式环行器基本上是窄带环行器，因为这里没有串/并联之间阻抗匹配补偿机制。

表 3.9 中 C 型为环行结$(L_0//C_0]$和串联谐振电路，$[X_s)$通过网络串联$(L_0//C_0 - X_s)$所获得的 3 个本征值z_0、z_+、z_-，附加x_s只影响z_0值，因为Z_s的三端结阻抗矩阵为

$$Z_s = \begin{bmatrix} \mathrm{j}X_s & \mathrm{j}X_s & \mathrm{j}X_s \\ \mathrm{j}X_s & \mathrm{j}X_s & \mathrm{j}X_s \\ \mathrm{j}X_s & \mathrm{j}X_s & \mathrm{j}X_s \end{bmatrix}$$

其 3 个阻抗本征值为$(3\,\mathrm{j}x_s，0，0)$，$(z_s = Z_s / Z_0)$；而非互易结的阻抗本征值$(z_0，z_+，z_-)$串联网络的阻抗本征值应该是两者之和，所以获得阻抗本征值$(3\mathrm{j}x_s，z_+，z_-)$如表 3.9 所示。这种环行器的分布结电容C_j很小，比起X_s而言它属于高阻抗，故忽略C_j的影响。由于环行结$(L_0//C_0)$具有并联谐振特性，X_s具有串联谐振特性，两者串联在一起具有互补作用，所以可获得宽带匹配。

表 3.9 非互易电路和结电抗电路的本征值表

A	B	C	D
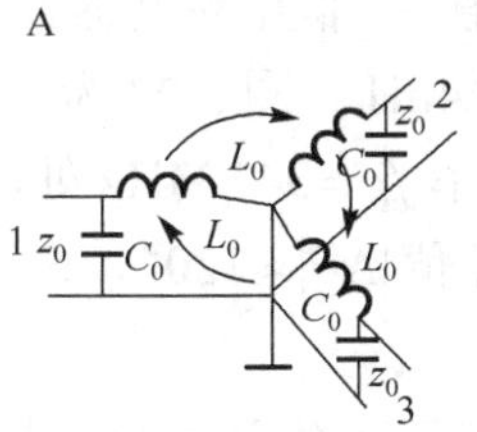	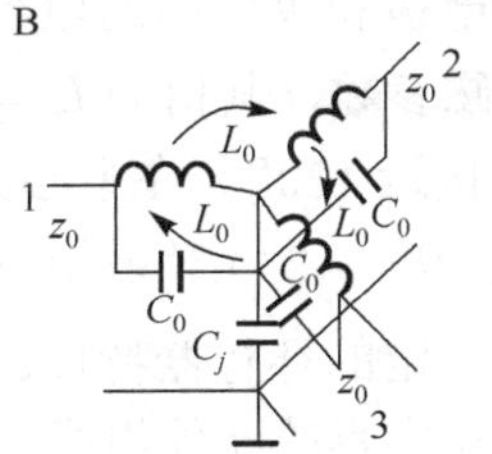	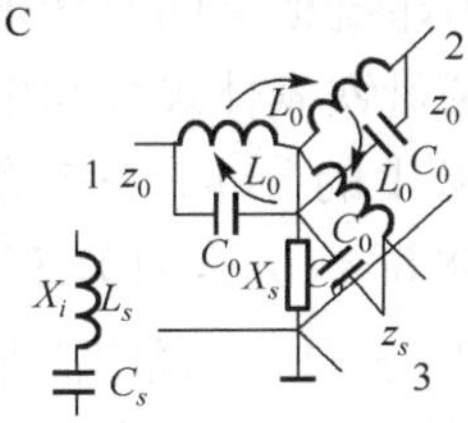	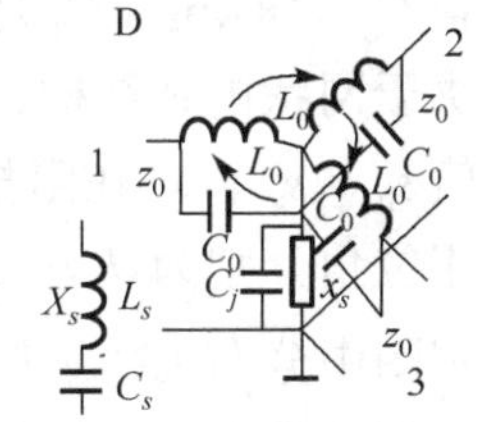
$(L_0//C_0)$	$(L_0//C_0 - C_j)$	$(L_0//C_0 - X_s)$	$(L_0//C_0 - X_s//C_j)$
$y_0 = \infty$ $y_+ = \dfrac{1}{\mathrm{j}\omega\mu_+\xi} + \mathrm{j}\omega x_0$ $y_- = \dfrac{1}{\mathrm{j}\omega\mu_-\xi} + \mathrm{j}\omega x_0$	$z_0 = 3(\mathrm{j}\omega C_j)^{-1}$ $z_+ = \left(\dfrac{1}{\mathrm{j}\omega\mu_+\xi} + \mathrm{j}\omega C_0\right)^{-1}$ $z_- = \left(\dfrac{1}{\mathrm{j}\omega\mu_-\xi} + \mathrm{j}\omega C_0\right)^{-1}$	$z_0 = 3X_s$ $z_+ = \left(\dfrac{1}{\mathrm{j}\omega\mu_+\xi} + \mathrm{j}\omega c_0\right)^{-1}$ $z_- = \left(\dfrac{1}{\mathrm{j}\omega\mu_-\xi} + \mathrm{j}\omega c_0\right)^{-1}$	$z_0 = 3(X_s^{-1} + \mathrm{j}\omega C_j)^{-1}$ $z_+ = \left(\dfrac{1}{\mathrm{j}\omega\mu_+\xi} + \mathrm{j}\omega c_0\right)^{-1}$ $z_- = \left(\dfrac{1}{\mathrm{j}\omega\mu_-\xi} + \mathrm{j}\omega c_0\right)^{-1}$

表 3.9D 为一般情况，这时结电容 C_j 没有忽略，与此相并联的 X_s，同样可以调整宽带匹配。

表 3.9 中 A 型环行器和表 3.2 中 B 型环行器其实是一致的，这里只不过认为附结阻抗 $z_j = R_j + jX_j = 0$ 而已，为短路结阻抗。为清楚起见，把表 3.9 中 4 种环行器的设计参数列于表 3.10 中，以便相互比较，它们均设计在米波段，其铁氧体材料参数完全相同，$M_s = 1780/(4\pi)(\text{kA/m})$，$\varepsilon_f = 14$，$\Delta H = 5/(4\pi)(\text{kA/m})$；$L_0$ 印制电路板厚度 $t = 0.2\text{mm}$，$\varepsilon_d = 5.5$，印制电感线网孔尺寸比 $w/s/w = 1\text{mm} / 3\text{mm} / 1\text{mm}$，网孔长 10mm，铁氧体尺寸为 $D_f t_f = 10\text{mm} \times 1.2\text{mm}$，加上电容值和磁化场 H_i 的配合，可完成下面 4 种形式的集总参数环行器的设计。

表 3.10　4 种类型集总参数环行器的设计参数(中心频率 f_0 和带宽 2δ)

类型 \ 参数	C_j/pF	C_s/pF	L_s/nH	f_r/MHz	C_0/pF	L_0/nH	H_i/(kA/m)	f_0/MHz	2δ /%
$(L_0//C_0)$	—	—	—	—	18.4	2.4	14	347	7.2
$(L_0//C_0–C_j)$	108.6	—	—	—	19.5	2.4	13	310	7.0
$(L_0//C_0–x_s)$	≈0	16	15	325	19.5	2.4	10	300	26.7
$(L_0//C_0–x_s//C_j)$	43.4	14.4	15.8	334	19.5	2.4	10	305	24

3.6.1　$(L_0//C_0)$型环行器

这是环行器非互易结的零位端接地情况，也就是最基本的集总参数环行器。铁氧体尺寸为 $D_f t = 10\text{mm} \times 1.2\text{mm}$，$M_s = 1780 / (4\pi)$ (kA/m)，$H_i = 14\text{kA/m}$，$\Delta H = 5 / (4\pi)$ (kA/m)，$\varepsilon_f = 14$。其仿真结果见图 3.26。在 $f = 335$～360MHz 频率范围内，满足隔离和反射损耗大于 20dB，相对带宽 $2\delta = 7.2\%$。其非互易结的网络结构用印制板制成，介质片厚度为 0.2mm，$\varepsilon_d = 5.2$，网状电片尺寸 $w / s / w = 1\text{mm} / 3\text{mm} / 1\text{mm}$，网孔长 10mm，电容 $C_0 = 18.4\text{pF}$ (C_0 是由印制板上的月牙形电极和零位面的电容值)；非互易电感 L_0 取决于网状电感结构、圆盘铁氧体尺寸和电磁参数，其值为 $L_0 = 2.4\text{nH}$。图 3.27 为本征值 s_0、s_+、s_- 在阻抗圆上的分布，其夹角接近 120°，在中心频率 $f_0 = 347$ MHz 处，其相位角分别为 $\theta_0 = -348.8°$、$\theta_+ = -103.8°$、$\theta_- = -230.3°$，相位差值 $|\Delta\theta| \approx 120°$，$S_{11}$ 在圆图中分布为接近圆心($z = 1$)。说明满足一定的环行器特性。

集总参数环行器虽然由非互易结电感线和电容等元件组成，但仍适合用场理论来研究它，其非互易性为

$$dS = S_{12} - S_{21} = \frac{j\omega\mu_0}{2}\int_v (h_1 \cdot \mu h_2 - h_2 \cdot \mu h_1) dV \tag{3.41}$$

及 $dS_{\pm}$：

$$dS_{\pm} = S_+ - S_- = \frac{j\omega\mu_0}{2}\int_v (h_+ \cdot \mu h_- - h_- \cdot \mu h_+) dV \tag{3.42}$$

把非互易性参数 dS 视为场积分函数，环形器的设计就是把$|\mathrm{d}S|$值引向极大值，即$|\mathrm{d}S| \to 1$。

式中，h_1、h_2 为端口 1 和 2 的分别用 $P_1 = 0.5\text{W}$ 和 $P_2 = 0.5\text{W}$ 激励所产生的场强分布；而 h_+、h_- 为本征态的场激励产生的场，它们分别是 $P_+ = (0.5;0.5\angle 120°;0.5\angle -120°)\,\text{W}$ 及 $P_- = (0.5;0.5\angle -120°;0.5\angle 120°)\,\text{W}$。

将中心频率 347MHz 处的 s_0、s_+、s_-、dS、d$S_\pm$ 仿真结果和积分结果做比较，列于图 3.27 中，对于 dS 而言，两者是精确符合的，而 d$S_\pm$ 结果有 0.1 的误差，但 $\delta\theta_\pm$ 角度误差甚小。

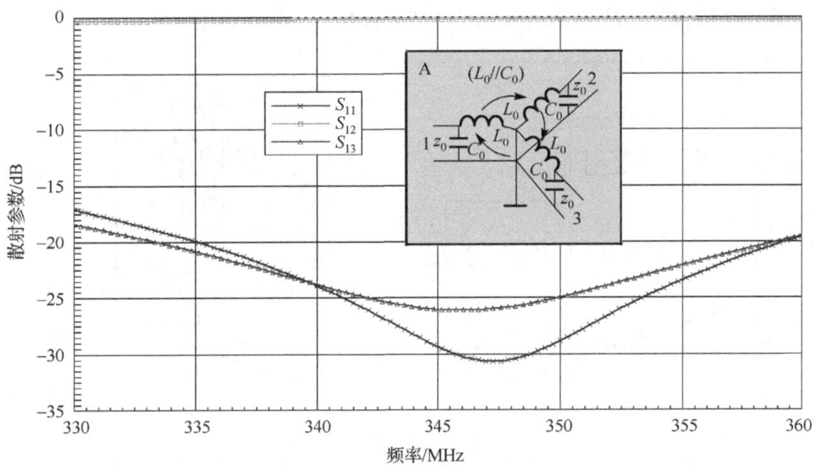

图 3.26　结短路 $(L_0//C_0)$ 型环行器性能

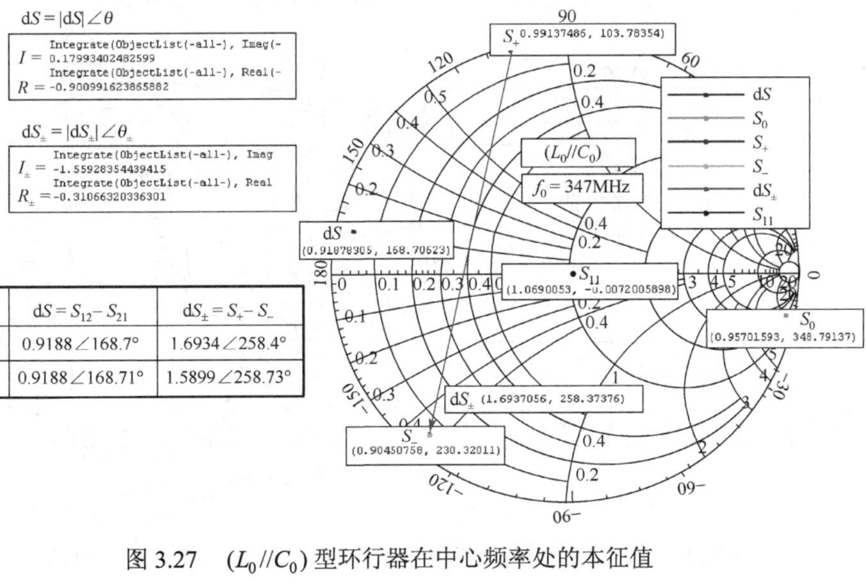

	$\mathrm{d}S = S_{12} - S_{21}$	$\mathrm{d}S_\pm = S_+ - S_-$
仿真结果	0.9188∠168.7°	1.6934∠258.4°
积分结果	0.9188∠168.71°	1.5899∠258.73°

图 3.27　$(L_0//C_0)$ 型环行器在中心频率处的本征值

3.6.2 $(L_0//C_0-C_j)$ 结电容型环行器

这种环行器的零位端通过结电容 C_j 后再接地，如表 3.9 中 B 所示。网状电感非互易结构同 3.6.1 节所述。工作频率 $f=300\sim320\text{MHz}$，$C_j=108.6\text{pF}$，工作磁场 $H_i=13\text{kA/m}$。在 $2\delta=6.5\%$ 宽带内满足隔离、反射损耗大于 20dB。图 3.28 为环行器仿真性能。C_j 可用结构上圆盘介质产生极间电容值 108.6pF（直径 25mm（ε=5），面积为 4.91cm^2，厚度为 0.2mm），结电容结构仍属窄带结构，因为没有串联谐振机制进行阻抗补偿。图 3.29 为环行器s参数本征值计算结果，当频率 $f=309\text{MHz}$ 时，$s_0=0.9642\angle20.1^\circ$、$s_+=0.9986\angle137.9^\circ$、$\theta_0=20.1^\circ$、$\theta_+=137.9^\circ$、$\theta_-=266.3^\circ$、$|\Delta\theta|\approx120^\circ$，为环行状态。

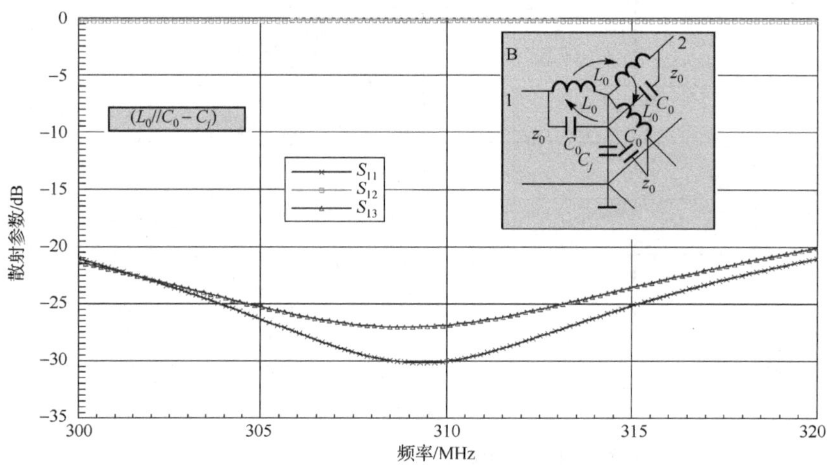

图 3.28　$(L_0//C_0-C_j)$ 结电容型环行器性能（300～320MHz）

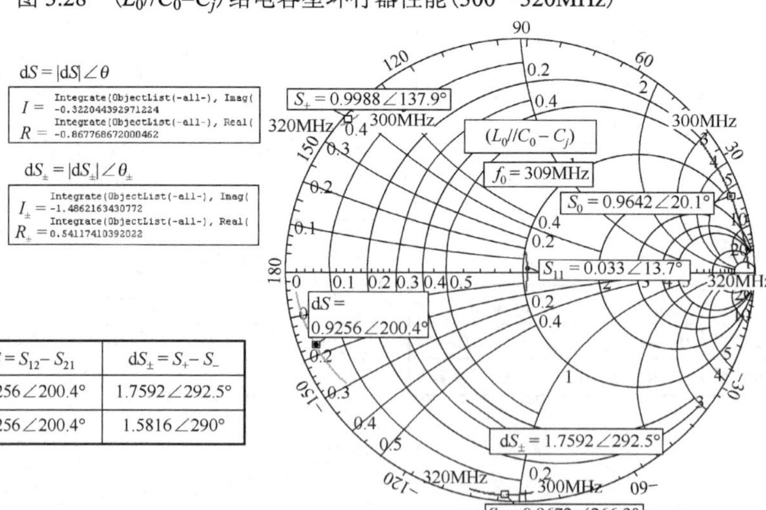

	$dS=S_{12}-S_{21}$	$dS_\pm=S_+-S_-$
仿真结果	$0.9256\angle200.4^\circ$	$1.7592\angle292.5^\circ$
积分结果	$0.9256\angle200.4^\circ$	$1.5816\angle290^\circ$

图 3.29　$(L_0//C_0-C_j)$ 结电容型环行器本征模 s_0、s_+、s_- 的频散特征

图 3.29 所示圆图中的 s_0 、 s_+ 、 s_- 、 $\mathrm{d}S$ 、 $\mathrm{d}S_\pm$ 和 S_{11} 曲线上数值都是仿真结果，频率从低频到高频，曲线顺时针旋转，图左边的 $\mathrm{d}S$ 和 $\mathrm{d}S_\pm$ 列表数值是对仿真值和数值积分值做出比较，结果显示 $\mathrm{d}S$ 的仿真结果和计算结果是一致的，但两种方法的 $\mathrm{d}S_\pm$ 幅度有一定误差 δ 约10%，而相位误差小于 1%。

3.6.3　$(L_0//C_0–X_s)$ 型环行器

当结电容 $C_j \to 0$ 、 $X_s = \mathrm{j}(\omega L_s - 1/(\omega C_s))$ 时，可以获得宽带匹配。图 3.30 为环行器性能。在 $f = 260$～340MHz 带宽内，反向和隔离大于 20dB，相对带宽 $2\delta = 26.7\%$ 。在设计时，尽量把 C_j 的分布电容控制在 1pF 量级。$|X_j| >> |X_s|$，以致并联部分 C_j 的影响可以忽略不计。

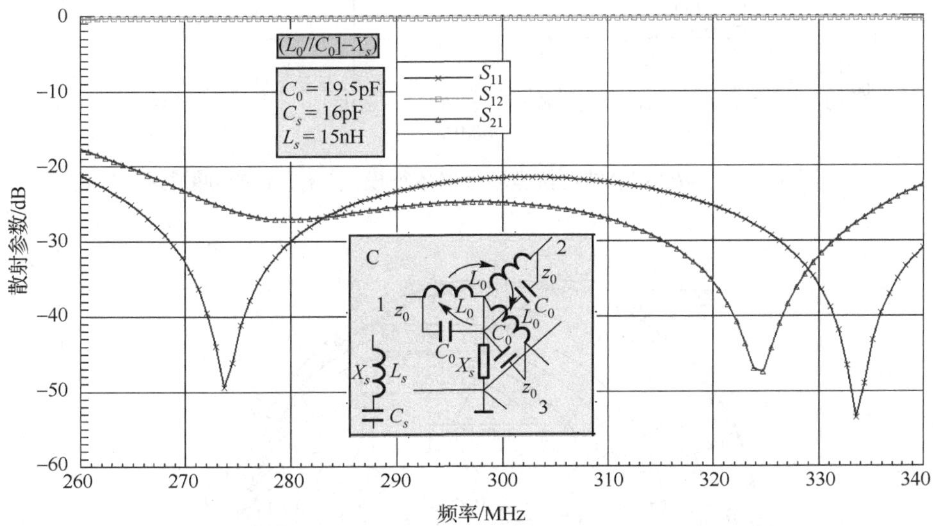

图 3.30　$(L_0//C_0–X_s)$ 结电抗型环行器电路及宽带性能

图 3.31 为散射参数本征值 s_0 、 s_+ 、 s_- 的相位 θ_0 、 θ_+ 、 θ_- 在 260～340MHz 带宽范围内的变化曲线，呈现 $|\Delta\theta|$ 在 $95°$～$135°$ 范围内变化，而图 3.32 中，其 s_0 、 s_+ 、 s_- 幅度变化较小，尤其 $|s_0|$ 在频率变化范围内：$|s_0| \to 1$ ，$|S_{11}| \leqslant 0.1$ 。补偿电抗值：$C_s = 16\mathrm{pF}$ ，$L_s = 15\mathrm{nH}$ ，谐振频率 $f_r = 325\mathrm{MHz}$ ，略高于中心频率 $f_0 = 300\mathrm{MHz}$ 。

3.6.4　$(L_0//C_0–X_s//C_j)$ 型环行器

图 3.33 表示结电抗由两部分并联而成，即由环行器的结电容 C_j 和串联宽带匹配 X_s 补偿电路组成，作为并联谐振响应特性的 $(L_0//C_0)$ 非互易结和串联谐振特性的 X_s 有互补作用。本例中可以在 265～340MHz 带宽内获得隔离和反射损耗大于 20dB，

$2\delta = 24\%$ 带宽。$L_s = 15.8\text{nH}$、$C_s = 14.4\text{pF}$、谐振频率 $f_r = 334\text{MHz}$，高于中心频率 $f_0 = 305\text{MHz}$ 的值。

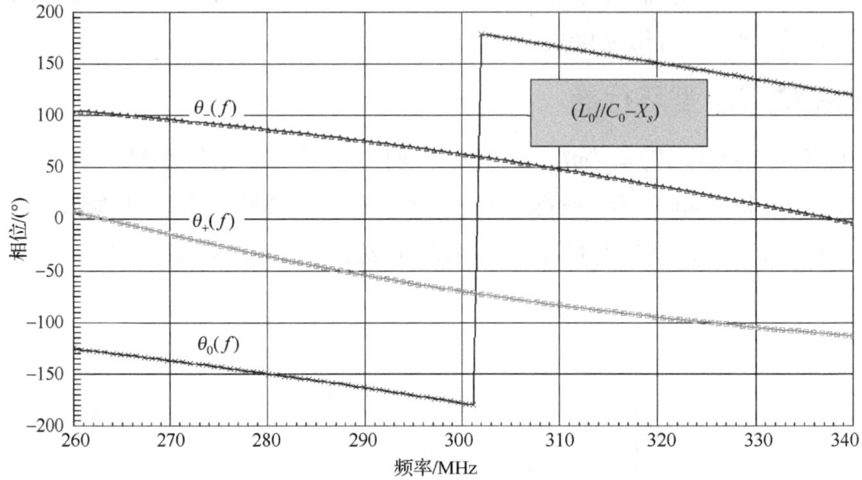

图 3.31　$(L_0//C_0\text{–}X_s)$ 结电抗型环行器本征模 s_0、s_+、s_- 的频散特征

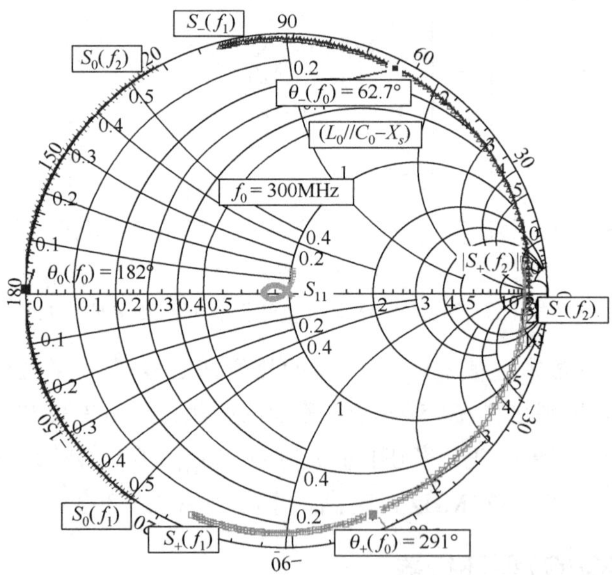

图 3.32　$(L_0//C_0\text{–}X_s)$ 结电抗型环行器本征模 s_0、s_+、s_- 的幅/相特征

图 3.34 为散射参数本征值 s_0、s_+、s_- 相位 θ_0、θ_+、θ_- 的频率曲线，其起伏较大。$\Delta\theta$ 在 $100°\sim140°$ 范围内变化，但能保持 $S_{11} = s_0 + s_+ + s_-$ 的幅值 $|S_{11}| \leqslant 0.1$。这时本征值

s_0、s_+、s_- 的幅度$|s_0|$、$|s_+|$、$|s_-|$变化不大，如图 3.35 所示，其幅度 s_i在0.95～1.0 间变化。在 $f_a = 280\text{MHz}$ 和 $f_b = 332\text{MHz}$ 两个频率点：$\theta_0(a) = 25.2°$、$\theta_+(a) = 144.7°$、$\theta_-(a) = -96.5°$；以及 $\theta_0(b) = -47.7°$、$\theta_+(b) = 73°$、$\theta_-(b) = -163°$，其$|\Delta\theta| \approx 120° + \delta$，$\delta$ 不超过 5°。

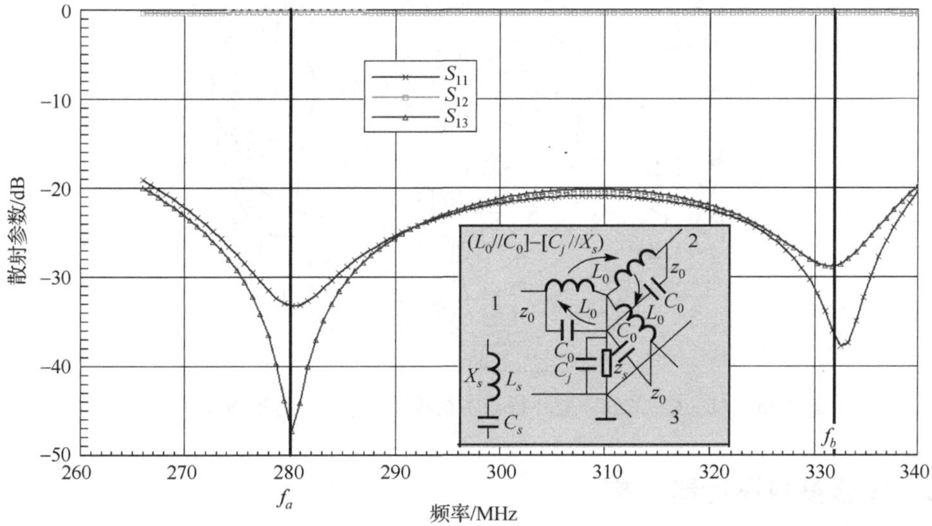

图 3.33　$(L_0//C_0-X_s//C_j)$ 型环行器电路及其仿真性能

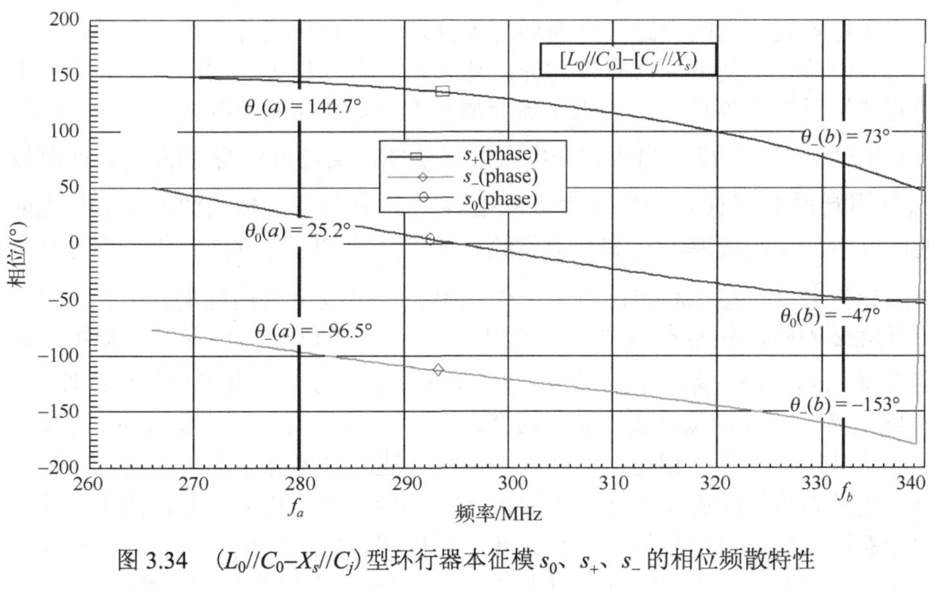

图 3.34　$(L_0//C_0-X_s//C_j)$ 型环行器本征模 s_0、s_+、s_- 的相位频散特性

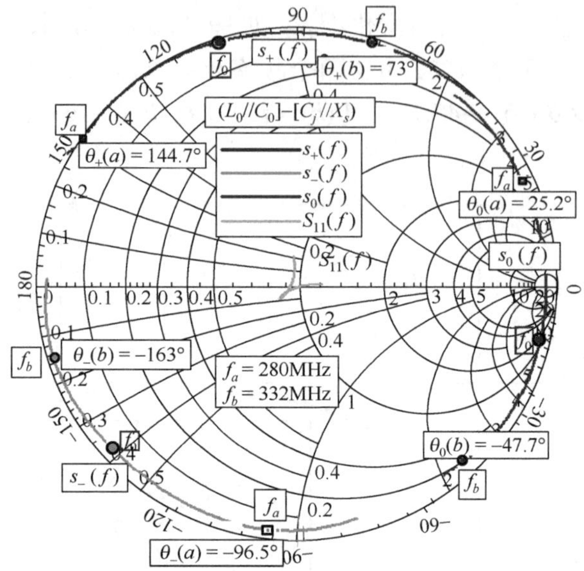

图 3.35　$(L_0//C_0\text{–}X_s//C_j)$ 型环行器本征模 s_0、s_+、s_- 的幅/相频率特性

3.6.5　集总参数环行器结构

图 3.36 所示为集总参数环行器结构示意图。印制板电路板夹在两片铁氧体中间，上面的铁氧体镶嵌在非互易结盖中间，下面的一块铁氧体镶嵌在金属环中间，金属环和结盖与环行器壳体之间短路，金属环与壳体之间有介质圆片支撑，介质片与金属环之间夹有导电薄片，使下片铁氧体与介质片之间的电位相等，实际上，介质片上下的导电面间产生了结电容 C_j，它的大小随介质片面积、厚度及介电常数而变。需要 C_j 很小时，面积尽量小，厚度尽量大，介电常数尽量低；反之可获得大的 C_j。印制板上的电容 C_0 采用圆弧 E 形面，形成 3 个并联电容 C_0，它是印制板反面的浮点导电面之间形成的电容，与印制板厚度 t_d 和介质常数 ε_d 有关。所以这里的 C_0 和 C_j 不是真正意义上的集总参数电容。在 300MHz 以上工作频率完全可以用结构性电容来完成设计。若频率更低就必须附加集总参数电容。图中 L_s、C_s 为串联谐振电路，一般用集总参数式电容/电感，该电路一端连接浮点电位的金属结盖，另一端直接与环行器外壳相连，如图 3.36 所示，也可以从结盖上 3 个通孔之一穿过印制板 2、6、金属环、介质片等上的通孔，通过螺杆与机壳相连，但螺杆必须与上述元件的导电面保持绝缘，磁铁在结盖上方，通过壳体与螺旋盖的配合把腔内元件连接紧密，接触良好，图中，非互易结盖、印制板浮点位导电面(反面)、金属环等元件都是处于浮电位状态。若介质绝缘板换成金属板，则 5、6、3、4、0、8 同位接地，就变成零电位集总参数环行器。

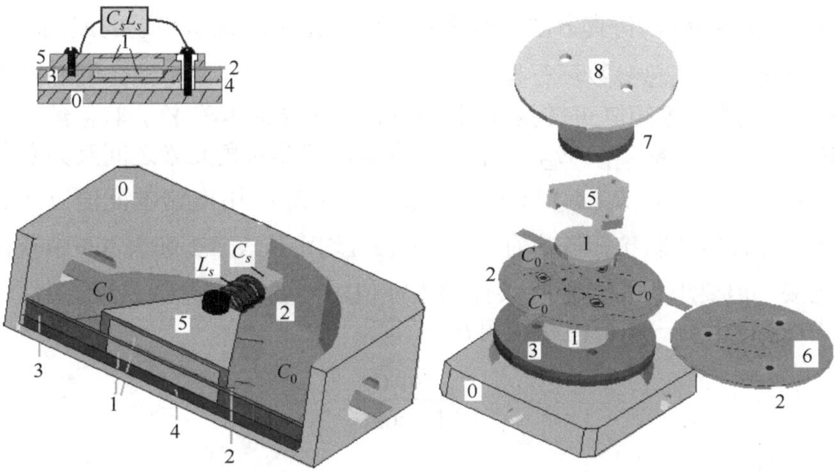

图 3.36　浮位式集总参数环行器结构

0-集总参数环行器外壳；1-铁氧体；2-印制板电感电路(正面)；3-金属环；4-介质绝缘板；5-非互易结盖；6-印制板浮点位导电面(反面)；7-磁铁；8-螺旋盖

3.7　集总参数环行器小结

(1)集总参数环行器按照结的电位不同分成两大类。零电位式的环行器，其非互易结直接接地(环行器外壳)。浮电位式环行器，非互易结和 C_j 、 X_s 等电抗元件相连，通过它们与地相连。零电位式环行器结的结构简单，但其宽带电路要附加 3 个 X_s 串联补偿电路。浮电位式的环行器结构复杂，电路简单，只用一个 X_s 串联补偿电路与结-地相接。

(2)集总参数环行器的工作原理及设计理论，可用如下 3 种方法来讨论。

①场理论方法。沿用分布式环行器方法，研究其非互易参数 $\mathrm{d}S$ ，在理想环行器状态下，$|\mathrm{d}S|\to 1$，考虑到环行器的损耗及反向隔离等因素，实际环行器的 $|\mathrm{d}S|$ 在 0.95 ± 0.1 范围内变化。在本征模激发状态下，研究 $\mathrm{d}s_\pm = s_+ - s_-$ 的变化，通过数值积分求出 $|\mathrm{d}s_\pm|$ 值。理想状态下， $|\mathrm{d}s_\pm|\to\sqrt{3}$ ，实际情况下， $|\mathrm{d}s_\pm|$ 在 $\sqrt{3}(1\pm 0.1)$ 范围内变化。

②网络理论方法。用 S 参数描述环行器特征，环行器状态下反射系数 $|S_{11}|=|S_{22}|=|S_{33}|\to 0$ 或正向传输系数 $|S_{12}|=|S_{23}|=|S_{31}|\to 1$ ；反向传输系数 $|S_{21}|=|S_{32}|=|S_{13}|\to 0$ 。实际状态下，反射系数 $|S_{ii}|\leqslant 0.1$ ，正向 $|S_{12}|\to 0.95(0.45\,\mathrm{dB})$ 即可。从仿真计算可以直接算出非互易性参数 $|\mathrm{d}S|$ ，它和场积分结果非常吻合。还可以仿真出本征态 s_0 、 s_+ 、 s_- 等值，其 $|\mathrm{d}s_\pm|$ 值的仿真结果和积分计算结果比较，误差小于 10%，通过本征态相位关系 θ_0 、 θ_+ 、 θ_- 的研究，发现 $|\Delta\theta|\to 120^\circ$ 时为环行状态，可以通过 $\mathrm{d}s_\pm = s_+ - s_-$ 的仿真结果求出 $|\theta_+ - \theta_-|\to 120^\circ$ ，也可以从数值积分法求出 $\mathrm{d}s_\pm = s_+ - s_-$ 中

的相位差 $\mathrm{d}\theta_{\pm}=\left|\theta_{+}-\theta_{-}\right|$，仿真方法和数值积分法的结果应该是相近的或相辅相成的。

③电路方法。从集总参数环行器结构看，更像一个非互易电路，它和网络方法是一致的。理论上分析，S 矩阵可转换成阻抗矩阵 Z(或导纳矩阵 Y)。对称结在理想的情况下，阻抗矩阵对角元素 $Z_{11}=Z_{22}=Z_{33}$ 为纯虚数，其非对角元素之间互为负共轭关系 $Z_{ij}=-Z_{ji}^{*}$。环行状态下，$R_e(Z_{ij})\to Z_0$，$R_e(Z_{ji})\to -Z_0$。用电路本征值方法更实际。各种集总参数环行器的阻抗矩阵本征值 (z_0,z_+,z_-) 均可从表 3.2 和表 3.9 中获得，计算起来非常直接，但要求得符合环行条件的本征值，则要遵从式(3.21)的条件。例如，可以采用式(3.21)中第一本征值相位角 θ_0：

$$z_0=\mathrm{j}\frac{\sin\theta_0}{1-\cos\theta_0} \tag{3.43}$$

求出其他本征值：

$$z_{\pm}=\mathrm{j}\frac{\sin\left(\theta_0\pm 2\pi/3\right)}{1-\cos\left(\theta_0\pm 2\pi/3\right)} \tag{3.44}$$

随着 θ_0 变化，可以获得不同的 (z_0,z_+,z_-) 组合。符合环行条件的组合，理论上有无限多的组合。这是理想状态下的组合。实际上，z_0、$z_{\pm}$ 等未必分布在阻抗圆图的圆周上，即它不一定是纯虚数，也可能有小的实部值存在，这时 z_0、$z_{\pm}$ 所对应的 s_0、$s_{\pm}$ 分布可能偏离圆周，在实际计算中往往如此，但散射角 θ_0、$\theta_{\pm}$ 间应满足 $|\Delta\theta|\approx 120°$。

(3)用阻抗矩阵本征值 z_n 和散射矩阵本征值 s_n 之间关系研究环行器特征，在无耗状态下 $(z_{\pm}=\mathrm{j}x_{\pm})$，则

$$s_0=\frac{z_0-1}{z_0+1}=-\mathrm{e}^{-\mathrm{j}\arctan x_0}=\mathrm{e}^{\mathrm{j}\theta_0},\quad \theta_0=\pi-2\arctan x_0$$

$$s_{\pm}=\frac{z_{\pm}-1}{z_{\pm}+1}=-\mathrm{e}^{-\mathrm{j}\arctan x_{\pm}}=\mathrm{e}^{\mathrm{j}\theta_{\pm}},\quad \theta_{\pm}=\pi-2\arctan x_{\pm}$$

若以“±”作为 3 个本征值的代表，它亦代表“+/0”和“−/0”两组本征值关系，则有本征值幅值特征 $|\mathrm{d}s_{\pm}|\to\sqrt{3}$；本征值幅角特性 $|\mathrm{d}\theta_{\pm}|\to 120°$。

(4)集总参数环行器的基本方法是建立在三端结网络的串联和并联基础上的。当两个三端结网络相互串联时，用阻抗本征值叠加比较方便。若第一个三端结网络本征值为 $z_n(1)(n=0,\pm)$，第二个三端结网络的本征值为 $z_n(2)$，则串联后的阻抗本征值 $z_n=z_n(1)+z_n(2)$。如表 3.2 中的 C、D 两种情况和表 3.9 中的 B、C、D 三种情况，其阻抗本征值都是用此方法合成的。

当两个三端结网络相互并联时，用导纳本征值叠加方法比较方便，两个三端结网络的导纳本征值分别为 $y_n(1)$ 和 $y_n(2)$，则并联后的导纳本征值为 $y_n=y_n(1)+y_n(2)$。如表 3.2 中的 B 和表 3.9 中的 A 均是用网络并联导致导纳本征值叠加而成的。

第 4 章　波导 Y 形结环行器

波导 Y 形结环行器是发展较早的较经典的微波铁氧体器件，其应用广泛，跨越的频率范围最大。900～100GHz 频率范围内均有商品。横跨 P、L、S、C、X、Ku、Ka、W 等波段，广泛应用于各种微波设备中。从设计角度出发，有小型化、小损耗、宽频率、高功率等要求，其结构种类繁多，不能一一描述。本章借助电磁场仿真技术设计分析一些典型的有代表性的实例，例如，毫米波、厘米波、分米波的设计，高功率设计，宽频带的设计，闭锁式开关设计，来展示 Y 形波导结环行器的设计精华。

4.1　三毫米环行器的设计

4.1.1　Y 形结毫米波环行器概要

Y 形结毫米波环行器的研发力度和应用虽然没有 X 波段、Ku 波段波导 Y 形结环行器那么深入和广泛，但其重要性一点都不逊色。随着毫米波技术的不断发展，微波遥感、测距、测速、微波成像技术以及航空，航天电子设备小型化的需求，其重要性凸现出来。毫米波波导结环行器/隔离器的研制，对 8mm 和 6mm 波导已有 30 年的历史，但对 3mm 波导结环行器的开发则只有近几年的历史。本书针对 3mm 波导结环行器的设计，在理论、技术、工程调试和承受功率上作了一系列研究。它的特征与 8mm 和 6mm 有类同之处，相关的技术和理论问题都可相互借鉴。这里仅对 3mm 环行器的问题做些研究，毕竟它是接近微波铁氧体器件设计和应用频率的极限。

毫米波段的铁氧体器件基本上属于窄频带器件，因为现有的铁氧体材料，其最大的饱和磁化强度 $M_s = 5000/(4\pi)$ (kA/m)，相对于 3mm 波段而言，其归一化磁矩仅为 p=0.16，和正常厘米波使用的材料归一化磁矩 p=0.64 相比，只有其的 25%。这决定了 κ 值偏低，所以限制了毫米波环行器的带宽。

4.1.2　环行器的相对带宽 2δ 和 Q_L

在旋磁耦合电路中，讨论过相对带宽 2δ 和 Q_L 耦合之间的关系式可写成

$$Q_L 2\delta = \frac{\rho_m - 1}{\sqrt{\rho_m}}$$

式中，ρ_m 看作最大驻波系数值，而

$$Q_L = \frac{1}{\sqrt{3}\kappa / \mu} = \frac{0.58}{\sqrt{\rho_m}} \tag{4.1}$$

这是集总参数概念下 3 个耦合线圈的耦合 Q 值。在分布参数概念中，Q_L 的表示式为

$$Q_L = \frac{1.84^2 - 1}{2\sqrt{3}\kappa / \mu} = \frac{0.69}{\kappa / \mu} \tag{4.2}$$

两者之间有一定的区别，如果把式(4.2)和式(4.1)联系在一起，计算出的带宽 2δ 略低于集中参数环行器带宽，此结果对图 4.1 中(a)、(c)两种无匹配三角块的情况较为合适。如果有了金属三角匹配块的情况，匹配块的作用使匹配带宽增大，这时公式可修正为

$$Q_L 2\delta = \sqrt{\frac{\rho_m^2 - 1}{3}} \tag{4.3}$$

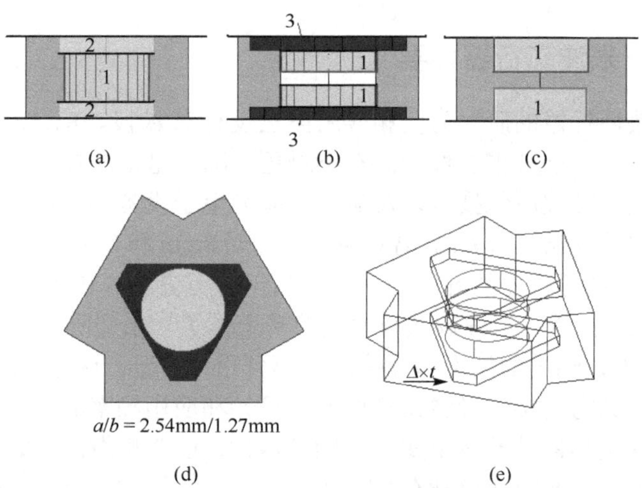

图 4.1　三毫米环行器结构

1-铁氧体；2-聚四氟乙烯；3-金属三角匹配块

把 Q_L 和 2δ 带宽乘积表示在图 4.2 中，例如，当 $\rho_m = 1.2$ 时，对于无匹配块情况：如图 4.3 和图 4.4 所示，其 $Q_L 2\delta = 0.18$，带宽窄；对于有匹配块情况，如图 4.5 所示，其 $Q_L 2\delta = 0.38$，带宽较宽，相比之下增大一倍。关于波导中铁氧体圆柱模的式(4.2)可以从场积分中获得证实，当输入功率 $P = 1\text{W}$ 时，计算频率 $f = 93.3\text{GHz}$。

$$Q_L = fU_L / P = f\int_V \text{Re}(h \cdot \mu h^*)\text{d}V \tag{4.4}$$

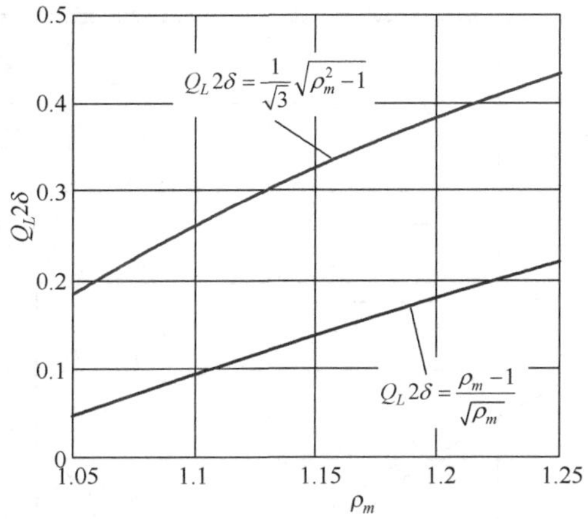

图 4.2　$Q_L 2\delta$ 带宽乘积-最大驻波 ρ_m 关系

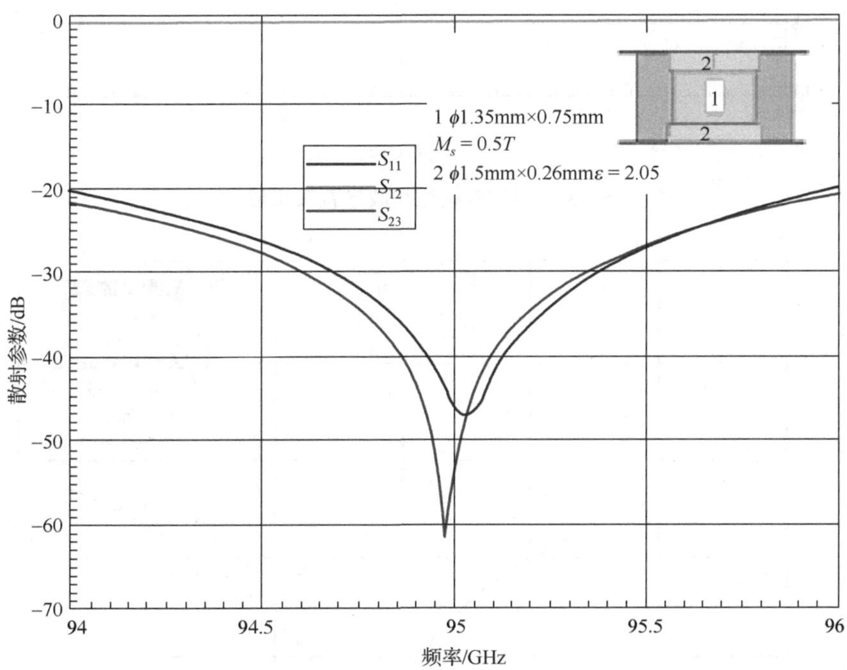

图 4.3　圆柱铁氧体支衬在聚四氟乙烯介质上

Q_L 为当单位功率输入时，在振动一周期内能量输出。图 4.1(a)的积分结果见表 4.1。$Q_L = 4.264$，$\left|\frac{\kappa}{\mu}\right| = \frac{\mathrm{Im}\left[(0,1,0)\mu(1,0,0)^t\right]}{\mathrm{Re}\left[(1,0,0)\mu(1,0,0)^t\right]} = 0.1585$，$Q_L|\kappa/\mu| = 0.676$，这和式(4.2)的结果相近。

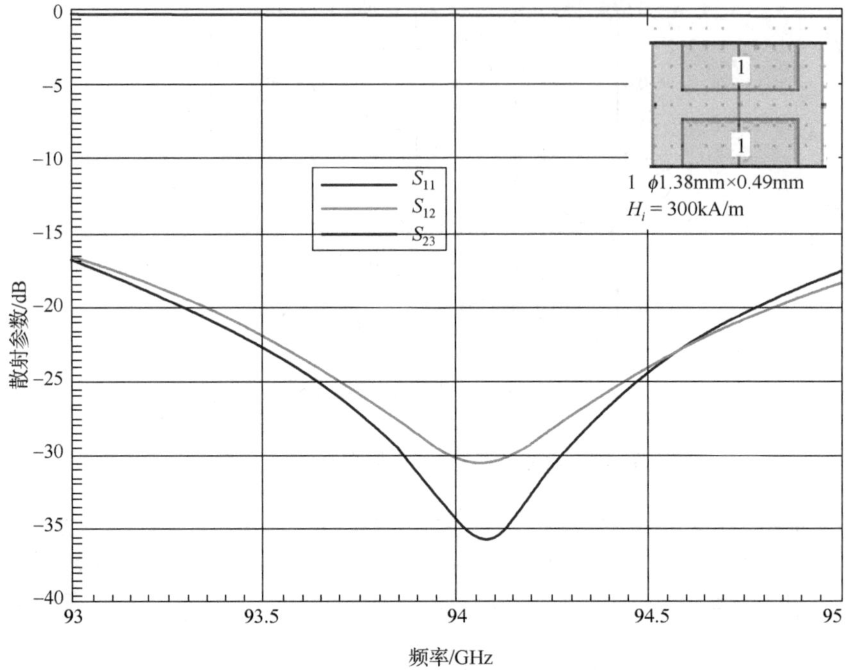

图 4.4　圆柱铁氧体和波导直接接触

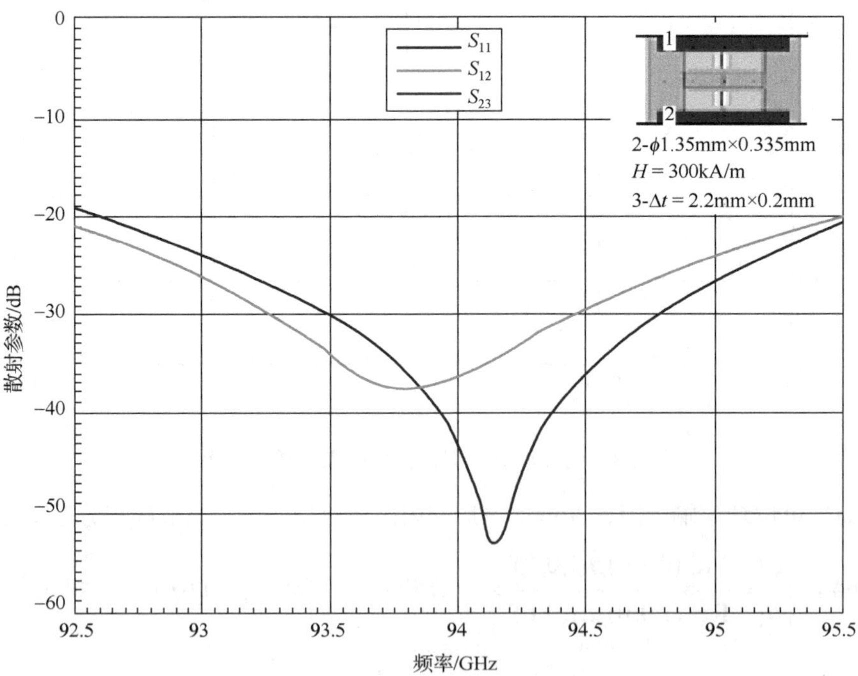

图 4.5　有三角匹配块的波导结环行器

表 4.1　Q_L 及$|\kappa/\mu|$的积分值

Q_L
4.26405624919855 Integrate(ObjectList(f) Real(Dot(<Hx,Hy,Hz>, mu*(Conj(<Hx,Hy,Hz>))))
$\lvert\kappa/\mu\rvert$
0.158490570216791 Integrate(ObjectList(f1), /(Imag(Dot(mu*(<0,1,0>) Imag(Dot(mu*(<0,1,0>), <1,0,0>)) Real(Dot(mu*(<1,0,0>), <1,0,0>))

4.1.3　三毫米 Y 形结环行器的设计

图 4.1(a)～(c)为 3 种毫米波环行器的结构。图(a)为一片铁氧体支衬在两片介质膜之间，图(b)为两片铁氧体贴附在两块三角形金属匹配块上，图(c)为两片铁氧体贴附在波导壁上。图(d)为图(b)的俯视结构，图(e)为图(b)的三维结构。结构(a)的带宽为 2GHz，相对带宽 $2\delta = 2.1\%$ 。结构(b)的带宽为 3GHz， $2\delta = 3.2\%$ ，三角匹配块使匹配带宽增宽。结构(c)的带宽较小，约 1.5GHz，如图 4.4 所示，但其散热情况良好。

4.1.4　耐功率问题

1．*承受峰功率*

实际的三毫米环行器都是做成T形结，长度约为4～5倍的波导波长。当输入1.5kW的峰功率时，波导内电场分布如图 4.6 所示，其最大场强 $E_{\max} = 1.29\times10^6\text{V/m}$ ，低于击穿场强 $E_b = 3\times10^6\text{V/m}$ ，这是三毫米 Y 形结环行器承受峰功率的量级。

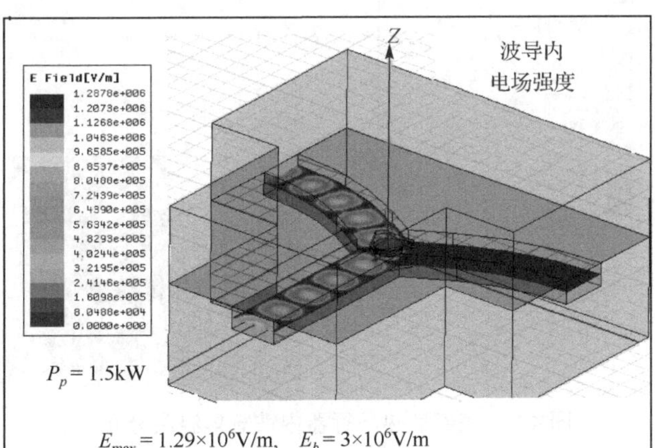

图 4.6　三毫米环行器电场分布

2．承受平均功率

如图 4.7 所示，输入 10W 功率，损耗功率 $P_L = 1.7\text{W}$，相当于 0.8dB 的正向损耗，从孤立环行器腔体散热效果看，导热仿真结果是铁氧体平均温度 $T_{av} = 112$ ℃，最高点温度 $T_H = 121$ ℃，低点温度 $T_L = 95$ ℃，均超过 80℃温度界限，所以单独的三毫米 T 结构环行器难以承受10W 的平均功率。从图 4.8 观察，环行器安装在底板较大的设备上，这里底板面积超过$(10\times10)\text{cm}^2$，其散热效果有明显改善。$T_{av} = 53.4$ ℃，$T_H = 61.4$ ℃，$T_L = 35.8$ ℃，均低于 80℃温度界限。这是三毫米环行器的平均功率可达到的水平。

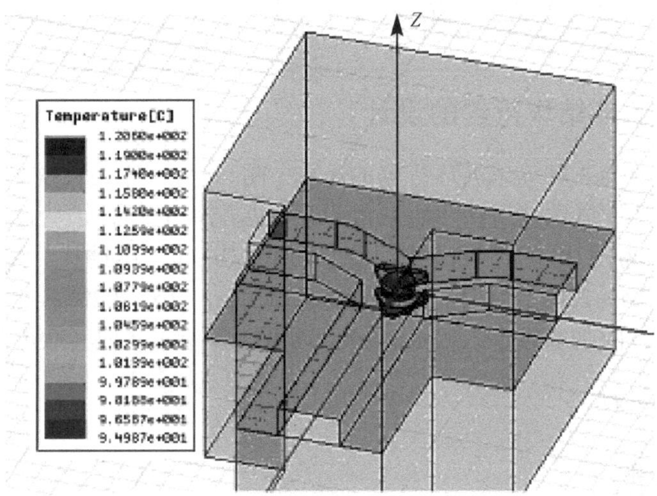

图 4.7　腔体散热环行器内铁氧体温度分布

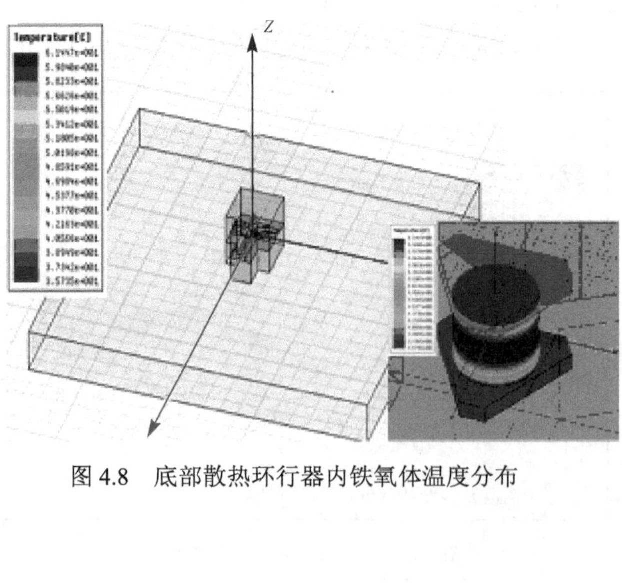

图 4.8　底部散热环行器内铁氧体温度分布

4.2　宽带波导 Y 形环行器

4.2.1　Ku 波段波导宽带 Y 形环行器

如图 4.9 所示的 Y 形波导结，波导口径 $ab = 15.8\text{mm} \times 7.9\text{mm}$，铁氧体三角块尺寸为 $\varDelta_f t = 3.87\text{mm} \times 2.1\text{mm}$（$\varDelta_f$ 为三角块边长），金属匹配块尺寸为 $\varDelta t = 9.8\text{mm} \times 1.5\text{mm}$，铁氧体材料 $4\pi M_s = 2800\text{Gs}$、$\varepsilon = 12.5$、$\Delta H = 50\text{Oe}$，在频带宽度 $\Delta f = 5\text{GHz}$ 时满足 20dB 隔离。铁氧体的旋磁耦合按式(4.4)计算，$Q_L = 1.155$，根据 $Q_L 2\delta = 0.38$ 计算，理论值 $2\delta = 33\%$，实际相对带宽 $2\delta = 34\%$，理论值与实际仿真值比较接近。理论值的计算结果见图 4.9 中的右上部分，这是 $f = 16\text{GHz}$ 点的计算结果，其他频率点的 Q_L 值均小于 1.155，所以 $Q_L 2\delta$ 乘积公式带有近似性。

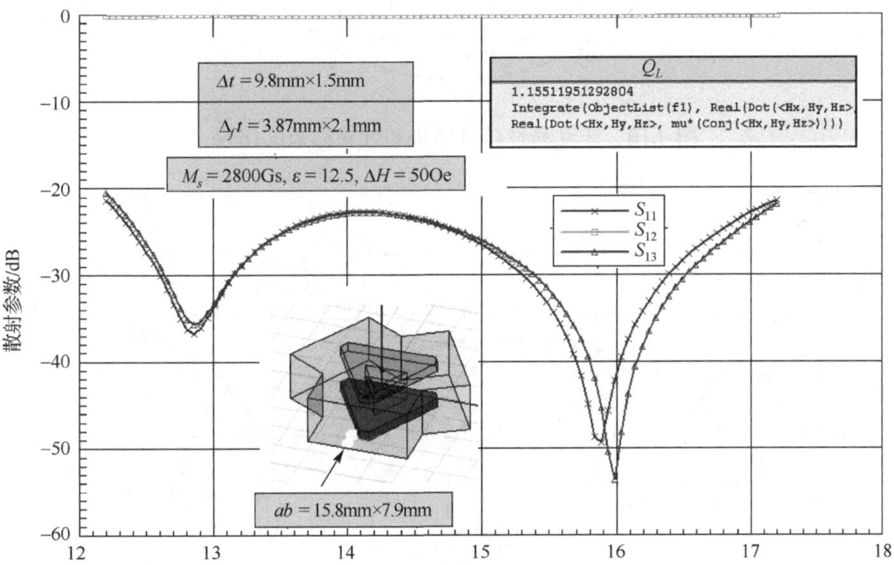

图 4.9　宽带波导 Y 形环行器

图 4.10 为对环行器的非互易性验证。直接仿真结果为 $\text{d}S = 0.9926\angle 20.2388°$，非互易性方程积分的结果为 $\text{d}S = 1.0017\angle 20.73°$，两者误差不大。

4.2.2　X 波段波导宽带 Y 形环行器

图 4.11 为 X 波段波导宽带 Y 形环行器的结构示意图及仿真性能图，带宽范围 $f = 8.1 \sim 11.3\text{GHz}$，$2\delta = 34\%$，反射损耗 S_{11}(dB) 及隔离 S_{13}(dB) 均优于 20dB。其波导尺寸及两片铁氧体三角块见图中所标，三角匹配块的顶部加宽处理，故获得良好的宽

带性能，计算了铁氧体样品的负载 Q_L 值，$Q_L \approx 1.3$，Q_L 和带宽 2δ 乘积为 0.44，超过了图 4.2 的理论值。

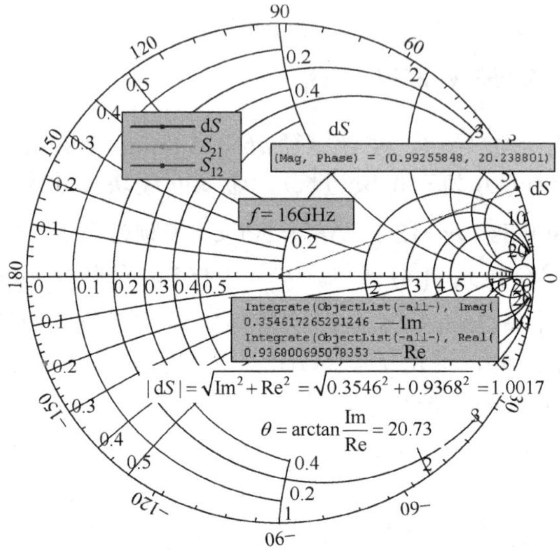

图 4.10　非互易性仿真结果和计算结果的比较

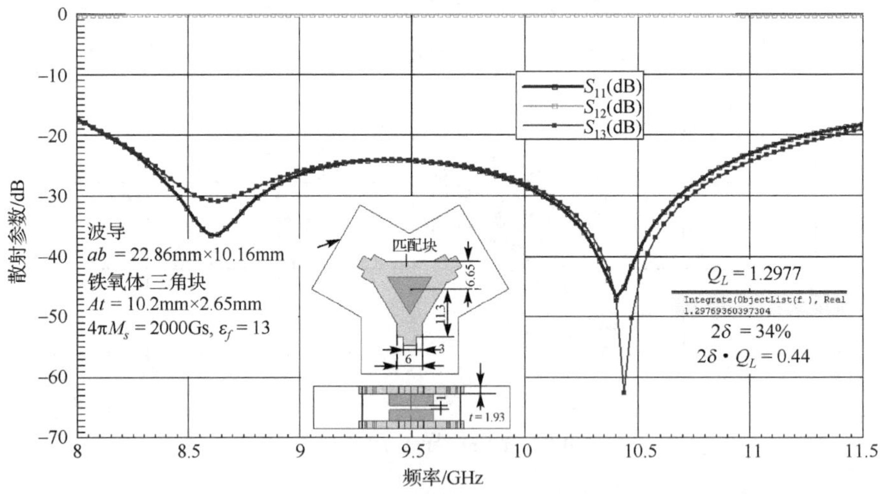

图 4.11　X 波段波导宽带 Y 形环行器

图 4.12 为 X 波段波导环行器非互易性能参数 dS 的仿真结果，频率在 8.0～11.5GHz 范围内，复量 dS 环绕阻抗图不到一周(约 330°)，取 4 个频率点计算：$f = 8.04$GHz，$|dS| = 0.972$；$f = 9.59$GHz，$|dS| = 0.929$；$f = 10.6$GHz，$|dS| = 1.002$；$f = 11.5$GHz，$|dS| = 1.069$。整个 dS 曲线上的点，$0.929 \leqslant dS \leqslant 1.069$ 满足环行条件，说明它的宽带特性 $2\delta = 34\%$。

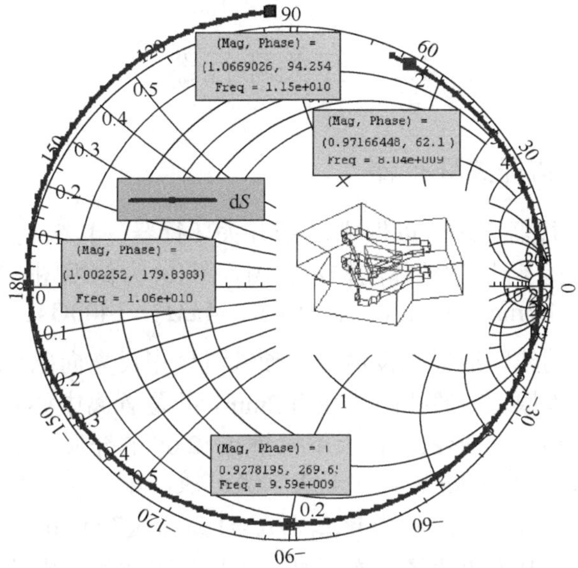

图 4.12　X 波段波导宽带 Y 形环行器

4.2.3　Ka 波段波导宽带 Y 形环行器

图 4.13 为 Ka 波段波导宽带 Y 形环行器的结构示意图及仿真性能图。带宽范围 $f = 26.5 \sim 35\,\text{GHz}$，$2\delta = 27.6\%$，反射损耗 $S_{11}(\text{dB})$ 及隔离 $S_{12}(\text{dB})$ 均优于 20dB。其波导尺寸及铁氧体圆柱尺寸见图中所示。Y 形波导 $abL = 7.12\,\text{mm} \times 3.56\,\text{mm} \times 5\,\text{mm}$；铁氧体圆柱 $\phi h = 2.4\,\text{mm} \times 1.56\,\text{mm}$。

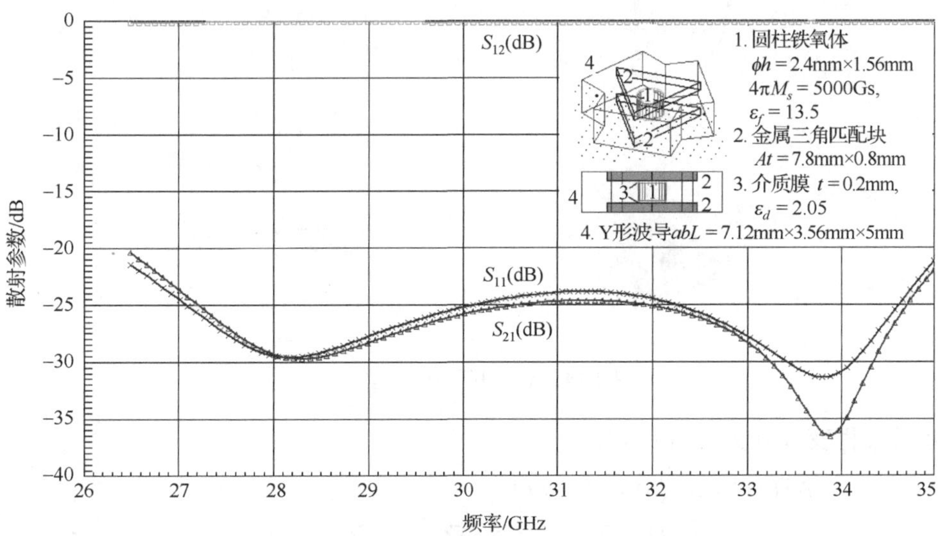

图 4.13　Ka 波段波导宽带 Y 形环行器仿真性能

4.3　开关环行器

4.3.1　X 波段单层结开关环行器

利用 Y 形波导环行器原理可以做成 Y 形开关环行器。其铁氧体为闭合磁化结构。图 4.14(a)所示为开关环行器的整体结构示意图，图(b)为俯视图，其中 Y 形铁氧体块尺寸为 $LWH = 8\text{mm} \times 4.7\text{mm} \times 8\text{mm}$ 、 $\varepsilon_f = 15.5$ 、 $4\pi M_s = 1400\text{Gs}$ ， L 为臂长，每个臂有一个通孔，穿上激励线，通以正反电流，使铁氧体正反方向磁化，控制环行方向，这就是开关环行器基本原理。通孔的直径为 2mm，孔位置离中心 4.3mm。由于波导口径 $ab = 22.86\text{mm} \times 10\text{mm}$ ，Y 形铁氧体上下衬垫 $\varepsilon = 2.05$ 的介质，厚度为 1mm。Y 形铁氧体块的各端附加 T 形介质匹配块，形成二级过渡匹配，第一级尺寸为 $W_1L_1 / H_1 = 4.7\text{mm} \times 2\text{mm} / 8\text{mm}$ ，第二级尺寸为 $W_2L_2 / H_2 = 1.2\text{mm} \times 7.8\text{mm} / 10\text{mm}$ ，匹配介质块的介电常数 $\varepsilon = 7$ ，图(d)为磁化场分布，是一不均匀磁化场，它通过静磁场仿真算出磁化场分布，如图 4.15 所示。在非均匀磁化场情况下再进行 HFSS 仿真，获得图 4.16 所示的环行性能。在 7.9～9.0GHz 的带宽下，满足隔离 20dB。利用旋磁耦合的积分公式(4.4)，计算得到 $Q_L = 2.8575$ ，求出 $2\delta = 13.3\%$ 。

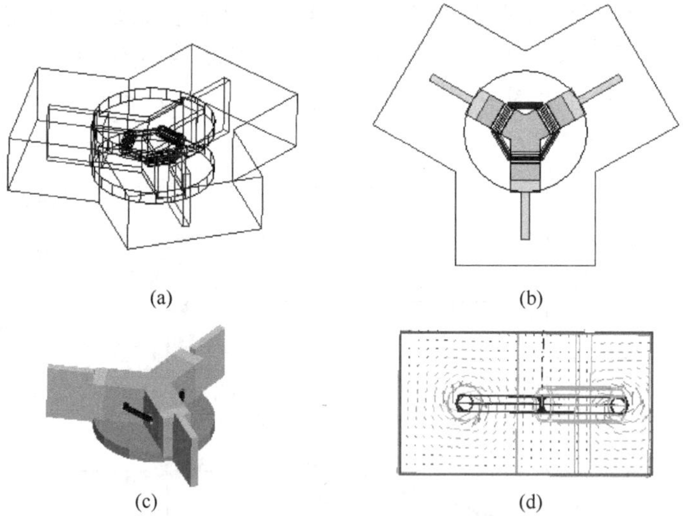

图 4.14　Y 形开关环行器结构

把非互易方程变成开关方程形式：

$$
\begin{aligned}
\Delta S(M) &= S_{12}(\vec{M}) - S_{12}(\overleftarrow{M}) \\
&= \int_{\text{all}} [h_1(\vec{M}) \cdot \mu(\vec{M}) h_2(\vec{M}) - h_1(\overleftarrow{M}) \cdot \mu(\overleftarrow{M}) h_2(\overleftarrow{M}) \text{d}V
\end{aligned} \tag{4.5}
$$

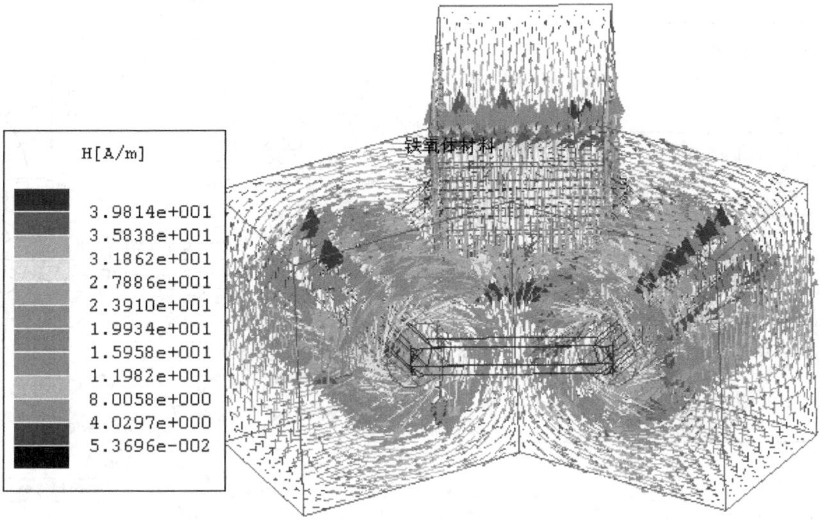

图 4.15　磁化场分布

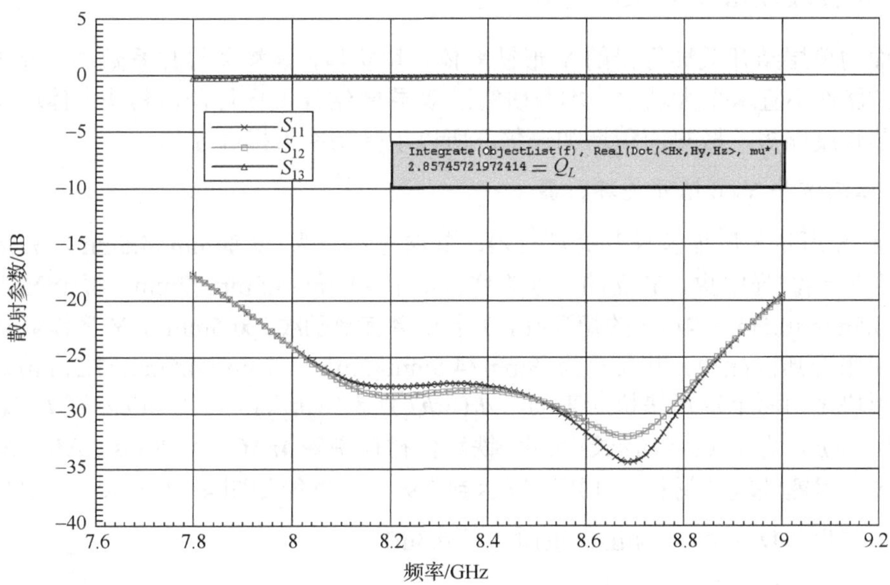

图 4.16　非均匀磁化场情况下环行性能

为了证实开关方程(4.5)的正确性，可以比较仿真结果 $\Delta S(M)=0.9842\angle 302^\circ$ 和积分计算结果 $\Delta S(M)=0.9823\angle 302^\circ$，两者较吻合(见图 4.17)。

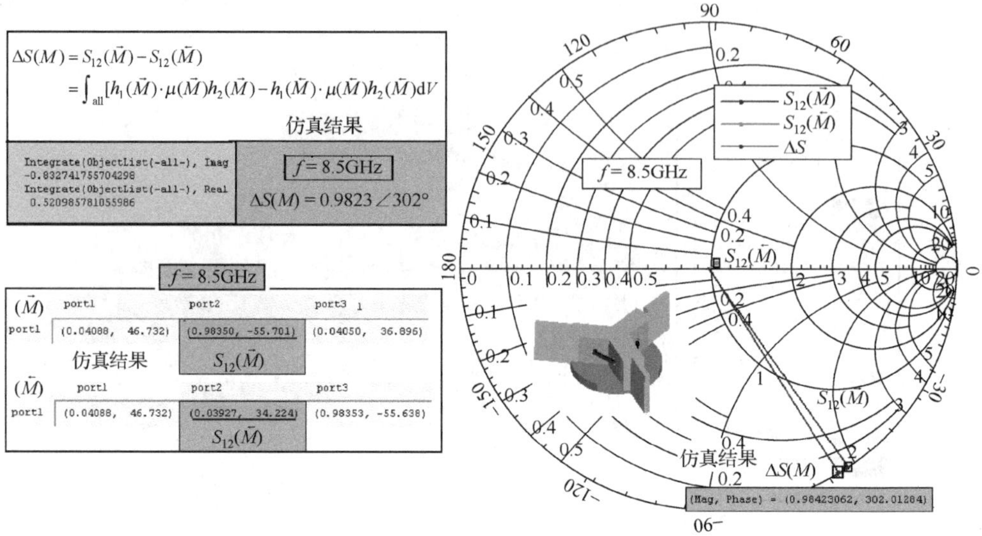

图 4.17　仿真结果和计算结果作比较

4.3.2　X 波段双层结开关环行器

上面的单层结开关环行器的 Y 形铁氧体是块状体，铁氧体导热系数小，故热量不易散出，器件不宜承受大功率。本节研究了双层 Y 结开关环行器，其铁氧体块厚度减薄，导热长度缩短，散热面积增加一倍，所以承受功率可提高 4 倍。

1. 压缩波导 Y 形结开关环行器

图 4.18 所示为压缩波导开关环行器，其波导口径为 22.86mm×4.5mm，Y 形铁氧体放置在 Y 结波导中央，Y 支的尺寸为宽×高×长=4mm×4.5mm×7mm，每个 Y 支的中央处有 0.5mm×0.5mm×4mm 的矩形孔，3 个孔穿有激励线(ϕ0.5mm)，Y 形铁氧体臂各端接有 T 形介质匹配块，其尺寸为(8mm×4.5mm×2mm)/(1mm×4.5mm×7.5mm)。实际上，T 形块是由两个矩形块拼起来的，$d_1(w_1h_1l_1)/d_2(w_2h_2l_2)$，其中 $w_1h_1l_1$ 为 d_1 (宽×高×长)尺寸，$w_2h_2l_2$ 为 d_2 (宽×高×长)尺寸。铁氧体材料剩磁 $4\pi M_r = 1500\,\text{Gs}$、$\Delta H = 50\,\text{Oe}$、$\varepsilon_f = 15.5$。用锂铁氧体材料，其矩形度达到 0.95，其性能如图 4.18 所示，在 10%的带宽范围内隔离与反向大于 24dB，正向小于 0.3dB。

2. 双层 Y 形结开关环行器

图 4.19 所示为开关环行器中的非互易结结构及尺寸示意图。它由两块 Y 形铁氧体块、3 个 T 形介质匹配块、一块三角形金属隔离板、两根金属线圈组成。实际上，双层波导开关环行器是两个压缩波导开关环行器的叠加，中间由隔离金属板相隔，其厚度 $t = 1$ mm，三角形边的宽度为 $a = 22.86$ mm，边至波导中心距为 9mm，激励线的直径ϕ为 0.5mm。

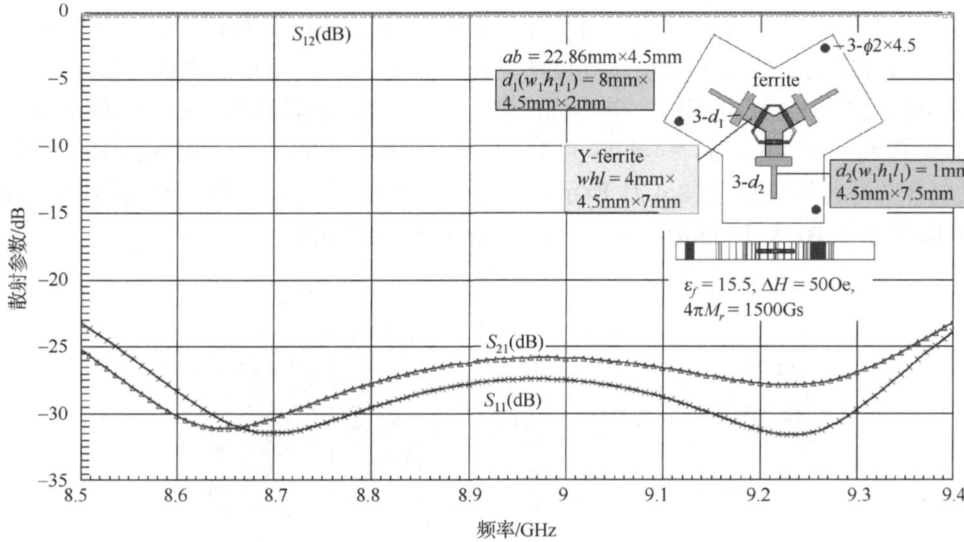

图 4.18　压缩波导开关环行器的结构和环行性能

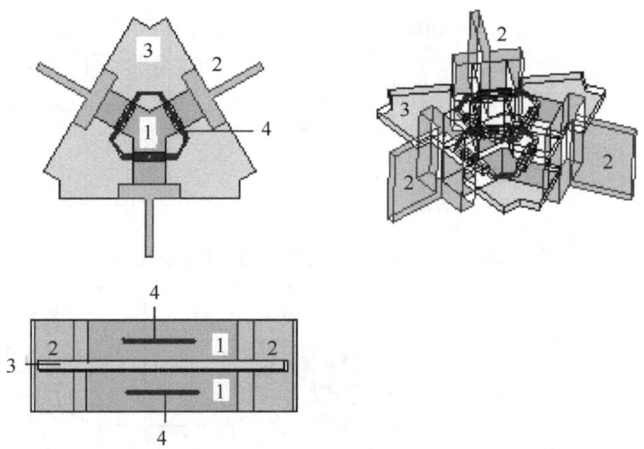

图 4.19　双层波导非互易结结构及尺寸

1-2-Y 铁氧体块，$Y[lwh = 7\text{mm}\times 4\text{mm}\times 10\text{mm}]$；2-3-T 形介质匹配块，

$T(8\text{mm}\times 10\text{mm}\times 2\text{mm}/1\text{mm}\times 10\text{mm}\times 7.5\text{mm})$；3-金属隔离板，$t = 1\text{mm}$；4-2-金属激励线，$\phi 0.5\text{mm}$

图 4.20 为两块铁氧体块中的闭合磁化场的磁力线分布图，它由 10A 的电流同向激励金属线圈形成，上图为 3D 分布，下图为 2D 分布，激励孔为方空，与 Y 形中心距离为 3.5mm，最大磁通密度达到 1865Gs，Y 形结中心处的磁通密度达到 1300Gs，开关环行器的磁化为非均匀磁化，所以必须用 Maxwell 3D 软件作静磁磁化仿真，Maxwell 3D 软件作为 HFSS 的伴随设计软件。

由于双层开关环行器结构复杂，非互易结与波导匹配不易，特别是一组(3个)T 形匹配块和两个铁氧体 Y 形结的匹配问题更是复杂，用优化设计比较合理。图 4.21 是优

化后选取的T形匹配块的尺寸,其尺寸为T(8mm×10mm×2mm)/(1mm×10mm× 7.5mm)。它和单层结构用的匹配块差别仅是高度的差别。又考虑到三角形隔离板的影响，在Y形波导中附加3个金属电感柱，电感柱位置相互呈120°旋转对称，端口1(x轴)的电感柱的位置$x_0=19$mm、$y_0=8.9$mm，它的作用是增大匹配带宽，使$|S_{11}|$具有双峰特征。双层开关环行器性能如图4.21所示,在8.5~9.4GHz带宽范围内,反射损耗S_{11}(dB)和反向隔离S_{21}(dB)大于22dB，正向损耗S_{12}(dB)小于0.3dB。

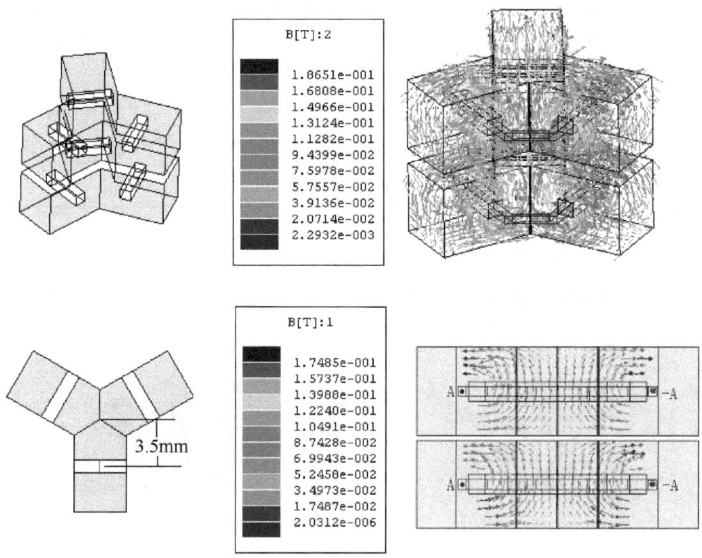

图4.20　Y形铁氧体块中的非均匀磁化场

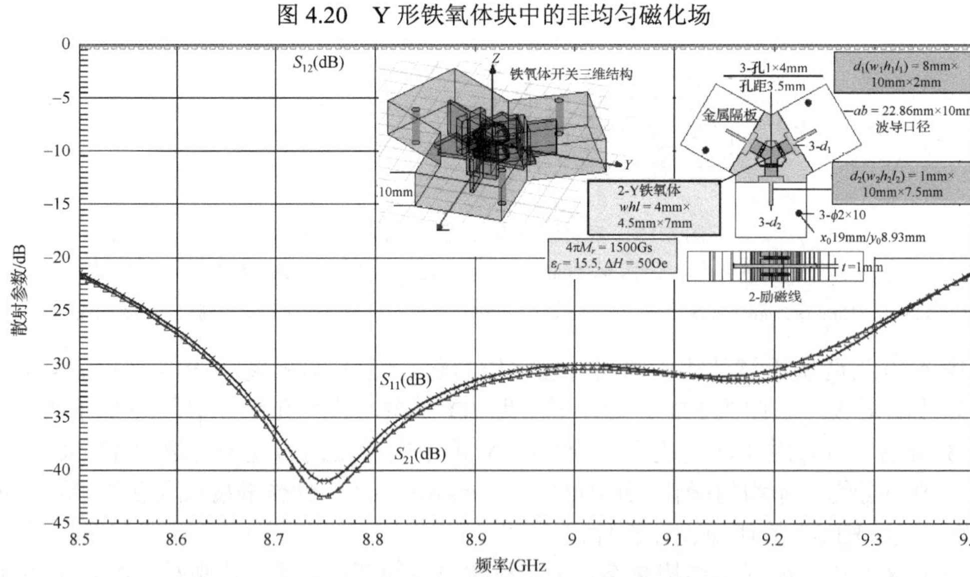

图4.21　双层Y形结开关的优化仿真性能

3. 承受功率及静热仿真结果

双层开关环行器的最大优点是散热特征长度小 ($l_c = 2.5\text{mm}$)，波导的环境温度 $T_e = 20$ ℃，空气风冷速度为 1m/s，开关承受功率 $P_{av} = 300\,\text{W}$，插损按 0.36dB 计算，损耗功率 $P_L = 24\,\text{W}$，每个 Y 形块吸收功率 12W，以此作为静热仿真的热负荷。仿真结果如图 4.22 所示，从 Y 形铁氧体块中的温度场分布来看，靠近矩形孔处的温度最高 ($T_H \approx 90$℃)，在 Y 形块与波导的接触处温度 $T_C = 55$ ℃。

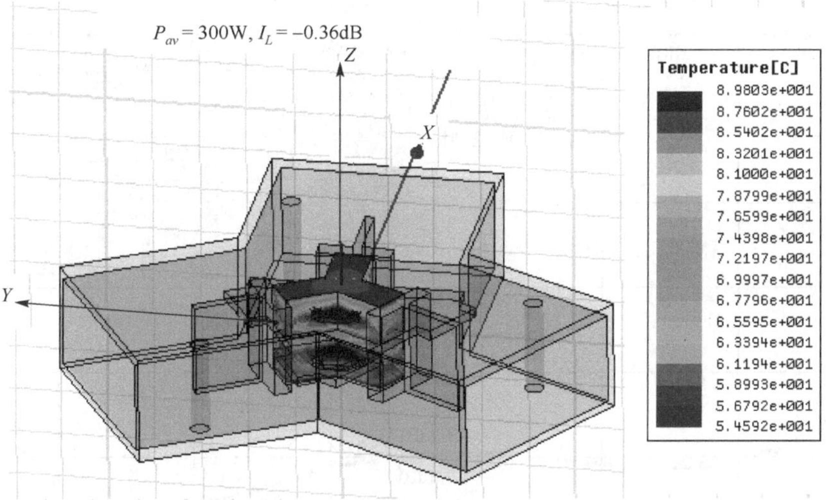

图 4.22　Y 形铁氧体块中的温度场分布

4.3.3　S 波段多层结开关环行器

对 S 波段开关环行器取 4 层 Y 形波导结构比较恰当，可以加大导热面积，缩小热传导距离，提高散热效率，这是大功率开关环行器所必须的。

1. 4 层波导 Y 形结开关环行器

图 4.23 所示为 4 层开关环行器中的非互易结结构及尺寸示意图，它由 4 块 Y 形铁氧体块、3 个 T 形介质匹配块、一块三角形金属隔离板、4 根金属线圈组成。实际上，4 层波导开关环行器是 4 个压缩波导开关环行器的叠加，中间由隔离金属板相隔，其厚度 $t = 1.2\text{mm}$，三角形边的宽度为 a=72mm，边至波导中心距离为 32mm；激励线的直径 ($\phi = 1\text{mm}$)。

4 块 Y 形铁氧体块尺寸为 $\text{Y}(w_2 hl) = (12\text{mm} \times 7.6\text{mm} \times 21\text{mm})$；4 层开关环行器结构的复杂，非互易结与波导匹配不易，特别是一组(3 个)T 形匹配块和 4 个铁氧体 Y

形结的匹配问题较为复杂。图 4.23 中 T 形匹配块的尺寸为 $T(d_1/d_2)=(24mm\times34mm\times6mm)/(3mm\times34mm\times22mm)$，它的横向尺寸为 X 波段（图 4.21）的 3 倍；高度 $H=34mm$。又考虑到三角形隔离板的影响，在 Y 形波导中附加 3 个金属电感柱（$\phi=3mm$），3 个电感柱位置相互呈 120° 旋转对称，端口 1（x 轴）的电感柱的位置 $x_0=32$ mm、$y_0=64$ mm，它的作用是增大匹配带宽，使 $|S_{11}|$ 具有双峰特征。双层开关环行器性能如图 4.23 所示：在 2.8～3.14GHz 带宽范围内，反射损耗 S_{11}(dB) 和反向隔离 S_{21}(dB) 大于 20dB，正向损耗 S_{12}(dB) 小于 0.3dB。

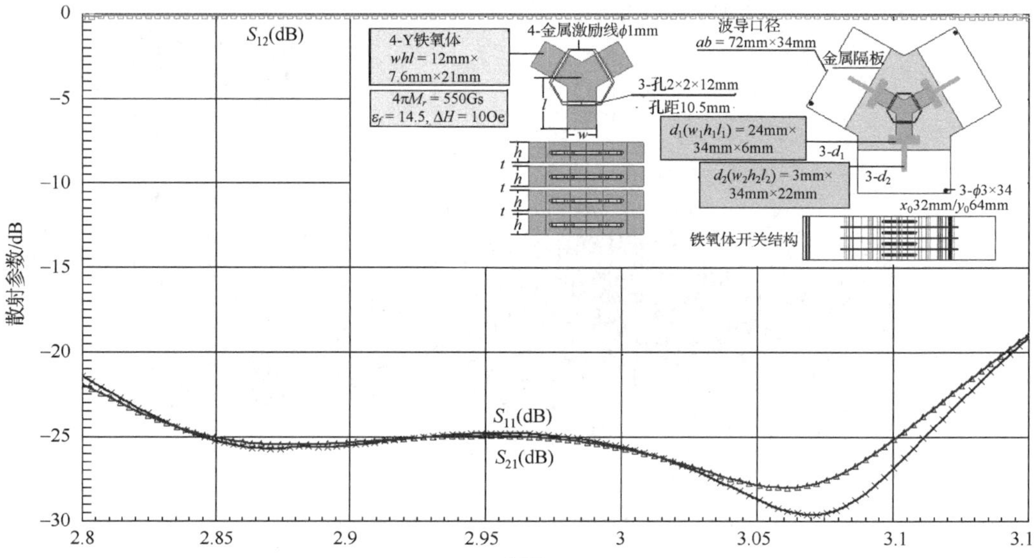

图 4.23　S 波段 4 层 Y 形结开关环行器结构尺寸和性能

2. 承受功率及静热仿真

4 层开关环行器和铁氧体散热特征长度小（$l_c=4mm$），波导的环境温度 $T_e=20$ ℃，空气风冷速度 $V_a=1m/s$，开关承受功率 $P_{av}=1000$ W，按插损 0.5dB 计算，损耗功率 $P_L=100$ W，每个 Y 形块吸收功率为 25W，以此作为静热仿真的热负荷；铁氧体导热系数 $k_T=4$ W/cm·℃。仿真结果如图 4.24 所示，从 Y 形铁氧体块中的温度场分布来看，靠近矩形孔处的温度最高 $T_H\approx78$ ℃，在 Y 形块与波导的接触处温度 $T_C=42$ ℃。

3. 开关环行器的非互易方程和开关方程

非互易方程为

$$\begin{aligned}\mathrm{d}S_{12}(\pm M) &= S_{12}(\pm M) - S_{21}(\pm M) \\ &= \frac{\mathrm{j}\omega}{2}\int_{\text{all}}(h_1(\pm M)\cdot\mu(\pm M)h_2(\pm M) - h_2(\pm M)\cdot\mu(\pm M)h_1(\pm M))\mathrm{d}V\end{aligned}$$

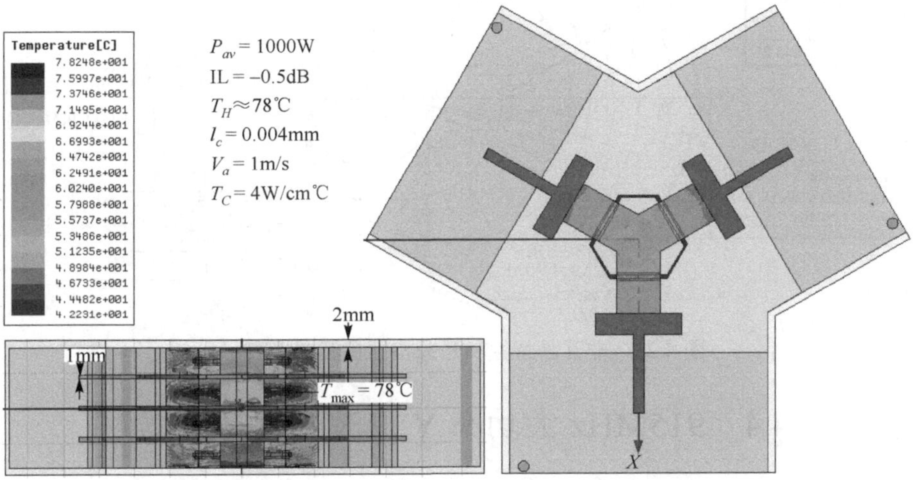

图 4.24　4 层 Y 形结铁氧体块中的温度场分布

开关方程为

$$\begin{aligned}\Delta S(M) &= S_{12}(+M) - S_{12}(-M) \\ &= \int_{\text{all}}(h_1(+M)\cdot\mu(+M)h_2(+M) - h_1(-M)\cdot\mu(-M)h_2(-M))\mathrm{d}V\end{aligned}$$

开关环行器有双重特性，一方面是环行器的非互易性；另一方面是作为反磁化工作具有开关特性。上述两个方程各自描述了其特性。理想的非互易性要求 $|\mathrm{d}S_{12}(\pm M)| \to 1$，理想的开关特性要求 $|\Delta S(M)| \to 1$。非互易方程是环行器的非互易性标志，它适用于恒磁化情况 ($+M$ 或 $-M$)。开关方程是开关环行器由 $+M \to -M$ 磁化状态反转而导致的传输特性的变化。这两个方程理论上的共同点是在器件内场强分布确定后，其传输端口特性就被确定。在 HFSS 平台上，很容易做出这种积分计算。如图 4.25 所示，图右边为 $f = 2.8 \sim 3.15\text{GHz}$ 频带内的 $\mathrm{d}S(M)$ 分布曲线，在频带范围内，$|\mathrm{d}S(M)| = [0.91, 1.072]$，表示其有良好的非互易特性。当 $f = 3\text{GHz}$ 时，做出了仿真结果，并与用非互易方程数值计算结果进行比较，其仿真值 $\mathrm{d}S_{12} = 0.9465\angle 326.3°$，积分计算值为 $\mathrm{d}S_{12} = 0.9469\angle 326.3°$，其计算精度达到 10^{-4}。$\Delta S_{12}(M)$ 分布曲线和 $\mathrm{d}S_{12}(M)$ 的分布曲线呈 $180°$ 旋转对称。当 $f = 3\text{GHz}$ 时，其仿真值 $\Delta S_{12}(M) = 0.947\angle 146.3°$，而用开关方程计算其积分值为 $\Delta S_{12}(M) = 0.929\angle 145.2°$，其计算精度只有 $10^{-2} \sim 10^{-3}$ 量级，说明开关方程是微扰方程，有一定的近似性。

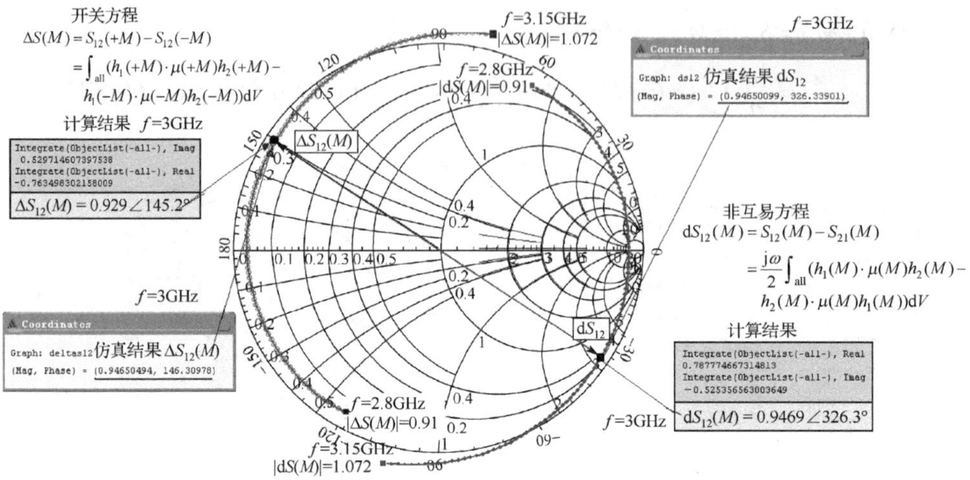

图 4.25　非互易特性和开关特性在圆图上表示

4.4　915MHz 大功率 Y 形波导结环行器

1. 结构与尺寸

图 4.26 为大功率波导结环行器的结构尺寸示意图。其结构特点是铁氧体圆盘组合阵由 14 片铁氧体组成，每片铁氧体尺寸 $D_f t_f = 46\text{mm}\times 4\text{mm}$。铁氧体圆盘贴在上下两块金属匹配圆盘上，其尺寸为 $D_m t_m = 140\text{mm}\times 22\text{mm}$，Y 形波导环行器输出处的 3 个波导窗孔片尺寸为 $207\text{mm}\times 70\text{mm}\times 2\text{mm}$，作为匹配调整。14 片铁氧体圆盘分两层排列，每层 7 片，呈六叶花瓣状排列。

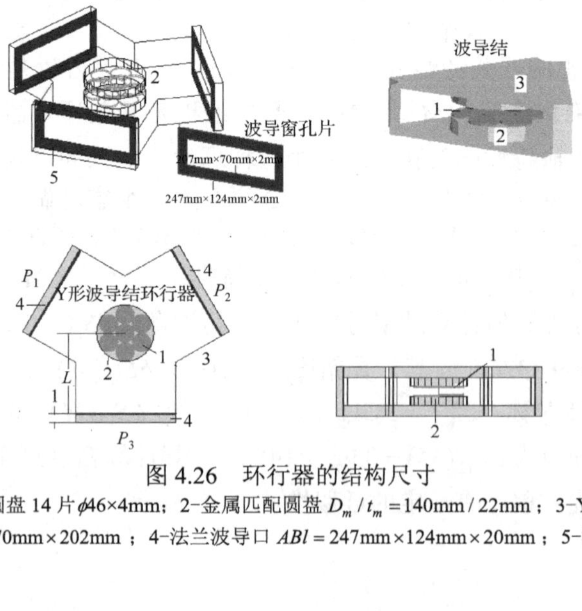

图 4.26　环行器的结构尺寸

1-铁氧体圆盘 14 片 $\phi 46\times 4\text{mm}$；2-金属匹配圆盘 $D_m / t_m = 140\text{mm}/22\text{mm}$；3-Y 形波导结 $abL = 247\text{mm}\times 70\text{mm}\times 202\text{mm}$；4-法兰波导口 $ABl = 247\text{mm}\times 124\text{mm}\times 20\text{mm}$；5-波导窗孔片 3pcs

2. 环行性能

图 4.27 中表示环行器的仿真结果，在(915±15)MHz 带宽内，反向隔离和反射损耗大于 22dB，正向损耗小于 0.22dB。铁氧体材料参数 $4\pi M_s = 650\text{Gs}$、$\Delta H = 10\text{Oe}$、$\varepsilon_f = 14$、$H_i = 34200\text{A/m} = 428\text{Oe}$、$H_r = \omega/\gamma = 327\text{Oe}$，归一化磁矩 $p = 2$，归一化磁场 $\sigma = 1.3$。在高场工作的情况下，其环行方向为环绕 H_i 右旋方向。

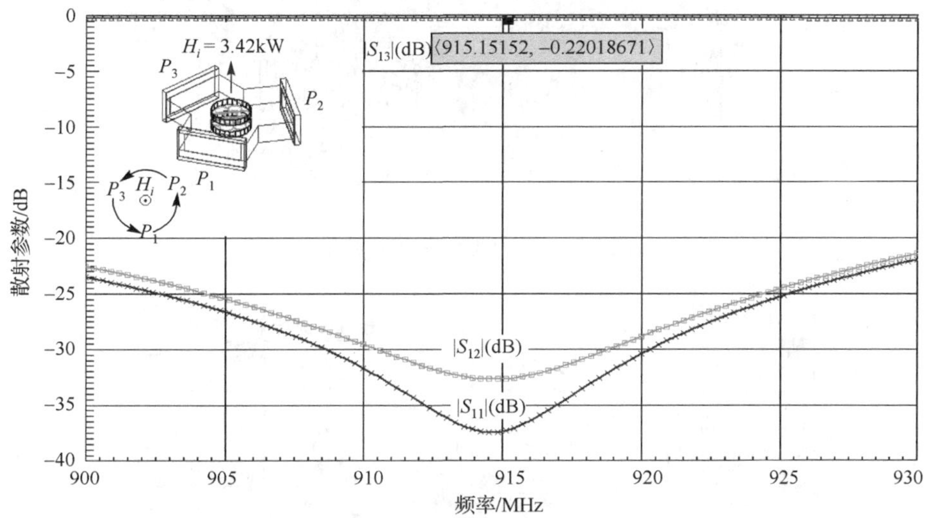

图 4.27　环行器仿真性能

3. 静热仿真

图 4.28 为环行器的静热仿真结果。每片铁氧体承受 250W 的热量耗散，从靠近波导壁的铁氧体圆片进行温度观察，贴附冷却圆盘面的铁氧体表面温升 $T_C = 35$℃(冷端温度)，铁氧体表面背离冷却圆盘的温度 $T_H = 96$℃(热端温度)，铁氧体片的平均温度 $T_{av} = 72$℃。根据铁氧体材料的温度特性，估计能承受 75kW 的功率。在仿真中冷却水温设在 20℃，水流速度为 1m/s，铁氧体热导系数为 4W/cm·℃。

4. 功率仿真

通过图 4.29 所示的大功率仿真，观察内部电场有无可能击穿。当端口输入 75kW 的大功率时，最大场强在波导窗口处，$|E|_{\max} = 7.3\times10^5\text{V/m}$，在 Y 波导中，$|E|_{\max} = 5.7\times10^3\text{V/m}$，在铁氧体圆盘表面处，$|E|_{\max} = 5.1\times10^4\text{V/m}$，在金属圆盘表面，$|E|_{\max} = 4.1\times10^5\text{V/m}$，均不会引起环行器内部击穿。

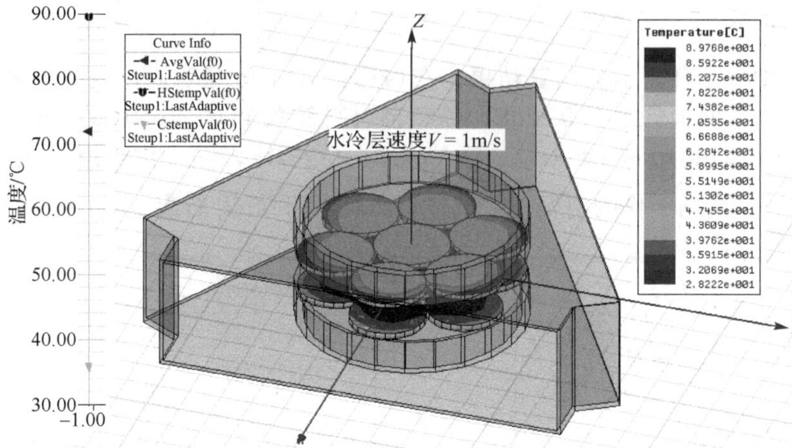

图 4.28　环行器静热仿真结果

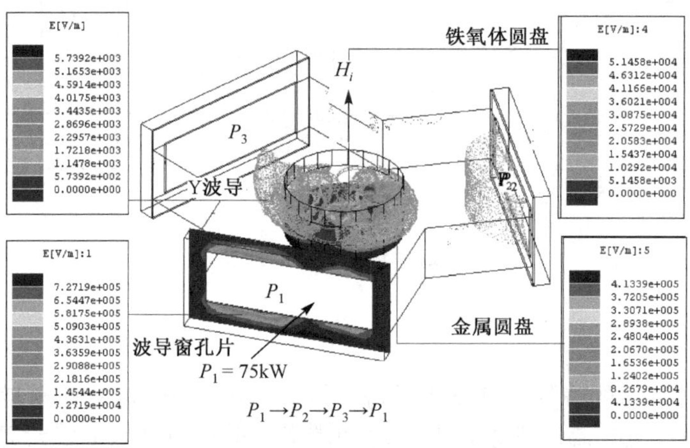

图 4.29　功率电场强度结果

4.5　高性能 Y 形波导结环行器

4.5.1　C 波段 Y 形波导结环行器

1. 结构和参数

图 4.30 为环行器的结构尺寸示意图，在 Y 形波导腔中放置两片三角形铁氧体，铁氧体贴放在两个匹配金属三角形块上，附加 3 个匹配金属圆柱，其尺寸和位置表示在图中。其中心频率 f_0、波长 λ_0 及相关尺寸为

$$f_0 = 6.5\,\text{GHz},\quad \lambda_0 = 46\,\text{mm},\quad a = 34.8\,\text{mm},\quad b = 15.8\,\text{mm}$$
$$R_m = 20\,\text{mm},\quad t_m = 3\,\text{mm},\quad R_f = 7.7\,\text{mm},\quad t_f = 4.2\,\text{mm}$$
$$t = 1.4\,\text{mm},\quad \phi 4\,\text{mm} \times 2.2\,\text{mm}$$

相对于波长 λ_0 而言，各尺寸的归一化表示如下：

$$\overline{r_m} = \frac{R_m}{\lambda_0} = 0.433,\quad \overline{r_f} = \frac{R_f}{\lambda_0} = 0.169,\quad \overline{t_m} = \frac{t_m}{\lambda_0} = 0.065,\quad \overline{t_f} = \frac{t_f}{\lambda_0} = 0.091$$
$$\overline{t} = \frac{t}{\lambda_0} = 0.03,\quad \overline{a} = \frac{a}{\lambda_0} = 0.754,\quad \overline{b} = \frac{b}{\lambda_0} = 0.342,\quad R = 12\,\text{mm}$$

归一化表示可帮助推广到其他波段波导结环行器的设计。

材料各参数取为

$$4\pi M_s = 1600\,\text{Gs}(p = 0.69),\quad \Delta H = 20\,\text{Oe},\quad \varepsilon_f = 14.5$$
$$H_i = 20000\,\text{A/m} = 250\,\text{Oe}(\sigma = 0.108)$$

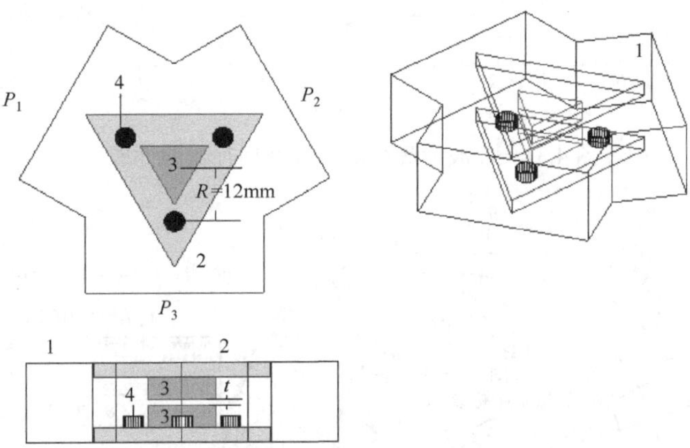

图 4.30　波导结环行器结构和尺寸

1-Y 形结波尺寸 $= abL = 34.8\text{mm} \times 15.8\text{mm} \times 25\text{mm}$，$t = 1.4\text{mm}$；2-三角金属匹配块，2 片，尺寸为 $R_m t_m = 20\text{mm} \times 3\text{mm}$；3-三角形铁氧体块，2 片，尺寸为 $R_f t_f = 7.7\text{mm} \times 4.2\text{mm}$；4-金属匹配圆柱 $\phi 4\text{mm} \times 2.2\text{mm}$，3 个，$R = 12\text{mm}$

2. 环行器的仿真性能

如图 4.31 所示，在 6～7GHz 频率范围内，相对带宽 $\delta = 15\%$。正向损耗小于 0.15dB，隔离和反向损耗大于 30dB。由于要保证优良性能，对结构尺寸的精度和材料性能选择及磁化场的大小均有苛刻的要求。环形器的环行方向符合左手法则(相对方向 H_i)，因为在低场工作($\sigma = 0.108$)。

3. 非互易性的研究

通过仿真可获得 S_{11}、S_{12}、S_{21} 等参数，它们分布在阻抗圆图的圆周边附近(S_{12})或中心处(S_{11}、S_{21})。另外，环行器的非互易参数 dS 亦分布在圆周边。对于优质的环行器，

$|\mathrm{d}S| \to 1$。图 4.32 中计算了 3 个频率点 $f_1 = 5.91\mathrm{GHz}$、$f_2 = 6.51\mathrm{GHz}$ 和 $f_3 = 6.94\mathrm{GHz}$，用非互易方程计算出 dS 值(在圆图上)和仿真计算所获得的结果(在圆图外)，两者非常吻合，其 $|\mathrm{d}S| = 1.022$、1.0046、1.017，$|\mathrm{d}S|$ 范围趋于 1，标志着环行器的高性能。

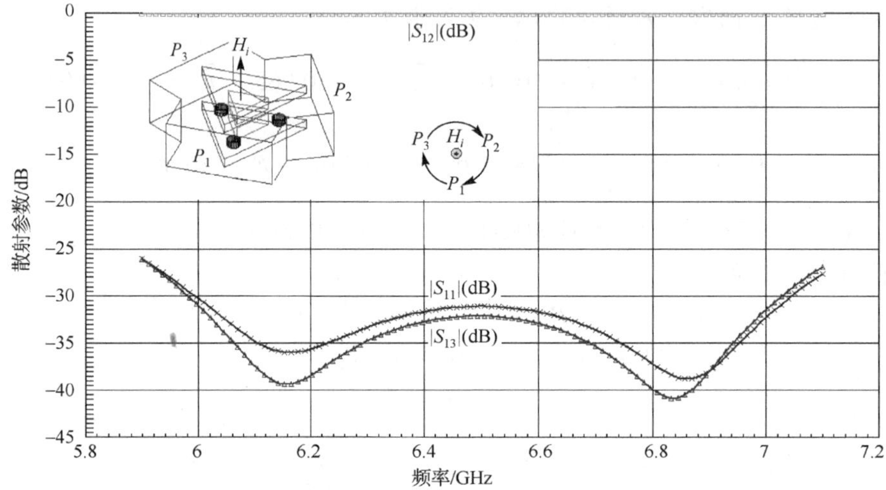

图 4.31　C 波段高性能波导结环行器的性能

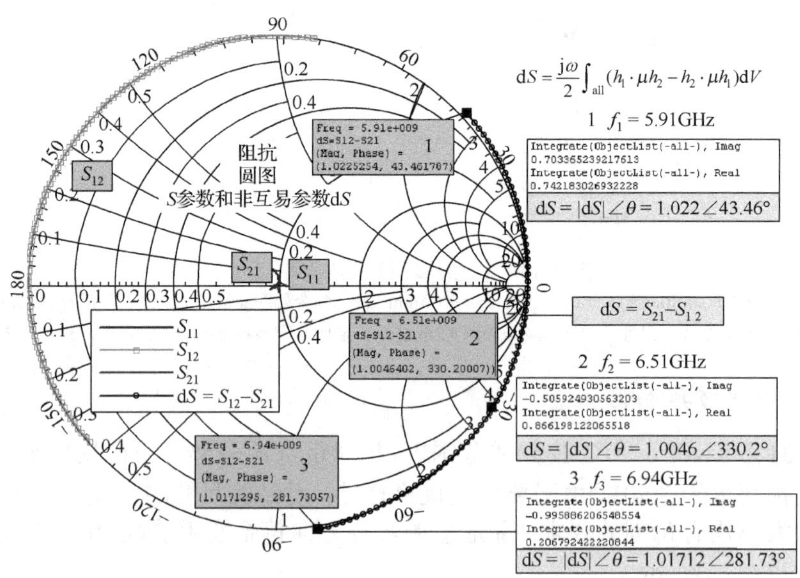

图 4.32　C 波段波导结环行器 S 参数和非互易参数 dS 分布

数值计算时仍用下列非互易方程：

$$\mathrm{d}S = \frac{\mathrm{j}\omega}{2}\int_{\mathrm{all}}(h_1 \cdot \mu h_2 - h_2 \cdot \mu h_1)\mathrm{d}V$$

4.5.2　X 波段 Y 形波导结环行器

图 4.33 中，Y 形环行器的腔体尺寸 $abL = 19\text{mm} \times 9.5\text{mm} \times 15\text{mm}$，三角金属匹配块半径 $R_m = 12\text{ mm}$，厚度 $t_m = 1.85\text{ mm}$；三角形铁氧体半径 $R_f = 4.6\text{ mm}$，厚度 $t_m = 2.4\text{ mm}$。铁氧体材料参数：$4\pi M_s = 3000\text{Gs}$、$\varepsilon_f = 13$、$\Delta H = 100\text{ Oe}$，内磁化场 $H_i = 500\text{ Oe}$。

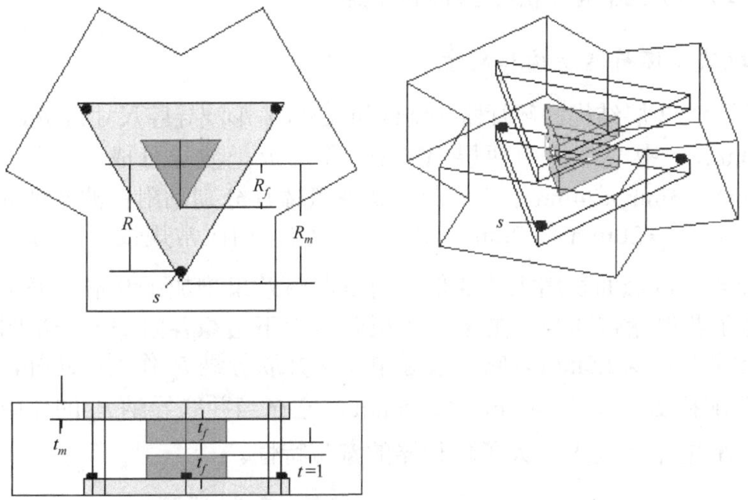

图 4.33　X 波段波导结环行器结构和尺寸示意图

1-Y 形结波导尺寸为 $abL = 19\text{mm} \times 9.5\text{mm} \times 15\text{mm}$；2-三角金属匹配块，2 片，$R_m t_m = 12\text{mm} \times 1.85\text{mm}$；3-三角形铁氧体块，2 片，$R_f t_f = 4.6\text{mm} \times 2.4\text{mm}$；4-金属匹配圆柱 s：$\phi 1\text{mm} \times 0.8\text{mm}$，3 个，$R = 10\text{mm}$

图 4.34 为 X 波段高性能波导结环行器的仿真结果。

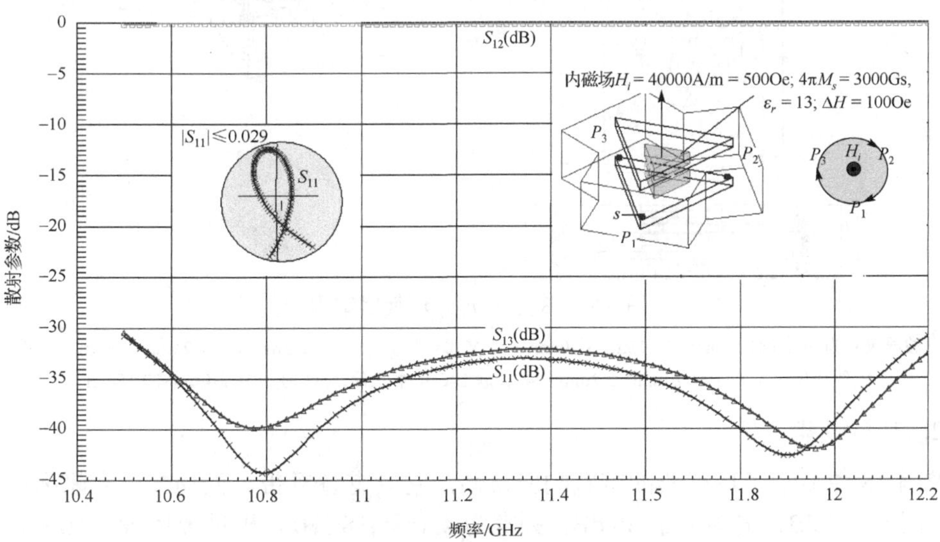

图 4.34　X 波段高性能波导结环行器的性能

在 10.5～12.2GHz 频率范围内，隔离和反射损耗大于 30dB，正向损耗小于 0.15dB，相对带宽大于 $2\delta = 15\%$。因在低场工作 $\sigma = 0.125$，环形行方向为 $P_1 \to P_3 \to P_2 \to P_1$。

4.6　多层结构 Y 形波导结环行器

4.6.1　C 波段 3 层结构 Y 形波导环行器

1. C 波段波导环行器结构和尺寸

图 4.35 所示为 3 层结构的环行器的结构和尺寸，Y 形波导腔尺寸为 $abL = 47.55\text{mm} \times 22.15\text{mm} \times 50\text{mm}$，中心部位由两层 Y 形金属夹板把波导分成 3 层，夹板尺寸为 $atL = 47.55\text{mm} \times 2.5\text{mm} \times 24\text{mm}$，6 片圆盘状铁氧体片分别贴附在波导壁和夹板上，铁氧体的尺寸为 $D_f t_f = 20\text{mm} \times 2.2\text{mm}$。由于分层结构相比常规设计，每片铁氧体厚度缩小 3 倍，金属壁接触面积增大了 3 倍，所以散热效果增加了 9 倍。夹层板仅起到散热的作用。为了获得宽带匹配，在 Y 形夹板各端上下边缘各附加一个半圆盘的匹配块(共 6 块)，尺寸为 $R4 \times 2.5\text{mm}$，它在波导中充当并联导纳 B_c 作用；此外，在波导侧壁处附加 3 个匹配棒 L，尺寸 $\phi 4\text{mm} \times 22.15\text{mm}$，它充当并联导纳 B_L 的作用，合在一起为 L-C 并联匹配电路，大大增大了环行器的宽带特性。

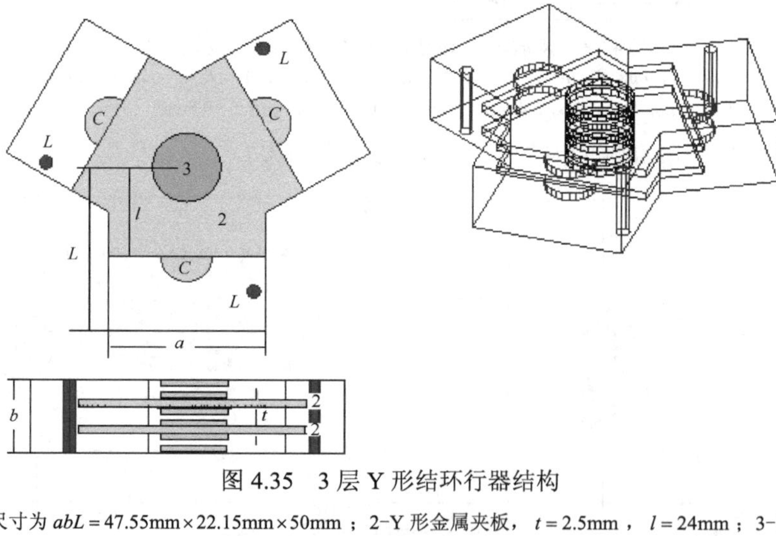

图 4.35　3 层 Y 形结环行器结构

1-波导尺寸为 $abL = 47.55\text{mm} \times 22.15\text{mm} \times 50\text{mm}$；2-Y 形金属夹板，$t = 2.5\text{mm}$，$l = 24\text{mm}$；3-圆盘状铁氧体片尺寸为 $D_f t_f = 20\text{mm} \times 2.2\text{mm}$；4-并联 L-C 电纳元件，3C-R8，3L-$\phi$4mm×22.15mm

2. 环行性能

图 4.36 中显示了环行器的带宽响应特性，它具有宽频带、低损耗、高隔离性能，其插损小于 0.2dB，隔离大于 30 dB，频宽为 4.4～5.18GHz，相对带宽 $2\delta = 16.3\%$。铁氧体材料参数 $4\pi M_s = 1000\text{Gs}$、$\Delta H = 20\text{Oe}$、$\varepsilon_f = 14$。

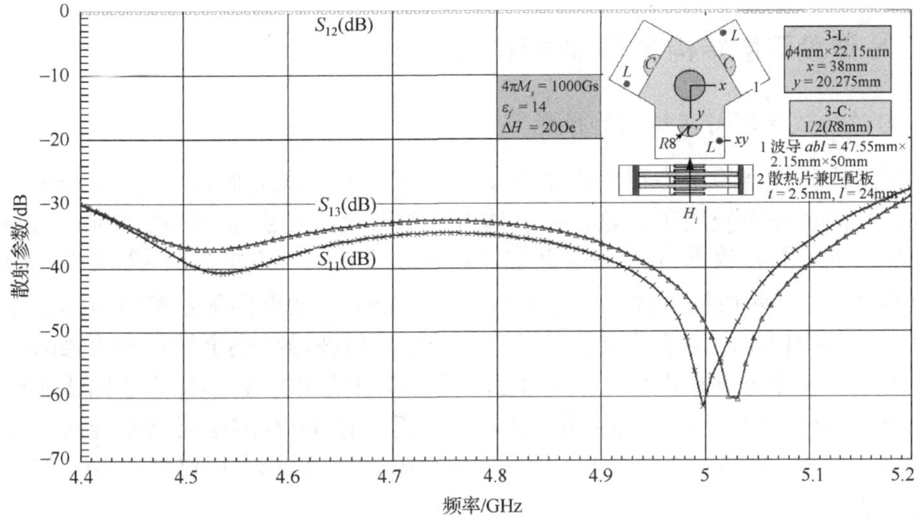

图 4.36　3 层结环行器的宽带特性

3. 静热仿真

图 4.37 所示，为了提高散热效率，在 Y 形波导外附加散热片，每个波导臂有 6 片矩形散热片，每片尺寸为 $wht = 28.5\text{mm} \times 15\text{mm} \times 1.2\text{mm}$，共 18 片。若环行器承受功率为 2kW，环行器散热片在具有 5m/s 的风冷条件下，图 4.37 显示出铁氧体温度分布特性，贴附在波导壁上的两片铁氧体片 f_1 和 f_6 的温度较低，其最高温度 T_H 和最低温度 T_C 为 $T_H(f_1) = 70$ ℃，$T_C(f_1) = 51$ ℃，平均温度 $T_{av}(f_1) = 63$ ℃；贴附在 Y 形夹板上的 4 片 f_2、f_3、f_4、f_5 铁氧体内的温度较高，$T_H(f_3) = 84$ ℃，$T_C(f_3) = 60$ ℃，$T_{av}(f_3) = 76$℃。根据仿真结果，这种 3 层结构的 Y 形环行器能承受 $P_{av} = 2\text{kW}$ 的平均功率。

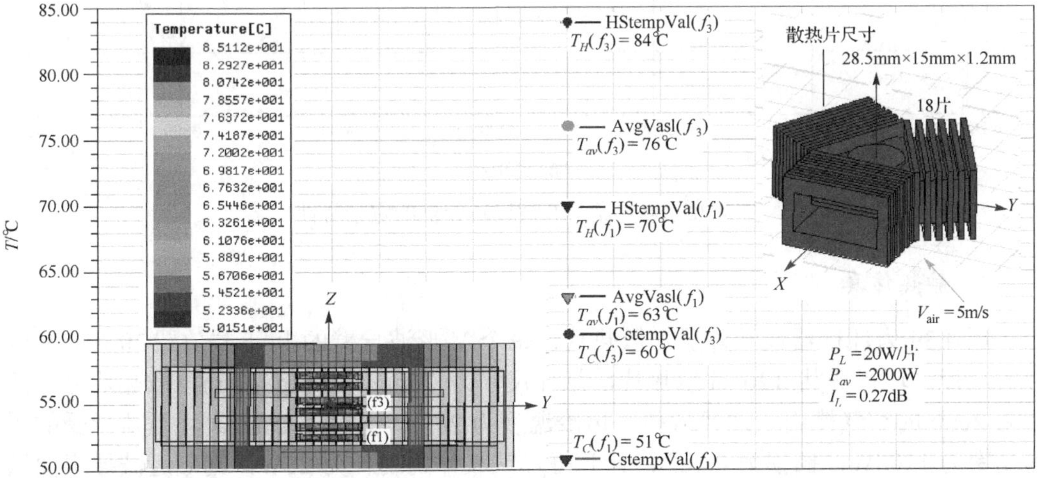

图 4.37　环行器热仿真结果

4.6.2　S 波段双层结构 Y 形波导环行器

1. S 波段波导环行器结构和性能

双层结构环行器的结构和性能如图 4.38 所示，Y 形波导腔尺寸为 72mm×34mm×100mm，中间黄铜隔板用于导热，铁氧体为三角形状，尺寸为 At=42.2mm×5mm。在金属夹片上下两面各放置 3 个金属圆柱体 ϕ8mm×3mm，作为宽带匹配之用。圆柱体距离中心 32mm；两块铁氧体之间用 ϕ=16.5mm×5.5mm 的聚四氟乙烯材料体支撑。和普通单层式结构相比，由于铁氧体数量增大一倍，与波导导热金属片的接触面积增大一倍，铁氧体导热距离减小为原来的 1/2，所以双层结构的 Y 形环形器比普通环形器的散热效率提高 4 倍。从图 4.39 所示的性能来看，在 1100MHz 带宽范围内，其插损 $S_{12}(\text{dB}) \leqslant 0.2\,\text{dB}$，隔离 $S_{21}(\text{dB})$ 和反射性能 $S_{11}(\text{dB})$ 大于 20dB，相对带宽 $2\delta = 32\%$，属于宽频带范畴。

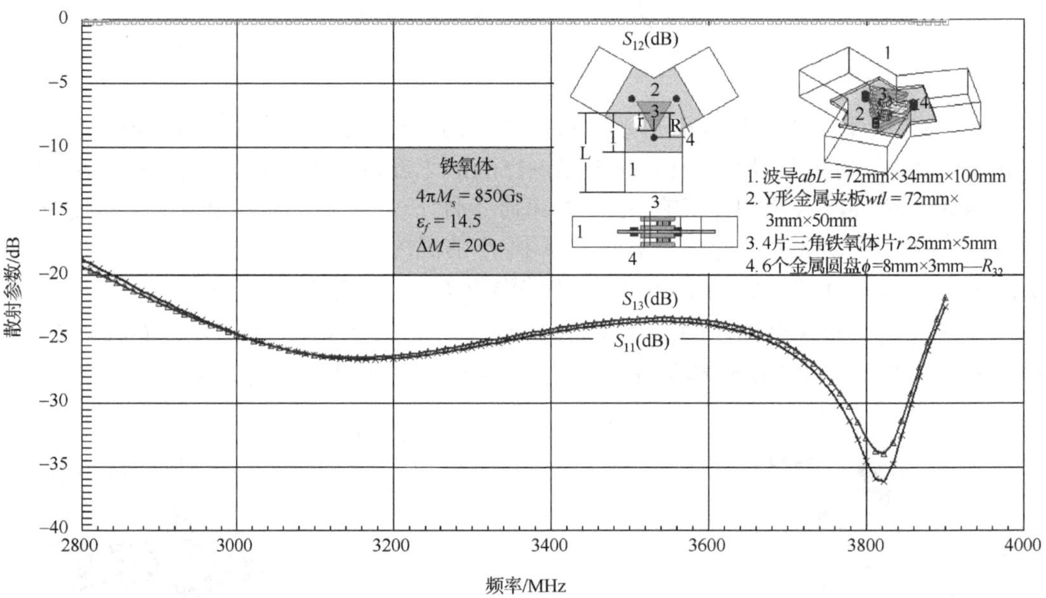

图 4.38　双层结构 S 波段环行器的宽带特性

2. 静热仿真

图 4.39 为环行器波导外层加散热片，每个 Y 形波导臂的上/下共放置 20 + 20 = 40 片散热片，环行器共 120 片散热片，每片尺寸为 76mm×12mm×4mm，散热片之间间距为 2mm 的空气槽用于通风散热。风冷温度为 20℃，速度为 5m/s。环行器承受的平均功率为 1700W，插损为 0.2dB，计算每片铁氧体的功耗为 21W，则贴近波导表面铁氧体内的最高温度为 71℃(应该可以承受)。

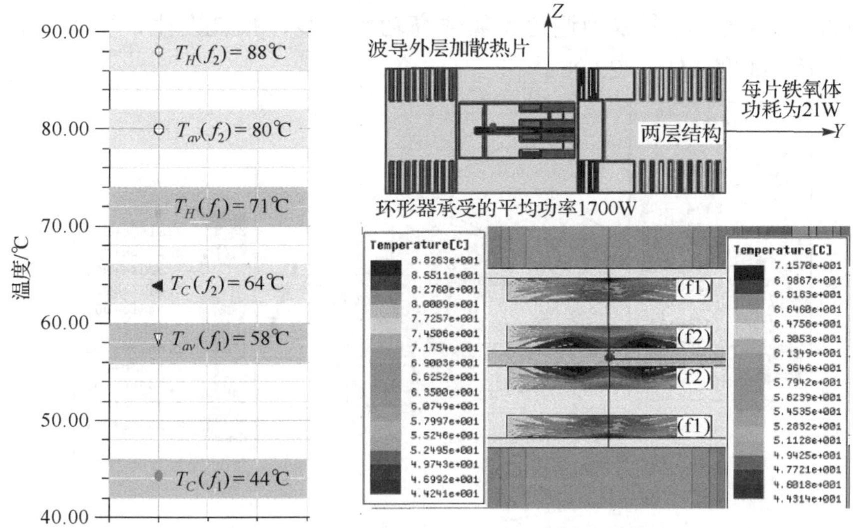

图 4.39　两层结构 S 波段环行器热仿真结果

3. 环形器击穿场强分析

图 4.40 为铁氧体表面电场和夹板表面电场分布，在铁氧体表面最大场强为 $E_{max}=1.19\times10^5$V/m，黄铜夹板上的最大场强为 2.25×10^5V/m。Y 形黄铜夹板上的边缘处场强比铁氧体的最大场强大近一倍，但均不会击穿。

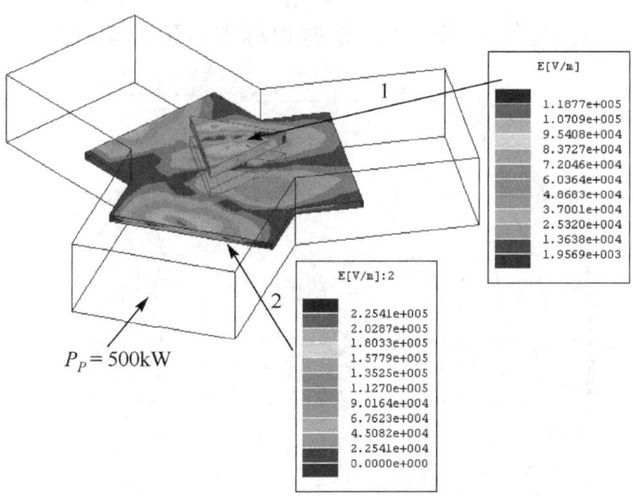

图 4.40　散热隔板和铁氧体表面的场强分布

4. 非线性损耗分析

从图 4.41 中看到，当输入功率 $P_P=500$kW 时，铁氧体内的最大高频磁场的

$h_{max} = 3.5kA/m = 44Oe$，所以为避免铁氧体高功率非线性损耗发生，要求铁氧体材料有较宽的自旋波线宽 $\Delta H_K = 22Oe$。

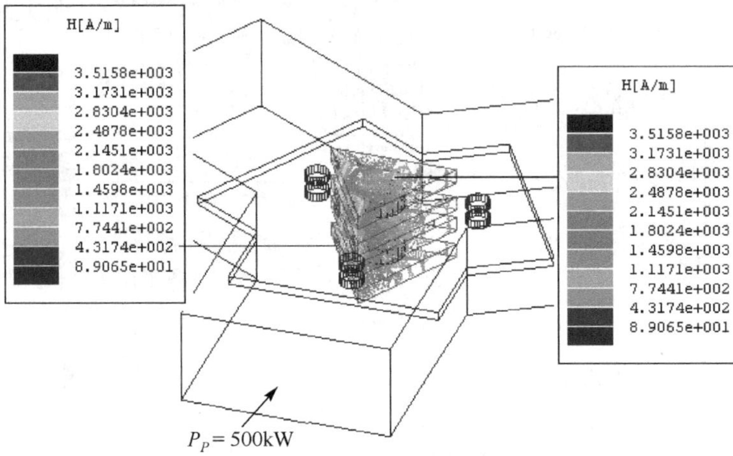

图 4.41　铁氧体内场高频磁场分布

5. 非互易性观察

图 4.42 为 dS 和 S_{11}、S_{12} 在阻抗圆上的分布特性。阻抗圆图上可以直接观察环形器的非互易 dS 特性；其 $|dS| \to 1$，dS 分布在圆图外，并且环绕圆图一圈多，这是宽频率的标志。另外，从图中可以看出，反射特性 S_{11} 环绕圆心一周有余；正向特性看 $|S_{12}| \leqslant 1$ 并且 $|S_{12}| \to 1$，在圆图内环绕圆图一周，这些也标志着环形器的宽带响应特性。

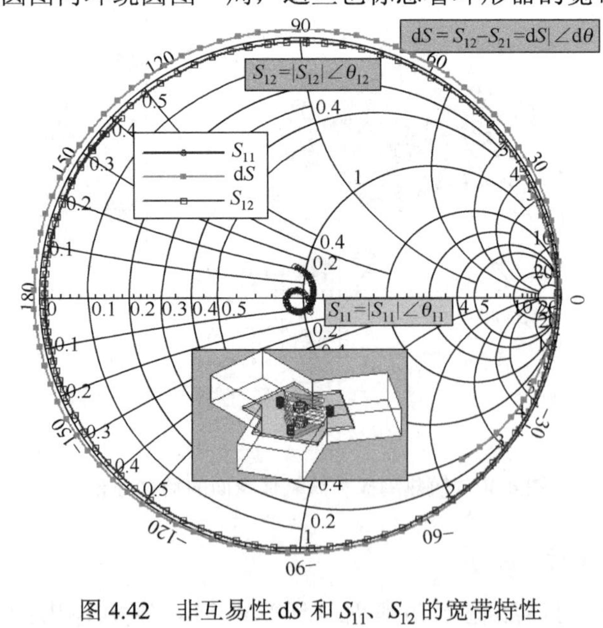

图 4.42　非互易性 dS 和 S_{11}、S_{12} 的宽带特性

4.7　E 面波导结 Y 形环行器

大多数 Y 形波导结环行器均是 H 面工作的，以上的例子皆是。但 E 面波导结 Y 形环行器亦是 Y 形波导结环行器的一种特殊结构。这种结构的特点是 Y 形结的臂长特别短，可以减小 Y 形结环行器的尺寸。图 4.43 为 E 面结 Y 形和 T 形波导环行器。两片铁氧体圆柱尺寸为 $D_f t = 10\text{mm} \times 2\text{mm}$，$4\pi M_s = 2600\text{Gs}$，分别贴附在 Y 形或 T 形波导两个侧壁。Y 形或 T 形各有两块金属匹配块(臂长 8mm，厚 2.25mm)贴附着铁氧体圆片。图 4.44 为 Y 形结 E 面环行器的性能。在带宽内反射损耗和隔离大于 20dB。图 4.45 为 T 形结 E 面波导环行器的特性曲线，正向传输系数在频带范围内大于 0.975，反向传输系数在频带范围内小于 0.1，其环行特性和 H 面 Y 形结相当。图中的 $|\mathrm{d}S|$ 值利用数值积分公式计算，其值列于图 4.46 中，9 个频率点的 $|\mathrm{d}S|$ 值计算结果与仿真结果是一致的。

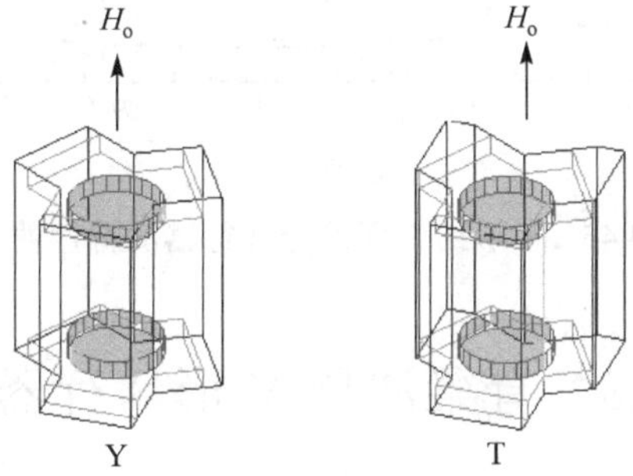

图 4.43　E 面结 Y 形和 T 形波导环行器

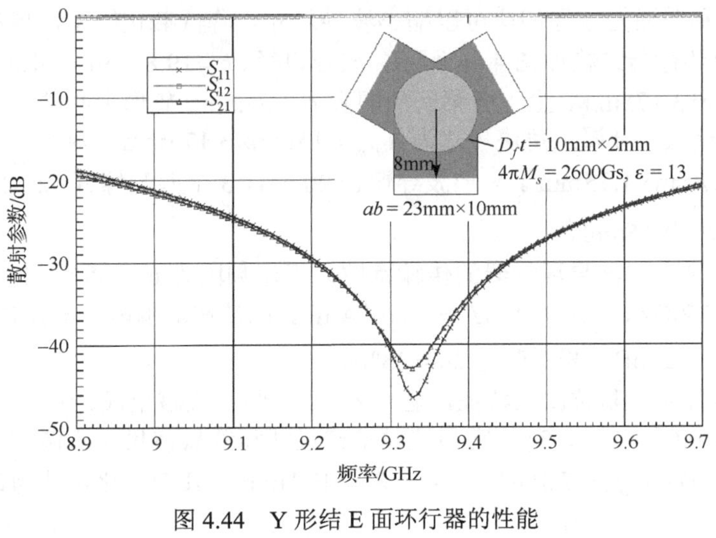

图 4.44　Y 形结 E 面环行器的性能

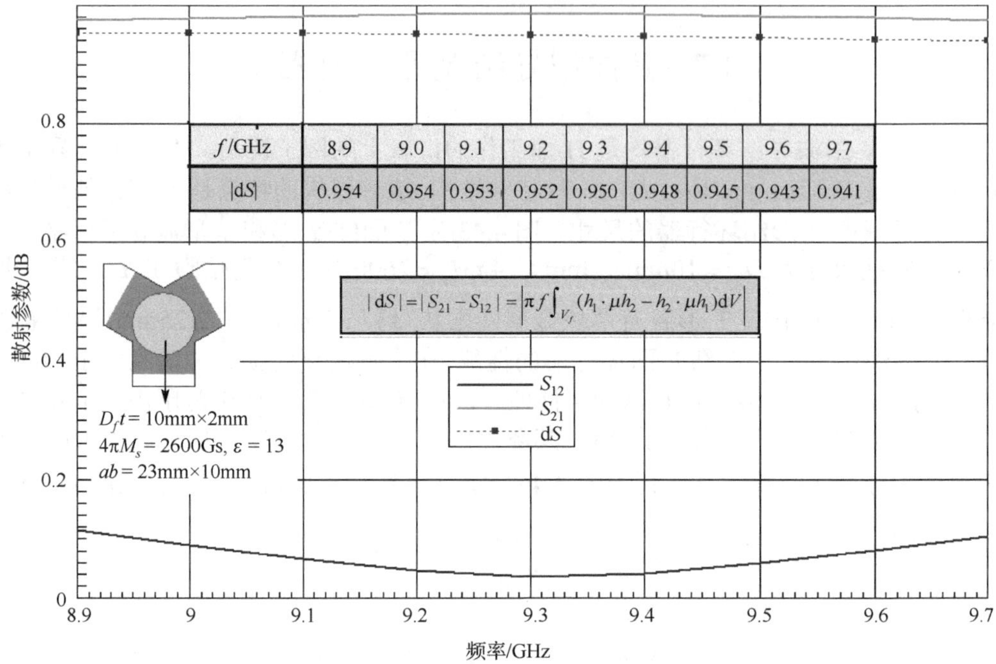

图 4.45　T 形结 E 面波导环行器的特性曲线

4.8　脊梁波导 Y 形环行器

1. 螺钉匹配法

脊梁波导和普通矩波导相比可以缩小波导尺寸，降低截止频率，提高工作带宽。脊梁波导 Y 形环行器结构如图 4.46 所示：波导口径 $ab=19.81\text{mm}\times9.4\text{mm}$，脊梁尺寸为 $wh=5.08\text{mm}\times3.175\text{mm}$，上下脊梁间的间隙 t=3.05mm。Y 形中心结用金属三角形匹配块和脊梁相衔接。金属三角块尺寸为 $A_m t_m=15\text{mm}\times3.175\text{mm}$；两块三角柱铁氧体的尺寸 $A_f t_f=17.7\text{mm}\times1.25\text{mm}$。Y 形波导臂长 20mm。3 个匹配螺钉 $\phi2\times2\text{mm}$。螺钉距 Y 形结中心距离为 15mm。

图 4.47 左部为脊波导环行器的传输特性，工作频段为 6.1～8.5GHz，铁氧体材料参数 $4\pi M_s=1650\text{Gs}$，工作内场 $H_i=5\times10^4\text{A/m}$。在带宽范围内正向损耗 $S_{12}\approx0.1\text{dB}$，反射/隔离均大于 20dB，相对带宽 $2\delta\approx33\%$。

图 4.47 右部表示阻抗团聚特征，呈“α”形。归一化磁矩低、中、高随频率变化。$p_1=0.76$、$p_0=0.63$、$p_2=0.54$。它与波导结构尺寸和铁氧体尺寸协调才能获得较大的带宽。设计中心频率 $f_0=7.3\text{GHz}$，波长 $\lambda_0=41.1\text{mm}$。其归一化尺寸为铁氧体三角柱

$\overline{A}_f = 0.365$、$\overline{t}_f = 0.0304$；金属匹配块 $\overline{A}_m = 0.365$、$\overline{t}_m = 0.0773$；波导口径 $\overline{a} = 0.482$、$\overline{b} = 0.229$；脊梁尺寸 $\overline{w} = 0.124$、$\overline{h} = 0.078$。

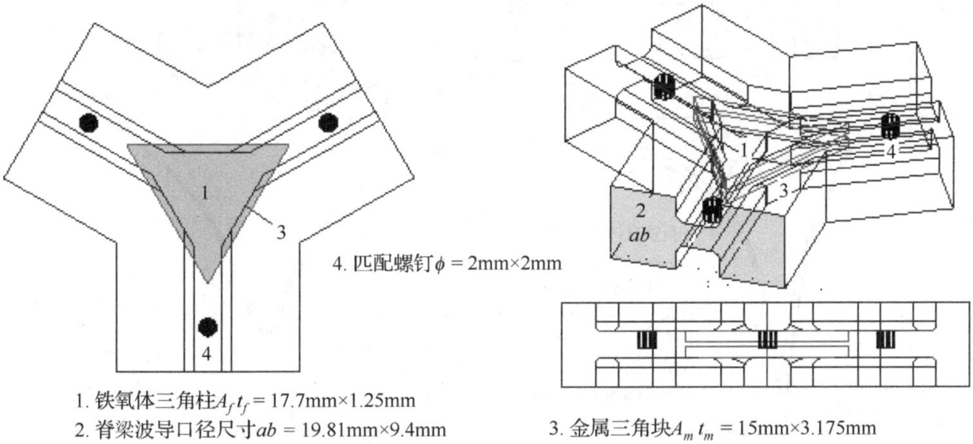

图 4.46　脊梁波导 Y 结环行器结构和尺寸

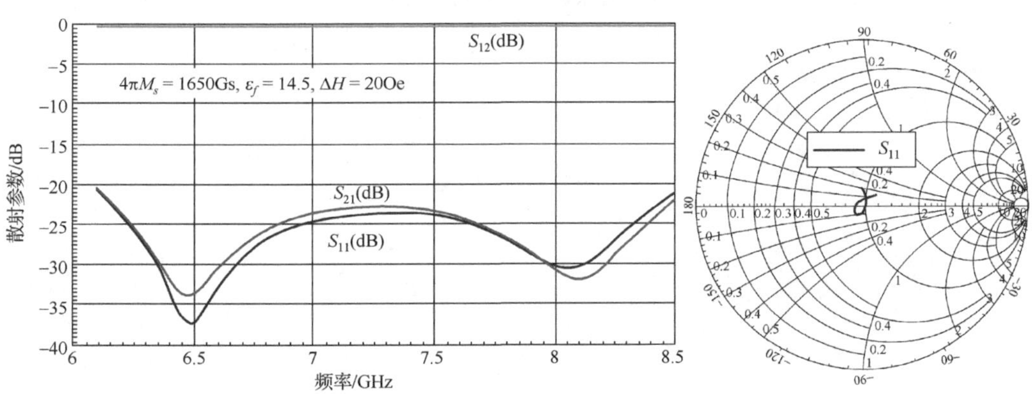

图 4.47　脊梁波导 Y 结环行器性能

脊梁波导 Y 结环行器在 C 波段波导尺寸相当于普通波导 Ku 波段的尺寸，截面尺寸压缩 3～4 倍、对波导小型化设计是值得推广和发展的一种结构。

2. 介质加载匹配法

图 4.48 为介质加载法，在 3 个双脊梁波导缝间充满介质匹配块，介质匹配块尺寸为 $Lwh = 11\text{mm}\times 3.6\text{mm}\times 3.05\text{mm}$，可获得带宽更宽的脊波导 Y 形环行器(图中相对带宽 $2\delta = 36.7\%$)。三角形铁氧体顶角切角，切角高度 2.2mm，切面与介质匹块配相连接。

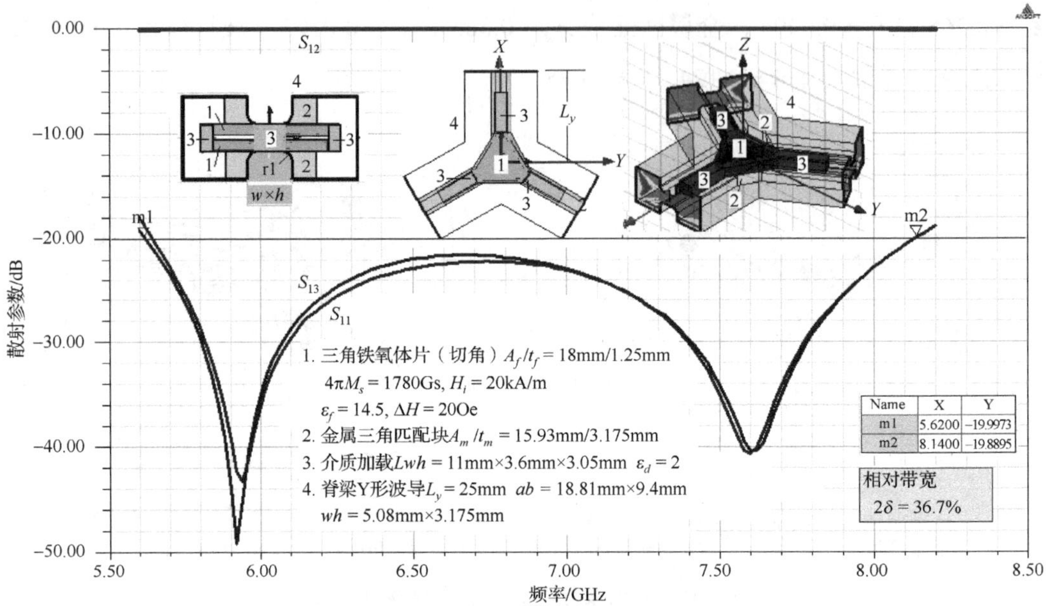

图 4.48　脊梁波导 Y 结环行器性能

第 5 章　带线环行器和微带环行器

5.1　低场带线环行器

双 Y 结带线环行器是继圆盘结带线环行器之后发展的一种带线环行器，调节小 Y 臂长和臂宽及输入、输出端的尺寸，可以调节工作频率、环行器带宽，比起改变圆盘结尺寸更为方便和灵活，在实际设计中是常采用的方法。双 Y 结环行器的设计频段横跨 Ku、X、C、S、L 等波段，大都工作在低场区，与宽带匹配电路配合可以做成宽带器件。各种宽带，包括带宽 $2\delta < 20\%$、中宽带 $2\delta = 20\%$～40% 和宽带 $2\delta > 40\%$ 均可用双 Y 结构来实现，微波带线环行器是目前市场上应用最广泛的环行器结构。

5.1.1　X 波段双 Y 结微型环行器结构

双 Y 结环行器尺寸的大小犹如小型电感元件，简称微型环行器，如图 5.1 所示。外壳 1 的尺寸仅为 $\phi7.6\times6\text{mm}$，螺旋盖 2 用于锁紧腔内的各个零件：包括两片背面已熔过银的铁氧体-介质圆柱 3；内导体 4 和带有橡胶环的磁铁 5，在螺旋盖压力下各元件之间有良好的弹性接触。铁氧体/介质环的尺寸为 $D_f t = 3\text{mm}\times1.2\text{mm}$、$D_d t = 6.4\text{mm}\times1.2\text{mm}$、$4\pi M_s = 2800\text{Gs}$、$\Delta H = 150\text{Oe}$、$\varepsilon_f = 13$；介质环的 $\varepsilon_d = 20$。双 Y 型内导体尺寸为 $w_y l_y = 1\text{mm}\times1.5\text{mm}$，阻抗匹配线尺寸为 $wl = 0.4\text{mm}\times1.6\text{mm}$，特性阻抗为 31Ω。在端口孔处用充填介质泥进行调配。

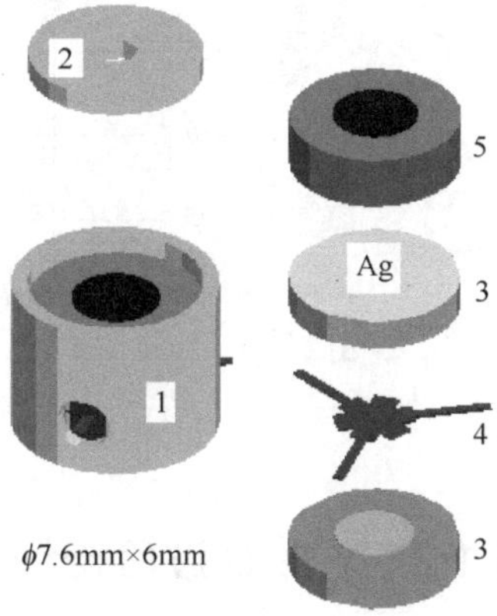

图 5.1　双 Y 结微型环行器

带线环行器的性能介绍。图 5.2 中，在频率 7.8～11.8GHz 范围内，双 Y 结的反射系数 $S_{11}(YY)$ 在阻抗圆图上，约呈 3/4 的圆周，为低阻抗分布特性，圆中心处的归一化阻抗约为 0.4，相当于 20Ω，所以 $\lambda/4$ 匹配过渡阻抗为 30 多欧姆较为合适。匹配后的输入阻抗如 S_{11} 的分布所示，团聚在 $|S_{11}| = 0$ 点附近，一般 $|S_{11}| < 0.1$。图 5.3 为环行器的性能，在 7.8～11.8GHz 范围内，反射损耗及隔离均大于 20dB，相对带宽 $2\delta = 41\%$，理论上 $Q_L 2\delta = 0.38$，通过场积分求出 $Q_L = 0.85$，所以理论带宽 $2\delta = 44.7\%$，与实际带宽较为接近。

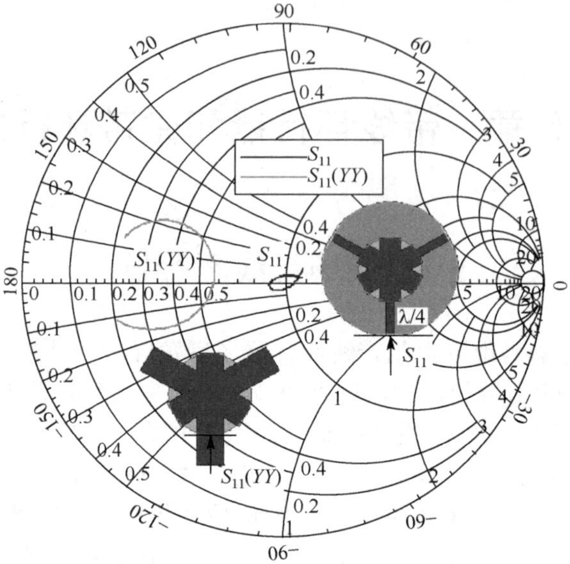

图 5.2　环行器反射参量 S_{11} 和铁氧体表面反射参量 $S_{11}(YY)$

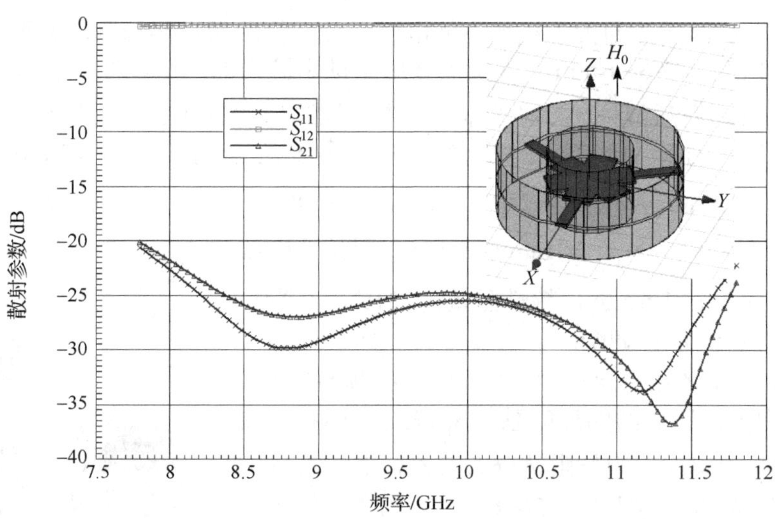

图 5.3　带线环行器的性能

5.1.2　Y 形 S 波段带线小型化环行器

1. 三叶型结构环行器

图 5.4 所示分别为 S 波段带线环行器的两维(左)及三维(右)结构示意图，铁氧体圆柱的尺寸 $D_f t = 12\text{mm}\times 1.7\text{mm}$ ，材料磁矩 $M_s = 750/(4\pi)(\text{kA/m})$ ， $\varepsilon_f = 14.5$ 。直臂

三叶形内导体长度 $R_0 = 5\text{mm}$，宽度 $w_0 = 3\text{mm}$，三叶的根部与半径 $r_0 = 2.25\text{mm}$ 的圆盘相连。三叶内导体起到非互易结的作用，它的输入阻抗为低阻抗，3 个输出端与 *L-C* 宽带匹配网络相连。*L-C* 匹配网络实际上是两段不同长宽的传输段，细线处相当于串联电感作用；宽线处相当于并联电容作用，形成 *L-C* 型匹配网络，以取代四分之一波长匹配段，其尺寸要小许多：*L-C* 尺寸为 $w_1l_1 / w_2l_2 = 0.66\text{mm}\times1.8\text{mm} / 3.5\text{mm}\times1.4\text{mm}$，三叶形内导体厚度为 0.15mm，环行器内腔高度为 3.55mm。按上述尺寸环行器的外壳尺寸可以设计到$15\text{mm}\times15\text{mm}\times8\text{mm}$。环行器的常温性能如图 5.5 所示。在 3.3～4.3GHz 带宽内，反射及隔离大于 20dB，其带宽为 $2\delta = 26\%$ 。

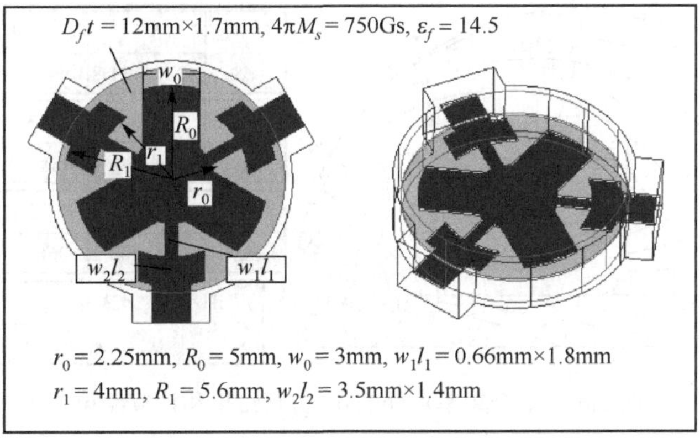

图 5.4　S 波段小型化环行器

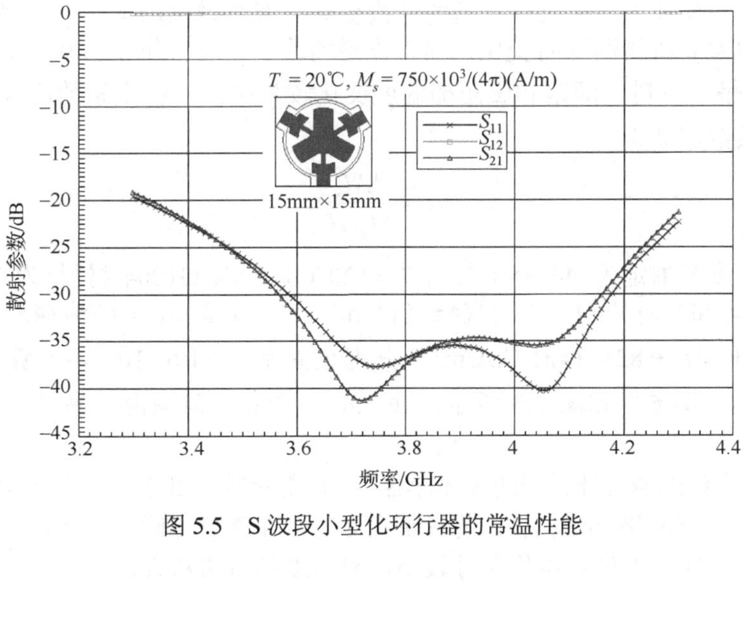

图 5.5　S 波段小型化环行器的常温性能

2．环行器的非互易参数计算

应用公式：

$$\begin{aligned}\mathrm{d}S &= S_{12} - S_{21} \\ &= \frac{\mathrm{j}\omega}{2}\int_v (h_1 \cdot \mu h_2 - h_2 \cdot \mu h_1)\mathrm{d}V\end{aligned}$$

计算 11 个频率点的 dS 值，在阻抗圆图中分布如图 5.6 中所示，其中 $0.88 < |\mathrm{d}S| < 1.08$ 。均属正常环行范围。

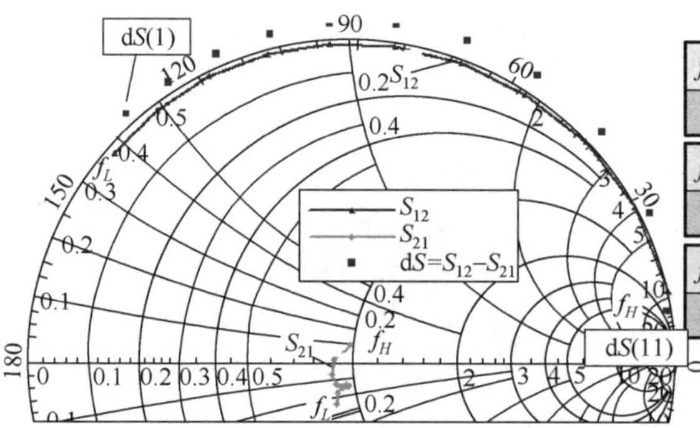

f/GHz	3.3	3.4	3.5
dS	1.04∠131.8	1.042∠122.7	1.046∠113.4
f/GHz	3.6	3.7	3.8
dS	1.053∠103.6	1.05∠93.2	1.065∠81.2
f/GHz	4.1	3.9	4.0
dS	1.055∠43.2	1.068∠70.30	1.066∠57.4
f/GHz	4.2	4.3	
dS	1.029∠27.40	0.98∠9.700	

图 5.6　11 个频率点处的 dS 仿真结果和计算结果

3．环行器的温度稳定性

在低场工作条件下，依靠环行器的结构变化，调节磁化场工作点，很难获得好的温度补偿。因为 p 值随温度而变化，而工作磁场趋于零场工作 $\sigma \to 0$ 。唯一的办法就是选取 M_s-T 平坦材料，即饱和磁矩随温度变化较为缓慢、温度系数比较低的材料。材料的温度系数定义为

$$\alpha = \frac{\Delta M_s}{M_s \Delta T}$$

如果把温度范围定为−40～80℃，$\Delta T = 120$ ℃，选取 G1004 材料(为 YGdAl 柘榴石材料)，室温 20℃时的 $M_s = 750/(4\pi)$ (kA/m)，80℃时的 $M_s = 675/(4\pi)$ (kA/m)，低温(−40℃)时的 $M_s = 825/(4\pi)$ (kA/m)，其温度系数 $\alpha = 1.6\times10^{-3}$，计算出高低温下的环行器性能如图 5.7 和图 5.8 所示。在 3.4～4.3GHz 范围内，高低温环行性能均能达到指标。

比较方面介绍的两种环行器两种环行器，一种用介质环四分之一波长匹配(X 波段)；另一种用 L-C 匹配网络(S 波段)，前者带宽更宽。在铁氧体圆片范围内，两种环行器的共同点是都在低场工作，结构尺寸较小，有适度的宽带特性。

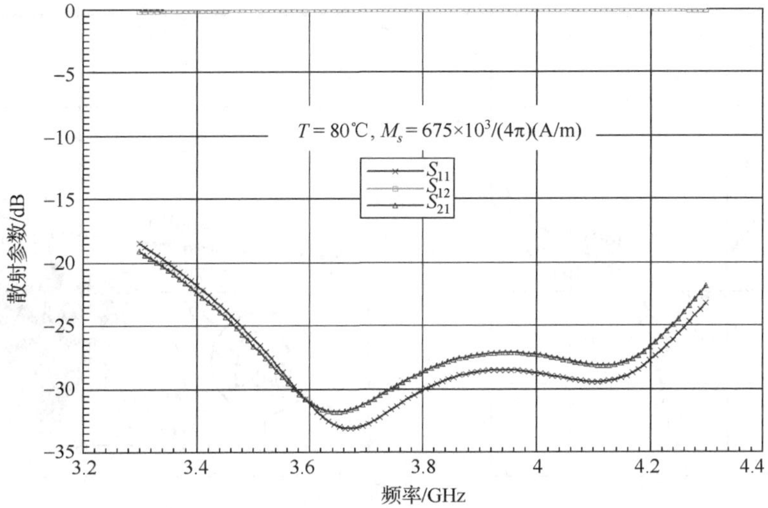

图 5.7　高温环行性能

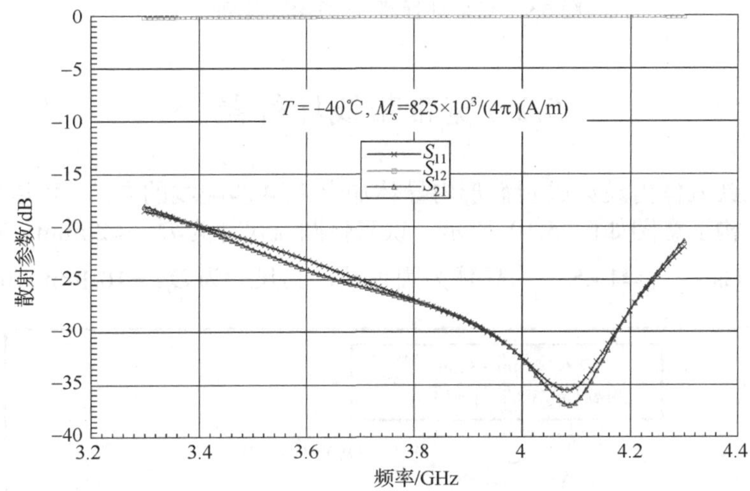

图 5.8　低温环行性能

5.1.3　低场带线环行器的二次谐波抑制

图 5.9 所示的低场环行器–低通滤波器组合中，归一化内场为零（$\sigma \to 0$）。基波波段 $f = f_1 / f_2 = 2.8\text{GHz}/ 3.6\text{GHz}$，二次谐波波段 $2f_1 / 2f_2 = 5.6\text{GHz}/ 7.2\text{GHz}$。基波波段内满足 $S_{12}(\text{dB}) > -0.4\text{dB}$，$S_{11}(\text{dB}) < -18\text{dB}$，$S_{12}(\text{dB}) < -18\text{dB}$；二次谐波波段满足：$S_{12}(\text{dB})$、$S_{21}(\text{dB}) < -18(\text{dB})$ 和 $S_{11}(\text{dB}) \to 0$，为全反射铁氧体圆盘工作模式。这种工作模式没有非互易性，$S_{12} \approx S_{21}$。这种组合应用在有源电路中，对基波波段起到环行器的作用；对二次谐波频率起到抑制作用。

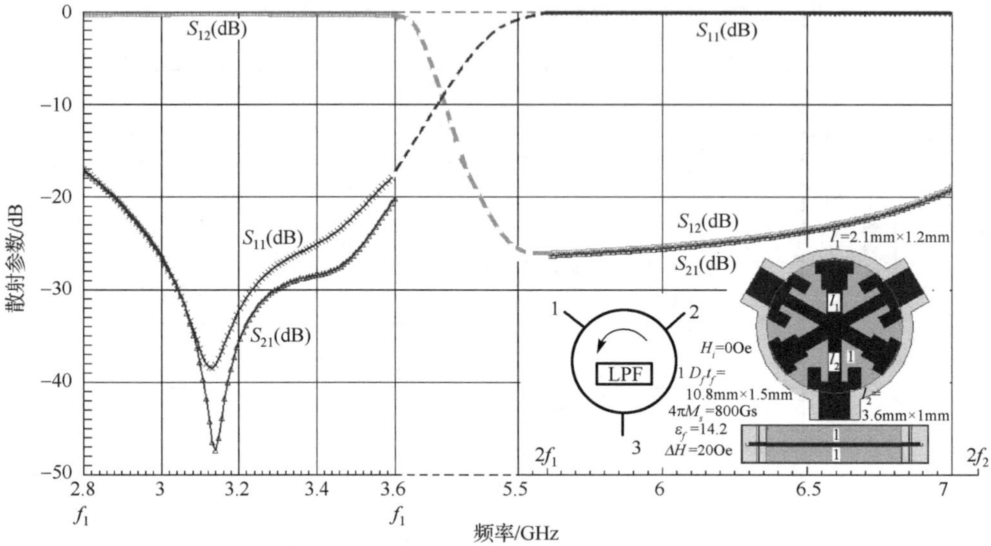

图 5.9　低场环行器-低通滤波器组合

5.2　宽带带线环行器

用直接在铁氧体内设计成圆盘形内导体加上 $\lambda/4$ 匹配线的方法，可以实现如上宽带性能。其结构示意图如图 5.10 所示。铁氧体圆盘尺寸为 $D_ft = 20\text{mm}\times 3\text{mm}$ ，材料为 $4\pi M_s = 750\text{Gs}$ 、 $\varepsilon_f = 14.5$ ；内导体为圆盘结，其尺寸为 $D_ct = 10.1\text{mm}\times 0.2\text{mm}$ ，与

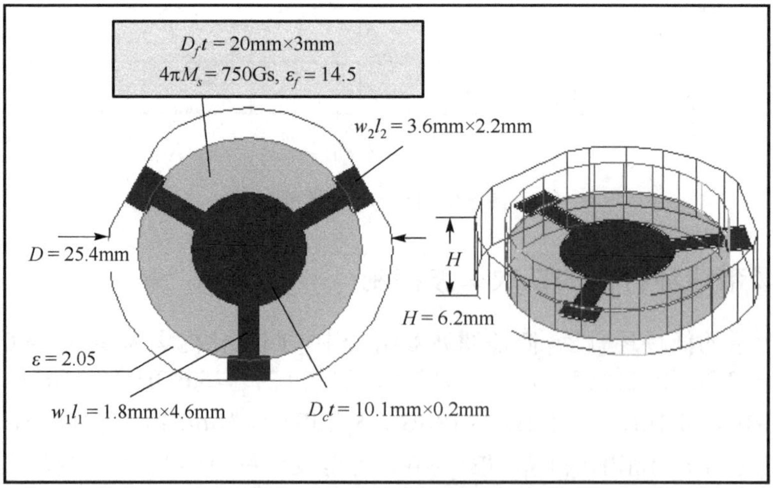

图 5.10　宽带环行器结构示意图

圆盘结相连接的阻抗匹配线尺寸 $w_1l_1 = 1.8\text{mm}\times4.6\text{mm}$，充当 $\lambda/4$ 匹配过渡段；腔高 $H = 6.2\text{mm}$，腔的直径 $D = 25.4\text{mm}$，输出端线段尺寸为 $w_2l_2 = 3.6\text{mm}\times2.2\text{mm}$。器件的仿真结果如图 5.11 所示。在 2.8～4.7GHz 带宽(1.9GHz)内满足环行性能。这种结构的特点是 $\lambda/4$ 匹配段在铁氧体圆柱内实现，所以可以节省体积，免去介质环在工艺上的复杂性。它可在 30mm×30mm×10mm 尺寸大小的外壳装配成环行器，环行器的相对带宽 $2\delta = 50\%$。

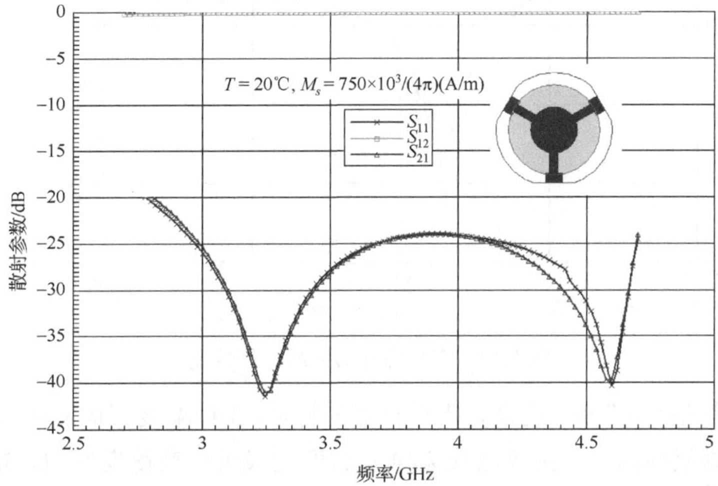

图 5.11　宽带环行器常温性能

这类环行器配上温度系数低的铁氧体材料，在高/低温度下能达到较好的环行器指标，如图 5.12 和图 5.13 所示。对照室温情况时的图 5.11，在高低温和常温情况下，

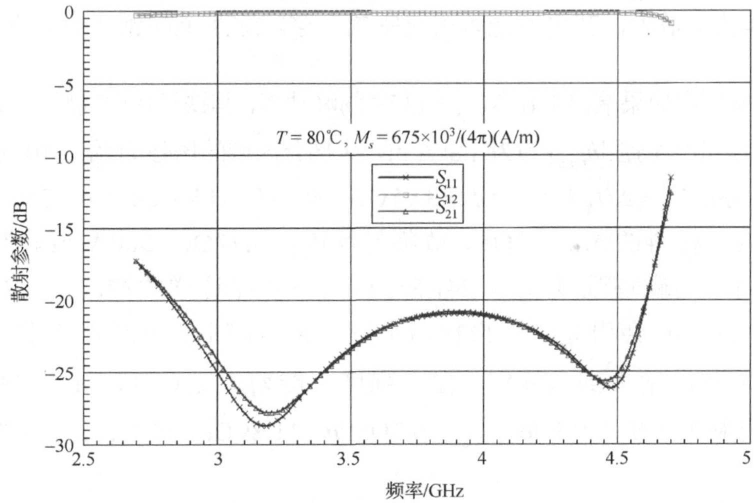

图 5.12　宽带环行器高温环行性能

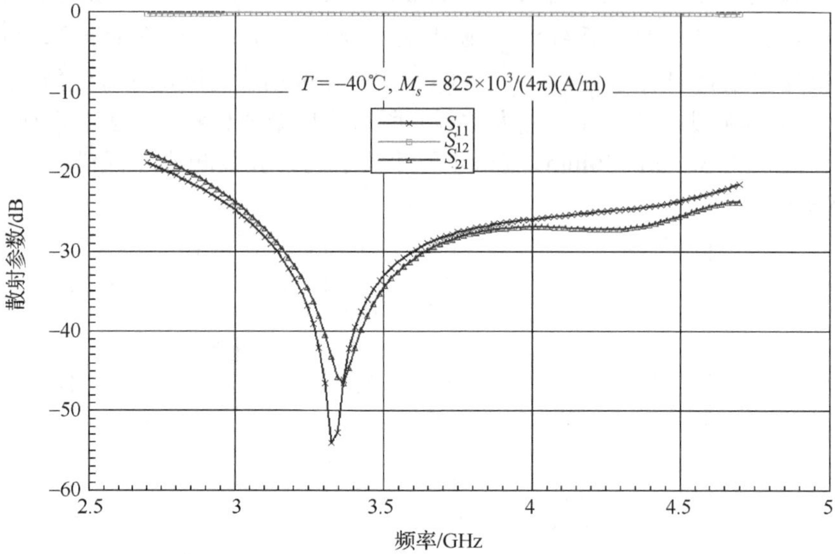

图 5.13 宽带环行器低温环行性能

S_{11} 和 S_{21} 曲线都呈“W”形，这是宽带环行器的特征，3 种温度下均能达到 $2\delta = 50\%$ 的带宽，说明在铁氧体内部，圆盘结加 $\lambda/4$ 宽带匹配线可以获得良好的宽带性能和温度稳定性。

耐峰功率包含两层意思。第一，在峰功率足够大时，铁氧体内部微波磁场强度大于铁氧体材料的临界场 h_c 时，便会大幅度地激发自旋波，引起高功率非线性效应，其后果是器件损耗的非线性损耗增长，这是低场器件(零场器件)必须考虑的；第二，内导体边缘随峰功率增大，其电场能否引起空气击穿。这两个问题在设计小尺寸器件时必须考虑到。

第一，在本例中如果端口 1 输入 $P_p = 1\,\text{kW}$ 的峰功率，其铁氧体中高频率磁场强度分布如图 5.14 所示，最大场强 $|h_{\max}|$ 约为 1.8kA/m，大部分区域的场强 $|h|$ 约为 10^2A/m，而铁氧体材料的临界场强 $|h_c| = \Delta H_k / P$ 。当 $f = 3.95\,\text{GHz}$ 时，$H_r = 1410\,\text{Oe}$ ，$p = 750 / H_r = 0.53$ 。一般低耗铁氧体材料的 $\Delta H_k = 2\text{Oe}$ ，故临界场 $|h_c| = 3.77\,\text{Oe} = 300\,\text{A/m}$ 。图 5.14 计算得出铁氧体内平均磁场强度 $|h_{av}| = 241.5\,\text{A/m} < |h_c|$ 。在这样的情况下，尽管局部区域的磁场强度 $h > |h_c|$ 会引起器件损耗的小量增长，但不会导致严重非线性损耗的迅速增长。如果 P_p 增大到 10kW，磁场强度可能增大 $\sqrt{10}$ 倍，$|h_{av}| = 762$ A/m。这时必须选取材料的 $\Delta H_k = 6.3\text{Oe}$ 、$|h_c| = 6.3\,\text{Oe}/p = 11.89\,\text{Oe} = 950\,\text{A/m}$ ，才能避免出现非线性效应。

第二，本例中若端口输入 $P_p = 10\,\mathrm{kW}$ 的功率，观察内导体边缘的电场强度分布，如图 5.15 所示，最大电场强度 $E_{\max} = 2.53\times10^6\,\mathrm{V/m}$，而空气的击穿场强 $E_b = 3\times10^6\,\mathrm{V/m}$，这时虽然能勉强通过10kW 功率，但保险系数偏低。

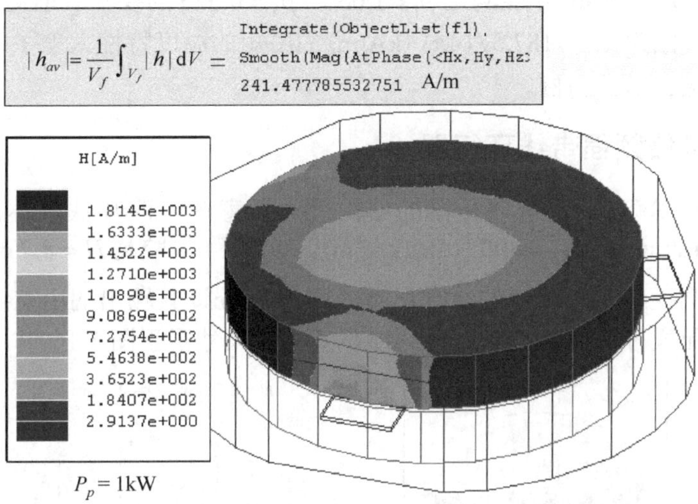

图 5.14　铁氧体内平均场强 h_{av}

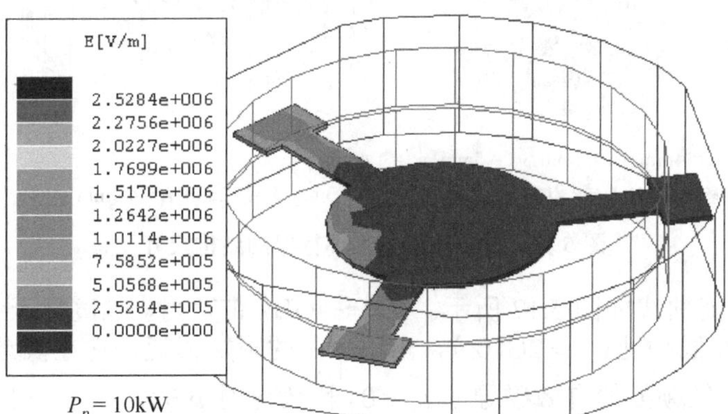

图 5.15　内导体边缘的场强分布

5.3　倍频程带线环行器

倍频程带线环行器在常规设计中有 L、S、C 等波段，频率为 1～2GHz、2～4GHz、4～8GHz 等一倍频程带宽。在此波段范围内，由于材料磁矩 M_s 选择合理，能获得倍频程带宽，例如，S 波段倍频程环行器，M_s 选择值为 $750/(4\pi)(\mathrm{kA/m})$，它对不同频

率有不同的归一化 p 值；对于 2GHz，$p_1(2\text{GHz})=1.05$；对于 3GHz，$p_2(3\text{GHz})=0.7$；对于 4GHz，$p_3(4\text{GHz})=0.525$。这样的 p 值，便有相对应的 κ/μ 值，大的 κ/μ 能使阻抗响应获得团聚，这是宽带环行器的必备条件。在 X 波段以上，$f=8\sim16$ GHz，取 $M_s=3000/(4\pi)$ (kA/m) 才能满足 $p_1=1.05$、$p_3=0.525$ 的要求。但对 P 波段不易获得倍频程性能，因为 $M_s=187.5/(4\pi)$ (kA/m) 的磁矩的温度特性太差了。下面以 S、L 两个波段的倍频程器件为例。

5.3.1　S 波段倍频程带线环行器

图 5.16 为 S 波段宽带环行器的结构尺寸示意图，两片铁氧体圆柱的尺寸为 $D_f t=23\text{mm}\times4.2\text{mm}$，$M_s=800/(4\pi)(\text{kA/m})$、$\varepsilon_f=14$，腔高 $H=8.7$ mm，内导体的中心部位是由圆盘结和三叶形的复合形态，厚 0.3mm，其输出端由宽–窄线组成的匹配段相连，匹配段可认为是 L-C 匹配网络，其关键尺寸示于图 5.16 中。

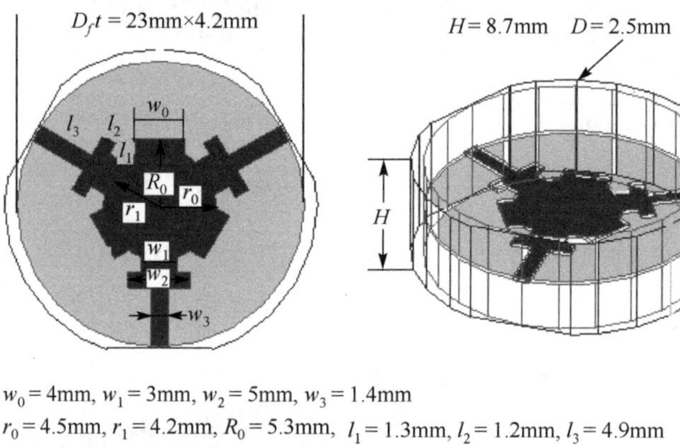

图 5.16　S 波段倍频程环行器的结构尺寸

环行器的性能曲线如图 5.17 所示。在 2～4GHz 带宽内，隔离优于−18dB，反射损耗优于−20dB。在低频处（$f=2$GHz），出现一定的附加损耗，它在低频处插入损耗大于 0.3dB，估计是低频处的有效磁导率 $\mu_e<0$，因为这时 $p=1.12$、$\mu_e=1-p^2$，当 $\mu_e<0$ 时出现异常模。随着 M_s 进一步增大，附加损耗会进一步增加，这就是这类器件正常设计时不能使用 M_s 太高的材料的原因。这种环形器其外腔尺寸 LWH 不会超过 $30\text{mm}\times30\text{mm}\times15\text{mm}$。

图 5.18 中，$S_{11}(f)$ 为铁氧体圆盘三叶非互易结输入端的 S_{11} 反射系数分布，它处于低阻抗圈内，阻抗团聚并不大好。经过宽线处的电容作用，反射系数分布曲线为 $S_{11}(1)$，收缩了 S_{11} 的曲线范围；再经过电感 L 部分，使 S_{11} 获得较好的匹配 $S_{11}(p)$，这就是 C-L 网络的匹配过程。

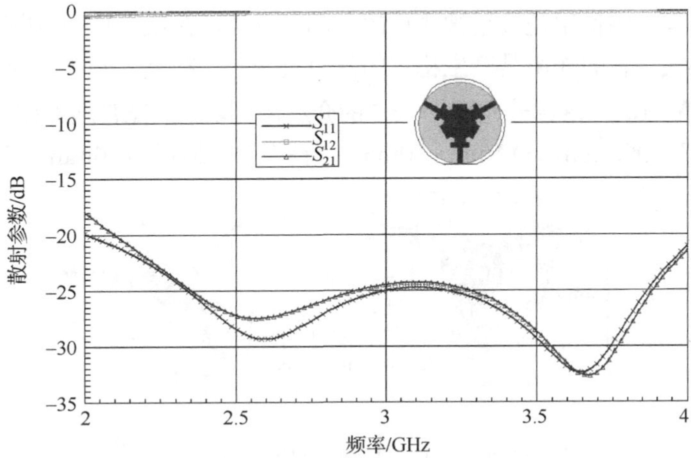

图 5.17　S 波段倍频程环行器的频响曲线

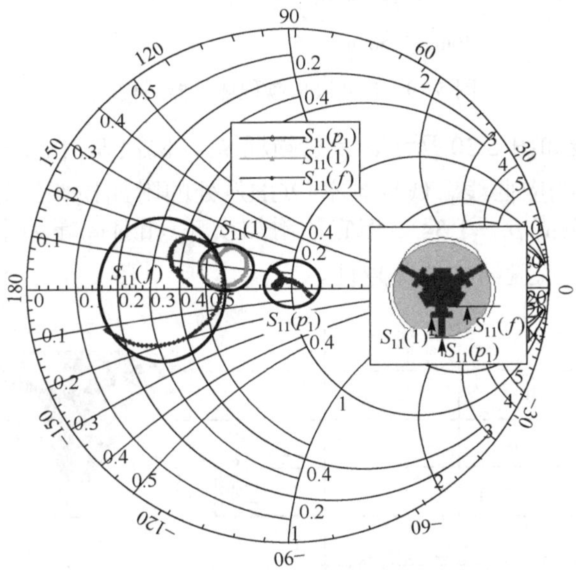

图 5.18　宽带环行器的匹配

5.3.2　L 波段倍频程带线环行器

L 波段倍频程环行器结构示意如图 5.19 所示。内导体为圆盘结加三级过渡，金属圆盘直径为$\phi 32\text{mm}$，采用铁氧体/介质复合圆盘结构，铁氧体圆盘尺寸为$D_f t = 50\text{mm}\times 3\text{mm}$，介质圆盘$D_d t = 50\text{mm}\times 1.5\text{mm}$，原因是若铁氧体材料选为$M_s = 550/(4\pi)(\text{kA/m})$，其归一化磁矩$p$从低频—中频—高频分别为$p_1 = 1.54$、$p_2 = 1.03$、$p_3 = 0.77$。增大$p$值(或$\kappa/\mu$)，可以获得较好的阻抗团聚。但当$\mu_e < 0$时，铁氧体内场强有排斥倾向，附加介质圆

盘($\varepsilon_d = 6.5$，$\mu = 1$)的作用是接纳被排斥的一部分场强，在铁氧体-介质圆盘的交界面形成一个稳定的模式，它的作用是产生稳定的低阻抗分布。在复合圆盘中ϕ50mm 外围的输出端，用两级匹配过渡，这部分充满$\varepsilon = 6.5$的介质，可以起到宽带匹配作用。整个三角形内腔尺寸为$LWH = 99.4\text{mm} \times 114\text{mm} \times 10\text{mm}$，外腔尺寸估计为$100\text{mm} \times 120\text{mm} \times 15\text{mm}$。

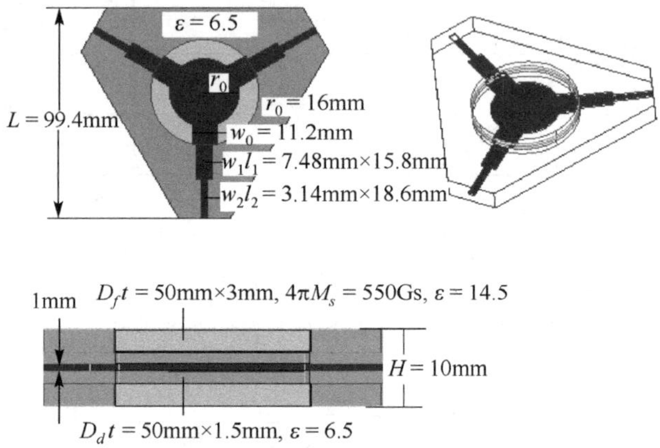

图 5.19　L 波段倍频程环行器结构

环行器性能曲线如图 5.20 所示。反射损耗S_{11}，隔离S_{21}在 1～2GHz 带宽范围内优于-20dB，呈三峰响应曲线。低端频率(2GHz)处的附加损耗约为 0.08dB，所以尽管低端的归一化磁矩值$p_1 = 1.54$，但它的附加损耗(相对高端频率处)增大无几，这证明了复合式铁氧体圆盘结构的优越性。

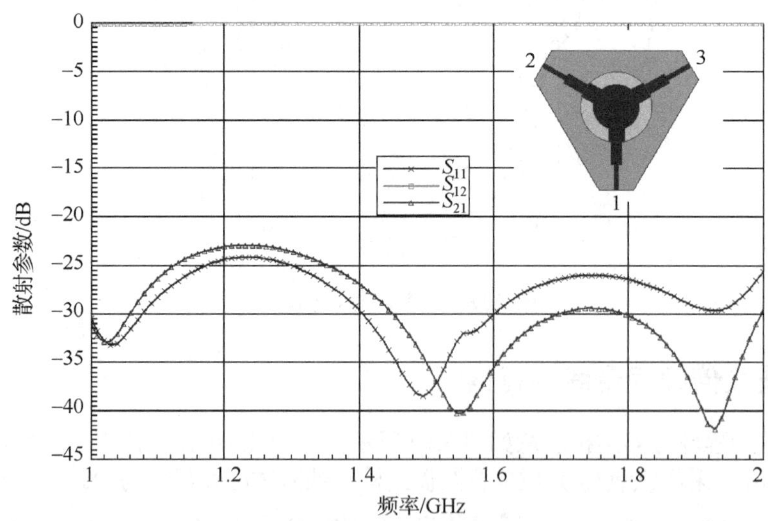

图 5.20　L 波段宽带环行器的频响特性

图5.21为铁氧体-介质复合体表面阻抗响应曲线，可以看出，$S_{11}(f)$为低阻抗分布

特性，绕其中心处阻抗 0.4(20Ω)一周半多，说明铁氧体表面输入阻抗团聚良好。通过第一级过渡，反射分布响应曲线为 $S_{11}(1)$；通过第二级过渡变成环行器端口响应的反射特性 $S_{11}(p_1)$。在 1～2GHz 范围内，$|S_{11}(p_1)|<0.1$(对照图 5.20)。

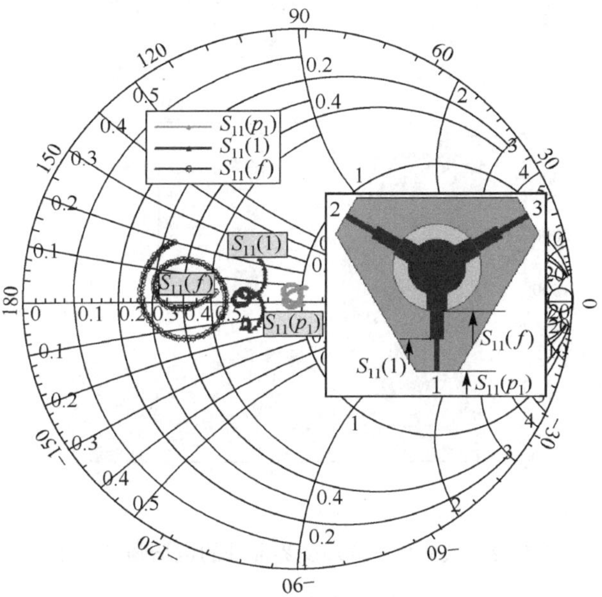

图 5.21　L 波段倍频程环行器的匹配过程

为了从机理上深入了解复合圆柱体场结构和宽带匹配关系，从图 5.22 中看出，其中，图 5.22(a)为铁氧体-介质交界面的铁氧体一侧的电场分布，最大场强沿内导体圆边缘，当输入功率为1W 时，其值约为1.2×10^3(V/m)；图 5.22(b)为交界面处介质圆盘一侧的电场分布，最大场强$|E_{max}|$约为 4×10^3(V/m)，显然由于铁氧体中对场强排斥作用使部分能量进入介质中，图 5.22(c)为场强分布曲线。在场强最大处，在圆盘边缘设置 $z=0\sim5$mm 的纵轴线，在 0～0.5mm 内，金属盘内$|E|=0$；在 $z=0.5\sim2$mm 内，导体上方范围为介质区，场强 E 较高；在 $z=2\sim5$mm 范围为铁氧体区，场强较低。交界面($z=2$mm 处)起稳定场结构的作用，为宽带性能的基本保障。

为了进一步确定场结构的稳定性，可以把非互易方程写成下列形式：

$$|\mathrm{d}S|=\mu_0\gamma M_s|F|$$

$$|F|=\left|\int_{V_f} i_z\cdot(h_1\times h_2)\mathrm{d}V\right|$$

对下列 7 个频点(2.1，2.0，1.75，1.5，1.25，1.0，0.9) GHz 进行积分计算，获得$|F|$数据列于表 5.1。在 1.0～2.0 GHz 倍频程范围内，证实了场结构的稳定性。

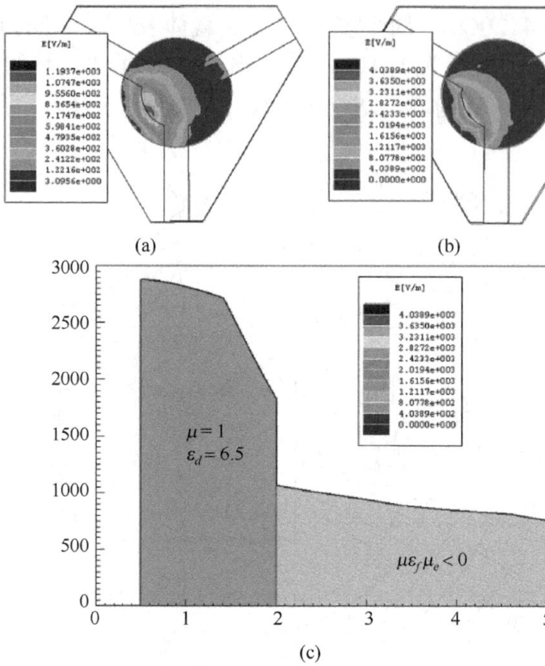

图 5.22　铁氧体—介质交界面处的电场强度分布

表 5.1　稳定场结构计算

f / GHz	$\lvert \mathrm{d}S\rvert=\mu_0\gamma M_s\lvert F\rvert$	$\lvert F\rvert=\left\lvert\int_{V_f} i_z\cdot(h_1\times h_2)\mathrm{d}V\right\rvert\times10^{-5}/(\mathrm{A/m})^2$
2.1	Integrate(fl), Imag 3.8636E-006 Integrate(fl), Real 3.8692E-005	3.888
2.0	Integrate(fl), Imag 2.9070E-006 Integrate(fl), Real -2.8594E-005	4.077
1.75	Integrate(fl), Imag 1.9931E-006 Integrate(fl), Real 3.4044E-005	3.945
1.50	Integrate(fl), Imag -3.7867E-006 Integrate(fl), Real 1.2179E-005	3.978
1.25	Integrate(fl), Imag -3.9472E-006 Integrate(fl), Real -3.8681E-005	3.888
1.0	Integrate(fl), Imag -4.1323E-006 Integrate(fl), Real 4.6324E-005	4.158
0.9	Integrate(fl), Imag 2.7011E-006 Integrate(fl), Real 3.4058E-005	4.347

5.3.3　X-Ku 波段倍频程带线环行器

1. X-Ku 波段宽带环形器

图 5.23 所示为倍频程环行器的结构和性能图。三角形内导体的外接圆直径$\Delta_c = 4\text{mm}$，厚度$t = 0.1\text{mm}$；铁氧体外套介质环，铁氧体尺寸为$D_f t = 4\text{mm} \times 0.9\text{mm}$，介质环外径$D_d = 6.5\text{mm}$，厚度$t = 0.9\text{mm}$；两段不同宽度的内导体输出线，$w_1 = 0.6\text{mm}$和$w_2 = 0.6\text{mm}$；铁氧体材料磁化矩$M_s = 3800/(4\pi)(\text{kA/m})$、$\varepsilon_f = 12.5$；介质环介电常数$\varepsilon_d = 10$；圆柱腔的尺寸为$\phi 7\text{mm} \times 9\text{mm}$。其性能为$10 \sim 20\text{GHz}$带宽内反射损耗及隔离大于 18dB。输出/输入端口留有一定空间，可以填充陶瓷泥作匹配用。

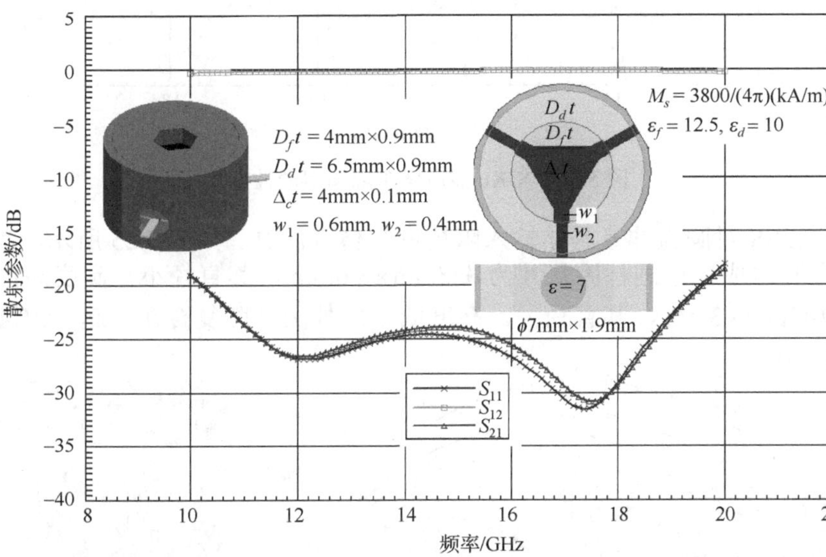

图 5.23　倍频程环行器的结构和性能图

2. X-Ku 波段宽带隔离器

在图 5.23 所示的环行器靠近第三端口的陶瓷环处嵌进两块宽 2mm、厚 0.9mm、长 1.2mm 的吸收体作为匹配负载(吸收体的$\varepsilon'/\mu' = 32/6$，$\tan\delta_m = \tan\delta_e = 0.16$)，就形成了隔离器，隔离器的性能如图 5.24 所示，除S_{12}隔离指标只有 500MHz 带宽外，其他指标与环行器指标相同。

5.3.4　L-S 波段倍频程带线环行器

本设计贯穿 1.4～2.8GHz 倍频程带宽设计，设计分为如下 3 个步骤进行。

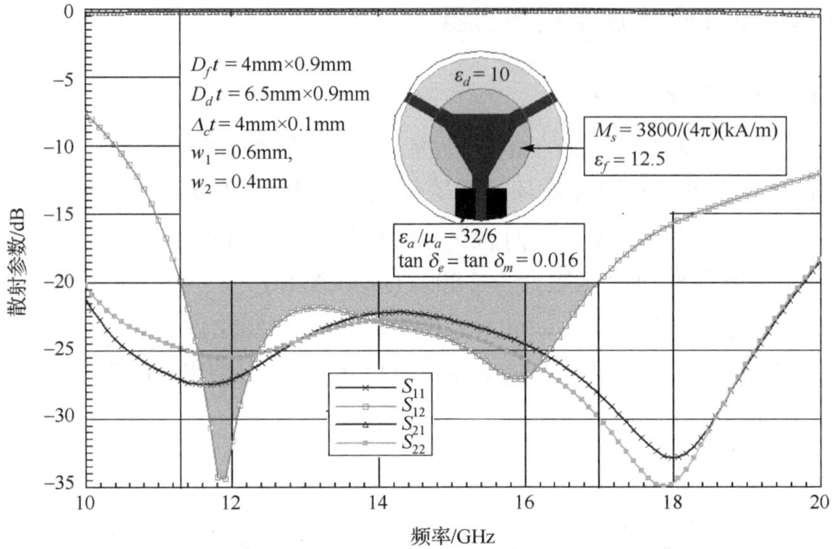

图 5.24　X-Ku 波段宽带隔离器的性能

(1)用 HFSS 对圆盘非互易结输入阻抗进行仿真测试。如图 5.25 所示，其测试腔由复合圆柱腔组成。内圆柱腔尺寸为 $\phi 25\text{mm} \times 8.6\text{mm}$ ，其直径小，高度高；外圆柱腔尺寸为 $\phi 45\text{mm} \times 3\text{mm}$ ，其直径大，高度低。内外圆柱腔复合在一起，内圆柱腔中

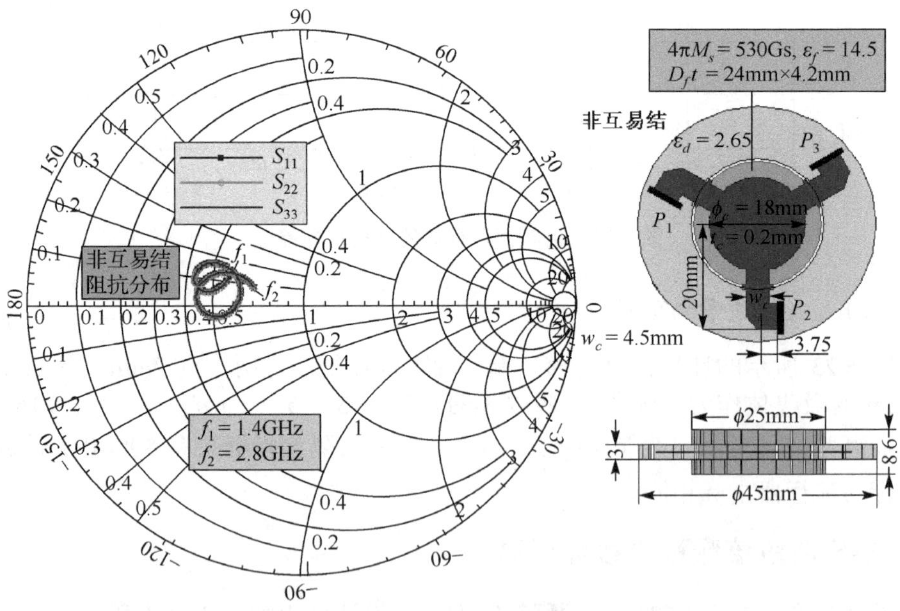

图 5.25　环行器的非互易结结构和阻抗特性

充满铁氧体和圆盘内导体；外圆柱腔中充满 $\varepsilon_d = 2.65$ 的介质。其中设置了非互易结 3 个输出端口 P_1、P_2、P_3，尺寸为 $6\text{mm}\times 3\text{mm}$，放置于外圆柱腔中。两片铁氧体尺寸为 $D_f t_f = 24\text{mm}\times 4.2\text{mm}$、$\varepsilon_f = 14.5$、$M_s = 530/(4\pi)$ (kA/m)，放入中心腔(内腔)中，圆盘导体尺寸为 $\phi_c t_c = 18\text{mm}\times 0.2\text{mm}$ 。在图 5.25 所示的尺寸下进行仿真。在 $f_1 \sim f_2$ (1.4～2.8GHz) 倍频程带宽内，仿真了 3 个端口的反射系数 S_{11}、S_{22}、S_{33} 并分布在阻抗圆图中，说明非互易结的归一化阻抗分布在低阻抗区并靠近实轴，为团聚状态分布。这正是宽带环行器所需的非互易结阻抗分布。

(2) 在获得阻抗团聚分布的基础上，用 AWR 微波网络软件进行优化处理。图 5.26 为网络优化电路。把上述非互易结的 S 参数(L-S-NRJ) 导入 AWR 软件中，各端连接两级圆弧带线，第一级 R_1、w_1 和 θ_1 分别为圆弧带线的平均半径、带线宽度和圆弧角度；第二级用 R_2、w_2、θ_2 表示，通过优化可以获得 $R_1 = 194\,\text{mm}$、$w_1 = 2.8\,\text{mm}$、$\theta_1 = 67^\circ$；$R_2 = 15\,\text{mm}$、$w_2 = 5\,\text{mm}$、$\theta_2 = 25.2^\circ$，其非互易结的 S_{11} 通过宽带阻抗匹配获得环行器的 S_{11} 如图中阻抗圆图所示。

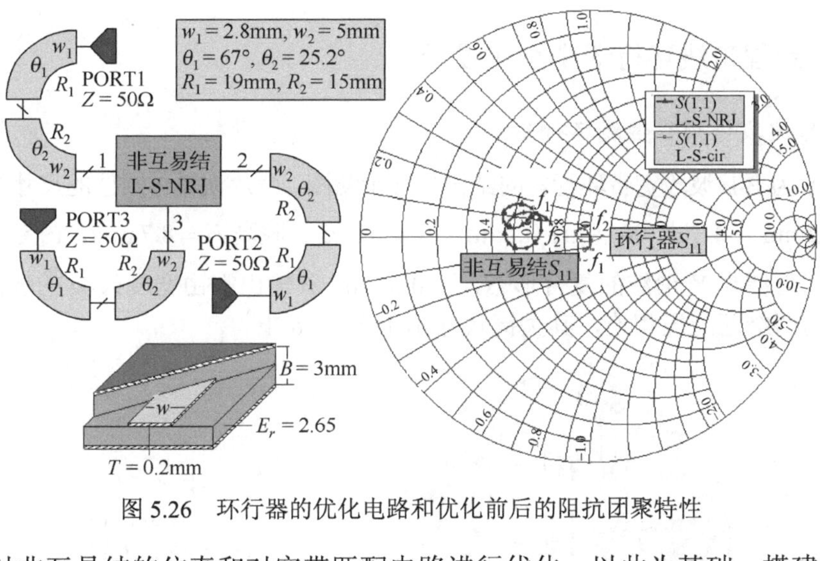

图 5.26　环行器的优化电路和优化前后的阻抗团聚特性

(3) 对非互易结的仿真和对宽带匹配电路进行优化。以此为基础，搭建宽带环行器的仿真模型如图 5.27 所示。图中把上述的圆柱形外腔改变成矩形外腔，三个端口 P_1、P_2、P_3 设置在腔表面，所以环行器的腔体是圆柱内腔和方形外腔的复合腔，内腔中的铁氧体起到非互易性的作用。外腔中的宽带匹配电路起到宽频带的作用。两者的组合，完成了环行器的仿真设计。图中上方显示了环行器的结构尺寸，图中还显示了环行器的反射和正反向传输特性。在 $f = 1.4 \sim 2.8\,\text{GHz}$ 倍频程范围内完成了良好的环行器特性。

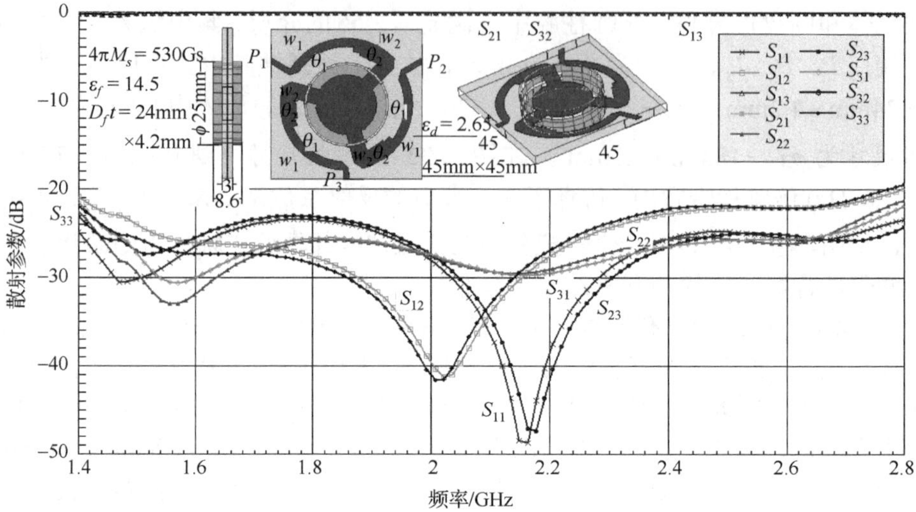

图 5.27　L-S 宽带环行器的结构和正/反向及反射特性

5.3.5　倍频程带线环行器小型化设计

1. P-L 波段倍频程带线环行器

图 5.28 为 P-L 波段宽带环行器的结构尺寸示意图，两片铁氧体圆柱的尺寸为 $D_f t_f =$ 60mm×4.2mm，$M_s = 300/(4\pi)$ (kA/m)，$\varepsilon_f = 14.5$；腔高 $H = 8.7$ mm，内导体的中心部位是由圆盘结与 Y 形结的复合形态，厚 0.3mm，其输出端由宽度为 w 的线段和“C”形线组成的两级匹配段相连，其关键尺寸示于图 5.28 中。

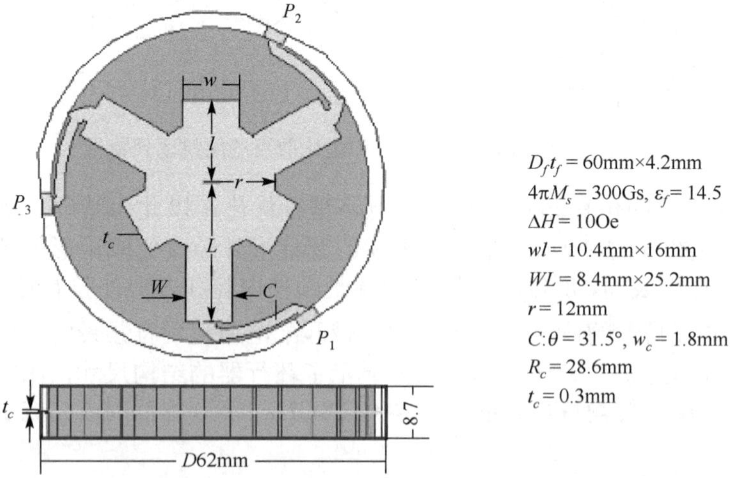

图 5.28　P-L 波段倍频程环行器的结构尺寸

图 5.29 为圆盘与 Y 形内导体复合结组成的非互易结通过 w 线段作为一级阻抗匹配情况下，各端口的输入阻抗特性。其端口与尺寸为 5.8mm×3mm×0.3mm 的带线相连，端口在空气情况下的特性阻抗为 $Z_0 = 111\Omega$，此时测出其输入阻抗 $Z_{in}(111\Omega)$ 在阻抗圆图上团聚在实轴 $(x = 0)$ 附近，相对输入阻抗 $Z_{in}(111\Omega)$ 为低阻抗，其实部在 0.1～0.5 内，并在 0.8～1.6GHz 频率范围内团聚两圈，它随频率变化从低频到高频呈顺时针旋转。若把它对 50Ω 进行归一化，其归一化输入阻抗 $Z_{in}(50\Omega)$ 团聚在实轴 $(x = 0)$ 上方，而相对阻抗的实部在 0.5～0.7 附近，仍属于低阻抗团聚。它可通过第二级阻抗匹配段（“C”）把各端口的输入阻抗 $Z_{in}(50\Omega)$ 团聚在实轴附近，并且其实部的相对值向 $R_{in} \approx 1$ 靠近。

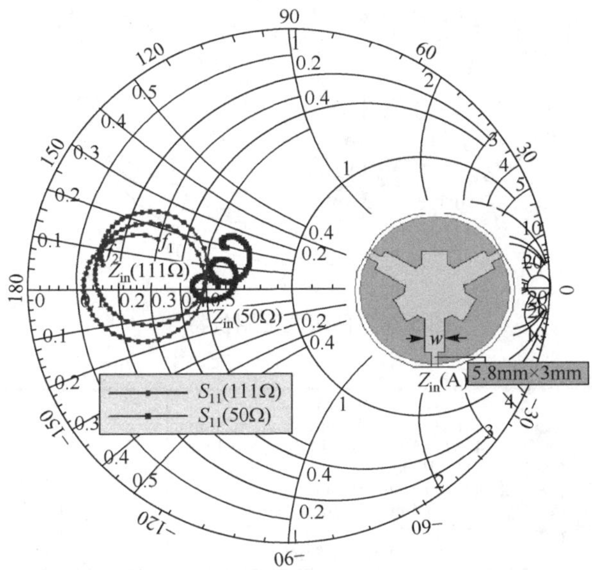

图 5.29　一级匹配阻抗特性

图 5.30 中所示，通过第二级阻抗匹配段“C”，它是一段圆弧形带线，其宽度 $w_c = 1.8\text{mm}$，圆弧角 $\theta = 31.5°$，圆弧线的平均半径 $R_c = 28.6\text{mm}$。“C”形匹配段的尺寸可以通过优化方法求出。其输入端口 P_1 、P_2、P_3 的特性阻抗为 $Z_0 = 97\Omega$，其输入阻抗 $Z_{in}(97\Omega)$ 仍为低阻抗，它团聚两圈，即 $S_{11}(97\Omega)$ 分布在实轴上下两方，其阻抗实部 $R_{in}(97\Omega)$ 为 0.4～0.7；但相对 50Ω 阻抗而言，其 $S_{11}(50\Omega)$ 却分布在阻抗圆图中心 $(X_{in} = 0, R_{in} = 1)$ 附近。此处说明环行器在倍频程范围内具有良好的反射和隔离特性。

图 5.31 为 P-L 波段倍频程带线环行器的基本特性。在 0.8～1. 6GHz 频率范围内，插入损耗 $S_{12}(\text{dB})$ 小于 1dB；反射损耗和隔离特性均大于 20dB。

本例采用的两级宽带匹配均是在铁氧体圆盘中实现的，充分利用了铁氧体介质的匹配特性，以缩小器件的尺寸。本例中一级匹配“w”段的长度 14mm；二级“C”段带线的导波长(按 $f=1200\,\text{MHz}$ 计算) $\lambda_g=250\,\text{mm}/\sqrt{\varepsilon}=68\,\text{mm}$，所以 $l_c\approx\lambda_g/4=17\,\text{mm}$。在低端工作情况下，$\mu$=1，铁氧体被视为普通介质。

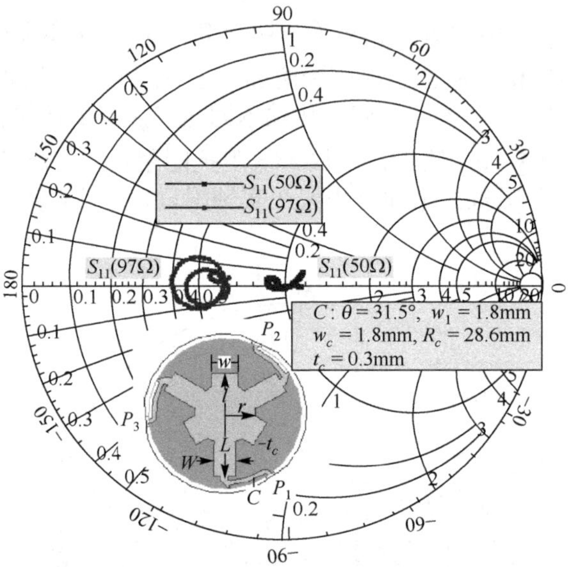

图 5.30　两级匹配阻抗特性

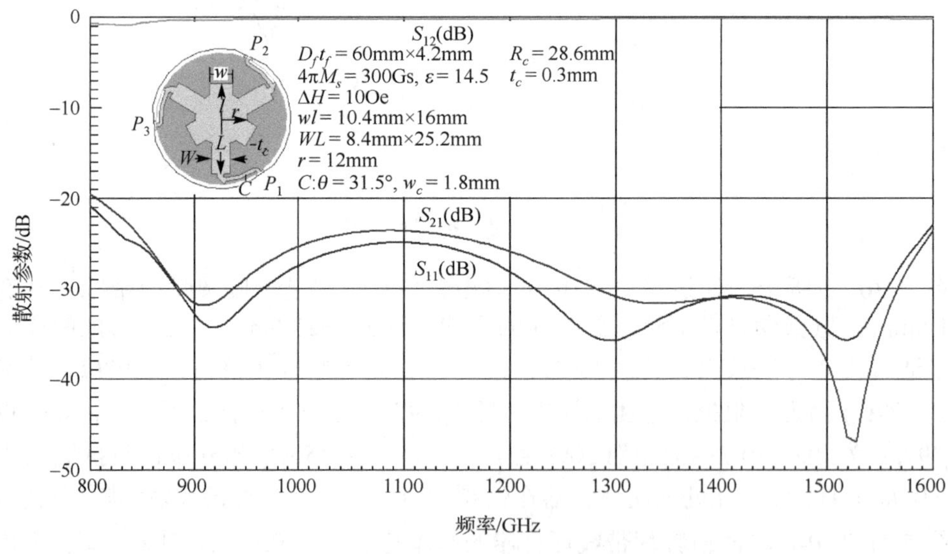

图 5.31　P-L 波段倍频程带线环行器的特性

图 5.32 为另类 P-L 波段倍频程带线环行器的设计，内导体设计成 Y 形，典型尺寸为 $\text{Y}\left[w/r_2/r_1=10.44\,\text{mm}/15.2\,\text{mm}/10\,\text{mm}\right]$，其 3 个耦合端与 C_1 和 C_2 两段圆弧相连，即

在铁氧体内进行宽带匹配，在铁氧体圆柱外不加匹配段，这样可大大压缩环行器尺寸，在 Y 形内导体上加上 3 个缝隙，用来调整阻抗团聚，缝隙尺寸 $s = 2\,\text{mm} \times 7\,\text{mm}$，铁氧体圆盘尺寸 $D_f t_f = 52\,\text{mm} \times 4.2\,\text{mm}$，比图 5.28 中铁氧体圆盘 $D_f = 60\,\text{mm}$ 缩小了，带宽更宽，在 0.8～1.7GHz 频率范围内，插入损耗 S_{12}(dB) 小于 1dB；反射损耗和隔离特性均大于 20dB。

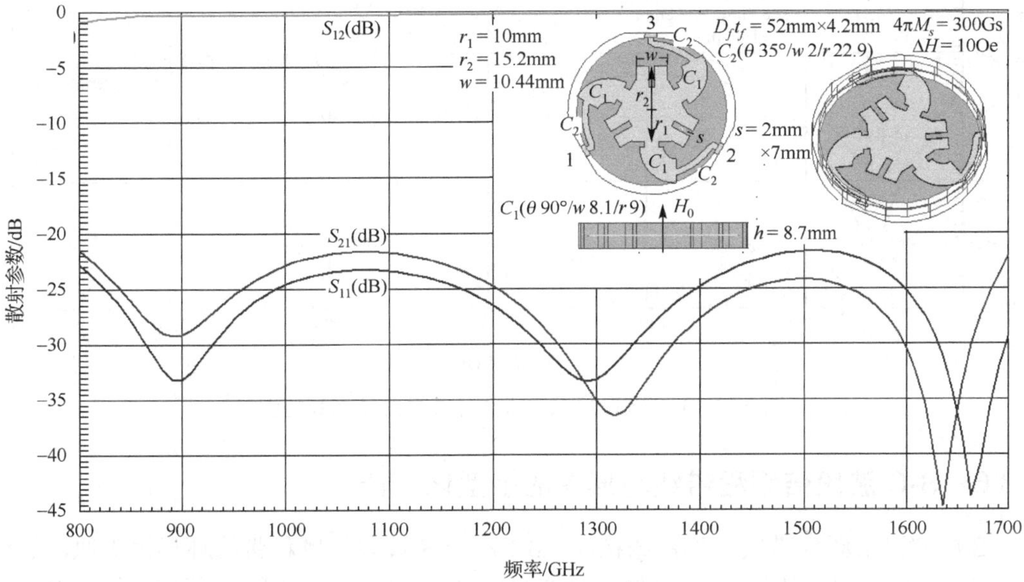

图 5.32　P-L 波段倍频程带线环行器的结构和特性

在图 5.32 中相对带宽达 72%，超过倍频程，反射/反向损耗大于 22dB。其低频段插损达到 1dB，这是由于低频段（800～850MHz）范围内，$4\pi M_s = 300\,\text{Gs}$，归一化磁矩 $p = 1.05 \to 1$，这时 $\mu \leqslant 0$，电磁场传播受阻的缘故。

2. L-S 波段倍频程带线环行器

如图 5.33 所示，环行器的结构和图 5.32 所示的结构完全相似，由于频率变高，较图 5.32 的中心频率偏高 1.25 倍，所以图中尺寸均按此比例缩小：对大 Y 结尺寸 $w / r_2 / r_1 = 8.4\,\text{mm}/ 11.8\,\text{mm}/ 8\,\text{mm}$；$C_1$ 和 C_2 尺寸分别 C_1 $(R_1 / R_2 / \theta = 9.8\,\text{mm}/ 3.2\,\text{mm}/ 90°)$、$C_2$ $(R_1 / R_2 / \theta = 19.7\,\text{mm} / 18.4\,\text{mm} / 60°)$；铁氧体圆盘尺寸为 $D_f t_f = 42\,\text{mm} \times 3.4\,\text{mm}$。相反，$4\pi M_s$ 变大 1.25 倍，$4\pi M_s = 380\,\text{Gs}$，$\varepsilon_f = 14.5$ 不变。仿真结果出现了和图 5.32 一样的三峰谷，其带宽为 1000～2200MHz，相对值 $2\delta = 75\%$，为超倍频程性能。此结构由于采用了两级 C 形匹配线，所以缩小了内导体的尺寸。主要缺点是低频出现 0.92dB 损耗，这是因为：当 $f = 1000\,\text{MHz}$ 时，归一化磁矩 $p = 1.06$，当 $f = 1070\,\text{MHz}$ 时，$p = 1$，这时 $\mu \leqslant 0$，出现了异常传输特性。

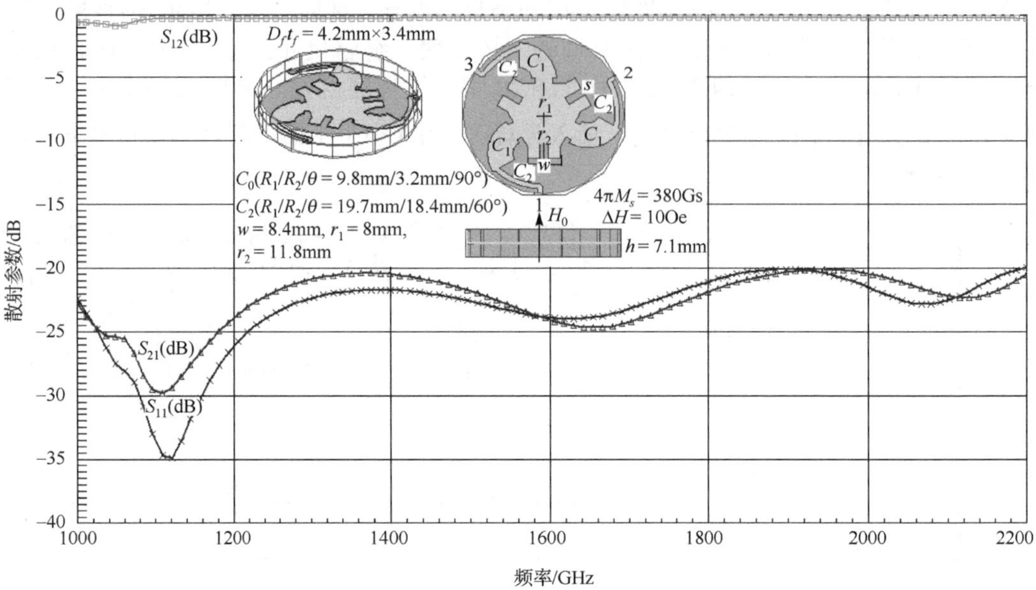

图 5.33　L-S 波段倍频程带线环行器的结构和特性

5.3.6　S-C 波段倍频程带线环形器的小型化设计

S-C 波段倍频程带线环形器结构和 5.3.1 小节 S 波段倍频程带线环形器类似，其宽带措施是把 L-C 匹配网络设计在铁氧体圆盘区域内，它充分利用铁氧体区域的空间以达到小型化设计的目的，但 L 波段倍频程带线环形器(图 5.21)和 L-S 波段倍频程带线环形器(图 5.27)设计，应用的是两级 $\lambda/4$ 匹配段放入铁氧体区域，尺寸仍然很大。本结构如图 5.34 所示，内导体中心为圆盘结和 Y 形结复合结构，其结构的输出端“1”

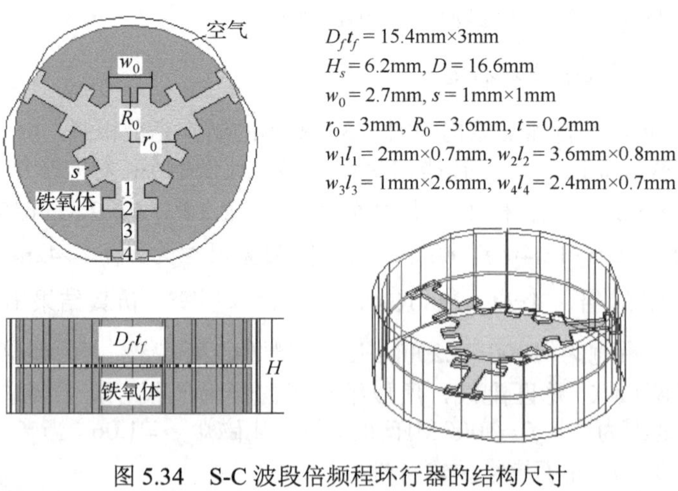

图 5.34　S-C 波段倍频程环行器的结构尺寸

调节结阻抗的团聚，“3”、“2”段相应于 L 和 C 组成的 L-C 匹配网络，“4”段相当于输出端阻抗团聚上下位置微调，“s”槽的尺寸大小可以微调阻抗团聚。

图 5.35 为 S-C 波段倍频程带线环行器的小型化设计性能特性。在 3～6 倍频程范围内，正向损耗小于 0.5dB，反向隔离和反射损耗均大于 20dB。在低频处(3～3.45GHz)，因其归一化磁矩，这时出现消失模或异常模，所以低频损耗较大，但均小于 0.5dB，其他频率处损耗则小于 0.2dB。

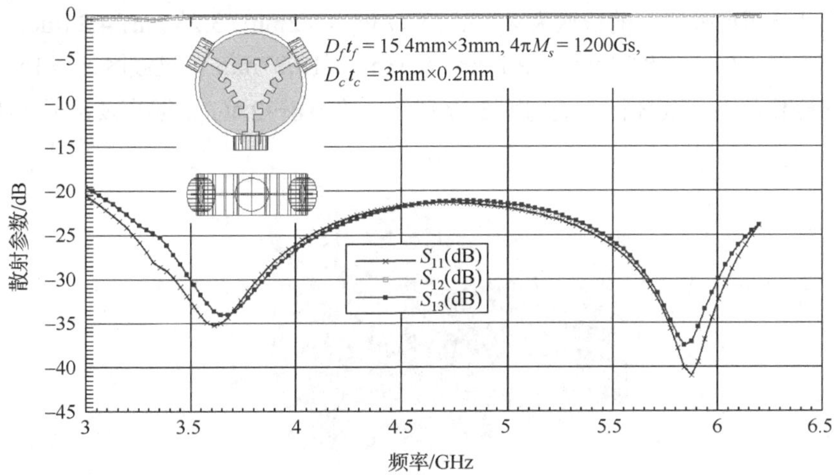

图 5.35　S-C 波段倍频程带线环行器特性

S-C 波段倍频程带线环行器的内腔尺寸，如壳体设计成一体化的螺旋盖结构，其外壳尺寸或其尺寸线度为其工作波长的 25%，为小型化设计的例子。

5.4　超宽带环行器设计

在电子对抗和抗干扰技术中，要求环行器有超倍频程带宽，如 0.8～2.4GHz、2～6GHz、6～18GHz。这在设计上有一定的难度。一般在三倍频程情况下，边频的反射损耗和隔离只有 14dB。设计超宽带器件有两点关键。第一，要求环行器中心结的结阻抗随频率变化趋于稳定，在阻抗圆图上观察结阻抗是低阻抗团聚分布；第二，通过结外多级匹配过程，获得宽带阻抗匹配。

边导模环行器和边导模隔离器是一种超宽带器件，应用了上述两点关键技术。边导模是一种异常传播模式，在一定频带范围内，会产生 $\mu_e < 0$ 的频区，其场结构和正常模式不同，沿着导体边缘呈指数分布的稳定的场结构。

本书介绍一种不同 M_s 铁氧体材料组成的圆柱/圆环复合结构的环行器，在三倍频带宽内可达到 18dB 的反射损耗和隔离，插损小于 0.4dB。横跨几个频区，在 0.8～18GHz 范围内，只用 PLS、SC、CXKu 三个器件来覆盖。

5.4.1 PLS 超宽带环行器

工作带宽为 0.8～2.4GHz，如图 5.36 所示。铁氧体圆柱/圆环复合结构，由两部分组成。内圆柱 $D_f t = 19.6\text{mm}\times 3.7\text{mm}$ 、 $M_s = 550/(4\pi)(\text{kA/m})$ 、 $\varepsilon_f = 14.5$ 。在其外嵌套外径为 $D_f t = 33\text{mm}\times 3.7\text{mm}$ 的铁氧体圆环，其 $M_s = 300/(4\pi)(\text{kA/m})$ ，内导体中心部位为 Y 形结构，尺寸为 $wlt = 16\text{mm}\times 12\text{mm}\times 0.2\text{mm}$ 。圆柱体外是四级阻抗过渡，它通过优化设计获得，其尺寸从里向外宽度的依次为 $w_1/w_2/w_3/w_4 = 8.2\text{mm}/3.23\text{mm}/4.24\text{mm}/1.4\text{mm}$ ；长度依次为 $l_1/l_2/l_3/l_4 = 8.23\text{mm}/3.61\text{mm}/6.63\text{mm}/13.87\text{mm}$ ，过渡区 $\varepsilon_d = 15$ 。铁氧体工作在低场磁化状态，其环行性能如图 5.37 所示。在 0.8～2.4GHz 隔离及反射大于 18dB。

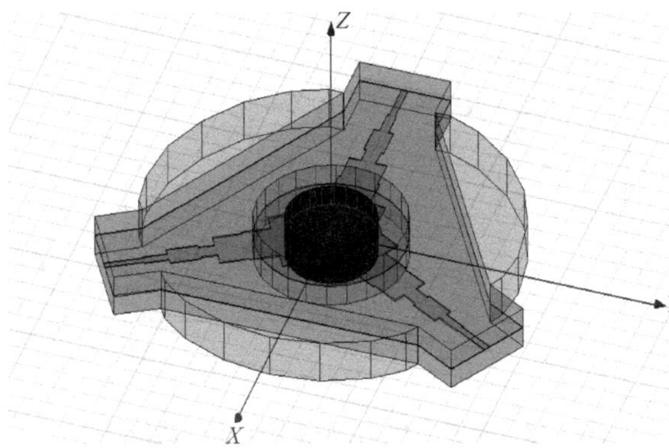

图 5.36　PLS 超宽带环行器结构

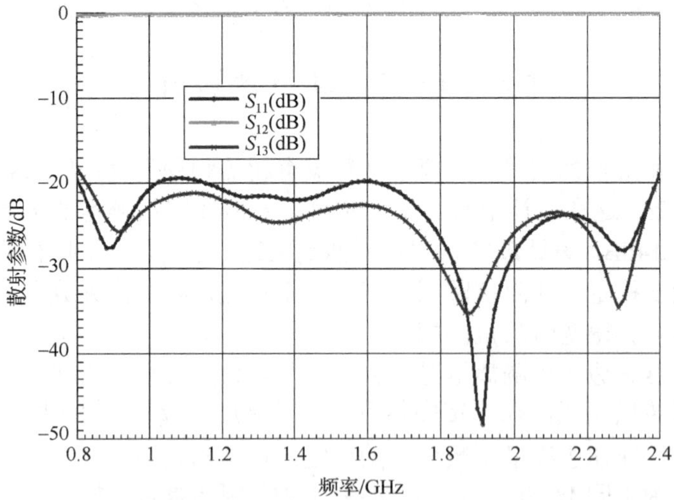

图 5.37　PLS 环行器宽带性能

图 5.38 中， $S_{11}(f)$ 为铁氧体表面阻抗，呈低阻抗分布，环绕阻抗点 $z = 0.3 + \text{j}0.1$ 两

周多，说明结阻抗在 0.8～2.4GHz 带宽内有较好的团聚。$S_{11}(p_1)$ 为输入口的 S_{11} 参数，基本围绕圆心。

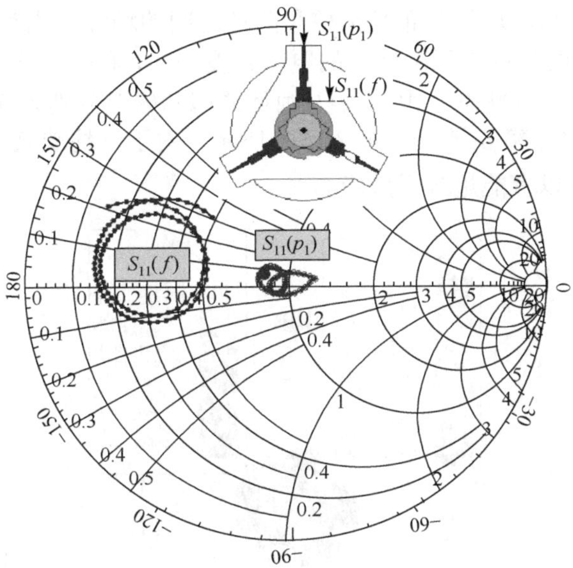

图 5.38　非互易结环行器的阻抗分布曲线

1．超宽带环行器的非互易性分析

取端口 1、2，研究其非互易性：

$$dS = S_{12} - S_{21} = \frac{j\omega}{2}\int_{all}(h_1 \cdot \mu h_2 - h_2 \cdot \mu h_1)dV \tag{5.1}$$

把实部、虚部分开积分：

$$R = \left|\frac{\omega}{2}\int_{all}\mathrm{Im}(h_1 \cdot \mu h_2 - h_2 \cdot \mu h_1)dV\right| \tag{5.2}$$

$$I = \left|\frac{\omega}{2}\int_{all}\mathrm{Re}(h_1 \cdot \mu h_2 - h_2 \cdot \mu h_1)dV\right| \tag{5.3}$$

$$|dS| = \sqrt{R^2 + I^2} \tag{5.4}$$

现对 5 个频率进行积分计算，得到如表 5.2 所示的结果。$|dS|$ 值分布在 0.88～1.07 范围内，满足了环行器的非互易性指标。

表 5.2　积分计算结果表

公式	f / MHz	800	1200	1600	2000	2400
式(5.2)	$\lvert R(dS)\rvert$	0.866	1.08	0.865	0.925	0.924
式(5.3)	$\lvert I(dS)\rvert$	0.4754	0.077	0.065	0.533	0.408
式(5.4)	$\lvert dS\rvert$	0.9909	1.083	0.867	1.067	1.01

2．超宽带环行器场结构的稳定及场的稳定性分析

图 5.39 中，电场集中在铁氧体圆柱、圆环的交界面上，形成一种周界模式，也可以说是一种表面模分布。这种分布是圆柱和圆环之间的场经过相互排斥了吸引后达到的平衡状态。圆的左面数据显示圆柱中的电场强度分布，右面数据为圆环中场强分布。在交界处，场强处在最强状态，由于圆柱/圆环的饱和磁矩分别为 550Gs/300Gs，造成归一化值 p 和有效磁导率 μ_e 不同，如表 5.3 所示。对于圆柱铁氧体而言，μ_{e1} 在低频端基本处于负值，所以有能量排斥效应。

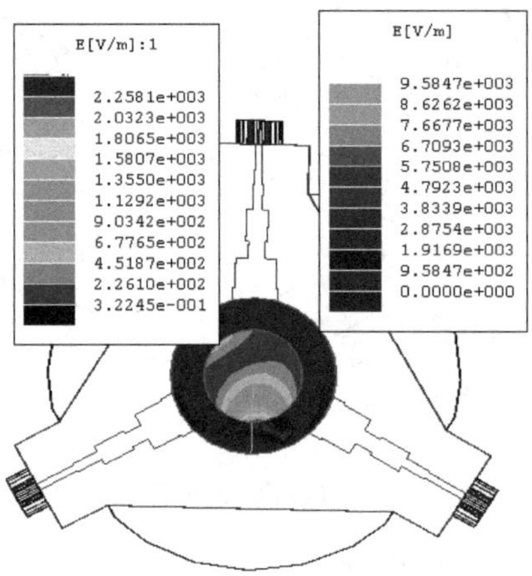

图 5.39　环行器铁氧体的电场分布

表 5.3　磁导率 μ_e 计算结果

f / MHz	800	1200	1600	2000	2400
p_1	1.925	1.283	0.963	0.77	0.642
p_2	1.05	0.70	0.525	0.42	0.35
μ_{e1}	−2.71	−0.646	0.073	0.407	0.583
μ_{e2}	−1.03	0.51	0.724	0.824	0.878

图 5.40 为在不同频率下场强的稳定性分布特性，其中 $f = 800\,\text{MHz}$、$1600\,\text{MHz}$、$2400\,\text{MHz}$。3 条曲线显示：在圆柱和圆环界面处 ($R = 10\,\text{mm}$) 存在最大场强，证实了表面模的存在。从式(5.5)可知，场结构随频率变化的稳定性决定了器件的宽带特性。因为若在低场饱和态工作，非互易性方程：

$$\mathrm{d}S = S_{12} - S_{21} = \mu_0 \gamma M_s \int_V i_z \cdot (h_1 \times h_2)\mathrm{d}V \tag{5.5}$$

因为当场结构 h_1、h_2 不随频率变化时(场结构稳定)，$|\mathrm{d}S|$ 也不随频率变化，所以有宽带特性。这里，在圆柱和圆环界面处，存在稳定的周界模(peripheral mode)，犹如稳定的“金字塔”的场分布结构。

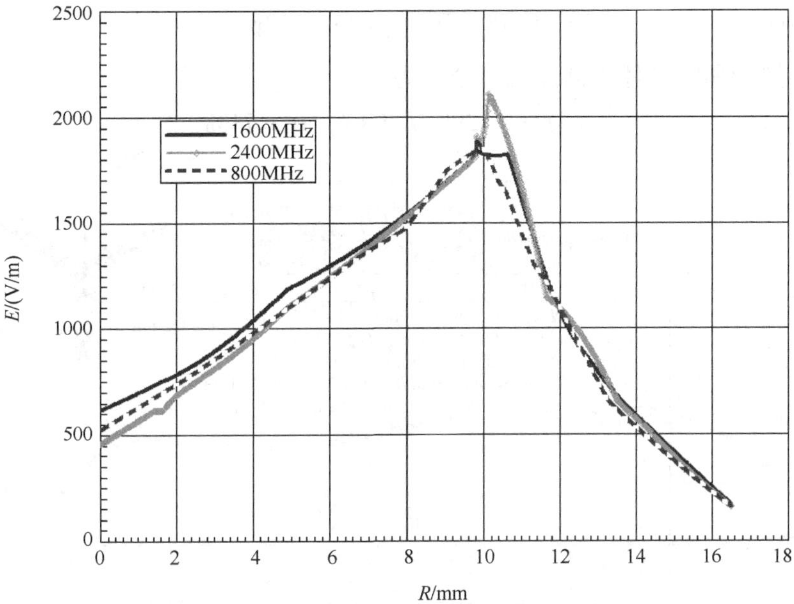

图 5.40　不同频率下，表面模场强的稳定性分布

5.4.2　SC 超宽带环行器

SC 超宽带环行器工作在 2～6GHz 频率范围，横跨 S、C 两个波段，如图 5.41 所示。铁氧体圆柱尺寸为 $D_f t_f = 18\text{mm}\times 2.5\text{mm}$，磁矩 $M_s = 1300/(4\pi)(\text{kA/m})$、$\Delta H = 10\text{Oe}$、$\varepsilon_f = 14.5$；内导体的匹配段尺寸见图 5.41，$w_0/w_1/w_2/w_3 = 5\text{mm}/8.59\text{mm}/6.52\text{mm}/4.61\text{mm}$，其长度为 $l_0/l_1/l_2/l_3 = 5\text{mm}/10.9\text{mm}/12.1\text{mm}/12.4\text{mm}$，$t_c = 0.2\text{mm}$；匹配段充有介质（$\varepsilon_d = 2.6$）。附加介质圆盘尺寸为 $D_d t_d = 18\text{mm}\times 0.4\text{mm}$，它的一面和铁氧体平面接触，另一面和内导体接触，介质片起到稳定场结构的作用，因为当铁氧体的归一化磁矩 $p>1$ 时，其张量磁导率 $\mu<0$，这时形成消失模传播。介质片的厚度虽然不大（$t_d = 0.4\text{mm}$），仅是铁氧体厚度 ($t_f = 2.5\text{mm}$) 的 1/6，但它占有 29%的电磁能，而铁氧体中电磁能占有总电磁能量的 71%，所以铁氧体-介质片的交面形成表面模的稳定性结构。铁氧体中电、磁能量 $U_e(f)$、$U_m(f)$、介质片中电、磁能量 $U_e(d)$、$U_m(d)$ 计算结果如下。当输入功率为 1W 时，

$$U_m = U_m(f) + U_m(d) = \int_f H\cdot\mu H^* \mathrm{d}V + \int_d H\cdot\mu H^* \mathrm{d}V = 169\text{pJ} + 38\text{pJ} = 207\text{pJ}$$

$$U_e = U_e(f) + U_e(d) = \int_f E\cdot\varepsilon E^* \mathrm{d}V + \int_d E\cdot\varepsilon E^* \mathrm{d}V = 84\text{pJ} + 67\text{pJ} = 151\text{pJ}$$

$$U = U_e + U_m = 358\text{pJ}$$

介质中储能：

$$U(d) = U_e(d) + U_m(d) = 105\text{pJ}$$

铁氧体中储能：　$U(f)=U_e(f)+U_m(f)=253\text{pJ}$

介质中储能和铁氧体中储能比例分别为

$$U(d)/U=29\%,\quad U(f)/U=71\%$$

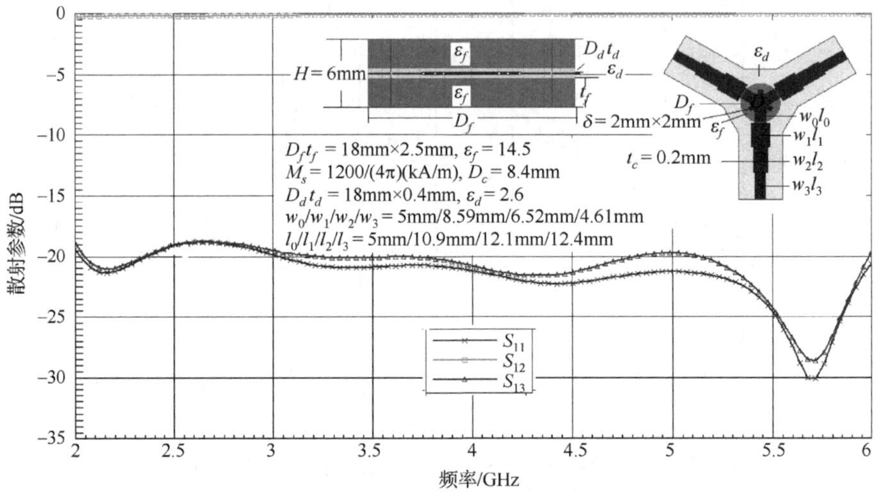

图 5.41　SC 超宽带环行器的宽带性能

图 5.41 为超宽带性能，在带宽范围内，隔离和反射损耗均大于 18.5dB，正向损耗小于 0.5dB。

图 5.42 表示结阻抗团聚在低阻抗区。通过三级阻抗变换，完成输入端口阻抗匹配，

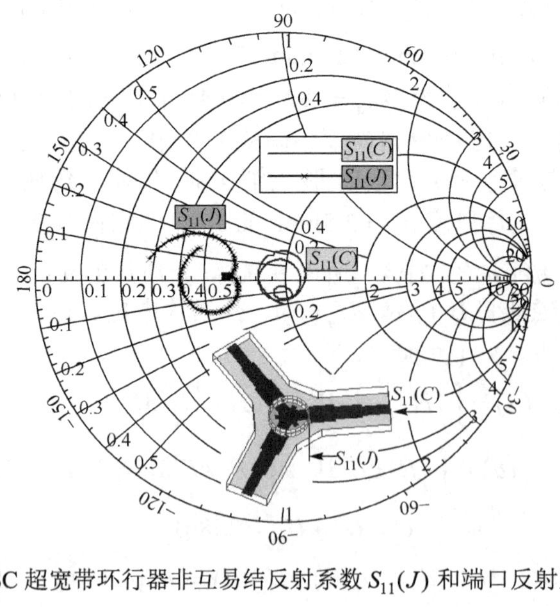

图 5.42　SC 超宽带环行器非互易结反射系数 $S_{11}(J)$ 和端口反射系数 $S_{11}(C)$

团聚在 $z_{in}=1$ 阻抗点周围。超宽带性能来源于铁氧体中的异常模和介质中的寻常模组成铁氧体-介质表面模(surface mode)场结构，这种场结构也是频率不灵敏的稳定结构。

5.4.3　CXKu 超宽带环行器

在 6～18GHz 带宽内，跨越了 C、X、Ku 等几个波段。如图 5.43 所示，铁氧体圆柱尺寸为 $D_f t=3\text{mm}\times1\text{mm}$，铁氧体圆环外径为 $D_f t=5.4\text{mm}\times1\text{mm}$，其柱/环磁矩分别是 $4\pi M_s=4000\text{Gs}$ 和 $4\pi M_s=2000\text{Gs}$，圆环外的匹配段为三级匹配，尺寸为 $w_1/w_2/w_3=1.9\text{mm}/1.2\text{mm}/0.66\text{mm}$ 及 $l_1/l_2/l_3=2.28\text{mm}/2.23\text{mm}/2.32\text{mm}$，内导体厚度 $t=0.1\text{mm}$，腔体内充有 $\varepsilon=6.5$ 的介质。通过优化设计，仿真环行器的性能如图 5.44 所示。

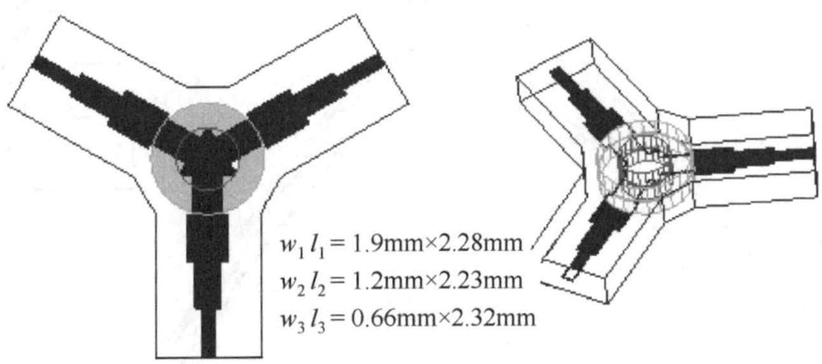

图 5.43　CXKu 超宽带环行器

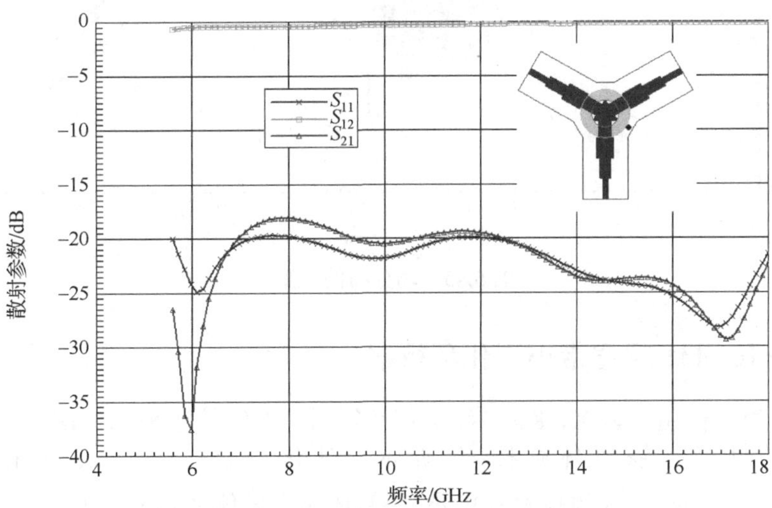

图 5.44　CXKu 超宽带环行器的性能

在 6～18GHz 带宽内，反射损耗及隔离均大于 18dB。

圆柱形铁氧体的 $4\pi M_s=4000\text{Gs}$，对应低、中、高频率 $f_L=6\text{GHz}$、$f_0=12\text{GHz}$、

$f_H = 18\text{GHz}$，其归一化磁矩值分别为 $p_L = 1.866$、$p_0 = 0.933$、$p_H = 0.622$，对中低频率有能量排斥作用；圆环铁氧体的 $4\pi M_s = 2000\text{Gs}$，对应的 $p_L = 0.933$、$p_0 = 0.466$、$p_H = 0.311$，其 $\mu_e > 0$，所以有周界模的特征。

图 5.45 观察了 7 个频率点，从圆柱中心 $r = 0$～27mm 内，沿电场最强处作矢径，在交界处($r = 1.5\text{mm}$)场强比较集中，而且随频率变化而趋于稳定分布，由于场结构的稳定性决定宽带的可能性，因为从式(2.79) dS 积分公式看，如果场结构稳定了，$|\text{d}S|$ 值就稳定了。在 18GHz 频点，在圆环内，$U_0 = 6.95\times10^{-11}\,\text{J}$，在圆柱内，$U_i = 7.07\times10^{-11}\,\text{J}$，两者的电磁能势均力敌。

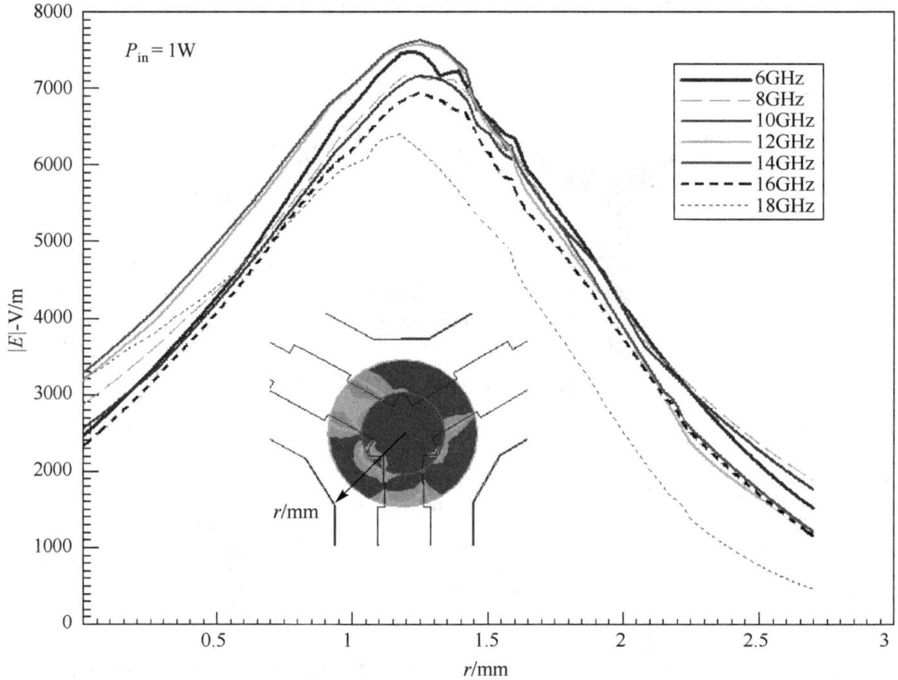

图 5.45 场分布的观察

5.4.4 8～18GHz 超宽带小型化环行器

图 5.46 为一种超小型 X、Ku 带线宽带环行器，工作带宽 8～19GHz，图中显示了原型结构的性能，铁氧体圆柱/介质环一体化配合，$D_f t_f = 5.4\text{mm}\times1.35\text{mm}/D_d t_d = 7\text{mm}\times1.35\text{mm}$，内腔高 $H = 3\text{mm}$，柱/环和内导体之间夹有 0.05mm 厚的聚四氟乙稀薄膜，铁氧体材料参数 $M_s = 3800/(4\pi)(\text{kA/m})$、$\varepsilon_f = 13$、$\Delta H = 100\text{Oe}$，介质环 $\varepsilon_d = 2.05$；铁氧体外加磁场，$H_i = 15\text{kA/m}$，3 个端口的口径均为 4mm×2.2mm，内导体厚度 $t_d = 0.2$ mm，内导体匹配段尺寸 $w_1/w_2/w_3/w_4 = 1\text{mm}/1.8\text{mm}/1\text{mm}/0.7\text{mm}$，

长度 $l_1/l_2/l_3/l_4 = 1.3\text{mm}/0.6\text{mm}/1\text{mm}/0.5\text{mm}$。内导体中心结为双 Y-三角形结，其顶点中心距为 2.2mm，底边附加 1mm×0.22mm 的矩形条。在带宽范围内，隔离及反射均优于−18dB，环行器的外壳尺寸为 $10\text{mm}\times 9\text{mm}\times 8\text{mm}$，是微型结构。

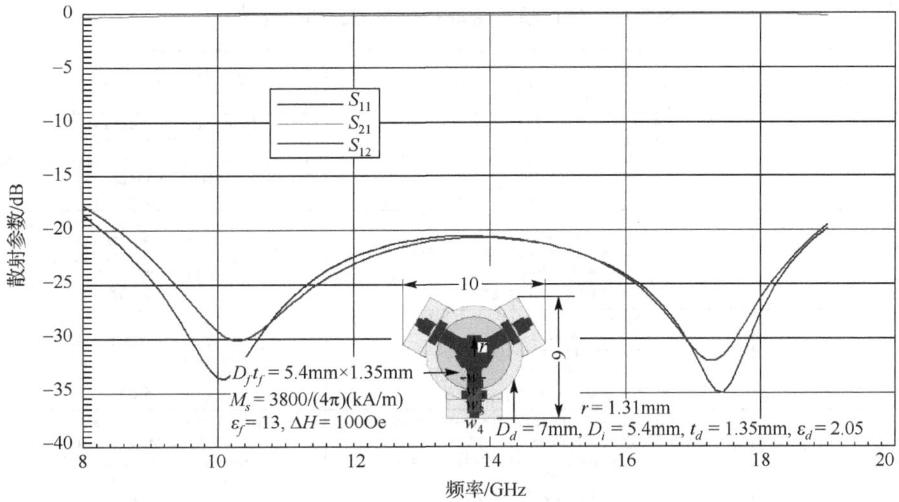

图 5.46　XKu 超宽带环行器结构和性能

图 5.47 为环行器的非互易参数 dS 在阻抗圆图上的表示，通过仿真测量了 12 个频率点(8～19GHz)的 dS 复量值。它环绕圆图一周，并靠近圆周，说明 $|\text{d}S|\to 1$，能保证环行性能。

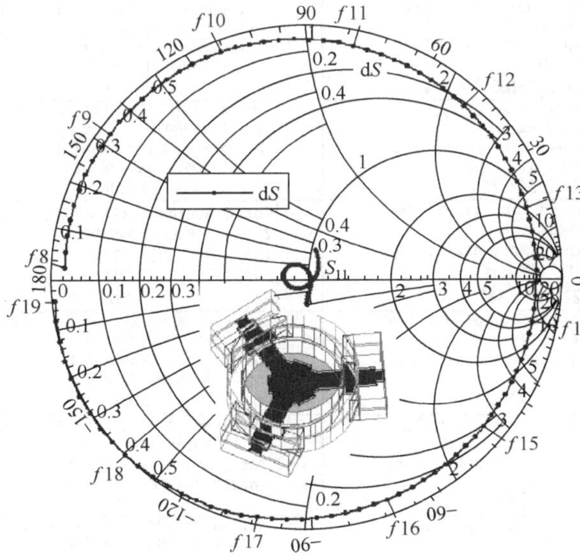

f/GHz	dS
8	0.9461∠177.18°
9	0.9599∠143.14°
10	0.9557∠110.27°
11	0.9391∠78.61°
12	0.9183∠48.05°
13	0.9017∠18.33°
14	0.8945∠349.08°
15	0.9021∠319.94°
16	0.9237∠289.96°
17	0.9545∠258.47°
18	0.9885∠224.17°
19	0.9853∠185.01°

图 5.47　XKu 超宽带环行器 d$S\propto f$ 在阻抗圆图中的分布特性和仿真结果

表 5.4 为通过数值积分求出的非互易参数 dS，其值和图 5.47 中的数据非常吻合，同时求出铁氧体中场强积分值$|F|$。在 12 个频率点，其值$|F|\in(5.192,5.911)$，说明场强积分随频率变化是稳定的，这也是宽带工作的基本原理。

表 5.4　XKu 超宽带环行器的 dS 和$|F|$值

f / GHz	$\mathrm{d}S=\dfrac{\mathrm{j}\omega}{2}\int_{\mathrm{all}}(h_1\cdot\mu h_2-h_2\cdot\mu h_1)\mathrm{d}V$	$\lvert F\rvert=\left\lvert\int_{V_f}i_z\cdot(h_1\times h_2)\mathrm{d}V\right\rvert\times10^{-6}$
8	Integrate(ObjectList(-all-), Imag 0.0510804532848999 Integrate(ObjectList(-all-), Real - 0.946579388800874 $0.9478\angle177^\circ$	Integrate(ObjectList(fl), Imag -5.60817453139276E-006 Integrate(ObjectList(fl), Real 3.12998738309852E-007 5.617
9	Integrate(ObjectList(-all-), Imag 0.571877909648133 Integrate(ObjectList(-all-), Real -0.768880231417013 $0.9583\angle143.4^\circ$	Integrate(ObjectList(fl), Imag -4.56144755093038E-006 Integrate(ObjectList(fl), Real 3.39928125405039E-006 5.688
10	Integrate(ObjectList(-all-), Imag 0.890333355803151 Integrate(ObjectList(-all-), Real - 0.333147448046568 $0.9506\angle110.5^\circ$	Integrate(ObjectList(fl), Imag -1.97302161627557E-006 Integrate(ObjectList(fl), Real 5.29800987980919E-006 5.653
11	Integrate(ObjectList(-all-), Imag 0.924860025300949 Integrate(ObjectList(-all-), Real 0.183989641106737 $0.943\angle78.7^\circ$	Integrate(ObjectList(fl), Imag 1.09930090074656E-006 Integrate(ObjectList(fl), Real 5.50004592925906E-006 5.609
12	Integrate(ObjectList(-all-), Imag 0.686692107368452 Integrate(ObjectList(-all-), Real 0.612705199957617 $0.920\angle48.3^\circ$	Integrate(ObjectList(fl), Imag 3.64240519728253E-006 Integrate(ObjectList(fl), Real 4.08786801740 27E-006 5.475
13	Integrate(ObjectList(-all-), Imag -0.292130090270547 Integrate(ObjectList(-all-), Real 0.853768156225291 $0.902\angle18.9^\circ$	Integrate(ObjectList(fl), Imag 5.08681047865194E-006 Integrate(ObjectList(fl), Real 1.73664664150083E-006 5.374
14	Integrate(ObjectList(-all-), Imag -0.14471381446938 Integrate(ObjectList(-all-), Real 0.879467806803407 $0.891\angle350.6^\circ$	Integrate(ObjectList(fl), Real -8.65096019279521E-007 Integrate(ObjectList(fl), Imag 5.23332465531934E-006 5.304
15	Integrate(ObjectList(-all-), Imag -0.558315986327584 Integrate(ObjectList(-all-), Real 0.705932077454713 $0.900\angle321.7^\circ$	Integrate(ObjectList(fl), Imag 4.20167538479215E-006 Integrate(ObjectList(fl), Real -3.32729730755609E-006 5.358
16	Integrate(ObjectList(-all-), Imag -0.855853613320631 Integrate(ObjectList(-all-), Real 0.343663097325753 $0.922\angle291.88^\circ$	Integrate(ObjectList(fl), Imag 2.04433780022144E-006 Integrate(ObjectList(fl), Real -5.09805419204035E-006 5.492
17	Integrate(ObjectList(-all-), Imag -0.938546769834649 Integrate(ObjectList(-all-), Real 0.209416658018766 $0.962\angle282.6^\circ$	Integrate(ObjectList(fl), Imag -2.72401718838229E-006 Integrate(ObjectList(fl), Real -5.12801712934917E-006 5.807
18	Integrate(ObjectList(-all-), Imag -0.705983131289627 Integrate(ObjectList(-all-), Real -0.696053146962276 $0.981\angle225.4^\circ$	Integrate(ObjectList(fl), Imag -4.1525013852847E-006 Integrate(ObjectList(fl), Real -4.21243647262648E-006 5.914
19	Integrate(ObjectList(-all-), Imag -0.0906941029553332 Integrate(ObjectList(-all-), Real -0.99340971037658 $0.997\angle185.2^\circ$	Integrate(ObjectList(fl), Imag -5.86451966895303E-006 Integrate(ObjectList(fl), Real -4.70270969229526E-007 5.882

5.5　高场带线环行器

环行器的工作磁场区有两种，即高场区和低场区。近年来，通信用环行器迅速发展，高场区环行器的用量远远超过低场区的用量。所谓高场区工作就是铁氧体的工作内场在该工作频率的共振场以上；如果共振场 $H_r = \omega / \gamma$ 确定，工作内场 $H_i > H_r$。用归一化内场表示时，$\sigma = H_i / H_r$。当 $\sigma > 1$ 时，称为高场工作，一般取 σ 的1.1～2.4范围内。而低场工作时，$\sigma << 1$，基本在零场工作(一般 $\sigma = 0 \sim 0.2$)，加大 σ 时，$\mu_e < 0$ 会出现异常模式。高场工作环行器一般适宜于低频段。频率在 4GHz 以下的均可采用；而低场工作的环行器一般适宜于高频段，一般在频率 1GHz 以上。在 S、L 两个波段，高场和低场均可采用。当频率更高时，不适宜高场工作，因为磁化场太高，不易达到磁化饱和，特别是波导系统。频率太低采用低场工作也有困难。因为受到零场损耗增大的影响。本节采用两个设计范例，都是接近极限设计。一个是 S 波段，达 4GHz 频率；另外一个是米波频率。在这两个极端状态之间的频段均属正常的高场环行器设计频段。

高场设计环行器有如下优点。

(1) 高场工作条件下，材料充分饱和，避免了零场损耗，这对低损耗器件有利，目前的低线宽材料 $\Delta H = 10\,\text{Oe}$ 很适宜在高场工作，插损约 0.15dB。

(2) 高场工作的环行器选择材料的归一化磁矩 $p = \gamma 4\pi M_s / \omega$ 均大于 1，甚至到几十。其有效磁导率 μ_e 远大于 1。大大缩小了样品的尺寸(或器件的尺寸)，从已经实践过的器件来看，铁氧体样品直径 $D_f \approx \lambda_0 / 40 \sim \lambda_0 / 10$ (λ_0 为对应频率的波长)。

(3) 高场工作的环行器，由于避免了自旋波简并，所以不会产生高功率自旋波非线性问题，避免了非线性损耗产生。

5.5.1　S 波段小型化环行器

如图 5.48 所示，器件工作在 3250～3800MHz 带宽内($2\delta = 16\%$)，性能满足反射损耗和隔离优于 20dB，内导体结构为三叶形非互易结，其各端加上 *L-C* 匹配网络，铁氧体的尺寸 $D_f t = 7\,\text{mm} \times 1\,\text{mm}$，$M_s = 1850 / (4\pi)(\text{kA/m})$、$\varepsilon = 14.5$、$\Delta H = 10\,\text{Oe}$、腔高 2.1mm。内导体厚度 0.1mm，三叶瓣的弧长对顶角为 20°，匹配电感尺寸为 $wl = 0.74\,\text{mm} \times 2.2\,\text{mm}$，铁氧体中内磁化场 $H_i = 120\,\text{kA/m}$。图 5.48 中，S_{11} 在阻抗圆图上绕圆心团聚，所以 S_{11} 曲线呈双峰W形响应曲线。

图 5.48 所示的仿真结果是通过 HFSS 软件获得的，但预先对铁氧体中内磁场 H_i 必须经过 3D 静磁仿真，其仿真的模型和结果如图 5.49 所示。0/1 为螺旋盖壳体，结构是铁质材料，两片钐钴片。图中两组曲线：H_i-d 为铁氧体中内场曲线，从直径方向观察，铁氧体圆盘中间部位，H_i 较均匀，$H_i = 120\,\text{kA/m}$，在靠近样品边缘有一定的起

伏，变化范围不太大，但因不在非互易结中央部位，影响不太大，和均匀磁化模型($H_i = 120\,\text{kA/m}$)结果小有差别。

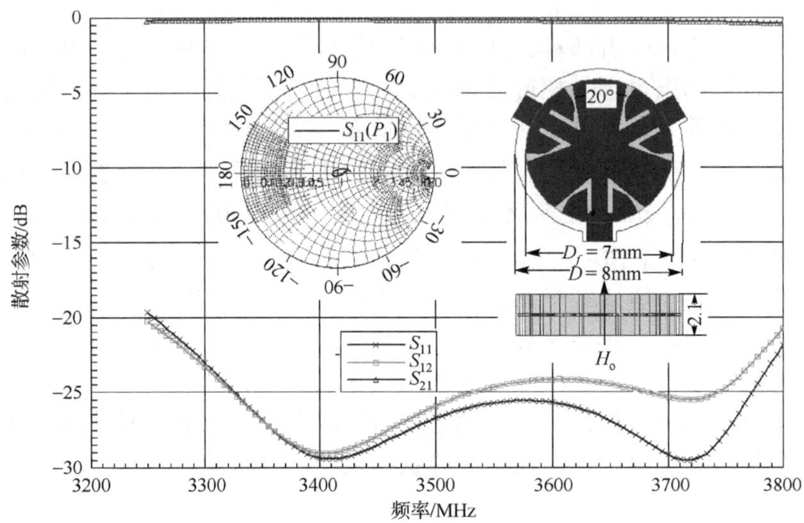

图 5.48　S 波段小型化环行器的结构和性能

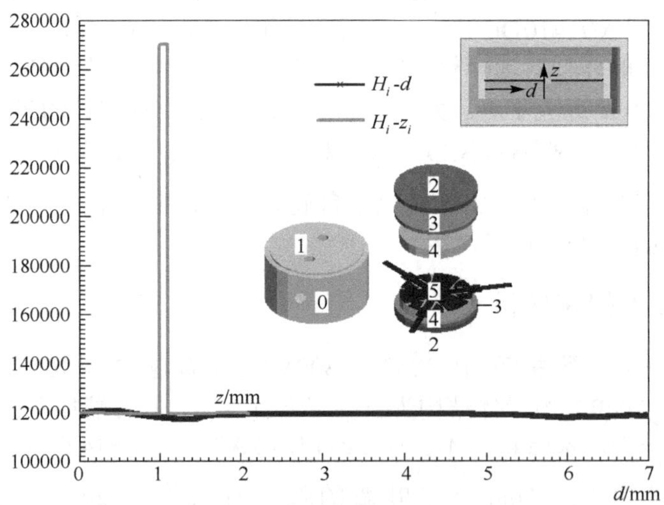

图 5.49　静磁仿真结果

0-外壳；1-螺盖；2-钐钴磁钢；3-匀磁片；4-铁氧体；5-内导体

沿铁氧体圆盘轴线(2.1mm)观察 H_i 比较均匀。整个器件的尺寸为 $\phi 10\,\text{mm} \times 6\,\text{mm}$ 。为了说明直径小，可以粗略地计算 μ_e 和 κ / μ：

$$\mu = 1 + \frac{p\sigma}{\sigma^2 - 1}$$

$$\kappa = \frac{p}{\sigma^2 - 1}$$

设工作频率 $f = 3.5\,\text{GHz}$，$H_r = 1250\,\text{Oe} = 10^5\,\text{A/m}$，$p = \gamma M_s / \omega = 1.48$，$\sigma = 1.2$，$\mu = 5.04$，$\kappa = 3.36$，$\mu_e = (\mu^2 - \kappa^2)/\mu = 2.8$，$\kappa/\mu = 0.67$，$k = k_0\sqrt{\varepsilon_f \mu_e} = 6.37k_0$。铁氧体材料的高 ε_f 和 μ_e，使得常数增大 6.37 倍。若以 $kR = \pi/2$ 计算，$\lambda_0 = 8.75\text{cm}$，$k_0 = 0.773/\text{cm}$，$k = 4.67/\text{cm}$，$D_f = 2R = 6.7\,\text{mm}$，$D_f/\lambda_0 \approx 7.8\%$。

5.5.2　L、P 波段小型化环行器

L 波段小型化带线环行器，由于工作波长较长，在低场工作时，铁氧体及环行器尺寸较大。为了缩小其体积，可在高场工作。用以下非互易方程公式(当 z 方向均匀磁化时)：

$$|\text{d}S| = |S_{12} - S_{21}| = \left|\omega\mu_0\kappa\int_{V_f} i_z \cdot (h_1 \times h_2)\text{d}V\right|$$

$$\omega\kappa = \frac{\omega p}{\sigma^2 - 1} = \frac{\gamma M_s}{\sigma^2 - 1}$$

可以看到，在高场区工作时，若在 $\sigma \to 1 + \delta$ 磁场下工作，κ 值较大，所以积分体积(即铁氧体体积)可以大大缩小。在本设计中(图 5.50)，三叶形内导体的形状尺寸，如图 5.48 所示，铁氧体材料参数也与其相同，但其直径 $D_f = 8\text{mm}$，$t_f = 1\text{mm}$，主要差别是 L 波段的磁化场 $H_i = 60\,\text{kA/m}$。环行器的性能如图 5.50 所示，相对带宽 $2\delta \approx 5.2\%$，插损 $I_L \leqslant 0.5\,\text{dB}$。这种器件的外形尺寸如图 5.50 所示，不大于 $\phi 12.7\,\text{mm} \times 6\,\text{mm}$。

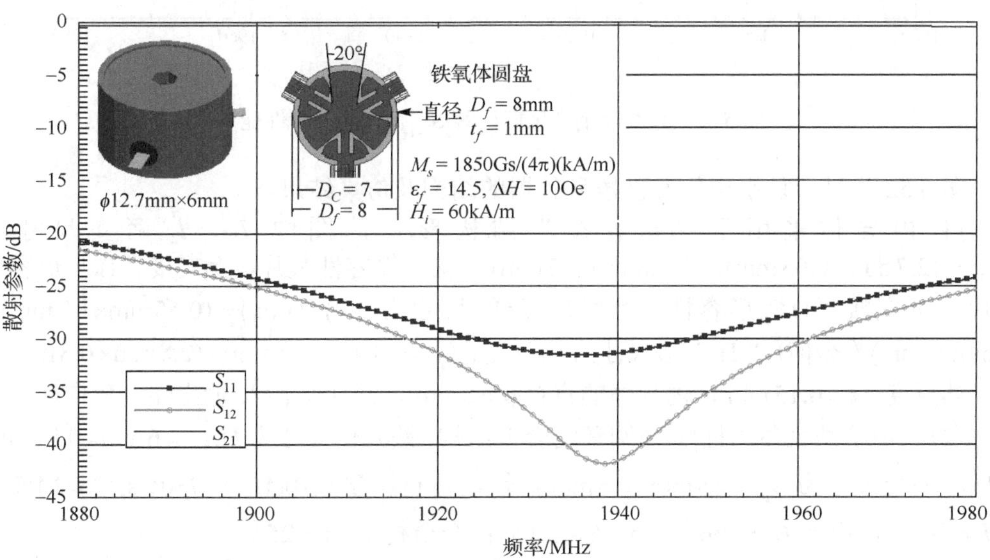

图 5.50　L 波段小型化环行器结构和性能

图 5.51 为正反向传输系数$|S_{21}|$、$|S_{12}|$和非互易性$|\mathrm{d}S|$的仿真结果，正向$|S_{21}|\geqslant 0.9$，反向$|S_{12}|\leqslant 0.08$，$0.9\leqslant|\mathrm{d}S|\leqslant 0.96$；而数值积分计算结果为$|\mathrm{d}S|=0.97$（$f=1940\,\mathrm{MHz}$），与仿真结果相比，误差约为 1%。场积分值 $[i_z\cdot(h_1\times h_2)]=4.16\times10^{-6}$，是通过端口功率$P_1=P_2=0.5\,\mathrm{W}$而得，其值越小，铁氧体直径越小，这里$D_f=8\,\mathrm{mm}$，而用工作波长$\lambda_0=160\,\mathrm{mm}$来估计，$D_f/\lambda_0=1/20=0.05$。所以获得小型化尺寸的基本原则是：为了缩小铁氧体的体积，必须增大$\omega\kappa$值，取高磁矩的材料$M_s=1850/(4\pi)(\mathrm{kA/m})$；归一化磁场$\sigma\to1$，但必须克服共振损耗。工作频率$f=1940\mathrm{MHz}$，铁磁共振磁场$H_r=693\,\mathrm{Oe}$；饱和磁矩$4\pi M_s=1850\,\mathrm{Gs}$，归一化磁矩$p=2.67$；$H_i=60\,\mathrm{kA/m}=750\,\mathrm{Oe}$，归一化磁场$\sigma=750/693=1.08$；应用本节公式计算出：$\kappa=15.15$，$|\mathrm{d}S|=0.97$。

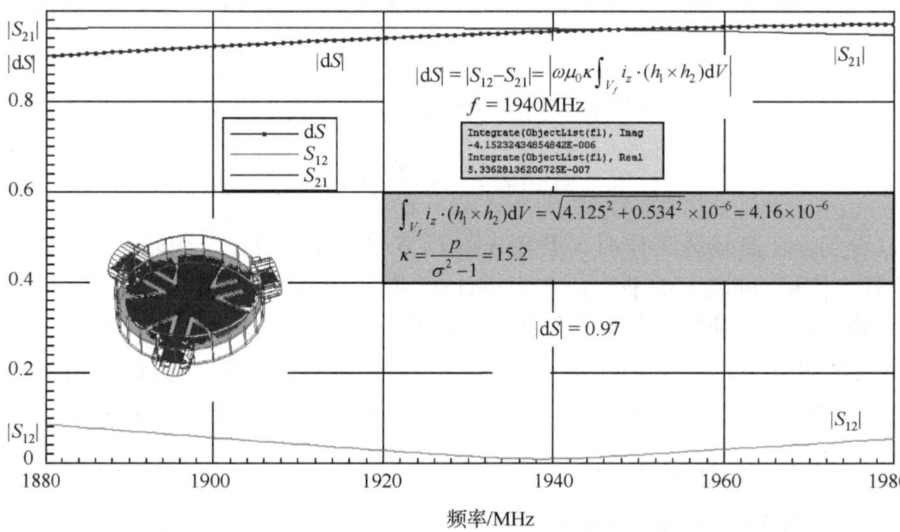

图 5.51　L 波段小型化环行器$|S_{12}|$、$|S_{21}|$、$|\mathrm{d}S|$性能

图 5.52 为另一种小型化 L 波段环行器的结构及仿真结果。

(1) 内导体采用了“雪花瓣”结构形式，图中 l_1、l_2 两支尺寸为$l_1/l_2=(2.7\,\mathrm{mm}\times0.65\,\mathrm{mm})/(2.4\,\mathrm{mm}\times0.52\,\mathrm{mm})$，支端接容性膜片，上支接“Π”形容性膜片，下支接“U”形容性片。“U”形的尺寸为$(wl)/(w_1h_1)=(0.55\,\mathrm{mm}\times1.7\,\mathrm{mm})/(3\,\mathrm{mm}\times1\,\mathrm{mm})$(竖/横)“Π”形尺寸为$(wl)/(w_2h_2)=(0.4\,\mathrm{mm}\times1\,\mathrm{mm})/(2.8\,\mathrm{mm}\times0.8\,\mathrm{mm})$，内导体厚度 $t=0.15\,\mathrm{mm}$，内导体的直径$\phi=8\,\mathrm{mm}$，共 3 个输入/输出端，弯向底板。

(2) 采用了铁氧体圆柱/介质圆环复合型结构：铁氧体尺寸为$D_ft_f=6\,\mathrm{mm}\times0.8\,\mathrm{mm}$；介质环外径尺寸为$D_dt_d=8\,\mathrm{mm}\times0.8\,\mathrm{mm}$，铁氧体材料参数$4\pi M_s=1780\,\mathrm{Gs},\varepsilon_f=14.5$，$\Delta H=10\,\mathrm{Oe}$，内场$H_i=79\,\mathrm{kA/m}=573.2\,\mathrm{Oe}$；介质材料$\varepsilon_d=25$。

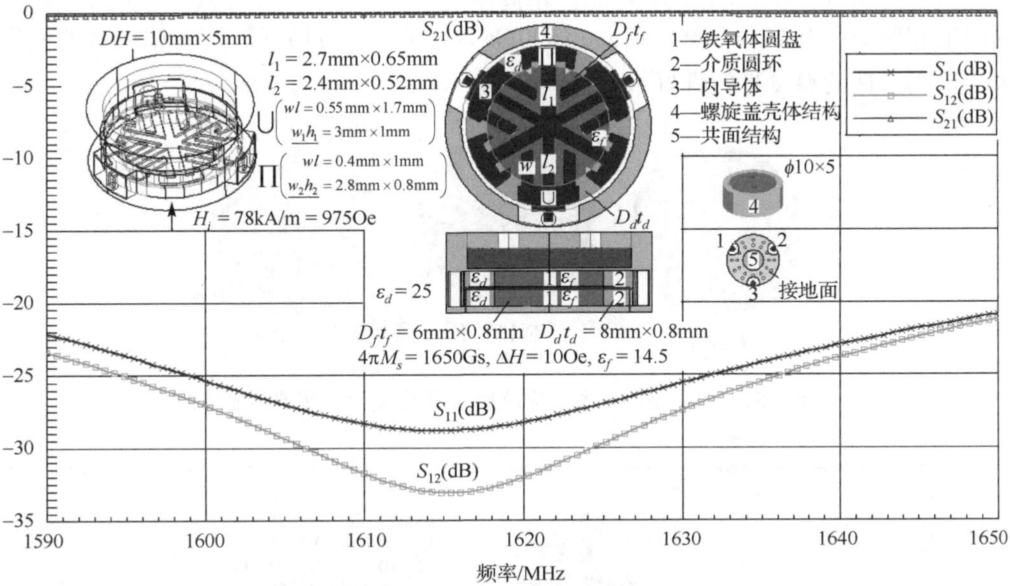

图 5.52　L 波段表贴型(SMT)环行器的结构和性能

(3) 上述两点可以说明如下小型化的设计原则。

其非互易性参数$|\mathrm{d}S| = \omega\mu_0\kappa FV_f \to 1$。其中当频率特定情况下，$\gamma$ 为确定量。κ 为张磁导率非对角分量，若 $f = 1605\,\mathrm{MHz}, p = \gamma 4\pi M_s = 3.1, \sigma = \gamma H_i / \omega = 1.72$，计算出：$\kappa = p/(\sigma^2 - 1) = 1.64$，$\kappa$ 值并不大，仅比低场工作时大 3 倍。为了获得小的铁氧体体积，必须提高场积分量 F。所以在铁氧体部位的内导体取细长结构。为了激发场量 h_1、h_2 尽量大，在介质部位采用了电容段，其介质常数 ε_d 尽量大，这样形成 L-C 谐振结构，使激发场增大，也就减小了体积。铁氧体圆片直径比 $D_f / \lambda_0 = 6\,\mathrm{mm}/187\,\mathrm{mm} \approx 0.032$，即直径仅为波长 λ_0 的 1/31。环行器的外径尺寸为 $\phi 10\,\mathrm{mm} \times 5\,\mathrm{mm}$，直径波长比为 $\phi / \lambda_0 \approx 0.05$。

(4) 对表贴型环行器结构，其输入/输出端口和接地端为共面结构，如图 5.53 所示，通过金属化孔把环行器壳体接地引至和端口同一平面内，其优点是适宜于微波集成电路中使用。

(5) 尽管从结构上有其上述许多特点，但在性能上是属于窄带型小型化环行器，带宽 $\Delta f = 60\,\mathrm{MHz}$，相对带宽 $2\delta = 3.7\%$。

图 5.54 为 P 波段表贴型小型化环行器，3 个输出端和接地共面，频率 $f_0 = 980\,\mathrm{MHz}$，工作波长 $\lambda_0 = 306\,\mathrm{mm}$，铁氧体直径 $D_f = 8.5\,\mathrm{mm}$，$D_f / \lambda_0 = 0.028$。在高场工作条件下，选择大的 $M_s (4\pi M_s = 1450、1650、1850、2050\,\mathrm{Gs})$，并在 $H_i = 352\,\mathrm{Oe}$ 磁场下工作，其 $\sigma > 1$；另外，内导体为“雪花”形状，加强了铁氧体中的激发磁场 h_1、h_2，必然缩小

了铁氧体的积分体积。图 5.54 可见：不同温度下($T=-40$ ℃、20℃、80℃)，对应不同的饱和磁矩：$4\pi M_s=2000$、1850、1600Gs 。 在同一磁场下工作，S_{11}(dB) 的变化不大，说明器件的温度稳定性好。

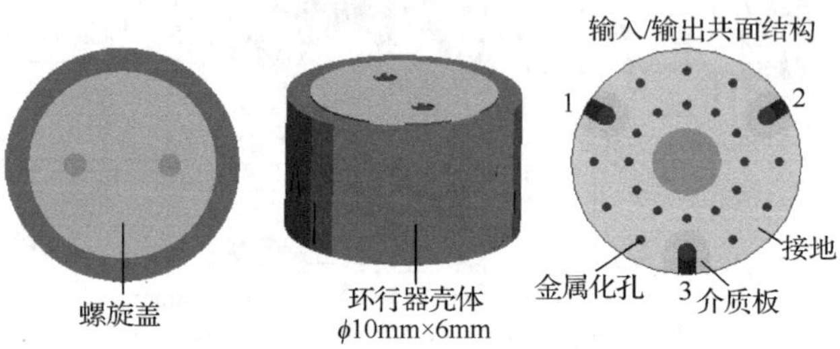

图 5.53　表贴型环行器结构及输入/输出端口与接地共面结构

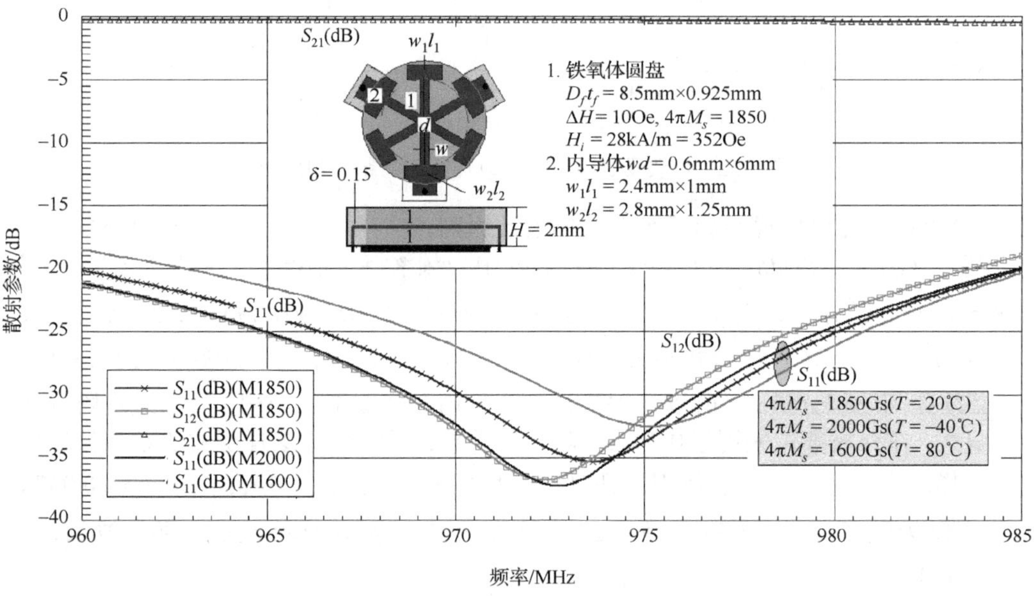

图 5.54　P 波段表贴型(SMT)环行器的结构和性能

5.5.3　米波波段小型化带线环行器

图 5.55 为米波波段小型化带线环行器的结构和性能。f 为 345～370MHz，带宽 $2\delta\approx 7\%$，反射和隔离优于−20dB，铁氧体圆盘片 $D_f t_f=19\text{mm}\times 1.3\text{mm}$，$4\pi M_s=1850\text{Gs}$，$\varepsilon_f=14.5$，$\Delta H=10\text{Oe}$；外套介质圆环，其尺寸 $D_d t=23.4\text{mm}\times 1.3\text{mm}$，内导体厚度 0.2mm，三叶瓣的弧长中角为 24°，电感条尺寸 $wl=1\text{mm}\times 6\text{mm}$，腔高 2.8mm，其性能曲线如图 5.55 所示，隔离(S_{12})和反射(S_{11})呈单峰响应。内导体圆

片直径 $D_c = 22\text{mm}$，切割缝宽 0.3mm，环行器设计成螺盖式一体化结构，外壳尺寸为 $25.4\text{mm}\times 25.4\text{mm}\times 6.6\text{mm}$，以中心频率 358MHz 计算，$\lambda_0 = 838\text{mm}$，铁氧体的直径约为波长的 1/44，外壳尺寸为波长的 1/30，小型化尺寸能与集总参数环行器相比。图中的性能曲线是铁氧体在壳体中磁化所得到的仿真性能。

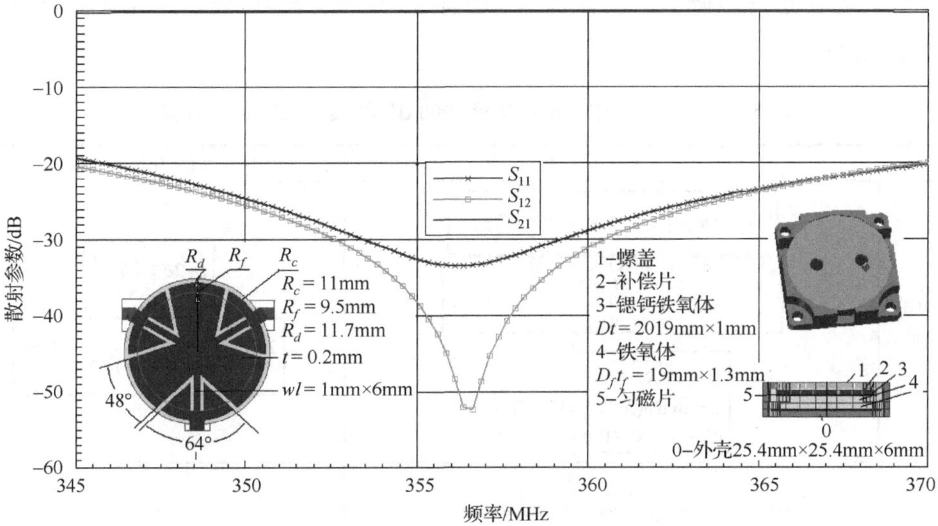

图 5.55　米波波段小型化环行器的结构和性能(带宽 $2\delta \approx 7\%$)

图 5.56 为静磁仿真轴向磁场分布 H_i-z 结果，铁氧体圆片轴向磁场分布均匀，上下两片铁氧体中的磁场基本上均匀，上片为 15kA/m、下片为 14kA/m；在锶钙铁氧体中的磁场为 125 kA/m；在空气中的磁场大于 15kA/m；在补偿片中的磁场为 16kA/m；在盖/壳中的磁场趋于零。

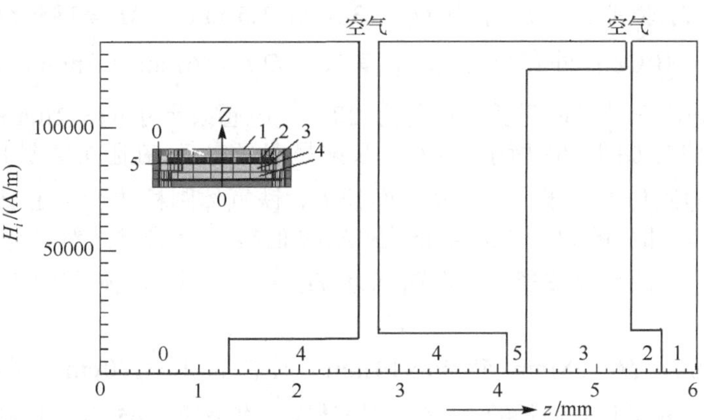

图 5.56　静磁仿真铁氧体的轴向磁场分布 H_i-z

0-外壳；1-螺盖；2-补偿片；3-锶钙铁氧体；4-铁氧体；5-匀磁片

表 5.5 为环行器的非互易性和带宽的计算结果和仿真结果的比较。对于非互易性，两种结果完全一致；对于带宽估计，计算值和仿真值略有差别，其原因是 $Q_L 2\delta$ 乘积公式的网络理论是近似的。从非互易性方程中可见，为了减少积分体积 V_f，必须增大 κ 值，即增大 p 值和减少 σ 值。本例中，$p=1850/(f/\gamma)=14.5$，$\sigma=14\text{kA/m}/(f/\gamma)=1.38$，故 κ 值为 16。若 σ 进一步降低，其体积 V_f 还有进一步减少的可能。外壳宽度 w 尺寸为波长 λ_0 的 1/33。

表 5.5　P 波段小型化带线环行器的 dS 和 Q_L 、2δ 值的计算

	非互易性方程 dS	有载值 Q_L 和相对带宽 2δ
数值积分计算结果	$\lvert \mathrm{d}S\rvert = \left\lvert \omega\mu_0\kappa\int_{V_f} i_z\cdot(h_1\times h_2)\mathrm{d}V\right\rvert = R+\mathrm{j}X$ Integrate(ObjectList(-all-), Imag R 0.00989904007662267 Integrate(ObjectList(-all-), Real X -0.988727127848895 $\lvert \mathrm{d}S\rvert=\sqrt{R^2+X^2}=0.9888$ $\theta=\arctan(X/R)=170.43°$ $\mathrm{d}S=0.9888\angle 170.43°$	$Q_L 2\delta=\dfrac{\rho_m-1}{\sqrt{\rho_m}}$ $2\delta=\dfrac{0.2}{Q_L}=\dfrac{0.2}{\int_{\text{all}} h\cdot\mu h^*\mathrm{d}V}=7.2\%$
仿真结果	port1: (0.01939, 125.193)　(0.01126, 157.895) port2: (0.97831, -0.332)　(0.01912, 170.404) （列：port1、port2） $\mathrm{d}S=S_{12}-S_{21}=(0.01126,157.895)-(0.97831,-0.332)$ $=0.9888\angle 170.43°$	$2\delta\approx 7\%$

5.5.4　米波段宽带带线环行器

图 5.57 为低频宽带环行器设计。f 为 155～220MHz，反射和隔离优于 20dB，带宽 $2\delta\approx 25\%$，铁氧体圆盘片尺寸为 $D_f t=38\text{mm}\times 1.5\text{mm}$、$M_s=1850/(4\pi)(\text{kA/m})$、$\varepsilon_f=14.5$、$\Delta H=10\text{Oe}$；外套介质圆环，其尺寸 $D_d t=46\text{mm}\times 1.5\text{mm}$、$\varepsilon_d=24$，内导体厚度为 0.2mm，三叶瓣的弧长对顶角为 20°，电感条尺寸 $wl=2\text{mm}\times 10\text{mm}$，腔高 3.2mm，其性能曲线如图 5.57 所示。隔离和反射呈双峰响应，在阻抗圆图上 S_{11} 团聚较好。

图 5.58 为静磁仿真结果，由于样品面积大，铁氧体圆柱边缘 r 在 15～19mm 范围内起伏较大，均匀部分的 $H_i=8.6\text{kA/m}$（见 H_i-d 曲线），体圆柱边缘部分 $H_i=20\text{kA/m}$ 起伏较大；H_i-d 曲线为铁氧体的轴向场 H_i 分布，铁氧体内的 H_i 比较均匀，$H_i=8600\text{A/m}$。

外壳尺寸为 $LWH=58\text{mm}\times 58\text{mm}\times 14\text{mm}$，令波长 $\lambda_0=170\text{cm}$，外壳的维度尺寸 $D=\sqrt[3]{LWH}=36\text{mm}$，只有波长的 2.1%，波长是样品直径的近 45 倍，其原因有如下两点。

(1) 采用了高介电常数的介质环（$\varepsilon=24$），增长电容量；样品 p 值大、σ 小、μ_e 大。按 $f=180\text{MHz}$ 计算，$H_r=64.3\text{Oe}$、$p=28.8$、$\sigma=1.67$，算出 $\kappa=16.1$、$\mu=27.9$、

$\mu_e = 18.6$、$\sqrt{\varepsilon_f \mu_e} = 16.4$、$\lambda_0 = 166\,\text{cm}$、$k_0 = 0.038\,/\text{cm}$，仿真中采用介质环的 $D_d = 46\,\text{mm}$，估计的误差并不大。

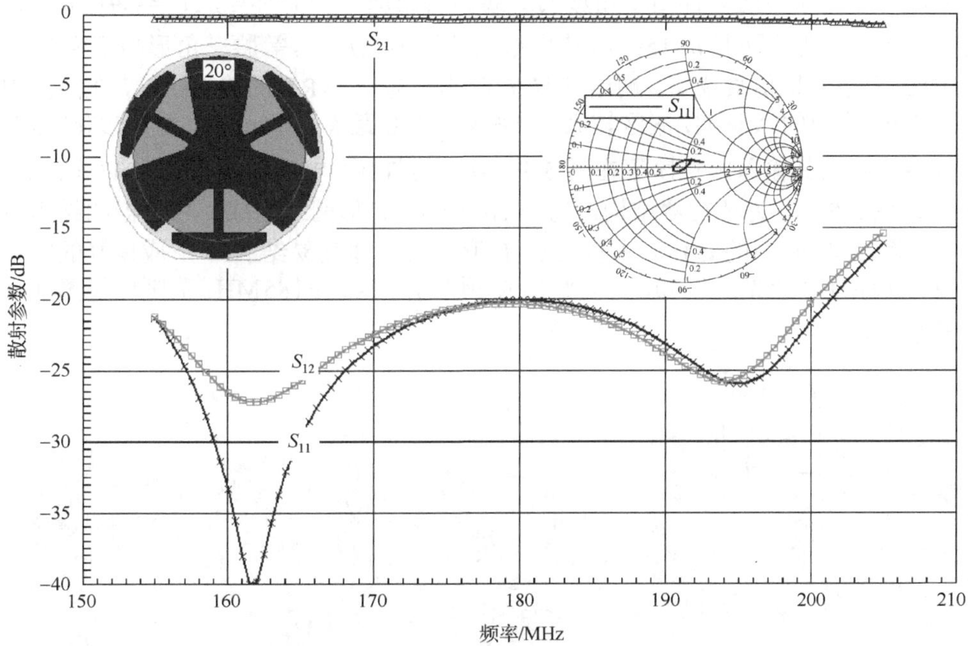

图 5.57　低频宽带环行器的结构和性能

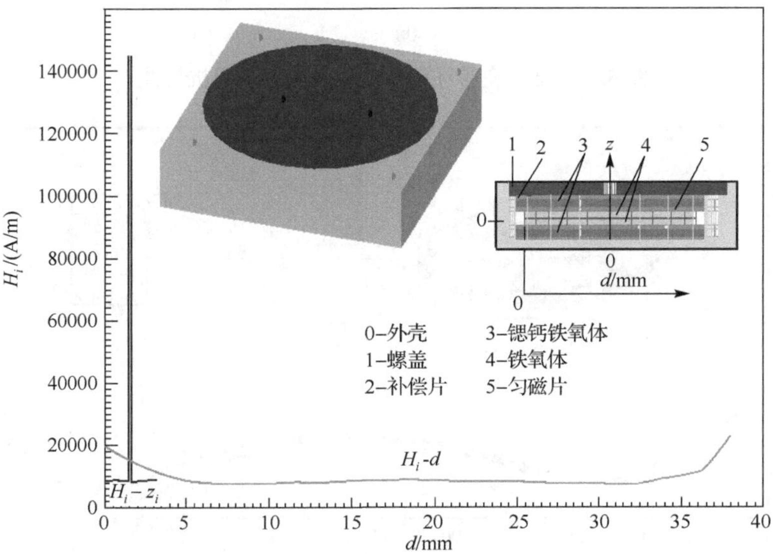

图 5.58　静磁仿真结果铁氧体的轴向磁场分布 H_i-z 和径向磁场分布 H_i-d

(2)铁氧体圆盘结构。图 5.59 是另类低频宽带环行器的结构及其输入阻抗特性。这种结构不用介质环-铁氧体圆盘复合形式，仅用两块尺寸为 $D_f t_f = 57\,\text{mm} \times 2\,\text{mm}$ 的铁氧体圆盘，环行器的内导体由三角形的三瓣结构组成：内导体厚度 $t_c = 0.4\,\text{mm}$ 。三瓣等边三角形尺寸为底边长 a=15mm，其顶点在铁氧体圆周上，等腰三角形高度为 52mm。图 5.59(b)为结阻抗仿真模型。测出三瓣 Y 形非互易结(NRJ)的输入阻抗，在圆图中团聚在图 5.59(a)中的 A 区(团聚区较大)，输入端中心距 $R_A = 11\,\text{mm}$ ；图 5.59(c)为 NRJ 加上电感 L 测出其输入阻抗团聚在图 5.59(a)中的 B 区，电感段的尺寸为 $wl = 2.4\,\text{mm} \times 8.7\,\text{mm}$ ；图 5.59(d)为环行器结构，它由 NRJ-L/C Γ 形网络组成。环行器的结阻抗分布团聚在图 5.59(a)中的 C 区。所以 L/C Γ 形网络对非互易结 NRJ 形成良好的宽带匹配作用。其环行性能见图 5.60，环行性能在频率 $f = 145 \sim 185\,\text{MHz}$ 范围内隔离和反射均大于 20dB。

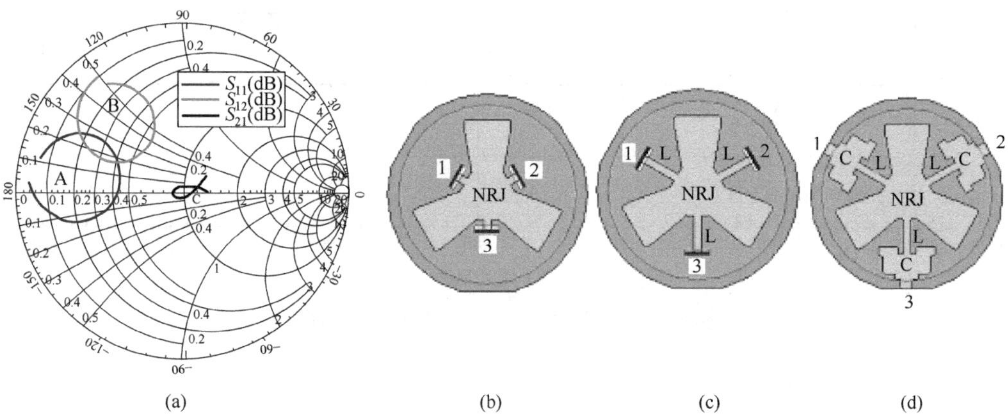

图 5.59 低频宽带环行器结构及其输入阻抗特性

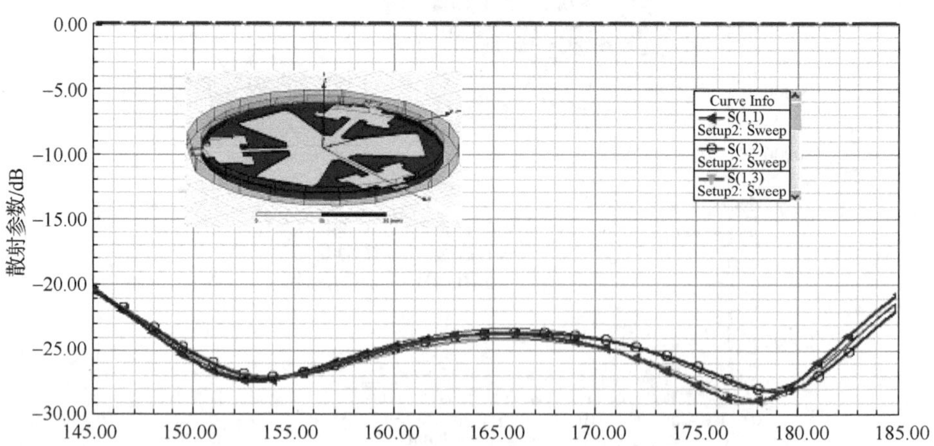

图 5.60 环行器的环行特性

图 5.61 为这种环行器的群延迟特性：其中 GD(1,3) 为正向传输时的群延迟时间，响应曲线比较平坦，GD在7～10ns 范围内变化；而反向传输 GD(1,2) 和反射传输 GD(1,1) 有两个极点频率分别为 $f = 153\text{MHz}、178\text{MHz}$，它与图 5.60 中的反向传输参数和反射传输参数的极小值所对应的频点一一对应。反向传输时，极值群延时分别为 38ns 和 49ns；反射传输时，极值群延时分别为 GD = −20ns 和 −27ns（负值）。

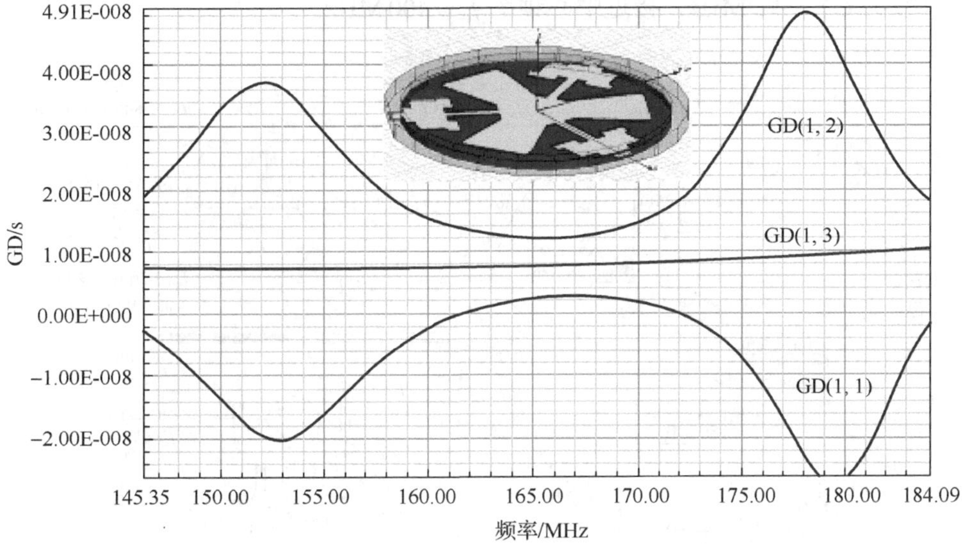

图 5.61　环行器的群延迟特性

5.5.5　高场宽带带线环行器

高场带线环行器的一般工作频率小于 1000MHz，在该频区内，由于 κ/μ 值小于 0.5，环行器的带宽受到限制，一般只能做到 $2\delta = 25\%$ 左右。例如，5.5.4 节中米波段宽带带线环行器的设计中，以反向隔离/反射损耗为 20dB 为界，$\Delta f = 45\,\text{MHz}$，$f_0 = 180\,\text{MHz}$，$2\delta = 25\%$。这种宽带环行器是由 Y 形结附加 *L/C* Γ 形网络匹配电路构成的，是一级匹配情况下的宽带特性。若在 Y 形带线环行器的输出端附加 *L-C* 串联匹配网络，其 *L-C* 网络为分立元件构成的集中参数匹配网络，把它作为第二级匹配网络，则环行器的相对带宽可以翻倍，即 $2\delta > 50\%$，这就是本节将要研究的分布参数和集中参数相结合的宽带带线环行器。

1．300～500MHz 宽带环行器

图 5.62 右上角为环行器的平面尺寸图，铁氧体圆盘尺寸为 $D_f t_f = 38\,\text{mm} \times 1.5\,\text{mm}$，材料参数 $4\pi M_s = 1850\,\text{Gs}$、$\varepsilon_f = 14.5$、$\Delta H = 5\,\text{Oe}$，磁化场 $H_i = 16.8\,\text{kA/m}$，两片铁氧体中间放置环行器的内导体，Y 形内导体的特征尺寸 $w_1/h_1/h_2 = 14\text{mm}/14.5\text{mm}/10\text{mm}$，

Y 形内导体的附加槽 $s=4\,\text{mm}\times 2\,\text{mm}$，作为一级匹配 Γ 形网络($L$-$C$ 网络)，其中 $L_0=5.2\,\text{mm}\times 1.4\,\text{mm}$，$C_0=13\,\text{mm}\times 5\,\text{mm}$ (扣除两个槽缝 2.2mm×0.9mm 和 4 个角)，内腔体尺寸 $DH=64\,\text{mm}\times 3.2\,\text{mm}$。

图 5.62 右下角表示环行器各端口附近 3 个 L-C 宽带补偿网络，串联 L-C 网络可以用分立电容、电感元件组成，其值为 $L=18.4$ nH、$C=8.8$ pF，其谐振频率 $f_r=1/(2\pi\sqrt{LC})=396$ MHz，接近中心频率 $f_0=400$ MHz。

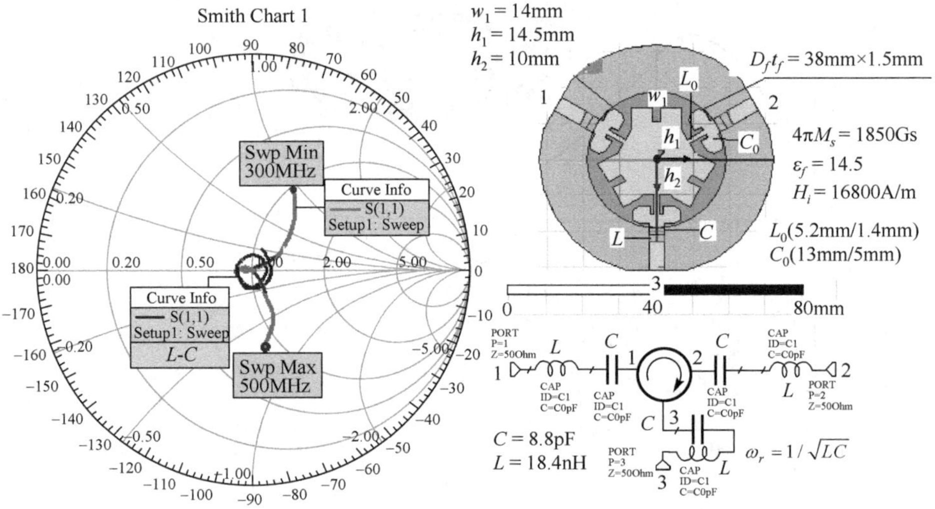

图 5.62　300～500MHz 宽带环行器的结构尺寸、宽带补偿电路和阻抗响应图

图 5.62 左边表示附加宽带补偿网络前后端口 1 的反射系数 S_{11} 在阻抗圆图上的响应曲线，在未加 L-C 网络时，高端频率($f=500$MHz)朝下(容抗)，低端频率($f=300$MHz)朝上(感抗)，说明呈并联电路的响应特性，这是为什么要用串联 L-C 电路去补偿的原因。

图 5.63 为一级宽带匹配(L_0-C_0)时的带宽性能，$\Delta f=112$ MHz，$2\delta=28\%$。图 5.64 为两级匹配(L-C)时的宽带环行器的频响特性，带宽为 $\Delta f=200$ MHz，$2\delta=50\%$。

2. 480～860MHz 宽带环行器

图 5.65 右上角为环行器的平面尺寸，铁氧体圆盘尺寸为 $D_f t_f=32\,\text{mm}\times 1.5\,\text{mm}$，材料参数 $4\pi M_s=1850$ Gs、$\varepsilon_f=14.5$、$\Delta H=5$ Oe，磁化场 $H_i=30.5$ kA/m，Y 形结的特征尺寸 $w_1/h_1/h_2=10\text{mm}/11.3\text{mm}/8.8\text{mm}$，内导体 L_0 部分的特征尺寸为 2.05mm/5.1mm+0.95mm/2.5mm，内导体 C_0 部分的特征尺寸为 1.8mm×4.3mm。

图 5.65 右下角为宽带补偿网络 L-C 串联电路，用优化方法求出，其值 $L=13.5$ nH，$C=4$ pF，L、C 均放置在铁氧体-内导体结构之外，作为二级匹配补偿电路用，其谐振频率 $f_r=685$ MHz，与环行器的中心频率 $f_0=670$ MHz 接近。

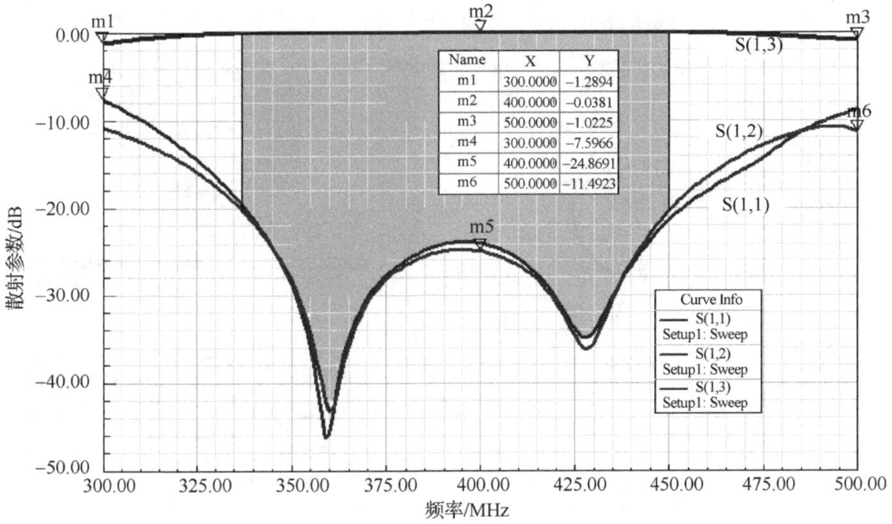

图 5.63　带线环行器在补偿前的频率特性曲线

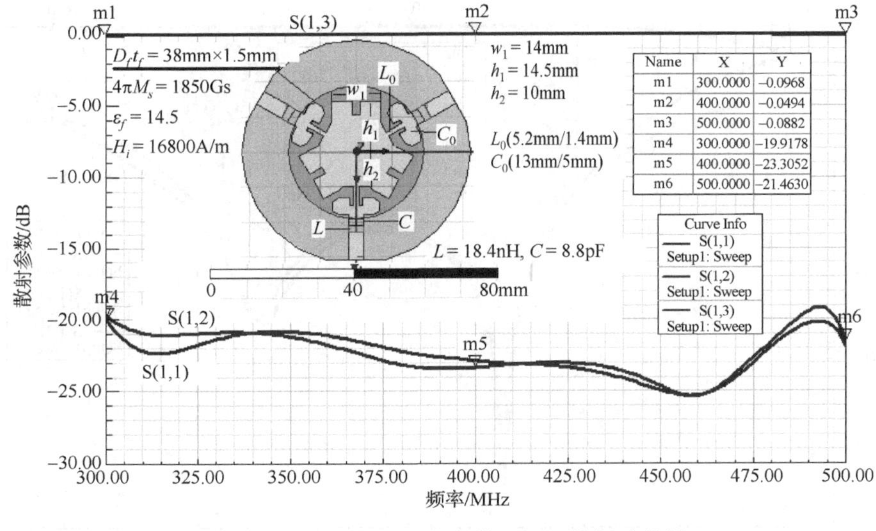

图 5.64　300～500MHz 宽带环行器的频响特性

图 5.65 左边为环行器在附加 L-C 网络前后的阻抗特性，在未加补偿匹配网络之前，在频率高端和低端，阻抗特性并不团聚，当加入 L-C 网络后，S_{11} 在 480～860MHz 频率范围内获得团聚。

图 5.66 为补偿前环行器的性能，其频宽 $\Delta f = 580 \sim 790$ MHz，相对带宽 $2\delta = 30\%$ 。图 5.67 为附加 L-C 补偿电路后的宽带特性，在频带 $\Delta f = 480 \sim 860$ MHz 内，隔离和反射大于 17dB，相对带宽 $2\delta \approx 57\%$ 。

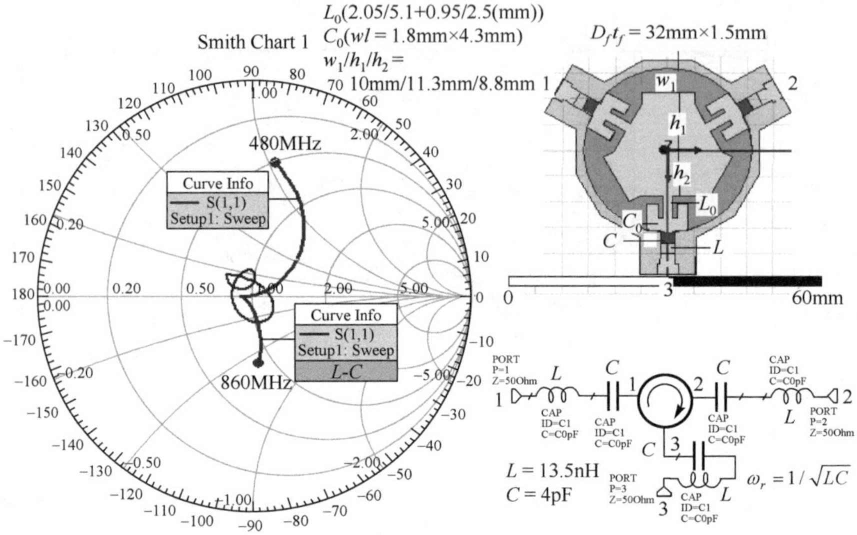

图 5.65　480～860MHz 宽带环行器的结构尺寸、宽带补偿电路阻抗响应图

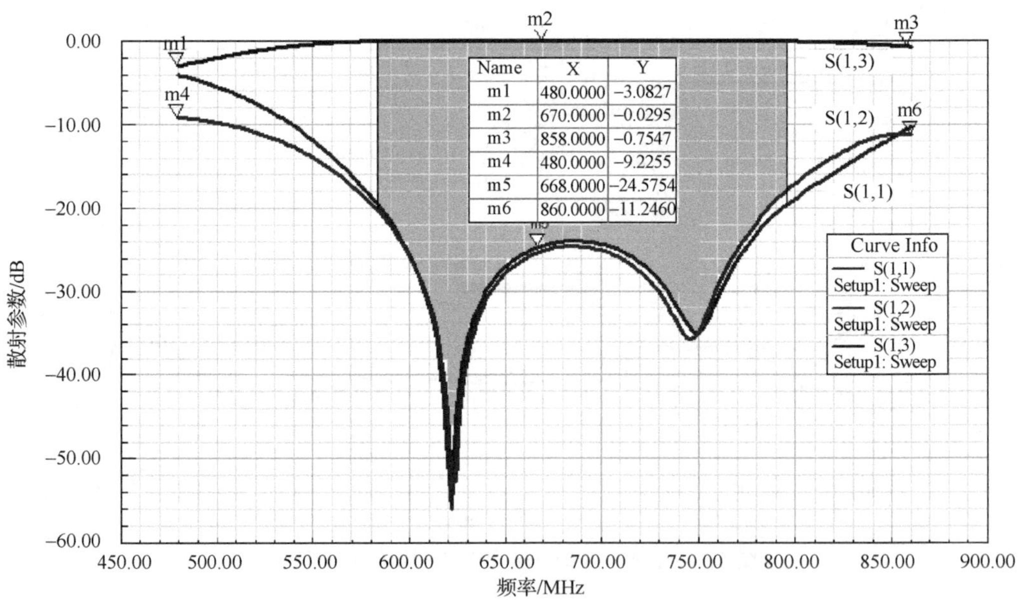

图 5.66　未加阻抗补偿电路时环行器性能

3．200～300MHz 宽带环行器

这是一种分布参数和集中参数相结合型环行器，分布参数环行器的带宽仅 25%，各端外加 L-C 宽带补偿网络，其相对带宽可以扩到 40%。值得一提的是，环行器的内导体和 L-C 匹配网络用一块印制版电路制成，如图 5.68 所示，印制版尺寸为

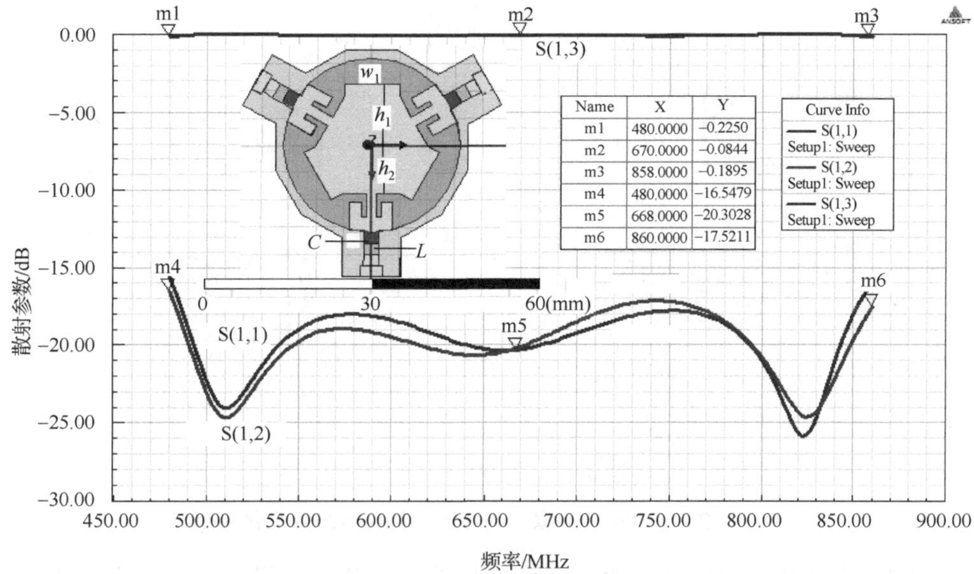

图 5.67　附加补偿电路 L-C 时环行器的宽带特性

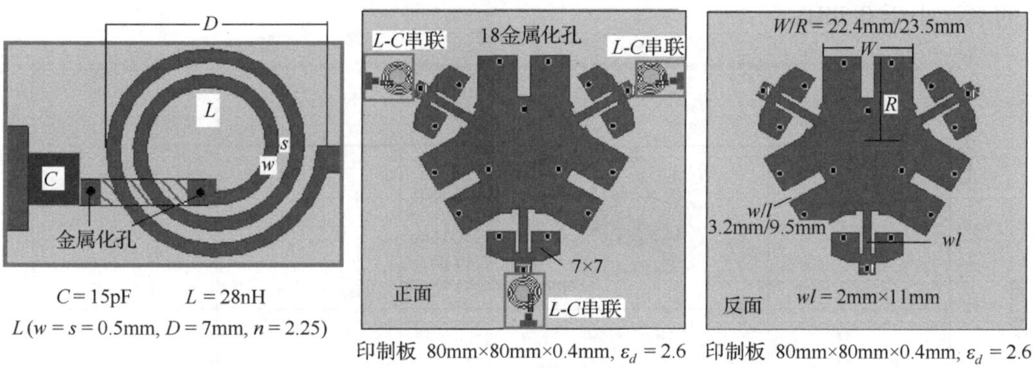

图 5.68　200～300MHz 宽带环行器的印制板电路

$80\,\text{mm}\times 80\,\text{mm}\times 0.4\,\text{mm}$，其介电常数 $\varepsilon_d = 2.6$，Y 形结的尺寸 $Y(W/R) = 22.4\,\text{mm}/23.5\,\text{mm}$，其上面有 3 个缝隙，Y 形结输出端与 3 个 L-C 电路相连，它作为高场工作的环行器，带宽约为 25%，加上 L-C 宽带串联补偿电路，可以增加带宽到 200～300MHz(40%宽带)。Y 结和 L-C 电路印制在正反两面，用金属化孔相连。Y 形环行器输出端与 L-C 串联电路相连，其中 L 是平面螺旋线，其直径 $D = 7\,\text{mm}$，电容 $C = 15\,\text{pF}$，电容-电感通过两个金属化孔相连。

图 5.69 为宽带环行器的优化设计，通过优化过程可以获得螺旋线电感的尺寸，还可以获得 C 值，$C = 14.7\,\text{pF}$，阻抗圆图中还显示出宽带补偿匹配前后阻抗团聚情况，其中“1”为匹配前的阻抗分布，“2”为匹配后的阻抗分布。

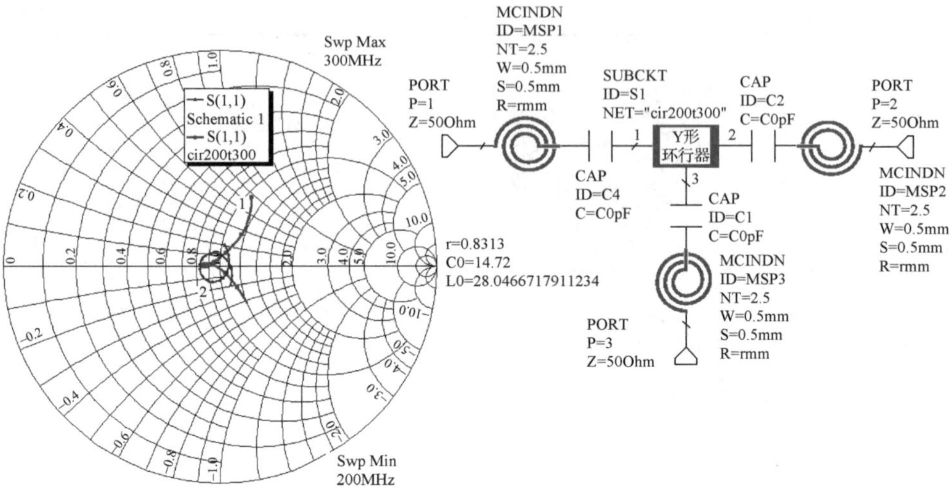

图 5.69　200～300MHz 宽带环行器的优化电路及优化结果

图 5.70 为环行器的仿真性能，铁氧体圆盘尺寸 $D_f t_f = 57\text{mm} \times 1.5\text{mm}$，$4\pi M_s = 1400\,\text{Gs}$，$H_i = 12500\,\text{A/m}$。在带宽 200～300MHz 范围内，隔离及反射损耗大于 18dB，正向衰减小于 0.5dB。

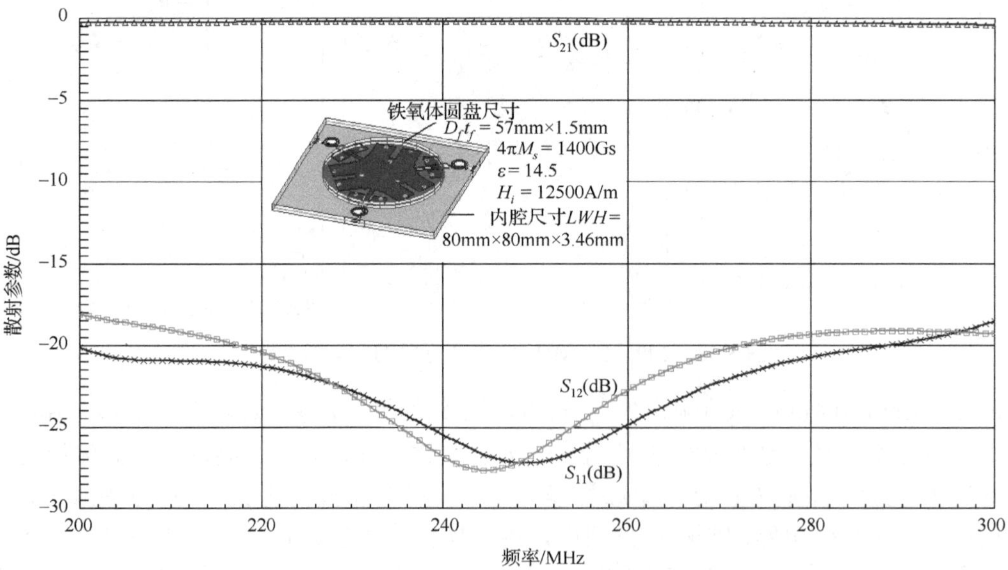

图 5.70　200～300MHz 宽带环行器的仿真性能

5.5.6　225～450MHz 高场倍频程环行器

工作在高场（($\sigma \geqslant 1$) 的 Y 结环行器，相对带宽一般可达到 $2\delta \approx 30\%$。为了获得倍

频程带宽，必须在宽带 Y 结环行器基础上，外加 L_1-C_1 串联谐振电路，以补偿 Y 结宽带环行器的高/低频电抗。一般而言，结环行器的高频为负电抗，低频为正电抗；而 L_1-C_1 串联谐振电路在高频却呈现正电抗，低频呈现负电抗；若在宽带 Y 结环行器的各端附加 L_1-C_1 串联谐振电路，便获得倍频程的宽带匹配。这是设计高场倍频程 Y 结环行器的基本原理。

1. 宽带 Y 结环行器设计

如图 5.71 所示，用于倍频程的 Y 结宽带环行器必须具有较宽的频带特性，图中频率在 275～412MHz（$2\delta = 40\%$）频带内，反射损耗 $|S_{11}(\text{dB})| \approx 20\,\text{dB}$。在结构上，中心内导体为六边形，边心距 $h_1 = 18\,\text{mm}$ 和 $h_2 = 17.7\,\text{mm}$，内导体厚度 t = 0.2mm，三边各有缺口尺寸为 $ab = 8\,\text{mm} \times 3.8\,\text{mm}$；铁氧体圆盘尺寸为 $D_f t_f = 48\,\text{mm} \times 2.2\,\text{mm}$；介质圆环外径为 $D_d t_d = 60\,\text{mm} \times 2.2\,\text{mm}$，内径 $\phi = D_f$。内导体的 L-C 段尺寸为 $L/C = 6.3\,\text{mm} \times 2.4\,\text{mm}/5\,\text{mm} \times 10\,\text{mm}$，$L$ 部分处在铁氧体圆盘处，C 部分置于介质圆环处；铁氧体内附加磁化场 $H_i = 15.1\,\text{kA/m}$，铁氧体材料参数 $4\pi M_s = 1850\,\text{Gs}, \Delta H = 3\,\text{Oe}$。所以，材料参数和尺寸的选择、磁化场大小、内导体结构形状和尺寸，以及腔体形状和尺寸等相互协调作用，才能确保环行器具有极宽的频带特性。

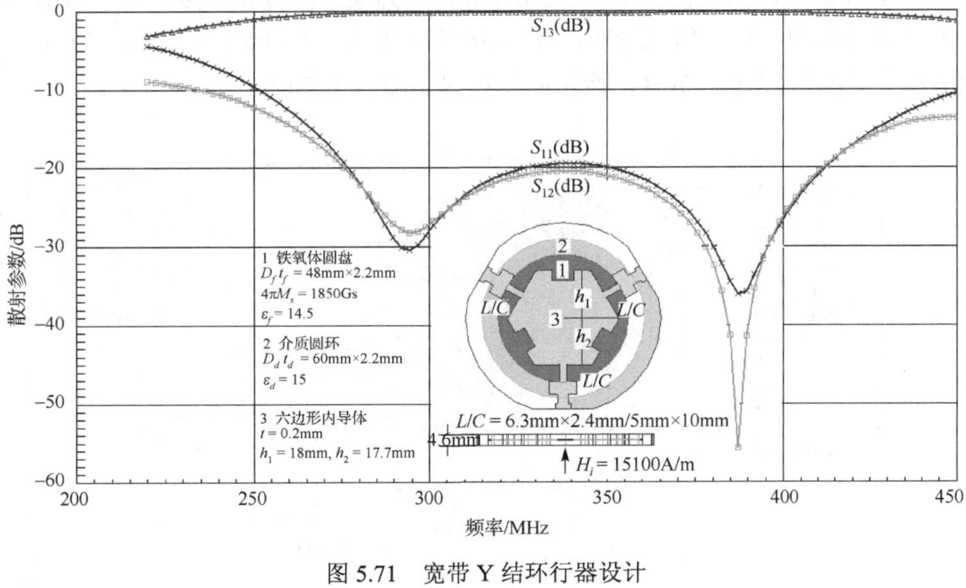

图 5.71　宽带 Y 结环行器设计

2. L_1-C_1 宽带匹配电路的优化设计

利用 AWR 优化电路软件，可以获得串联 L_1-C_1 电路的优化数据，其中 $L_1 = 23.7\,\text{nH}$、$C_1 = 9.85\,\text{pF}$，其谐振频率：$f_r = 1/(2\pi\sqrt{L_1 C_1}) = 330\,\text{MHz}$ 和中心频率 $f_0 = 337\,\text{MHz}$ 接近。

图 5.72 中，YJC 表示宽带环行器的三端口等效网络，它在阻抗圆图中表示为“α”响应曲线，其高频段 F_H 呈负抗，低频段 F_L 呈正抗，补偿后的阻抗频响曲线团聚在圆心附近。

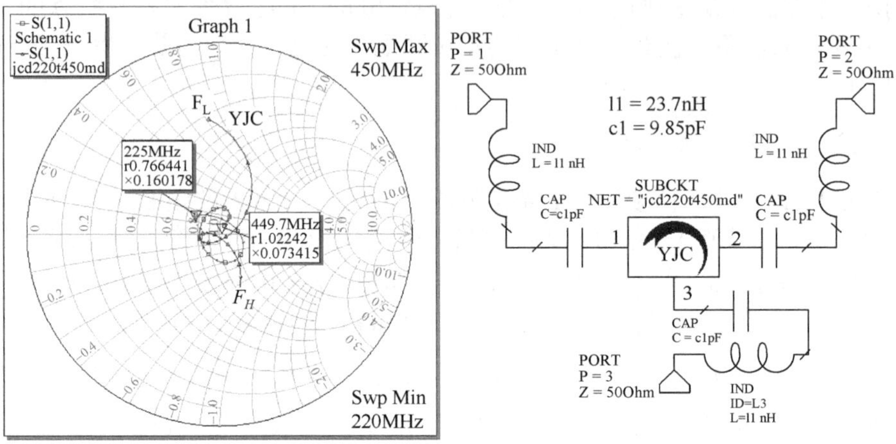

图 5.72　倍频程环行器的优化设计

3. 倍频程环行器的仿真结果

如图 5.73 所示，把优化所获的(L_1-C_1)数据作为集总参数元件接入图 5.71 所示的宽带 Y 结环行器中，仿真结果表明：在$|S_{11}(\mathrm{dB})|>15\,\mathrm{dB}$性能下达到倍频程带宽，其带宽优值$Q_{2\delta}=2\delta|S_{11}(\mathrm{dB})|\approx 10\,\mathrm{dB}$，而正向损耗$|S_{13}(\mathrm{dB})|\leqslant 0.7\,\mathrm{dB}$。

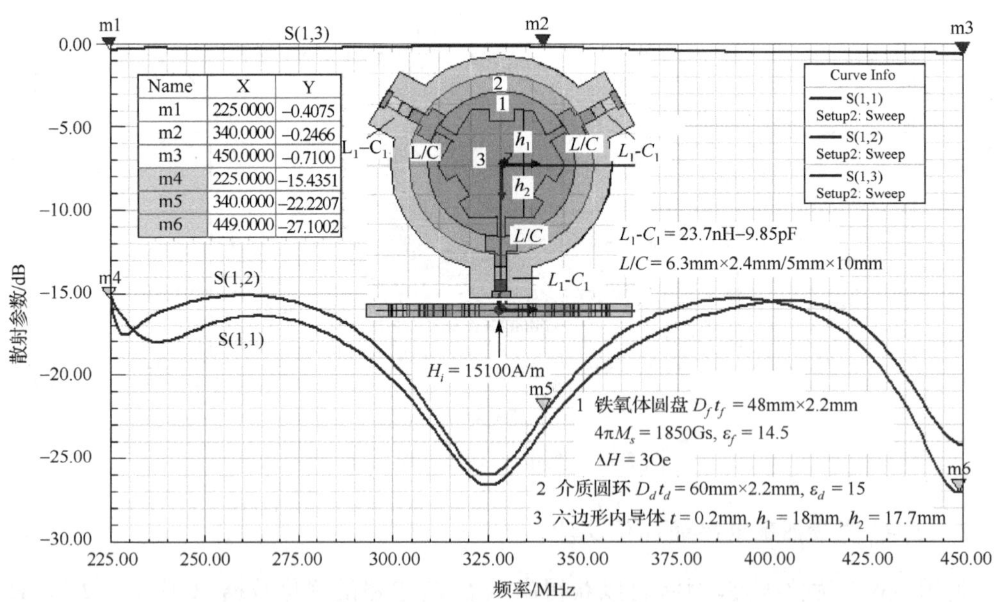

图 5.73　高场倍频程环行器的仿真结果

高场倍频程环行器工作内场 $H_i = 190\text{Oe}$，其归一化内场 $\sigma = 2.36$（低频端 $f_L = 225\text{MHz}$）和 $\sigma = 1.18$（高频端 $f_H = 450\text{MHz}$）；在高频端受铁磁共振（$\sigma = 1$）的限制和高次模的影响，损耗会增大；在低频端受“α”形响应曲线的频散增大的影响，反射增大。

低场倍频程环行器靠二级阻抗变换段完成 Y 结和 50Ω 阻抗匹配，使 Y 结的“O”形低阻抗响应曲线团聚在圆心（$z=1$，$x=0$）。它有大的带宽和隔离的乘积，其优值 $Q_{2\delta} \to 15\text{dB}$（见图 5.21）；对于低场超宽带环行器（图 5.37），利用多级阻抗变换段，获得三频程 $2\delta = 1$ 的带宽，其优值 $Q_{2\delta} \to 20\text{dB}$。而高场倍频程环行器，通过对宽带 Y 结环行器进行 L_1-C_1 电抗补偿获得倍频程性能，其优值 $Q_{2\delta}$ 约 10dB。

5.5.7　高场带线环行器的二次谐波抑制

图 5.74 所示的 P 频段环行器，工作频率为 550～650MHz，铁氧体圆柱尺寸 $\phi 29.5\text{mm} \times 1.5\text{mm}$，磁矩 $4\pi M_s = 1650\text{Gs}$，$\Delta H = 5\text{Oe}$。内场 $H_i = 289\text{Oe}$，环行器在基波频段具有良好的环行性能，正向小于0.4dB，反向/隔离均大于30dB。在二次谐波波段 $S_{12}(\text{dB})$ 和 $S_{21}(\text{dB})$ 均为隔离，即二次谐波抑制，$S_{21}(\text{dB}) = -20 \sim -30\text{dB}$，$S_{12}(\text{dB}) = -30 \sim -40\text{dB}$。其主要原因是在基波波段内，$f = f_1 / f_0 / f_2 = 550\text{MHz}/600\text{MHz}/650\text{MHz}$，对应的归一化内场为 $\sigma = \sigma_1 / \sigma_0 / \sigma_2 = 1.47/1.35/1.25$，这时 $\mu > 0$，基波波段为传播区；但在二次谐波波段内，$\sigma = 0.5\sigma_1 / 0.5\sigma_0 / 0.5\sigma_2 = 0.735/0.675/0.625$，对应的 $\mu < 0$ 为负值，环行结中只有消失模，二次谐波波段内为非传播区。

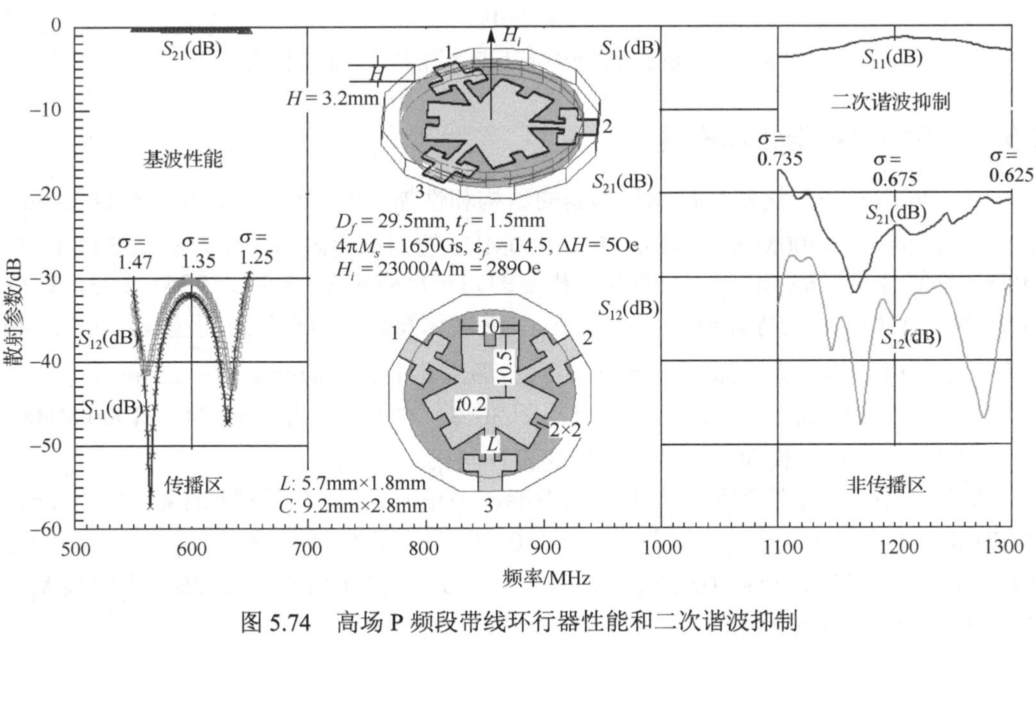

图 5.74　高场 P 频段带线环行器性能和二次谐波抑制

图 5.75 所示的 S 频段环行器，工作频率为 3.0～3.5GHz。在基波波段内，$f = f_1 / f_0 / f_2 = 3.0\text{GHz}/3.25\text{GHz}/3.5\text{GHz}$，工作内场 $H_i = 1750\text{Oe} = 140\text{kA/m}$。对应的归一化内场为 $\sigma = \sigma_1 / \sigma_0 / \sigma_2 = 1.63/1.51/1.4$，这时 $\mu > 0$，基波波段为传播区；但在二次谐波波段内，$\sigma = 0.5\sigma_1 / 0.5\sigma_0 / 0.5\sigma_2 = 0.815/0.775/0.7$。这时对应的 $\mu < 0$ 为负值，环行结中只有消失模，二次谐波波段内为非传播区。这种环行器的二次谐波抑制功能，兼有低通滤波器功能，如图 5.75 所示。

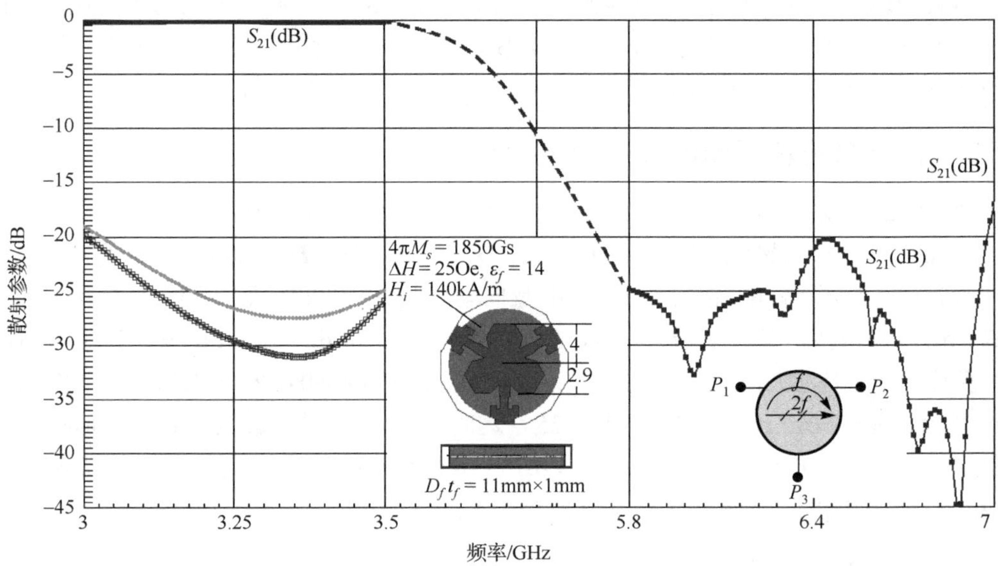

图 5.75　高场 S 频段带线环行器性能和二次谐波抑制

5.5.8　高场双结带线环形器

图 5.76 所示为高场双结带线环形器的结构和性能。在高场工作，$H_i = 57000\text{A/m}$，相对工作频率 f= 1300MHz、1600MHz、1900MHz 的归一化磁场分别为 $\sigma = 1.54$、1.25、1.055，铁氧体材料的 $4\pi M_s = 1850\text{Gs}$，相应的归一化磁矩 $p = 3.98$、3.24、2.73，铁氧体厚度 $t_f = 1.4\,\text{mm}$，内导体厚度 $t_c = 0.2\,\text{mm}$，铁氧体圆盘与内导体之间镶嵌 $t_d = 0.1\,\text{mm}$ 的介质膜，内导体结为圆弧-直线组成的六边形，其中 $R_c = 8\,\text{mm}$，$h = 6.5\,\text{mm}$。

在高场工作情况下，一般相对带宽小于 30%。本例频段为 $f = 1300 \sim 1900\,\text{MHz}$，$2\delta = 37.5\%$，这是结构和材料性能协调的设计结果。

图 5.76 中表示了四端环形器的仿真性能。小正向 S_{21}、S_{43} 在频带内小于(−0.26，−0.77) dB，大正向 S_{32}、S_{41} 在频带内小于(−0.48，−1.7) dB，小隔离 S_{42}、S_{24}、S_{31}、S_{13} 在频带内大于 20dB，反射损耗 S_{11}、S_{22}、S_{33}、S_{44} 在频带内小于−20dB，大隔离 S_{41}、S_{23} 在频带内大于 40dB。

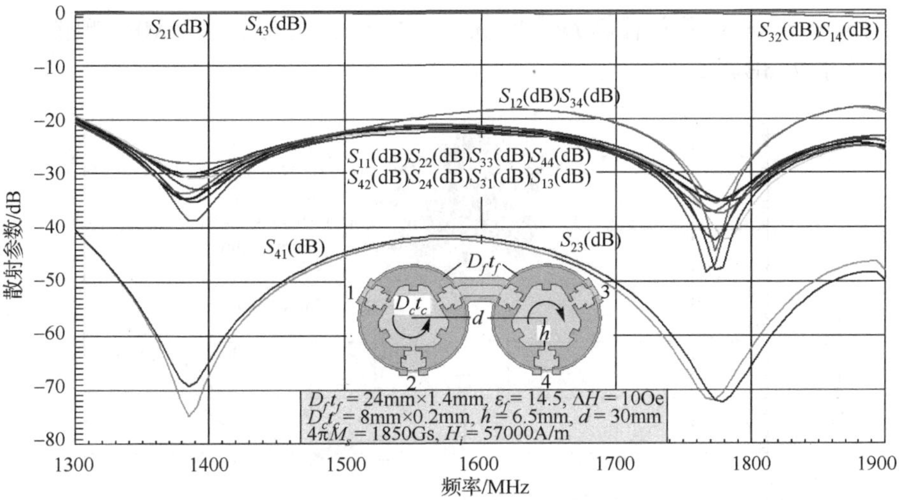

图 5.76　四端带线环形器的仿真性能

5.6　高场环行器的温度稳定性

高场工作的环行器使用小损耗材料，如 TTVG-1600 为 CaVYIG 材料，居里温度 $T_c = 220$ ℃，磁矩随温度变化大。常温(20℃)时，$M_s = 1600/(4\pi)$ (kA/m)；80℃时，$M_s = 1400/(4\pi)$ (kA/m)；−40℃时，$M_s = 1700/(4\pi)$ (kA/m)，磁矩 $M_s(T)$ 的温度系数较差，$\alpha_T = 1.6\times10^{-3}$ /℃。为了使器件获得较好的温度特性，可以采用磁场补偿法，随着 M_s 的增加或减少，外磁场也应同步增加或减少。使张量磁导率 κ 保持稳定，非互易性场方程：

$$\mathrm{d}S = \omega\mu_0\kappa\int_v i_z\cdot(h_1\times h_2)\mathrm{d}V \tag{5.6}$$

$$\kappa = \frac{p}{\sigma^2-1}$$

温度稳定性方程必须满足 $\Delta\kappa = 0$：

$$\Delta\kappa = \frac{\partial\kappa}{\partial p}\Delta p + \frac{\partial\kappa}{\partial\sigma}\Delta\sigma = 0$$

$$\frac{\Delta p}{\Delta\sigma} = \frac{2p_0\sigma_0}{{\sigma_0}^2-1} = k_0 \tag{5.7}$$

从式(5.7)解出归一化磁矩和归一化磁场同步变化关系。式中，k_0 为温度补偿常数，p_0 和 σ_0 为相对中心频率 ω_0 的归一化值，$p_0 = \gamma M_s/\omega_0$，$\sigma_0 = \gamma H_i/\omega_0$。

在常温 20°C 时，铁氧体环行器的环行特性如图 5.77 所示，铁氧体圆片外套介质环，直径 $D_f = 16$mm、$D_d = 20$mm 厚度 $t = 1$mm 铁氧体磁矩 $M_s = 1600/(4\pi)$(kA/m)、$\varepsilon_f = 14.6$，介质环 $\varepsilon_d = 25$，三叶瓣内导体半径 $R_0 = 9.5$mm、宽度 $w = 6$mm。电感条尺

寸 $wl = 1.1\text{mm} \times 4\text{mm}$；腔体径高 $Dt = 20\text{mm} \times 2.1\text{mm}$。在 830～980MHz 频带内，反射及隔离均优于 20dB。

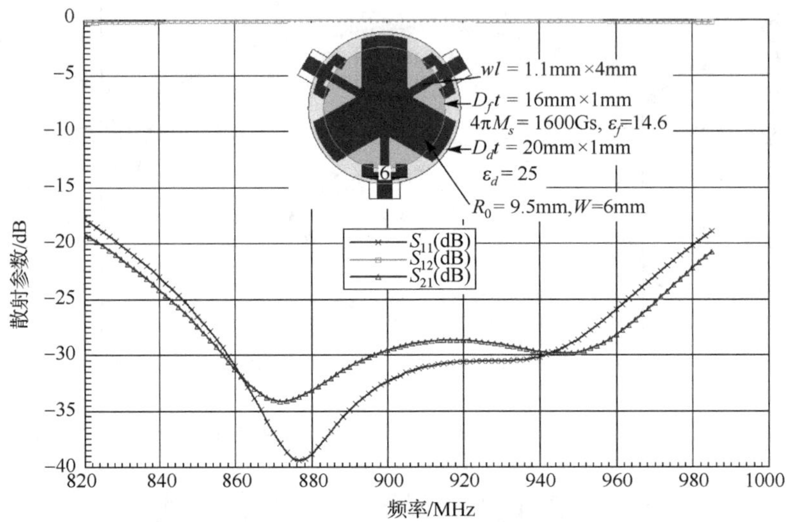

图 5.77　高场带线环行器常温性能

为了得到宽温补偿，中心频率 $f_0 = 910\text{MHz}$，使用常温态的磁矩 M_s 和磁场 H_i，算出 $p_0 = 4.93$、$\sigma_0 = 1.808$，代入式(5.7)算出温度补偿常数 $k_0 = 7.8$，从而求出磁场偏移量 $\Delta\sigma$ 和磁矩偏移量 Δp 的关系，$\Delta p = 7.8\Delta\sigma$。在高、低、常温下的磁矩和磁场的补偿关系列于表 5.6 中。

表 5.6 中，Δp、$\Delta\sigma$ 的变化规律，对 3 种温度、3 种不同的磁矩 M_s 和磁场 H_i 进行仿真计算，得到如图 5.78 所示的 S_{11}-f 三种温度曲线。

表 5.6　Δp、$\Delta\sigma$ 的变化规律　（$f_0 = 910\text{MHz}$，$k_0 = \Delta p / \Delta\sigma = 7.8$）

T/℃	$M_s/(4\pi)$/(kA/m)	p	σ	Δp	$\Delta\sigma$	$\Delta\sigma = \sigma_0 + \Delta\sigma$	H_i/(kA/m)
80	1400	4.31	1.690	−0.62	−0.08	1.61	41.7
20	1600	4.92	1.808	0	0	1.808	47
−40	1700	5.23	1.868	0.31	0.04	1.848	48.0

当 $S_{11} \leqslant 0.1$ 的区域，均为合格区，3 种温度下曲线展示了较好的温度补偿。关于温度补偿问题，在实践中遇到的问题比较复杂，为了获得同步补偿，所采用磁铁材料也应随温度的变化与铁氧体材料随温度同步变化。尽管本例中要求 $\Delta M_s / \Delta H_i = 7.8$，即磁矩变化值是磁场变化值的 7.8 倍，但目前采用的钐钴磁钢，其温度稳定性太好，反而不易补偿起来；采用锶钙铁氧体恒磁材料，与铁氧体材料配合在一起，补偿效果好一些。一般磁路中另加铁镍合金片，调整补偿常数 k_0，使 H_i 变化大些为好。补偿片的厚度主要靠实验来选择。

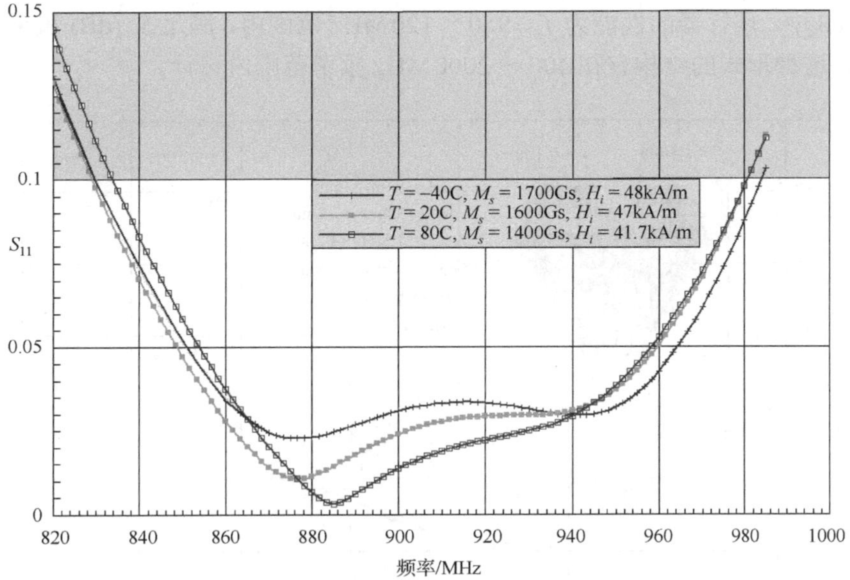

图 5.78　宽温补偿 S_{11}-f 三种温度曲线

5.7　扁平结构的环行器

5.7.1　P-L 波段扁平结构的环行器

图 5.79(a)为环行器腔内结构示意图，图 5.79(b)为外形结构示意图。由于 3 块磁铁安装在与六角形铁氧体片同一个平面内，压缩了器件的整体高度，图(b)所示的尺寸为 $25.4\text{mm}\times25.4\text{mm}\times5\text{mm}$ 。这种平面结构形式，使用在微波集成电路中比较方便、美观。六角形铁氧体的边长为12.7mm 和7.85mm 、厚度 $t_f=1.1\text{mm}$ 、 $M_s=1600/(4\pi)(\text{kA/m})$ 、 $\varepsilon=14.6$ ；弓形钐钴磁钢尺寸为宽度 9.6mm、弓形高 2.3mm、厚度为 2.3mm。内导体为由 3 个 T 形组成的非互易结，其尺寸 w_1l_1/w_2l_2 和 L-C 网络，其尺寸 w_3l_3/w_4l_4 ，均标

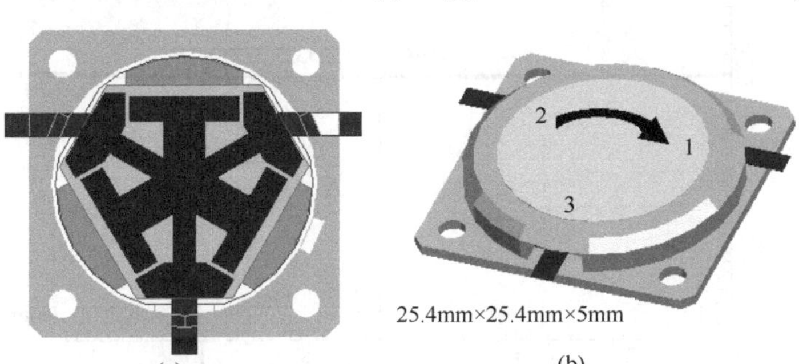

图 5.79　P-L 波段扁平结构的环行器示意图

注在图 5.80 中。环行器的性能为 $f = 980 \sim 120\text{MHz}$ 范围内，满足 S_{11}(dB) 和 S_{12}(dB) 优于 20dB 。这种形式的结构宜在 400～2000MHz 频率范围内设计。

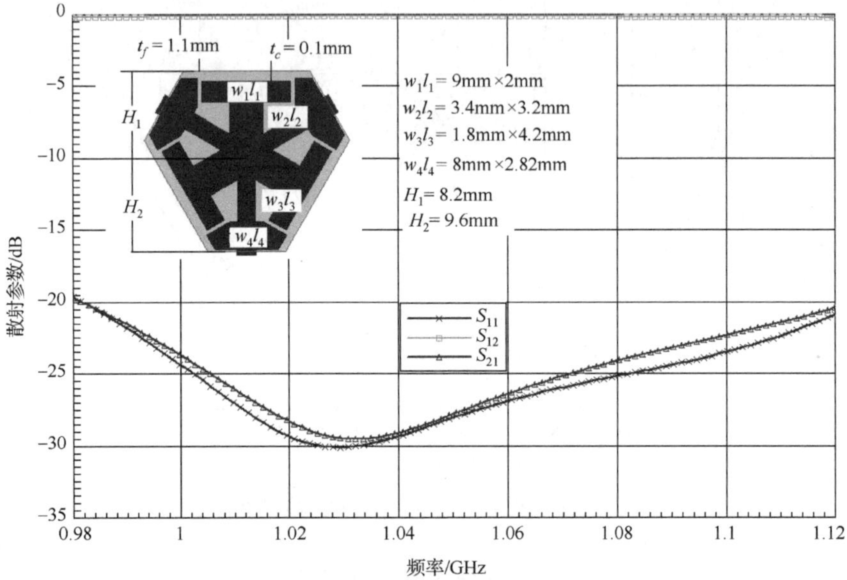

图 5.80　P-L 波段扁平结构的环行器性能

环行器的磁化结构比较特殊，3 块钐钴磁钢同方向磁化，通过上下两层导磁材料和铁氧体磁性材料构成闭合磁回路，其漏磁比较小，铁氧体磁化场较均匀。如图 5.81

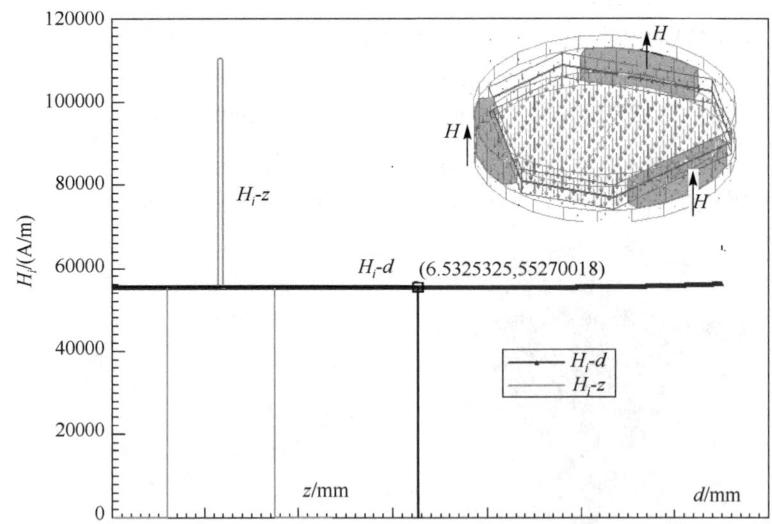

图 5.81　平面结构的环行器磁化场的均匀性

所示，不仅 z 方向观察 H_i 的分布磁场是均匀的，而且在 $z = 0.5\,\text{mm}$ 的铁氧体平面内，从六角形两对边作垂线 d(mm)，沿 d 观察 H_i 的分布磁场，也比较均匀。图中右上角显示磁化矢量方向朝下，而磁钢的磁化方向朝上，铁氧体内磁场约为 $H_i = 65325\,\text{A/m}$ 。

5.7.2　L-S 波段扁平结构环行器

扁平结构环行器因具有薄型结构适用于微波平面电路中，其体积小（$v = 0.65\,\text{cm}^3$），质量轻（$w \leqslant 5\text{g}$），与集总参数环行器可相比。

图 5.82 中所示的 L-S 平面环行器结构示意图，结构外观尺寸为 $15\text{mm} \times 15\text{mm} \times 4\text{mm}$，它由以下 5 部分组成。①两片六边形铁氧体片 $h_1 / h_2 = 4\text{mm} / 5\text{mm}$， $t_f = 0.95\,\text{mm}$，对边距离 $h = h_1 + h_2 = 9\,\text{mm}$。②内导体由两组“$T_1$”、“$T_2$”片组成，其厚度 $t_c = 0.1\,\text{mm}$，两组 T 片顶端相连，然后通过 120° 旋转操作合成为 Y(T) 形结内导体。T_1 片尺寸 $wl = (3\text{mm} \times 1\text{mm}) / (1.7\text{mm} \times 3\text{mm})$，$T_2$ 片尺寸 $wl = (3.2\text{mm} \times 2\text{mm}) / (1\text{mm} \times 3.9\text{mm})$，两个 T 棒对径相连，总长 $l = l_1 + l_2 = 4\text{mm} + 5.7\text{mm} = 9.7\,\text{mm}$。③3 块“弓”形 SmCo 恒磁片，其尺寸为 $R / w / h / t = 6\text{mm} / 7\text{mm} / 2\text{mm} / 2\text{mm}$，安装孔径 $\phi 1\text{mm}$。④磁路底座，尺寸为 $15\text{mm} \times 15\text{mm} \times 1\text{mm}$，用铁磁材料制成。对角处有 4 个 $\phi 1.2\text{mm}$ 安装孔。⑤磁路盖，尺寸 $\phi 14\text{mm} \times 1\text{mm}$，用铁磁材料制成，3 个 $\phi 1.2\text{mm}$ 安装孔。

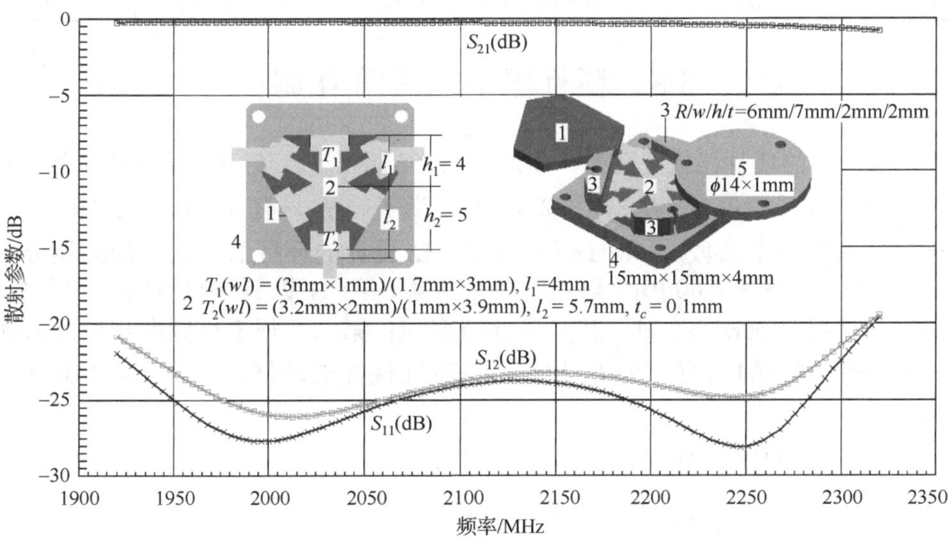

图 5.82　L-S 波段平面结构环行器的结构和性能

上述共 8 个零件，通过 3 个螺钉组装一体，所以这种平面型结构组装方便，只是组装后充磁必须用能量较大的充磁机才能完成。

图 5.82 中还给做出了这种环行器的性能。工作频率为 1920～2320MHz，带宽为 400MHz，相对带宽约 19%。在高场工作情况下，铁氧体的维度尺寸比为

$(h_1+h_2)/\lambda_0=9/136\approx 1/15$，属小型化结构，带宽受到一定限制，$2\delta=19\%$ 是设计带宽。在此频率范围内，反向隔离和反射损耗均大于 20dB，正向损耗在 0.25～0.4dB 范围内。

设计中，铁氧体的 $4\pi M_s=1850$ Gs，工作内场 71000A/m≈892Oe，设中心频率 $f_0=2100$ MHz、$H_r=750$ Oe、归一化磁矩 $p_0=2.36$、归一化场 $\sigma_0=1.19$，相应的 $\kappa_0=5.7$。对于低频情况，$f_1=1920$ MHz，相应归一化磁矩/归一化场 $p_1/\sigma_1=2.7/1.3$ 及 $\kappa_1=3.91$。对于高频情况，$f_2=2320$ MHz，相应归一化磁矩/归一化场 $p_2/\sigma_2=2.23/1.08$ 及 $\kappa_2=13.4$，因而其 κ 值较大，所以铁氧体尺寸相对较小，符合小型化设计的法则。

根据穿越方程，其中场积分 F 见表 5.7。通过表 5.7 对低、中、高三频点积分计算，获得 $|\mathrm{d}S|$ 值：$|\mathrm{d}S|\in(0.876,0.915,0.957)$ 均属环行范围，当 κ 值大时，场积分 $\omega\mu_0 F$ 便小；κ 值小时，场积分大。这就是宽带补偿原则。

表 5.7　对低、中、高三频点的非互易性能 $|\mathrm{d}S|$ 计算

F /MHz	k	$\omega\mu_0 R_e F$	$\omega\mu_0 I_m F$	$\omega\mu_0 \lvert F\rvert$	$\lvert \mathrm{d}S\rvert$
1920	3.91	0.06723	−0.21357	0.2239	0.876
2100	5.7	0.14374	−0.07170	0.1606	0.915
2320	13.4	0.05423	0.04650	0.0714	0.957

5.8　环行器中的三阶互调

用于通信中的环行器或隔离器，当通过两个频率 f_1、f_2 时，由于铁氧体材料的非线性产生三阶互调信号 $2f_1-f_2$ 和 $2f_2-f_1$。当 f_1、f_2 只有几 MHz 之差时，对主频有干扰。目前两个波段 900MHz 和 1800MHz 设计的环行器，它们的互调分别为 −70～−80dBc 和−85～−100dBc。取决于两个因素：第一，铁氧体材料的工作参数 p、σ，随着 p 值提高或 $\sigma\to 2$ 时，其互调性能变差；第二，与工作频率相应的共振磁场 H_r 和高频磁场 h 的比值。h/H_r 越小，三阶互调性能越好。三阶互调 IMD3 的表示式为

$$\begin{aligned}\mathrm{IMD3}&=D+M\\&=20\lg\left[\frac{\gamma<h_t>}{2\omega}\frac{p}{(\sigma-\mathrm{j}\alpha)^2-1}\right]+\\&\quad 20\lg\left[\frac{\gamma<h_t>}{2\omega}\left(\frac{p}{(\sigma-\mathrm{j}\alpha)^2-1}-\frac{2p}{(\sigma-j\alpha)^2-4}\right)\right]\end{aligned}\tag{5.8}$$

式中，D 为倍频；M 为混频；α 为阻尼系数，它与 ΔH 有关；$\Delta H=2\alpha f/\gamma$。若 $\Delta H=20$Oe，当 $f=900$MHz 时，$\alpha=0.015$；当 $f=1800$MHz 时，$\alpha=0.032$。

5.8.1　900MHz 带线环行器

图 5.83 为环行器结构和性能曲线。铁氧体尺寸为 $D_f t = 22.5\text{mm} \times 1\text{mm}$，$4\pi M_s = 1780\,\text{Gs}$、$\varepsilon_f = 14.5$、$\Delta H = 10\text{Oe}$；内导体为三叶形非互易结加 L-C 网络结构，叶瓣半径 $R_0 = 11\text{mm}$，其弧长对应圆周角为 24°。电感线 L 尺寸为 $wl = 1.8\text{mm} \times 5.7\text{mm}$，电容段 C 尺寸为 $wl = 9.2\text{mm} \times 2.8\text{mm}$，内导体厚度为 $t_m = 0.2\text{mm}$，腔体尺寸为 $\phi 24\text{mm} \times 2.2\text{mm}$，铁氧体的磁化内场 $H_r = 56.5\,\text{kA/m}$。器件性能在 860～1000MHz 范围内满足 20dB 的隔离和反射损耗，带宽 $\Delta f = 140\text{MHz}$。

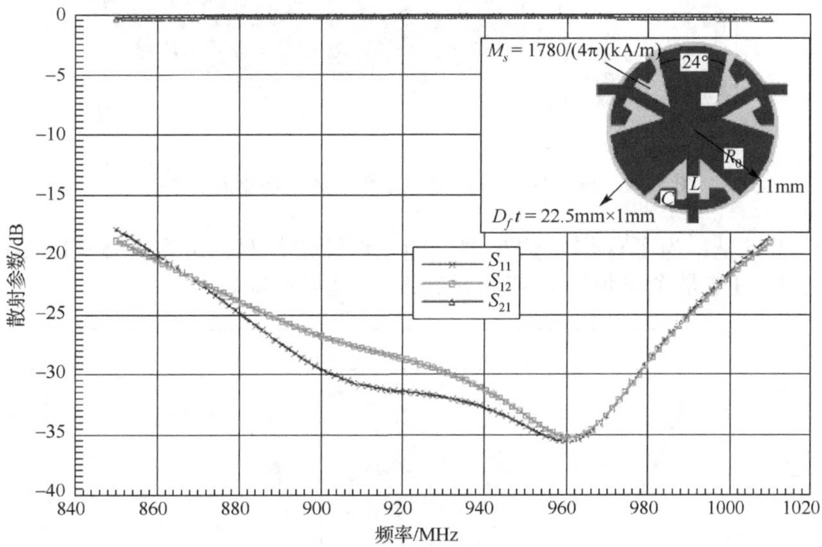

图 5.83　900MHz 环行器性能

若在端口 1 加上 64W (48dBm) 的功率，则铁氧体表面高频磁场分布如图 5.84 所示，在内导体的 L 处场强较集中。整个表面分布强度 $h_{\max} = 4500\,\text{A/m}$，铁氧体表面磁场的平均场强为

$$\langle h_{av} \rangle = \frac{1}{S_f} \int_{S_f} |\text{d}S| \tag{5.9}$$

计算出 $h_{av} = 120.6\ \text{A/m}$，再通过式(5.8)，在已知 $p = 5.4$、$f = 925\text{MHz}$、$H_r = 26.4\ \text{kA/m}$、$\sigma = H_i / H_r = 2.14$ 情况下，计算出来的 IMD3-σ 曲线，得知 IMD3($\sigma = 2.14$) = −77.6 dBc。图 5.85 曲线形状像"入"。在二次谐波共振点 $\sigma = 2$ 左右随 σ 变化非常敏锐。如 $\sigma = 2.14$～2 时，磁场变化 7%，IMD3 从−77.6 dBc 变化到−56 dBc，所以 IMD3 随温度变化也变得非常敏锐。温度的变化必然引起内场 σ 的变化，所以 IMD3 随温度而变。

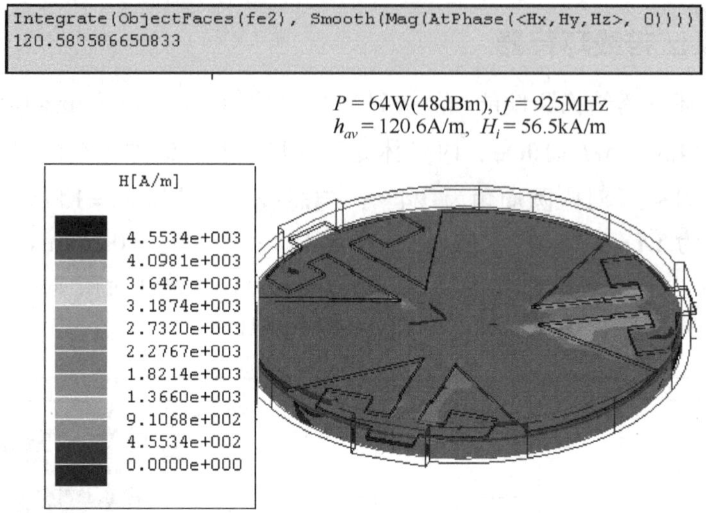

图 5.84　铁氧体中高频磁场分布及其平均场 h_{av} 计算

从图 5.85 可见，为了获得好的互调性能，设计器件时，应避开 $\sigma=1$ 和 $\sigma=2$ 两个点，在 $\sigma=1.5\sim1.7$ 是个平坦区，或 $\sigma\geqslant2.1$ 时，互调性能较佳。

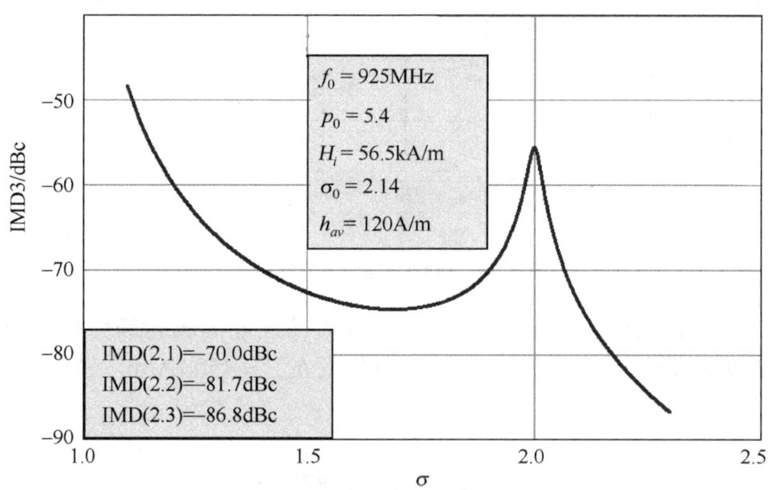

图 5.85　900MHz 环行器三阶互调磁谱

5.8.2　1800MHz 带线环行器

图 5.86 为 1800MHz 环行器的性能和结构示意图。铁氧体尺寸为 $D_f t=14.7\text{mm}\times1\text{mm}$、$4\pi M_s=1780\text{Gs}$、$\varepsilon_f=14.5$、$\Delta H=10\text{Oe}$；外加介质环尺寸为 $D_d t=16.5\text{mm}\times1\text{mm}$、$\varepsilon_d=2.05$；内导体为三叶形非互易结附加 *L-C* 匹配网络，叶瓣半径 $R_0=7\text{mm}$，弧的对顶

圆周角为24°；电感线L尺寸为$wl = 1\text{mm} \times 2.8\text{mm}$；电容段$C$的尺寸为$wl = 5\text{mm} \times 1.9\text{mm}$，内导体厚度$t_m = 0.2\text{mm}$，腔体尺寸为$16.5\text{mm} \times 2.2\text{mm}$，铁氧体的磁化内场$H_i = 120\,\text{kA/m}$。器件性能在1750～1850MHz频带内满足20dB的隔离和反射损耗，带宽为100MHz，所以带宽较窄，但互调性能好。

从图5.86知，1800MHz环行器是一个窄带响应曲线，它符合带宽2δ、Q_L、κ/μ、$Q_L 2\delta$等规律，可以总结如下。

根据旋磁网络理论：$f = 1800\text{MHz}$、$p_0 = 2.77$、$\sigma_0 = 2.33$、$\kappa/\mu = 0.25$、$Q_L = 0.69/(\kappa/\mu) = 2.76$。

根据场理论：$Q_L = \dfrac{f}{p}\int_{V_f} \text{Re}(h \cdot \mu h^*)\text{d}V = 2.817$，分数带宽$2\delta = 0.185/Q_L = 6.6\%$。

根据图5.86可总结以下几点：高的工作内场$\sigma_0 = 2.33$，换来了低三阶互调$\text{IMD3} < -100\,\text{dBc}$、小的$\kappa/\mu = 0.25$值、较高的$Q_L$值（$Q_L = 2.817$）以及小损耗值$I_L = 0.14\text{dB}$、窄带宽$2\delta = 6.9\%$。

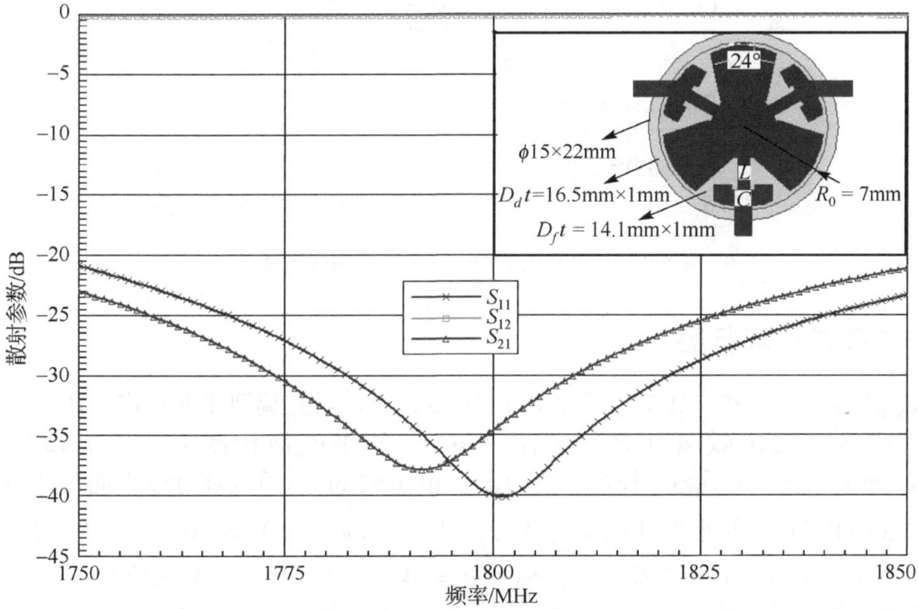

图 5.86　1800MHz 环行器性能和结构示意图

从图5.87可见，平均场强$h_{av} = 200.2\,\text{A/m}$(当64W功率输入时)，由于内场大，$H_i = 120\,\text{kA/m}$。由从公式算出的互调曲线可知，当$\sigma > 2.3$时，$\text{IMD3} < -100\,\text{dBc}$。如图5.88所示的互调磁谱曲线，在$\sigma = 2$时，$\text{IMD3}(2) = -65\,\text{dBc}$，所以改良三阶互调的要求时，$\sigma$值应避开$\sigma = 2$处。

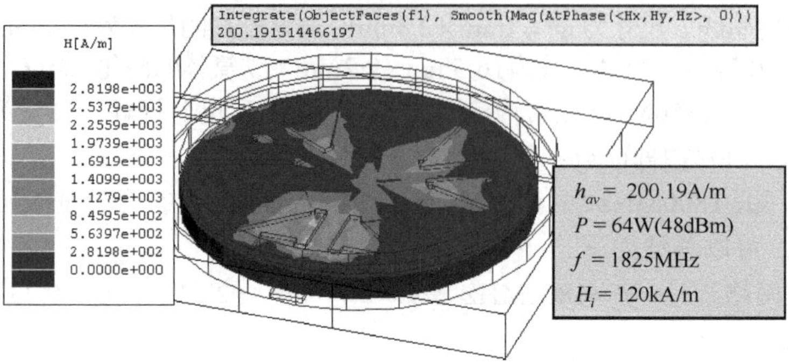

图 5.87　1800MHz 环行器性能

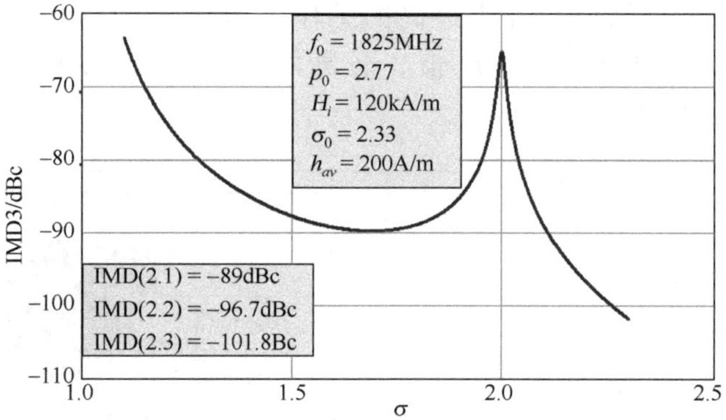

图 5.88　1800MHz 环行器三阶互调磁谱曲线

5.8.3　3G 带线环行器

3G 通信用环行器，其工作频率大于 2000MHz，对互调要求并不高，所以可以降低工作磁场和减小铁氧体直径。图 5.89 中的平面结构图中，铁氧体尺寸为 $D_f t = 8\text{mm}\times 1\text{mm}$，介质环外径尺寸为 $D_d t = 11\text{mm}\times 1\text{mm}$，所以环行器平面尺寸可限制于 $12.7\text{mm}\times 12.7\text{mm}$ 的小型化结构。环行器工作磁场 $H_i = 95\ \text{kA/m}$，对应的归一化磁场 σ 约为 1.6 左右，处于铁氧体共振磁场 $\sigma = 1$ 以上和二次谐波共振磁场 $\sigma = 2$ 之下。图 5.89 所示的环行器性能在带宽约 10%范围内，反射损耗(S_{11})和隔离(S_{12})均大于 20dB。

图 5.90 为当环行器输入功率为 10W 时，在内导体输入和输出端电感条处场强较为集中，$h_{max} = 2.5\ \text{kA/m}$，这是引起铁氧体非线性互调激发的主要位置。如果认为其平均场 $h_{av} = h_{max}/2 = 1.25\ \text{kA/m}$，则通过式(5.8)计算出：当 $\alpha = 0.032$ 、 $p = 2.6$ 、工作频率 $f = 2000\text{MHz}$ 时的 IMD3-σ 曲线如图 5.91 所示。在 $\sigma = 1.6$～1.7 处，互调性能较好，偏离此值时，MID3 均变差。

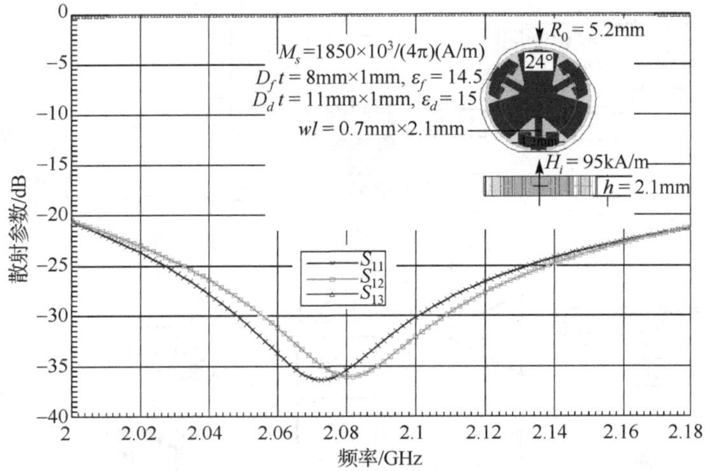

图 5.89　3G 通信用环行器平面结构和性能

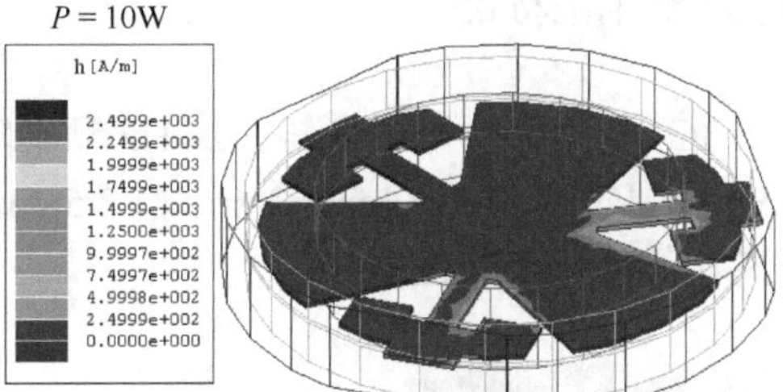

图 5.90　导体表面场强分布

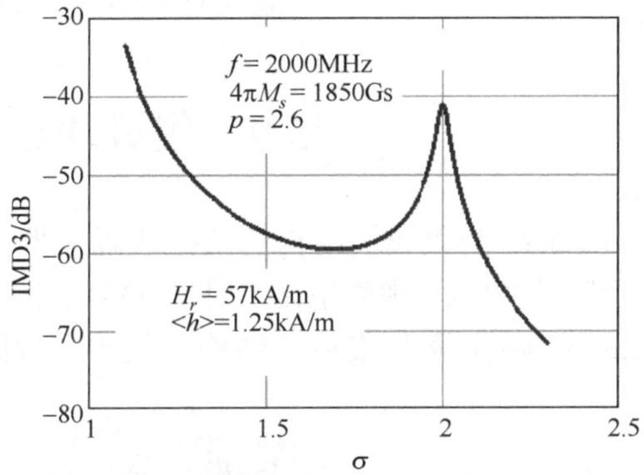

图 5.91　互调性能与归一化磁化内场曲线

5.8.4　环行器三阶互调的测量

图 5.92 所示为环行器三阶互调的测量框图。信号源 SG1 和 SG2 是各自发生频率为 f_1 和 f_2 的信号，通过各自的功放 PA1 和 PA2，产生较高的输出功率。f_1 和 f_2 的功率通过两个滤波器组合型双工器 DPX，合成为一路进入环形器。在环形器的输出端有 f_1、f_2 和 $2f_1-f_2$、$2f_2-f_1$ 四个频率的信号，其中 f_1、f_2 为主频，$2f_1-f_2$、$2f_2-f_1$ 为三阶互调信号。4 个信号频率进入三滤波器组合的三功器，使 4 个信号分裂，其中 f_1、f_2 和 $2f_1-f_2$、$2f_2-f_1$ 通过三功器后进入两个不同滤波器被吸收。只有三阶互调信号通过三功器进入网络分析仪。若环行器输入功率 $P_1=P_2=47\text{dBm}$，互调信号的功率为 -33dBm，则环行器的三阶互调 $\text{IMD3}=-80\text{dBc}$。

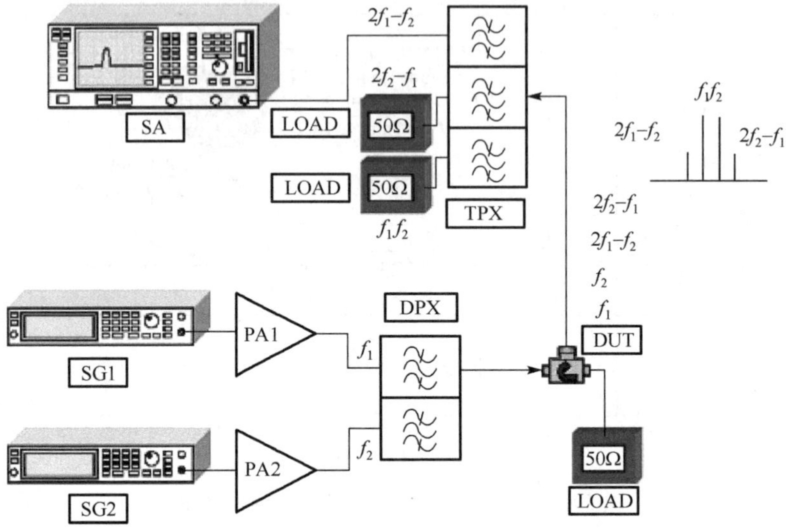

图 5.92　环行器三阶互调的测量原理图

5.9　集成块结构共振隔离器

图 5.93 为集成块结构的共振式隔离器，在 3G 通信技术中，工作在 2GHz 频率附近，其结构可以实现微型化，用于 SMT。图 5.94 中显示了 4mm×4mm×2mm 和 3.5mm×3.5mm×1.4mm 两种集成块结构的集中参数隔离器的外形及其性能。

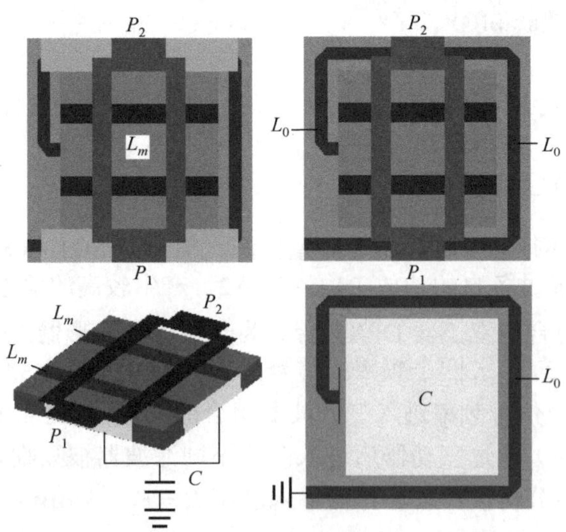

图 5.93　集成块结构共振式隔离器结构图

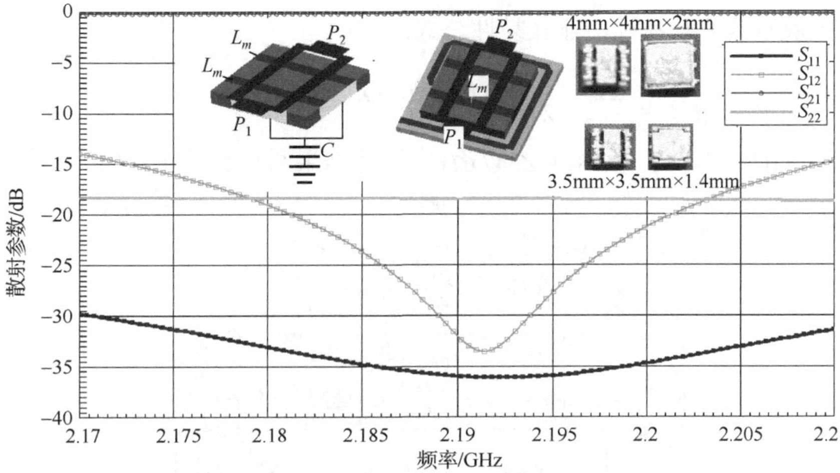

图 5.94　集成块结构的共振式隔离器外形结构和性能

图中铁氧体基片尺寸为 2.4mm×2.4mm×0.3mm，它的下方为介质基片，其尺寸为 3.4mm×3.4mm×0.2mm。铁氧体材料取 $4\pi M_s = 1950\text{Gs}$、$\varepsilon_f = 14.5$，介质片材料 $\varepsilon_d = 3$。电感 L_m 的宽度为 0.3mm，附加电感条 L_0 的宽度为 0.2mm，总长度约为 10mm，其电感量约为 3.2nH，附加电容值 C = 0.73pF，网状电感量 $L_m = 4\text{nH}$。总电感量 $L = L_0 + L_m = 7.2\text{nH}$。电容 C 和总电感 L 在器件中形成谐振，其 LC 谐振频率

$$f_r = \frac{1}{2\pi\sqrt{LC}} = \frac{1}{2\pi\sqrt{7.2\times10^{-9}\times0.73\times10^{-12}}} = 2.2\text{GHz}$$

其谐振频率可以从仿真结果而得。L_0 为仿真时的参数，L_m 为估计值。

集成块电路结构分两层。第一层为铁氧体表面层，上面印制成两个互相绝缘的两组正交的微带线电感线，两者用绝缘膜隔开，间距约为 0.05mm。第二层为介质-铁氧体交界层，在介质表面印制附加电感 L_0 和电容 C，电感线 L_0 未被铁氧体片盖住，而电容 C 被铁氧体片盖住，其面积为 $2.3\text{mm}\times2.4\text{mm} = 5.5\text{mm}^2$，电感条 L_0 一端接地，一端与 L_m 相接，L_m 与电容 C 有连接点，所有电感线均有通路与地(外壳)形成短路。

两个正交的电感线 L_m，其电流相位相差 90°，所以它们在铁氧体片中产生圆极化高频磁场，从 P_1 到 P_2，损耗小于 0.3dB，铁氧体中为左旋圆极化；而从 P_2 到 P_1 为隔离方向，隔离值大于 20dB(20MHz 带宽)或大于 15dB(40MHz 带宽)。

除电路共振原理外，还有铁磁共振原理，铁磁共振频率与磁化场 H_i 和磁矩有关，近似地表达成

$$f_r = \gamma\sqrt{H_i(H_i + 4\pi M_s)}$$

式中，$4\pi M_s = 1950\text{Gs}$；$H_i = 19500\text{A/m} = 244\text{Oe}$；$\gamma = 2.8\times10^6\text{Hz/Oe}$。计算得到 $f_r = 2049\text{MHz}$，与仿真结果接近。

图 5.95 表示其非互易性，非互易性公式：

$$\mathrm{d}S=\frac{\mathrm{j}\omega}{2}\int_{\mathrm{all}}(h_1\cdot\mu h_2-h_2\cdot\mu h_1)\mathrm{d}V$$

当 $f=2.2\mathrm{GHz}$ 时，$\mathrm{d}S=0.98248\angle 347.671$。计算结果与仿真结果一致。

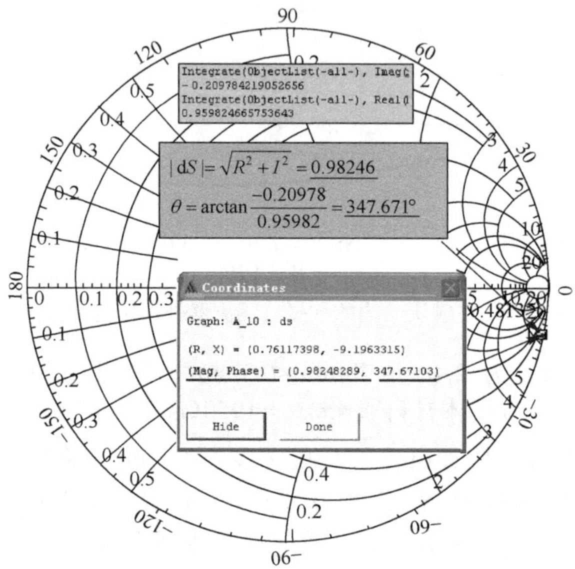

图 5.95　dS 的仿真结果和计算结果

5.10　微带环行器/隔离器

微带环行器和隔离器有利于小型化、微型化和平面化设计，在微波集成或平面电路中使用非常方便，但由于微带结构是开放式的，略有辐射。一般而言，其插损比带线环行器/隔离器大 0.1dB 左右。另外，这类器件在低场区零场工作，P_0 值不能太大，$P_0\leqslant 0.7$ 左右，低频时的 P_2 值小于 0.9 左右为宜。

5.10.1　12～21GHz 宽频带微带环行器

如图 5.96 所示，铁氧体基片尺寸为 $l\times w\times t=7.6\mathrm{mm}\times 6.3\mathrm{mm}\times 0.6\mathrm{mm}$，材料的 $M_s=3800/(4\pi)$ (kA/m)、$\Delta H=200\mathrm{Oe}$、$\varepsilon_f=12.5$。Y 形内导体中心金属圆盘的 $D_c=2.6\mathrm{mm}$，用微波集成工艺印制在铁氧体基片上。外加磁铁直径 ϕ 略小于 D_c。图中性能在 12～20.5GHz 频带内，隔离及反射损耗优于 18dB，插损约 0.5dB，相对带宽 $2\delta=56\%$。其电路特点是在低阻抗圆盘结外加四分之一波长的微带线，如图 5.96 中所示，获得良好的宽带特性。由于微带线呈 T 形结构，不像 Y 形结具有对称性，所以

这里 S_{33} 和 S_{12} 两条曲线略偏于 S_{11} 和 S_{23} 曲线。低频 $P\approx0.88$，中心频率 $P\approx0.7$，这样可避免零场损耗。

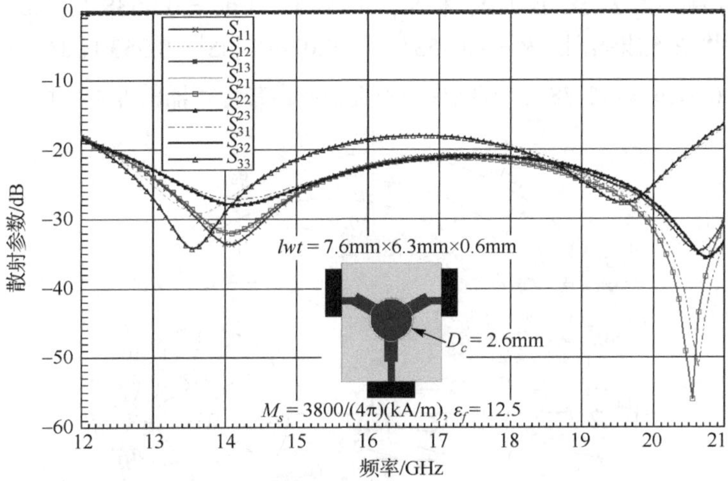

图 5.96　宽频带微带环行器仿真结果

5.10.2　Ku、K、Ka 波段宽带微带环行器

1．Ku 波段 18～28GHz 微带环行器

图 5.97 为工作在 18～28GHz 的微带环行器。带宽为 10GHz，$2\delta=53\%$。铁氧体基片

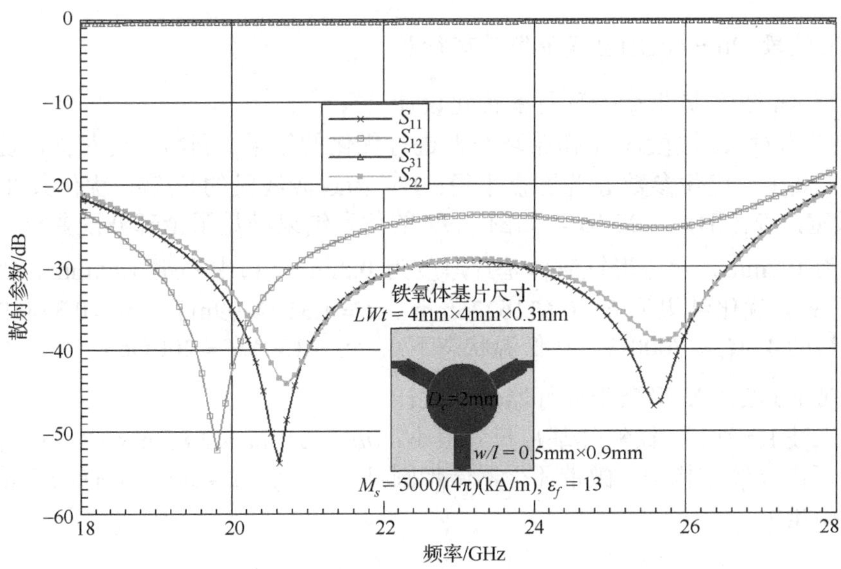

图 5.97　18～28GHz 微带环行器结构和性能

尺寸为 4mm×4mm×0.3mm 、 $M_s = 5000/(4\pi)$ (kA/m) 、 $\varepsilon = 13$ ，微带金属圆盘的 $D_c = 2\text{mm}$，阻抗匹配线尺寸为 $w/l = 0.5\text{mm}/0.9\text{mm}$。其反射损耗和隔离小于 -20dB。图 5.98 中展示了频率为 22.5GHz 时 S_{12} 和 S_{21} 和 dS 值，其 $\text{d}S = 0.9538\angle 177.8°$。这个结果和利用非互易方程算的结果相比：$R = -0.9531$、$I = 0.0369$、$|\text{d}S| = 0.9538$、$\text{d}\theta = \arctan(I/R) = 2.217$ 、$\theta = 180 - \text{d}\theta = 177.78°$，其结果一致性说明微带环行器的非互易性。

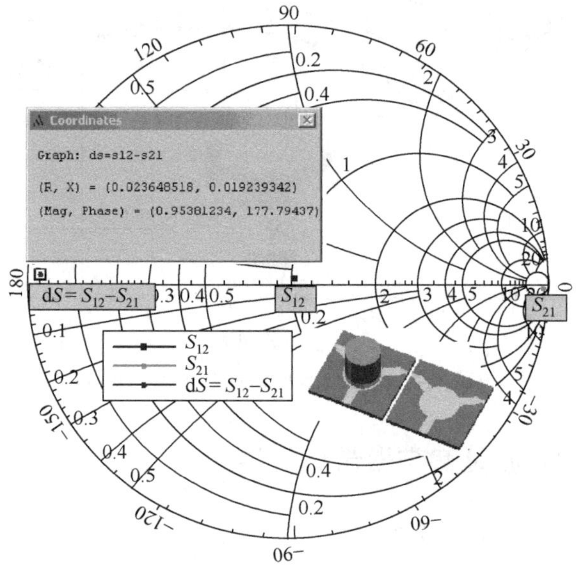

图 5.98　微带环行器的非互易参数 dS

2. Ka 波段(26 ~ 40GHz)宽带微带环行器

1) 宽带 Ka 波段 Y 形微带环行器优化设计

图 5.99 为对 Ka 波段 Y 形微带环行器进行优化的结果。利用结构对称性选取 3 个优化参数。其中，优化参数 R 为圆盘半径；L/w 为过渡线段的长/宽，优化条件为 26～40GHz 频宽，$S_{11}(\text{dB}) \leqslant -22\text{dB}$。如图 5.99 的仿真结果满足了全部波段要求。微带输出头宽度为 0.2mm。六边形铁氧体基片厚度为 0.3mm，边中心距 1.45mm。优化变量为(R，L，w)，优化结果为 $R = 0.6716226\text{mm}$、$L = 1.3594609\text{mm}$、$w = 0.3745941\text{mm}$。铁氧体材料的 $4\pi M_s = 7000\text{Gs}$ (在低温状态下)、$\varepsilon_f = 13, \Delta H = 200\text{Oe}$。

2) 宽带 Ka 波段 Y 形微带环行器仿真设计

在毫米波 Ka 波段，铁氧体基片尺寸很小：$abt = 2.8\text{mm} \times 2.8\text{mm} \times 0.3\text{mm}$。图 5.100 所示的 T 形内导体结构中，微带环行器微带圆盘直径 $D_c = 1.4\text{mm}$；Y 臂的 3 根支线起到宽带匹配作用。

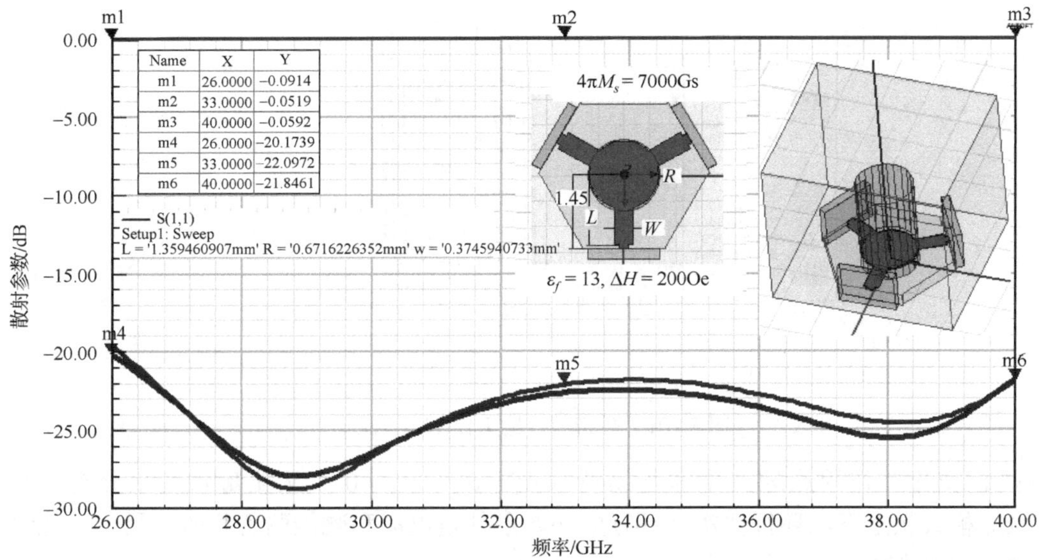

图 5.99　宽带 Ka 波段 Y 形微带环行器优化设计结果

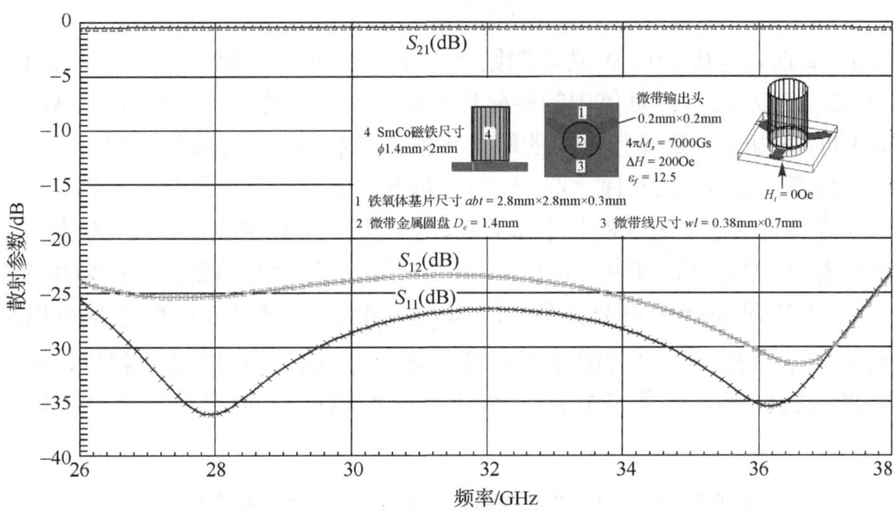

图 5.100　26～38GHz 微带环行器

在图 5.100 中采用超高磁矩的铁氧体材料：工作内场 $\sigma \to 0$，$4\pi M_s = 7000\,\text{Gs}$、$\Delta H = 200\,\text{Oe}$、$\varepsilon_f = 13$。这样的结构尺寸和材料性质，可获得 $f = 26 \sim 38\text{GHz}$ 频带内的宽带特性。图中显示，其正向衰减小于 0.6dB，反向隔离和反射损耗均大于 20dB，S_{11}(dB) 响应曲线出现双峰，说明输入阻抗具有团聚特性。

微带环行器的工作原理和带线环行器是一致的。它工作在准 TM_{110} 模式，如图 5.101 所示。高频磁化场方向与基片平面一致。利用平面上的两个磁场矢 h_1 和 h_2 同直流磁场

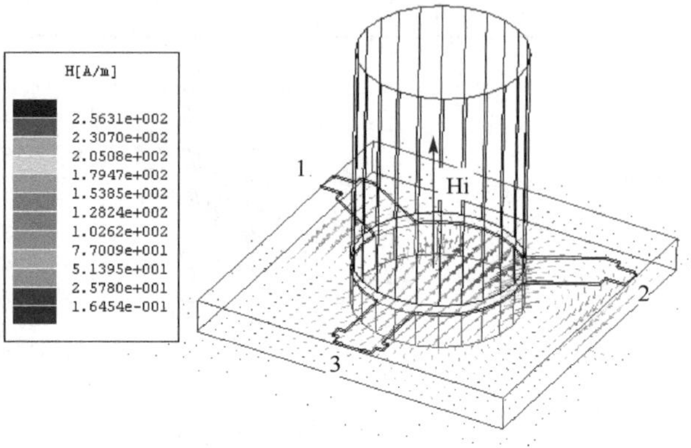

图 5.101　微带环行器工作 TM_{110} 模式

两两正交相互作用原理产生非互易特性 $dS = S_{12} - S_{21} \neq 0$ 。从能量角度来分析，在 TM_{110} 模式状态下，环行器实现环行的必要条件是电能和磁能两者相等。另一种能量为旋磁作用能 U_κ：

$$U_\kappa = \kappa \int_{V_f} i_z \cdot (h_1 \times h_2) \mathrm{d}V$$

它表示端 1、2 在 $P_1 = P_2 = 0.5\,\mathrm{W}$ 功率激励下，h_1 和 h_2 的相互旋磁作用能。与其相关的旋磁 $Q_\kappa = \omega U_\kappa$，$Q_\kappa$ 表示铁氧体中的旋磁作用能。在单位功率 $P = P_1 + P_2 = 1\,\mathrm{W}$ 激发时，振动 1rad 的时间内输入到环行器中的能量比值。当 $Q_\kappa = 1$ 时为临界耦合，在环行器的正常工作条件下，$Q_\kappa \in (0.88,1)$，$Q_\kappa < 1$ 为欠耦合；$Q_\kappa > 1$ 为过耦合，欠耦合和过耦合状态表示偏离环行状态。表 5.8 中计算了低、中、高 3 个频率点的 U_E、U_H 值和 Q_κ 值。从表中结果看出：①3个频点中，其 $U_E \approx U_H$，它满足环行的必要条件；②其旋磁耦合 Q_κ 值表示基本满足环行的充分条件，因为 $Q_\kappa = |\mathrm{d}S|$ 。从表 5.8 中的数据可以总结环行器的两个基本原理：①电磁能平衡原理，环行时电磁能和磁场能相等，所以环行器有并联谐振特性；②正交作用能 U_κ 远小于磁场能 U_H，但它充当环行器的最重要角色。

表 5.8　低、中、高三频点 U_E、U_H、Q_κ 的计算结果比较

电、磁能积分公式	$U_E = \int_{\text{all}} \lvert e^* \cdot \varepsilon_0 \varepsilon e \rvert \mathrm{d}V$ $U_H = \int_{\text{all}} \lvert h^* \cdot \mu_0 \mu h \rvert \mathrm{d}V$		场积分公式	$Q_\kappa = \frac{\omega U_\kappa}{P} = \omega\kappa \lvert F \rvert \quad P = 1\mathrm{W} \quad \kappa = \gamma 4\pi M_s / \omega \quad \omega = 2\pi f$ $F = \int_{V_f} \mu_0 i_z \cdot (h_1 \times h_2) \mathrm{d}V = \mathrm{Re} + \mathrm{j\,Im} \quad \lvert F \rvert = \sqrt{\mathrm{Re}^2 + \mathrm{Im}^2}$		
f/GHz	U_E/U_H/pJ	Re/Im/pJ	F/pJ	κ	$Q_\kappa=\lvert dS \rvert$	数值积分结果备注
26	$U_E = 63.1$ $U_H = 62.5$	Re = 1.52 Im = 7.02	7.18	0.754	0.885	6.31341112276071E-011 —— U_E Integrate(ObjectList(-all-), CmplxMag(Dot(Conj 6.25335370728754E-011 —— U_H Integrate(ObjectList(-all-), CmplxMag(Dot(Conj -1.52429125317063E-012 —— Re Integrate(ObjectList(f1), Real(Dot(Cross(<Hx,Hy,Hz> 7.01923312713782E-012 —— Im Integrate(ObjectList(f1), Imag(Dot(Cross(<Hx,Hy,Hz>

续表

f/GHz	U_E/U_H/pJ	Re/Im/pJ	F/pJ	κ	Q_κ=|dS|	数值积分结果备注
33	$U_E=66.2$ $U_H=66.4$	Re = 7.16 Im = 1.12	7.25	0.592	0.891	6.6248792844533E-011 —— U_E Integrate(ObjectList(-all-), CmplxMag 6.64361211658868E-011 —— U_H Integrate(ObjectList(-all-), CmplxMag 7.15828711717772E-012 —— Re Integrate(ObjectList(f1), Real(Dot(Cross(<Hx,Hy,Hz> 1.1233528660132E-012 —— Im Integrate(ObjectList(f1), Imag(Dot(Cross(<Hx,Hy,Hz>
38	$U_E=73.6$ $U_H=72.7$	Re = 3.66 Im = 6.87	7.78	0.516	0.959	7.35748462707422E-011 —— U_E Integrate(ObjectList(-all-), CmplxMag 7.27211118170381E-011 —— U_H Integrate(ObjectList(-all-), CmplxMag 3.66119028472361E-012 —— Re Integrate(ObjectList(f1), Real(Dot(Cross(<Hx,Hy,Hz> -6.87085244935103E-012 —— Im Integrate(ObjectList(f1), Imag(Dot(Cross(<Hx,Hy,Hz>

在正常情况下，$4\pi M_s = 5000\text{Gs}$，这时可以用提高内场σ方法去补偿κ值不足，因为$\kappa = p/(\sigma^2 - 1)$。在$p$值不足时，提高$\sigma$值，也就增大了$\kappa$值。图 5.102 为当$4\pi M_s = 5000\text{Gs}$，$H_i = 3500\text{Oe}$时环行器的宽带特性：在$f = 29 \sim 37\text{GHz}$频带内，能满足正/反向 0.6/20(dB)的环行性能。

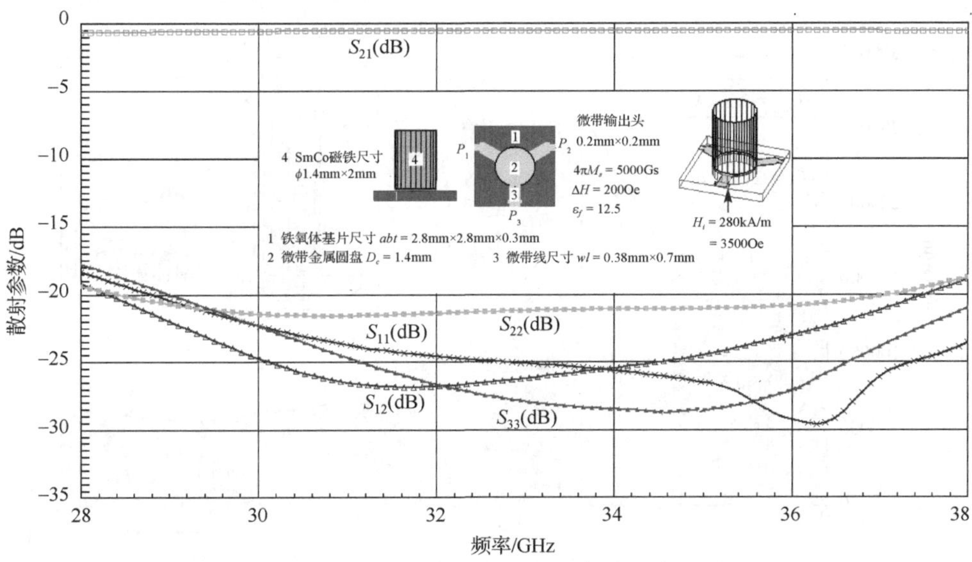

图 5.102　f= 29～37GHz 微带环行器的结构和仿真性能

图 5.103 为当$4\pi M_s = 5000\text{Gs}$、$H_i = 1875\text{Oe}$时的环行器的特性，其频宽为$f = 31 \sim 37\text{GHz}$，6GHz 带宽。随着H_i变化到0A/m时，带宽将进一步压缩。

为了提高磁化内场H_i，在铁氧体底面放置 0.5mm 厚的铁片。这样可增大铁氧体片中的磁化内场，在图 5.104 的仿真结果中，铁氧体片的内场约为$H_i = 157 \sim 260\text{kA/m}$。

图 5.105 分别计算了 4 种情况的阻抗特性。

(1)图 5.105(a)为$4\pi M_s = 7000\text{Gs}$、$H_i = 0\text{kA/m}$时的阻抗特性，在$f = 26 \sim 38\text{GHz}$频带内，结阻抗Z(disk)“团聚”在$z = 0.6$附近，端阻抗Z(cir)“团聚”在$z = 1$附近。

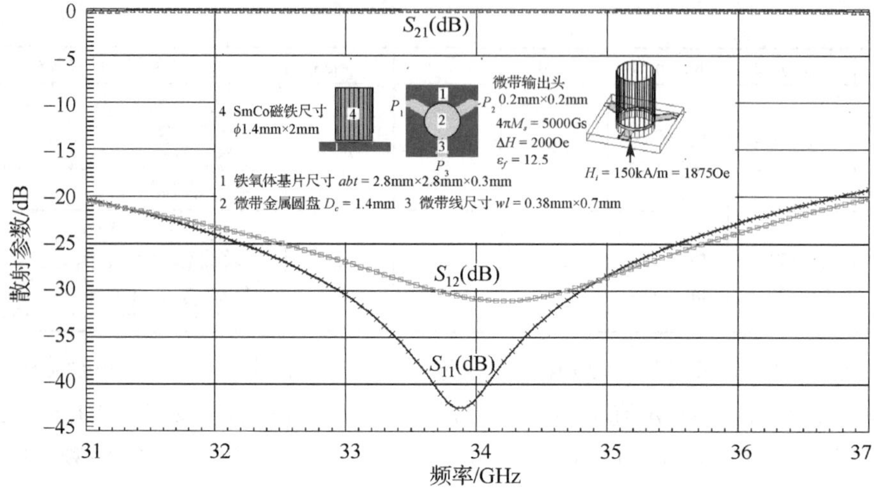

图 5.103　$f = 31 \sim 37$GHz 微带环行器结构和仿真性能

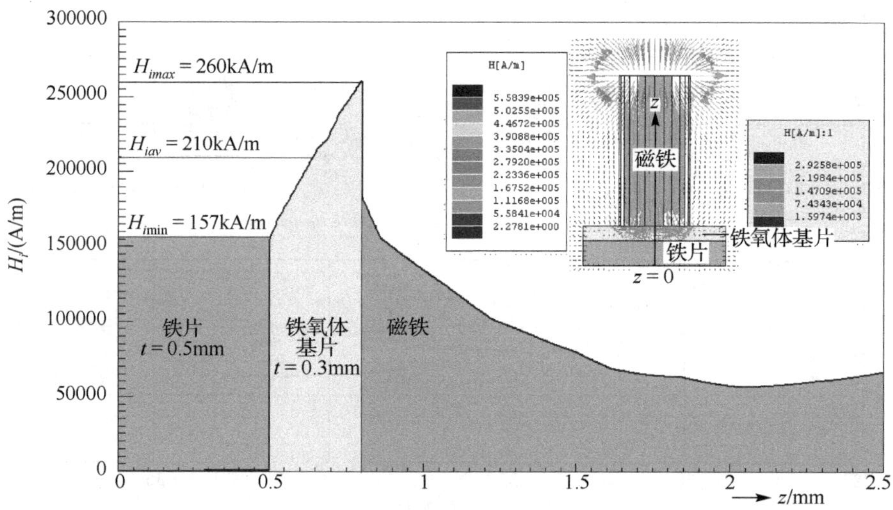

图 5.104　基片内场的静磁仿真结果

(2) 图 5.105(b) 为 $4\pi M_s = 5000$Gs、$H_i = 0$kA/m 的阻抗特性，其结阻抗 Z(disk) 不“团聚”，端阻抗 Z(cir) 呈半圆，在频带 $f = 26 \sim 38$GHz 范围内，反向隔离在带宽内约 16dB。

(3) 图 5.105(c) 为 $4\pi M_s = 5000$Gs、$H_i = 150$kA/m，结阻抗 Z(disk) 不“团聚”，但端阻抗 Z(cir) 在 $f = 31 \sim 38$GHz 范围内能“团聚”。

(4) 图 5.105(d) 为 $4\pi M_s = 5000$Gs、$H_i = 280$kA/m，结阻抗 Z(disk) 有些“团聚”，端阻抗 Z(cir) 在 $f = 29 \sim 38$GHz 范围内“团聚”较佳。

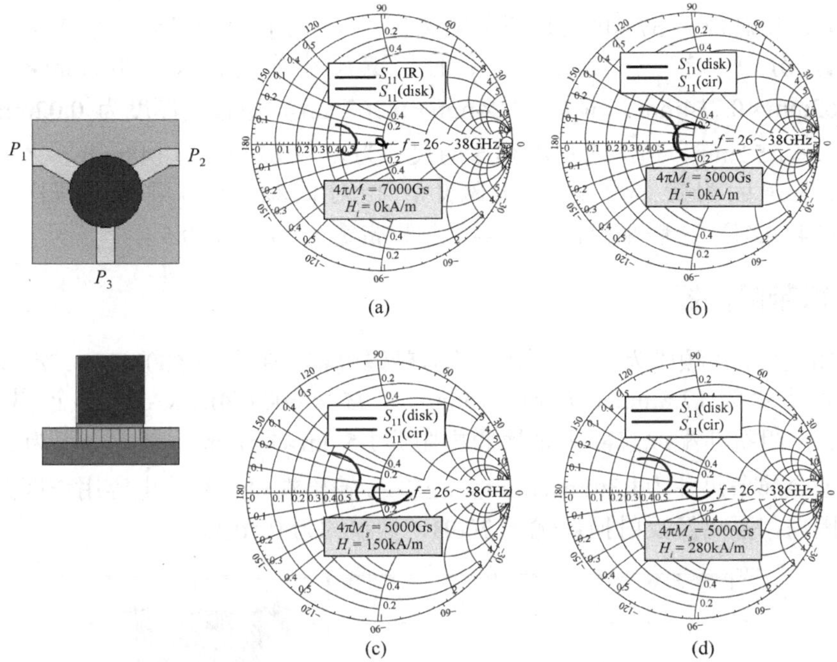

图 5.105　环行器的结阻抗和端阻抗

3. K-Ka 波段(19 ~ 34GHz)宽带微带环行器仿真设计

由于铁氧体材料的 $4\pi M_s$ 值最大为 5000Gs，所以在 Ka 波段要实现全波段性能的可能性不大，如图 5.106 所示，加大内场 H_i 的潜力也有限。这里采用的 $4\pi M_s = 5000\,\text{Gs}$ 和内场 $H_i = 200\,\text{kA/m}$ 比较实际。通过微带 Y 结的优化与仿真设计，可以获得频率为

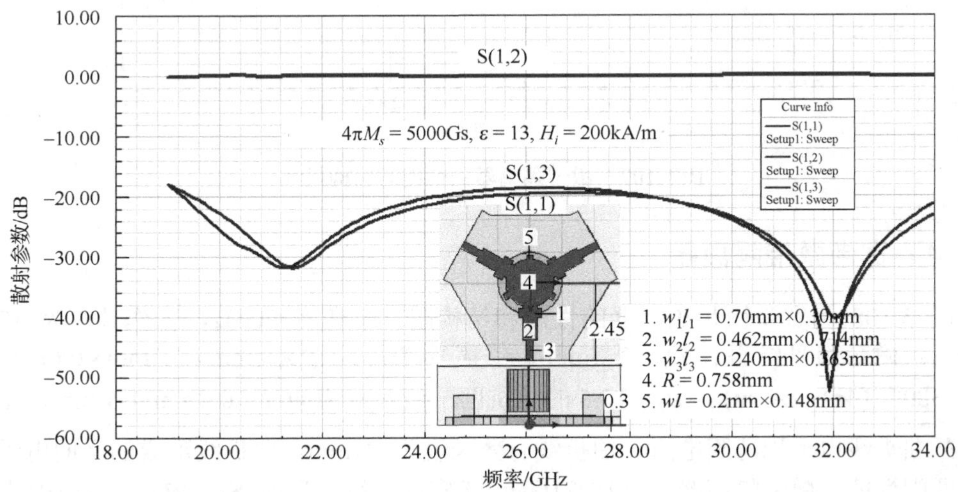

图 5.106　K-Ka 波段宽带微带环行器仿真性能

19～34GHz，相对带宽 57%内实现反射隔离优于 18dB 的宽带特性。Y 形内导体采用多级匹配，分 1、2、3 级联，其中的长宽尺寸分别为 $w_1l_1 = 0.7\text{mm} \times 0.3\text{mm}$ 、$w_2l_2 = 0.462\text{mm} \times 0.714\text{mm}$ 、 $w_3l_3 = 0.24\text{mm} \times 0.363\text{mm}$ ，微带线厚度为 0.02mm，微带圆盘直径 $D = 1.52\,\text{mm}$，边缘附加电容 5 的尺寸为 $wl = 0.2\text{mm} \times 0.148\text{mm}$ ，之所以能获得宽带特性是因为提高了归一化磁矩，相对低频 f_1 / 高频 f_2 的归一化磁矩 $p_1 / p_2 = 0.74 / 0.41$。一般来说，要获得倍频程带宽 $p_1 / p_2 = 1 / 0.5$。

5.10.3 微带隔离器

图 5.107 为工作频段为 2.5～3GHz 的微带隔离器，带宽为 500MHz，2δ =18%。铁氧体基片尺寸为 $17.6\text{mm} \times 17.6\text{mm} \times 3\text{mm}$ ， $M_s = 600 / (4\pi)$ kA/m ， 金属圆盘的 $D_c = 14\,\text{mm}$。阻抗匹配线尺寸为金属膜电阻为 $1.5\text{mm} \times 1.5\text{mm}$ ，平方电阻为 25Ω ，与电阻相连的金属条尺寸为 $1.3\text{mm} \times 1\text{mm}$ ，在输入/输出端口有补偿电容用作匹配功能。在带宽范围内，隔离及反射损耗优于 20dB，插损约为 0.5dB。

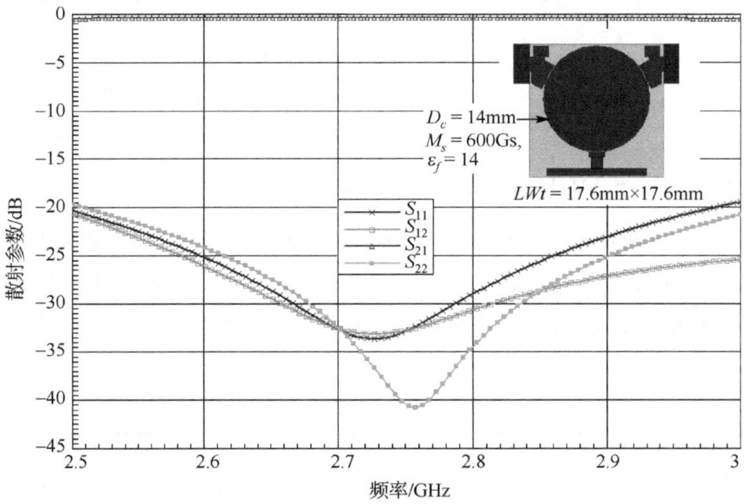

图 5.107 微带隔离器的性能与结构尺寸

5.10.4 宽带微带隔离器

图 5.108 为宽带微带隔离器的性能和结构图，带宽为 9GHz，工作频段为 12～21GHz。微带圆盘结直径 $D_c = 2.6\,\text{mm}$ ，铁氧体基片尺寸为 $8\text{mm} \times 6.3\text{mm} \times 0.6\text{mm}$ ，$M_s = 3800 / (4\pi)$ (kA/ m) 、 $\varepsilon_f = 12.5$ 的阻抗匹配线尺寸为 $w / l = 0.8\,\text{mm}/1.4\,\text{mm}$ ，在薄膜匹配曲折线内沉积薄膜电阻，曲折线有效长度为 21mm，曲折线形成的平面电阻有宽带匹配性能。微带隔离器在 12～21GHz 带宽内，端口反射 S_{11}(dB)、S_{22}(dB)大于 18dB，而隔离大于 15dB。

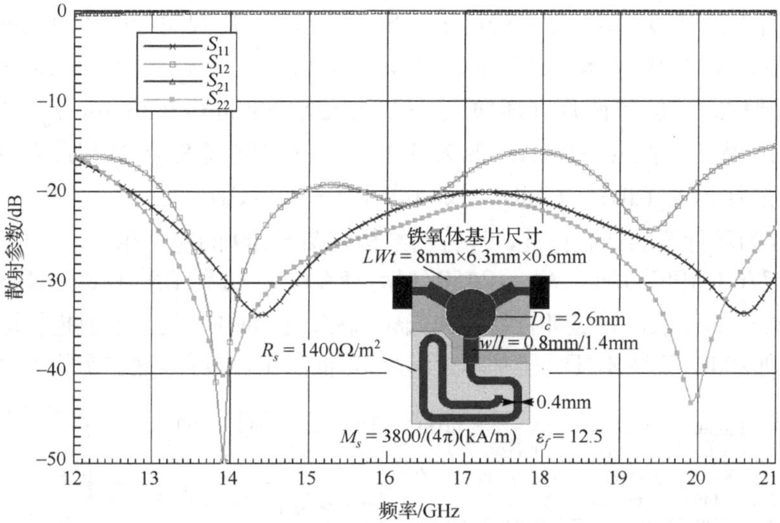

图 5.108　宽带微带隔离器的性能和结构图

结束本章前，总结上述带线和微带结环行器/隔离器，基本上涵盖 Y 形结器件的主要特点，所采用的实例具有代表性，既代表了传统结环行器的特色，也涵盖了这类器件的先进设计和优良的技术指标。

5.11　低温带线环行器

在低噪声放大电路中，必须使用低温低耗环行器，目的是降低放大器的噪声温度。图5.109为低温环行器的结构图，工作在8～9GHz。铁氧体腔体尺寸为$\phi 8\text{mm}\times 4.2\text{mm}$，铁氧体圆柱尺寸$\phi_f t = 8\text{mm}\times 1.8\text{mm}$。常温时$4\pi M_s = 1850\,\text{Gs}$、$\varepsilon_f = 15$、$\Delta H = 10\,\text{Oe}$；内

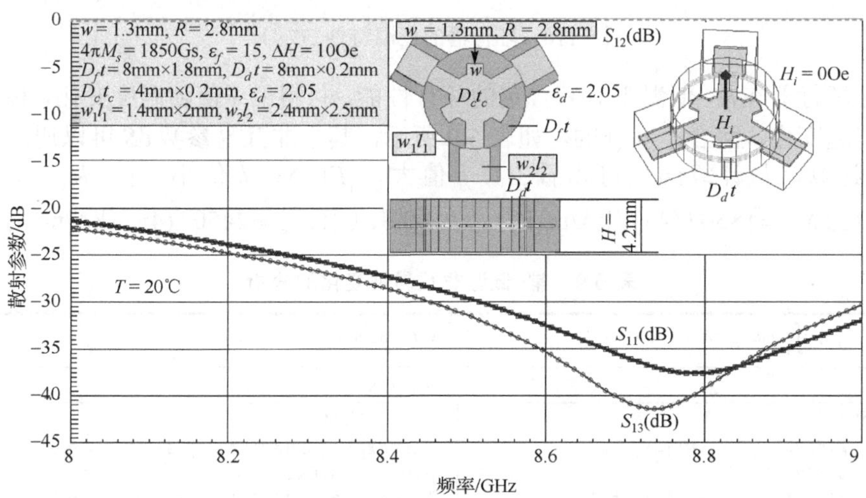

图 5.109　低温环行器的结构和常温特性(293K)

导体中心为圆盘形 $D_c t = 4\text{mm} \times 0.2\text{mm}$，附加三瓣，其尺寸为 $wl = 1.3\text{mm} \times 0.8\text{mm}$（$R = 2.8$ mm），Y 形内导体尺寸为 $w_1 l_1 = 1.4\text{mm} \times 2\text{mm}$ 及 $w_2 l_2 = 2.4\text{mm} \times 2.5\text{mm}$；内导体与铁氧体圆柱之间放置两片介质薄膜，尺寸为 $D_d t = 8\text{mm} \times 0.2\text{mm}$、$\varepsilon_d = 2.05$。常温 20℃的仿真结果证实在 8～9GHz 带宽范围内，反向隔离 S_{13}(dB) 和反射损耗均大于 20dB，正向损耗为 $S_{12}(\text{dB}) = 0.2\,\text{dB}$，反向峰在 $f = 8.75$ GHz 处。

图 5.110 为环行器的低温特性，环行器结构和图 5.109 的完全相同，仍是低温工作，材料磁矩在 77K(−196℃)时，$M_s = 2450/(4\pi)$ (kA/m)。仿真结果在 8～9GHz 带宽范围内仍满足环行器的要求，只是环行特性向低频偏移，在 8GHz 处，反射损耗达到 30dB，反向隔离达到 28dB，说明本环行器基本上满足常-低温工作条件，这在实验中也得到证明。

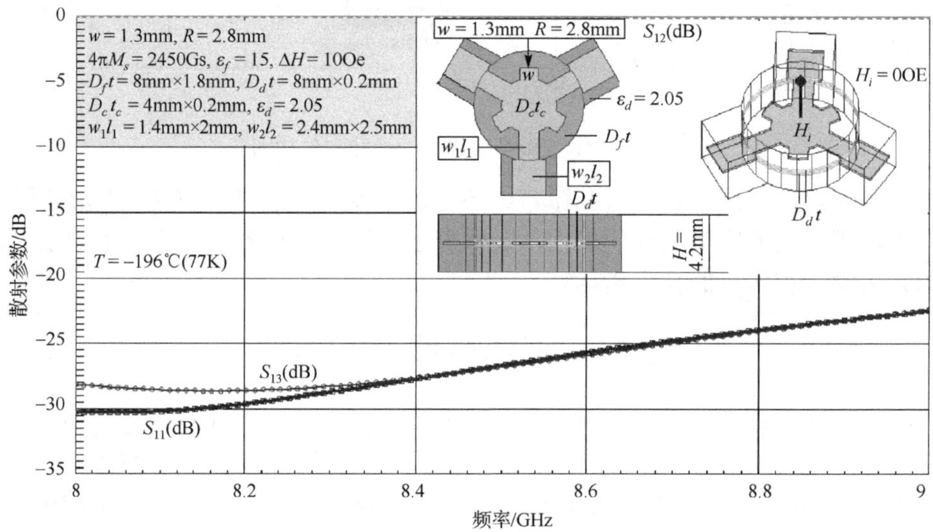

图 5.110　环行器的低温特性(77K)

上述环行器在常–低温下具有一定的环行性能，材料的 k 值随温度变化，相应的场结构也引起变化，两者是互补的，如表 5.9 所示，其中非互易参数 dS 可以通过场积分 $|F|$ 值来计算。从计算结果可以看出，k 值大，$|F|$ 小；k 值小，$|F|$ 大。计算中的 $k = 0.61$（当 $M_s = 1850/(4\pi)$ (kA/m) 时），$k = 0.81$（当 $M_s = 2450/(4\pi)$ (kA/m) 时）。

表 5.9　常-低温非互易性变化的分析

$\mathrm{d}S = S_{12} - S_{21} = \kappa \int_{v_f} \omega \mu_0 i_z \cdot (h_1 \times h_2) \mathrm{d}V$	（$f = 8500$MHz）
$T = 297$K	$T = 77K$
$4\pi M_s = 1850$Gs Integrate(ObjectList(-all-), Imag 0.197737818486921 Integrate(ObjectList(-all-), Real 1.7694791339177	$4\pi M_s = 2450$Gs Integrate(ObjectList(-all-), Imag 0.0219225104257956 Integrate(ObjectList(-all-), Real 1.52060630822548

续表

$\lvert F\rvert = 1.78$ $\kappa = 0.61$ $\lvert dS\rvert = 1.08$	$\lvert F\rvert = 1.52$ $\kappa = 0.81$ $\lvert dS\rvert = 1.23$

5.12　边导模隔离器

图 5.111 为边导模隔离器的结构示意图，内含 z 方向磁化的两种铁氧体片，其磁矩 $4\pi M_1/4\pi M_2 = 450/900\,\text{Gs}$，尺寸为$LWt$分别为$69\text{mm}\times 9\text{mm}\times 4\text{mm} / 69\text{mm}\times 10\text{mm}\times 4\text{mm}$，每种材料备有两片；两块吸收体，尺寸为 $LWt = 69\text{mm}\times 6\text{mm}\times 4\text{mm}$，其性能参数 $\varepsilon / \mu = 30/6$，$\tan\delta_e = \tan\delta_m = 0.2$。为减少反射，内导体两边形状为椭圆，内导体厚度为 0.2mm，所以整个隔离器内腔尺寸为 $69\text{mm}\times 25\text{mm}\times 8.2\text{mm}$。

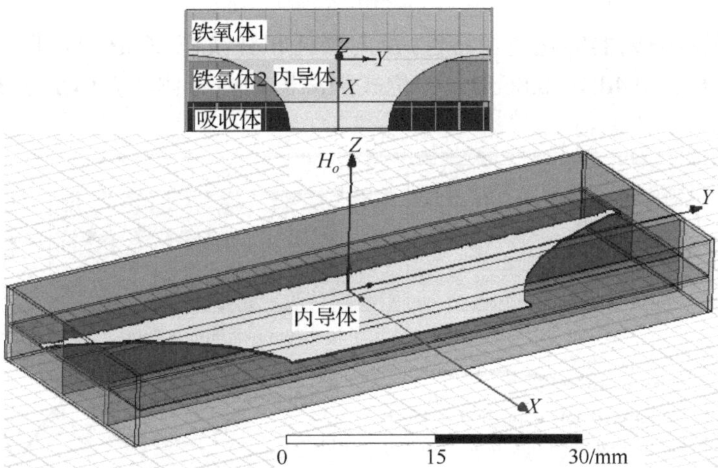

图 5.111　边导模隔离器结构示意图

边导模隔离器的传输特性为超宽带，一般有四频程的宽度。例如，本例中的带宽为 $f_1 = 1.5\text{ GHz}$、$f_2 = 6\text{ GHz}$。边导模隔离器中的场强是沿内导体边缘传输的，靠近内导体边缘处，恰好是两种铁氧体材料的交界处。由于在交界面内侧为高磁矩 $4\pi M_2$ 材料，其有效磁导率 μ_e 为负值或其值较小。在交界面的外侧(导体边缘外侧)，铁氧体为低磁矩材料 $4\pi M_1$，其有效磁导率 μ_e 较大，所以电磁波传输过程中，高磁矩处对电磁能排斥。低磁矩材料由于 μ_e 值大对电磁波有吸引作用，所以导致边导模场结构，尤其当 μ_e 为负值时，属于铁氧体中的异常模传输。这是随频率稳定的场结构，因此能获得超宽带传输机理。表 5.10 为不同磁矩，在不同频段处，有效磁导率 μ_e 的变化数值表。由表所示，当 $4\pi M_2 = 900\text{ Gs}$ 时，低频的 $\mu_e < 0$，中频的 $\mu_e = 0.29$，高频的 $\mu_e = 0.82$，均比 $4\pi M_1$ 时的 μ_e 值小。

表 5.10　不同频率下有效磁导率的变化

$\sigma=0$　　$\mu=1$　　$\kappa=p$　　$\mu_e=1-p^2$		
$f_1=1.5\text{GHz}$ $H_r=535.7\text{Oe}$	$f_0=3.0\text{GHz}$ $H_r=1071.4\text{Oe}$	$f_0=6.0\text{GHz}$ $H_r=2142.8\text{Oe}$
$4\pi M_s=450\text{Gs}$ $p=0.84$	$4\pi M_s=450\text{Gs}$ $p=0.42$	$4\pi M_s=450\text{Gs}$ $p=0.21$
$\kappa=0.84$ $\mu_e=0.29$	$\kappa=0.42$ $\mu_e=0.82$	$\kappa=0.21$ $\mu_e=0.96$
$4\pi M_s=900\text{Gs}$ $p=1.68$	$4\pi M_s=900\text{Gs}$ $p=0.84$	$4\pi M_s=900\text{Gs}$ $p=0.42$
$\kappa=1.68$ $\mu_e=-1.82$	$\kappa=0.84$ $\mu_e=0.29$	$\kappa=0.42$ $\mu_e=0.82$

5.12.1　浮位式边导模隔离器

图 5.112 表示隔离器的超宽带特性，反向损耗和驻波在 20dB 时，其频宽覆盖 1.5～6GHz，正向损耗为 0.4dB～0.86dB。浮位式隔离器的内导体和壳体是绝缘的(开路)。

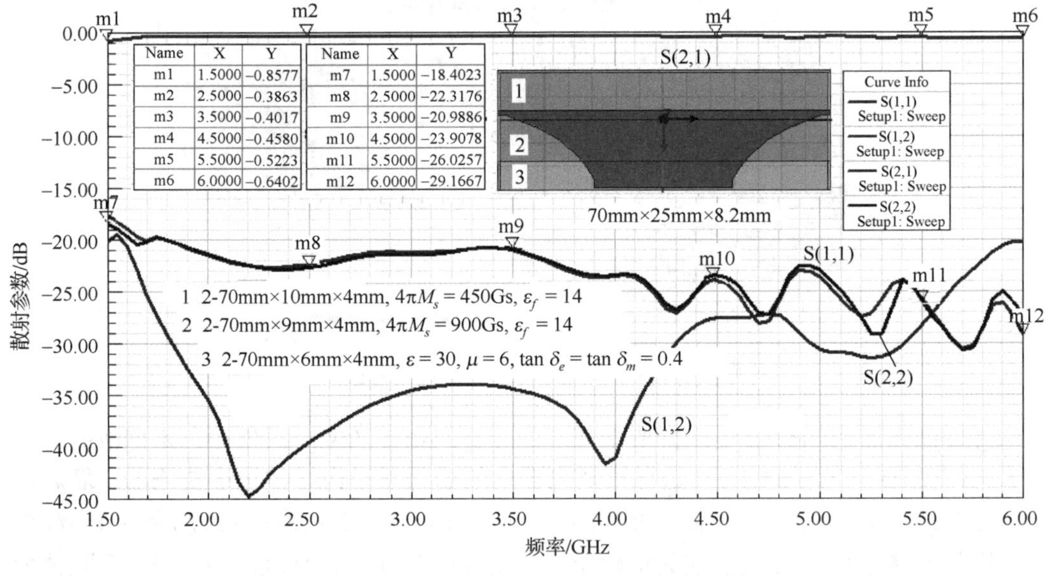

图 5.112　浮位式边导模隔离器的性能

5.12.2　零位式边导模隔离器

图 5.113 为零位式导模隔离器结构和性能，在内导体和壳体短路情况下，仍能获得良好的正反向和反射损耗的性能。

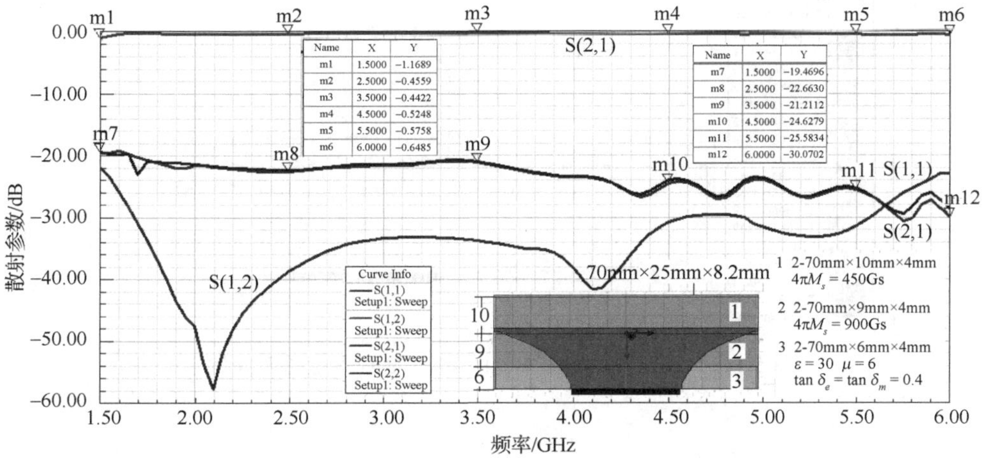

图 5.113　零位式边导模隔离器的结构和性能

5.12.3　边导模隔离器中场分布

图 5.114 中，电场 E 集中在内导体边缘的铁氧体界面处，在内导体内侧并且铁氧体表面场强很弱，导波波长约 2.7mm。

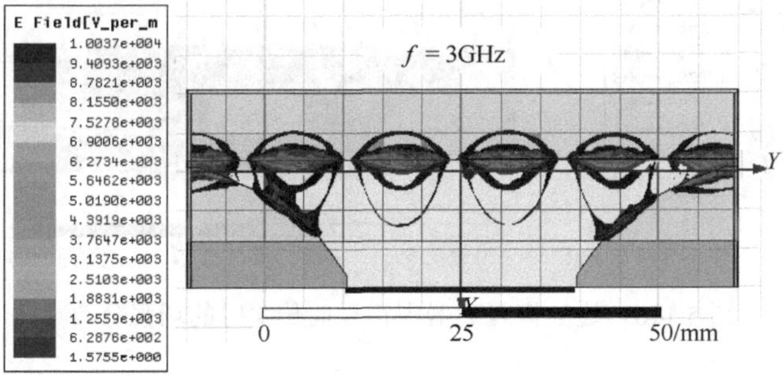

图 5.114　零位式边导模隔离器铁氧体表面电场分布

图 5.115 显示了电场矢的分布，电场 E 矢量由内导体到接地板近似 TEM 模。

图 5.116 为边导模隔离器中正向传输(1→2)和反向传输(2→1)时的电场分布。由图中所示，1→2 传输时能量从 1 传到 2，为正向状态；2→1 传输时，能量被吸收体所吸收。

图 5.117 所示，电波沿 Y 轴方向传输，在 XY 平面内，铁氧体表面的电场有在(–X)方向的场强 E_X。

图 5.118 中的计算结果和仿真结果较吻合，说明了场积分的稳定性。图中反射系数 S_{11} 团聚在圆图中心附近，这和图 5.113 中的 S_{11} 数据是吻合的。基本上，在四频程带宽范围(1.5～6GHz)内，反射损耗大于 20dB。dS-f 在阻抗圆图上是沿圆周附近

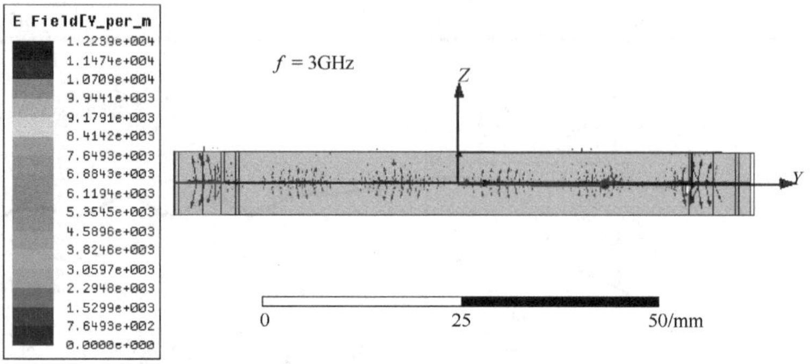

图 5.115　边导模隔离器中侧面 ZY 平面观察电场 E 矢量

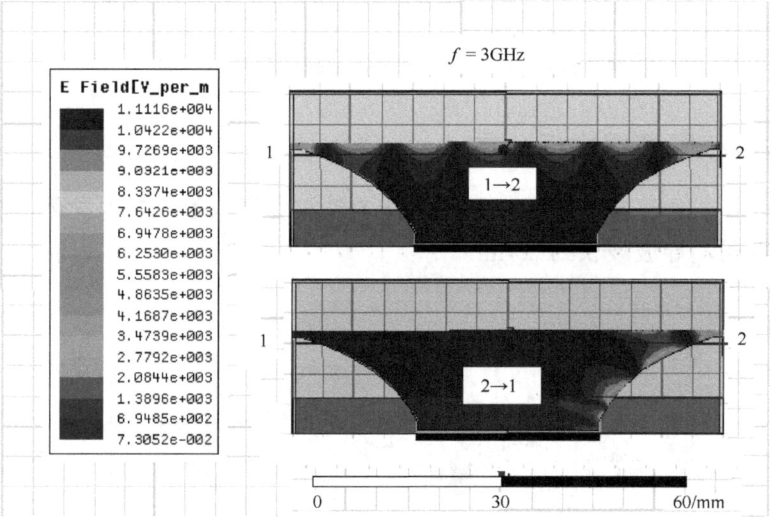

图 5.116　边导模隔离器中正反向传输时的场强分布

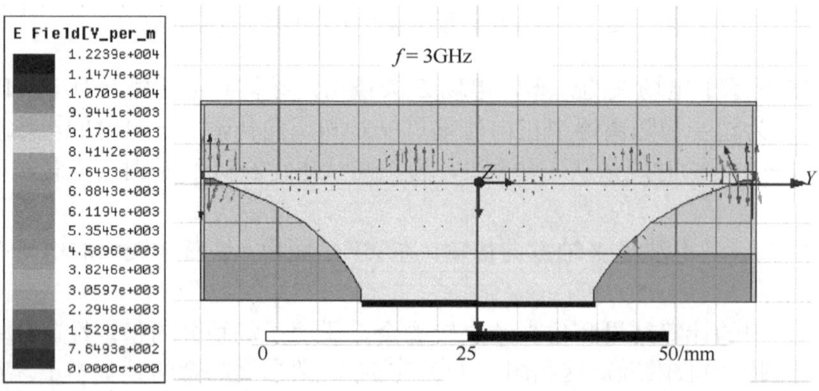

图 5.117　隔离器中 XY 平面内的电场矢分布

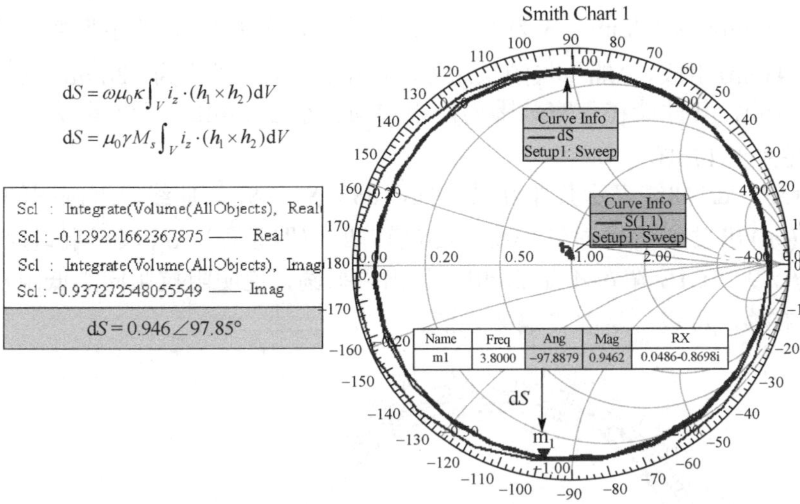

图 5.118　边导模隔离器非互易性计算及从 Smith 圆图中观察 S_{11} 和 dS 的宽带特性

$|\mathrm{d}S| = 0.9 \sim 1.0$ 绕四周，而且从低频到高频(f_1 到 f_2)是顺时针旋转。图中 m_1 点的频率为 3.8GHz，其仿真结果 $\mathrm{d}S = 0.946\angle -97.88°$，两者相当吻合。从 d$S$ 方程出发，$|\mathrm{d}S| = \mu_0\gamma M_s|F|$，$|F|$ 为场积分值。当 M_s 恒定时，场积分值 $|F|$ 保持恒定，也就是场结构随频率是稳定的，这是边导模器件的宽带和 $|F|$ 稳定性的主要特点。

5.12.4　SCX 边导模隔离器

图 5.119 为横跨 S、C、X 等波段的四频程的边导模隔离器，其 $f_1 = 2.8$ GHz、$f_2 = 11.2$ GHz、$f_1/f_2 = 4$。图 5.119 中隔离器内腔尺寸为 $abL = 19.3\text{mm} \times 6\text{mm} \times 40\text{mm}$。1 为两块矩形铁氧体，尺寸为 $Lw_1t = 40\text{mm} \times 9.7\text{mm} \times 2.9\text{mm}$；2 为两块吸收体，尺寸为

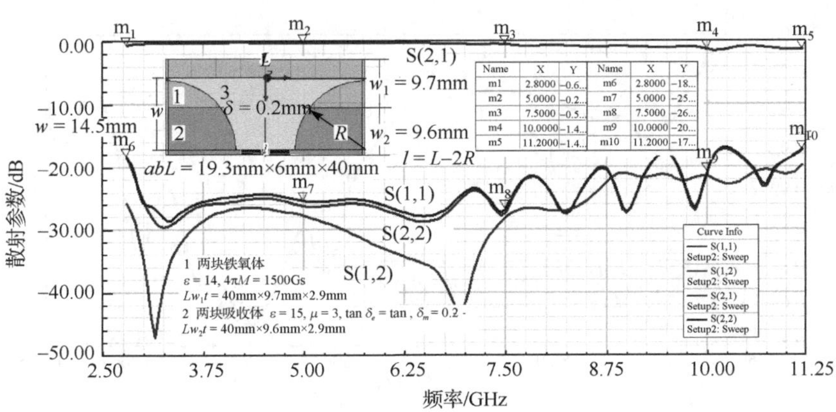

图 5.119　SCX 边导模隔离器的结构尺寸和性能

$Lw_2t = 40\text{mm} \times 9.6\text{mm} \times 2.9\text{mm}$；3 为“船”状内导体，它由 $L \times w$ 的矩形剪去两个四分之一圆($R = 14\,\text{mm}$)组成，“船”状的长边 $L = 40\,\text{mm}$，短边长度为 12mm。铁氧体磁化场 $H_0 = 5000\,\text{A/m}$，其性能在带宽范围内，正向损耗小于 1.4dB，反向隔离大于 20dB，两端反射损耗大于 17dB。

图 5.120 中，dS 曲线表示其非互易特性，$\mathrm{d}S = S_{12} - S_{21}$，曲线靠近圆图的外圆周，d$S$ 曲线从 $f_1(m_1)$ 出发到 f_2 顺时针环绕中心旋转四周(四频程)，S_{11} 表示端口反射特性，在高频段，$f > 9.25\,\text{GHz}$ 隔离不足 20dB，且出现振荡，说明阻抗倾向于低阻抗，如果把 S_{11} 团聚区右移，可进一步改善隔离性能。

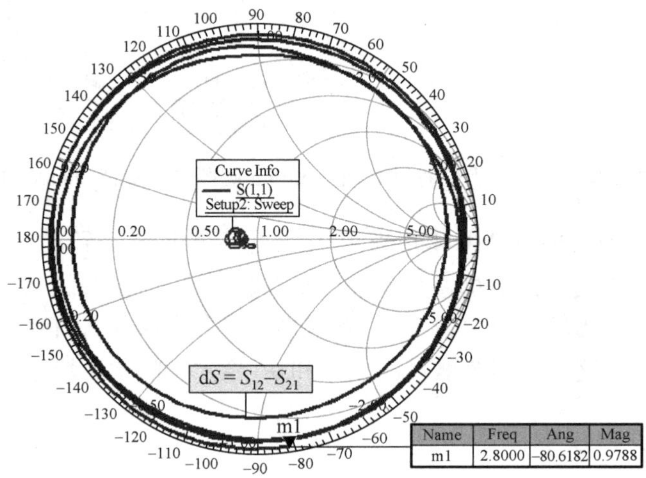

图 5.120　SCX 边导模隔离器阻抗圆图中 dS 曲线和 S_{11} 曲线

从图 5.121 的非互易性$|\mathrm{d}S|$-f 曲线可见：$0.83 \leqslant |\mathrm{d}S| \leqslant 0.98$，证明$|\mathrm{d}S|$满足非互易性。

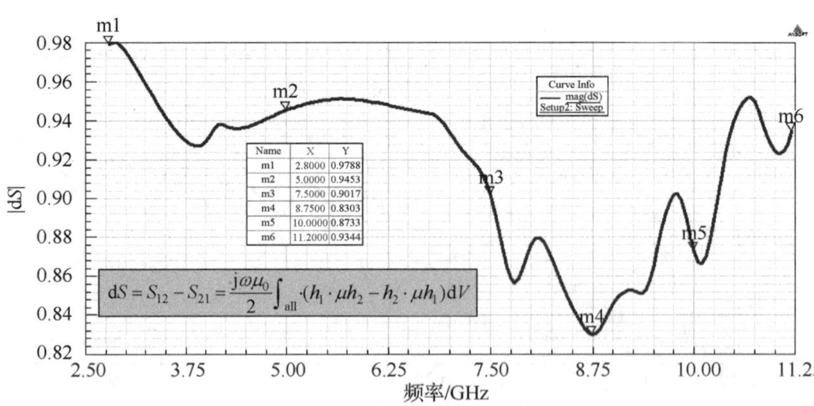

图 5.121　SCX 边导模隔离器$|\mathrm{d}S|$- f 曲线

$$dS = S_{12} - S_{21} = \frac{j\omega\mu_0}{2}\int_{all}(h_1 \cdot \mu h_2 - h_2 \cdot \mu h_1)dV$$

图 5.121 中 6 个频点的$|dS|$值可用上述积分结果来检验。

5.12.5　LS 边导模隔离器

根据前面对边导模场分布观察(图 5.116)，场强 E 集中在导体边缘，即波沿 y 轴传输，沿 x 轴场强呈指数衰减。根据经典理论解释：

$$e_z = e_0 e^{-\alpha_x x} e^{-j\beta_y y}$$

$$h_y = \frac{je_0}{\omega\mu_0\mu_e}\left[\alpha_x - \frac{\kappa}{\mu}\beta_y\right]e^{-\alpha_x x}e^{-j\beta_y y}$$

$$h_x = \frac{e_0}{\omega\mu_0\mu_e}\left[-\frac{\kappa}{\mu}\alpha_x - \beta_y\right]e^{-\alpha_x x}e^{-j\beta_y y}$$

当$h_y = 0$ (TEM 模)时，有

$$\alpha_x - \frac{\kappa}{\mu}\beta_y = 0$$

式中

$$\alpha_x = \omega\frac{\kappa}{\mu}\sqrt{\mu_0\varepsilon_0\varepsilon\mu}$$

$$\beta_y = \omega\sqrt{\mu_0\varepsilon_0\varepsilon\mu}$$

从上述讨论可知如下内容。

(1) 当$\kappa = 0$时，$\alpha_x = 0$ (场分布沿 x 方向非指数衰减)，所以边导模只在旋磁介质中($\kappa/\mu \neq 0$)存在。

(2) 为使边导模传播，$\beta_y > 0$即$\mu > 0$，边导模的截止频率(低频限制条件)为

$$\omega > \sqrt{\omega_0(\omega_0 + \omega_m)}$$

(3) 当出现体模(高次模)时，传播常数为

$$\beta_y^2 = \omega^2\mu_0\varepsilon_0\varepsilon\mu_e - \left(\frac{\pi}{w}\right)^2$$

所以体模出现的条件为

$$\omega > \frac{\pi}{w\sqrt{\mu_0\varepsilon_0\varepsilon\mu_e}}$$

(4) 综上所述，边导模工作频率范围应为

$$\sqrt{\omega_0(\omega_0 + \omega_m)} < \omega < \frac{\pi}{w\sqrt{\mu_0\varepsilon_0\varepsilon\mu_e}}$$

因此，在设计边导模隔离器时，对材料选择 ω_m ($4\pi M_s$)、内导体宽度 w_c、材料工作磁场 ω_0 和工作参数 μ、μ_e 及内导体结构形状的相互匹配是至关重要的。

图 5.122 为 LS 边导模隔离器结构示意图，腔体尺寸为 140mm×40mm×8.2mm，内导体呈“船”状结构，厚度为 0.2mm，掺入铁氧体部分的内导体宽度 $w=20$ mm。图 5.123 为边导模隔离器的性能，其频宽为四频程宽度。在带宽范围内，正向损耗 $S(1,2)$ 的 7 个取样点，其值为(0.3～0.7) dB，反射损耗 $S(1,1)$ 为(21～36) dB，隔离 $S(2,1)$ 为(18～43) dB。当频率 $f>2.4$GHz 时，反向和反射损耗有振荡峰，此由高次模产生的扰动所致。最低的高次模出现的最低频率为

$$f_{\min}=\frac{c}{2w\sqrt{\varepsilon\mu_e}}$$

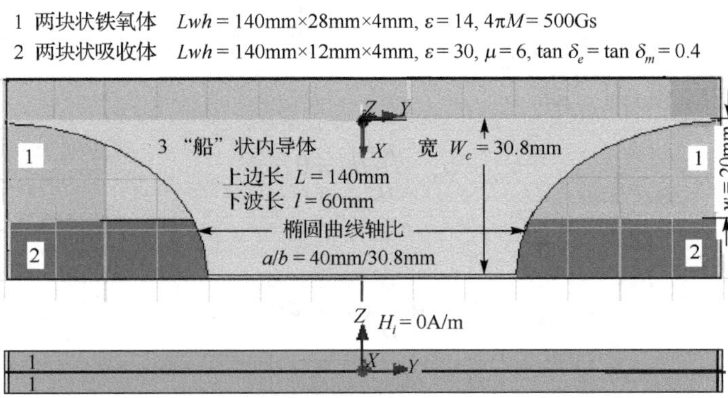

图 5.122　LS 边导模隔离器结构磁场和电磁参数

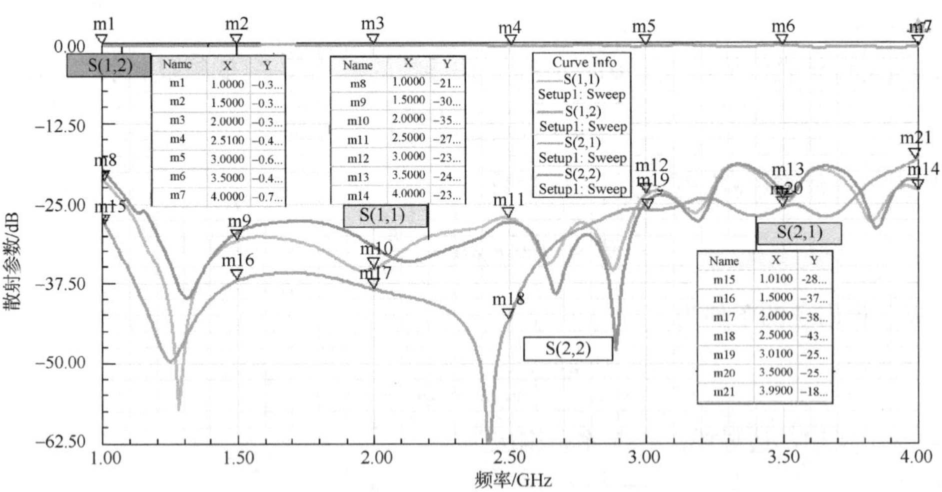

图 5.123　LS 边导模隔离器性能

在中心频率处，$f_0 = 2.5\,\text{GHz}$、$\kappa = \gamma 4\pi M_s / \omega_0 = 0.56$、$\mu_e = 1-\kappa^2 = 0.686$、$\varepsilon = 14$、$w = 20\,\text{mm}$，计算出 $f_{\min} = 2.42\,\text{GHz}$。

在图 5.123 中，当 $f > 3\text{GHz}$ 时明显出现振荡峰，它不仅对反向和反射有影响，对正向损耗也有所影响。

图 5.124 中，反射系数 S_{11} 团聚在圆心周围，说明其有低的反射系数，当 f 从 1GHz 变化到 4GHz 时，$|S_{11}| = 0.088 \to 1.1 \to 0.72$ 范围内变化。非互易参数随频率变化情况如下。从低频 $f = 1\,\text{GHz}$ 变化到高频 $f = 4\,\text{GHz}$，围绕圆周顺时针绕四周，其范围 $|\text{d}S| = 0.96 \to 0.88 \to 1.02$（$f = 1 \to 1.295 \to 4\,\text{GHz}$）。非互易参数 $|\text{d}S|$ 满足隔离器的特性，也说明其场积分从幅度角度来看，边导模是一种稳定场结构。

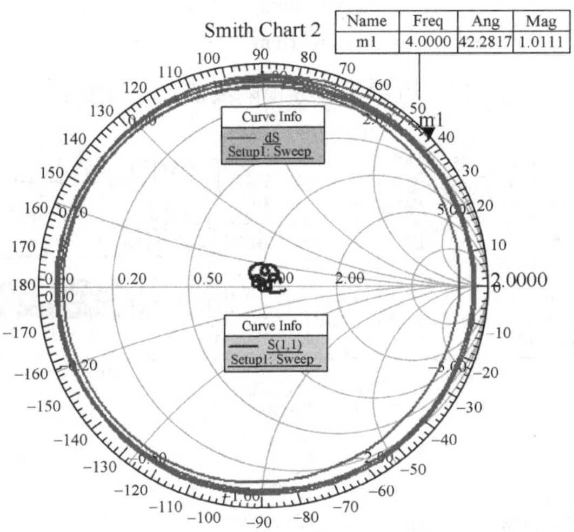

图 5.124　反射系数 S_{11} 和非互易参数 dS 在阻抗圆图上变化

5.12.6　五频程边导模隔离器

一般边导模隔离器宜设计四频程的带宽，如 $f = 750\,\text{MHz} \sim 3\text{GHz}$、$f = 2 \sim 8\text{GHz}$，也就是高端频率与低端频率比值 $f_H / f_L = 4$。但边导模的带宽极限究竟是多少，本节的设计是个尝试。

如图 5.125 所示，两块状铁氧体 1 的尺寸为 $69\text{mm} \times 5\text{mm} \times 4\text{mm}$；两块状铁氧体 2 的尺寸为 $69\text{mm} \times 9\text{mm} \times 4\text{mm}$，它们的磁矩组合为 $4\pi M_1 / (4\pi M_2) = 450\text{Gs}/900\text{Gs}$；两块状吸收体尺寸为 $69\text{mm} \times 6\text{mm} \times 4\text{mm}$，内导体呈“船”状，厚度为 0.2mm，上下边长分别为 71mm 和 29.2mm，左右两边为椭圆曲线，其轴比 $a/b = 20\text{mm}/15\text{mm}$，内导体输入、输出端宽度均为 1mm，其中心线和两种铁氧体 1、2 的界面重合，内导体上下边距离腔体侧壁分别为 4.5mm 和 0.5mm。其他尺寸和材料特性如图中所示，对此结构进行 HFSS 仿真，结果表示在图 5.126 中。

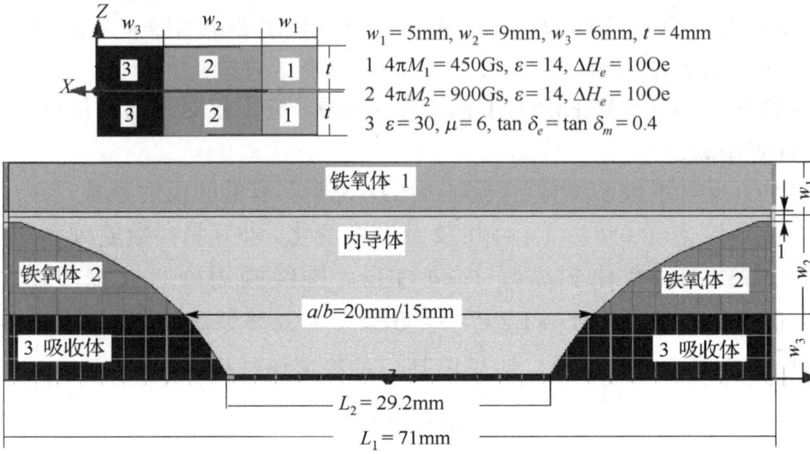

图 5.125　五频程边导模隔离器尺寸与参数

Name	X	Y	Name	X	Y	Name	X	Y
m1	1.6000	−0.6417	m9	1.6000	−25.6494	m17	1.6000	−19.0969
m2	2.0000	−0.5448	m10	2.0000	−37.5798	m18	2.0000	−21.6433
m3	3.0000	−0.5816	m11	3.0000	−35.9884	m19	3.0000	−21.6044
m4	4.0000	−0.6084	m12	4.0000	−36.0870	m20	4.0000	−22.0826
m5	5.0000	−0.6570	m13	5.0000	−32.3912	m21	5.0000	−25.4812
m6	6.0000	−0.7981	m14	6.0000	−26.7318	m22	6.0000	−27.9041
m7	7.0000	−0.8967	m15	7.0000	−27.2671	m23	7.0000	−30.0954
m8	8.0000	−1.1756	m16	8.0000	−20.8549	m24	8.0000	−24.3690

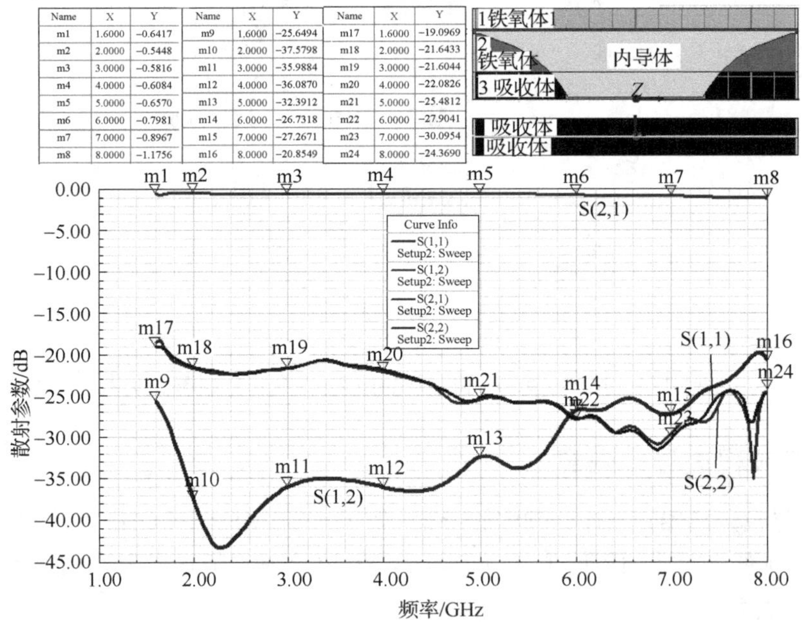

图 5.126　五频程 $f=1.6\sim8\text{GHz}$ 边导模隔离器性能

图 5.126 列出了从低频到高频 8 个频点的正向损耗 S_{12}(dB)、反向隔离 S_{21}(dB) 和两端口的反射损耗 S_{11}(dB)、S_{22}(dB)。在五频程带宽内：正向损耗为 0.54～1.17dB；反向隔离为 20.85～37.58dB；反向损耗为 19.1～30.1dB。图 5.127 为边导模隔离器在 $f=1.0\sim1.5\,\text{GHz}$ 区域内的仿真性能，它是图 5.126 的性能在低频的延续。在该频区内：正向接近 3dB，反向隔离和反射损耗在 15～30dB 幅度内振荡变化。

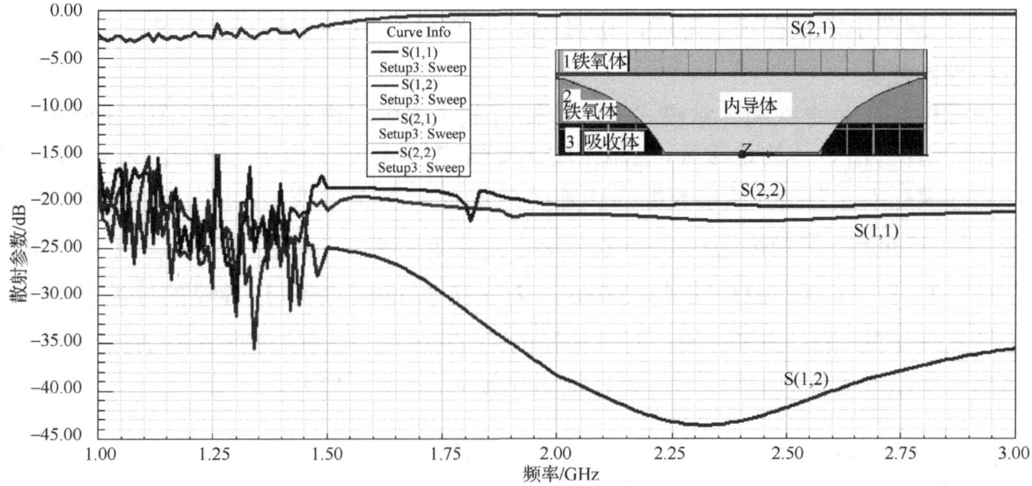

图 5.127　边导模隔离器仿真性能

图 5.128 所示为非互易参数 $|dS|$ 在阻抗圆图中的分布曲线。随着频率从 1.6GHz 变到 8GHz，曲线沿顺时针方向在圆周内绕圆 5 周，其取样值如图中表所示，$0.87 \leqslant |dS| \leqslant 0.96$；

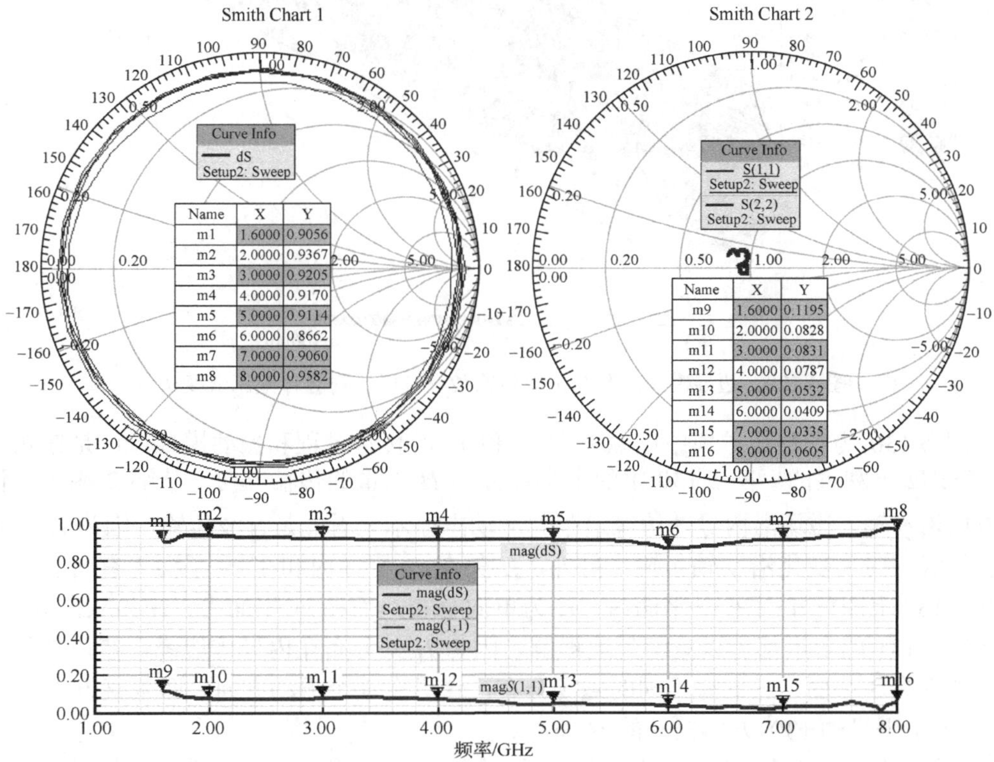

图 5.128　非互易参数 $|dS|$、反射参数 S_{11} 和 $|dS|$-f_1、$|S_{11}|$-f 仿真结果

S_{11}在阻抗圆图中团聚在圆心附近，$0.04 \leqslant |S_{11}| \leqslant 0.12$。图 5.128 充分地说明了隔离器的五频程性能。

边导模是一种特殊的异常模式，它传输时能量集中在内导体边缘。图 5.129 为正向传输的情况。沿导体的边缘处，电流密度 J 最强，图中显示了当 $f = 5\,\text{GHz}$（$\lambda_0 = 60\,\text{mm}$）时，边导模在 $L_1 = 71\,\text{mm}$ 结构长度内传输时显示有 4.28 个导波长，估计边导模的导波长 $\lambda_g \approx 16.57\,\text{mm}$。这是因为：$\lambda_g = \lambda_0 / \sqrt{\varepsilon \mu_e}$，当 $\varepsilon = 14$、$4\pi M_1 = 450\,\text{Gs}$、$f = 5\,\text{GHz}$ 时，$\mu_e = 1 - p^2 = 1 - (\gamma 4\pi M_1 / \omega)^2 = 0.936$，$\lambda_g = 16.57\,\text{mm}$。所以边导模的导波长 λ_g 取决于铁氧体 1 的 $4\pi M_1$ 值和 ε 值，而且传输的是 TEM 波。传输方向 $s = n \times H_0$，n 为内导体边缘的法线方向(向外)，H_0 为外加磁化场方向(图 5.129)。

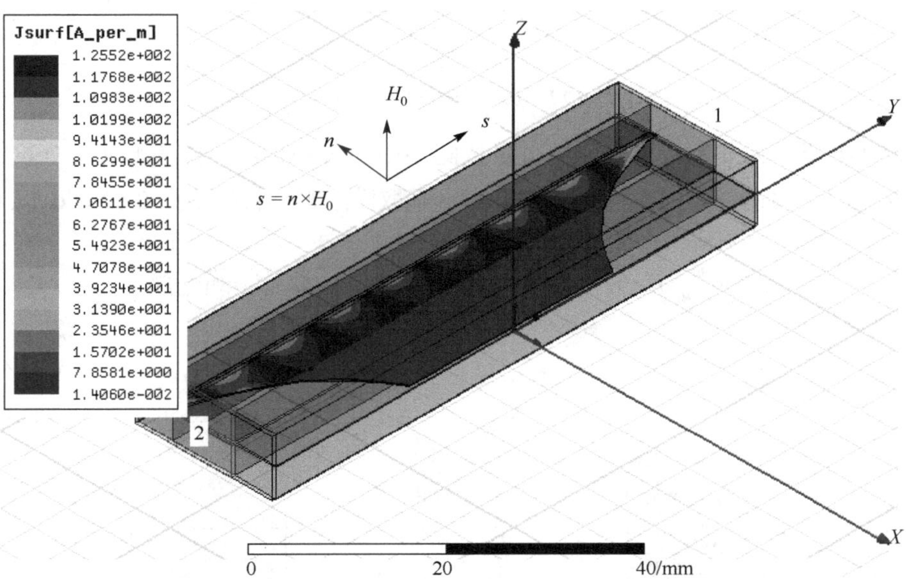

图 5.129　边导模隔离器的正向传输(2→1)时，内导体电流密度 J

图 5.130 为观察边导模中电磁矢量 E 和 H 的传输过程和振动模式。这是在频率 $f = 5\,\text{GHz}$ 下观察的。图 5.130 中的上半部分为 H 矢量的传输方向，从端 2 输入，传输方向沿 y 轴，磁场沿内导体边缘最强。从动态显示来看，是行波传输，因为 H 矢量的包络线随时间变化沿 y 轴传输；另外，H 矢在 zy 平面内和在 xy 平面内有所区别，如图 5.130 上图可知：在 yz 平面内，H 为单向分布，而在 xy 平面内，H 为双向分布。这从图 5.131 的上半部可以更清楚地理解，因为 H 矢分布在内导体边缘，在内导体边缘可能存在 3 个面，它们有不同的磁场分布，这里有 3 个振动方向，即垂直方向(z 方向)和与水平呈约 $\pm 30^\circ$ 方向振动的 H 矢。

E 矢的振动与传输和 H 矢的振动有所类同，也有所差异。类同之处是均沿 y 方向行波传输，差异之处是 E 矢在 yz 平面内是 $\pm z$ 双向分布的。相反地，在 xy 平面内却

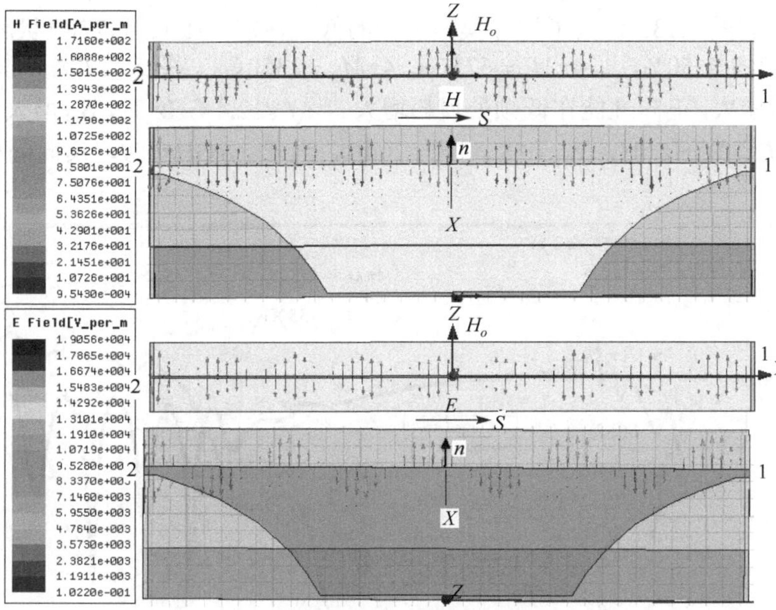

图 5.130　电磁矢 E、H 分别在 zy 和 xy 平面内动态传播过程

是单向分布的。这从图 5.131 下图 E 矢的动态振动可以看清楚，在内导体边缘也有 3 种振动方式：E 的水平振动和约 $\pm 60^{\circ}$ 的振动。

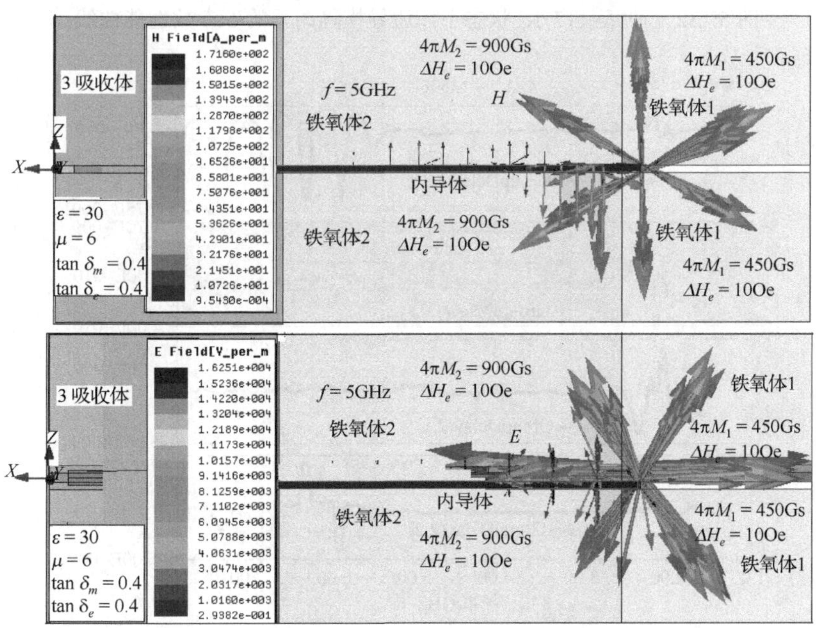

图 5.131　电磁矢 E、H 分别在 xz 平面内振动过程

图 5.132 和图 5.133 仿真了边导模隔离器的低温性能。在低温(77K)状态下，两种材料的磁矩均增长 50%，即 $4\pi M_1 = 675\,\text{Gs}$，$4\pi M_2 = 1350\,\text{Gs}$。图 5.132 为 S 参数性能曲线；由于磁矩增大，正向性能在低频处损耗增大。当 $f \leqslant 2.4\,\text{GHz}$ 时，S_{12} 增大到了 3dB，反射损耗在 $f \leqslant 3\,\text{GHz}$ 时，S_{11}、S_{22} 小于 20dB。当 $f \geqslant 6\,\text{GHz}$ 时，反向隔离 S_{21} 小于

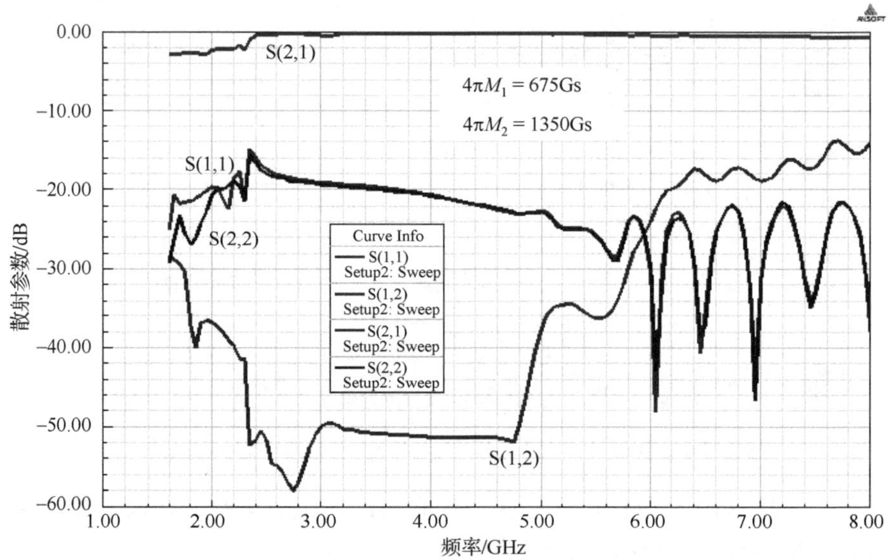

图 5.132　在低温(77K)状态下，边导模隔离器的 S 参数性能曲线

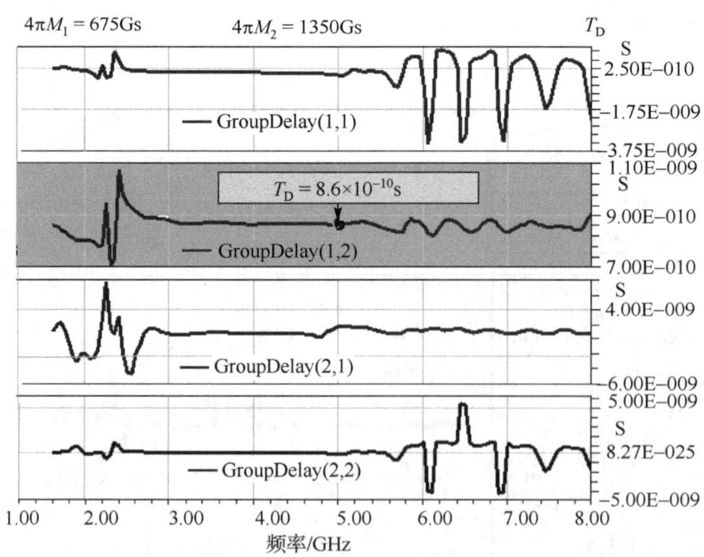

图 5.133　在低温(77K)状态下，边导模隔离器的群延时性能曲线

20dB。另外，在高频时，出现反向振荡变化，低频时出现反向和反射损耗的振荡峰。图 5.133 为 4 种情况的群延时参数，最重要的参数是 GD(1，2)即 2→1 传输时的群延时 T_D，从图 5.133 中可知 T_D 值。在 $f=5\,\text{GHz}$ 时，传输距离为 $L_1=71\,\text{mm}$，由此获得群速度：

$$v_g = L_1 / T_D = 8.26\times 10^7\ \text{m/s}$$

另一方面，边导模的波速取决于 $(\varepsilon,\mu_e),(\varepsilon=14,\mu_e=0.936)$；波速 $v=c/\sqrt{\varepsilon\mu_e}=8.289\times 10^7\,\text{m/s}$，可见群速与波速相等($v_g=v$)。这从另一个角度表明边导模为 TEM 模式。在 $f=3\sim 5\,\text{GHz}$ 频率范围内是一种非色散模。当 $f\leqslant 3\,\text{GHz}$ 或 $f\geqslant 5\,\text{GHz}$ 时，许多 T_D 曲线出现振荡峰，这和图 5.132 的 S 参数曲线颇为类似，这可能是 $4\pi M$ 太大的缘故。

第 6 章　高功率环行器

6.1　高功率四端波导差相移环行器

四端差相移式环行器由波导 3dB 电桥 $T_{3\mathrm{dB}}$、铁氧体非互易移相器 T_θ 和双 T 电桥三部分组成，如图 6.1 所示，为其结构示意图。

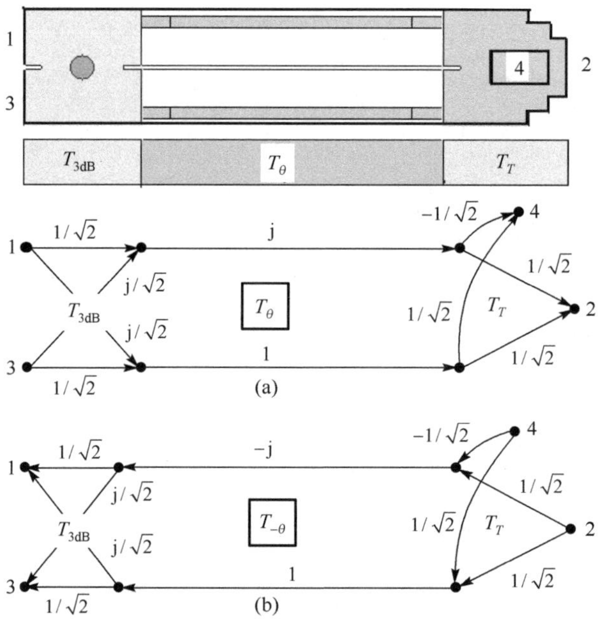

图 6.1　波导差相移环行器结构示意图

这类环行器可以承受高功率，设计的波段也比较广泛，从 L 波段到 Ka 波段均有此类型的环行器。它的典型用途是作为雷达收发双工器，端 1 接发射机，端 2 接天线，端 3 连接接收机，端 4 连接匹配负载。若环行方向从端 1→端 2→端 3→端 4，收发双工原理就是发射机功率发射到天线系统和把天线的接收信号传到接收机，相应的 $S_{21}(\mathrm{dB})$、$S_{32}(\mathrm{dB})$ 传输损耗很小，一般小于 0.3dB，这是正向衰减情况；相反，从发射到接收的传输处于隔离状态（$|S_{31}(\mathrm{dB})| \geqslant 20\,\mathrm{dB}$）。环行器起到发射→接收、天线→接收，收发双工作用，同时起到发射→接收的保护作用。

6.1.1　差相移环行器的基本原理

如图 6.1(a)所示，端口 1、3 在左，端口 2、4 在右，从信流图关系可知从左到右传输时的散射矩阵元素，由此可见$|S_{21}|=|S_{43}|=1$，为正向传输情况；$|S_{41}|=|S_{23}|=0$，为反向传输情况。

若用矩阵运算来表达，获得式(6.1)，从左到右的传输矩阵为$\vec{T}$，式(6.2)中的S_{ij}值表达了正/反向的情况。

$$
\begin{aligned}
S_{21}&=\frac{1}{\sqrt{2}}\cdot \mathrm{j}\cdot\frac{1}{\sqrt{2}}+\frac{\mathrm{j}}{\sqrt{2}}\cdot 1\cdot\frac{1}{\sqrt{2}}=\mathrm{j}\\
S_{41}&=\frac{1}{\sqrt{2}}\cdot \mathrm{j}\cdot\frac{1}{\sqrt{2}}+\frac{\mathrm{j}}{\sqrt{2}}\cdot 1\cdot\frac{-1}{\sqrt{2}}=0\\
S_{43}&=\frac{1}{\sqrt{2}}\cdot 1\cdot\frac{1}{\sqrt{2}}+\frac{\mathrm{j}}{\sqrt{2}}\cdot \mathrm{j}\cdot\frac{-1}{\sqrt{2}}=1\\
S_{23}&=\frac{1}{\sqrt{2}}\cdot 1\cdot\frac{1}{\sqrt{2}}+\frac{\mathrm{j}}{\sqrt{2}}\cdot \mathrm{j}\cdot\frac{1}{\sqrt{2}}=0
\end{aligned}
\tag{6.1}
$$

$$
\vec{T}=T_T T_\theta T_{3\mathrm{dB}}=\begin{bmatrix}1/\sqrt{2} & 1/\sqrt{2}\\ -1/\sqrt{2} & 1/\sqrt{2}\end{bmatrix}\begin{bmatrix}\mathrm{j} & 0\\ 0 & 1\end{bmatrix}\begin{bmatrix}1/\sqrt{2} & \mathrm{j}/\sqrt{2}\\ \mathrm{j}/\sqrt{2} & 1/\sqrt{2}\end{bmatrix}=\begin{bmatrix}\mathrm{j} & 0\\ 0 & 1\end{bmatrix}
$$

$$
\vec{T}=\begin{bmatrix}S_{21} & S_{41}\\ S_{23} & S_{43}\end{bmatrix}\tag{6.2}
$$

同理，从图 6.1(b)出发，可以得出从右到左的传输情况。

$$
\overleftarrow{T}=T_{3\mathrm{dB}}T_{-\theta}T_T=\begin{bmatrix}1/\sqrt{2} & \mathrm{j}/\sqrt{2}\\ \mathrm{j}/\sqrt{2} & 1/\sqrt{2}\end{bmatrix}\begin{bmatrix}-\mathrm{j} & 0\\ 0 & 1\end{bmatrix}\begin{bmatrix}1/\sqrt{2} & 1/\sqrt{2}\\ -1/\sqrt{2} & 1/\sqrt{2}\end{bmatrix}=\begin{bmatrix}-\mathrm{j} & 0\\ 0 & 1\end{bmatrix}
$$

$$
\overleftarrow{T}=\begin{bmatrix}S_{14} & S_{12}\\ S_{34} & S_{32}\end{bmatrix}\tag{6.3}
$$

对于无耗网络，正向/反向传输矩阵$\vec{T}/\overleftarrow{T}$有下列关系：

$$
\vec{T}\overleftarrow{T}=I\tag{6.4}
$$

6.1.2　L 波导差相移环行器

1. 3dB 电桥设计

图 6.2 所示为 3dB 电桥的结构尺寸，工作在 L 波段，其波导口径不是标准波导口径。

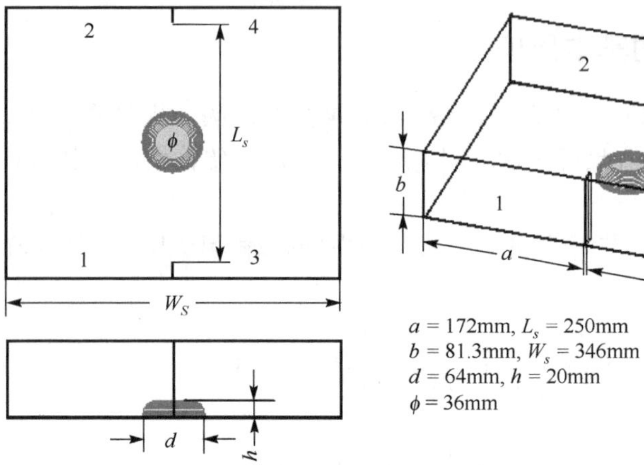

图 6.2　3dB 电桥结构尺寸(L 波段)

图 6.3 表示了 3dB 电桥的性能，其宽带范围 $f = 1120 \sim 1260\,\text{MHz}$，其相对带宽 $2\delta \approx 11.8\%$。由于电桥结构的对称性，所示四端口器件的 16 个 S 参数仅列出 4 个(其中反射系数 $S_{11} = S_{22} = S_{33} = S_{44}$；传输系数 $S_{12} = S_{21} = S_{34} = S_{43}$ 及 $S_{14} = S_{41} = S_{23} = S_{32}$；隔离值 $S_{13} = S_{31} = S_{24} = S_{42}$)，其 4 个参数是 S_{11} (反射)、S_{21}、S_{41} (分配比)、S_{31}。图中，$S_{31}(\text{dB}) \geqslant 25\,\text{dB}$，$S_{21}$、$S_{41} \approx 3\,\text{dB}$，最大偏离约为 $0.16(f = 1120\,\text{MHz})$。

图 6.3 中表格显示 $f = 1200\,\text{MHz}$ 频点的 S 参数值，其中 $S_{21}(\text{dB}) - S_{41}(\text{dB}) = 0.12\,\text{dB}$，表示其不平衡数值，而相位间的差值 $\theta_{21} - \theta_{41} = 90.1°$。

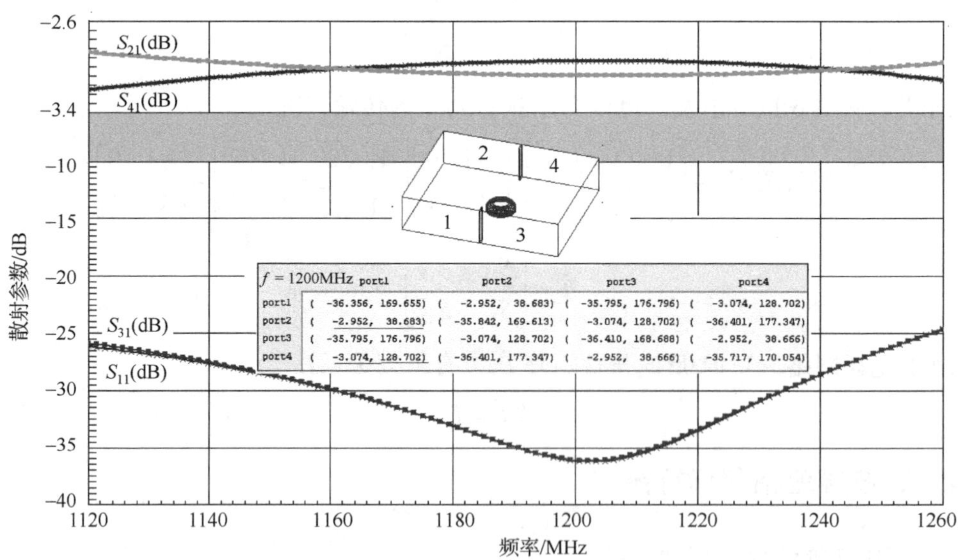

图 6.3　3dB 电桥的性能曲线

图 6.4 表示了 3dB 电桥输出端之间的相位差值 $\Delta\theta$。频带范围内，$\Delta\theta \approx 90°$，其误差 $\Delta\theta = 0.2° - 0.36°$，以上 3dB 电桥幅相数据能满足环行器的设计要求。

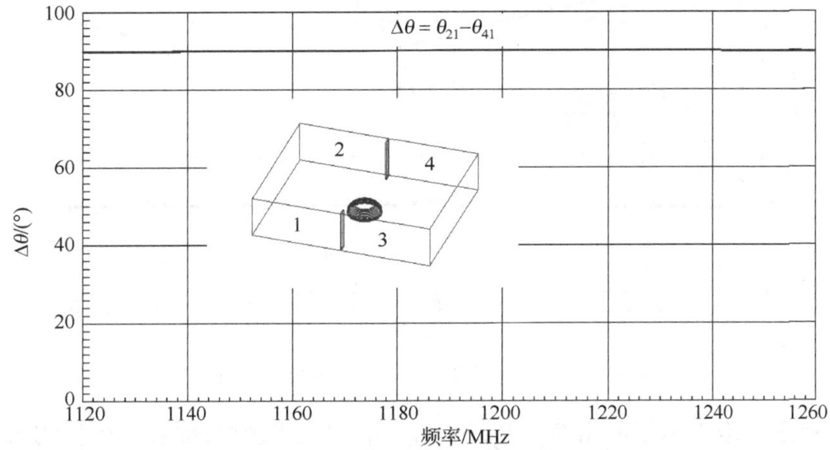

图 6.4　3dB 电桥的相位差曲线

2. 折叠双 T 设计

图 6.5 表示折叠双 T(电桥)结构尺寸，端口 1、3 口径同 3dB 电桥的波导口径，端口 2、4 的口径为 $a_2 b = 182.9\text{mm} \times 81.3\text{mm}$。金属圆柱尺寸 $\phi h = 96\text{mm} \times 18\text{mm}$，$l_x = 116.6\ \text{mm}$。

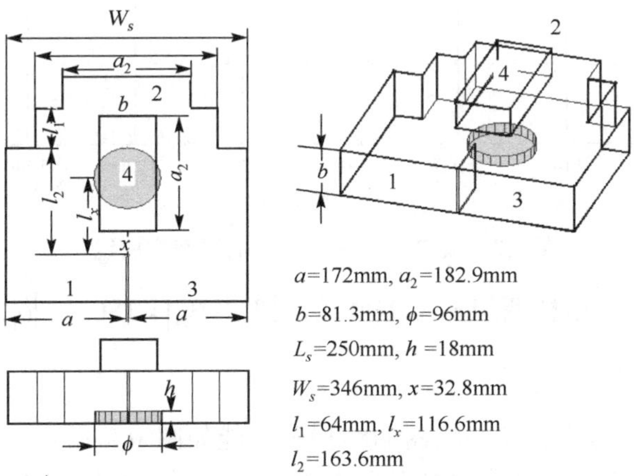

图 6.5　折叠双 T 电桥的结构尺寸

图 6.6 所示为双 T 电桥各端口反射 S_{11}、S_{22}、S_{33}、S_{44} 和隔离 S_{13}、S_{31}、S_{24}、S_{42} 数值曲线，均优于 20dB。

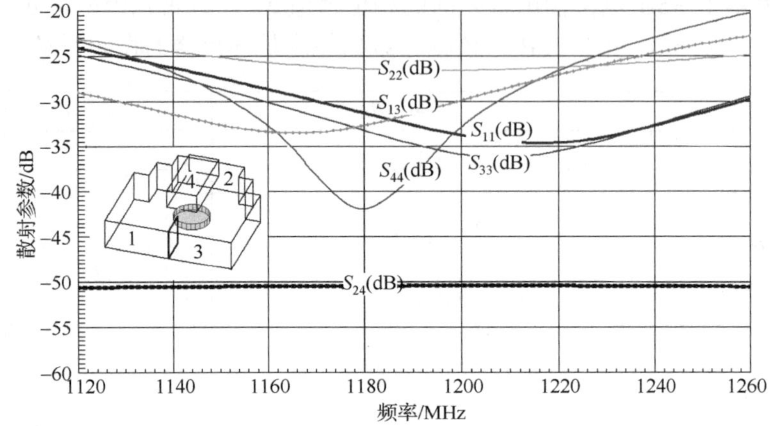

图 6.6　双 T 电桥隔离端和各端的反射损耗

图 6.7 所示为双 T 电桥两组 S_{12}/S_{32} 及 S_{14}/S_{34} 幅度平衡度曲线，失衡值约为 0.04dB。

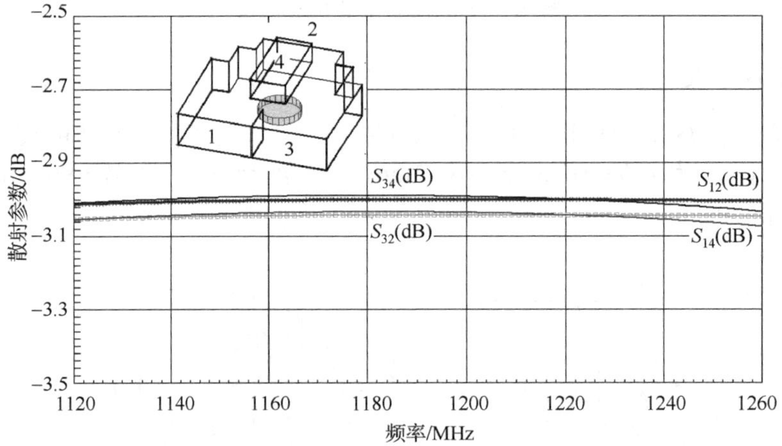

图 6.7　双 T 电桥端口传输的平衡度曲线

图 6.8 所示为双 T 电桥两组相位差曲线，$|\theta_{14}-\theta_{34}|\approx 180°$、$|\theta_{12}-\theta_{32}|\approx 0$。

3. 非互易移相器

差相移式环行器的非互易移相器的结构及性能如图 6.9 所示，是一对并联结构的 90°非互易移相段。铁氧体片和介质片重叠在一起，长×宽为 700mm×40mm，总厚度为 10mm。为便于散热，铁氧体片厚 6mm，附加介质片厚 4mm，其作用是增大非互易相移 30%左右，铁氧体/介质复合片共 8 片，分别放入两根并联波导中，复合片的对称中心线距波导窄壁约 34mm，这样可以获得较大的差相移(90°)。

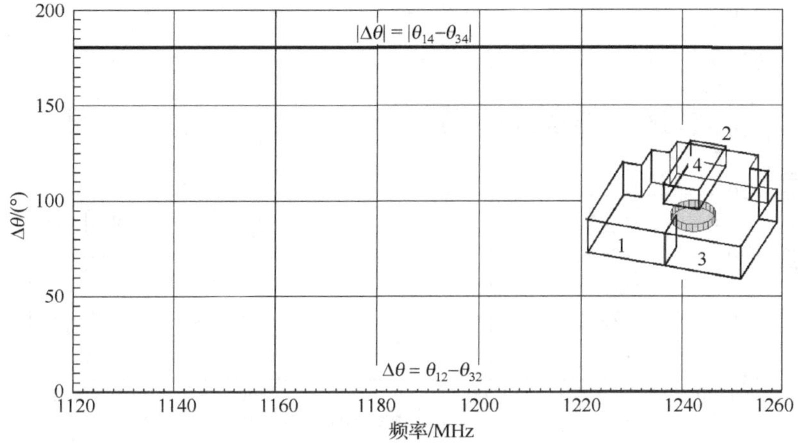

图 6.8　双 T 电桥传输的相位平衡曲线

$f = 1225$MHz	port1	port2	port3	port4
			$T_{-\theta}$	
port1	(0.03852, 15.846)	0	(0.99919, -2.055)	0
port2	0	(0.03805, 12.284)	0	(0.99921, -94.312)
port3	(0.99919, 86.932)	0	(0.03852,-110.162)	0
port4	0	(0.99921, 176.294)	0	(0.03812,-110.459)
	T_θ			

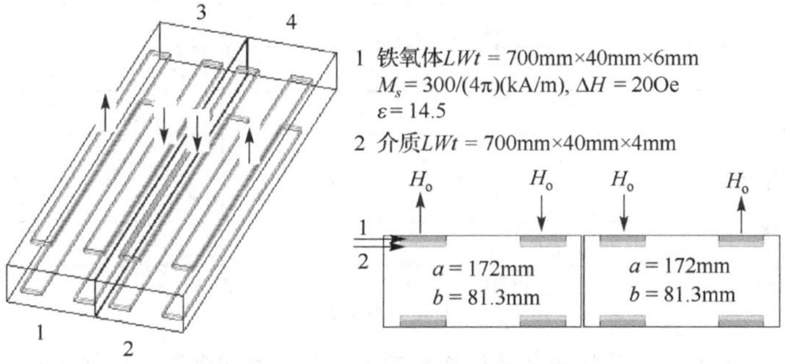

图 6.9　非互易移相器结构及性能

图 6.9 中的上端数据显示的是 $f = 1225$ MHz 时的非互易移相器的散射矩阵，其中 T_θ 为端 1、2 向端 3、4 的传输矩阵；$T_{-\theta}$ 为端 3、4 向端 1、2 的传输矩阵。它们均是四端口散射矩阵的分矩阵。表格中的 T_θ、$T_{-\theta}$ 可以改写成简单化的形式：

$$T_\theta = \begin{bmatrix} \mathrm{j} & 0 \\ 0 & 1 \end{bmatrix}, \qquad T_{-\theta} = \begin{bmatrix} -\mathrm{j} & 0 \\ 0 & 1 \end{bmatrix}$$

图 6.10 所示为并联差相移器的正向和反射频率特性。一般来说，插损小于等于 0.25dB，反射损耗大于等于 25dB。

图 6.11 所示为非互易移相器的非互易相移 $|\mathrm{d}\theta| = |\theta_{13} - \theta_{31}|$ 及差相移 $|\Delta\theta| = |\theta_{31} - \theta_{42}|$，其值 $|\mathrm{d}\theta| = |\Delta\theta| \in (89°, 90°)$。

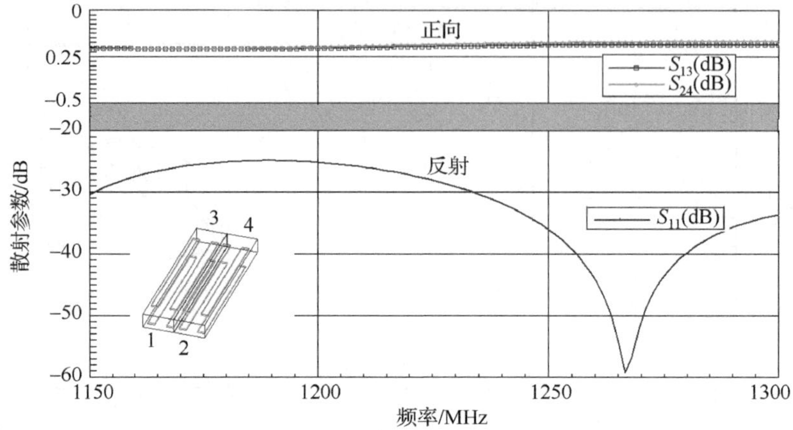

图 6.10　并联差相移器的正向损耗和反射损耗

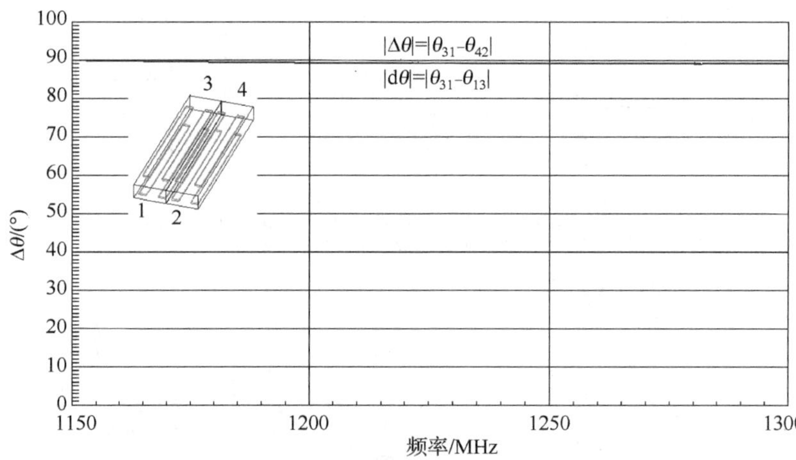

图 6.11　并联非互易移相器的非互易相移 $|d\theta|$ 和差相移 $\Delta\theta$

6.1.3　L 波段高功率四端波导差相移环行器

图 6.12 所示为 L 波段波导差相移环行器的整体结构图，总宽 346mm，均指内腔尺寸。图 6.13 所示为 L 波段差相移环行器的性能，其环行方向为端 1→端 2→端 3→端 4，正向插损小于等于 0.25dB；反向隔离在频带范围内（f = 1120～1280MHz）大于 28dB。

图 6.14 计算了相邻端口之间的非互易性 $dS = S_{12} - S_{21}$。四个邻近端口之间非互易性值 dS_{ij} 通过仿真值表示在左面的阻抗圆图上，右边的表格是利用非互易方程计算出的相应端口间的非互易性 dS_{ij}，两者的幅相值是比较一致的。

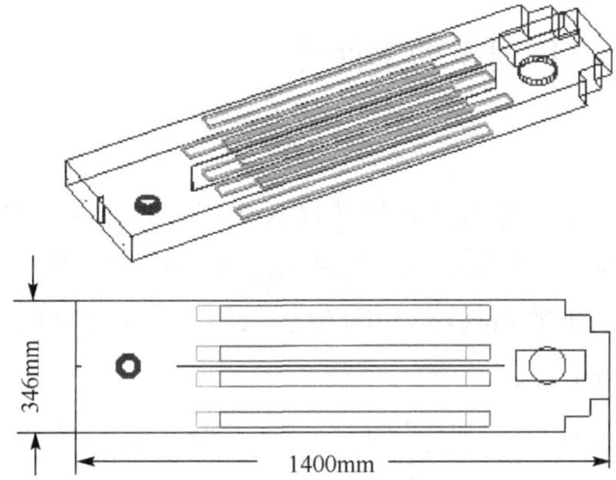

图 6.12　L 波段波导差相移环行器的结构尺寸

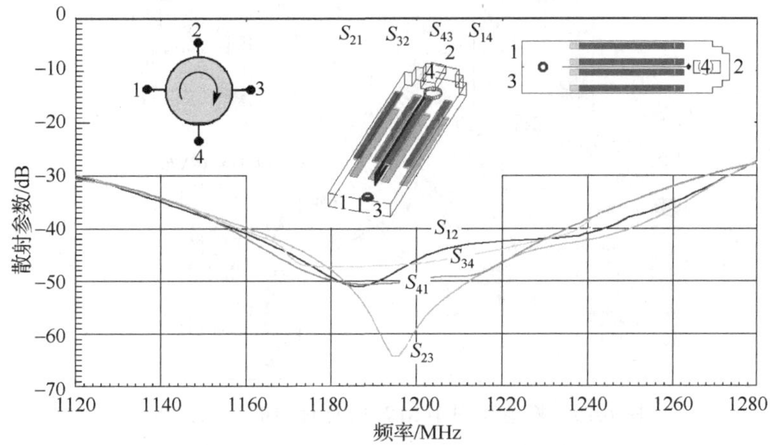

图 6.13　L 波段差相移环行器的性能

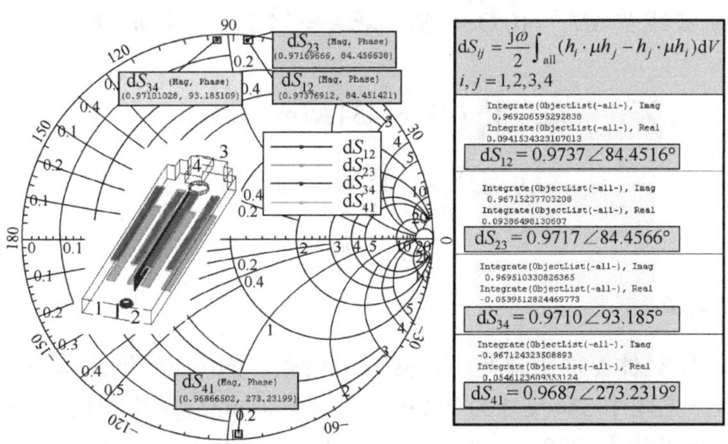

图 6.14　四端环行器的非互易性

6.1.4 L 波段高功率环行器耐功率估算

1. 耐峰值功率

若输入 10MW 的功率，波导内各元件的最大场强分布如图 6.15 所示，在铁氧体表面，电场 $E_{max}=2.89\times10^5$ V/m；在介质表面，电场 $E_{max}=1.41\times10^5$ V/m；在金属圆盘表面，电场 $E_{max}=9.74\times10^5$ V/m；在金属圆球(3dB 电桥处)，表面电场 $E_{max}=1.92\times10^6$ V/m。可见，3dB 电桥的打火概率最大。

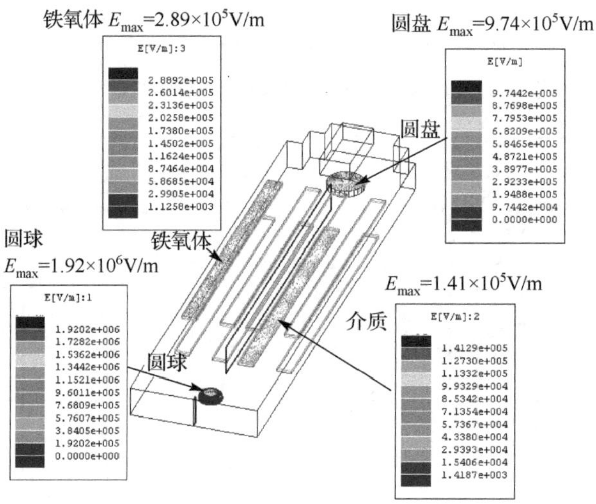

图 6.15　峰值功率 10MW 时环行器的场强分布

从图 6.16 观察到铁氧体中高频磁场分布，其 $h_{max}=2298$ A/m，平均值 $\bar{h}=18$ Oe，如取材料的自旋波线宽 $\Delta H_k=10$ Oe，临界场 $h_c=14.3$ Oe，其 $\bar{h}>h_c$，估计仍会出现非线性损耗。

$$h_{av}=\int_{F_1} h\mathrm{d}V=1434\,\mathrm{A/m}=18\,\mathrm{Oe}$$

$$h_c=\frac{\Delta H_k}{p}=\frac{10\,\mathrm{Oe}}{0.7}=14.3\,\mathrm{Oe}$$

$$h_{av}>h_c$$

2. 耐平均功率

高平均功率铁氧体器件主要是解决热耗散问题。图 6.17 所示为散热结构设计，8 片铁氧体矩形片(见图中 3)(尺寸为 700mm×40mm×6mm)；8 片陶瓷片(见图中 4)贴附在铁氧体表面(其尺寸为 700mm×40mm×6mm)；铁氧体贴附在铝合金波导壁上(见图中 1)；靠近铁氧体片附近，设置 8 个矩形冷却水管(见图中 2)，截面尺寸为 40mm×5mm。

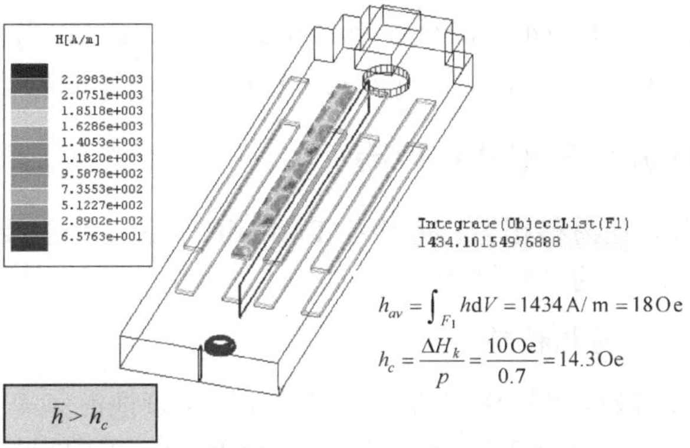

图 6.16　环行器的高功率非线性效应仿真观察

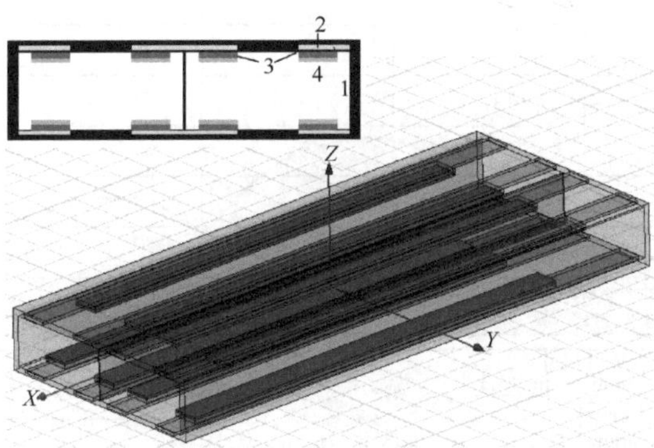

图 6.17　环行器的大功率水冷却散热结构设计

图 6.18 所示为铁氧体温度分布的仿真结果。设置时假定器件功率为 100kW，0.36dB 的损耗。每根铁氧体片承受 1000W 的耗散功率，波导的环境温度为 30℃，热辐射参考温度为 30℃，辐射参数为 0.7，冷却水流速为 1m/s，铁氧体热传导系数

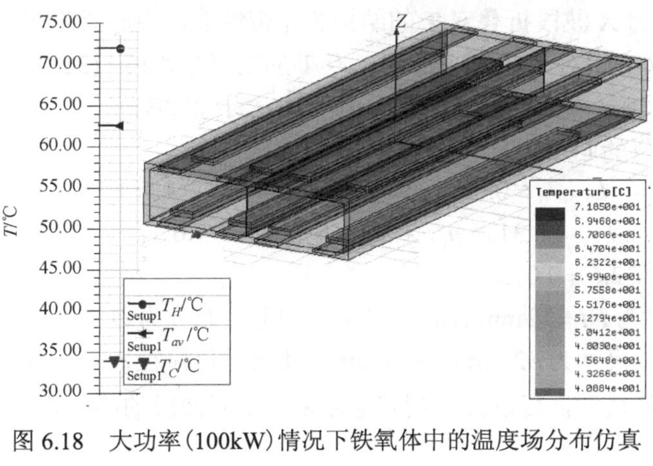

图 6.18　大功率(100kW)情况下铁氧体中的温度场分布仿真

$C_T = 4\,\text{W/℃·m}$。仿真结果显示，铁氧体外表温度(即热点温度) $T_H = 72$ ℃，平均温度 $T_{av} = 37.5$ ℃，冷端温度 $T_c = 34$ ℃，铁氧体完全可以承受这个温度。

6.1.5　X 波段四端波导差相移环行器

差相移环行器由非互易移相器、折叠双 T 和 3dB 电桥 3 个主要部分组成。环行器的频带宽度取决于各部分的带宽性能。

1. 铁氧体并联非互易相移器

图 6.19 所示为 X 波段宽带移相器的结构尺寸和宽带性能频率 $f = 8.2 \sim 10.2\,\text{GHz}$ 范围内，90° 差相移 $\Delta\theta = (90 \pm 2)^\circ$，反向损耗大于 25dB，正向损耗小于 0.1dB。

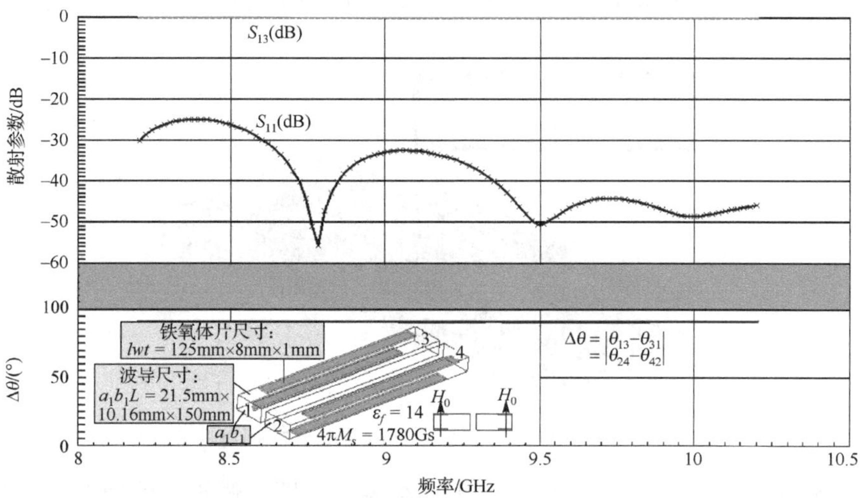

图 6.19　X 波段移相器的结构尺寸和宽带性能

2. 折叠双 T 设计

图 6.20 所示为 X 波段折叠双 T 的结构和宽带性能。中心频率 $f_0 = 9.2\,\text{GHz}$，波长 $\lambda_0 = 32.6\,\text{mm}$，双 T 相对带宽 $2\delta = 20\%$。双 T 的功率平衡度=$(3 \pm 0.07)\,\text{dB}$；反射损耗在带宽内大于 20dB；隔离性能 $S_{14}(\text{dB})$、$S_{23}(\text{dB})$ 大于 25dB。

双 T 关键部位的归一化尺寸如下：

$L_0 / \lambda_0 = 0.25$，$L_2 / \lambda_0 = 0.65$，$W_1 / \lambda_0 = 0.92$，$W_2 / \lambda_0 = 1.35$

$a / \lambda_0 = 0.7$，$b / \lambda_0 = 0.31$，$a_1 / \lambda_0 = 0.66$，$b_1 / \lambda_0 = 0.31$

$\delta / \lambda_0 = 2.37 / 32.6 = 0.073$

匹配圆盘尺寸为 $Dt = 12\,\text{mm} \times 1\,\text{mm}$，其归一化设计尺寸为 $D / \lambda_0 = 0.37$，$t / \lambda_0 = 0.03$。圆柱电感棒 2 根，尺寸为 $\phi 2\,\text{mm} \times 10.16\,\text{mm}$，其归一化棒径 $\phi / \lambda_0 = 0.061$。

归一化的设计尺寸，可以推广到其他频率。不同波段的归一化设计尺寸基本上是一样的。

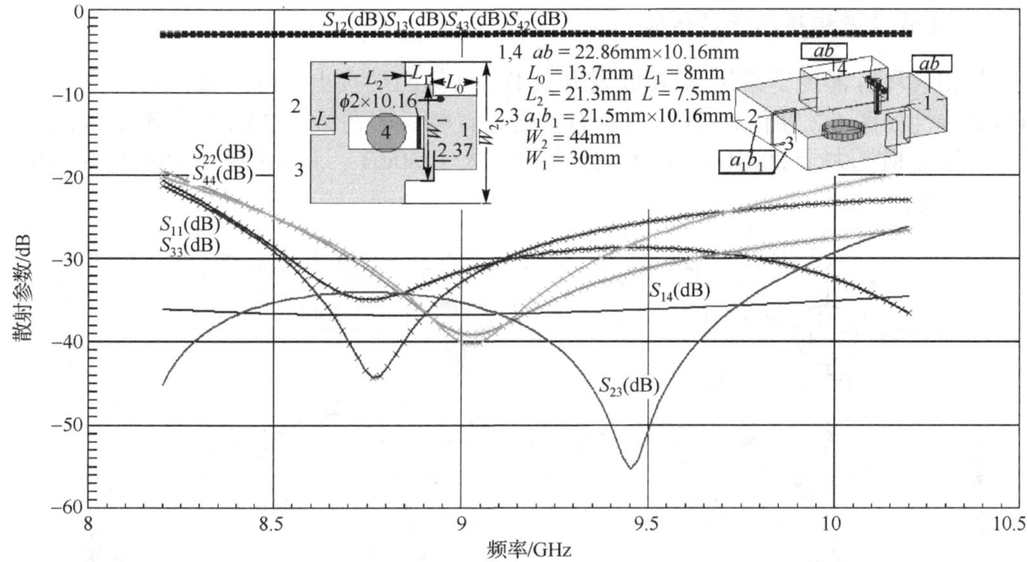

图 6.20　折叠双 T 的结构尺寸和宽带性能

3. 3dB 电桥设计

如图 6.21 所示，在 $f=8\sim10$GHz 范围内，反射损耗 S_{11}(dB) 和隔离 S_{12}(dB) 大于 23dB；幅度平衡度为 (3 ± 0.3) dB；相位平衡度 $(90\pm0.2)^{\circ}$ 。

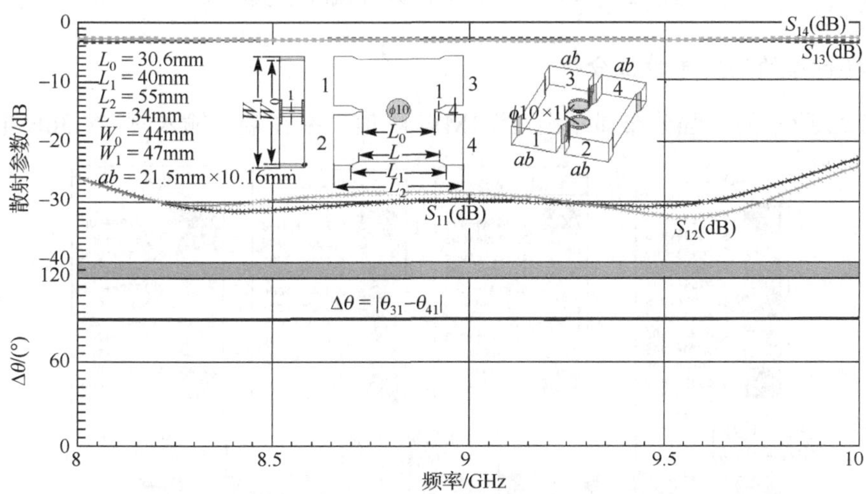

图 6.21　3dB 电桥的结构尺寸和性能

3dB 电桥关键部位的归一化尺寸如下：

$L_0/\lambda_0=0.94$，$W_0/\lambda_0=1.35$，$a/\lambda_0=0.66$，$b/\lambda_0=0.31$。圆盘 2 个，尺寸为 ϕ10mm× 1mm，盘径归一化尺寸 $\phi/\lambda_0=0.31$，圆盘厚度的归一化尺寸 $t/\lambda_0=0.031$。

4. X 波段差相移环行器性能

差相移环行器用于雷达 ATR 收发开关时，其第四端接上匹配负载。其余端口之间的传输特性如图 6.22 所示。环行器具有宽带设计特性，在 $2\delta=20\%$ 带宽范围内，3 个端口的反射损耗大于 20dB；4 个反向隔离性能大于 20dB； 正向损耗 S_{21}(dB)、S_{32}(dB) 小于 0.2dB。

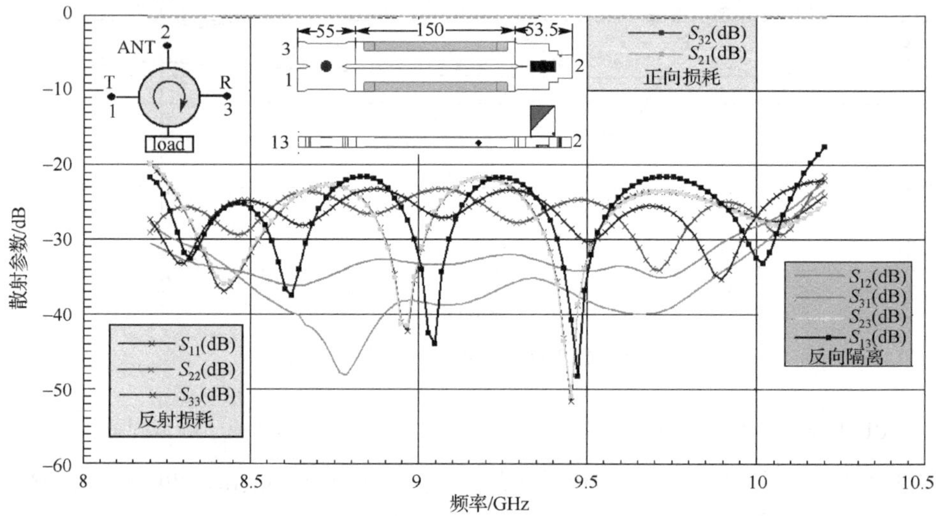

图 6.22　X 波段四端差相移环行器的仿真结果

5. 环行器的高功率特性分析

图 6.23 所示的场强分布显示出：当 1MW 峰值功率在端 1 输入时，在 3dB 电桥中，

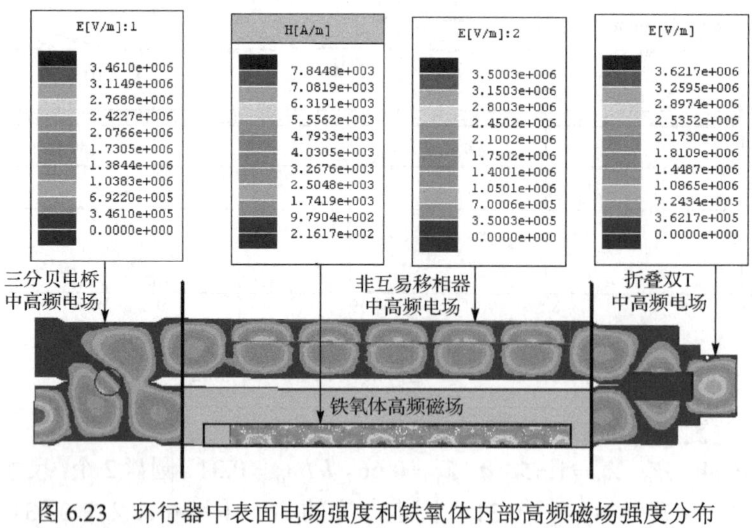

图 6.23　环行器中表面电场强度和铁氧体内部高频磁场强度分布

非互易移相器中和折叠双 T 中的最大电场强度$|E_{\max}| \geqslant 3.46\times10^6\ \mathrm{V/m}$，均大于空气的击穿场强$|E_{\max}| = 3\times10^6\ \mathrm{V/m}$。为了避免击穿必须提高波导内的大气压。铁氧体中的高频磁场显示，最大磁场强度$|H_{\max}| = 7.84\times10^3\ \mathrm{A/m} = 98\,\mathrm{Oe}$。

一般情况下，会产生高功率非线性损耗，如采用自旋波线宽ΔH_k尽量大的材料和降低$4\pi M_s$值，有可能避免非线性效应。

6.2　四端波导变极化环行器

四端波导变极化环行器由三部分组成，如图 6.24 所示。①两个正交模耦合器(OMT)；②介质片互易圆极化器(T_{CP})；③铁氧体非互易圆极化器T_{NCP}。正交模耦合器的作用是把变极化段的输入极化和输出极化(水平极化 H/垂直极化 V)通过 OMT 的矩形波导分离出去。

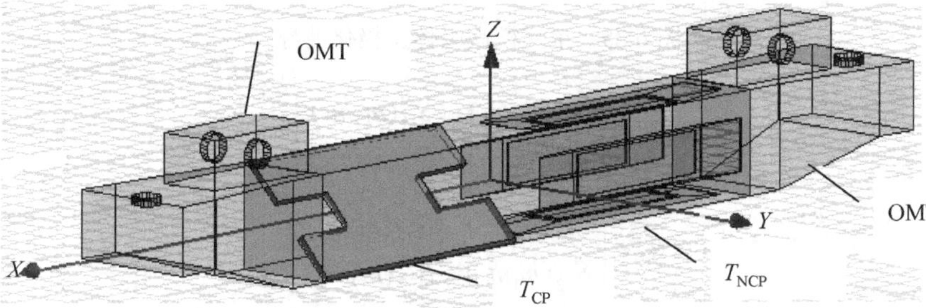

图 6.24　四端波导变极化环行器的结构示意图

6.2.1　非互易圆极化器(T_{NCP})

如图 6.24 所示，在尺寸为$LWH = 450\mathrm{mm}\times148\mathrm{mm}\times148\mathrm{mm}$的方波导中放置 4 片铁氧体-介质复合矩形片，铁氧体尺寸为$LWt = 410\mathrm{mm}\times74\mathrm{mm}\times8\mathrm{mm}$，两端磨成尖劈，长度为 75mm，铁氧体材料参数$M_s = 300/(4\pi)$ (kA/m)、$\varepsilon = 14.5$，介质片尺寸为$LWt = 240\mathrm{mm}\times60\mathrm{mm}\times2\mathrm{mm}$，$\varepsilon = 6.6$。测量了频点$f = 1300\,\mathrm{MHz}$的性能，显示在图 6.25 中数据表中。

两端口双模波导系统的散射矩阵有 16 个元素，图中的 S 矩阵可用分块矩阵来表示：

$$S = \begin{bmatrix} R_1 & \bar{T}_{\mathrm{NCP}} \\ \vec{T}_{\mathrm{NCP}} & R_2 \end{bmatrix} \tag{6.5}$$

R_1、R_2 分别为端口 1、2 的反射矩阵：

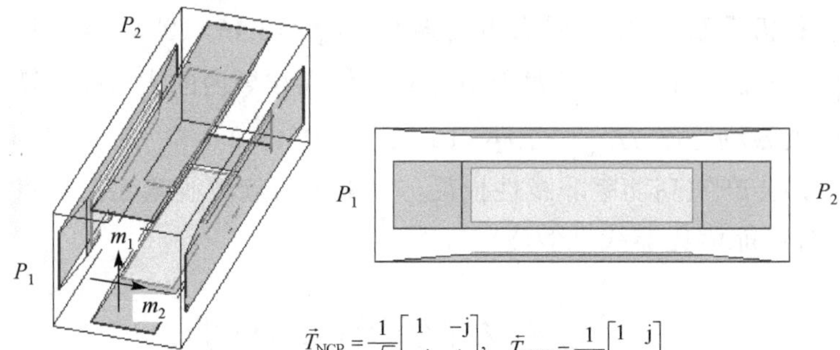

$$\vec{T}_{\text{NCP}}=\frac{1}{\sqrt{2}}\begin{bmatrix}1 & -\text{j}\\ -\text{j} & 1\end{bmatrix},\quad \overleftarrow{T}_{\text{NCP}}=\frac{1}{\sqrt{2}}\begin{bmatrix}1 & \text{j}\\ \text{j} & 1\end{bmatrix}$$

$f=1300\text{MHz}$

	port1:m1 (R_1)	port1:m2	port2:m1 ($\overleftarrow{T}_{\text{NCP}}$)	port2:m2
port1:m1	(0.03508, 118.288)	(0.00226, -55.082)	(0.70603,-151.488)	(0.70731, -61.511)
port1:m2	(0.00323,-172.328)	(0.03138, 110.525)	(0.70731, -61.637)	(0.70620,-151.656)
port2:m1	(0.70597,-151.546)	(0.70738, 118.453)	(0.03493, 124.874)	(0.00163, 140.415)
port2:m2	(0.70736, 118.374)	(0.70614,-151.633)	(0.00428, -9.413)	(0.03145, 119.279)
	$\vec{T}_{\text{NCP}}$		R_2	

图 6.25　正交模铁氧体变极化波导

$$R_1=\begin{bmatrix}S_{11}(m_1m_1) & S_{11}(m_2m_1)\\ S_{11}(m_1m_2) & S_{11}(m_2m_2)\end{bmatrix} \tag{6.6}$$

$$R_2=\begin{bmatrix}S_{22}(m_1m_1) & S_{22}(m_2m_1)\\ S_{22}(m_1m_2) & S_{22}(m_2m_2)\end{bmatrix} \tag{6.7}$$

式中，各元素表示在各端口，模 m_1 和 m_2 的自反射系数或互反射系数。在理想情况下，各反射系数 $|R_{ij}|\to 0$ 。在实际设计中，如图 6.24 中， $|R_{ij}|<0.1$ 。$\vec{T}_{\text{NCP}}$ 、$\overleftarrow{T}_{\text{NCP}}$ 分别为端 1→端 2 和端 2→端 1 的极化传输矩阵，其矩阵形式为

$$\vec{T}_{\text{NCP}}=\begin{bmatrix}S_{21}(m_1,m_1) & S_{21}(m_1,m_2)\\ S_{21}(m_2,m_1) & S_{21}(m_2,m_2)\end{bmatrix} \tag{6.8}$$

$$\overleftarrow{T}_{\text{NCP}}=\begin{bmatrix}S_{12}(m_1,m_1) & S_{12}(m_1,m_2)\\ S_{12}(m_2,m_1) & S_{12}(m_2,m_2)\end{bmatrix} \tag{6.9}$$

$$S_{21}(m_2,m_1)=\frac{\text{j}\omega}{4}\int_{\text{all}}[h_1(m_1)\cdot\mu h_2(m_2)-h_2(m_2)\cdot\mu h_1(m_1)]\text{d}V$$

$$S_{21}(m_1,m_2)=\frac{\text{j}\omega}{4}\int_{\text{all}}[h_1(m_2)\cdot\mu h_2(m_1)-h_2(m_1)\cdot\mu h_1(m_2)]\text{d}V$$

$$S_{12}(m_2,m_1)=\frac{\text{j}\omega}{4}\int_{\text{all}}[h_2(m_1)\cdot\mu h_1(m_2)-h_1(m_2)\cdot\mu h_2(m_1)]\text{d}V$$

$$S_{12}(m_1,m_2)=\frac{\text{j}\omega}{4}\int_{\text{all}}[h_2(m_2)\cdot\mu h_1(m_1)-h_1(m_1)\cdot\mu h_2(m_2)]\text{d}V$$

$$S_{21}(m_2,m_1)=S_{21}(m_1,m_2)\,,\qquad S_{21}(m_1,m_1)=S_{21}(m_2,m_2)$$

$$S_{12}(m_2,m_1)=S_{12}(m_1,m_2)\,,\qquad S_{12}(m_1,m_1)=S_{12}(m_2,m_2)$$

$$S_{12}(m_2,m_1)=S_{21}^{*}(m_2,m_1)\,,\qquad S_{12}(m_1,m_2)=S_{21}^{*}(m_1,m_2)$$

在变极化角任意情况下，对非互易铁氧体变极化器有

$$\vec{T}_\alpha=\begin{bmatrix}\cos\alpha & -\mathrm{j}\sin\alpha\\ -\mathrm{j}\sin\alpha & \cos\alpha\end{bmatrix}\tag{6.10}$$

$$\overleftarrow{T}_\alpha=\begin{bmatrix}\cos\alpha & \mathrm{j}\sin\alpha\\ \mathrm{j}\sin\alpha & \cos\alpha\end{bmatrix}\tag{6.11}$$

对于非互易圆极化器（$\alpha=45°$），在理想圆极化情况下，可写成简化形式：

$$\vec{T}_{\mathrm{NCP}}=\begin{bmatrix}\dfrac{1}{\sqrt{2}} & \dfrac{-\mathrm{j}}{\sqrt{2}}\\ \dfrac{-\mathrm{j}}{\sqrt{2}} & \dfrac{1}{\sqrt{2}}\end{bmatrix}\tag{6.12}$$

$$\overleftarrow{T}_{\mathrm{NCP}}=\begin{bmatrix}\dfrac{1}{\sqrt{2}} & \dfrac{\mathrm{j}}{\sqrt{2}}\\ \dfrac{\mathrm{j}}{\sqrt{2}} & \dfrac{1}{\sqrt{2}}\end{bmatrix}\tag{6.13}$$

关于 $\vec{T}_{\mathrm{NCP}}$ 的耦合系数 $S_{21}(m_1,m_2)=-\mathrm{j}\sin\alpha$，可写成场积分方程，或非互易性耦合模方程：

$$S_{21}(m_1,m_2)=\frac{\mathrm{j}\omega}{4}\int_{\mathrm{all}}\left[h_1(m_1)\cdot\mu h_2(m_2)-h_2(m_2)\cdot\mu h_1(m_1)\right]\mathrm{d}V\tag{6.14}$$

而 $S_{21}(m_1,m_2)=S_{21}(m_2,m_1)$、$S_{12}(m_1,m_2)=S_{12}(m_2,m_1)$、$S_{21}(m_2,m_1)=S^{*}{}_{12}(m_2,m_1)$，所以不需要计算其他耦合散射参量，只要设定 $S_{21}(m_2,m_1)$ 从端 1→端 2 传输，$m_1\to m_2$ 的耦合参量通过式(6.14)可以从场积分计算获得。表 6.1 为耦合参量 $S_{21}(m_2,m_1)$ 的仿真值(左半部分)和利用式(6.14)的计算值(右半部分)。其结果相比较，3 个频点的结果比较吻合。

表 6.1　仿真结果(左)和场积分结果(右)进行比较

仿真结果			场积分结果
$f=1200\mathrm{MHz}$	port1:m1	port1:m2	Integrate(ObjectList(-all-), Imag 0.386914852279322 Integrate(ObjectList(-all-), Real -0.576835692909721 $S_{21}(m_1,m_2)=0.6945\angle 146.1°$
port2:m1	(0.71183, -55.915)	(0.69450,-145.861)	
port2:m2	(0.69468,-146.355)	(0.71132, -56.305)	
$f=1250\mathrm{MHz}$	port1:m1	port1:m2	Integrate(ObjectList(-all-), Imag 0.182319189850103 Integrate(ObjectList(-all-), Real -0.676190759551319 $S_{21}(m_1,m_2)=0.7003\angle 164.9°$
port2:m1	(0.71322,-104.949)	(0.70064, 165.093)	
port2:m2	(0.70067, 164.902)	(0.71322,-105.060)	

续表

<table>
<tr>
<td>
$f = 1300\text{MHz}$
<table>
<tr><td></td><td>port1:m1</td><td>port1:m2</td></tr>
<tr><td>port2:m1</td><td>(0.70597,-151.546)</td><td>(0.70738, 118.453)</td></tr>
<tr><td>port2:m2</td><td>(0.70736, 118.374)</td><td>(0.70614,-151.633)</td></tr>
</table>
</td>
<td>
Integrate(ObjectList(-all-), Imag
0.622020284602523
Integrate(ObjectList(-all-), Real
-0.336769868059088
$S_{21}(m_1, m_2) = 0.7073\angle 118.4°$
</td>
</tr>
</table>

6.2.2 互易圆极化器

如图 6.26 所示，在 $430\text{mm} \times 148\text{mm} \times 148\text{mm}$ 的方波导中，沿对角方向(45°)放入 H 形波片，其尺寸为 $LWt = 380\text{mm} \times 209.3\text{mm} \times 10\text{mm}$，H 形介质波片上下矩形缺口尺寸为 $LWt = 98\text{mm} \times 60\text{mm} \times 10\text{mm}$，介质片的介电常数 $\varepsilon = 5$。图 6.26 中的表格是在 $f = 1240\text{MHz}$ 频率点下互易圆极化器的仿真结果，其极化矩阵 $\vec{T}_{\text{CP}}$ 在理想情况下可写成

$$\vec{T}_{\text{CP}} = \overleftarrow{T}_{\text{CP}} = \begin{bmatrix} \dfrac{1}{\sqrt{2}} & \dfrac{-\text{j}}{\sqrt{2}} \\ \dfrac{-\text{j}}{\sqrt{2}} & \dfrac{1}{\sqrt{2}} \end{bmatrix} \tag{6.15}$$

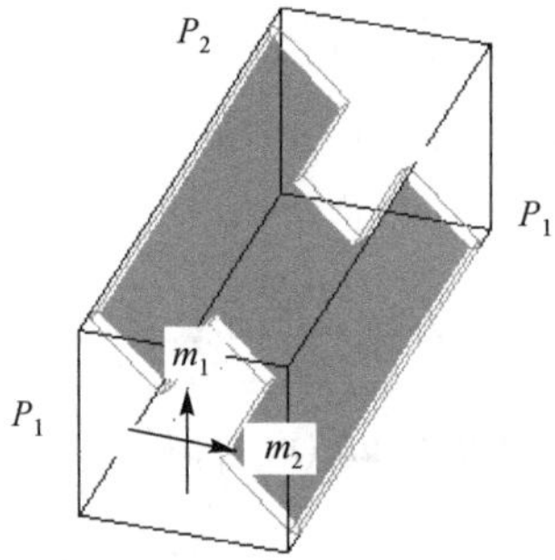

$$\vec{T}_{\text{CP}} = \overleftarrow{T}_{\text{CP}} = \frac{1}{\sqrt{2}}\begin{bmatrix} 1 & -\text{j} \\ -\text{j} & 1 \end{bmatrix}$$

	port1:m1	port1:m2	port2:m1	port2:m2
			$\overleftarrow{T}_{\text{CP}}$	
port1:m1	(0.02321, 28.697)	(0.02210, -43.573)	(0.70415, -51.632)	(0.70933,-141.597)
port1:m2	(0.02210, -43.573)	(0.02406, 29.745)	(0.70933,-141.698)	(0.70412, -51.628)
port2:m1	(0.70415, -51.632)	(0.70933,-141.698)	(0.02145, 30.372)	(0.02379, -42.624)
port2:m2	(0.70933,-141.597)	(0.70412, -51.628)	(0.02379, -42.624)	(0.02241, 29.964)
	$\vec{T}_{\text{CP}}$			

图 6.26 介质片圆极化器结构及 $f = 1240\text{MHz}$ 的 S 矩阵仿真数据

图 6.27 表示 T_{NCP} 和 T_{CP} 组合后的极化矩阵 $\vec{T}$ 和 $\overleftarrow{T}$。理想状态下，通过矩阵运算求得

$$\vec{T} = \vec{T}_{\text{NCP}}\vec{T}_{\text{CP}} = \frac{1}{2}\begin{bmatrix} 1 & \text{j} \\ \text{j} & 1 \end{bmatrix}\begin{bmatrix} 1 & \text{j} \\ \text{j} & 1 \end{bmatrix} = \begin{bmatrix} 0 & \text{j} \\ \text{j} & 0 \end{bmatrix} \tag{6.16}$$

$$\overleftarrow{T}=\overleftarrow{T}_{\mathrm{CP}}\overleftarrow{T}_{\mathrm{NCP}}=\frac{1}{2}\begin{bmatrix}1 & \mathrm{j}\\ \mathrm{j} & 1\end{bmatrix}\begin{bmatrix}1 & -\mathrm{j}\\ -\mathrm{j} & 1\end{bmatrix}=\begin{bmatrix}1 & 0\\ 0 & 1\end{bmatrix}\tag{6.17}$$

$$\vec{T}=\begin{bmatrix}S_{21}(m_1,m_1) & S_{21}(m_1,m_2)\\ S_{21}(m_2,m_1) & S_{21}(m_2,m_2)\end{bmatrix},\quad \overleftarrow{T}=\begin{bmatrix}S_{12}(m_1,m_1) & S_{12}(m_1,m_2)\\ S_{12}(m_2,m_1) & S_{12}(m_2,m_2)\end{bmatrix}$$

$\vec{T}=\begin{bmatrix}0 & \mathrm{j}\\ \mathrm{j} & 0\end{bmatrix}$	$\overleftarrow{T}=\begin{bmatrix}1 & 0\\ 0 & 1\end{bmatrix}$
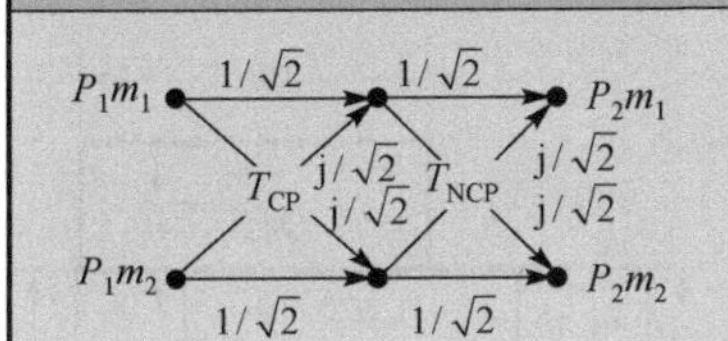	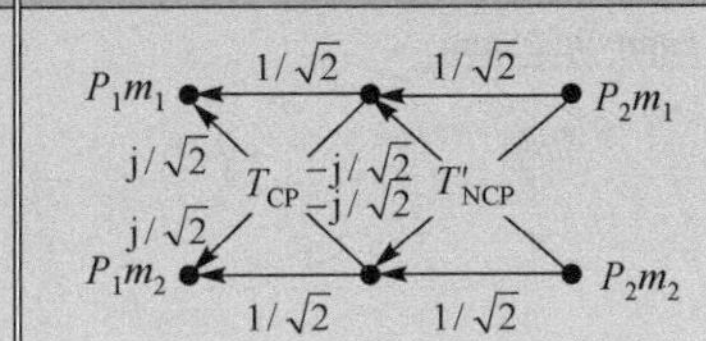
$\vec{T}=T_{\mathrm{NCP}}T_{\mathrm{CP}}$	$\overleftarrow{T}=T_{\mathrm{CP}}T'_{\mathrm{NCP}}$
$S_{21}(m_1,m_1)=(1\times1+\mathrm{j}\times\mathrm{j})/2=0$ $S_{21}(m_2,m_1)=(1\times\mathrm{j}+\mathrm{j}\times1)/2=\mathrm{j}$ $S_{21}(m_1,m_2)=(\mathrm{j}\times1+1\times\mathrm{j})/2=\mathrm{j}$ $S_{21}(m_2,m_2)=(1\times1+\mathrm{j}\times\mathrm{j})/2=0$	$S_{12}(m_1,m_1)=(1\times1-\mathrm{j}\times\mathrm{j})/2=1$ $S_{12}(m_2,m_1)=(1\times\mathrm{j}-\mathrm{j}\times1)/2=0$ $S_{12}(m_1,m_2)=(\mathrm{j}\times1-1\times\mathrm{j})/2=0$ $S_{12}(m_2,m_2)=(1\times1-\mathrm{j}\times\mathrm{j})/2=1$

图 6.27　互易-非互易极化片组合的极化矩阵

不难写出组合后作为两端双模元件，其理想的散射矩阵可写成

$$S_{\mathrm{2P2M}}=\begin{bmatrix}R_1 & \overleftarrow{T}\\ \vec{T} & R_2\end{bmatrix}=\begin{bmatrix}0&0&1&0\\0&0&0&1\\0&\mathrm{j}&0&0\\\mathrm{j}&0&0&0\end{bmatrix}\tag{6.18}$$

图 6.28 所示为变极化器在 $f=1240\,\mathrm{MHz}$ 频率点的仿真结果，其散射矩阵值向式(6.18)靠近。

$$S_{\mathrm{2P2M}}=\begin{bmatrix}R_1 & \overleftarrow{T}\\ \vec{T} & R_2\end{bmatrix}$$

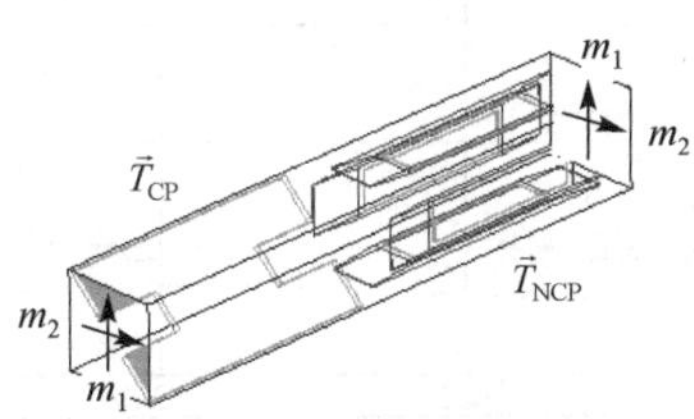

$f=1240\mathrm{MHz}$

	port1:m1	port1:m2	port2:m1	port2:m2
port1:m1	(0.02458, -9.527)	(0.02957,-112.038)	(0.00347,-111.998)	(0.97802, -85.495)
port1:m2	(0.02910,-112.435)	(0.02557, -7.618)	(0.97805, -85.419)	(0.00406,-108.275)
port2:m1	(0.97786,-175.483)	(0.01954, -76.427)	(0.03239, 36.525)	(0.02304, -71.932)
port2:m2	(0.01955, -76.365)	(0.97782,-175.493)	(0.02399, -73.758)	(0.03280, 36.056)

（表中四个分块依次标注 R_1、$\overleftarrow{T}$、$\vec{T}$、R_2）

图 6.28　T_{NCP} 和 T_{CP} 组合件的性能

6.2.3　正交模耦合器

在 $T_{CP} \to T_{NCP}$ 组合件的两端各加一个正交模耦合器就变成图 6.24 所示的四端变极化环行器，所以正交模的设计和应用是不可少的。

图 6.29 中尺寸均以 mm 为单位，被工作波长归一化后，可以获得归一化尺寸，$l = L/\lambda_0$，$w = W/\lambda_0$，$h = H/\lambda_0$，图中尺寸是按 $\lambda_0 = 24\,\text{mm}$ 设计的归一化尺寸，对其他波段的正交模耦合器设计均有指导意义。

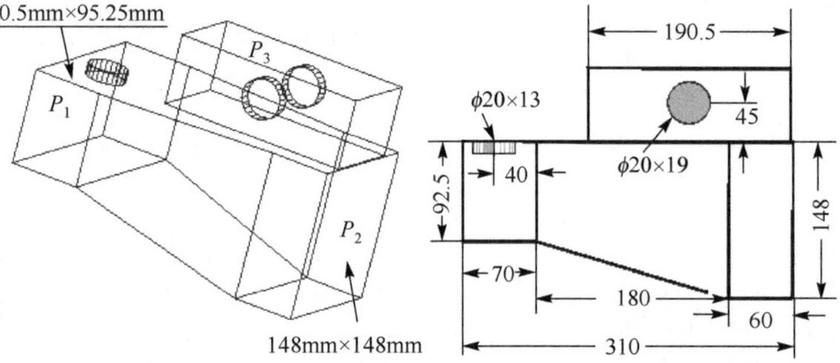

图 6.29　L 波段正交模设计尺寸

图 6.30 所示为正交模耦合器的性能，曲线中 $S_{12}(m_1)$ 和 $S_{32}(m_2)$ 为直通插损，S_{11} 和 S_{33} 为反射损耗，它们分别对应于 $S_{22}(m_1)$ 和 $S_{22}(m_2)$；$S_{12}(m_2)$ 和 S_{31} 为隔离值，超过−55dB。

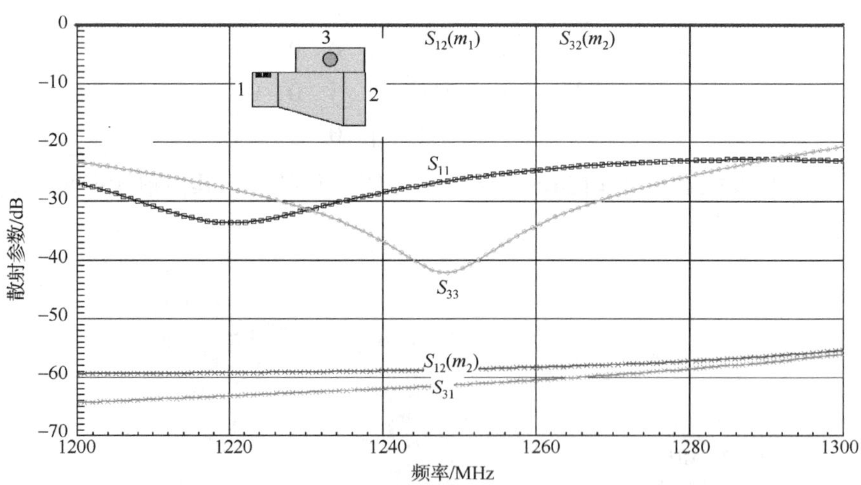

图 6.30　L 波段正交模的仿真结果

6.2.4　变极化环行器的结构仿真

图 6.31 所示为变极化环行器的仿真结果。两个正交模、一个互易圆极化器（T_{CP}）

和一个非互易圆极化器（T_{NCP}）的尺寸和参数均同前面的设计。其环行方向为 $P_1 \to P_2 \to P_3 \to P_4 \to P_1$，反之为隔离方向(见图 6.31 右下方对频率 1240MHz 的仿真结果)。变极化环行器的性能曲线如图 6.31 所示，其中反射参数 4 个只列出了两个 S_{11} (dB) 和 S_{33} (dB)；正向插损参数 I_L(dB) 共 4 个，损耗为−0.2dB 左右；反向隔离参数 ISO(dB)

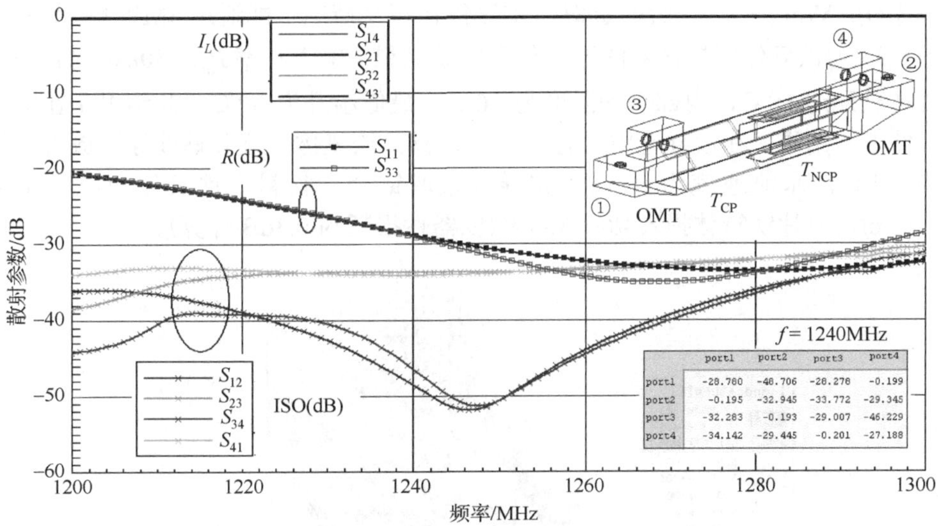

图 6.31　变极化环行器的仿真性能

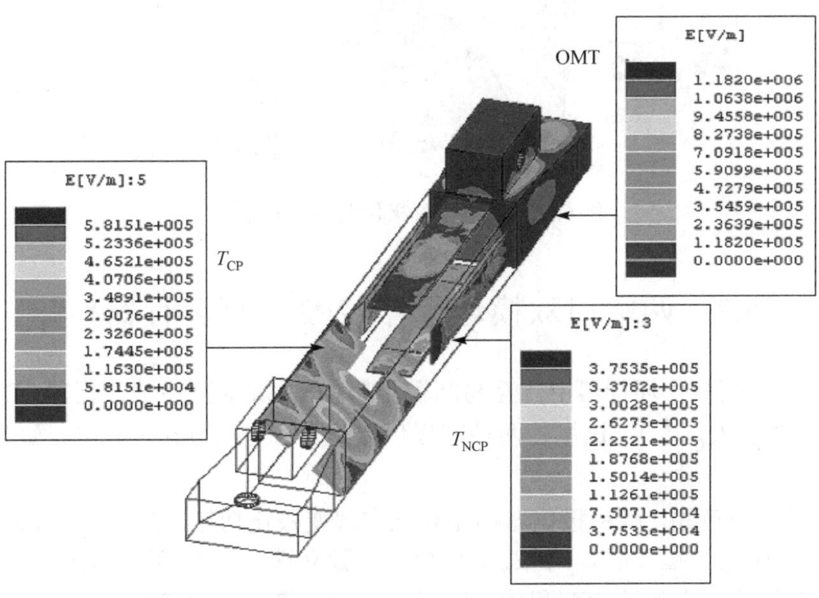

图 6.32　变极化环行器的场强分布（$P_P = 5$MW）

的 4 个参数为 S_{12} (dB)、S_{23} (dB)、S_{34} (dB)、S_{41} (dB)。它们在带宽范围内均优于–30dB，器件总长 1.5m，为工作波长的 6 倍，即 $L/\lambda_0 = 6$。器件内的场分布情况见图 6.32，当输入功率 $P_P = 5\text{MW}$ 时，从电场强度可见：介质圆极化器 $E_{\max} = 5.8\times10^5$ V/m；铁氧体圆极化器部位 $E_{\max} = 3.8\times10^5$ V/m；正交模耦合器部位 $E_{\max} = 1.2\times10^6$ V/m。按照击穿场强 $E_B = 3\times10^6$ V/m(正常大气压)计算，本器件在正常情况下能通过 5MW 峰功率。

图 6.33 为铁氧体圆极化器的温升仿真实验结果。输入功率 $P_{av} = 50\text{kW}$ 时，铁氧体表面最高温升约 60℃，内部平均温度为 50℃，最低温升为 30℃。此结果是在图中的散热条件下的结果。在波导壁中部有 4 个输入槽，铁氧体靠近并贴波导壁放置，环境温度为 25℃，水流速度为 1m/s，波导壁采取铝合金材料，铁氧体的热导系数为 4W/℃ · m，每片铁氧体损耗功率 500W(以器件损耗约 0.3dB 计算)。

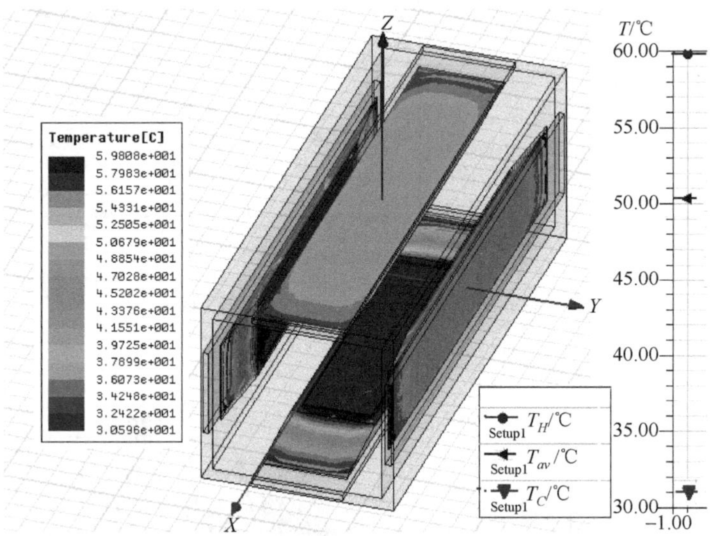

图 6.33　铁氧体圆极化器温度分布

6.3　两端口双模环行器(2P2M 型环行器)

如前所述，变极化环行器中，互易圆极化器(T_{CP})和非互易圆极化器(T_{NCP})两者是组合件(即 T_{CP} - T_{NCP} 型)。这里的两种圆极化器是复合(混合)在一起的，如图 6.34 左端所示。

从 6.2 节分析可知，两种极化器都能独立实现变极化功能，在 2P2M 型环行器中，其 $T_{\text{CP}}/T_{\text{NCP}}$ 设计在一起，但 T_{CP} 和 T_{NCP} 有相当的独立性，互不影响。因为介质片圆极化器 T_{CP} 是介质片的电参数影响和体效应影响，而铁氧体是磁参数影响，是波导壁效应，两者相对独立，所以调试和设计很方便。

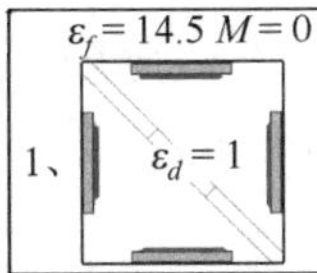

	port1:m1	port1:m2	port2:m1	port2:m2
port1:m1	(0.03796, -6.500)	(0.00173, 166.612)	(0.99923, -94.596)	(0.00173, -36.259)
port1:m2	(0.00173, 166.612)	(0.03908, -5.798)	(0.00166, 23.213)	(0.99928, -94.578)
port2:m1	(0.99928, -94.578)	(0.00173, -36.259)	(0.03908, -3.402)	(0.00172,-179.515)
port2:m2	(0.00166, 23.213)	(0.99923, -94.596)	(0.00172,-179.515)	(0.03796, -2.664)

（右上框：$\overleftarrow{T}$；左下框：$\vec{T}$）

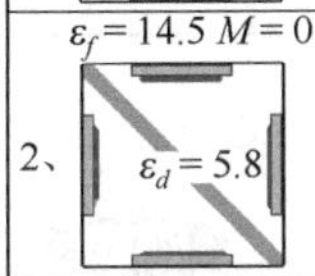

	port1:m1	port1:m2	port2:m1	port2:m2
port1:m1	(0.05688,-168.494)	(0.06130, 85.880)	(0.69563, -87.483)	(0.71351,-177.395)
port1:m2	(0.06130, 85.880)	(0.05791,-168.457)	(0.71351,-177.404)	(0.69555, -87.535)
port2:m1	(0.69563, -87.483)	(0.71351,-177.404)	(0.05940,-170.205)	(0.05888, 83.979)
port2:m2	(0.71351,-177.395)	(0.69555, -87.535)	(0.05888, 83.979)	(0.06036,-170.610)

（右上框：$\overleftarrow{T}$；左下框：$\vec{T}$）

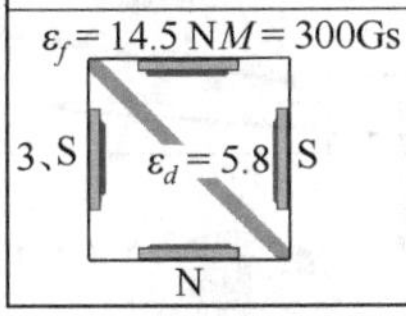

	port1:m1	port1:m2	port2:m1	port2:m2
port1:m1	(0.05649,-172.225)	(0.05669, 84.974)	(0.02911, -81.424)	(0.97693,-175.861)
port1:m2	(0.05759, 84.648)	(0.05710,-172.052)	(0.97684,-175.815)	(0.02914, -81.202)
port2:m1	(0.97631, -89.240)	(0.03461,-172.674)	(0.05630,-172.353)	(0.05773, 84.506)
port2:m2	(0.03444,-174.091)	(0.97633, -89.286)	(0.05836, 84.338)	(0.05545,-172.748)

（右上框：$\overleftarrow{T}$；左下框：$\vec{T}$）

图 6.34　两端口双模环行器的设计仿真结果（f= 1240MHz）

(1) 图的上方为非耦合情况，此时无介质片（$\varepsilon_d=1$），铁氧体片非磁化状态 $M=0$，仿真结果为 m_1、m_2 间没有耦合（$|S_{21}(m_2,m_1)|=0$）。

(2) 图的中部插进介质片（$\varepsilon_d=5.8$）后变成含 $M=0$ 的铁氧体片，它是一个互易圆极化器，因为其相位差 90°。

(3) 图的下方为介质片/磁化铁氧体片的复合结构，产生了双模环行现象，其正向传输参数接近于 1，即 $|S_{21}(m_2,m_1)|$、$|S_{21}(m_1,m_2)|$、$|S_{12}(m_2,m_1)|$、$|S_{12}(m_1,m_2)|\to 1$。

图 6.35 所示分析了两端口双模环行器的工作原理。此图为在 $f=1200\,\mathrm{MHz}$ 频率下的仿真结果，其中 R 的矩阵元基本趋于零，仿真值可近似地写成简化形式(其中去除固有相位，不影响极化性质)。

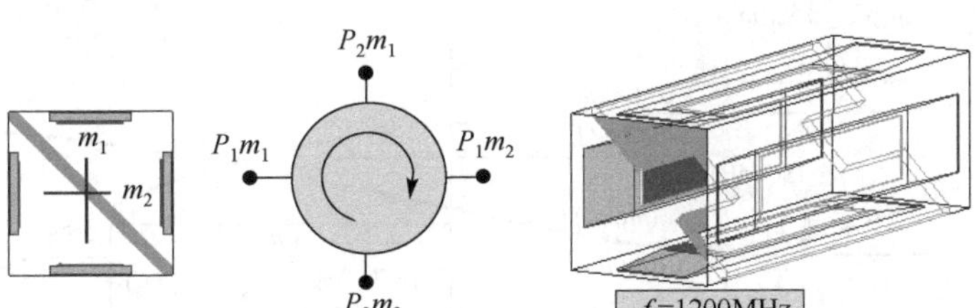

	port1:m1	port1:m2	port2:m1	port2:m2
port1:m1	(0.00462, 99.557)	(0.00786,-123.158)	(0.01641, -44.479)	(0.97949,-136.409)
port1:m2	(0.00499,-171.695)	(0.00466, 132.587)	(0.97961,-136.945)	(0.01721, -29.132)
port2:m1	(0.97818, -49.982)	(0.04907,-136.562)	(0.00692, 131.905)	(0.00074,-122.837)
port2:m2	(0.04901,-137.735)	(0.97810, -49.754)	(0.00322, 162.293)	(0.01167, 107.674)

（左上块：R；右上块：$\overleftarrow{T}$；左下块：$\vec{T}$；右下块：R）

$$R=\begin{bmatrix} R_{11} & R_{12} \\ R_{21} & R_{22} \end{bmatrix},\quad \vec{T}=\begin{bmatrix} T_{11} & T_{12} \\ T_{21} & T_{22} \end{bmatrix},\quad \overleftarrow{T}=\begin{bmatrix} T'_{11} & T'_{12} \\ T'_{21} & T'_{22} \end{bmatrix}$$

$$R=\begin{bmatrix} 0 & 0 \\ 0 & 0 \end{bmatrix},\quad \vec{T}=\begin{bmatrix} 1 & 0 \\ 0 & 1 \end{bmatrix},\quad \overleftarrow{T}=\begin{bmatrix} 0 & \mathrm{j} \\ \mathrm{j} & 0 \end{bmatrix}$$

图 6.35　两端口双模(2P2M)环行器的工作原理

图 6.36 所示为 2P2M 环行器的仿真结果，其中 16 个散射参数分成 3 组，第一组为插损参数 I_L(dB)(4 个)；第二组为反向隔离参数 ISO(dB)(4 个)；第三组为反射参数 R(dB)(8 个)。

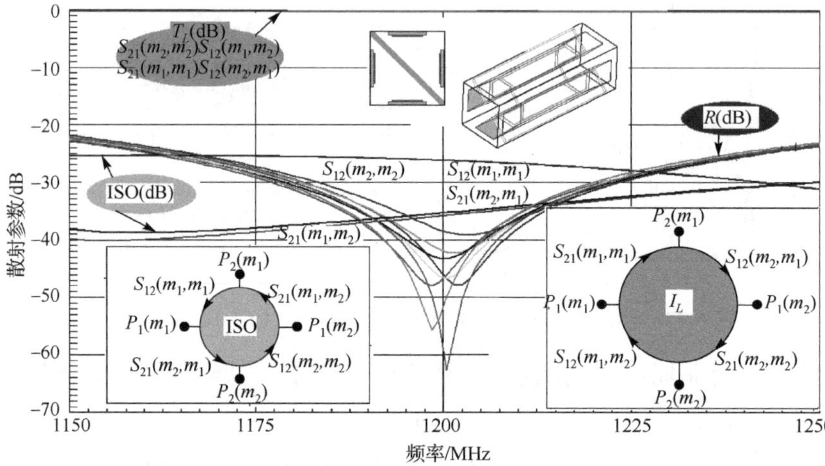

图 6.36　两端口双模环行器的带宽特性(100MHz 带宽)

图 6.37 所示为宽带 2P2M 环行器的仿真结果，插损参数 I_L(dB)共 4 条曲线，隔离参数 ISO(dB)共 4 条曲线。

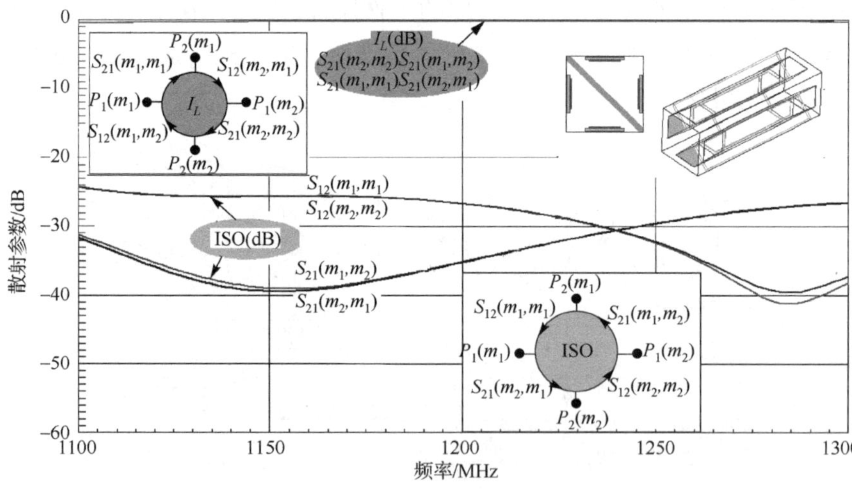

图 6.37　两端口双模环行器的宽带特性($\Delta f = 200$ MHz)

6.4　双层结构大功率 Y 形波导结环行器

Y 形波导结环行器在 S 波段以上频率工作时均采用低场工作方式，即外加磁化场远低于共振场，其归一化磁矩 $p \leqslant 1$，归一化内场 $\sigma = 0 \sim 0.2$，但工作频率降到 P 波段工作时，如微波能应用的频率 $f=915\text{MHz}$ 时，为了获得高功率好性能，p 值大于 1。本例中，$4\pi M_s=850\text{Gs}$、$p=\gamma 4\pi M_s/\omega=2.6$、$H_i=37\text{kA/m}$、$\sigma=1.42$。图 6.38 所示为多层铁氧体散热结构，三端口波导口径为 $ab=247\text{mm}\times 124\text{mm}$，Y 形波导结尺寸为 $abL=247\text{mm}\times 70\text{mm}\times 200\text{mm}$，放置 4 片尺寸为 $D_f t_f=116\text{mm}\times 2.1\text{mm}$ 的铁氧体样品，两片样品贴附在尺寸为 $D_m t_m=140\text{mm}\times 18\text{mm}$ 的金属圆盘上。另外，两片铁氧体样品贴附在尺寸为 $D_c t_c=140\text{mm}\times 8\text{mm}$ 中间的金属圆盘上。金属圆盘是隔层结构，中间通水冷却，通过波导内的导管完成水冷却循环。Y 形波导结是金属圆盘-铁氧体-空气-铁氧体-中间金属圆盘-铁氧体-空气-铁氧体-金属圆盘的周期性结构，各层厚度分别为：

$$t_m/t_f/t_a/t_f/t_c/t_f/t_a/t_f/t_m=$$
$$18\text{mm}/2.1\text{mm}/8.8\text{mm}/2.1\text{mm}/8.0\text{mm}/2.1\text{mm}/8.8\text{mm}/2.1\text{mm}/18\text{mm}$$

$$\Sigma t=70\text{mm}$$

1. 双层 4×1 片铁氧体圆片

图 6.38 所示为双层大功率波导 Y 形结环行器的结构和性能。铁氧体材料 $4\pi M_s=850\text{Gs}$、$\Delta H=10\text{Oe}$、$\varepsilon_f=14$；磁化内场 $H_i=37\text{kA/m}$；有 4 片铁氧体圆盘，其尺寸为 $D_f t_f=116\text{mm}\times 2.1\text{mm}$。环行器性能：频率 $f=900\sim930\text{MHz}$，反向隔离和反射损耗大于 24dB，正向损耗小于 0.25dB，器件能承受功率为 140kW。

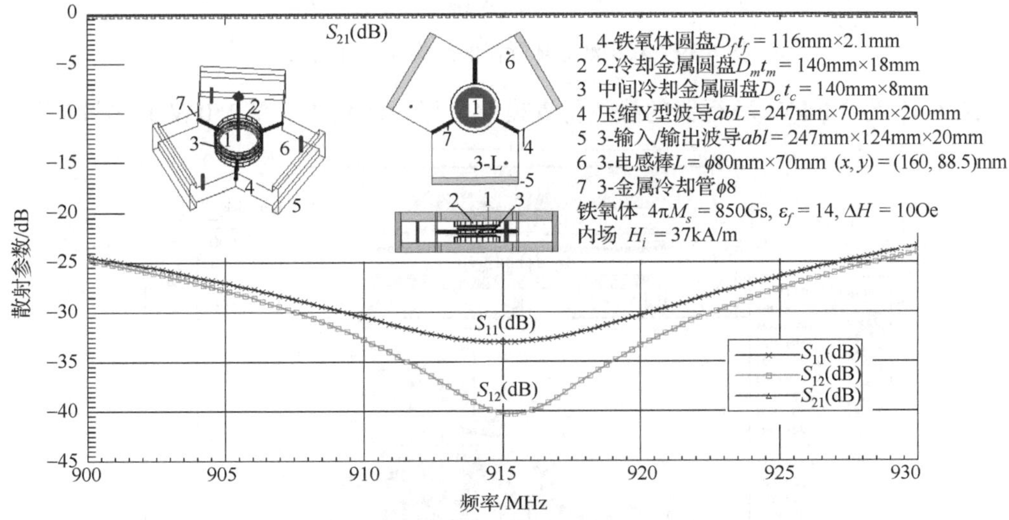

图 6.38　双层大功率波导 Y 形结环行器的结构和性能

2. 双层 4×7 片铁氧体圆片

图 6.39 为双层波导环行器结构与图 6.38 的结构相同，铁氧体圆盘共 4×7=28 片，

铁氧体圆盘分两层排列，每层 7 片，呈六叶花瓣状排列。其铁氧体圆盘尺寸为 $D_f t_f = 46\text{mm}\times 2\text{mm}$；铁氧体材料 $4\pi M_s = 650\text{Gs}$、$\Delta H = 10\text{Oe}$、$\varepsilon_f = 14$；磁化内场 $H_i = 36.2\text{kA/m}$。仿真结果为带宽为 30MHz，在中心频率处，反射及隔离性能达到大于 26dB，插损 $I_L = 0.22\text{dB}$，有大约 5% 的功率损耗。若环行器输入平均功率 $P_{av} = 140\text{kW}$，大约有 $P_L = 7\text{kW}$ 损耗被 28 片铁氧体吸收，每片铁氧体耗散功率为 250W 左右。根据这个情况做了静热仿真实验。

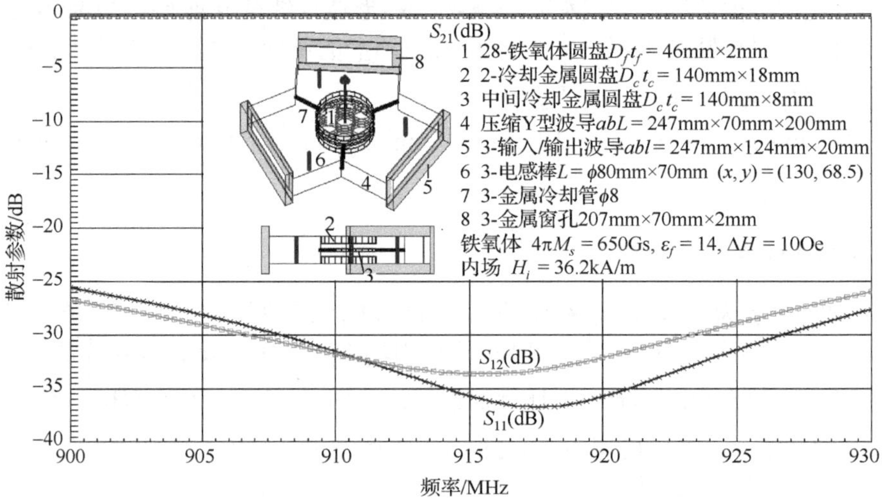

图 6.39　双层波导环行器的结构与仿真结果

图 6.40 为 140kW 环行器的静热仿真模型，每片铁氧体承受 250W 的热量耗散，

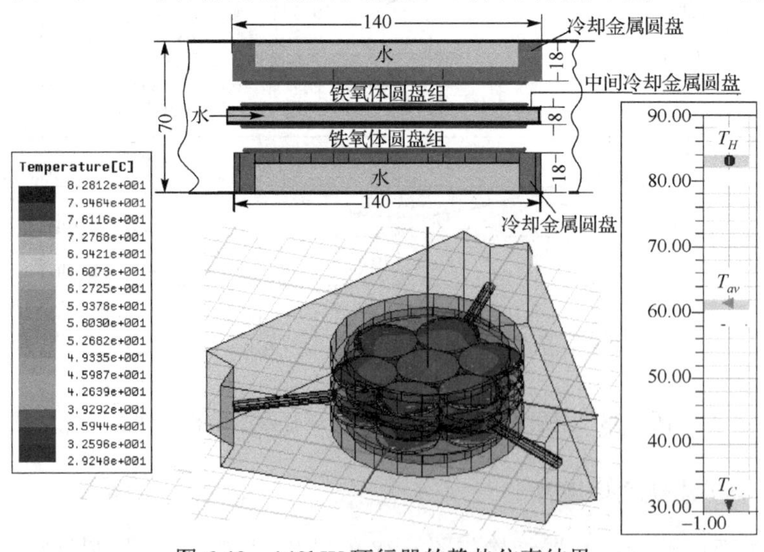

图 6.40　140kW 环行器的静热仿真结果

从靠近波导壁的两片铁氧体圆片做温度观察，贴附冷却圆盘面的铁氧体表面温升 $T_C = 30$ ℃(冷端温度)，铁氧体表面背离冷却圆盘的温度 $T_H = 83$ ℃(热端温度)，铁氧体片的平均温度 $T_{av} = 62$ ℃。根据铁氧体材料的温度特性，估计能承受 $P = 140\text{kW}$ 的功率。在仿真中的边界条件为：冷却水温设在 20℃，水流速度为 1m/s；铁氧体热导系数为 4W/(cm・℃)；热导的特征长度 $l_C = 0.5\text{mm}$；周围温度 $T_{\text{Amb}} = 20$ ℃；辐射温度 $T_R = 70$ ℃；辐射率为 0.7。

图 6.41 为 224kW 环行器的静热仿真模型。为了提高散热效率，加厚波导壁厚度到 5mm，每片铁氧体热耗功率为 400W，环行器损耗 0.22dB，环行器损耗功率 $P_L = 8\text{kW}$。获得热端温度 $T_H = 92$ ℃；平均温度 $T_{av} = 64$ ℃；冷端温度 $T_C = 20$ ℃的结果。

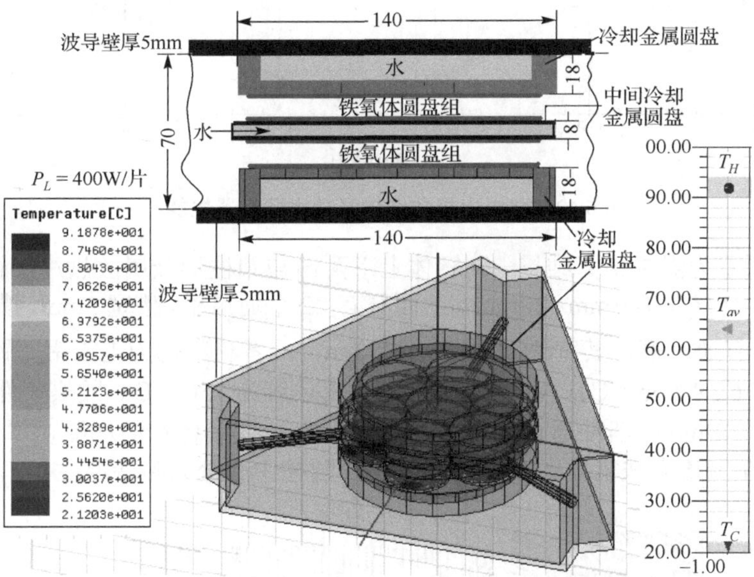

图 6.41　$P_{av} = 224\text{kW}$ 环行器的静热仿真结果

6.5　高功率带线环行器

如图 6.42 所示，两片铁氧体的尺寸为 $D_f t = 80\text{mm} \times 6\text{mm}$，双层圆盘形内导体，圆盘尺寸为 $D_f t = 30\text{mm} \times 1\text{mm}$，双层圆盘间距 6mm，整个腔体设计成开放式结构，目的是可以强迫风冷进行冷却。铁氧体材料磁矩具有好的温度稳定性：$\alpha_T = \Delta M_s / (M_s \Delta T) = 0.6 \times 10^{-3}$ /℃、$M_s = 800/(4\pi)(\text{kA/m})$、$\Delta H = 5\text{Oe}$、$H_i = 15.4\text{kA/m}$、$\sigma_0 = 1.23$。两片铁氧体之间间隔 8mm。其性能如图 6.42 所示，在 400～450MHz 带宽内，隔离和反射损耗大于 26dB，插损为 0.28～0.4dB。

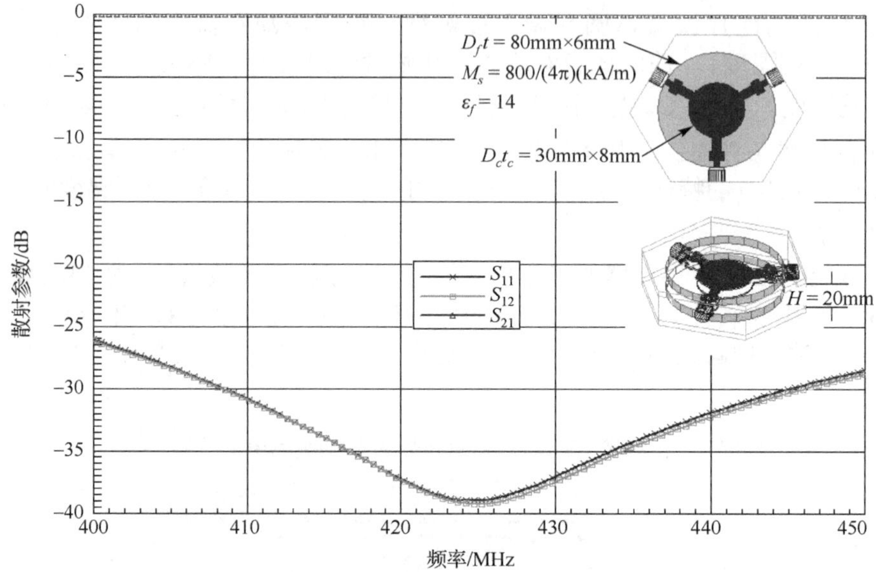

图 6.42　双层内导体结构高功率环行器性能

图 6.43 所示为静热仿真结果。铁氧体上下两面与圆柱形金属散热片接触，圆柱散热片的尺寸为 $D_0H_0 = 140\,\text{mm}\times 20\,\text{mm}$，上面开有 22 个通风槽，槽宽 3mm，槽高 18mm。内导体上也开有通风槽，其宽/高比为 3mm/6mm；两者材料均为电工铝。铁氧体材料的导热系数为 6.3W/(m·℃)，密度为 5kg/m^3，比热容为 750J/℃。散热条件为 20℃的风冷，风速为 10m/s；器件通过 5kW 功率时，每片铁氧体片的耗散功率为 200W。图 6.43 中，左上角为铁氧体表面内温度分布，圆柱中心处为热端温度，$T_H \approx 100$ ℃，

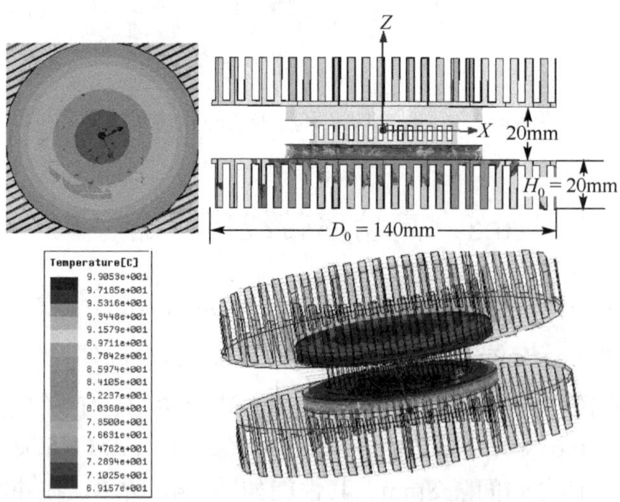

图 6.43　静热仿真及在铁氧体中温度分布

边缘温度 $T_S \approx 84$ ℃，右上角为侧面温度分布，与散热片贴壁处为冷端温度，$T_C \approx 72$ ℃。右下角为下片铁氧体的温度分布，其平均温度 $T_{av} \approx 94$ ℃。由于采用了低温度系数的铁氧体材料，其承受温度为 80～100℃，所以这样的散热条件和 400W 的耗散功率情况下，器件性能基本能得到保证。

图 6.44 所示为热传导过程的仿真曲线。图中 3 条曲线分别为：T_H(℃)–t(s)、T_{av}(℃)–t(s)、T_C(℃)–t(s)，即热点温度 T_H、平均温度 T_{av} 和冷点温度 T_C 对时间的变化曲线，热平衡的所需时间约为 300s。

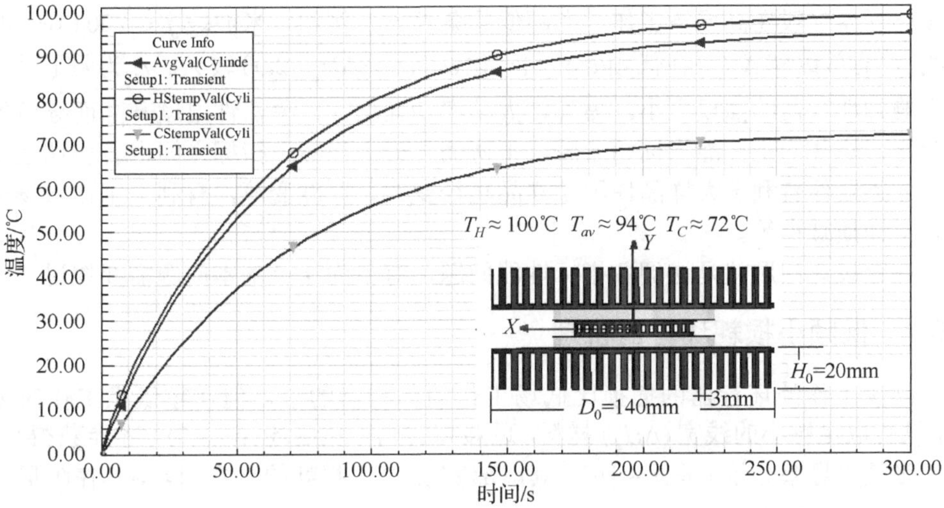

图 6.44　温度时间变化曲线

当输入 $P_P = 50\text{kW}$ 峰功率时，在内导体表面场强 E 的分布值 $E_{\max} \leqslant 2.2\times10^6\text{V/m}$，但已接近击穿场强 E_b 值（$E_b = 3\times10^6\text{V/m}$），如图 6.45 所示。

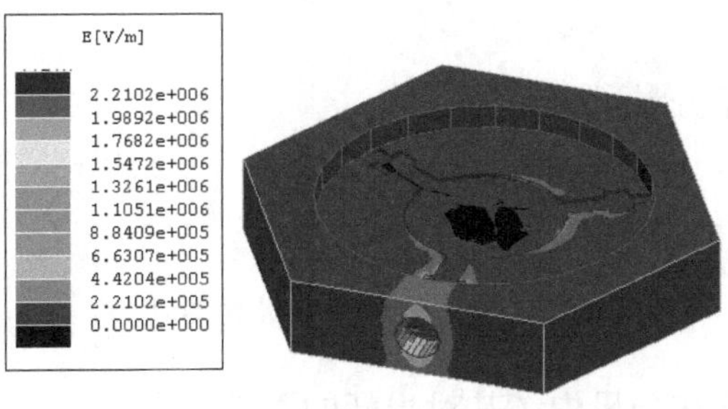

图 6.45　高峰功率的仿真结果

关于高功率非线性问题，没有必要去仿真，因为高场区工作没有自旋简并激发问题。

6.6 低频、大功率、宽频带、小损耗、高温度稳定性 Y 形带线环行器综合设计

带线环行器常遇到各种指标要求，有些指标相互排斥、相互矛盾，如宽频带与小损耗之间往往是矛盾的。在高场区工作的情况下，为了得到宽频带，归一化工作场不能太高，保持在$\sigma=1.15\sim1.35$为宜，磁化场靠近共振场($\sigma=1$)必然带来对损耗不利。低频环行器一般在高场下工作，在超低频条件下，例如，米波段$f\leqslant 200\,\text{MHz}$时，同样线宽(有效线宽$\Delta H_e$)在低频处其归一化$\alpha$ ($\alpha=\gamma\Delta H_e/2\omega$)较大。$\alpha$为阻尼系数，$\alpha$值影响到环行器的插损大小。另外，大功率功耗增大，使器件温度升高而导致器件性能变化，这些均是性能指标相矛盾、不协调之处。当然，指标之间也有协调之处，例如，低频器件有利于大样品使用，样品直径变大、厚度变薄，有利于工作磁场提高，有利于插损减小等。

综合设计问题就是协调各指标性能问题，有下面 4 个基本问题需要探讨。

6.6.1 低频小损耗环行器机理

高场工作的环行器的插损比低场工作的环行器的小，但在超低频工作时未必如此，只有取足够小的线宽(ΔH_e)材料、足够高的归一化磁场($\sigma\to2$)，才能获得小损耗。

张量磁导率分量$\mu=\mu'-\text{j}\mu''$，其虚部μ''是产生损耗的基本因素，其在阻尼因子α的影响下可以写成

$$\begin{gathered}\mu\approx1+\frac{p(\sigma+\text{j}\alpha)}{\sigma^2-1}\\ \mu'\approx1+\frac{p\sigma}{\sigma^2-1},\quad \mu''\approx\frac{p\alpha}{\sigma^2-1}\end{gathered}\tag{6.19}$$

μ''对插损有直接影响。

张量磁导率非对角分量

$$\begin{gathered}\kappa=\frac{p}{(\sigma+\text{j}\alpha)^2-1}\\ \kappa=\frac{p}{\sigma^2-1},\quad \sigma>1,\ \alpha<<1\end{gathered}\tag{6.20}$$

非对角分量κ中，α含在分母中，其对损耗的贡献甚小。

比磁导率κ/μ，在忽略阻尼系数情况下为

$$\frac{k}{\mu}=\frac{p}{\sigma^2-1+p\sigma}\tag{6.21}$$

它对工作带宽有直接影响，当 $\sigma > 2$ 时，$|\kappa/\mu| < 0.5$，所以归一化磁化场 σ 大，工作带宽变小。

影响铁氧体材料磁损耗的参数，除有效线宽 ΔH_e 外，还有阻尼系数 α 和损耗正切 $\tan\delta_m$，它们与 ΔH_e 和 p 、σ 的关系为

$$\begin{aligned}\tan\delta_m &= \frac{\mu''}{\mu'} = \frac{p}{\sigma^2 - 1 + p\sigma}\alpha = C\alpha \\ \tan\delta_m &\approx \frac{\alpha}{\sigma}\end{aligned} \tag{6.22}$$

$$C = \frac{p}{\sigma^2 - 1 + p\sigma} \approx \frac{1}{\sigma}, \quad \alpha = \frac{\gamma \Delta H_e}{2\omega}$$

由上式可见，在 ΔH_e 一定的情况下，频率 ω 越低，阻尼系数 α 和 $\tan\delta_m$ 越大；归一化磁场 σ 越小，$\tan\delta_m$ 越大。所以有效线宽 ΔH_e 在一定程度上反映了材料的损耗大小，阻尼系数反映了材料损耗大小与频率 ω 的依赖关系。频率越低，低耗材料越是难做。$\tan\delta_m$ 才是真正反映材料及器件损耗的一个参量，它不仅与 ΔH_e 直接相关，还与工作频率 ω 和归一化磁化场 σ 有直接关系。只是对于这个参量，目前的商品还没有其指标，会给器件设计时对参量的选用带来一些困惑，所以目前只能用有效线宽 ΔH_e 作为设计参数。

下面用同一种材料（$M_s = 1850/(4\pi)$ (kA/m)）和同一铁氧体结尺寸 $D_f t = 57\text{mm} \times 1.5\text{mm}$，用不同磁化场 H_i 、不同的 ΔH_e 进行设计，比较器件的损耗大小。

1. 磁化场 $H_i = 9400$ A/m 时的情况

如图 6.46 所示，其工作磁场 H_i 较高，相对中心频率 165MHz 的归一化磁场 $\sigma = 2$ 。其内导体尺寸大，圆弧直径和铁氧体直径 D_f 一样大小，内导体覆盖率大，其目的是充分利用铁氧体的非互易性作用区域，这样可以减小 k 值，因为非互易参数 $|\mathrm{d}S|$ 为 $|\mathrm{d}S| = \omega\mu_0 k|F|$，场积分 $|F|$ 值增大，为使 $|\mathrm{d}S| \to 1$，k 值可以减少，磁化场 H_i 可以提高，器件插损便可以减小。

图 6.46 中，在 $f = 150 \sim 185$ MHz 频带内，反射损耗和隔离优于 20dB，相对带宽 $2\delta = 21\%$，其插入损耗在 f_1、f_2、f_3 三个频率点分别为 0.3dB、0.29dB、0.36dB，损耗比较小。

表 6.2 显示了材料损耗参数与插损 I_L 的关系，表中 ΔH_e 是不变的，但 I_L(dB)是随频率变化的，$\tan\delta_m$ 为 10^{-3} 量级，它的大小与 I_L(dB)的大小基本上是协调的；而 α 值为 10^{-2} 量级，它的变化和 I_L(dB)的变化也有一定的协调性。但在 165～185MHz 内变化不协调。

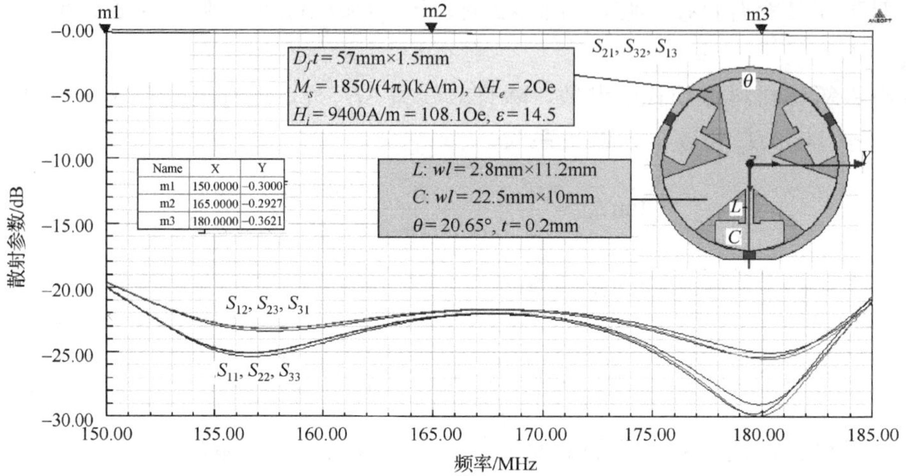

图 6.46　环行器内导体结构和环行性能(H_i = 9400 A/m，ΔH_e = 2 Oe)

表 6.2　材料损耗参数 α 和 $\tan\delta_m$ 与环行器的插损

M_s = 1850/(4π) (kA/m)，H_i = 9400 A/m，ΔH_e = 2 Oe

f / MHz	H_r/Oe	p	σ	α	$\tan\delta_m \times 10^{-3}$	μ'	μ''	I_L / dB
159	53.6	34.5	2.2	0.019	8.64	20.8	0.17	0.3
165	58.9	31.4	2.0	0.017	8.50	21.9	0.18	0.293
180	64.3	28.8	1.84	0.016	8.70	23.2	0.193	0.36

图 6.47 表示其结构与图 6.46 结构相同情况下，不同有效线宽 ΔH_e 值对插损 S_{13}(dB) 的关系曲线。随着 ΔH_e 增大，插损增大。当 ΔH_e < 1 Oe 时为小损耗情况，

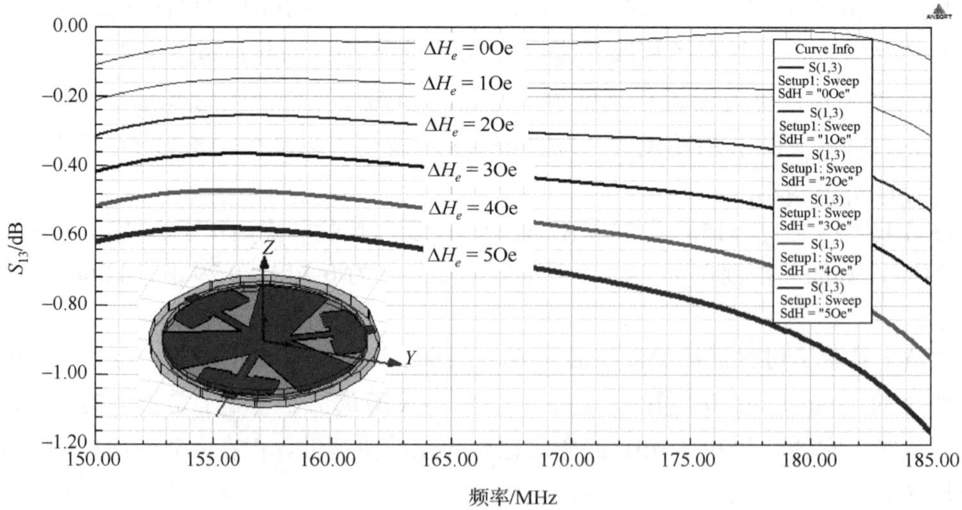

图 6.47　环行器插损 S_{13}(dB) - f 曲线(ΔH_e = 0Oe、1Oe、2Oe、3Oe、4Oe、5Oe)

$|S_{13}(\text{dB})| < 0.2$ dB；当 $\Delta H_e < 3$ Oe 时为中等插损，$|S_{13}(\text{dB})| = 0.2 \sim 0.5$ dB；当 $\Delta H_e = 3 \sim 5$Oe 时为插损偏大，$|S_{13}(\text{dB})| > 0.5$ dB；当 $\Delta H_e = 5$ Oe 时，在频率 $f = 185$ MHz 处，$|S_{13}(\text{dB})| \to 1.2$ dB。

2. *磁化场 $H_i = 8000$ A/m 时的情况*

如图 6.48 所示，其工作磁场 H_i 降低，相对中心频率 165MHz 的归一化磁场 $\sigma = 1.7$。其内导体形状尺寸有明显缩小，内导体的非互易结是 3 个等腰三角形瓣，其顶角在延长线交点并在圆周上，三角形顶角 $\theta = 20.65°$。内导体覆盖率小，意味着作用区小、k 值增大，相应的磁化场 σ 变小，故器件插损有所增加。

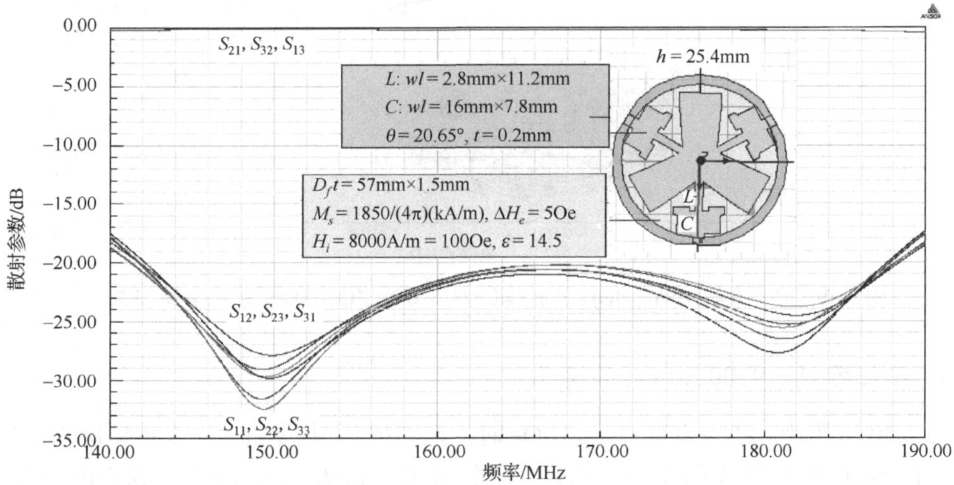

图 6.48　环行器内导体结构和环行性能（$H_i = 8000$ A/m，$\Delta H_e = 5$ Oe）

从表 6.3 可见，虽然磁参数 α、$\tan\delta_m$ 随频率变化和 I_L(dB) 随频率变化并不协调，但参数大小基本反映插损大小。当 $\Delta H_e = 5$ Oe 时，$\tan\delta_m$ 为 10^{-2} 量级，所以插损变大，I_L(dB) 为 0.69～1.35 dB。

表 6.3　材料损耗参数 α 和 $\tan\delta_m$ 与环行器的插损

$M_s = 1850/(4\pi)$ (kA/m)，$H_i = 8000$ A/m，$\Delta H_e = 5$ Oe

f / MHz	H_r / Oe	p	σ	α	$\tan\delta_m \times 10^{-3}$	μ'	μ''	I_L / dB
159	53.6	34.5	1.87	0.047	25.1	26.8	0.65	0.69
165	58.9	31.4	1.70	0.042	24.7	29.2	0.70	0.75
180	64.3	28.8	1.56	0.039	25.0	31.3	0.78	1.35

图 6.49 所示为不同 ΔH_e 的 S_{13}(dB) 频响曲线。$\Delta H_e = 0$ Oe 的损耗是由反射损耗和反向损耗所致。在 $f = 150 \sim 180$ MHz 范围内，当 $\Delta H_e < 1$ Oe 时，$|S_{13}(\text{dB})| < 0.25$ dB；当 $\Delta H_e < 3$ Oe 时，$|S_{13}(\text{dB})| = 0.4 \sim 0.75$ dB；当 $\Delta H_e = 3 \sim 5$ Oe 时，$|S_{13}(\text{dB})| = 0.4 \sim 1.2$ dB。

从插损曲线族中可见，高频端插损随频率增大得快。一方面，σ 随频率增大而减小，另一方面，高频端的反射损耗和隔离变差，导致正向功率进一步减小；另外，曲线的低损耗频点不在中心频率，也不在最低频处，而在 $f \leqslant 150\,\text{MHz}$ 附近。这时因为反射损耗和隔离均小，分流量减小的缘故。

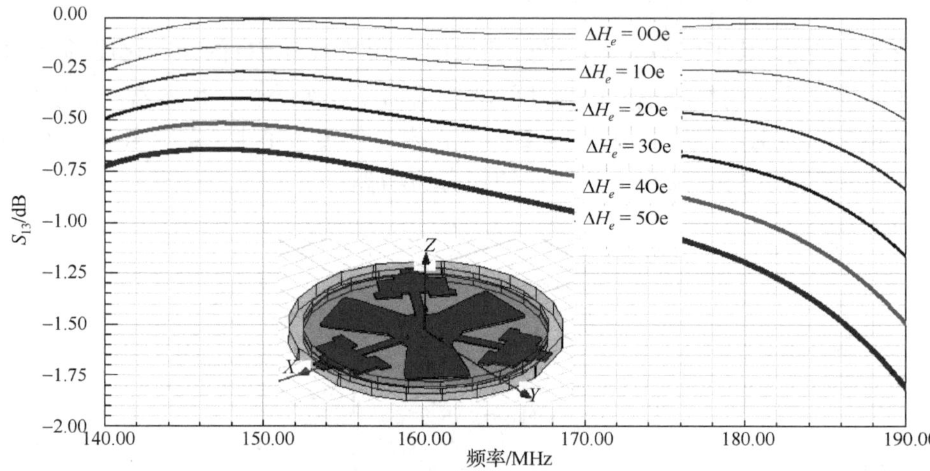

图 6.49　环行器插损 $S_{13}(\text{dB})$ - f 曲线（$\Delta H_e = 0\text{Oe}、1\text{Oe}、2\text{Oe}、3\text{Oe}、4\text{Oe}、5\text{Oe}$）

3. 磁化场 $H_i = 9200\,\text{A/m}$ 时的情况

图 6.50 所示为 $\Delta H_e = 2\text{Oe}、5\text{Oe}、10\text{Oe}$ 时，正向损耗-频率曲线。3 种情况下的曲线变化规律类似。在高频端（$f = 185\,\text{MHz}$），插损最大。当 $\Delta H_e = 10\,\text{Oe}$ 时，$|S_{13}(\text{dB})| > 2\,\text{dB}$。从图 6.50 中曲线整体来看，其插损 $|S_{13}(\text{dB})|$ 与 $\Delta H_e = 2\text{Oe}、5\text{Oe}、10\text{Oe}$ 之间比例协调。

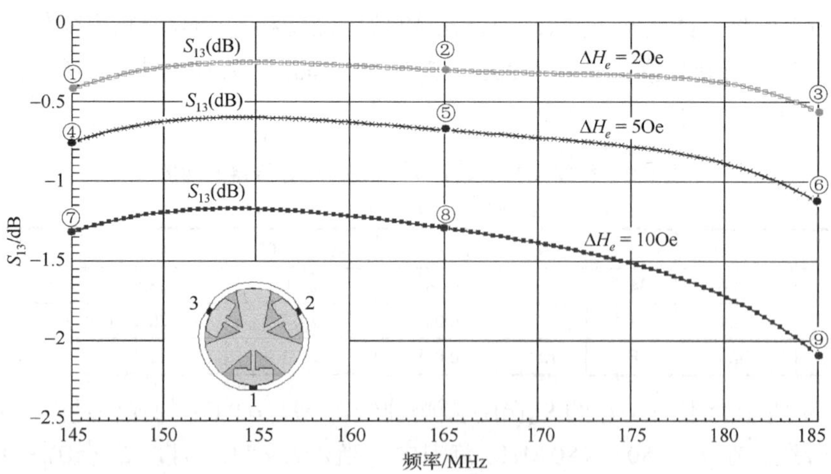

图 6.50　环行器插损 $S_{13}(\text{dB})$ - f 曲线（$H_i = 9200\,\text{A/m}$，$\Delta H_e = 2\text{Oe}、5\text{Oe}、10\text{Oe}$）

表 6.4　图 6.50 曲线上得 9 个取样点磁损耗参数与环行器插损

$M_s = 1850/(4\pi)$ (kA/m)，$H_i = 9200$ A/m

序号	ΔH / Oe	f / MHz	H_r / Oe	p	σ	$\alpha \times 10^{-2}$	$\tan\delta_m \times 10^{-3}$	μ'	μ''	I_L / dB
1	2	145	51.8	35.7	2.23	1.93	8.2	21.0	0.173	0.42
2	2	165	58.9	31.4	1.96	1.70	8.3	22.6	0.188	0.3
3	2	185	66.1	28.0	1.75	1.51	8.3	24.8	0.205	0.56
4	5	145	51.8	35.7	2.23	4.83	20.0	21.0	0.434	0.76
5	5	165	58.9	31.4	1.96	4.24	27.0	22.6	0.607	0.67
6	5	185	66.1	28.0	1.75	3.87	26.0	24.8	0.646	1.13
7	10	145	51.8	35.7	2.23	9.65	41	21.0	0.867	1.32
8	10	165	58.9	31.4	1.96	8.49	42	22.6	0.938	1.29
9	10	185	66.1	28.0	1.75	7.56	42	24.8	1.026	2.10

从表 6.4 可见，在 3 种情况下，其磁损耗与插损可分析出如下内容。

(1) 小损耗情况下，$\Delta H_e = 2$ Oe，$\tan\delta_m$ 为10^{-3}量级，$|S_{13}(\text{dB})| = 0.42 \sim 0.56$ dB。

(2) 中损耗情况下，$\Delta H_e = 5$ Oe，$\tan\delta_m$ 为10^{-2}量级，$|S_{13}(\text{dB})| = 0.67 \sim 1.13$ dB。

(3) 大损耗情况下，$\Delta H_e = 10$ Oe，$\tan\delta_m$ 为10^{-2}量级，$|S_{13}(\text{dB})| = 1.29 \sim 2.10$ dB。

6.6.2　功耗和散热结构

图 6.51 所示为环行器风冷模型。环行器承受 3kW 的功率，按 0.36dB 的插损计算，则有 8%的功率消耗，即 240W 功率消耗在铁氧体上，铁氧体片与两片散热板接触，总接触面积约为 51cm^2。通过上下散热板上的散热片，强制风冷把热量带走，每块散热板共有 20 片散热片，其尺寸为$20\text{mm} \times 3\text{mm} \times 15\text{mm}$。

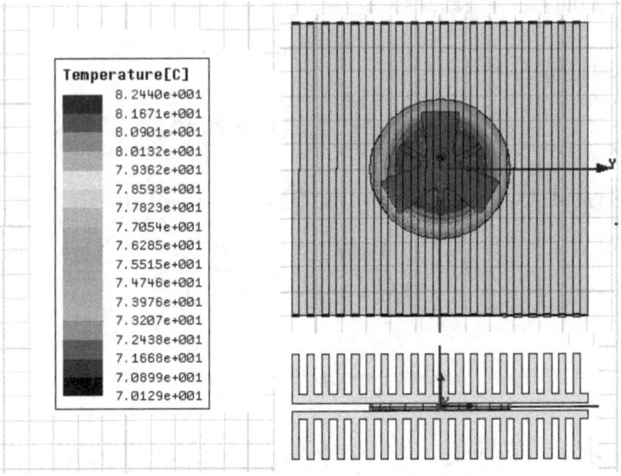

图 6.51　低频大功率环行器的热传导仿真模型

热传导的方式为叶片式强迫风冷，风速为 10m/s，环境温度为 20℃，辐射系数为 0.7，铁氧体导热系数为 6.3W/(℃ • cm)，散热板用电工铝材制成，导热系数为 237W/(℃ • cm)，散热特征长度为 2mm。仿真结果从图 6.51 所示的铁氧体圆片中温度分布场看出，在贴近内导体中心处，温度高达 82℃，在贴近散热片处，其温度为 70℃，铁氧体片上下温差 12℃。

图 6.52 中显示了铁氧体中 yz 截面温度分布，$T_H = 82$ ℃、$T_{av} = 70$ ℃、$T_C = 20$ ℃。一般来说，铁氧体能承受 82℃的最高温度，所以本器件在良好的冷却团聚下，能承受 3000W 的功率。

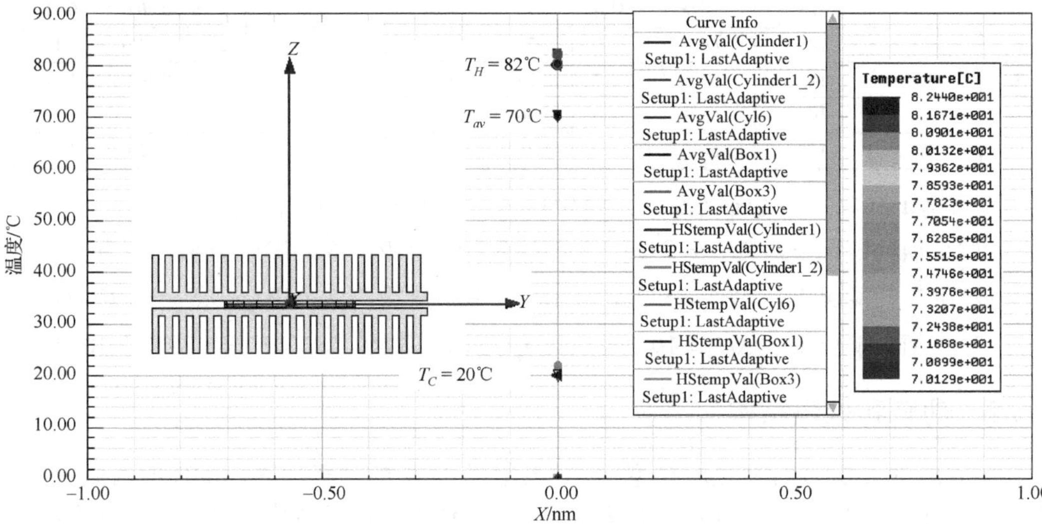

图 6.52 铁氧体截面内高温 T_H、平均温度 T_{av} 和最低温 T_C

6.6.3 温度稳定性与温度补偿原理

从铁氧体环行器非互易方程出发

$$\mathrm{d}S = \omega\mu_0\kappa\int_V i_z \cdot (h_1 \times h_2)\mathrm{d}V \tag{6.23}$$

在高场工作，均匀磁化模型作用下，κ 值由下式表示

$$\kappa = \frac{4\pi M_s}{H_i^2 - H_r^2} = \frac{p}{\sigma^2 - 1} \tag{6.24}$$

$$\delta\kappa = \frac{\partial\kappa}{\partial p}\delta p + \frac{\partial\kappa}{\partial\sigma}\delta\sigma \tag{6.25}$$

温度稳定性方程要求 κ 值不变，环行条件式(6.23)便稳定。

令 $\delta\kappa = 0$，求出

$$\frac{\delta M}{\delta H_i} = \frac{2\times 4\pi M H_i}{H_i^2 - H_r^2} = \frac{2p\sigma}{\sigma^2 - 1} \tag{6.26}$$

假设设计参数为(A 型) $\sigma \approx 2, p \approx 30, \delta H_i \approx \delta M / 40$ 。在 3 种温度：$T = 20$ ℃(常温)、$T = 80$ ℃(高温)、$T = -40$ ℃(低温)下进行计算，在满足温度补偿方程条件下，有

(1) $T = 20$ ℃时，$4\pi M_s = 1850\text{Gs}$，$H_i = 9200\text{Oe}$，$\Delta H_e = 1\text{Oe}$ 。

(2) $T = 80$ ℃时，$4\pi M_s = 1665\text{Gs}$，$H_i = 8830\text{Oe}$，$\Delta H_e = 1\text{Oe}$ 。

(3) $T = -40$ ℃时，$4\pi M_s = 2035\text{Gs}$，$H_i = 9570\text{Oe}$，$\Delta H_e = 1\text{Oe}$ 。

其仿真结果如图 6.53～图 6.55 所示。从图 6.53 看，环行器性能良好，带宽为 146～183MHz，第一反射峰 $f = 155$ MHz，第二反射峰 $f = 177$ MHz。图 6.54 为高温态性能，带宽为 148～184MHz，第一反射峰 $f = 155$ MHz，第二反射峰 $f = 180$ MHz。图 6.55 为低温态性能，带宽为 148～181MHz，第一反射峰 $f = 155$ MHz，第二反射峰 $f = 175$ MHz。尤其是第一反射峰位置不随温度迁移，证明了温度稳定性方程的正确性。

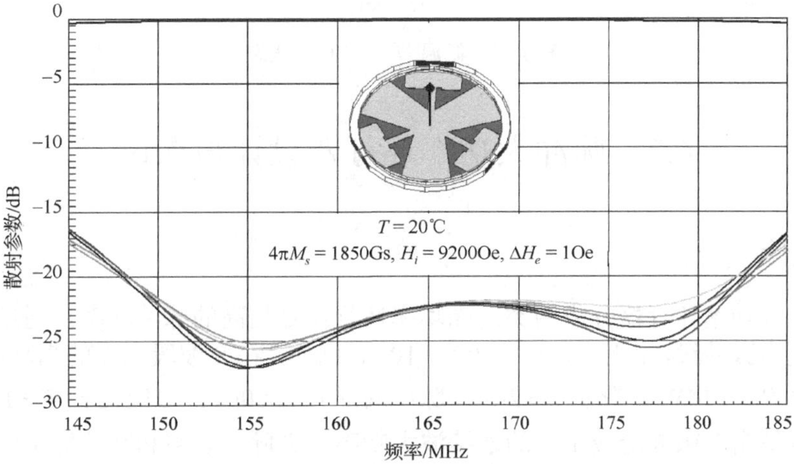

图 6.53　常温(T = 20℃)状态

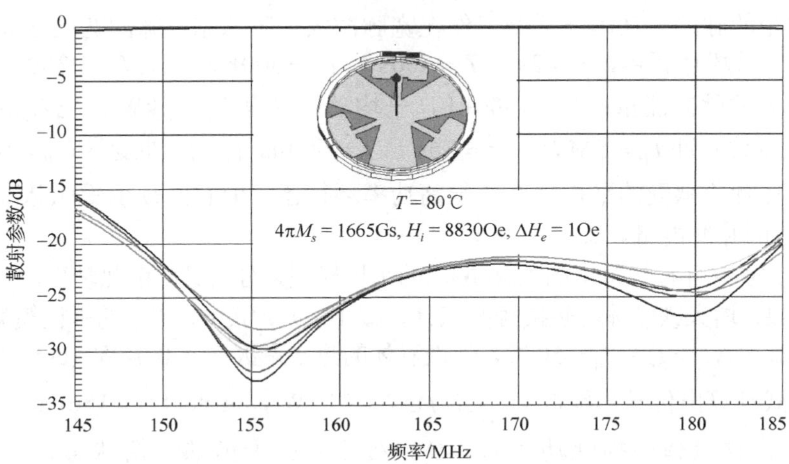

图 6.54　高温(T = 80℃)状态

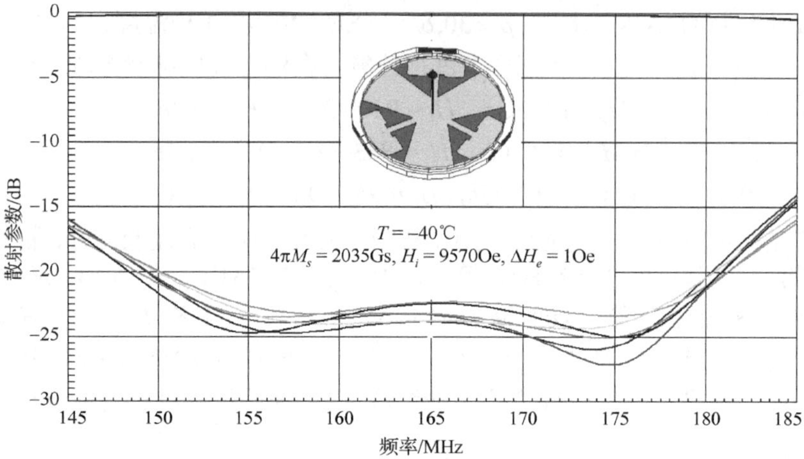

图 6.55　低温($T=-40$℃)状态

6.7　脉冲大功率环行器设计与探讨

6.7.1　概论

上述各种功率环行器分成两类。高功率环行器是指高的脉冲功率，适用于雷达，其脉冲宽度为微秒级，占空比$\tau/T=10^{-3}\sim10^{-2}$，例如，在 S 波段工作的高功率环行器，其脉冲功率$P_P=5\text{MW}$，脉宽$\tau=2\mu\text{s}$，脉冲周期$T=600\mu\text{s}$，占空比$\tau/T=1/300$。大功率环行器是指在微波能应用中的连续波大功率，无脉冲功率和脉冲能量的概念，例如，6.4 节和 4.6 节中讨论的环行器。

本节讨论的脉冲大功率环行器工作在宽脉冲大功率状态，脉冲宽度在 0.1s 到 s 量级，例如，S 波段环行器，$\tau=2\text{s}$，$T=600\text{s}$，$P_P=300\text{kW}$，$\tau/T=1/300$。这类环行器具有相当大的脉冲能量：$U_P=600\text{kJ}$，平均功率只有$P_{av}=1\text{kW}$。它和雷达脉冲情况不同：在雷达脉冲$P_P=5\text{MW}$、$\tau=2\mu\text{s}$、$T=600\mu\text{s}$下，脉冲能量$U_P=10\text{J}$。虽然脉冲大功率环行器承受的平均功率亚于高功率环行器，但它必须承受比脉冲环行器大得多(10^5倍)的脉冲能量。

常规的大功率环行器可用图 6.56 所示的平板模型来分析其耐散热功率。为了获得良好的散热效果，增大铁氧体的热接触面积A，减小散热厚度t。图中的平板模型，若铁氧体的上下面温差$\Delta T=T_m-T_0=50$ ℃，使铁氧体的热导系数$C_q=0.04\,\text{W/(cm·℃)}$，则用简单热传导公式计算出传导热量$Q=C_q(A/t)\Delta T=312\,\text{W}$，要求$A/t=156\text{cm}$。在静态热传导情况下，铁氧体中损耗功率$P_L=Q$，处于吸热及散热平衡状态，上下面温差$\Delta T=50$ ℃，高端温度$T_m=94$ ℃，冷端温度$T_0=44$ ℃。如果波导采用水冷方式，T_0进一步下降，还可增大散热效果。平板散热模型适用于一般环行器近似的散热分析模型。图 6.57 中列出了铁氧体片上下表面间的温度分布。其高温面 $T_m = 94$ ℃，低温面 $T_0 = 44$ ℃，温度差 $\Delta T = 50$ ℃。

$$Q = C_q \frac{A}{t}(T_m - T_0)$$

$$A = 46.7\text{cm}^2, \quad t = 0.3\text{cm}, \quad \frac{A}{t} = 155.7\text{cm}$$

$$C_q = 0.04\text{W/(cm·℃)}, \quad T_m - T_0 = 50℃$$

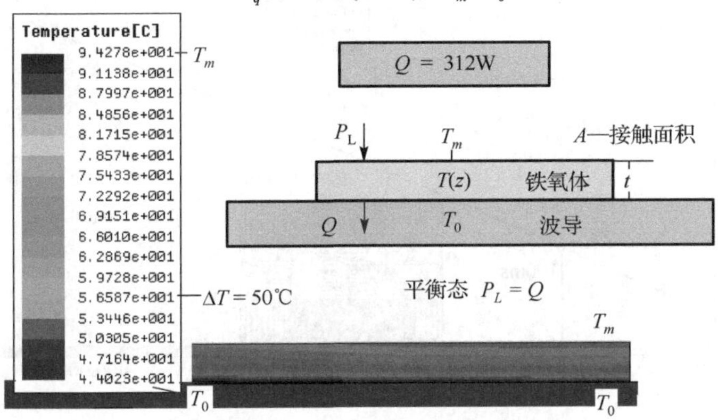

图 6.56　静态热仿真平板模型

对 S 波段脉冲雷达，若脉冲宽度 $\tau = 2\mu\text{s}$，脉冲功率 $P_P = 5\text{MW}$，其脉冲能量 $U_p = Q_p = 2\times10^{-6}\times5\times10^{6}\,\text{J} = 10\text{J}$。但在微波能应用中，脉冲宽度 $\tau = 2\text{s}$，脉冲功率 $P_p = 300\text{kW}$，其脉冲能量 $Q_p = 2\times300\text{kW} = 600\text{kW}$，后者的脉冲能量是前者的 6×10^4 倍。在大的脉冲能量冲击下，能产生很高的“脉冲温度”，如果设计不当，铁氧体的脉冲温度可达 $T_P = 100°\sim300°$。如何使 $T_\text{P} \leqslant 80℃$（铁氧体能承受的温度），这是书中研究的设计问题。

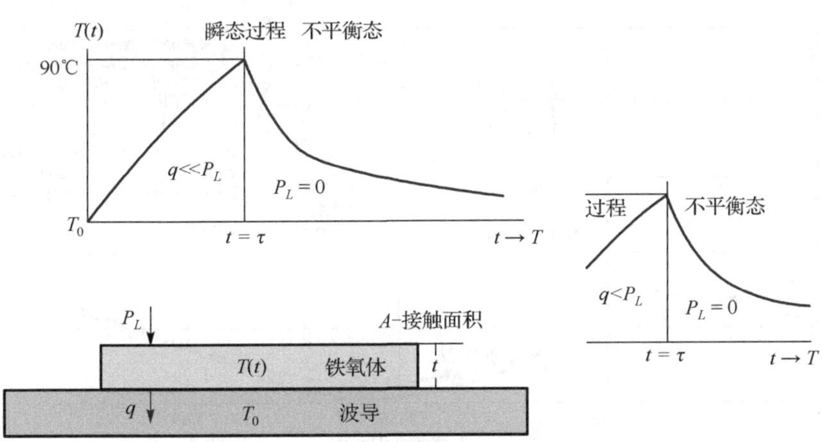

图 6.57　温度瞬态过程仿真模型

6.7.2　Y 形结脉冲大功率波导环行器

图 6.58 所示为 Y 形结脉冲大功率波导环行器的脉间温度瞬态过程，铁氧体样品的平均温度 T_{av} 随时间线性变化， $t=0\text{ms}$ 时， $T_{av}=30$ ℃； $t=100\text{ms}$ 时， $T_{av}=85$ ℃； $t=500\text{ms}$ 时， $T_{av}=300$ ℃。显然，这样的环行器的脉冲宽度 $\tau=100\text{ms}$ 左右。

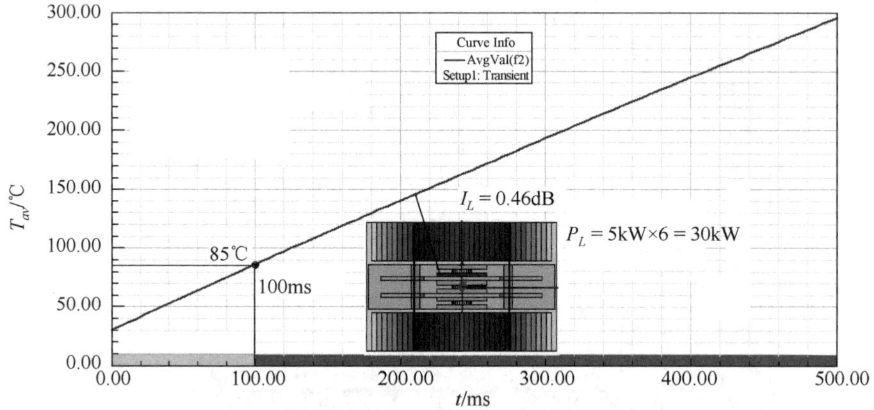

图 6.58　Y 形结脉冲大功率波导环行器的脉间温度变化

图 6.59 所示结构为三层结构，增大散热面积，可以降低脉冲大功率的温度冲击。图中 6 片三角形铁氧体贴附在散热体上，三角形的面积为 7.8cm^3，总接触面积为 $\Sigma A=48.6\text{cm}^2$， $\Sigma A/t_f=156\text{cm}$，它的大小影响到散热效果。在波导外层装有散热片，通过风冷使样品冷却。

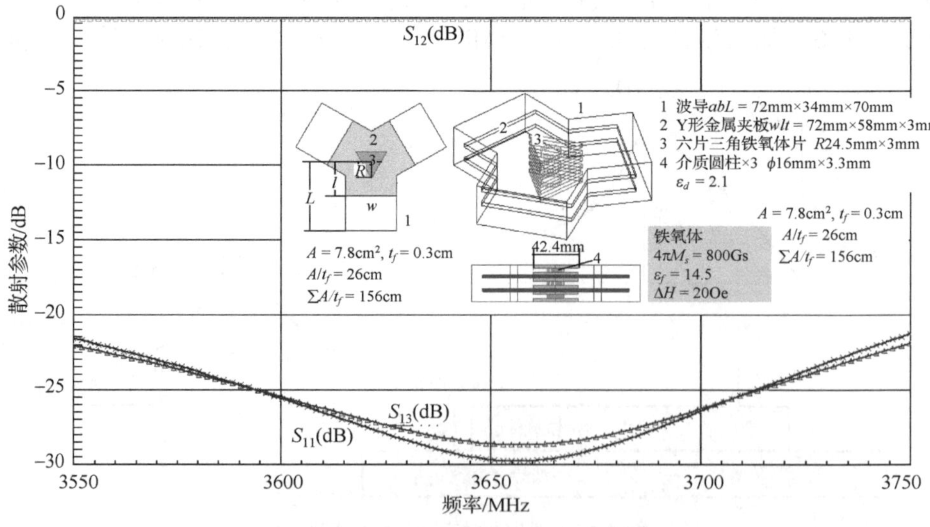

图 6.59　S 波段 Y 形结脉冲大功率波导环行器的结构和性能

图 6.60 表示脉冲大功率 Y 形结构环行器输入峰功率 $P_P = 300\,\text{kW}$ 时，没有功率击穿和非线性功耗，但不能承受 $\tau > 100\,\text{ms}$ 脉冲大功率的冲击。

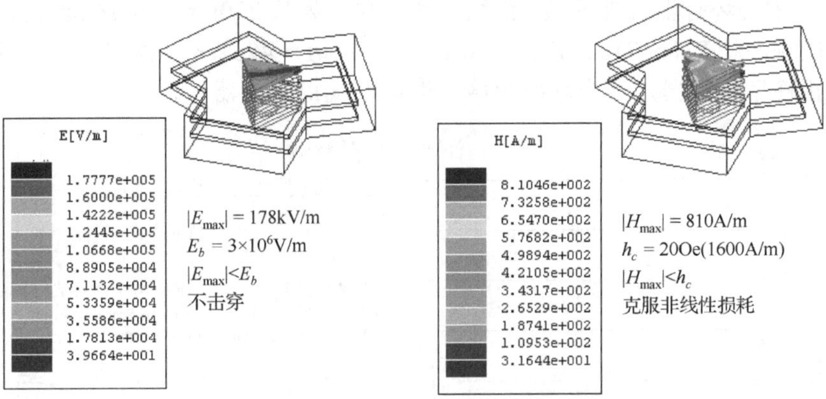

图 6.60　S 波段 Y 形结脉冲大功率波导环行器的场强分布

图 6.61 所示为脉冲大功率 Y 形结构环行器的瞬态仿真过程，发射脉冲功率 P_P = 250kW，当脉冲宽度为 200ms 时，铁氧体样品的脉冲温度 T_P =73℃，它低于 80℃，可以正常工作；200ms 以后，输入功率为零，样品内的温度迅速降低到环境温度 30℃。所以，这样的脉冲大功率环行器，可承受 P_P =250kW 的功率冲击，历时 200ms，间隙时间 T = 60s 而已。以器件的损耗为 0.2dB 计算，铁氧体材料吸收功率为 P_L = 250000W×5%=12.5kW，瞬间吸收能量为 $U_L = P_L\tau$ =2500J，对应的热能为 500×0.238cal① = 595cal。

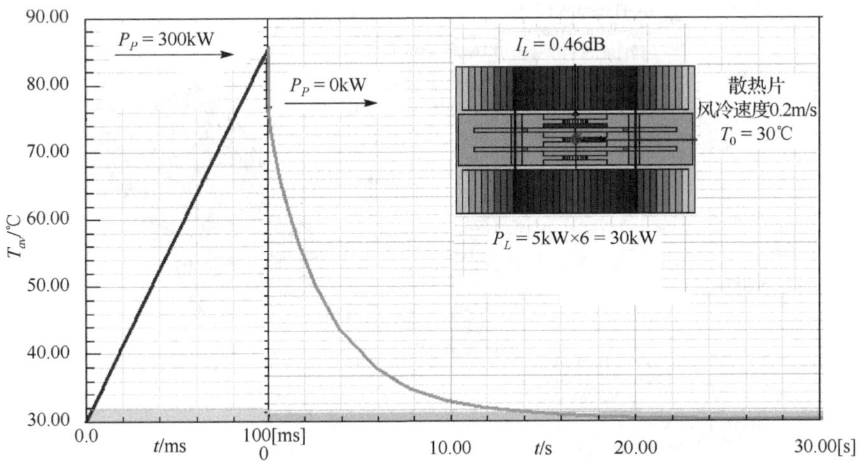

图 6.61　S 波段 Y 形结脉冲大功率波导环行器脉冲温度瞬态仿真过程

① cal 为非法定单位，1cal_{mean}(平均卡)=4.1900J，1cal_{th}(热化学卡)=4.184J。

6.7.3　差相移型脉冲大功率波导环行器

图 6.62 中的环行器性能曲线，铁氧体片的尺寸为长 270mm、宽 16.5m、厚 1.5mm，波导总的接触面积 $\Sigma A = 713\,\text{cm}^3$ 、$t = 0.15\text{cm}$、 $\Sigma A/t = 4752\text{cm}$，所以散热效果良好，三端口差相移型环行器接一个功率负载，变成两端口隔离器。

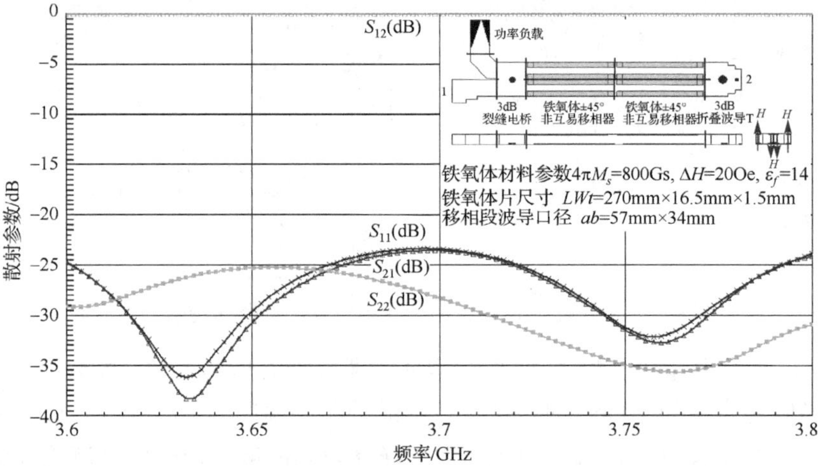

图 6.62　S 波段差相移型脉冲大功率波导环行器的结构和性能

图 6.63 所示为移相段的静态仿真结果，当 P_P=300kW 输入，插损为 0.22dB 时，铁氧体吸收功率 ΣP_L =15kW，常态工作(雷达的工作环境，脉宽 τ 小于1ms)时，铁氧体内的高端温度 T_H =88℃、低端温度 $T_C = 38°\text{C}$ 、平均温度 $T_{av} = 74°\text{C}$ ，基本能够承受。

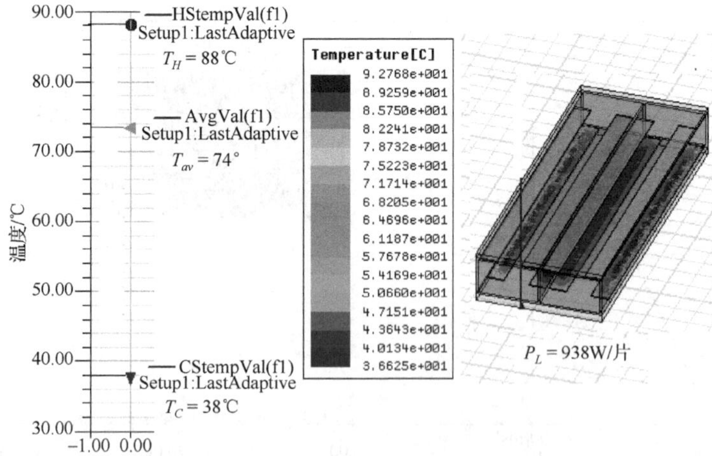

图 6.63　S 波段差相移器的静态仿真温度

图 6.64 所示为脉冲大功率状态(τ =2s 时)，当大功率脉冲输入时，铁氧体温度随时间变化的瞬态过程，当 τ =2s 时，脉冲温度 T= 80℃，脉冲宽度超过 2s，器件就承受不了。

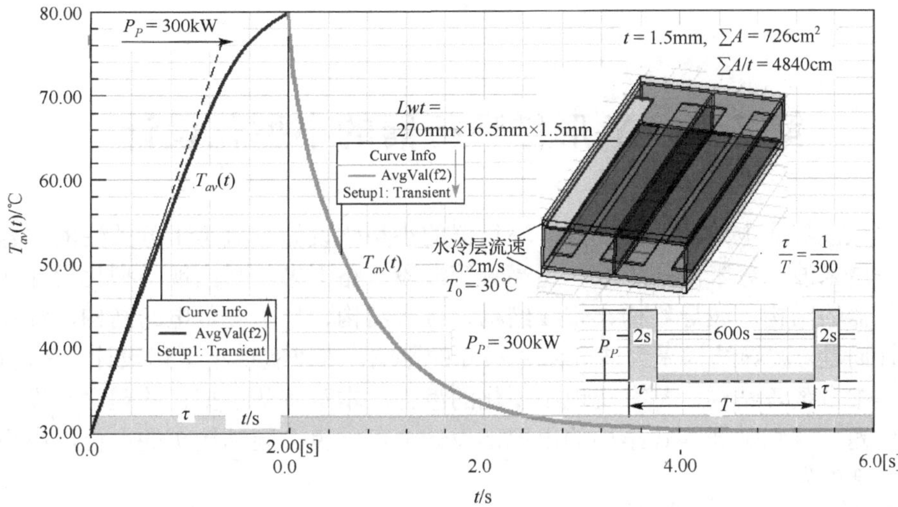

图 6.64　S 波段差相移器的脉冲温度瞬态仿真过程

若以一个移相段损耗 I_L=0.22dB，8 片铁氧体的吸收总功率 P_L =15kW 计算，2s 时间内吸收的总能量 30kJ=7140cal。铁氧体总体积 $V=\sum At$=53.5 cm³；铁氧体的密度为 5g/ cm³，铁氧体的总重量 W=267g。铁氧体的比热容为 179cal/kg，温升 50℃，总的存储热量为 267×0.179×50=2390cal；总的耗能为 7140cal，故传导热量为 7140−2390 =4750cal；故耗能中的约三分之一能量存储在铁氧体中，三分之二能量通过波导传导到外面。在计算中，铁氧体的热传导系数取为 4W/(cm • ℃)。

6.7.4　分析和讨论

(1) 对于多层(6 层)Y 形环行器，常规应用时($\tau<100\mu s$)：$P_P=300kW$、$P_{av}=10kW$，通过风冷，均能满足指标要求。对于脉冲大功率应用时，其脉宽可达 100ms。如图 6.63 所示：若 $P_P=300kW$，$\tau=100ms$，重复周期 $T=30s$，最大平均功率 $P_{av}=10kW$。

(2) 对于四端差相移环行器，把移相段分成两节，共 16 片铁氧体，波导设水冷层，可以提高脉冲能，脉冲功率为 300kW，脉冲宽度为 2s，脉冲功耗为 15kW，每片铁氧体吸收的脉冲热量 Q=1875W；每节移相段吸收脉冲热量 Q=15kW。

(3) 在瞬态分析中可见，功率脉冲 τ 期间，$P_L\to Q_L$ 引起温升是立即的，在 100ms 内，Y 结中的温度几乎随时间 t 线性变化，说明热传导效应很微小仅占 3.5%，热导效应在 $\tau\sim T$ 时间内进行；而对差相移段，$T_{av}(t)$ 呈指数变化，在脉冲宽度 2s 时间内，导热的热量占 66% Q_L；在 0～τ 时间内，铁氧体温度升高是铁氧体内的热量增大所致。当热容量饱和时，材料不继续升温，表示铁氧体在热平衡状态。在脉冲间隙时间内，$t=\tau-T$ 时，系统散热效应完全靠热传导维持。瞬态过程使温度的下降呈指数形曲线 $T_{av}(t)$。如图 6.64 所示，若 $P_P=300kW$；脉冲宽度 $\tau=2s$，重复周期 $T=6s$，最大平均功率 $P_{av}=50kW$。

第 7 章　Y 形结环行器的小型化设计

随着微波集成电路的不断发展，环行器的小型化设计一直是十分关注的问题。从毫米波→厘米波→分米波→米波→超高频等波段一路下来，都出现小型化设计问题。各种环行器的结构：波导结构、带线结构、微带结构、集中参数电路结构，都存在小型化设计问题。波导结构受到波导法兰尺寸的影响，难以实现小型化设计。其他带线、微带、集中参数等结构，都有实现小型化的潜力。本章将从小型化的理念和设计上解决这些问题，特别是插入式结构的出现，设计上可以免去同轴接头的占位，小型化设计又有了新的发展。

小型化设计遵循下面的规律：

$$\begin{aligned}|\mathrm{d}S| &= |S_{12}-S_{21}| = \omega\kappa\int_{V_f}\mu_0 i_z\cdot(h_1\times h_2)\mathrm{d}V \\ &= \omega\kappa[u]V_f\end{aligned} \tag{7.1}$$

环行状态下，$|\mathrm{d}S|\to 1$，κ 为张量对角分量，$[u]$ 为平均磁场作用能密度，V_f 为铁氧体体积，式中

$$[u]=\frac{1}{V_f}\int_{V_f}\mu_0 i_z\cdot(h_1\times h_2)\mathrm{d}V \tag{7.2}$$

式中，h_1、h_2 分别为端口 1 和端口 2 的激发场，对应的功率 P_1、P_2，$P_1=0.5\,\mathrm{W}$、$P_2=0.5\,\mathrm{W}$。

为了获得小型化设计，铁氧体体积应尽量小。为此，在高频段，由于 ω 值大，$0.17<\kappa<0.68$，如果能提高 $[u]$ 值，这时较小的 V_f 值就能满足 $|\mathrm{d}S|\to 1$；但在低频段，因为 ω 值偏低，可以采用高场（$\sigma>1$）工作，κ 值的范围可选取 $3.3<\kappa<66.9$，仍可获得小型化设计的 V_f 值。下面将对从高频段→低频段（W、KA、K、Ku、X、C、S、L、P、UHF），采用不同的传输线结构，用小型化设计的实际例子说明。

7.1　毫米波 Y 形结波导环行器

7.1.1　W 波段 Y 形结环行器

对于微波铁氧体器件而言，W 波段是其极端高频，俗称三毫米环行器。绝大部分的环行器均是采用 TM_{11} 模式工作，$kR\leqslant 1.84$ 是选取铁氧体圆柱半径的准则（$R=D_f/2$），但对于三毫米波段而言，$k=6.72$，取 $R=0.27$ 才能满足 $kR=1.84$。由

于 R 值太小，造成加工困难，只能采用 TM_{12} 模式工作，此时 $kR = 5.33$，所以可以用 $kR \leqslant 5.33$ 来估计铁氧体样品的直径。

如图 7.1 所示的结构和 S 参数值，铁氧体圆柱尺寸为 $D_f t = 1.35\text{mm} \times 0.75\text{mm}$，铁氧体材料参数为 $M_s = 5000/(4\pi)$ (kA/m)、$\varepsilon_f = 12.5$，磁化场 $H_i = 800$ kA/m，$\Delta H = 200/(4\pi)$(kA/m)，铁氧体上下用 $\phi 1.5\text{mm} \times 0.26\text{mm}$ 聚四氟乙稀薄片衬垫，提高了平均作用磁能密度$[\mu] = 9035\mu\text{J/m}^3$，弥补了 $k = 0.17$ 值太小的问题，在 94～96GHz 满足环行器要求。

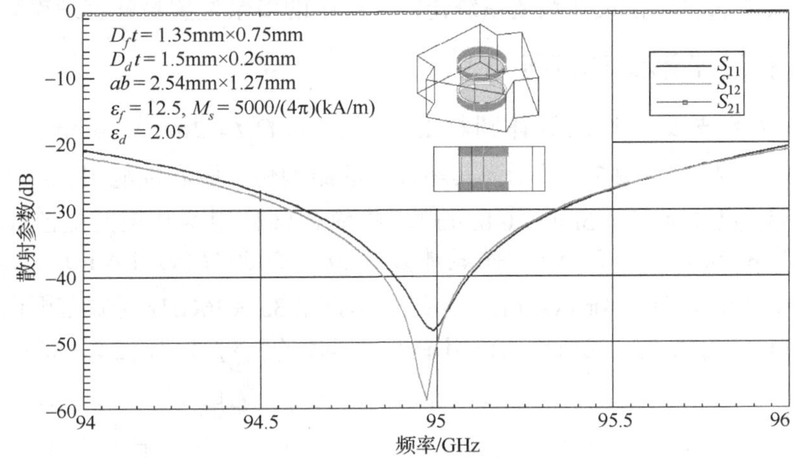

图 7.1　三毫米波导环行器的结构和性能

图 7.2 为通过仿真而获得的场矢量(场强)分布图，为 TM_{12} 模场结构，它与端口 1 和端口 2 对称，说明 1→2 为正向传输方向，其场强最大值$|h_{max}| = 540$ A/m(当端口①用 1W 功率激励时)，说明$[u]$值很大。

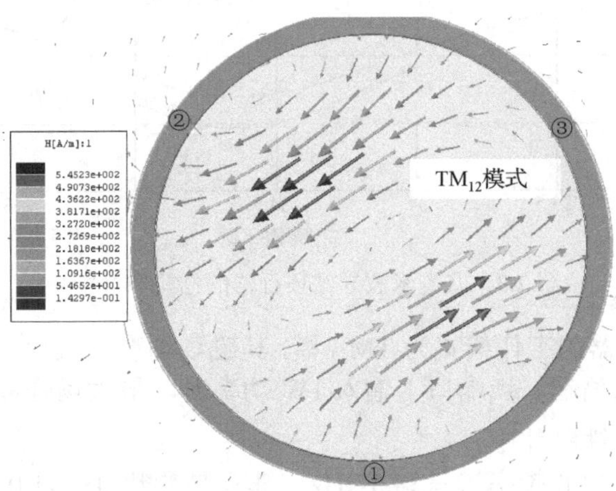

图 7.2　三毫米环行器铁氧体圆柱中的 TM_{12} 模式

在中心频率 $f_0 = 95\text{GHz}$ 处，通过仿真计算得到 $|\text{d}S| = 0.986$，表示其非互易性能满足环行要求。利用后处理平台计算得 $\mu = 0.947$、$\kappa = 0.171$、$\mu_e = \mu - \kappa^2 / \mu = 0.916$ 值，并计算出 $kR = 4.5 < 5.33$、$R = 0.67\text{mm}$，说明它在 TM_{12} 模式的工作状态。$V_f = 1.069\text{mm}^3$、$D = \sqrt[3]{V_f} = 1.023\text{mm}$、$D / \lambda_0 = 0.36$。

仿真结果说明铁氧体圆柱尺寸本身不是小型化的问题，这里把尺寸放大并工作在 TM_{12} 模式，证实了这一问题。小型化的主要障碍来自三毫米波段法兰太大。为解决这个问题只有取消法兰，让设计跟随系统走，系统中的多余位置足够容纳铁氧体占位。

7.1.2 Ka 波段 Y 形结环行器

对于八毫米波段，其铁氧体圆柱的尺寸约为 $D_f t = 2\text{mm} \times 1.6\text{mm}$，不必采用 $(kR)_{12} = 5.33$ 工作模式。图 7.3 所示为其环行器的结构仿真图和性能图。它使用了两块金属三角衬底(尺寸为 $At = 3\text{mm} \times 0.8\text{mm}$)，铁氧体圆柱用两片聚四氟乙烯圆膜衬垫($\phi 2.4\text{mm} \times 0.18\text{mm}$、$\varepsilon_d = 2.05$)，铁氧体参数 $M_s = 5000 / (4\pi)$ (kA/m)、$\varepsilon_f = 12.5$、$H_i = 0\text{kA/m}$、$\Delta H = 200 / (4\pi)(\text{kA/m})$。结果显示，在 33～36GHz 带宽范围内基本满足 20dB 的隔离和反射损耗。三角块的作用增大了器件的相对带宽，$2\delta = \Delta f / f_0 = 8.7\%$。

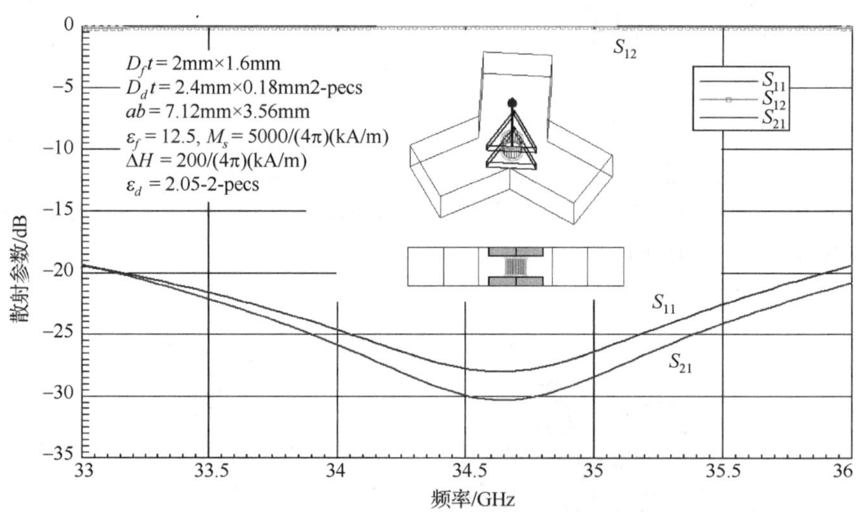

图 7.3 八毫米波导结环行器的结构和性能

图 7.4 表示环行器的工作模式为 TM_{11} 模，其磁场场型与端口 1 和端口 2 呈对称分布，所以端口 3 为隔离端。当端口 1 输入 1W 功率时，最大场强 $|h_{max}| = 79$ A/m，说明磁场能还是多集中在铁氧体中。

仿真计算结果为中心频率 $f_0 = 34.5\text{GHz}$，非互易参数 $|\text{d}S| = 1.0246$，证实了环行性能很好。由 $\mu = 1$、$\kappa = 0.405$、$\mu_e = 0.836$ 的值计算得出 $kR = 2.335 \rightarrow 1.84$，所以结中

的主导模式为 TM_{11} 模式；$V_f = 4.97\text{mm}^3$、$D = \sqrt[3]{V_f} = 1.71\text{mm}$、$D/\lambda_0 = 0.196$。这里的 R 值偏大，说明其铁氧体直径 D_f 还有减小的可能。

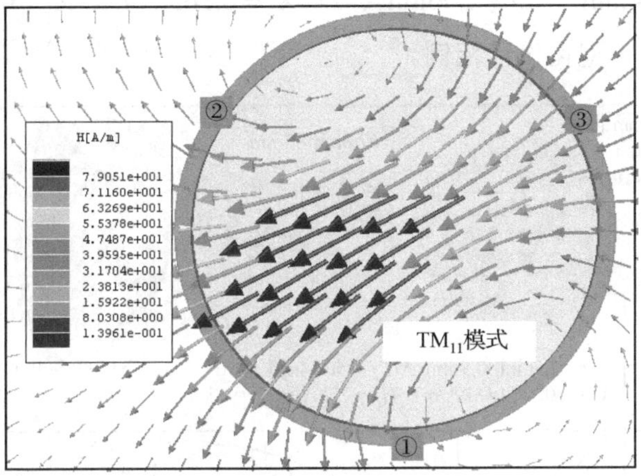

图 7.4　八毫米波导结环行器中的 TM_{11} 模式

7.2　K 波段带线环行器小型化设计

图 7.5 所示为带线环行器的结构示意图，其内腔尺寸为 $\phi 7.6\text{mm}\times 2\text{mm}$；环行器外壳尺寸为 $\phi 8.6\text{mm}\times 5\text{mm}$，把内导体三支伸出腔孔，可以做成插入式结构，免去了同轴接头，便于使用在微波集成电路上。图中还显示了铁氧体圆柱、介质圆环和内导体的结构、形状和尺寸。铁氧体直径 $D_f = 2.5$ mm，厚 0.9mm；介质环外径 $D_d = 7.6$ mm，内径为 2.5mm，厚度 0.9mm；内导体中心为三叶形结构，每叶尺寸为 $wl = 0.6\text{mm}\times 0.8\text{mm}$，三叶结构的输出线段 $w_0 l_0 = 0.4\text{mm}\times 1.2\text{mm}$，它们与两片铁氧体一起构成非互易结。由于铁氧体尺寸小，非互易结的 3 个输出端各连接三段宽带阻抗匹配线 $w_1 l_1 = 1.56\text{mm}\times 2.1\text{mm}$。铁氧体参数 $M_s = 5000/(4\pi)(\text{kA/m})$、$\varepsilon_f = 13.5$、$H_i = 72\text{kA/m}$、$\Delta H = 150/(4\pi)(\text{kA/m})$。

图 7.5 显示了环行器的宽带特性，在 19～29GHz 整个 K 波段范围内，均能满足环行性能。本结构工作在低场条件下，由于有较高的 κ/μ 值，在中心频率 $f_0 = 24\text{GHz}$ 处（即波长 1.25cm 处），$\kappa/\mu = 0.63$，再加上匹配网络，所以能获得 $2\delta = 42\%$ 的相对带宽。

图 7.6 为在环行器的第三端配上两块吸收体（$wlt = 2.4\text{mm}\times 2.4\text{mm}\times 0.9\text{mm}$）变成的带线隔离器，吸收材料的参数 $\varepsilon = 30\angle 0.15$、$\mu = 5\angle 0.15$。图中显示了隔离性能，其隔离带宽只有 4GHz。

图 7.7 表示这种环行器或隔离器的工作模式为 TM_{11} 模式，高频磁场的场型和端口 1、2 呈对称分布，所以 1→2 为传输方向，端 3 为隔离端。在中心频率 f_0 处计算获得

的参数$|dS| = 0.984$，表示有较好的非互易性能；$kR = 1.74$ 接近于 $(kR)_{11} = 1.84$，为 TM_{11} 模场结构；$[\mu] = 1066\mu J/m^3$ 表示有较大的平均磁场作用能密度，这是小体积V_f 的基本因素之一；$V_f = 8.74mm^3$、$D = 2.06mm$、$D/\lambda_0 = 0.165$、$D_f/\lambda_0 = 0.2$，铁氧体直径和波长比为 0.2，属于小型化设计范例。

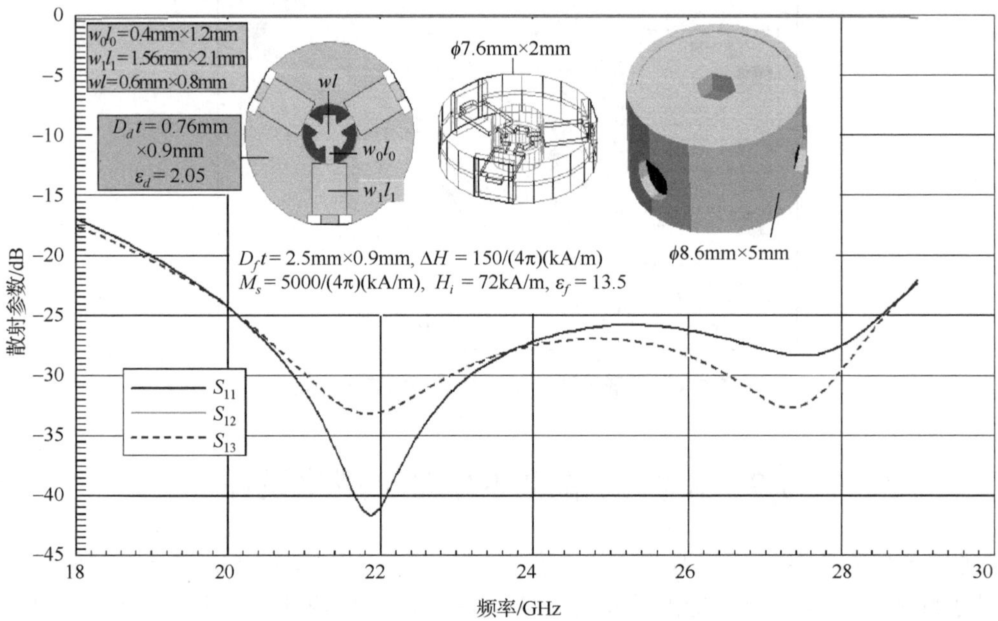

图 7.5　K 波段带线环行器的结构和性能

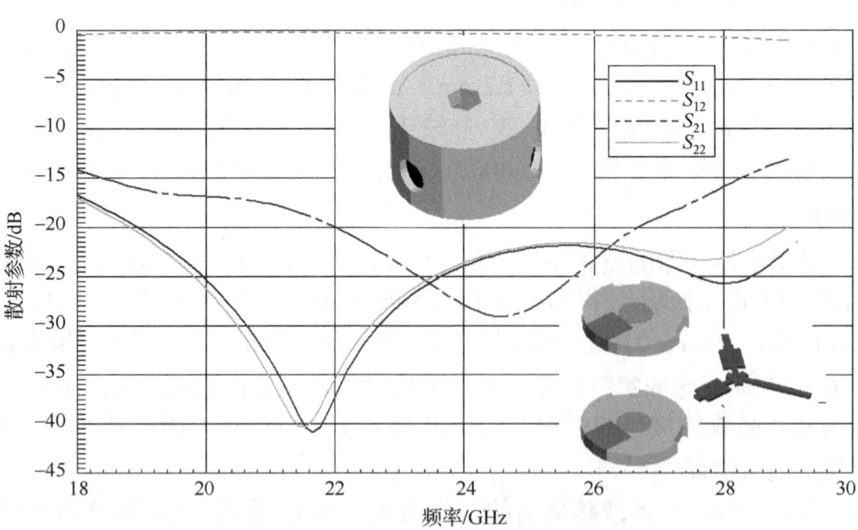

图 7.6　K 波段带线隔离器的结构和性能

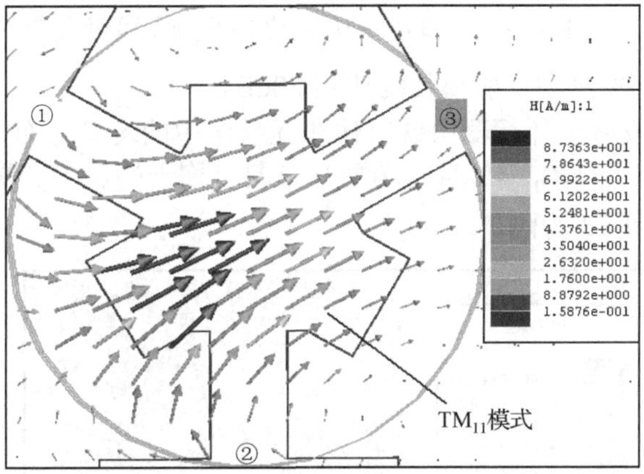

图 7.7　铁氧体圆柱中的 TM_{11} 模式磁场分布

7.3　Ku 和 X 波段微带环行器

微带结构铁氧体环行器是插入式平面结构，易于平面电路连接，尤其在 Ku 和 X 两个波段，具有小型化的优势。

7.3.1　Ku 波段微带环行器

图 7.8 所示为微带环行器的结构和性能图，内导体印制在 6.3mm×6.3mm×0.6mm 的铁氧体基片上，内导体中心圆盘半径 $R = 1.4$ mm，它作为非互易结的中心作用区，所以 $D_f = 2R$ 。非互易结的输出端和宽带匹配内导体相连，其尺寸为 $wl = 0.8\text{mm}\times 1.3\text{mm}$ ，内导体 3 个输出端口宽度为 0.4mm。铁氧体材料参数为 $M_s = 3800/(4\pi)$ (kA/m)、 $\Delta H =$

图 7.8　Ku 波段微带环行器的结构和性能

$200/(4\pi)$ (kA/m)、$\varepsilon_f = 14.5$。在饱和且零场磁化情况下，可获得图中的性能，在 12.4～20GHz 频带范围内，隔离和反射损耗均达到 20dB。

图 7.9 为 Ku 波段微带环行器中铁氧体非互易结中的场型分布，呈准 TM_{11} 模式，$kR = 1.02$，其值远小于 $(kR)_{11} = 1.84$。场型分布图对称于端口 1 和端口 2；磁场方向和端口 3 平行，所以端口 3 为隔离端。

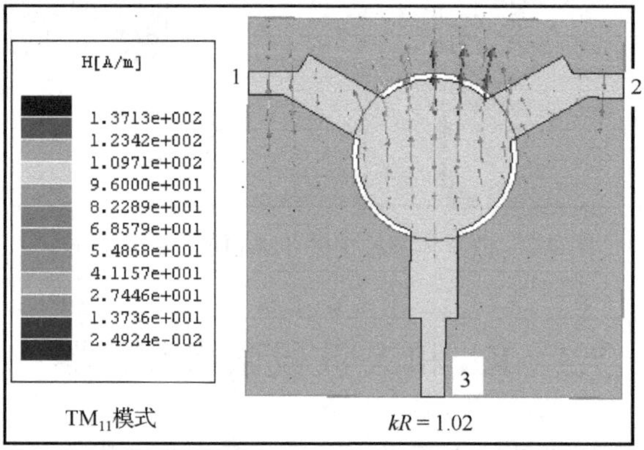

图 7.9 Ku 波段微带环行器智能光准 TM_{11} 模式

在中心频率 $f_0 = 14$GHz 处计算获得的参数 $|dS| = 0.907$，表示有较好的非互易性能；$[\mu] = 3723\mu J/m^3$ 表示有较大的平均磁场作用能密度；$V_f = 3.65mm^3$、$D = \sqrt[3]{V_f} = 1.54$mm、$D/\lambda_0 = 0.072$、$D_f/\lambda_0 = 0.13$，属于小型化设计。

7.3.2 X 波段微带环行器

图 7.10 所示为 X 波段微带环行器的结构和性能图。铁氧体基片尺寸为 $w^2t = 8mm \times 8mm \times 1mm$，材料参数为 $M_s = 2700/(4\pi)$ (kA/m)、$\Delta H = 150/(4\pi)$ (kA/m)、$\varepsilon_f = 13$，

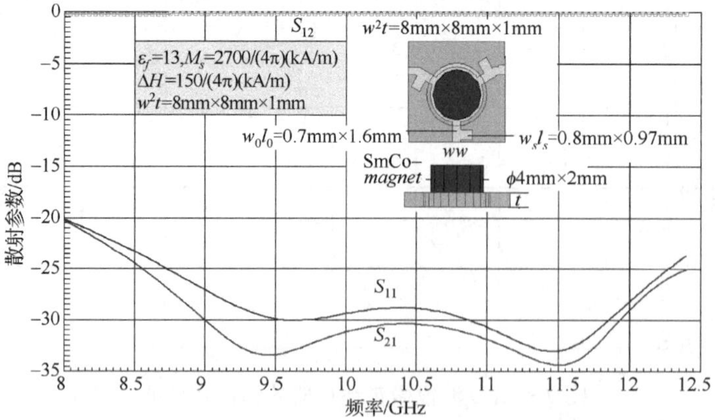

图 7.10 X 波段微带环行器的结构和性能

铁氧体非互易结作用直径 $D_f = 5$ mm，钐钴磁片尺寸 $\phi 4\text{mm} \times 2\text{mm}$ ，内导体圆盘 $D_c = 4.5$ mm，其输出各端加 Γ 形匹配网络。Γ 形匹配网络由两段相互垂直的微带段组成，主线尺寸 $w_0 l_0 = 0.7\text{mm} \times 1.6\text{mm}$ ，副线尺寸 $w_s l_s = 0.8\text{mm} \times 0.97\text{mm}$ 。由于 $\kappa / \mu = 0.756$ (10GHz)，加上 Γ 形匹配网络可获得宽带特性，微带环行器在整个 X 波段内可获得良好性能。

图 7.11 为环行器的准 TM_{11} 模场分布：$|dS| = 0.97$ 、$\kappa / \mu = 0.756$ 、$kR = 1.24$ 、$[\mu] = 1061\mu\text{J/m}^3$、$V_f = 64\text{mm}^3$ 、$D = 4\text{mm}$ 、$D / \lambda_0 = 0.133$ 、$D_f / \lambda_0 = 0.17$ ，属于小型化设计。

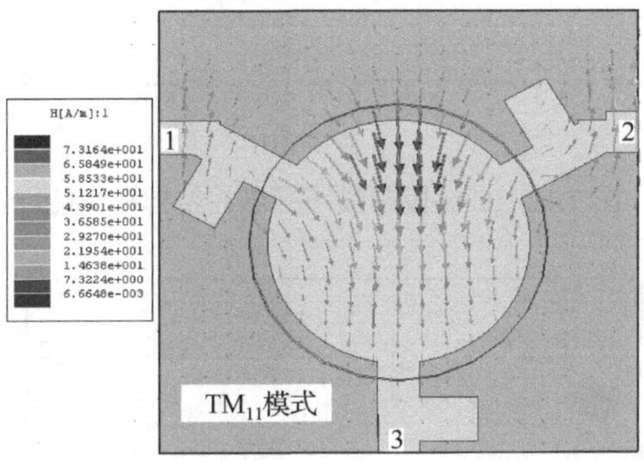

图 7.11　X 波段微带环行器中的准 TM_{11} 模式

7.4　C 波段和 S 波段带线环行器

7.4.1　C 波段低场带线环行器

图 7.12 所示为小型化 C 波段带线环行器的结构和性能图。内导体为三叶形结构，瓣叶的圆周角 20° 输出端结 *L-C* 匹配网络，*L* 尺寸为 $wl = 0.74\text{mm} \times 1.7\text{mm}$ 。铁氧体直径 D_f 相同，铁氧体材料的 $M_s = 1200 / (4\pi)$ (kA/m)、$\Delta H = 20 / (4\pi)$ (kA/m)、$\varepsilon_f = 14.5$ ；工作内场 $H_i = 20$ kA/m ，铁氧体内腔尺寸 $\phi 8\text{mm} \times 2.1\text{mm}$ ；环行器外壳尺寸 $\phi 10\text{mm} \times 5\text{mm}$ ，器件性能在 4.8～5.2GHz 宽带内，隔离及反射损耗优于 20dB。

图 7.13 为铁氧体圆柱体内高频磁场场型分布，它对称于端口 1 和 2，端口 3 为隔离端，实为准 TM_{11} 模场结构。

低场 C 波段带线环行器的仿真结果：$|dS| = 0.992$ 、$\mu = 0.903$ 、$\kappa = 0.684$ 、$\mu_e = 0.385$ 、$V_f = 77\text{mm}^3$ 、$D = 4.25\text{mm}$ 、$D / \lambda_0 = 0.071$ 、$D_f / \lambda_0 = 0.117$ 、$[\mu] = 606\mu\text{J/m}^3$ 、$kR = 0.866 << 1.84$ ，表示具有良好的非互易性及较小的相对直径。

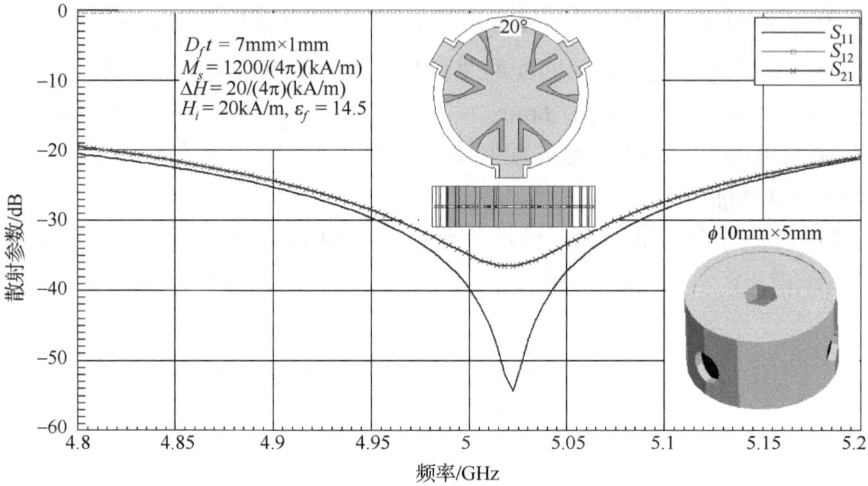

图 7.12　C 波段带线环行器的结构和性能

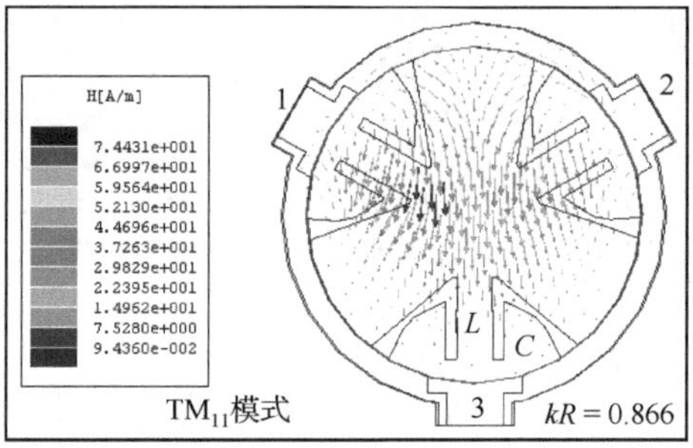

图 7.13　C 波段环行器的场型分布

7.4.2　S 波段高场带线环行器

本器件和 C 波段器件的最大不同是 S 波段高场工作，如图 7.14 所示，其内导体与上述完全一样。铁氧体尺寸为 $D_f t = 7\text{mm}\times 1\text{mm}$ ，也完全一样。但磁矩 $M_s = 1850/(4\pi)$ (kA/m)、 $\Delta H = 10/(4\pi)$ (kA/m)、 $\varepsilon_f = 14.5$ ，有较高的工作磁场 $H_i = 120$ kA/m、$\delta = 1.2$ 、$p = 1.48$ ，处于高场工作状态。其性能有较宽的带宽，为 3.22～3.77GHz，相对带宽 $2\delta = 16\%$ ，其外壳尺寸为 $\phi 10\text{mm}\times 7\text{mm}$ ，形状如图 7.14 所示，为插入式小型化结构， $D_f / \lambda_0 = 0.082$ 。

图 7.15 表示其场型分布，由于 $kR = 1.63$ ，所以接近于 TM_{11} 模场型分布 $(kR)_{11} = 1.84$ 。从仿真结果中提取有关性能参数，当 $f_0 = 3.5\text{GHz}$ 时， $|\text{d}S| = 0.987$ 、 $\kappa/\mu = 0.66$ 、 $kR = 1.63$ 、 $[\mu] = 229\mu\text{J/m}^3$。

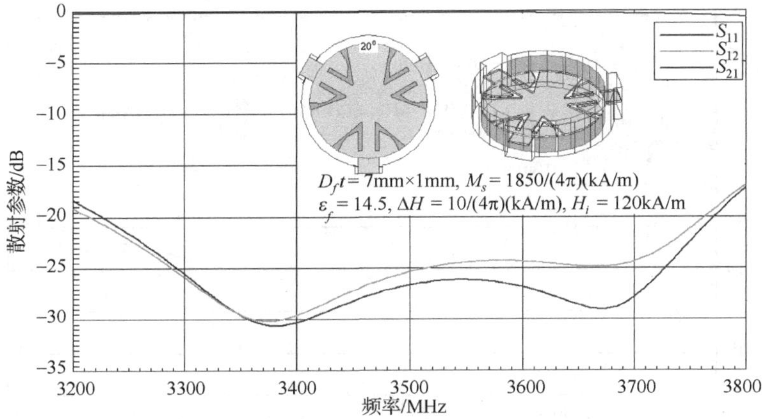

图 7.14　S 波段带线环行器的结构和性能

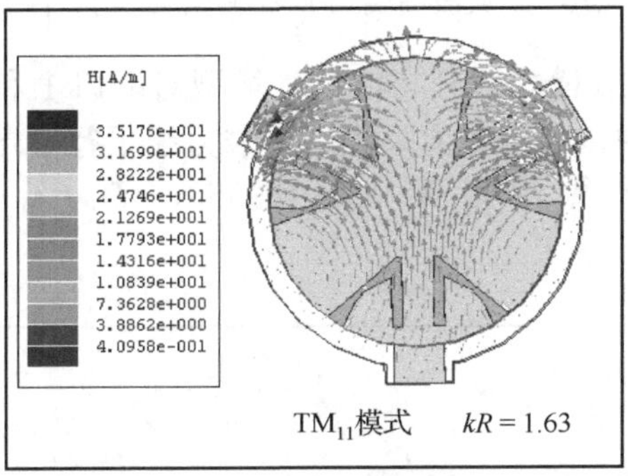

图 7.15　S 波段环行器的场型分布

7.5　L 波段小型化带线环行器设计

L 波段带线环行器，频率为 1～2GHz。在此波段内采取高场工作状态，并采用较高的 $M_s = 1850/(4\pi)$ (kA/m)，p 值为 5.2～2.6，若归一化磁化场取值 $\sigma \to 1(\sigma = 1.1)$，这样可以大大增加 κ 值，这是小型化设计的基础。

7.5.1　L 波段高端频率的设计

如图 7.16 所示，内导体结构与图 7.14 和图 7.12 的相同，内导体的外径 $D_c = 7$ mm，铁氧体材料参数也与其一样，但铁氧体直径为 $D_f t = 8\text{mm}\times 1\text{mm}$，结构内腔尺寸 $\phi 8\text{mm}\times 2.1\text{mm}$，铁氧体外加磁场 $H_i = 60$ kA/m，圆柱形外壳的尺寸为 $\phi 10\text{mm}\times 6\text{mm}$。通过仿真计算，获得如图 7.16 所示的性能。在 1880～1980MHz 频率范围内满足环行性能。在 $f_0 = 1940$ MHz 处，其归一化磁矩 $p = 2.67$，归一化磁化场 $\sigma = 1.08$，其正向衰减约 0.4dB，其非互易性 $|\text{d}S| = 0.935$。

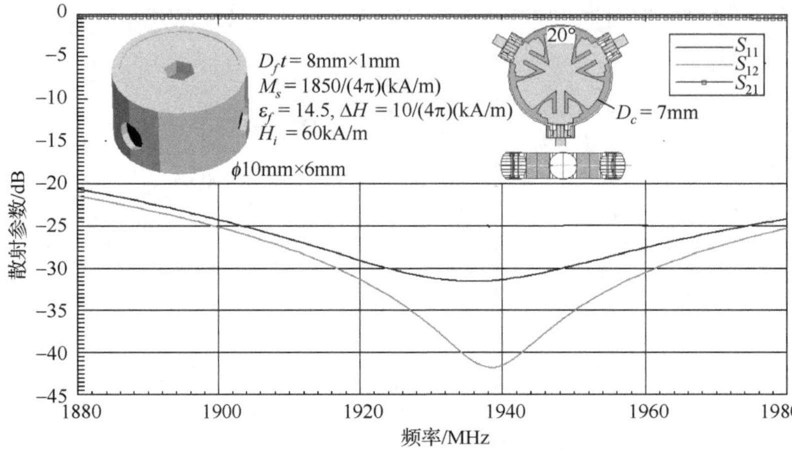

图 7.16　L 波段高端频率环行器的结构和性能

图 7.17 表示其准 TM_{11} 模式的分布特性，场型对端口 1 和端口 2 呈对称分布，场强朝端口 1-端口 2 边集中，端口 3 为隔离端，磁力线平行于端口 3 的轴线。中心频率为 $f_0 = 1940\,\text{MHz}$ 处的计算结果为 $|\text{d}S| = 0.935$ 、 $D_f / \lambda_0 = 0.051$ 、 $kR = 1.282$ 、 $[u] = 63.8\,\mu\text{J/ m}^3$。

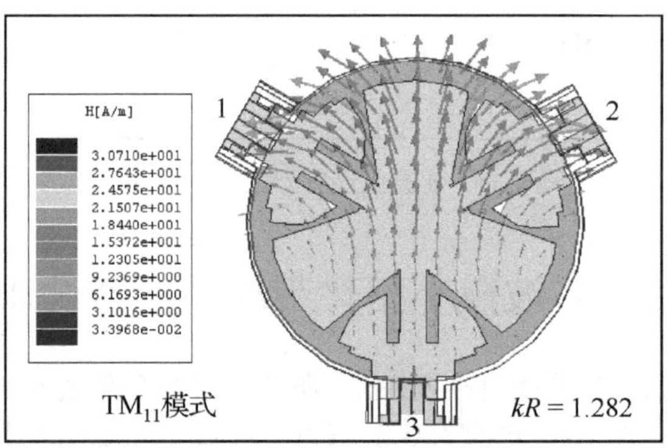

图 7.17　铁氧体中 TM_{11} 模场矢量分布

7.5.2　L 波段低端频率的设计

如图 7.18 所示，结构尺寸和图 7.16 完全相同，包括内导体形状尺寸、铁氧体尺寸和材料参数都相同，只有 $H_i = 38\,\text{kA/m}$ 不同，图中性能为 1280～1330MHz 带宽内满足反向隔离和反射损耗大于 20dB。

图 7.19 为场型准 TM_{11} 模式的分布图，$kR = 1$ 。中心频率 1.3GHz 处的计算结果为 $|\text{d}S| = 0.928$ 、 $D_f / \lambda_0 = 0.035$ 、 $kR = 1$ 、 $[\mu] = 12.5\,\mu\text{J/ m}^3$。

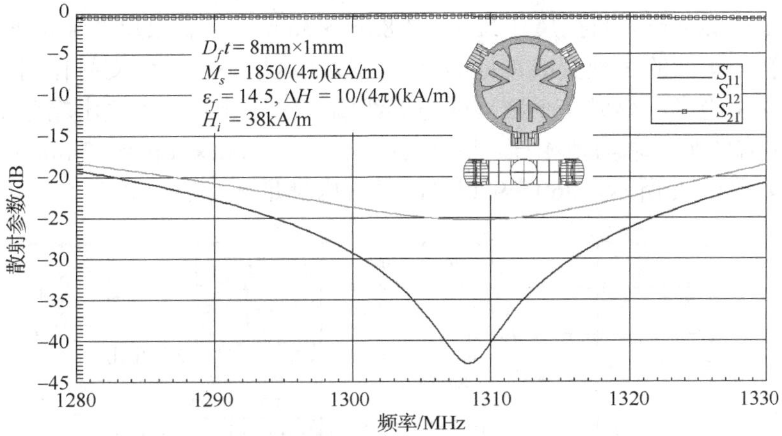

图 7.18　L 波段低端频率环行器的结构和性能

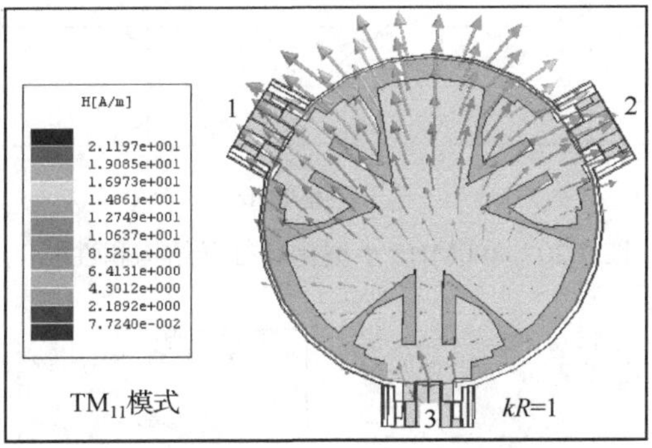

图 7.19　铁氧体中 TM_{11} 模场矢量分布

7.6　集总参数环行器

从结构上说，集总参数最有利于小型化设计，它从 P 波段直到 UHF 波段均能做出小型化设计结构。

7.6.1　P 波段集总参数环行器

如图 7.20 所示，在印制板电路上下各放一片铁氧体圆柱体，铁氧体尺寸为 $D_f t = 5\text{mm} \times 1.2\text{mm}$，仍选用高磁矩窄线宽材料 $M_s = 1850/(4\pi)$ (kA/m)、$\Delta H = 10/(4\pi)$ (kA/m)、$\varepsilon_f = 14.5$、磁化场 $H_i = 28$ kA/m。

内导体电路印制在厚度为 0.2 mm 的印制板上，3 个相互结缘的网状电感印刻在印制板的上下两面，每个网状电感分成两半，一半在印制板正面，另一半在印制板反面。通过金属化孔相连成网状电感（图 7.21）。这里网状电感的尺寸比为 $w/s/w=$

$0.6\text{mm}/1.8\text{mm}/0.6\text{mm}$，网孔尺寸为 $wl = 1.8\text{mm}\times 5\text{mm}$。印制板反面被接地平面环绕，通过金属化孔使正面的 3 处变成接地面，印制板在这里不仅起到支衬作用，而且使其网状电感条互相绝缘，形成 3 个独立的电感线圈，内导体的 3 个输出端分别连接 3 个并联电容，电容的另一端与地相连。整个内腔尺寸为 $10\text{mm}\times 10\text{mm}\times 2\text{mm}$ 小型化结构，其环行性能如图 7.20 所示，860～920MHz 频带内满足环行要求。

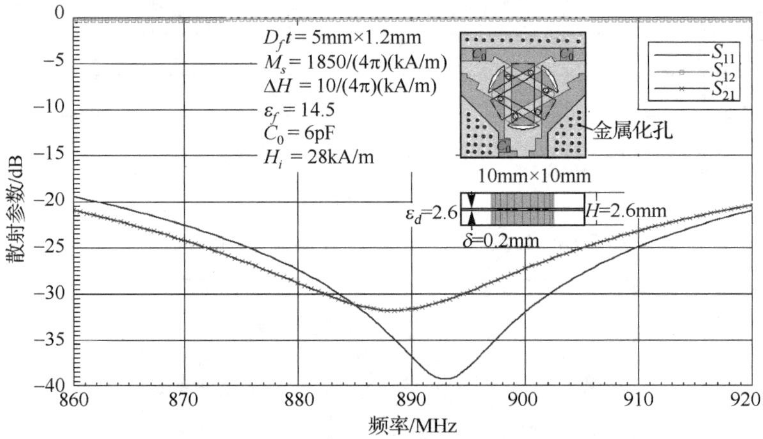

图 7.20　890MHz 小型化环行器结构和性能

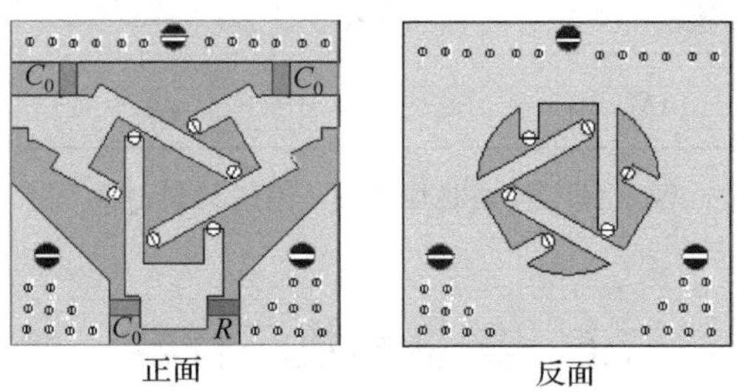

图 7.21　印制板上的正反面

图 7.22 显示了高频磁场分布，在铁氧体中呈均匀分布，所以为 TM_0 模式场型。在 $f_0 = 890\text{MHz}$ 时仿真计算获得的环行器主要参数与性能为 $|\text{d}S| = 0.941$、$\mu = 29.5$、$\kappa = 25.7$、$\mu_e = 7.11$、$V_f = 47.1\text{mm}^3$、$D = 3.61\text{mm}$、$D/\lambda_0 = 0.011$、$D_f/\lambda_0 = 0.015$、$[\mu] = 139.2\mu\text{J/m}^3$、$kR = 0.437 << 1.84$。

图 7.23 为把电路装上外壳的仿真结果，主要零件有铁氧体、印制板电路、锶钙或钐钴恒磁体、金属盖板(它的作用是通过 3 个接地螺钉压住铁氧体和印制板)、磁性金属底座、外磁路。把它装进金属壳体内后，性能略有变化，如图 7.23 所示，带宽为 850～900MHz，满足 20dB 隔离和反射要求。环行器外壳尺寸为 $10\text{mm}\times 10\text{mm}\times 6\text{mm}$。

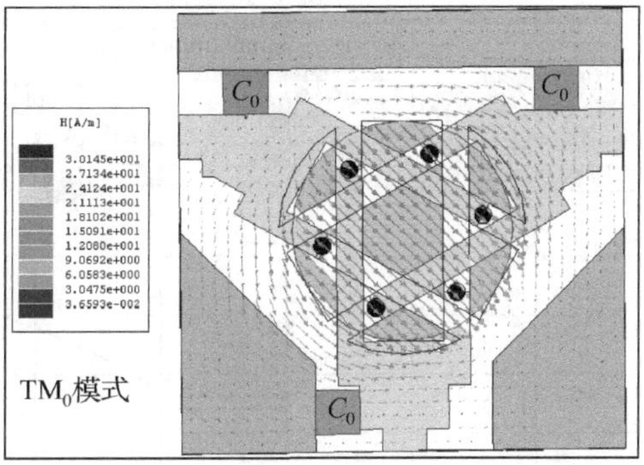

图 7.22　铁氧体中的 TM_0 模(均匀模)

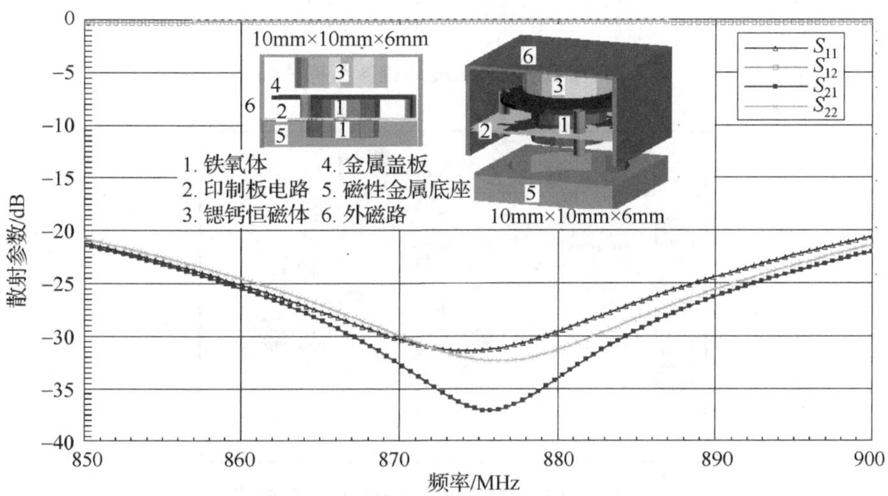

图 7.23　装进壳体后环行器的性能

7.6.2　UHF 集总参数环行器

若把集总参数结构放到 UHF 波段设计，则其尺寸远比分布参数的带线环行器其尺寸小，如图 7.24 所示。图中铁氧体尺寸为 $D_f t = 16\text{mm}\times 2\text{mm}$，若 $f_0 = 64\text{MHz}$、$p = 81$、$M_s = 1850/(4\pi)\,(\text{kA/m})$、$\delta = 1.48$，仿真得到带宽 62～66MHz。

图 7.25 为磁场分布，为 TM_0 均匀场分布。场型对端口 1 和端口 2 呈对称分布，所以端口 1→端口 2 为传输方向，端口 3 为隔离端。

仿真设计出 $f_0 = 64\text{MHz}$ 时的环行器参数及性能为 $|\text{d}S| = 0.962$、$\mu = 100.5$、$\kappa = 66.9$、$\mu_e = 60$、$[\mu] = 44.8\mu\text{J/m}^3$、$kR = 0.32 << 1.84$，其工作模式为均匀模 TM_0，$V_f = 795\text{mm}^3$、$D = 9.26\text{mm}$、$D/\lambda_0 = 1.98\times 10^3$、$D_f/\lambda_0 = 3.4\times 10^3$。

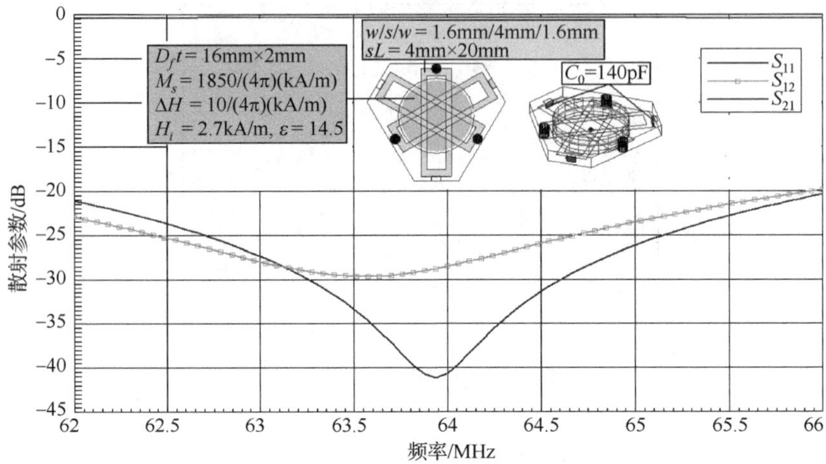

图 7.24　UHF 集总长度环行器结构和性能

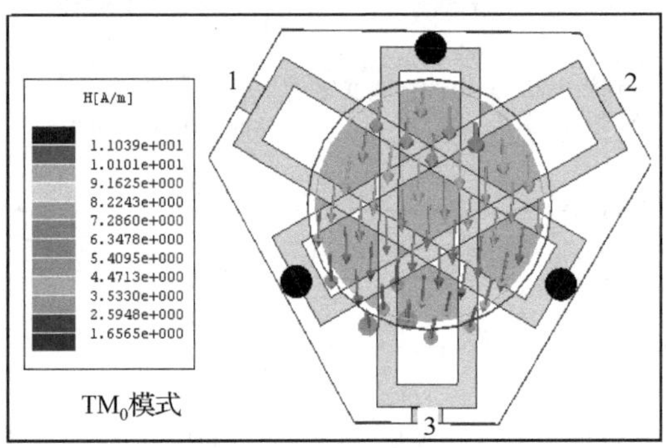

图 7.25　环行器中的均匀场分布 TM$_0$ 模式

7.7　P 波段小型化带线环行器

集总参数环行器虽然可获得小型化设计，但它不能耐受功率，为此，对小型化带线环行器的设计仍是关注的焦点。

如图 7.26 所示，铁氧体参数 $M_s = 1850/(4\pi)(\text{kA/m})$、$H_i = 120\text{kA/m}$、$\Delta H = 3/(4\pi)(\text{kA/m})$、$\varepsilon_f = 14.5$，铁氧体圆柱尺寸为 $D_f t = 19\text{mm} \times 1\text{mm}$，外加高介电常数($\varepsilon_d = 30$)的介质环，工作在 P 波段的频率低端，介质环外径为 $D_d t = 22.5\text{mm} \times 1\text{mm}$，内导体仍为三叶形，仿真结果如图 7.26 所示，其带宽为 333～357MHz，满足环行性能。

图 7.27 为仿真得到的 TM$_{11}$ 场结构，在铁氧体中接近于 TM$_{11}$ 模式，这里称为准 TM$_{11}$ 模。在 $f_0 = 345\text{MHz}$ 处得到环行器的仿真结果为 $|\text{d}S| = 0.989$、$\mu = 38.1$、$\kappa = 30.35$、

$\mu_e = 13.9$、$\mu = 22.1\mu J/m^3$、$kR = 0.974 << 1.84$，kR 处于均匀模 $kR = 0$ 和 TM_{11} 模之间，$V_f = 680.5mm^3$、$D = 8.8mm$、$D/\lambda_0 = 0.01$、$D_f/\lambda_0 = 0.022$。

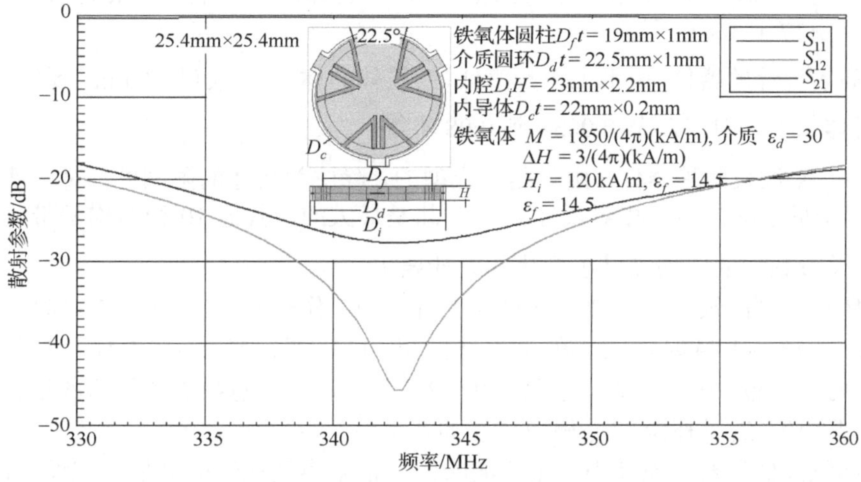

图 7.26　环行器的结构和性能

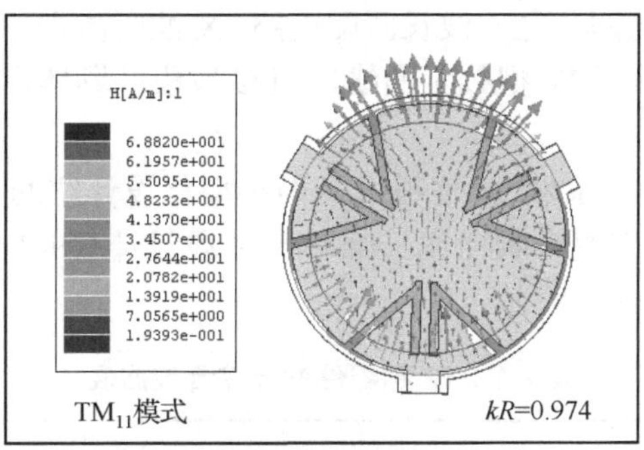

图 7.27　环行器铁氧体中准 TM_{11} 模

7.8　小型化环行器设计综合分析

为了获得小型化设计，主要通过非互易性方程式(7.1)和式(7.2)。为了获得小的铁氧体体积要么频率高，要么 κ 值大，或平均作用能密度[u]大。现把以上 7 节的内容综合在表 7.1 中。纵观表 7.1 中的数据，频率从高到低，从 W 波段到 UHF 波段，列举了 12 个小型化设计品种，其中囊括了 4 种微波结构，现把有关问题分布如下。

(1) 前 6 种设计为高频段设计(从 C 波段到 W 波段)，均为低场器件，其值不高(0.17～0.76)，而 $\omega\kappa = \gamma M_s$，$M_s$ 取值变化范围有限，从 1200→5000/4π(kA/m)，为了缩小体积，主要增大[u]值。

(2) 后 6 种器件为低频段设计(从 S 波段到 UHF 波段)，均为高场器件，其 κ 值大(从 3.3 到 70.9 不等)，$[u]$ 值虽然不大，但铁氧体体积或相对尺寸还是小于低场设计的器件，由于频率高，铁氧体体积小(从 1.07mm^3 到 19.4mm^3 不等)，但其相对尺寸不小，D_f / λ_0 从 0.117 到 0.43 不等。

(3) 高场设计的器件，由于工作频率低，铁氧体的体积 V_f 大(从 77mm^3 到 795mm^3)，但其相对体积小，D_f / λ_0 从 0.0034 到 0.08 不等。

(4) W、K 波段两种器件，由于是波导型的，除法兰尺寸的限制外，对于铁氧体尺寸 V_f 而言是最小的，但其相对尺寸 D_f / λ_0 却是最大的，其他 10 种结构是带线型、微带型或集总参数型的，均满足小型化的设计要求。

(5) 所有系列的设计中，观察铁氧体中有 3 种工作模式，当 $kR \to 5.33$ 时，工作在 TM_{12} 模；当 $kR \to 1.84$ 时，工作在 TM_{11} 模或准 TM_{11} 模；当 $kR < 0.5$ 时，工作在 TM_0 模，磁场均匀分布，电场很小，它是一种"准净磁模"。集总参数环行器的设计中，必须附加并联电容 C_0 以补偿 TM_0 模电场能的不足。

(6) 高频段低场器件设计中，由于波长短，很多小型化结构仍是宽带设计，如 K、Ku、X 波段，由于波长短，有足够的空间放入宽带匹配(补偿)电路，如 K、Ku 波段带线微带环行器设计中的四分之一波长匹配电路；X 波段微带环行器的 Γ 形匹配网络等宽带设计结构，其 S 曲线呈 W 型频响曲线，但 C 波段低场环行器设计中为窄带响应曲线，呈 V 字型。

(7) 低频高场设计中，虽然 κ 值很大，但小型化设计空间有限，未能加进匹配网络，所以为窄带型的 V 字型频响曲线，唯有 S 波段设计(图 7.14)保持良好的 W 型响应曲线。

表 7.1　12 种器件设计综合数据表

频段	$\|dS\|$	f/GHz	λ_0 /mm	κ	$[\mu_0 i_z \cdot h_1 \times h_2]$ / (μJ/m^3) (结构)	$V_f \times 10^9$ /m^3	U_f /pJ	D_f / λ_0	kR (模式)
W	0.986	95.0	3.16	0.17	9035(波导)	1.07	9.66	0.43	4.5(TM_{12})
K_A	1.025	34.5	8.70	0.41	2349(波导)	4.97	11.67	0.23	2.34(TM_{11})
K	0.984	24.0	12.5	0.59	1066(带线)	8.74	9.32	0.2	1.74(TM_{11})
K_U	0.907	14	21.42	0.76	3723(微带)	3.65	13.59	0.13	1.02(TM_{11})
X	0.97	10	30	0.75	1061(微带)	19.4	20.59	0.17	0.99(TM_{11})
C	0.992	5	60	0.684	606(带线)	76	46.06	0.117	0.866(TM_{11})
S	0.996	3.5	85.7	3.3	181.3(带线)	77	13.96	0.08	1.63(TM_{11})
L	0.94	1.94	155	14.7	52.8(带线)	99.4	5.25	0.052	1.28(TM_{11})
L	0.928	1.3	231	70.9	13.29(带线)	120.6	16.03	0.035	1.0(TM_{11})
P	0.941	0.89	337	25.7	139.2(集中电路)	47.1	6.56	0.015	0.437(TM_0)
P	0.989	0.345	869.6	30.35	22.1(带线)	680.5	15.04	0.022	0.974(TM_{11})
UHF	0.962	0.064	4700	66.9	44.8(集中电路)	795	35.6	0.0034	0.32(TM_0)

总　　结

1. *场理论*

用环行器的非互易性 $\mathrm{d}S = S_{12} - S_{21} = B - C$ 描述环行性能，它可以通过激发场 h_1 和 h_2 求出非互易性方程式积分值 $\mathrm{d}S$：

$$\mathrm{d}S = \frac{\mathrm{j}\omega}{2}\int_{\mathrm{all}}(h_1 \cdot \mu h_2 - h_2 \cdot \mu h_1)\mathrm{d}V$$

这个公式具有普遍性，不管是高场或低场器件，波导器件、带线器件、微带器件、集中参数器件，两端口、三端口、四端口，均匀磁化，抑或非均匀磁化场都是适用的。实用环行器的基本性能是 $0.86 \leqslant |\mathrm{d}S| \leqslant 1.06$（即正向传输系数 $B = 0.96$，反向传输系数 $C = 0.1$，或正向传输系数 $B = 0.1$，反向传输系数 $C = 0.96$）。除上式为普通形式外，非互易性方程式有多种形式。

(1) 在均匀磁化场情况下，可写成

$$\begin{aligned}\Delta S_{12} &= S_{12}(H) - S_{12}(-H)\\ &= \frac{\mathrm{j}\omega}{2}\int_{V_f}[h_1(H)\cdot\mu(H)h_2(H) - h_1(-H)\cdot\mu(-H)h_2(-H)]\mathrm{d}V\end{aligned}$$

高场及低场工作均适用。此式在高场工作时，对研究其小型化(大 κ 值)和解决器件的温度稳定性特别有用。用带线环行器在高场及低场工作进行比较：工作频率为1000MHz，低场工作 $\kappa = 0.6$；高场工作 $\kappa = 11.8(p = 5.2, \sigma = 1.2)$，高场/低场时铁氧体体积比为 1/20。分布参数和集总参数环行器进行比较：由于集总参数环行器中场强 h_1、h_2 集中，大于分布参数的 2～3 倍。在 κ 值和频率相等的情况下，集总/分布的铁氧体体积比为 1/9～1/4。

(2) 在均匀磁化场，并在零场工作时，可写成

$$\mathrm{d}S = S_{12} - S_{21} = \mu_0\gamma M_s\int_{V_f} i_z\cdot(h_1\times h_2)\mathrm{d}V$$

此式在研究零场工作态时的宽频带器件和器件的温度稳定性($M(T)$稳定)特别有用。

(3) 在研究开关环行器的情况，可以采用另外一种形式：

$$\begin{aligned}\Delta S_{12} &= S_{12}(\vec{H}) - S_{12}(\overleftarrow{H})\\ &= \frac{\mathrm{j}\omega}{2}\int_{V_f}[h_1(\vec{H})\cdot\mu(\vec{H})h_2(\vec{H}) - h_1(\overleftarrow{H})\cdot\mu(\overleftarrow{H})h_2(\overleftarrow{H})]\mathrm{d}V\end{aligned}$$

当 $\vec{H}$ 为开状态时，$|S_{12}(\vec{H})| \to 1$；当 $\overleftarrow{H}$ 为关状态时，$|S_{12}(\overleftarrow{H})| \to 0$。

(4) 在研究双模系统模式耦合问题时，采用如下形式：

$$S_{21}(m_1,m_2)=\frac{\mathrm{j}\omega}{4}\int_{\mathrm{all}}\left[h_1(m_1)\cdot\mu h_2(m_2)-h_2(m_2)\cdot\mu h_1(m_1)\right]\mathrm{d}V$$

它表示从 1→2 传输，模 $m_1\to m_2$ 的耦合系数为 $|\sin\alpha|$。

2. 网络理论

一般 Y 形结的性质可用散射矩阵 S 来描述：

$$S=\begin{bmatrix} S_{11} & S_{12} & S_{13} \\ S_{21} & S_{22} & S_{23} \\ S_{31} & S_{32} & S_{33} \end{bmatrix}$$

HFSS 仿真的直接结果就是求出散射参数。

(1) 对称三端结环行器的散射矩阵可写成：

$$S=\begin{bmatrix} A & B & C \\ C & A & B \\ B & C & A \end{bmatrix}$$

在无耗情况下，$\tilde{S}^*S=I$ 为单位矩阵，因而 $|A^2|+|B^2|+|C|^2=1$。

在有耗情况下，$L=|A|^2+|B|^2+|C|^2<1$；材料的损耗 $L(\mathrm{dB})=10\lg L$。

在理想匹配情况下(反射系数 $|A|=0$)，无耗的、对称三端结的散射矩阵为

$$S=\begin{bmatrix} 0 & B & C \\ C & 0 & B \\ B & C & 0 \end{bmatrix}$$

必有 $|B^2|+|C|^2=1$ 和 $BC^*=0$，从而 $B=0$、$|C|=1$ 或 $C=0$、$|B|=1$。

因此三端口理想匹配一定是环行的，这是设计及调试环行器的基本原则。

(2) 对于非理想环行器，$|A|\neq 0$，其环行性能为

反射损耗为　　$R(\mathrm{dB})=20\lg|A|$

或驻波系数为　　$\mathrm{VSWR}=\dfrac{1-|A|}{1+|A|}$

当环行方向为 $1\to 2\to 3\to 1$ 时，正向损耗和反射隔离分别为 $I_L=20\lg|C|$，$\mathrm{ISO}=20\lg|B|$；当环行方向为 $1\to 3\to 2\to 1$ 时，$I_L=20\lg|B|$，$\mathrm{ISO}=20\lg|C|$。对环行器的实用性能，其基本要求是 $|A|\leqslant 0.1$ 及 $B=0.1$ 或 $C=0.1$。

(3) 用散射矩阵本征值来分析环行条件：

$$s_0 = \mathrm{e}^{\mathrm{j}\theta_0}, \qquad s_\pm = \mathrm{e}^{\mathrm{j}(\theta_0 \pm 120^\circ)}$$

即本征值幅度$|s_0| = |s_+| = |s_-| = 1$，相位差$\|\theta_0| - |\theta_+\| = 120^\circ$、$\|\theta_0| - |\theta_-\| = 120^\circ$、$|\theta|_+ - |\theta_-| = 0$就形成理想环行条件。

3. 非互易电路理论

用阻抗矩阵Z来描述环行器的性能，虽不如S参数矩阵描述直观明了，但对设计非互易电路，如集总参数环行器之类的器件颇有帮助。

(1) 非互易结的阻抗矩阵：

$$Z = \begin{bmatrix} Z_{11} & Z_{12} & Z_{13} \\ Z_{21} & Z_{22} & Z_{23} \\ Z_{31} & Z_{32} & Z_{33} \end{bmatrix}$$

利用 HFSS 仿真，也可以直接求出各阻抗矩阵元素，对其非互易没有S参数那么明显。

对于对称非互易结的情况：

$$Z = \begin{bmatrix} Z_{11} & Z_{12} & -Z_{12}^* \\ -Z_{12}^* & Z_{11} & Z_{12} \\ Z_{12} & -Z_{12}^* & Z_{11} \end{bmatrix}$$

对于无耗非互易结在环行状态下，Z_{11}的实部→0，非对角元的实部$R \to 50\Omega$，其中非对角元素之间形成复共轭关系。利用结的输入阻抗来讨论环行条件：

$$Z_{\mathrm{in}} = Z_{11} - \frac{Z_{12}Z_{12}}{Z_{13}}, \qquad Z_{13} = -Z_{12}^*$$

由反射系数A和输入阻抗公式Z_{in}：

$$A = \frac{Z_0 - Z_{\mathrm{in}}}{Z_0 + Z_{\mathrm{in}}}, \qquad Z_{\mathrm{in}} = Z_0 \frac{1-A}{1+A}$$

可得z_{in}的归一化值：

$$z_{\mathrm{in}} = \frac{1-A}{1+A}$$

式中，A一般为复量。若$|A| = -0.1$，则实用环行器的输入阻抗归一化值应满足：设$z_{\mathrm{in}} = r_{\mathrm{in}}$为实数，其值$0.818 \leqslant |r_{\mathrm{in}}| \leqslant 1.222$；若$A = 0.1\mathrm{j}$，$z_{\mathrm{in}} = \mathrm{e}^{-\mathrm{j}2\theta}$，$\theta = 5.71^\circ$。由此算出$r_{\mathrm{in}} = 0.98$及$x_{\mathrm{in}} = 0.198$。若$A = -0.1\mathrm{j}$，$z_{\mathrm{in}} = \mathrm{e}^{\mathrm{j}2\theta}$，由此算出$r_{\mathrm{in}} = 0.98$及$x_{\mathrm{in}} = -0.198$。

(2) 利用阻抗矩阵本征值z_0、z_+、z_-，可以求出环行状态下，其本征值之间的关系：

$$z_0 = \mathrm{j}\frac{\sin\theta_0}{1-\cos\theta_0}$$

$$z_{\pm} = \pm \mathrm{j}\frac{\sqrt{3}\cos\theta_0 \mp \sin\theta_0}{2+\cos\theta_0 \pm \sin\theta_0}$$

式中，$|\theta_0|$为任意角。Y 形结环行器的 3 个本征值z_0、$z_{\pm}$均为虚数，分布在阻抗圆图圆周上，并互成 120°角，这一特征弥补了阻抗矩阵不能明显显示环行特征的不足，它在设计集中参数环行器问题上较有用。非互易电路的环行条件和阻抗矩阵情况类似，它们成互补关系。

(3) 利用导纳矩阵来讨论其导纳矩阵本征值：

$$y_0 = \mathrm{j}\frac{1-\cos\theta_0}{\sin\theta_0}$$

$$y_{\pm} = \pm \mathrm{j}\frac{2+\cos\theta_0 \pm \sqrt{3}\sin\theta_0}{\sqrt{3}\cos\theta_0 \mp \sin\theta_0}$$

讨论导纳矩阵本征值的作用和阻抗矩阵本征值作用一样，它们是相辅相成的。

4. 性能调整

一般而言，非互易结的输出阻抗为低阻抗分布（相对于端口阻抗）。为了获得宽带响应特性，在非互易结的各输出端必须附加阻抗匹配网络。

(1) 在波导结环行器 Y 中可以加金属三角匹配块来实现宽带化。

(2) 在带线 Y 形环行器和微带环行器中，可以加四分之一波长阻抗匹配段增加带宽，在倍频程和超倍频程器件中可以附加两级甚至多级四分之一阻抗匹配电路。

(3) 在低频和高场工作的环行器中，可以附加准 L-$C\,\Gamma$ 形匹配网络来增加带宽。

(4) 在集总参数环行器中，可以附加并联电容 C 使非互易电路获得匹配；在宽带集总参数环行器中，可以附加 L-C 串联谐振电路使其获得宽带性能。

参 考 文 献

韩志全. 2010. 铁氧体及其磁性物理. 北京：航空工业出版社.

蒋仁培, 魏克珠. 1984. 微波铁氧体理论和技术. 北京: 科学出版社.

蒋微波, 蒋仁培. 2009a. 微波铁氧体器件在雷达和电子系统中的应用、研究与发展(上). 现代雷达, 31(9): 5-13.

蒋微波, 蒋仁培. 2009b. 微波铁氧体器件在雷达和电子系统中的应用、研究与发展(下). 现代雷达, 31(10): 1-9.

李荫远, 李国栋. 1962. 铁氧体物理学. 北京：科学出版社.

廖绍彬. 1992. 铁磁学(下册). 北京：科学出版社.

魏克珠, 李士根, 蒋仁培. 1995. 微波铁氧体新器件. 北京: 国防工业出版社.

谢拥军, 刘莹, 李磊, 等. 2009. HFSS 原理与工程应用. 北京: 科学出版社.

岳峰. 2005. 带线环行器的温度稳定性问题. 微波学报, (3): 56-61.

载道生, 钱昆明. 1992. 铁磁学(上册). 北京：科学出版社.

张国荣. 1995 微波铁氧体材料及器件和可控器件. 北京：电子工业出版社.

仲文定. 1992. 铁磁学(中册). 北京：科学出版社.

Akaiwa Y. 1974. Operation modes of a waveguide Y circulator. IEEE Transactions on MTT, 11: 954-959.

Ayter S, Ayasli Y. 1978. The frequency behavior of stripline circulator junction. IEEE Transactions on MTT, 26(3): 197-202.

Baden-Fuller A J. 1987. Ferrite at microwave frequency. IEEE Electromagnetic Series, 23.

Bosma H. 1962. On principle of stripline circulator. Processing IEE, 100: 127-146.

Bosma H. 1964. On stripline Y-circular at UHF. IEEE Transactions on MTT, 12(1): 61-72.

Bosma H. 1968. A general model for junction circulators: choice of magnetization and bias field. IEEE Transactions on Magnetics, 4(3): 587-596.

Bosma H. 1971. Junction circulator. Microwave, 6: 215-239.

Fay C E, Comstock R L. 1965. Operation of the ferrite junction circulator. IEEE Transactions on MTT, 13: 15-17.

Green J J. 1977. Microwave properties of lithium ferrite. IEEE Transactions, 155-159.

Hansson E R B, Filisson K G. 1979. Multiple-frequency operation of Y-junction circulator using single-mode approximation. IEEE Transactions on MTT, 27(4): 322-328.

Helszajin J, Baars R D, Nisbet W T. 1980. Characteristics of circulators using planar triangular and disk resonators symmetrically loaded with magnetic ridges. IEEE Transactions on MTT, 28(6): 616-621.

Helszajin J, James D, Nisble W T. 1979. Circulators using planar triangular resonators. IEEE Transactions on MTT, 27(2): 188-193.

Helszajn J. 1975. Nonreciprocal Microwave Junction and Circulator. New York: Wiley.

Helszajn J. 1978. Planar triangular resonators with magnetic wall. IEEE Transactions on MTT, 26(2): 95-100.

Helszajn J. 1981. Operation of tracking circulator. IEEE Transactions on MTT, 29(7): 700-707.

Helszajn J, Medermott M. 1970. The inductance of a lumped constant circulator. IEEE Transactions on MTT, 18(1): 50-52.

Helszajn J, Nisblt W T. 1981. Circulator using planar WYE-resonators. IEEE Transactions on MTT, 29(7): 688-699 .

Jiang R P, Jiang W B. 2008. Non-reciprocities on the microwave ferrite//Proceedings of the 10th International Conference on Ferrite : 339-342.

Jiang R P, Wei C Y. 1988. Stripline circulator. Magnetics, 24(11): 2820-2822.

Jiang R P, Xu J D. 1989. Thin-type stripline circulator with LC-networks//Proceedings of the 10th ICMF: 344-348.

Jiang W B, Jiang R P. 2008. Non-linearity in the microwave ferrite//Proceedings of the 10th International Conference on Ferrite: 332-335.

Konishi Y. 1965. Lumped element Y-circulator. IEEE Transactions on MTT, 13(6): 852-864.

Konishi Y. 1967. A high-power UHF circulator. IEEE Transactions on MTT, 15(12): 700-708.

Lax K B, Button J. 1962. Microwave Ferrite and Ferromagnetics. New York: McGraw-Hill.

Mcchesney G, Dunn. 1967. Broad lumped element UHF circulator. IEEE Transactions on MTT, 15(3): 198-199.

Miyoshi T, Miyaudi S. 1980. The design of planar circulators for wide-band operation. IEEE Transactions on MTT, 28(3): 210-214.

Okadaetal F. 1978. Design of a high-power CW Y-Junction waveguide circulator. IEEE Transactions on MTT, 26(5): 364-369.

Okamoto N. 1979. Computer-aided design of H-plane waveguide junction with full-height ferrites of arbitrary shape. IEEE Transactions on MTT, 27(4): 315-321.

Riblet G P. 1980. Techniques for broad-banding above resonance circulator junctions without the use of external matching networks. IEEE Transactions on MTT, 28(2): 125-129.

Simon J W. 1965. Wideband stripe-transmission line Y-junction circulator. IEEE Transactions on MTT, 13: 15-27.

Wu Y S, Rosenbaum F J. 1974. Wideband operation of microstrip circulator. IEEE Transactions on MTT, 22(10): 849-856.